建筑结构

淳 庆 戴 航 方立新 张 弦 编著

东南大学出版社
SOUTHEAST UNIVERSITY PRESS
·南京·

内容提要

本书基于东南大学建筑学院本科专业基础课建筑结构的课件而编写，作者结合多年的教学实践经验，讲解建筑结构的基本原理、结构构件选型方法、结构优化方法并进行案例分析，内容深入浅出，适用范围广泛，架构设计合理，选材准确恰当，旨在培养建筑学、城乡规划、风景园林等专业背景学生的基本结构知识，使学生在学习或从事建筑设计、规划设计、景观设计的同时提升理解结构逻辑和应用结构方法的能力。全书内容涉及建筑结构的大部分类型，共包含17个章节：(1)概论；(2)荷载传力与建筑结构；(3)轴向受力与构件形态；(4)弯曲受力与构件形态；(5)稳定的构造形态；(6)直线线构结构——桁架；(7)曲线线构结构——拱；(8)结构材料特性；(9)钢筋混凝土结构；(10)钢结构；(11)砌体结构；(12)木结构；(13)钢筋混凝土楼屋盖结构；(14)大跨度建筑结构；(15)装配式建筑结构；(16)建筑结构选型及优化；(17)建筑结构设计实例分析。

本书十分注重实用性，针对建筑学、城乡规划、风景园林等专业的知识体系特点，将建筑结构的基本原理、结构构件选型和结构优化等作为教学重点，而非重点关注力学计算、构件与结构设计，从而提升学生的学习兴趣。本书按照"必需、够用"的原则，力求将内容讲解透彻，理论联系实际，同时对学生的建筑设计、规划设计及景观设计起到很好的支撑作用。通过本书的学习，学生能在设计过程中选择合理的结构体系和构件截面形式，了解建筑结构在保证建筑物的适用性、安全性、经济性和美观性等方面的重要作用，理解建筑与结构之间的和谐统一关系。本书可作为普通高等学校建筑类、城乡规划类、风景园林类等专业本科生相关课程的教材及研究生的教学参考书，同时也可为从事建筑设计、城乡规划设计和风景园林设计等方面工作的人员提供参考。

图书在版编目(CIP)数据

建筑结构 / 淳庆等编著. —南京：东南大学出版社，2022.12

ISBN 978-7-5766-0574-7

Ⅰ.①建… Ⅱ.①淳… Ⅲ.①建筑结构-高等学校-教材 Ⅳ.①TU3

中国版本图书馆CIP数据核字(2022)第254784号

建筑结构

Jianzhu Jiegou

编 著 者：淳 庆 戴 航 方立新 张 弦
责任编辑：戴 丽
责任校对：韩小亮
封面设计：毕 真
责任印制：周荣虎
出版发行：东南大学出版社
出 版 人：白云飞
社 址：南京市四牌楼2号(邮编：210096 电话：025-83793330)
网 址：http://www.seupress.com
电子邮箱：press@seupress.com
经 销：全国各地新华书店
印 刷：南京玉河印刷厂
开 本：889 mm×1194 mm 1/16
印 张：31
字 数：790千字
版 次：2022年12月第1版
印 次：2022年12月第1次印刷
书 号：ISBN 978-7-5766-0574-7
定 价：135.00元

本社图书若有印装质量问题，请直接与营销部联系，电话：025-83791830。

目　　录

第 1 章　概论 …… 1
1.1　建筑结构的基本概念 …… 1
1.2　建筑结构及其基本构件 …… 1
1.2.1　建筑结构的基本构件 …… 1
1.2.2　基本构件的分类 …… 2
1.2.3　建筑的结构单元 …… 3
1.2.4　建筑结构的分类 …… 4
1.3　建筑物对结构的基本要求 …… 7
1.4　建筑设计与结构设计的关系 …… 7
1.5　古代建筑结构技术的发展史 …… 10
1.6　近现代建筑结构技术的发展史 …… 13
1.6.1　砌体结构从古代到近现代建造上的发展 …… 13
1.6.2　钢结构的发展——从单层厂房到摩天大楼再到异型钢结构 …… 14
1.6.3　钢筋混凝土结构的发展及在我国的引入 …… 15
1.7　结构设计与计算技术的发展史 …… 16
1.7.1　建筑结构设计与计算技术的起步与探索阶段 …… 16
1.7.2　建筑结构设计与计算技术的发展与成熟阶段 …… 17
1.8　小结 …… 18
第 1 章习题 …… 18

第 2 章　荷载传力与建筑结构 …… 19
2.1　荷载和传力概述 …… 19
2.1.1　荷载的分类 …… 19
2.1.2　荷载的代表值 …… 20
2.2　竖向荷载 …… 23
2.2.1　建筑总重 …… 23
2.2.2　总重与地基承载力 …… 23
2.2.3　估算墙、柱及基础荷载 …… 24
2.3　水平荷载 …… 25
2.3.1　风荷载 …… 25
2.3.2　地震作用 …… 30
2.4　荷载的传力途径 …… 36
2.4.1　竖向荷载的传力途径 …… 36
2.4.2　水平荷载的传力途径 …… 36

2.4.3 结构的传力途径 …… 37
2.5 案例分析 …… 42
2.6 小结 …… 45
第 2 章习题 …… 45

第 3 章 轴向受力与构件形态 …… 46
3.1 轴向受力概述 …… 46
3.2 杆件的轴力 …… 47
3.2.1 内力与外力 …… 47
3.2.2 截面法 …… 47
3.2.3 轴力图 …… 48
3.3 杆件的应力 …… 49
3.3.1 应力的概念 …… 49
3.3.2 拉(压)杆横截面上的应力 …… 50
3.3.3 拉(压)杆斜截面上的应力 …… 51
3.4 杆件的变形 …… 53
3.4.1 杆件的变形及应变 …… 53
3.4.2 杆件的弹性定律 …… 54
3.5 案例分析 …… 56
3.6 小结 …… 58
第 3 章习题 …… 58

第 4 章 弯曲受力与构件形态 …… 61
4.1 弯曲受力概述 …… 61
4.1.1 弯曲的概念 …… 61
4.1.2 受弯杆件的简化 …… 61
4.2 梁的剪力和弯矩 …… 66
4.2.1 剪力和弯矩的计算 …… 66
4.2.2 剪力图和弯矩图 …… 67
4.2.3 叠加原理 …… 73
4.3 平面刚架和曲杆的受弯 …… 74
4.3.1 平面刚架的内力图 …… 74
4.3.2 曲杆的内力图 …… 75
4.4 弯曲应力 …… 76
4.4.1 平面弯曲时梁横截面上的正应力 …… 76
4.4.2 梁横截面上的剪应力 …… 78
4.4.3 梁的正应力和剪应力强度条件 …… 80
4.5 案例分析 …… 81
4.6 小结 …… 86
第 4 章习题 …… 86

第5章　稳定的构造形态 …… 88
5.1　几何构造分析概述 …… 88
5.2　计算自由度 …… 90
5.3　几何不变组成规则 …… 92
5.4　案例分析 …… 97
5.5　小结 …… 98
第5章习题 …… 98

第6章　直线线构结构——桁架 …… 100
6.1　静定桁架概述 …… 100
6.2　静定桁架的计算简图 …… 102
6.3　静定桁架的内力计算 …… 104
6.3.1　结点法 …… 104
6.3.2　截面法 …… 107
6.3.3　截面法和结点法的联合应用 …… 109
6.4　案例分析 …… 110
6.5　小结 …… 113
第6章习题 …… 113

第7章　曲线线构结构——拱 …… 115
7.1　静定拱概述 …… 115
7.2　静定拱的计算简图 …… 116
7.3　静定拱的内力计算及合理拱轴线 …… 118
7.3.1　静定拱的内力计算 …… 118
7.3.2　合理拱轴线 …… 120
7.4　案例分析 …… 121
7.5　小结 …… 130
第7章习题 …… 130

第8章　结构材料特性 …… 131
8.1　材料性能概述 …… 131
8.2　建筑材料的分类 …… 133
8.2.1　根据主要构成组分分类 …… 134
8.2.2　根据材料在工程中的主要功能分类 …… 134
8.3　钢材及其材料性能 …… 134
8.3.1　钢材的定义与组成 …… 134
8.3.2　钢材的分类 …… 136
8.3.3　钢材的力学性能 …… 136
8.3.4　钢材的工艺性能 …… 140
8.4　混凝土及其材料性能 …… 141
8.4.1　混凝土的定义与分类 …… 141

8.4.2 普通混凝土的组成 …… 142
8.4.3 混凝土的物理力学性能 …… 143
8.5 砌体及其材料性能 …… 151
8.5.1 砌墙砖分类及其力学性能 …… 151
8.5.2 砌块的分类及其力学性能 …… 156
8.5.3 砌筑石材的分类及其力学性能 …… 160
8.6 木材及其材料性能 …… 163
8.6.1 木材的分类与构造 …… 164
8.6.2 木材的物理性质 …… 165
8.6.3 木材的力学性质 …… 166
8.7 案例分析 …… 167
8.8 小结 …… 172
第8章习题 …… 172

第9章 钢筋混凝土结构 …… 173
9.1 钢筋混凝土结构概述 …… 173
9.1.1 钢筋混凝土结构的特点 …… 173
9.1.2 钢筋混凝土多层、高层及超高层建筑结构的概念 …… 174
9.2 框架结构的受力特点及构造要求 …… 175
9.2.1 框架结构的受力特点 …… 176
9.2.2 框架结构的构造要求 …… 177
9.3 剪力墙结构的受力特点及构造要求 …… 178
9.3.1 剪力墙结构的受力特点 …… 180
9.3.2 剪力墙结构的构造要求 …… 180
9.4 框架-剪力墙结构的受力特点及构造要求 …… 180
9.4.1 框架-剪力墙结构的受力特点 …… 181
9.4.2 框架-剪力墙的构造要求 …… 182
9.5 筒体结构的受力特点及构造要求 …… 183
9.6 其他高层结构体系类型 …… 185
9.6.1 巨型框架结构 …… 185
9.6.2 悬挂结构 …… 185
9.7 钢筋混凝土多层、高层及超高层建筑结构的发展概况 …… 186
9.8 案例分析 …… 188
9.9 小结 …… 191
第9章习题 …… 192

第10章 钢结构 …… 193
10.1 钢结构概述 …… 193
10.1.1 钢结构的特点 …… 194
10.1.2 钢结构的组成体系 …… 194
10.1.3 钢结构和钢构件的设计特点 …… 194

10.2　钢结构的连接方式 …… 195
10.2.1　焊接 …… 195
10.2.2　螺栓连接 …… 200
10.2.3　铆钉连接 …… 205
10.3　钢结构的构造方式 …… 206
10.3.1　轴心受力构件 …… 206
10.3.2　受弯构件 …… 208
10.3.3　拉弯和压弯构件 …… 210
10.3.4　构件间的连接 …… 211
10.4　钢楼面和钢屋盖 …… 213
10.4.1　钢楼面 …… 213
10.4.2　钢屋盖 …… 216
10.5　大跨度钢结构 …… 219
10.6　高层及超高层钢结构 …… 221
10.7　案例分析 …… 222
10.8　小结 …… 226
第 10 章习题 …… 227

第 11 章　砌体结构 …… 228
11.1　砌体结构概述 …… 228
11.1.1　砌体的分类 …… 228
11.1.2　砌体结构的优缺点 …… 229
11.1.3　砌体结构的受力特点 …… 229
11.2　砌体结构的构造要求 …… 230
11.2.1　墙、柱高厚比验算 …… 230
11.2.2　材料的强度等级 …… 231
11.2.3　墙、柱截面尺寸 …… 232
11.2.4　垫块及壁柱的设置 …… 232
11.2.5　预制构件的支撑长度 …… 232
11.2.6　砌块墙体的构造要求 …… 233
11.2.7　砌体中留槽洞及埋设管道时的要求 …… 233
11.2.8　夹心墙的构造要求 …… 233
11.3　过梁、墙梁和挑梁 …… 234
11.3.1　过梁 …… 234
11.3.2　墙梁 …… 235
11.3.3　挑梁 …… 236
11.4　砌体结构的抗震措施 …… 237
11.4.1　砌体结构房屋的震害 …… 237
11.4.2　抗震设计 …… 238
11.4.3　房屋抗震构造措施 …… 241
11.5　案例分析 …… 242

11.6 小结 …… 249
第 11 章习题 …… 250

第 12 章 木结构 …… 251
12.1 木结构概述 …… 251
12.1.1 木结构的特点 …… 252
12.1.2 木结构的发展现状 …… 253
12.2 古代木结构 …… 254
12.2.1 抬梁式和穿斗式木构架 …… 255
12.2.2 榫卯节点 …… 256
12.2.3 斗栱 …… 257
12.2.4 其他特点 …… 258
12.3 现代木结构 …… 259
12.3.1 现代木结构的分类和特征 …… 259
12.3.2 产品工艺和施工要点 …… 260
12.4 案例分析 …… 261
12.5 小结 …… 267
第 12 章习题 …… 268

第 13 章 钢筋混凝土楼屋盖结构 …… 269
13.1 建筑楼(屋)盖概述 …… 269
13.2 建筑楼(屋)盖的结构类型 …… 269
13.3 现浇肋形楼(屋)盖 …… 270
13.3.1 单向板肋形楼(屋)盖 …… 271
13.3.2 双向板肋形楼(屋)盖 …… 273
13.4 无梁楼(屋)盖 …… 274
13.5 井式楼(屋)盖 …… 275
13.6 密肋楼(屋)盖 …… 276
13.7 装配式楼(屋)盖 …… 277
13.7.1 装配式楼(屋)盖平面布置类型 …… 278
13.7.2 装配式楼(屋)盖预制板 …… 278
13.7.3 装配式楼(屋)盖预制梁 …… 280
13.7.4 装配式楼(屋)盖的连接 …… 281
13.8 钢筋混凝土楼梯 …… 282
13.8.1 钢筋混凝土楼梯的分类及特点 …… 282
13.8.2 现浇板式楼梯的构造 …… 284
13.8.3 现浇梁式楼梯的构造 …… 284
13.8.4 装配式楼梯 …… 285
13.9 小结 …… 286
第 13 章习题 …… 286

第 14 章　大跨度建筑结构 …… 287
14.1　大跨度建筑结构概述 …… 287
14.2　大跨度建筑结构的基本类型及其特点 …… 287
14.2.1　刚性结构体系 …… 288
14.2.2　柔性结构体系 …… 289
14.2.3　组合结构体系 …… 290
14.3　空间薄壳结构 …… 291
14.3.1　概述 …… 291
14.3.2　薄壳结构的曲面形式 …… 293
14.3.3　穹顶结构 …… 295
14.3.4　筒壳结构 …… 297
14.3.5　双曲扁壳结构 …… 299
14.4　网架结构 …… 300
14.4.1　网架结构分类 …… 301
14.4.2　网架结构形式及选型 …… 301
14.4.3　网架的高度与网格尺寸 …… 308
14.4.4　网架的整体构造 …… 310
14.5　网壳结构 …… 312
14.6　悬索结构 …… 314
14.6.1　悬索结构的分类 …… 314
14.6.2　悬索结构的特点 …… 317
14.7　膜结构 …… 318
14.7.1　膜结构概述 …… 318
14.7.2　膜结构材料 …… 318
14.7.3　膜的剪裁与连接 …… 320
14.7.4　膜结构类型 …… 320
14.8　索穹顶结构 …… 322
14.9　开合结构 …… 323
14.10　张弦梁结构 …… 324
14.10.1　张弦梁结构概述 …… 324
14.10.2　张弦梁结构分类 …… 325
14.10.3　张弦梁结构特点 …… 328
14.11　案例分析 …… 329
14.12　小结 …… 335
第 14 章习题 …… 335

第 15 章　装配式建筑结构 …… 336
15.1　装配式建筑结构概述 …… 336
15.2　装配式建筑结构的发展概况 …… 336
15.2.1　国外装配式建筑结构的发展 …… 337
15.2.2　国内装配式建筑结构的发展 …… 342

15.3 装配式建筑结构的类型及特点 …… 345
15.3.1 按建筑结构体系分类 …… 345
15.3.2 按构件材料分类 …… 349
15.3.3 装配式建筑结构的特点 …… 352
15.4 装配式混凝土结构 …… 353
15.4.1 装配式混凝土结构体系分类 …… 354
15.4.2 装配整体式混凝土结构的适用范围 …… 356
15.4.3 常用预制构件 …… 357
15.5 装配式钢结构 …… 357
15.5.1 装配式钢结构体系分类 …… 358
15.5.2 装配式钢结构的优点 …… 364
15.5.3 装配式钢结构建筑存在的问题 …… 365
15.6 装配式木结构 …… 367
15.6.1 轻型木结构 …… 368
15.6.2 重型木结构 …… 369
15.7 案例分析 …… 369
15.8 小结 …… 376
第 15 章习题 …… 376

第 16 章 建筑结构选型及优化 …… 377
16.1 建筑结构选型及优化概述 …… 377
16.2 建筑物的功能要求对结构选型的影响 …… 378
16.2.1 使用空间要求 …… 378
16.2.2 建筑物的空间使用需求与结构相结合 …… 381
16.2.3 美观功能要求 …… 384
16.3 建筑结构材料性能对结构选型的影响 …… 385
16.4 建筑施工技术水平对结构选型的影响 …… 388
16.4.1 施工技术是实现先进结构形式的保障 …… 388
16.4.2 结构选型要考虑实际施工水平和条件 …… 389
16.5 结构计算分析方法对结构选型的影响 …… 390
16.5.1 计算分析手段的改进 …… 390
16.5.2 抗震设计理论的发展 …… 391
16.5.3 结构理论研究的发展 …… 391
16.6 案例分析 …… 392
16.7 小结 …… 409
第 16 章习题 …… 409

第 17 章 建筑结构设计实例分析 …… 411
17.1 木结构设计实例 …… 411
17.1.1 大仓讲习所结构设计案例 …… 412
17.1.2 大仓风荷廊桥结构设计案例 …… 419

17.2　钢筋混凝土结构设计实例 …… 426
17.2.1　南京市不动产档案馆 …… 426
17.2.2　人民日报社报刊综合业务楼 …… 437
17.2.3　中国漕运博物馆结构设计案例 …… 453
17.2.4　常州港华燃气调度服务中心 …… 463
17.2.5　南京市中花岗社区服务中心 …… 465
17.3　钢结构设计实例 …… 465
17.3.1　绍兴柯桥客运枢纽工程——站房钢结构屋盖 …… 466
17.3.2　南京邮电大学体育馆项目——钢桁架结构 …… 476
17.3.3　国家极限运动中心——钢框架结构 …… 478
第 17 章习题 …… 480

主要参考文献 …… 481

第1章　概论

1.1　建筑结构的基本概念

建筑物是人类建造的人工空间，当自然界出现各种复杂的变化（如遭遇风、雨、雪及地震等）时，稳固的人工空间能够保证人类的正常生活与生产，如住宅、办公楼、购物中心等民用建筑，以及厂房、仓库等工业建筑。建筑物是人类得以生存与发展的基础，世界上的文明古国无不留下了令人叹为观止的建筑奇迹，正如历史学家所说，建筑是凝固的历史，是历史最坚定不移的诉说者，它们承载着人类文明演进的历史、见证了人类历史的发展过程。

建筑具有艺术和技术的双重性，古罗马作家、建筑师和工程师维特鲁威曾在其著作《建筑十书》中提到了建筑的三要素，即为实用、坚固、美观。一座好的建筑物，在满足其功能对实用性的要求之后，便需要考虑其使用的安全与坚固。为了保证建筑物在各种自然、人为因素的作用下保持其自身的工作状态（如跨度、高度及稳定性等），必须有相应的受力和传力体系，这个体系就是结构。

建筑结构承担着建筑物的重力、风力、使用荷载、撞击及振动等各种作用，它是由板、梁、柱、墙、基础等建筑构件形成的具有一定空间功能，并能安全承受建筑物各种正常荷载作用的骨架结构。

在正确设计、施工及正常的使用条件下，建筑结构应该具有抵御可能出现的各种荷载作用的能力，确保使用过程的安全。同时，建筑结构又是影响建筑构造、建筑经济和建筑整体造型的基本因素之一，是建筑物赖以存在的基础。因为建筑具有艺术意义，所以需以建筑美学为出发点，建筑结构辅助实现建筑美学的目标，同时兼具保证安全的力学功用。现实生活中的优秀建筑案例基本实现了建筑美学和建筑结构的和谐统一。

1.2　建筑结构及其基本构件

1.2.1　建筑结构的基本构件

建筑结构是一个由基本构件集合而成的空间有机体。有了各种基本构件，才能组成一个个有使用功能的空间，并使它们作为一个整体结构将荷载传给地基。结构设计的一个重要内容，就是确定用哪些基本构件组成结构单元，并将它们联系起来形成符合某种受力特征的结构体系。整体结构是多个结构单元的集合。

建筑结构的基本构件一般有：

板——覆盖一个具有较大平面尺寸但有较小厚度的平面形构件，通常在水平方向设置，提供活动面，直接承受并传递荷载，板的受力以受弯曲为主。

梁——板的支撑构件，承受板传来的荷载并传递给柱或墙。其截面尺寸小于其长向跨度，梁的受力以受弯、受剪为主。

柱——承受楼面体系（梁、板）传来的荷载并传递给基础。其截面尺寸小于其高度，柱的受力以受压缩、受弯曲、受剪切为主。

墙——承受楼面体系（梁、板）传来的荷载并传递给基础。其厚度小于其高度，墙的受力以受压缩、受弯曲、受剪切为主。

基础——将柱及墙等传来的上部荷载传递给地基。

索——悬挂构件或结构体系的主要传力单元，索通常有钢丝束、钢绞线、钢丝绳等类型。索仅能承受拉力。

杆——截面尺寸小于其长度的直线形杆件，承受与其长度方向一致的轴力，多用于桁架或网架中的杆件，或用于单独承受拉力的拉杆。杆的受力以受拉伸、受压缩为主。

拱——一种主要承受轴向压力并由两端推力维持平衡的曲线或折线形构件，以受压缩为主。

壳——一种曲面形且具有很好的空间传力性能的构件，能以极小厚度覆盖大跨度空间，以受压缩为主。

膜——采用高强度柔性薄膜材料与辅助结构通过一定方式使其内部产生一定的预张应力，并形成应力控制下的某种空间形状，作为覆盖结构或建筑物主体，并具有足够刚度以抵抗外部荷载作用的一种结构类型。膜结构仅能承受拉力。

1.2.2 基本构件的分类

在描述基本单元的时候，通常需要按照一定的分类方式将这些构件进行分类。一般可以按照构件的受力状态、几何形状、刚性特征等分类。具体分类及说明如下：

（一）按构件的受力状态分类

受弯、受剪构件（弯矩与剪力常同时存在）——其典型是梁构件、板构件等；

受压构件（含压弯构件）——其典型是柱构件、墙构件、拱构件、壳构件等，桁架和网架结构中的压杆构件等；

受拉构件（含拉弯构件）——其典型是桁架和网架结构中的拉杆构件，以及索结构中的索构件、膜结构中的膜构件、斜拉结构中的拉杆构件等；

受扭构件——常见的如曲梁、边梁等。

拉伸（$+N$）、压缩（$-N$）、弯曲（M）、剪切（V）、扭转（M_T）是5种基本受力状态，我国现行钢结构、混凝土结构、砌体结构、木结构设计规范都是以受拉、受压、受弯、受剪、受扭或其组合如拉弯、压弯等构件进行分类表述的。

（二）按构件的几何形状进行分类

直线形构件——截面尺寸比构件长度小很多的直线构件。梁、柱、杆、拉索都是直线形构件。

曲线形构件——截面尺寸比构件弧长小很多的曲线构件。曲梁、拱、悬索都是曲线形构件。

平面构件——厚度比平面边长小很多的构件。板、墙都是平面构件。

单曲面构件——只有一个方向有曲率，另一方向曲率为零的曲面构件，如单曲面拱板、单曲面筒壳、单曲面索面等。

双曲面构件——两个方向都有曲率的曲面构件，如球壳、扭壳、充气构件、双曲拉索等。

将构件看成线形和面形，主要与构件传递荷载的路线有关。线形和单曲面构件为单向传递荷载，即只沿一个方向将外加荷载传给支承构件，也称单向支承构件；平面和双曲面构件为多向传递荷载，即沿两个或两个以上方向（如沿两侧边、四侧边、圆周边）将外加荷载传给支承构件，也称多向支承构件。如木材是天然的线性材料，木构件大多是直线形构件，但胶合木可以做成面形构件或弧线形构件。各种型钢（如工字钢、槽钢、H型钢等）都是线形构件，但压型钢板却是面形构件。钢筋混凝土的可模性强，可以做成各种几何形状的线形和面形构件。

（三）按构件的刚性特征分类

刚性构件——在荷载作用下除有一定挠度和位移外无其他显著形状改变的构件，如板、梁、柱、墙等构件；

柔性构件——在一种荷载作用下只有一个形状，一旦荷载性质有变（如均布荷载变为集中荷载），它的形状也会突然变化的构件，如缆索、薄膜等构件。

刚性构件和柔性构件的分类与其受力状态有关。前者可以设计成与拉、压、弯、剪、扭有关的各种受力构件；后者一般只能设计成受拉构件。

刚性构件和柔性构件的分类与构件所用材料也有关。木材、普通混凝土、砌体等材料一般都做成刚性构件，钢材既可做成刚性构件（多数情况），也可做成柔性构件，钢缆索就是后者，薄膜则只能做成柔性构件。

1.2.3 建筑的结构单元

上述各种基本构件本身都是承重构件，对于一个完整的结构而言，需要将它们组合成一个能够满足使用功能要求、安全承受荷载、合理利用材料的结构单元，例如一块板和四面墙就可以组成一种结构单元——板墙单元。一幢建筑物的整体结构往往是多个结构单元的集合：住宅楼可能就是几个板墙结构单元的集合，办公楼可能就是几个框架结构单元的集合，体育馆也许就是网架结构单元和框架结构单元的集合。

通常结构单元大体有以下几种：

板-梁结构单元——楼（屋）盖结构的基本结构单元，由楼（屋）面板和梁组成，梁是板的支承，梁又支承在墙或柱上；主要起承受楼（屋）盖竖向重力荷载的作用。

板-墙结构单元——将板直接搁置在墙上而形成的基本结构单元，板可以按单向或双向铺设。板跨度不能过大，所用墙体较多，整体刚度很大，但使用空间不灵活，一般用于宿舍、住宅等建筑物。

板-柱结构单元——将板直接支承在立柱上而形成的基本结构单元。若采用柱帽（即在柱顶板底处将板局部加厚），板跨可以加大，形成宽敞的无梁使用空间，一般多用于住宅、办公等建筑物。

梁-墙结构单元——将梁直接放置在墙上而形成的基本结构单元，一种是梁墙间有梁垫，多为铰接，这种梁-墙结构单元多用在砌体结构建筑物中；另一种是梁墙整体浇筑在一起，多为刚接，这种梁-墙结构单元多用在剪力墙结构建筑物中。

框架结构单元——它的形式和梁-柱结构单元相似，但梁柱间刚性连接形成整体，故既能承受竖向荷载又能承受侧向荷载，不需另设支撑构件。框架结构组成的空间宽敞，可以灵活进行功能分区，适用于多种建筑物，对办公、商业或科教等建筑物较为适宜。

桁架结构单元——将短直线杆件组成为几何形状不变的三角形、梯形、抛物线形等图形的集合，称为桁架。桁架一般有上、下弦杆和斜、竖腹杆。杆件间为铰连接。将桁架支承在柱或墙上，两侧有支撑连接，保持侧向稳定。桁架中的杆件主要承受拉力或压力，这种结构单元能充分利用材料的强度，在跨度较大时比实腹梁更能节省材料、减轻自重和提高刚度。

网架结构单元——网架结构是桁架结构的演变，若将纵、横两个方向上的桁架做成等高的，将它们的上、下弦分别做成交错的网格，将每个腹杆都做成斜向的，使它对两个方向的上、下弦都起腹杆作用，就形成了网架结构。它是独立的三维空间结构单元，可支承在少量立柱上以形成大跨度的开敞空间，主要有交叉桁架体系网架、三角锥体系网架、四角锥体系网架、六角锥体系网架等类型，多用于有人多场合的公共建筑，如体育馆、展览馆等建筑物。

拱结构单元——拱结构是一种主要承受轴向压力并由两端推力维持平衡的曲线或折线形结构，拱底有水平推力，故拱需要与能够承受此水平推力的拉杆或墩座连接在一起才能形成独立的结构单元。拱结构由拱圈及其支座组成。支座可做成能承受竖向力、水平力以及弯矩的支墩；也可用墙、柱或基础承受竖向力而用拉杆承受水平力。拱圈主要承受轴向压力，比同跨度梁的弯矩和剪力小，从而能节省材料、提高刚度、跨越较大空间，可作为礼堂、展览馆、体育馆、火车站、飞机库等的大跨度屋盖承重结构。

壳体结构单元——壳体是曲面形结构，由曲面壳壁及其边缘构件（如梁、拱或桁架）组成的空间结构，主要有正高斯曲率壳体、负高斯曲率壳体、零高斯曲率壳体、混合型曲率壳体等，壳体结构广泛应用于工程结构中，如大跨度建筑物顶盖、中小跨度屋面板、各种工业用管道压力容器与冷却塔、反应堆安全壳、贮液罐等。工程结构中采用的壳体多由钢筋混凝土做成，也可用钢、木、砌体或玻璃钢做成。

建筑结构是由多个基本结构单元集合而成的，如表 1-1 所示。如果将建筑的基本结构单元的结构类型、构件组成、跨度间距、连接构造、支承条件及其优缺点弄清楚，整个建筑结构的组成和特点也就一目了然了。

1.2.4 建筑结构的分类

构件组合形成结构单元，结构单元组合形成建筑的结构，如表 1-1 所示。描述建筑结构时，需要按照建筑结构的一定特征对其进行分类描述。通常可按照受力体系与构件材料对其进行分类。

（一）按受力体系分类

墙板结构——由楼板和墙组成承重体系的结构，楼板为水平承重构件，而墙为竖向承重构件。

板柱结构——由楼板和柱组成承重体系的结构，楼板为水平承重构件，而柱为竖向承重构件。

框架结构——由梁和柱组成承重体系的结构，梁为水平承重构件，而柱为竖向承重构件。砌在框架内的填充墙，仅起围护和分隔作用，除承担本身自重外，不承受其他荷载，所以为减轻框架荷重，应尽量采用轻质填充墙。框架结构常用于多层建筑。

剪力墙结构——由梁板和剪力墙组成承重体系的结构，梁板为水平承重构件，而剪力墙为竖向承重构件。剪力墙结构用钢筋混凝土剪力墙来代替框架结构中的柱，能承担更大的水平荷载，并能有效控制结构的水平位移。剪力墙结构常用于高层建筑。

筒体结构——将剪力墙或密柱框架集中到建筑的内部和外围而形成的空间封闭式的筒体。筒体结构可以分为框架-筒体、筒中筒、多重筒、成束筒等类型。筒体结构在水平力的作用下，其受力类似刚性的箱形截面的悬臂梁，具有很强的抗侧刚度。筒体结构常用于超高层建筑。

塔式结构——下端固定、上端自由的高耸构筑物，以自重及水平荷载为结构设计主要依据。

表 1-1　建筑结构的基本构件、结构单元和结构集合

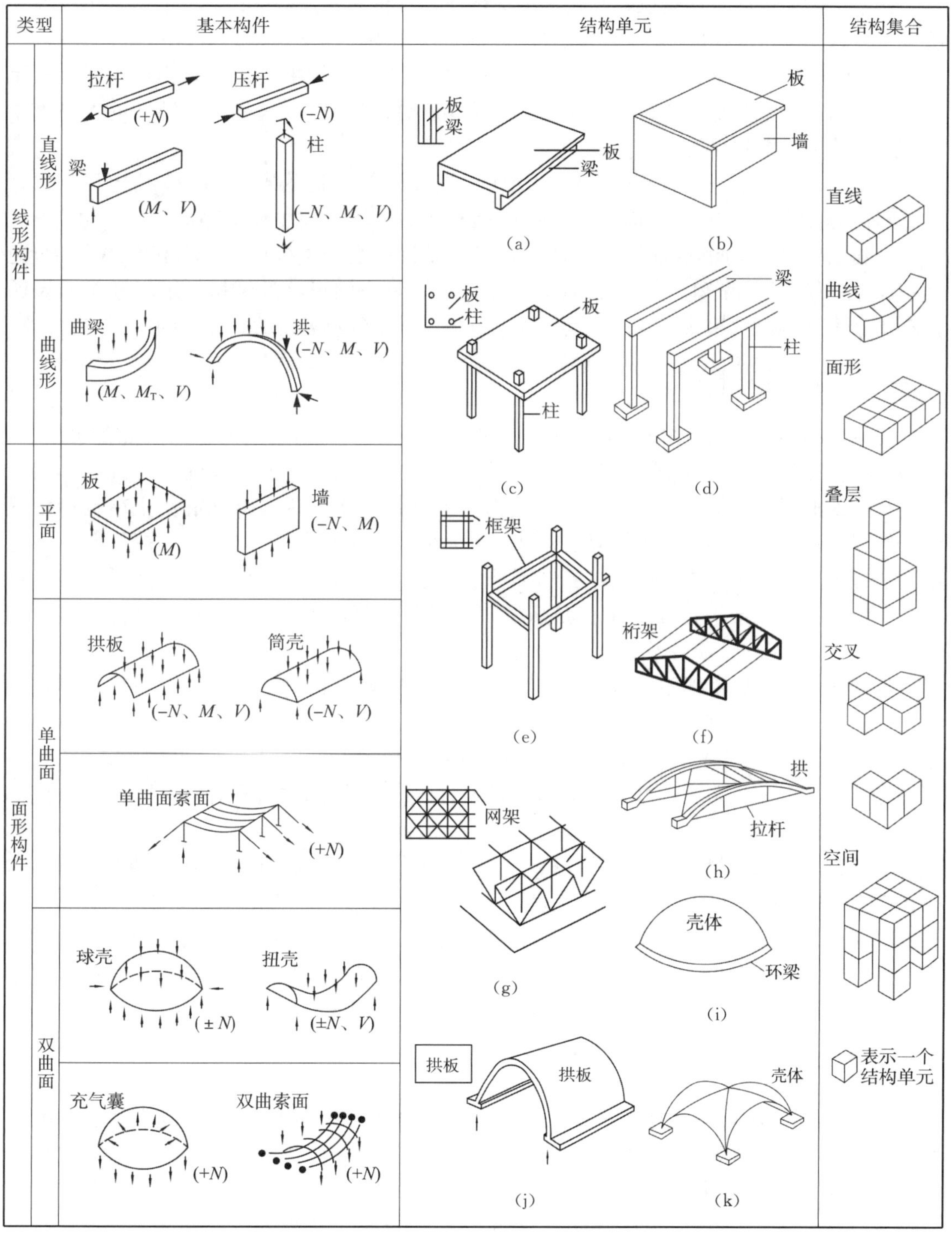

桅式结构——竖立的细长桅杆和纤绳所组成的构筑物，纤绳拉住杆身使其保持直立和稳定。桅式结构由纤绳、杆身和基础组成。纤绳常用高强镀锌钢丝绳，杆身常用钢、木和钢筋混凝土结构，基础包括杆身下面的中央基础和固定纤绳的地锚基础。

网架结构——由多根杆件按照一定的网格形式通过节点连接形成的空间结构。其按外形可分为平板网架和曲面网架;按材料可分为钢结构网架、混凝土结构网架、木结构网架等。

悬索结构——由柔性受拉索及其边缘构件所形成的承重结构,主要应用于建筑工程和桥梁工程。其柔性受拉索的材料可以采用钢丝束、钢丝绳、钢绞线等。

斜拉结构——由梁、斜拉索和立柱三部分组成。斜拉结构主要用于斜张桥和斜拉索屋盖。这种斜拉索主要是用来减小屋面或桥面结构构件的跨度,以满足整个结构的大跨度要求和达到节省材料的目的。

壳体结构——由空间曲面形板和边缘构件组成的空间曲面结构。壳体结构具有很好的空间传力性能,能以较小的构件厚度形成承载能力高、刚度大的承重结构。

索膜结构——又叫张拉膜结构,是由高强薄膜材料及加强构件(钢架、钢柱或钢索)通过一定方式使其内部产生一定的预张应力以形成某种空间形状的结构。膜材通常有聚四氟乙烯(PTFE)膜材、聚氯乙烯(PVC)膜材、ETFE(乙烯和四氟乙烯共聚物的简称)膜材等。

（二）按构件材料分类

混凝土结构——主要由混凝土材料组成的结构。混凝土结构主要包括素混凝土结构、钢筋混凝土结构、预应力钢筋混凝土结构、纤维混凝土结构和其他形式的加筋混凝土结构等。其中素混凝土结构指无筋或不配置受力钢筋的混凝土结构。钢筋混凝土结构指配置钢筋的混凝土结构。预应力钢筋混凝土结构则是使混凝土在荷载作用前预先受压,通俗地说即是提前施加一个与该构件正常工作所受应力方向相反的应力,使该构件所受合力相对减小。纤维混凝土结构是纤维和水泥基材料(水泥、砂浆或混凝土)组成的复合材料的统称,纤维的加入能够改善混凝土的受力性能。

钢结构——主要由钢制材料组成的结构。各构件或部件之间通常采用焊缝、螺栓或铆钉连接。其由工厂预制,施工简便,广泛应用于大型厂房、场馆、商场等建筑类型。钢结构容易锈蚀,一般钢结构要除锈、镀锌或涂防锈涂层,且要定期维护。

砌体结构——主要由块材和砂浆砌筑而成的结构。砌体结构包括砖砌体结构、石砌体结构、砌块砌体结构等。

木结构——以木材为主制作的结构。木材是一种取材容易、加工简便的结构材料。木结构自重较轻,木构件便于运输、装拆,能多次使用,故广泛地用于房屋建筑中,也有用于桥梁和塔阁建筑等。中国是较早应用木结构的国家之一,古人根据实践经验总结出的抬梁、穿斗和井干等木构架形式,充分发挥了木材的优势,具有较好的抗震性能。现代胶合木结构的出现,更扩大了木结构的应用范围,使得大跨度木结构和重型木结构成为现实。

混合结构——主要是相对于混凝土结构、钢结构、木结构而言的由多种材料组成的结构。常见的有砖混结构、钢-混凝土组合结构等。

需要注意的是,两种分类方式虽然不同,但是结构的材料特性反映了结构的受力特性,材料特性与受力特性密不可分,故两种分类方式之间存在一定的联系。例如悬索结构的索由于其是受拉构件,因此多用钢绞线,充分发挥了钢绞线优越的抗拉性能;而悬索结构的立柱由于其是受压构件,因此多用混凝土,充分发挥了混凝土优越的抗压性能。素混凝土结构由于混凝土具有抗压性能好,而抗拉性能差的材料特性,因此该种结构一般仅用于受压的构件;而钢筋混凝土结构由于充分发挥了钢筋抗拉性能好、混凝土抗压性能好的优点,广泛用于受弯、受剪、受拉、受压、受扭的构件。作为一名建筑师,你也需理解建筑结构体系的选择和材料特性之间的关联。

1.3 建筑物对结构的基本要求

结构作为建筑物的骨架，对于建筑物有着特殊的作用与意义。结构必须满足特定的要求以保证其功能的实现，从而保证建筑物的正常使用。对于结构的功能要求一般有如下三个方面：安全性、适用性、耐久性。

（一）结构安全性要求

结构的安全性是对结构的基本要求，如果没有安全性，建筑物也就失去了基本的意义。结构的安全性是指结构在各种外部与内部的荷载作用下，能够保持其稳固的形体，使内部空间得以存在，让人们的生产、生活得以保证，即结构能够承受正常施工、正常使用可能出现的各种荷载、变形等作用。

施加于建筑结构的外力作用是十分复杂的，有时建筑物可能会遭遇罕见的巨大外力作用，如超出设计范围的地震。在这种情况下，建筑物也要保证安全，此时安全性的意义并不是建筑物不被破坏，而是破坏后有充足逃生时间的“大震不倒”。

（二）结构适用性要求

结构的适用性是指结构在正常使用条件下，在保证自身发挥作用的同时，还能满足预定的使用功能要求。例如，如果建筑物仅仅为了满足安全性要求而导致结构构件尺度过大，影响到建筑物功能的发挥，这样的结构是不满足适用性要求的。事实上，结构构件尺度过大是建筑设计与结构设计之间的常见矛盾，优秀的建筑案例往往都能很好地协调建筑空间设计和结构构件设计之间的关系。

同时，结构在保证受力安全及正常使用过程中应具有良好的工作性能，不能产生较大的变形、挠曲、裂缝等不良反应，否则会影响建筑物功能的正常发挥，甚至造成使用者强烈的不安全感和心理冲击。

（三）结构耐久性要求

结构的耐久性也是对结构的基本要求之一。结构的耐久性是指结构在规定的工作环境中，在预期的使用年限内，在正常维护条件下不需进行大修就能完成预定功能的能力。因此，结构在正常使用和正常维护的条件下，在规定的设计基准期内应具有足够的耐久性。结构的耐久性要求建筑物能够抵挡自然界的腐蚀作用、气候变化产生的冻融循环作用等，如不发生裂缝扩展过大、材料风化严重、腐蚀侵蚀严重、老化程度大而影响结构的使用寿命，不发生影响结构耐久性的局部破坏等。

1.4 建筑设计与结构设计的关系

建筑设计与结构设计是整个建筑设计过程中的两个最重要的环节，对整个建筑物的外观效果、结构稳定起着至关重要的作用，而二者之间又存在着相互协调、相互制约的关系。任何一个建筑设计方案都会对具体的结构设计产生影响，而结构设计又制约着建筑设计。因此在进行建筑设计的过程中，建筑师应该具备一定的结构方面的理论基础，这样才能与结构工程师较好地沟通交流，使建筑设计和结构设计二者协调统一，从而创造出优秀的建筑设计作品。

建筑设计与结构设计这两部分相辅相成，下面从三个方面对二者的关系进行探讨。

（一）建筑物的设计是按照建筑设计与结构设计等多方面复杂的相互作用过程展开的

在不同的设计阶段，解决不同的设计问题。

通常情况下，建筑设计需要解决的问题有：与规划的协调，建筑体型与周围环境的设计；合理布置和组织建筑室内空间；解决好采光通风、照明、隔音、保温隔热等建筑技术问题；艺术处理与室内外装饰。

结构设计需要解决的问题有：确定建筑承受的荷载，并合理选用结构材料；正确选用结构体系与结构形式；解决好结构承载力、变形、稳定、抗倾覆等技术问题；解决好结构的连接构造和施工方法问题。

（二）建筑设计和结构设计有着紧密的对应关系

建筑平面和形体是建筑所采用结构形式的反映；结构形式的选择又受建筑平面和形体设计效果的影响，它们之间是一种相互结合的关系。例如框架结构、剪力墙结构、网架结构所对应的建筑平面和形体就各有不同（表 1-2）。

表 1-2　部分结构类别与建筑形体的对应关系

结构类别	传力途径	建筑平面	建筑形体
框架结构	板—梁—柱—基础	(1) 规律的柱间距，形成柱网 (2) 平面开敞，自由 (3) 可有大面积门、窗	(1) 平面形状多元化，可错列、收进，体型灵活 (2) 如需要，框架可以外露，形成隔片状外形 (3) 适用于多层建筑
剪力墙结构	板—梁—墙—基础	(1) 平行且连续的墙列 (2) 剪力墙宜沿主轴方向或其他方向双向布置 (3) 剪力墙的布置应对称、均匀、分散、周边	(1) 方盒形体及其各种组合，也可做成圆筒形体 (2) 剪力墙的门窗洞口宜上下对齐、成列布置 (3) 剪力墙的厚度应按阶段变化，每阶段厚度宜减小 50～100 mm (4) 适用于高层建筑
网架结构	板—网架—柱—基础	(1) 可有多种活泼平面（矩形、圆形、多边形、扇形等） (2) 室内空间宽广、完整 (3) 支承柱较少，柱间距很大	(1) 体型宽大、扁平，有大体积感 (2) 网架可外露，具有结构美感 (3) 适用于单层大跨度建筑

在进行建筑物的建筑设计和结构设计时，往往会受到如下因素的影响：

(1) 建筑功能的影响

建筑功能是建筑三要素中最重要的一个因素，人们在建造建筑时总是为了满足某些具体的目的和使用要求，这就是建筑的功能要求。由于各类建筑的用途不尽相同，因此便产生了不同的建筑，建筑的功能要求包括以下几个主要方面：空间构成、功能分区、人流组织与疏散以及空间的量度、形状和物理环境。建筑的功能要求会对建筑的结构材料、平面空间构成、空间尺度、建筑形象产生直接影响。

(2) 建筑材料的影响

建筑材料是建筑工程的物质基础。建筑材料的发展赋予了建筑物以时代的特性和风格。西方古代以砖石结构为代表的单层或多层建筑、中国古代以木构架为代表的单层或多层建筑、当代以钢筋混凝土结构和钢结构为代表的高层建筑，都具有鲜明的时代感。木材和砖石砌体材料由于其强度的局限性，仅能建造单层或多层建筑，而钢材和混凝土材料由于其强度的优势，可以用来建造高层建筑。

（3）施工技术水平的影响

建筑施工技术是指完成一个主要施工工序或者分项工程所需要的技术手段。施工技术水平对建筑设计具有重要的影响，古代由于没有机械化的施工技术，多采用人工技术，如建造木构建筑时，木材的加工、安装和防护等都为手工方式，建造砖石砌体建筑时，石材的加工、砌筑和粉刷等也都为手工方式，因此，施工效率较低，这些古代木构建筑和砖石砌体建筑多为单层或多层建筑。现代在建筑施工的过程中不断出现新工艺和新技术，基本突破了传统施工技术遇到的技术瓶颈。现代建筑的施工技术主要包括：土石方工程、爆破工程、地基基础工程、脚手架工程、砌体工程、钢筋混凝土工程、金属结构工程、安装工程、竹木结构工程、屋面工程、防水工程、隔热保温工程、地面工程、装饰装修工程、隔音工程、防腐工程、防护工程以及特殊条件下施工等，这些施工技术为超高层建筑和大跨度建筑的实现提供了技术支撑。

（4）结构设计理论的发展与计算手段的改进

在过去，由于结构设计理论的不成熟，人们在进行建筑的结构设计时往往只能采取比较简单的结构体系，例如近代钢筋混凝土建筑由于其结构设计方法采用构件层面的容许应力法进行计算，因此近代钢筋混凝土建筑基本为多层建筑；而现代钢筋混凝土建筑的结构设计方法则采用较为成熟先进的整体结构层面的概率极限状态理论方法，这种设计方法能保证钢筋混凝土高层建筑的结构安全。此外，由于计算手段上的困难，虽然人们在进行结构设计时希望能将多种结构方案进行比较，但常常因为工作量大、工时太长而不易实现，往往仅凭借以往积累的经验制定出简单可行的结构设计方案。随着计算机的发展，运算速度及储存空间的增大，缩短了计算时间，提高了计算精度，使各种复杂的空间结构计算问题迎刃而解，从而能够实现更为复杂精妙的结构设计。

（5）经济因素的影响

建筑经济性是指建筑项目从决策阶段开始，一直到建筑项目完成施工，在整个过程中所消耗人力资源、建筑材料、建筑技术等成本的总和。经济因素对于建筑设计有着重要影响。经济因素对于建筑的材料种类、建筑的平面功能布局、建筑的立面造型、建筑的装饰装修等都会产生重要的影响。例如，业主方想要建设一栋厂房，这栋厂房的结构体系可以采用钢筋混凝土框架结构，也可以采用钢结构，如果业主方希望该厂房的造价最低，该厂房的结构体系建议选择钢筋混凝土框架结构；如果业主方希望该厂房的施工工期最少，该厂房的结构体系建议选择钢结构。再如在二十世纪八九十年代，多层住宅建筑基本为砌体结构；而现阶段的多层住宅建筑大多为钢筋混凝土框架结构，虽然钢筋混凝土材料比砌体材料价格更贵，但钢筋混凝土框架结构要比砌体结构更安全更耐久，随着经济条件的改善，人们愿意花更多的钱来建造或购买更安全更耐久的住宅建筑。

（三）建筑设计和结构设计的协调关系

建筑既具有艺术性，又具有技术性，这两种文化本质上拥有共同的载体——建筑。建筑作为文化和历史的反映时，它是主观的和艺术性的，但建筑作为科学和技术的体现时，它又是客观的和理性的，只有建筑设计和结构设计的协调才能体现其科学性。

建筑设计强调创新，结构设计强调务实。只有实现建筑设计和结构设计的协调统一，通过不断的创新务实，提高设计水平，才能完成优秀的建筑作品。在建筑设计与结构设计中，建筑设计要考虑建筑的整体美观和空间布局，对整个建筑物的外部、内部做详细的设计；结构设计要针对建筑设计进行有效的、合理的、科学的计算分析、结构构件的布置与反馈建议，在保证建筑物的艺术性的同时，满足建筑物的安全稳定性。

美国著名建筑师弗兰克·劳埃德·赖特(Frank Lloyd Wright)曾说:“形式和功能是统一的。”西班牙著名结构工程师爱德华多·托罗哈(Eduardo Torroja)的座右铭是:“我的最终目的是永远将一个设计对象的功能方面、结构方面、美观方面表现为一个在本质上和形式上结合的整体。”美籍华裔著名建筑师贝聿铭(Ieoh Ming Pei)在1989年建成的香港中银大厦(图1-1)、意大利著名建筑师皮埃尔·路易吉·奈尔维(Pier Luigi Nervi)在1957年设计建成的罗马小体育宫(图1-2)中就充分体现了建筑设计和结构设计的协调性，成为近代和现代建筑工程的典范。要实现这种建筑设计和结构设计的协调，就要求建筑师和结构工程师都要熟悉理解对方的设计语言，用“建筑和结构协调”的观点思考问题和解决问题。

图1-1　香港中银大厦

图1-2　罗马小体育宫

1.5　古代建筑结构技术的发展史

古代建筑结构技术的发展分东方、西方建筑结构进行概述，研究对象类型选取较为典型的建筑实例进行提炼，时间上，暂将1840年之前的时间段视为古代。并就东、西方建筑结构的材料选用及其主要结构体系类型的异同之处进行对比。

（一）东方建筑结构的材料选用与结构体系发展

东方建筑结构在材料选用上，一类多以木材为主，少量采用砖石。以中国古代建筑为例，最初建筑用于解决人们居住问题，居住形式分为穴居与巢居，前者逐步发展为半穴居至地面建筑，后者逐步发展为干阑式至地面建筑，最终发展为以木构架为主体结构的建筑。北方官式建筑多用抬梁式结构，即在柱上放梁、梁上放短柱、短柱上再放短梁，逐层累叠而形成，如北京故宫、山西五台山佛光寺大殿(图 1-3)等；南方传统木构建筑多用穿斗式结构(图 1-4)，即以柱直接承檩条，柱架间穿枋相连，如皖南民居、苏州民居等。

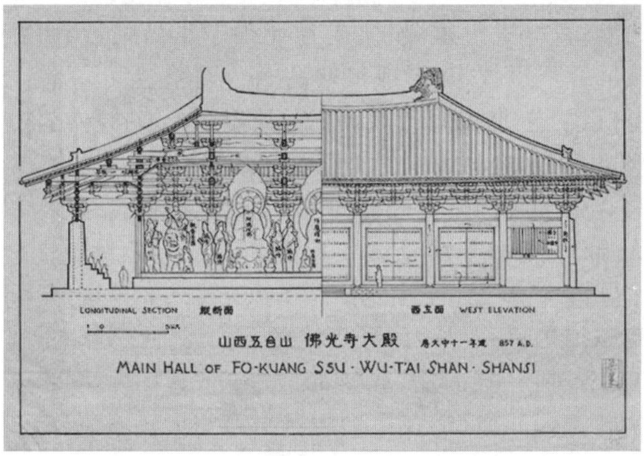

图 1-3　佛光寺大殿抬梁式结构

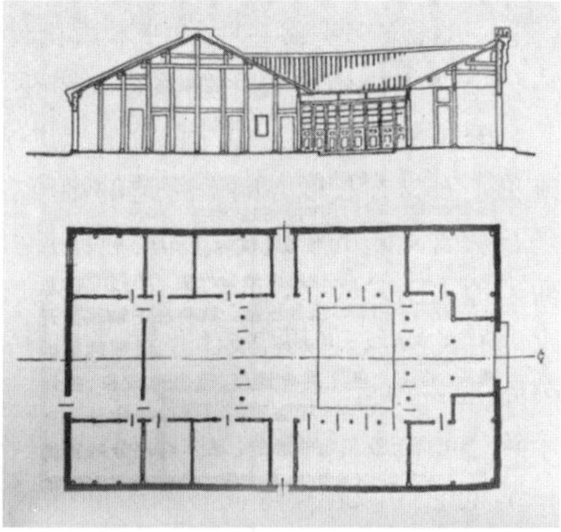

图 1-4　南方传统住宅穿斗式结构

传统木构建筑结构体系主要分为屋面、柱架、台基三部分，随着建筑等级的提高，还会在柱架之上设置铺作层(斗栱层)。荷载通过梁架屋面传递至铺作层、柱架层，而后通过木柱传递至台基、基础，传力路径较为明确。建筑结构从单层的殿堂、厅堂、余屋等，逐步向多层的楼阁、木塔等转变，目前我国最早的木构建筑为山西省忻州市五台县南禅寺大殿(重建于公元 782 年；图 1-5)；楼阁代表为天津市蓟州区独乐寺观音阁(重建于公元 984 年；图 1-6)，上下层柱采用叉柱造交接，是我国现存最早的楼阁式木构建筑；木塔代表为山西省朔州市应县佛宫寺释迦塔(始建于公元 1056 年；图1-7)，是中国现存最高最古老的木构塔式建筑。

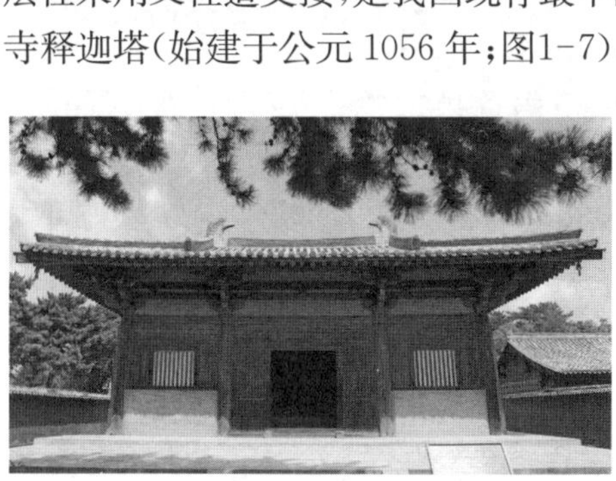

图 1-5　五台县南禅寺大殿正立面

图 1-6　蓟州区独乐寺观音阁渲染图

图 1-7　应县佛宫寺释迦塔剖面

另一类为砖石砌体结构，多应用于古墓穴、古寺庙、古桥、城墙等类型的建筑中。利用砖石砌体抗压性能较好的特征，采用砖石拱券或穹顶的方式形成空间的跨越和稳定的受力，出檐则采用叠涩的砌法层层叠砌向外挑出。典型实例如我国现存最古老的佛塔河南省登封市嵩岳寺塔(建于公元 520—525 年),由糯米汁拌黄土泥做浆、青砖垒砌而成;江苏省苏州市开元寺无梁殿(建于公元 1618 年),使用磨砖嵌缝纵横拱券结构,不施木构梁柱檩椽;江苏省南京市溧水区蒲塘桥(建于公元 1508 年),采用含砾凝灰质砂岩用纵联分节并列砌置的方法砌筑而成。

(二) 西方建筑结构的材料选用与结构体系发展

西方建筑结构在材料选用上,多以砖石为主。以西方传统砖石建筑结构发展脉络为线索,可归纳如下:古希腊建筑采用石材,在柱网之上搁置梁以形成框架体系,由于柱高较大,柱断面相应增大且分段制作后通过直榫相连,上部石梁由于无法跨越较大距离而形成密柱形式,典型实例如帕特农神庙(公元前 447 年开始兴建),使用大理石密柱网与石梁(图 1-8),许多类似三陇板等木质构件也使用石材进行雕刻;之后在亚平宁半岛附近,由伊特鲁里亚人创造了采用规整石块错叠而成的叠涩拱技术,形成最初的拱结构原型。

至古罗马时期:一方面,对叠涩拱结构进行了改进,开始使用楔形石块砌筑形成拱券结构,改善了石材在长度方向上跨越的难度:典型实例如法国加尔桥(建于公元前 1 世纪;图 1-9),是石灰岩砌筑的石拱桥,为古罗马时期的高空引水渡槽。另一方面,由于当地石材资源较少,而当地火山灰较多,通过火山灰、石灰、砂土调制而形成了最早意义上的“混凝土”,该材料具有水硬性的特点,使得砌筑的结构更加耐久牢固,在古罗马被广泛使用。例如:罗马斗兽场(建于公元 72—79 年),看台部分采用“混凝土”砌筑筒形拱;罗马万神庙(始建于公元前 27 年,重建于约公元 118 年;图 1-10),最著名的穹顶部分亦由“混凝土”砌筑而成,底部厚 6 m,顶部厚 1 m,同时为减轻自重而在内表面形成网格状方形凹格,门廊柱采用花岗石与大理石制作。

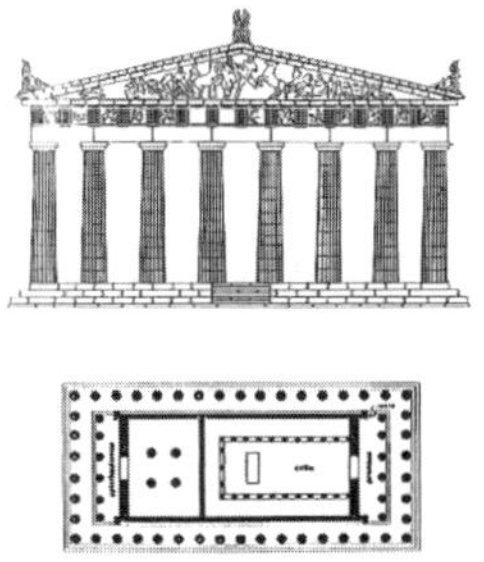

图 1-8　帕特农神庙平/剖面

图 1-9　法国加尔桥

图 1-10　罗马万神庙

随着时间的推移,又产生了不同风格的建筑形式且结构各具特色:一是拜占庭式建筑,诞生于公元 395 年前后东罗马帝国形成的建筑类型,结构上采用帆拱(图 1-11),解决了方形平面向圆形穹顶过渡的问题,典型实例如圣索菲亚大教堂(完工于公元 537 年)、圣马可大教堂(始建于公元 829 年)等。二是哥特式建筑,兴盛于中世纪高峰与末期,结构特点包含尖肋拱顶与飞扶壁,尖肋拱顶(图 1-12)将拱的推力作用于拱底石,使得拱顶的高度与跨度不受限制;飞扶壁(图 1-13)起到分担拱侧主墙压力等作用,典型实例如法国巴黎圣母院(始建于公元 1163 年)、德国科隆大教堂(始建于公元 1248 年)等。

(三) 东、西方建筑材料选用与结构体系对比分析

东、西方建筑结构在材料选用上存在较大差异,产生差异的原因可从其文明发源地不同来进行分析,东方国家以中国为例,古文明发源于黄河流域,这一区域主要为黄土,覆盖有茂密的森林,故在建造构筑物时多采用木材。西方文明发源于希腊,希腊地处地中海沿

岸，地表多裸露的石头，故建造构筑物时多采用石材。材料的易取性决定了主要用材类型。

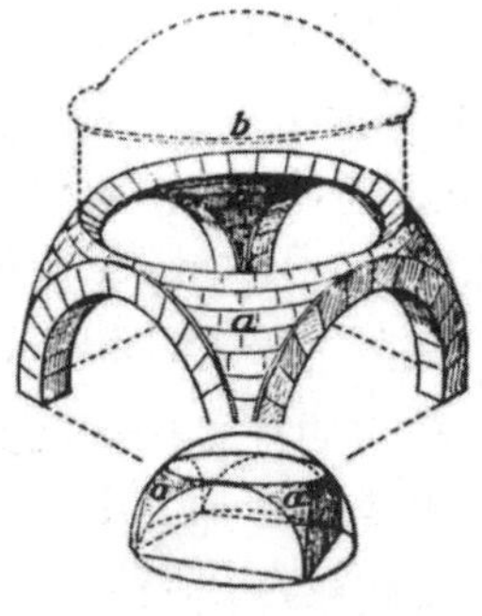

图1-11　帆拱结构

图1-12　尖肋拱顶

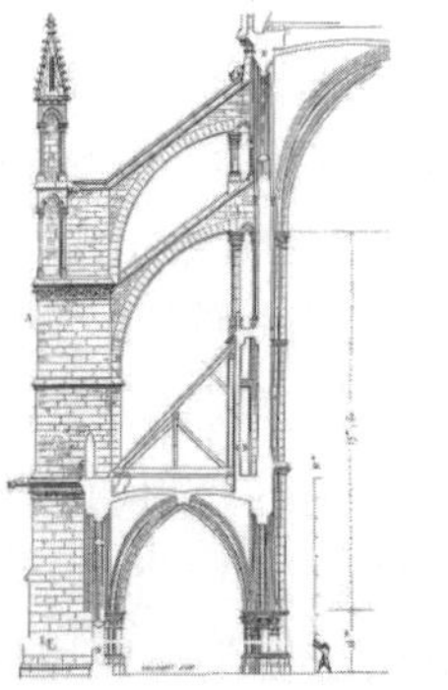

图1-13　飞扶壁

从东、西方国家的建造观念上看：东方建筑营造从选址堪舆开始便体现出对自然的敬畏之情，这种观念也影响到建筑选材，取材于自然、交融于自然、归隐于自然，于是便形成了以木材为主要建筑材料的状态；而西方国家，从现存的若干古代建筑遗迹可见，大多属宗教类型建筑，以物质的永恒性为出发点，从而最终选取了石材作为主要的建筑材料。从建筑材料自身特性上看：木材具有比重轻、强重比高、弹性好、易于加工等优点，又因其材料不均匀、不耐潮湿、易腐朽、易变形等缺点而出现若干问题，为此也带来了建筑结构的演变，如南方潮湿多雨等地区使用底部吊脚、屋檐深远、陡坡屋面等方式来减少雨水的蓄流，从而减少水分对木结构的侵蚀。石材具有强度高、耐久性强、导热储热能力强、易于雕刻等优点，但由于平砌而成的砌体结构抗拉性能和抗剪性能差，无法实现较大跨度，从而推动了拱砌体结构和穹砌体结构的起源与发展。

材料的选用间接影响到建筑结构体系的选取：以中国传统木构建筑为例，为实现大跨度空间，北方多采用抬梁式木构架体系，南方则多采用穿斗式木构架体系，充分利用木材抗弯性能较好的特性；而西方石质建筑多采用梁柱砌体结构、拱砌体结构、穹砌体结构等，充分利用石材抗压性能较好的特性。由此可见：建筑材料的选用要综合考虑当地文明发源地地理特征、建筑营造理念、材料特性等，形成主要用材类型，再由其材料特性间接影响建筑结构体系的选择与演变，并影响建筑材料与结构形式的发展。

1.6　近现代建筑结构技术的发展史

1.6.1　砌体结构从古代到近现代建造上的发展

砌体结构这一类型在古代建筑结构体系中便已形成。砌块主要采用砖块与石块，黏结材料西方多用石灰砂浆、掺火山灰的“混凝土”等，中国古代则多用石灰砂浆、掺桐油或糯米汁的石灰砂浆等做浆。以我国砌体结构从古代到近现代的发展为例：公元595—605年建成的河北赵州桥（图1-14），是世界上最早建设的空腹式圆弧石拱桥。从北魏时期十二边形的嵩岳寺塔，到唐代四边形的大、小雁塔，再到宋元明清大量的八边形的砖石古塔，见证了中国砖石古塔砌筑工艺的演进过程。明代兴起的砖砌无梁殿建筑是我国古代建筑中的特殊样式，具有特殊的内部结构和独特的外部仿木构殿堂式装饰构造手法，全部由青砖和石灰砂浆砌筑，主要采用砖砌拱券或砖砌穹顶结构支承楼面和屋面荷载，整体结构中没有木梁和木柱构件，通过各种砖砌工艺，模仿传统木构建筑中的藻井、斗栱、出檐、木柱、额枋、柱础等特色细部构造。

在近代之前，砖的烧制多采用馒头窑，烧制效率和产量都较低，为缩短制作周期，多使用青砖。近代时期，一方面，受“西风东渐”的影响，对于红砖砌筑的建筑愈发青睐；另一方面，随着从西方传入的霍夫曼窑（图 1-15）在全国各地的使用，制砖效率显著提升，因而红砖产量有了较为迅速的增长。新中国成立后，建筑墙体主要采用黏土红砖砌筑，起初多用于单层民用住宅，之后随着工业化与经济发展，逐步用于多层住宅、办公楼等民用建筑及中小型工业厂房等。1956 年，开始推行标准砖模式，标准砖尺寸为 240 mm×115 mm×53 mm。20 世纪 60 年代，小型空心砌块与多孔砖的发展加快，自此砖砌块生产中的环境保护问题开始得到关注，新型砌块材料逐渐涌现。20 世纪 90 年代之后，在学习借鉴国外配筋砌体结构研究与实践成果的基础上，我国砌体结构的设计得到了新的发展，以概率理论为基础的极限状态设计方法、砌体抗震设计等多种设计理论均得到逐步完善。

图 1-14　河北赵州桥拱券细部

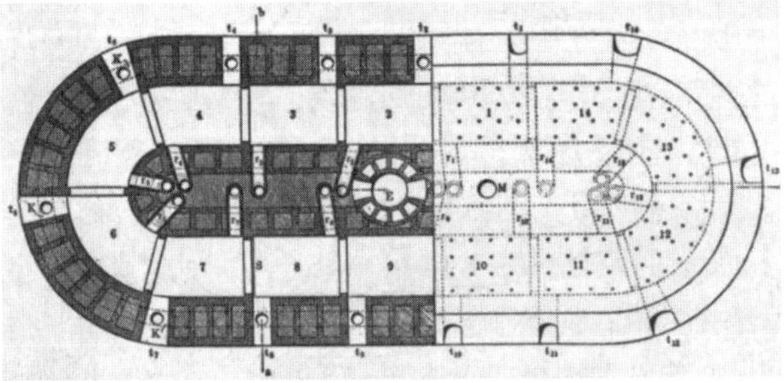

图 1-15　霍夫曼窑典型平面示意

1.6.2　钢结构的发展——从单层厂房到摩天大楼再到异型钢结构

金属结构的使用最早可追溯至东汉时期云南景东地区澜沧江上的兰津桥“以铁索系南北为桥”。最初还多以铁质金属为主，如湖北省当阳市玉泉寺铁塔（始建于公元 1061 年；图 1-16）等，1840 年后，随着锻铁技术的发展，铸铁逐步被锻铁而取代。1870 年后，对于钢材的轧制技术已经为钢材的工业化生产提供了基础，钢材逐步替代了锻铁材料。19 世纪到 20 世纪早期，钢结构构件的连接基本采用铆钉连接或螺栓连接，一直到 20 世纪早中期，随着焊接技术与高强螺栓连接方式的出现，才显著加快了钢结构技术的发展。

我国钢结构的发展与西方国家相比较为缓慢，19 世纪末期才逐步引入钢结构，初期以借鉴国外既有经验为主。新中国成立后，钢结构的材料生产、结构设计、构件计算、施工技术等方面才有了较为明显的进步。首先广泛建设的是工业厂房等，以其轻质高强、建造便捷等优势而迅速传播开来；其后又多用于高层、超高层建筑结构的建设中，实现了建筑结构在垂直方向上的突破，但因高层建筑钢结构相比钢筋混凝土结构刚度较低，故通常结合钢筋混凝土核心筒、剪力墙结构共同实现高层、超高层建筑结构的刚度与稳定性需求；再之后，随着人民生活水平的提升，钢结构的设计与施工又不断向“新”而“异”的方向转变：“新”在于结构体系之新，不同于传统钢结构，跨度大、悬挑大、变化多为现代钢结构的结构体系设计带来新的挑战；“异”在于结构外形之异，与传统规整的建筑形体不同，现代钢结构建筑结构在外形上已产生了丰富的变化，结构逐步成为表达建筑个性的重要元素。典型实例如国家体育场“鸟巢”（2003 年动工，2008 年竣工；图 1-17）、北京中央电视台总部大楼（2004 年动工，2012 年竣工）、上海中心大厦（2008 年动工，2016 年竣工；图 1-18）等。

图1-16　玉泉寺铁塔

图1-17　国家体育场“鸟巢”钢结构施工

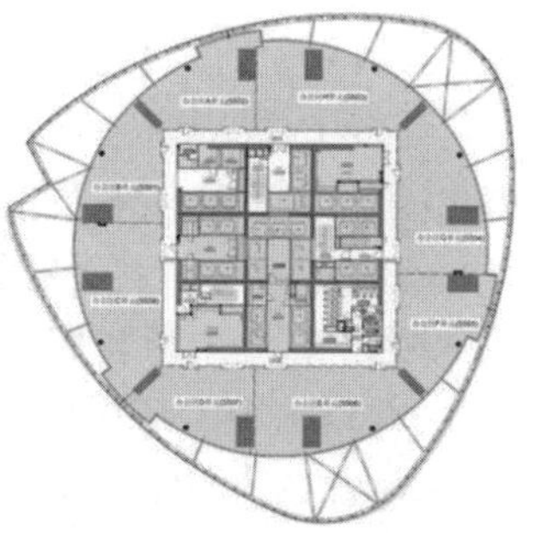

图1-18　上海中心大厦结构布置

1.6.3　钢筋混凝土结构的发展及在我国的引入

1756年,英国工程师约翰·斯密顿(John Smeaton)在修建灯塔(图1-19)时意外发现将黏土与石灰石按适当比例混合后煅烧可形成较高强度的材料,这成为水泥的最初雏形。1824—1840年,约瑟夫·阿斯普丁(Joseph Aspdin)与威廉·阿斯普丁(William Aspdin)父子,总结了使用石灰石、黏土、矿渣等配比混合煅烧成“水泥”的方法。由于水泥硬结后的颜色与强度,与英国波特兰岛上的天然石材类似,故也称其为“波特兰水泥”,即普通硅酸盐水泥,最早于泰晤士河底隧道中使用。法国、德国分别于1840年、1855年建设了水泥制造厂,随后水泥在世界各地迅速推广使用。

1849年,法国园丁约瑟夫·莫尼尔(Joseph Monier)将铁丝与混凝土结合,制作了花盆,解决了混凝土抗拉强度低的问题。此后他又陆续发明了钢筋混凝土管道、水箱、幕墙板等,并在1875年设计了第一座钢筋混凝土桥。法国工程师弗朗索瓦·埃纳比克(Francois Hennebique)受其启发,将这种材料推广至建筑结构领域,于1892年发明了全套钢筋混凝土建筑建造系统(图1-20)。至此,开启了对于钢筋混凝土结构领域的探索与发展:1888年,美国工程师杰克逊(P. H. Jackson)提出了预应力混凝土的概念,但最初的尝试并不成功。1928年,法国工程师斐斯奈特(E. Freyssinet)提出必须采用高强钢材和高强混凝土,以减少预应力损失的影响,他率先应用了极限强度为1 725 MPa的高强钢丝。之后,他和麦格奈尔(G. Magnel)分别发明了锥形锚具和麦氏楔形锚具,用于后张法预应力工艺。霍伊尔(E. Hoyer)则研究出不靠锚具的先张法工艺。1952年,国际预应力协会(FIP)成立,借战后重建的机会,预应力混凝土结构大量代替钢结构,推动了其理论和技术的蓬勃发展。1956年,林同炎完成了经典著作《预应力混凝土结构设计》(图1-21),提出“荷载平衡法”理论。

图1-19　斯密顿灯塔

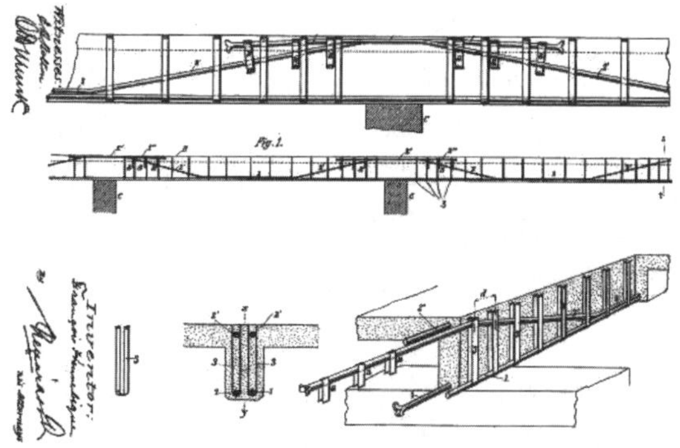

图1-20　埃纳比克提出的钢筋混凝土建筑建造系统

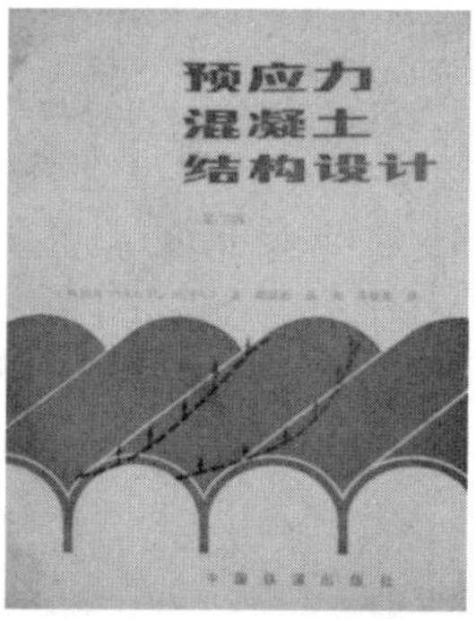

图1-21　林同炎著书封面

我国最早于民国时期开始使用钢筋混凝土结构，但其结构计算方法基本均来源于西方国家，采用容许应力法进行计算分析，这种方法将结构材料当作理想弹性体，根据线弹性理论，计算不同荷载下的结构应力，并规定构件的任一截面上的各点应力 σ 不大于材料容许应力$[\sigma]$，虽然此法公式简单，实用方便且易于掌握，却忽视了材料具备的塑性能力，钢筋混凝土构件中的两种材料都具有一定程度的塑性能力，因此，采用上述方法进行计算与设计时，其结果难免有不合理之处。至20世纪50年代，受苏联规范 HNTY 123—55 影响，采用三系数（荷载的超载系数、材料的均质系数和构件的工作条件系数）按三种极限状态（强度、变形和裂缝）进行设计。20世纪60年代初期，在基本按照苏联规范 HNTY 123—55 的基础上，发布了《钢筋混凝土结构设计规范（草案）》，确定了我国混凝土结构设计的基本模式。20世纪60年代中期，修订和发布了《钢筋混凝土结构设计规范》（BJG 21—66），核心内容仍参照苏联规范的规定，按多系数极限状态计算。1974年，发布了《钢筋混凝土结构设计规范（试行）》（TJ 10—74），内容受苏联规范的影响仍较大，采用综合安全系数的计算方法。1989年，发布了第一部基于自主科研、具有鲜明中国特色的《混凝土结构设计规范》（GBJ 10—89），采用基于可靠度理论的概率极限状态设计方法。2002年，发布了修订后的《混凝土结构设计规范》（GB 50010—2002），继续补充和完善基本设计方法；从“构件计算”向“结构设计”过渡；增加了“结构分析”内容；引入了混凝土本构关系及多轴强度准则；适度提高结构安全度设置水平及材料强度等。2010年，发布了再一次修订后的《混凝土结构设计规范》（GB 50010—2010）。以上规范都已废止，现行的为《混凝土结构设计规范（2015年版）》（GB 50010—2010）。

1.7 结构设计与计算技术的发展史

1.7.1 建筑结构设计与计算技术的起步与探索阶段

无论东西方国家，对于建筑结构的设计与计算在早期工程实践中便体现出来，但这些建筑结构的设计大多停留于定性判别与经验总结，还未涉及较为精确的定量判别，尚属起步与探索阶段。

中国自古以来，便注重匠人精神，建筑的营造之法也由一代代工匠心口相传。建筑结构设计与计算，从中国建筑史上若干著作中便可窥见一斑。北宋时期由李诫编撰的《营造法式》（图1-22），对于建筑设计、施工用料进行了规定，其中：“凡梁之大小，各随其广分为三分，以二分为厚。”即梁的高宽比为3∶2，这种构件截面尺度比例受力性能较佳；1734年刊行的《清工部〈工程做法则例〉图解》（图1-23）中：“凡里金檩以步架四份定长短。如步架四份深一丈四尺，即长一丈四尺。外加一头交角出头分位，按本身之径一份，又加柱径半份，得通长一丈五尺一寸五分。”其经验判别暗含了模数化设计以及结构构件的截面设计思路。

西方国家的学者与建筑师也有对于结构设计计算的定性判别与方法总结：西班牙著名建筑师安东尼奥·高迪（Antonio Gaudi）在设计圣家族大教堂时，采用悬链逆吊法（图1-24），获取了合理受力下拱结构的空间形态；达·芬奇（Leonardo da Vinci）在其手稿中研究并讨论了柱所能承受的荷载大小；伽利略·伽利雷（Galileo di Vincenzo Bonaulti de Galilei）在其《关于两种新学科的对话》中研究了固定端悬臂梁的承载能力问题；马略特（Edme Mariotte）重新进行了伽利略的悬臂梁试验，由于在截面上采用的平衡条件不同，故结果也产生了偏差；雅克比·伯努利（Jacob Bernoulli）开展了关于梁的研究，即如今所称的伯努利梁理论。这些对于结构选型、材料力学方面的研究，奠定了之后混凝土结构以及钢结构在建筑结构设计计算上的发展。

图 1-22　《营造法式》封面

图 1-23　《清工部〈工程做法则例〉图解》封面

图 1-24　悬链逆吊法装置

1.7.2　建筑结构设计与计算技术的发展与成熟阶段

19 世纪初期，随着建筑工业化发展，人们开始设计各类大规模工程结构，对于这些结构的设计，提出对精确分析与计算的需求。工程结构的分析理论与方法由此开始独立出来。1826 年，法国的纳维（Claude-Louis-Marie-Henri Navier）提出求解超静定结构问题的一般方法。1847 年之后的数十年间，研究学者们使用图解法、解析法等来研究静定桁架结构的受力分析，奠定了桁架理论的基础。19 世纪中期，结构力学开始成为一门独立学科。1864 年，英国麦克斯韦（James Clerk Maxwell）创立了单位荷载法和位移互等定理，并用单位荷载法求出了桁架位移，得出求解超静定问题的方法。

20 世纪初期，大量学者对动荷载下梁的动力学理论和自由振动及受迫振动方面进行了研究；航空工程的发展，促进了薄壁结构和加劲板壳的应力和变形分析，以及对于稳定性问题的研究。1914 年，德国的本迪克森（A. Bendiksen）开创转角位移法，以解决刚架和连续梁问题。20 世纪 20 年代，在试验与理论分析上出现许多关于动荷载的研究，疲劳问题、断裂问题及复合材料结构问题先后进入研究领域。至此，结构的设计与计算还停留于二维框架层面。至 20 世纪中叶，电子计算机和有限元法的问世，使得大型结构的复杂计算成为可能，结构力学的研究与应用从二维分析转向了三维计算。

传统结构分析与手工计算书，在当下由多种多样的结构分析计算软件替代，诸如：PKPM、盈建科结构设计软件、广厦结构设计软件、SAP2000（图 1-25）、ANSYS（图 1-26）、ETABS（图 1-27）、ABAQUS、Midas 等，为当代复杂结构体系的设计与计算提供了便捷。除了对结构的精细化建模与数字计算外，还常结合相关结构试验进行分析：为测定材料物理力学参数、为理论计算与构件设计提供基础而进行的材性试验；为获得构件受力、位移、挠度、裂缝宽度、破坏或失稳形态等而进行的构件试验；为确定结构线性动力特性以及结构非线性性能而进行的抗震试验；为确定复杂高层建筑体型系数、测定风荷载作用下建筑的整体受力与风振响应等而进行的风洞试验；为了解重复荷载作用下结构的性能及其变化规律，针对不同结构设计与计算出现的问题，选择相应的试验，有助于掌握结构工作性能的相关参数，确定结构对于使用要求的符合程度，并检验和发展结构的计算理论。

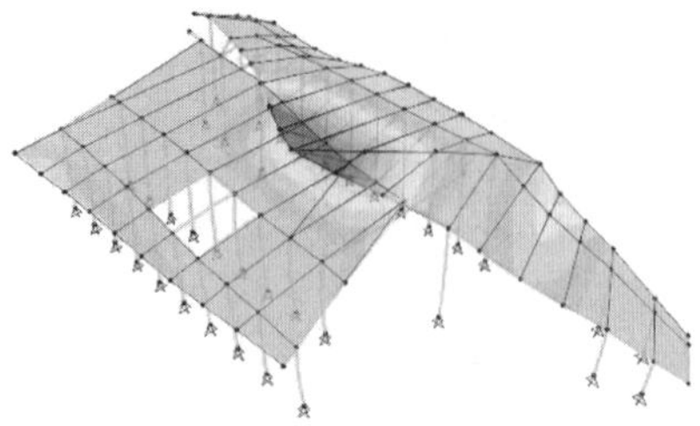

图 1-25　大仓讲习所 SAP2000 分析

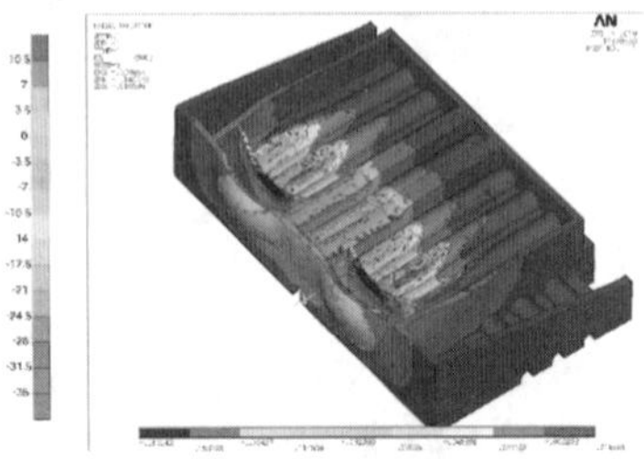

图 1-26　中华门城堡 ANSYS 分析

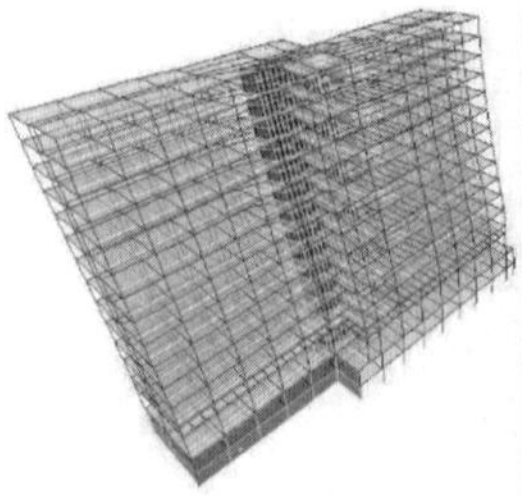

图 1-27　安哥拉司法部大楼 ETABS 分析

1.8　小结

本章从建筑结构的基本概念入手，介绍了建筑结构的基本构件与结构单元。我们需要建立从构件到单元再到结构的建筑结构知识脉络，分别了解其相应的含义以及常见分类，掌握每种分类的基本特性。建筑具有艺术性，也具有技术性。结构作为建筑物的骨架，对于建筑物有着特殊的作用与意义。“安全性、适用性、耐久性”是建筑物对结构的基本要求，我们需要了解这些要求的含义与其对应的实际内容。在建筑物设计时，建筑设计与结构设计是最主要的两个部分，这两部分共同支撑了整个建筑物的形成，二者相辅相成，缺一不可。本章从设计需要解决的问题、建筑设计与结构设计的对应关系、建筑设计和结构设计的协调关系三个方面对二者关系进行了探讨，这是需要我们理解的。我国有着绚丽多彩的建筑历史，结构技术在这一过程中也是不断创新与发展的。西方建筑在历史上也创造出完全不同于我国的辉煌，不同时期结构技术的发展都直接影响着建筑的形式。本章对建筑结构技术史的介绍，不仅涵盖了不同类型结构基本原理的讲解，同时涉及材料选用、发明创造、历史人物、体系构建、地域文化等多重视角的深入解读。通过对建筑结构技术史的了解，我们能理解不同历史时期的结构技术支撑下的建筑作品特征，我们应该在面对时代的局限和条件的限制时，开始思考应该如何解决问题，如何设计出更加优秀的建筑作品。

第 1 章习题

1. 什么是建筑结构？
2. 建筑设计和结构设计的关系是什么？
3. 建筑设计和结构设计通常会受到哪些因素的影响？
4. 建筑的结构单元主要有哪些？
5. 建筑结构的基本构件主要有哪些？
6. 建筑结构构件的受力状态主要有哪些？
7. 建筑结构按照受力体系分类主要可以分为哪些类型？
8. 建筑结构按照构件材料分类主要可以分为哪些类型？
9. 建筑物对结构的基本要求有哪些？
10. 古代的建筑结构主要有哪些类型？
11. 现代的建筑结构主要有哪些类型？

第 2 章　荷载传力与建筑结构

2.1　荷载和传力概述

建筑物是用建筑材料建造的供人们生活与各种活动的空间和实体，建筑物有地基、墙壁、屋顶和门窗等，能够防风防雨，是一个稳定的空间物体。建筑物按照使用功能可分为民用建筑、工业建筑和农业建筑。不同的使用功能会对建筑物产生不同的荷载作用。不同的建筑材料有着不同的密度，因此，不同建筑材料的结构构件会对建筑物产生不同的荷载作用。此外，临海地区和内陆地区的风环境往往不同，因此，不同地区的建筑物也会面临不同的风荷载作用。建筑结构的设计必须保证建筑物在这些荷载作用下的“安全性、适用性、耐久性”。

建筑物在施工过程和使用过程中所受到的各种外力称为荷载，能使建筑结构产生效应（包括内力、变形、应力、应变、裂缝等）的各种原因总称为荷载作用，荷载作用分为直接作用和间接作用。直接作用是以力的形式直接施加于结构上，即通常所说的荷载，如自重、风荷载等。间接作用是以变形形式施加于结构上，如地震振动、地基不均匀沉降、混凝土的收缩、徐变、温度变化等。

荷载作用使结构产生的内力和变形称为作用效应。如对钢筋混凝土结构而言，结构上的荷载作用使结构产生内力和变形，还可能使之出现裂缝，这些都是作用在结构上的反应，属于作用效应。再比如对一承受特定荷载作用的简支梁，其支座反力、跨中弯矩、跨中挠度等具体数值都属于荷载作用效应。在多层建筑中，控制结构设计的是竖向荷载，而在高层建筑中，即使竖向荷载仍然对结构设计具有重要的影响，但起控制作用的则是水平荷载（风荷载和地震作用）。

2.1.1　荷载的分类

根据使用场合的不同，可以把荷载按照不同标准分类。

（一）按荷载随时间变化与否分类

（1）永久荷载：也称恒荷载，是指在结构使用期间，其值不随时间变化，或者其变化与平均值相比可忽略不计的荷载。例如结构自重、土压力、预应力等。

（2）可变荷载：也称活荷载，是指在结构使用期间，其值随时间变化，且其变化值与平均值相比不可忽略的荷载。例如楼面活荷载、屋面活荷载和积灰荷载、风荷载、雪荷载及工业厂房中的吊车荷载等。

（3）偶然荷载：指在结构使用期间不一定出现，而一旦出现，其量值很大且持续时间较短的荷载。例如地震、爆炸力、撞击力等。

（二）按照荷载空间位置变化与否分类

（1）固定荷载：指在结构空间位置上具有固定分布的荷载。例如结构构件的自重以及工业与民用建筑楼面上的固定设备荷载等。

（2）可动荷载：指在结构空间位置上的一定范围内可以任意分布的荷载。例如工业与民用建筑楼面上的人群荷载、吊车荷载等。

（三）按结构的反应分类

（1）静态荷载：指对结构构件不产生加速度，或其加速度可以忽略不计的荷载。例如结构自重、住宅与办公楼的楼面活荷载等。

（2）动态荷载：指对结构构件产生不可忽略的加速度的荷载。例如吊车荷载、地震、设备振动、作用在高耸结构上的风荷载等。

（四）按照荷载作用的方向分类

（1）竖向荷载：指在结构使用期间，作用方向为竖向的荷载，包括自重荷载、楼面活荷载、屋面活荷载和积灰荷载等[图 2-1(a)]。

（2）水平荷载：指在结构使用期间，作用方向为水平向的荷载，包括风荷载、地震荷载等[图 2-1(b)]。

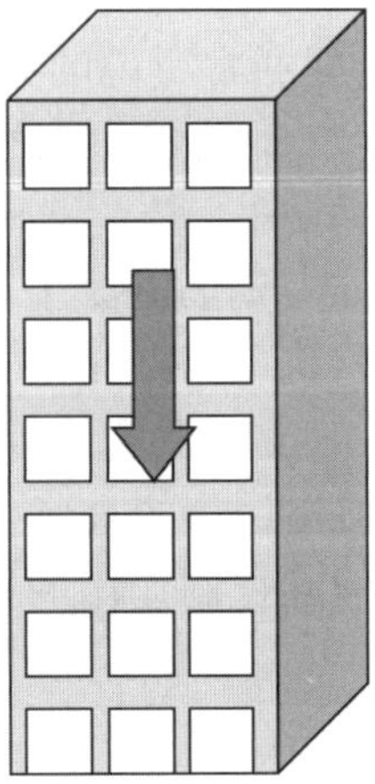

(a) 竖向荷载

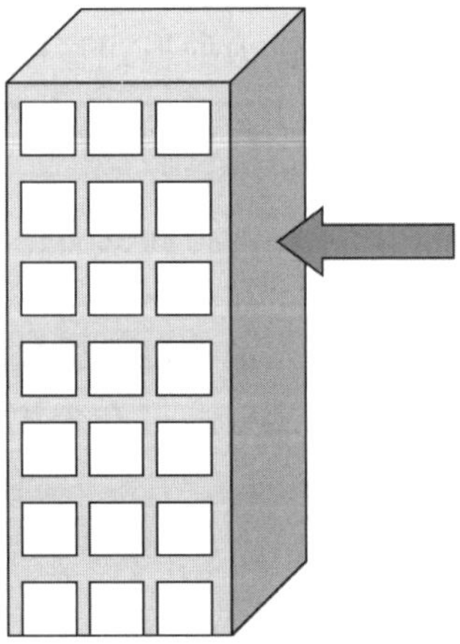

(b) 水平荷载

图 2-1　荷载按作用方向分类

2.1.2　荷载的代表值

荷载是随机变量，任何一种荷载其大小都具有不同程度的变化。因此，进行建筑结构设计时，对于不同的荷载和不同的设计情况，应采用不同的代表值。

（一）永久荷载的标准值

永久荷载是指各种结构构件自重和找平层、保温层、防水层、装修层、隔墙、幕墙及其附件、固定设备及其管道等重量，其标准值可按构件及其装修的设计尺寸和材料的容重计算确定。材料的容重可从我国国家标准《建筑结构荷载规范》(GB 50009—2012)查取；固定设备由相关专业提供。例如几种常见材料单位体积容重为：普通钢筋混凝土的容重为 24～25 kN/m^3；砖砌体的容重为 19 kN/m^3；钢材的容重为 78.5 kN/m^3；木材的容重为 4～9 kN/m^3；加气混凝土砌块容重为 5～6 kN/m^3。对于某些容重变异较大的材料构件(如现场制作的保温材料、混凝土薄壁构件等)，容重的标准值应根据对结构的不利状态，取上限值或下限值。

(二) 可变荷载的代表值

对于可变荷载，应根据设计的要求，选择标准值、组合值、频遇值或准永久值作为其代表值。民用建筑楼面和屋面的均布活荷载标准值及其组合值、频遇值和准永久值系数不应小于《建筑结构荷载规范》(GB 50009—2012)的规定。

(1) 标准值

可变荷载的标准值，是可变荷载的基本代表值。我国国家标准《建筑结构荷载规范》(GB 50009—2012)中，对于楼面和屋面活荷载、吊车荷载、雪荷载和风荷载等可变荷载的标准值，规定了具体数值或计算方法，设计时可查用。民用建筑楼面均布活载标准值可由《建筑结构荷载规范》(GB 50009—2012)查得。图 2-2 示意了不同使用功能对应的不同活荷载的标准值。

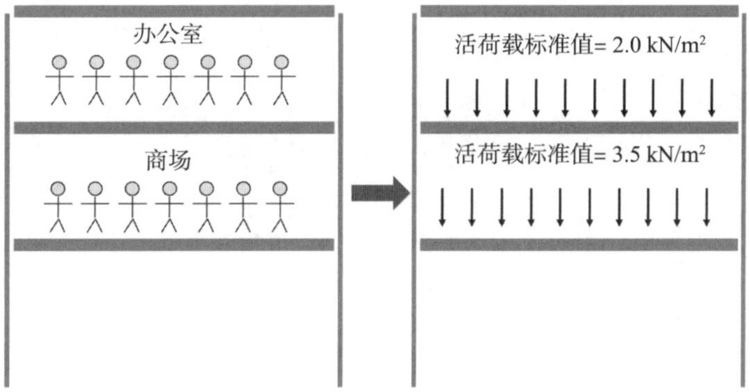

图 2-2　不同使用功能对应的不同活荷载的标准值示意

(2) 组合值

当建筑结构承受两种以上的可变荷载，且承载能力极限状态按基本组合设计或正常使用极限状态荷载标准组合设计时，考虑到这两种或两种以上可变荷载同时达到最大值的可能性较小，可将它们的标准值乘一个小于或等于 1 的荷载组合系数。这种将可变荷载标准值乘荷载组合系数以后的数值，称为可变荷载的组合值。因此，可变荷载的组合值是当结构承受两种或两种以上的可变荷载时的代表值。

(3) 频遇值

为确定可变荷载代表值而选用的时间参数称为设计基准期。设计基准期一般为 50 年。对可变荷载，在设计基准期内，其超越的总时间仅为设计基准期一小部分的作用值，或在设计基准期内，其超越频率为某一给定频率的作用值，称为可变荷载的频遇值。

(4) 准永久值

可变荷载的值在设计基准期内会随时间而发生变化，而且研究表明，不同的可变荷载在结构上的变化情况不一样。以住宅楼面的活荷载为例，人群荷载的流动性较大，家具荷载的流动性则相对较小。可变荷载在整个设计基准期内出现时间较长(可理解为总的持续时间不低于 25 年)的那部分荷载值，称为该可变荷载的准永久值。

可变荷载准永久值为可变荷载标准值乘荷载准永久值系数。由于可变荷载准永久值只是可变荷载标准值的一部分，因此，可变荷载准永久值系数小于或等于 1.0。

《建筑结构荷载规范》(GB 50009—2012)中给出了各种可变荷载的准永久值系数取值，设计时可以查用。民用建筑楼面均布活荷载和屋面均布活荷载的准永久值系数分别见表 2-1 和表 2-2。

表 2-1 民用建筑楼面均布活荷载标准值及其组合值系数、频遇值系数和准永久值系数

项次	类别			标准值/(kN/m^2)	组合值系数 ψ_c	频遇值系数 ψ_f	准永久值系数 ψ_q
1	(1) 住宅、宿舍、旅馆、办公楼、医院病房、托儿所、幼儿园			2.0	0.7	0.5	0.4
	(2) 试验室、阅览室、会议室、医院门诊室			2.0	0.7	0.6	0.5
2	教室、食堂、餐厅、一般资料档案室			2.5	0.7	0.6	0.5
3	(1) 礼堂、剧场、影院、有固定座位的看台			3.0	0.7	0.5	0.3
	(2) 公共洗衣房			3.0	0.7	0.6	0.5
4	(1) 商店、展览厅、车站、港口、机场大厅及其旅客等候室			3.5	0.7	0.6	0.5
	(2) 无固定座位的看台			3.5	0.7	0.5	0.3
5	(1) 健身房、演出舞台			4.0	0.7	0.6	0.5
	(2) 运动场、舞厅			4.0	0.7	0.6	0.3
6	(1) 书库、档案室、贮藏室			5.0	0.9	0.9	0.8
	(2) 密集柜书库			12.0	0.9	0.9	0.8
7	通风机房、电梯机房			7.0	0.9	0.9	0.8
8	汽车通道及客车停车库	(1) 单向板楼盖(板跨不小于 2 m)和双向板楼盖(板跨不小于 3 m×3 m)	客车	4.0	0.7	0.7	0.6
			消防车	35.0	0.7	0.5	0.0
		(2) 双向板楼盖(板跨不小于 6 m×6 m)和无梁楼盖(柱网尺寸不小于 6 m×6 m)	客车	2.5	0.7	0.7	0.6
			消防车	20.0	0.7	0.5	0.0
9	厨房	(1) 餐厅		4.0	0.7	0.7	0.7
		(2) 其他		2.0	0.7	0.6	0.5
10	浴室、卫生间、盥洗室			2.5	0.7	0.6	0.5
11	走廊、门厅	(1) 宿舍、旅馆、医院病房、托儿所、幼儿园、住宅		2.0	0.7	0.5	0.4
		(2) 办公楼、餐厅、医院门诊部		2.5	0.7	0.6	0.5
		(3) 教学楼及其他可能出现人员密集的情况		3.5	0.7	0.5	0.3
12	楼梯	(1) 多层住宅		2.0	0.7	0.5	0.4
		(2) 其他		3.5	0.7	0.5	0.3
13	阳台	(1) 可能出现人员密集的情况		3.5	0.7	0.6	0.5
		(2) 其他		2.5	0.7	0.6	0.5

注：1. 本表数据出自《建筑结构荷载规范》(GB 50009—2012)。
2. 本表所给各项活荷载适用于一般使用条件，当使用荷载较大、情况特殊或有专门要求时，应按实际情况采用。
3. 第 6 项书库活荷载当书架高度大于 2 m 时，书库活荷载尚应按每米书架高度不小于 2.5 kN/m^2 确定。
4. 第 8 项中的客车活荷载仅适用于停放载人少于 9 人的客车；消防车活荷载适用满载总重为 300 kN 的大型车辆；当不符合本表的要求时，应将车轮的局部荷载按结构效应的等效原则，换算为等效均布荷载。
5. 第 8 项消防车活荷载，当双向板楼盖板跨介于 3 m×3 m～6 m×6 m 之间时，应按跨度线性插值确定。
6. 第 12 项楼梯活荷载，对预制楼梯踏步平板，尚应按 1.5 kN 集中荷载验算。
7. 本表各项荷载不包括隔墙自重和二次装修荷载。对固定隔墙的自重应按永久荷载考虑，当隔墙位置可灵活自由布置时，非固定隔墙的自重应取不小于 1/3 的每延米长墙重(kN/m)作为楼面活荷载的附加值(kN/m^2)计入，附加值不应小于 1.0 kN/m^2。

表 2-2　屋面均布活荷载标准值及其组合值系数、频遇值系数和准永久值系数

项次	类别	标准值/(kN/m^2)	组合值系数 ψ_c	频遇值系数 ψ_f	准永久值系数 ψ_q
1	不上人的屋面	0.5	0.7	0.5	0.0
2	上人的屋面	2.0	0.7	0.5	0.4
3	屋顶花园	3.0	0.7	0.6	0.5
4	屋顶运动场地	3.0	0.7	0.6	0.4

注：1. 本表数据出自《建筑结构荷载规范》(GB 50009—2012)。
2. 不上人的屋面，当施工或维修荷载较大时，应按实际情况采用；对不同类型的结构应按有关设计规范的规定采用，但不得低于 0.3 kN/m^2。
3. 当上人的屋面兼作其他用途时，应按相应楼面活荷载采用。
4. 对于因屋面排水不畅、堵塞等引起的积水荷载，应采取构造措施加以防止；必要时，应按积水的可能深度确定屋面活荷载。
5. 屋顶花园活荷载不应包括花园土石等材料自重。

2.2　竖向荷载

作用在建筑结构上的力通常可能是由直接作用的荷载(例如结构自重荷载和作用在结构上的风荷载、雪荷载以及活荷载等)引起，也可能是由于结构变形或地面变形(例如地基沉降变形、结构收缩或温度变化引起的变形、地震引起的地面运动等)引起结构内力。永久荷载、可变荷载和偶然荷载作用的大小以及作用持续的时间不同，对建筑结构的影响及造成的后果也不一样。永久作用的时间很长，会引起结构材料的徐变变形，使结构构件的变形和裂缝增大，引起结构的内力重分布；可变作用由于其作用位置的变化，可能对结构各部分造成不同的影响，甚至产生完全相反的作用效应，所以设计中必须考虑其最不利组合作用的影响；偶然作用的时间很短，材料的塑性变形来不及发展，其实际强度会提高一些。

在一般建筑设计的方案阶段，总体估算通常主要考虑竖向荷载作用和水平荷载作用。本节先来讨论竖向荷载的分类和估算方法。

2.2.1　建筑总重

在一般工业与民用建筑中，竖向作用主要是重力荷载。在方案阶段的近似估算中通常可根据建筑类型、结构形式计算出某类建筑单位面积的折算荷载 W (包括楼面自重、墙柱及设备自重以及楼面活荷载等)，进行近似估算：

$$W=\sum_{i=1}^{m}q_iA_in_i \tag{2-1}$$

式中：A_i 为相同荷载 q_i 的楼层面积；n_i 为相同荷载 q_i 的楼层层数；q_i 为由统计资料提供的某类建筑的楼面折算荷载值；m 为楼面面积及荷载不同的类型数。

q_i 值对国内高层建筑为 12～16 kN/m^2(其中活荷载为 2.0～3.5 kN/m^2)，对于框架及框架-剪力墙结构为 12～14 kN/m^2，对于剪力墙和筒体结构为 14～16 kN/m^2。q_i 值随建筑所在地区、采用的结构形式、建筑材料等会有一定差异。若各层荷载不同或面积不同，应分别统计后叠加起来。

2.2.2　总重与地基承载力

建筑的各种荷载最终要通过基础传给地基。在设计方案阶段，先根据勘探提供的地质资料和地基承载力，大致估算所需的基底面积以及利用哪一层土壤作为基础的持力层，以便确定基础形式和埋深等。

当房屋总重不大而地基承载力较高时，可采用独立基础或条形基础；当地基承载力较低或荷载较大时，可考虑采用筏板基础，以扩大基础底面面积，减小地基反力；若地基土质较差，也可采用桩基础。对于某些建筑结构，由于 $W=\sum_{i=1}^{m}q_iA_in_i$ 上部荷载很大，有时即使将建筑底面积全部做成筏板基础，其承载力也不一定能满足要求，此时应采用设置地下室形成箱形基础的办法，挖去地下室的土壤，降低土壤对基底的附加压力，这样可使建筑建得更高，又不会引起过大的沉降。如图 2-3 所示，建筑越高，地下室也应越深。另外，从多层和高层建筑的稳定性及基础锚固考虑，也希望设置地下室，地下室深度从室外地面算起应为建筑物总高的 1/12～1/8。如果建筑物的高度较大，箱形基础已不能满足地基承载力要求，则需要在箱形基础的下部设置桩以形成桩筏基础，从而满足地基承载力的安全要求。

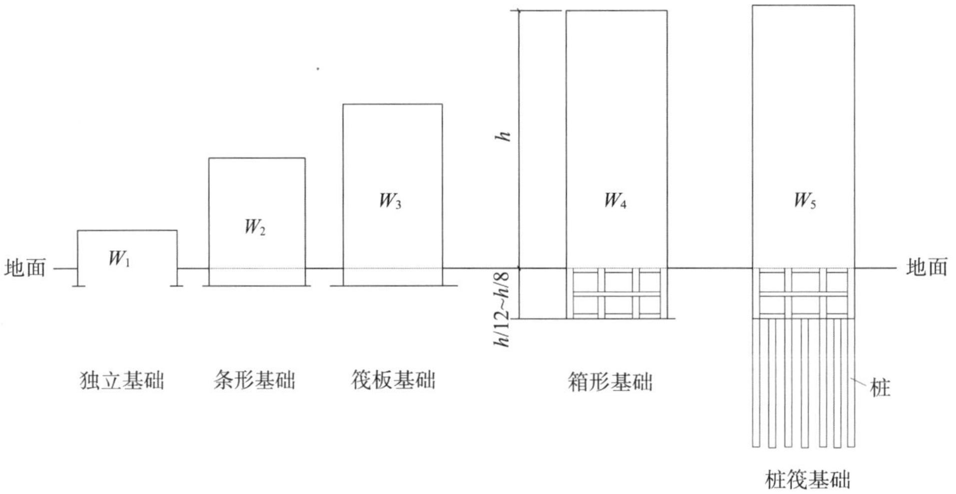

图 2-3　地下室对地基附加应力的影响

2.2.3　估算墙、柱及基础荷载

估算墙、柱及基础荷载时，通常可近似地认为上部结构是简支梁板，墙、柱只承受每侧一半跨度传来的荷载。估算时可按跨度的一半划分墙、柱的承受荷载面积，再根据上述楼面荷载估算墙、柱及基础的荷载 N，如图 2-4 所示。

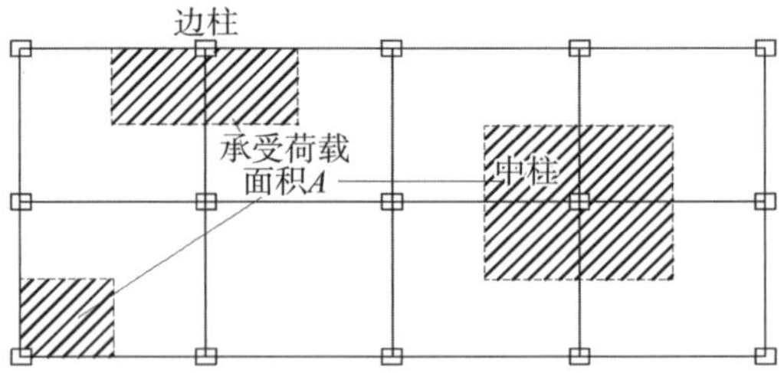

图 2-4　墙、柱的荷载估算

$$N=q_iAn \tag{2-2}$$

式中：N 为墙、柱荷载设计值；q_i 为相应建筑的楼面折算荷载设计值；n 为墙、柱的承受荷载楼层层数；A 为墙、柱承受荷载面积。

设计中需要根据墙、柱荷载和轴压比来确定墙柱的截面尺寸。轴压比 μ_N 是指墙、柱组合的轴力设计值与墙、柱全截面面积和混凝土强度设计值的乘积之比。轴压比直接影响墙、柱破坏时的延性，故《建筑抗震设计规范（2016 年版）》（GB 50011—2010）根据建筑的结构类型、抗震设防烈度及抗震等级规定了相应的轴压比限值 $[\mu_N]$，设计中应严格遵照执行。以钢筋混凝土柱为例，其相应的抗震等级及柱轴压比限值 $[\mu_N]$ 见表 2-3。混凝土的轴心抗压强度设计值见表 2-4。

表 2-3　钢筋混凝土柱的轴压比限值

结构类型	抗震等级			
	一	二	三	四
框架结构	0.65	0.75	0.85	0.90
框架-抗震墙、板柱-抗震墙、框架-核心筒及筒中筒	0.75	0.85	0.90	0.95
部分框支抗震墙	0.6	0.7	—	—

注：本表数据出自《建筑抗震设计规范(2016 年版)》(GB 50011—2010)。

《建筑抗震设计规范(2016 年版)》(GB 50011—2010)要求：

$$\mu_N = \frac{N}{A_c f_c} \leqslant [\mu_N] \tag{2-3}$$

式中：N 为框架柱轴力设计值；μ_N 为框架柱的轴压比；A_c 为框架柱截面面积；f_c 为混凝土的轴心抗压强度设计值；$[\mu_N]$ 为框架柱的轴压比限值。

表 2-4　混凝土的轴心抗压强度设计值

混凝土强度等级	C20	C30	C40	C50	C60	C70	C80
$f_c/(\text{N/mm}^2)$	9.6	14.3	19.1	23.1	27.5	31.8	35.9

注：本表数据出自《混凝土结构设计规范(2015 年版)》(GB 50010—2010)。

2.3　水平荷载

建筑的水平荷载有风荷载、地震作用、土侧推力、水侧推力、吊车或其他车辆的制动力等，对于一般建筑，建筑结构设计中最重要的水平荷载为风荷载和地震作用。

2.3.1　风荷载

空气从气压大的地方向气压小的地方流动就形成了风，与建筑物有关的是靠近地面的流动风，简称为近地风。当风遇到建筑物时在其表面上所产生的压力或吸力即为建筑物的风荷载。

在非地震区，风荷载是建筑主要的水平力，在方案阶段的总体分析中，承重结构风荷载的标准值按式(2-4)计算：

$$w_{iz} = \beta_z \mu_s \mu_z w_0 \tag{2-4}$$

式中：w_0 为基本风压；β_z 为高度 z 处的风振系数；μ_z 为风压高度变化系数；μ_s 为风荷载体型系数。

(1) 基本风压 w_0

基本风压又称参考风压、标准风压。结构抗风设计的基本风压，可由现场实测风速资料或气象站风速观测资料经统计分析得到，即可由基本风压按式(2-5)求得：

$$w_0 = \frac{1}{2}\rho v_0^2 \approx \frac{v_0^2}{1\,600} \tag{2-5}$$

式中：ρ 为空气密度；v_0 为基本风速，m/s。风速随高度而变化。离地面愈近，由于地表摩擦能量消耗较大，因而风速较小；离地面愈远，能量消耗逐渐减少，因而风速也愈来愈大。因此必须规定一标准高度以便于换算和比较。不同国家有不同的规定，对不同建筑物也有不同的规定。我国现行的《建筑结构荷载规范》(GB 50009—2012)统一取 10 m 为标准高度，并定义标准高度处的平均风速为基本风速。

根据阵风的特性，每次风速的极值约在 1 min 内重现一次，即阵风的卓越周期约为 1 min，如以 10 min 为时距标准，则基本上覆盖 10 个周期，我国标准取平均风速时距为 10 min。

实际工程设计时，一般需考虑数十年(如 30 年、50 年、100 年等)的时间范围内的最大风速所产生的风压，而该时间范围可理解为该最大的基本风速出现一次所需的时间，即重现期。重现期不同，基本风速就不同。这也是各国风压计算相异的主要原因之一。我国现行的荷载规范给出了重现期分别为 10 年、50 年和 100 年的全国各城市基本风压值，基本风压取值范围在 0.3～0.9 kN/m^2。

(2) 风荷载体型系数 μ_s

风荷载体型系数指风作用在建筑物表面上的实际风压与来流风的速度压的比值。其大小与建筑物的体型和尺寸有关，也与周围环境有关。对于外形规则简单的房屋和构筑物，其体型符合我国现行荷载规范中规定的，μ_s 可按表查得。房屋和构筑物体型与规范中规定不同时，μ_s 可参考有关资料确定。房屋和构筑物体型与规范中规定不同，且无资料可借鉴时，μ_s 应当采用风洞试验的方法来确定。重要且体型复杂的房屋和构筑物，μ_s 应由风洞试验确定。图 2-5 为建筑风荷载体型系数的示意图。

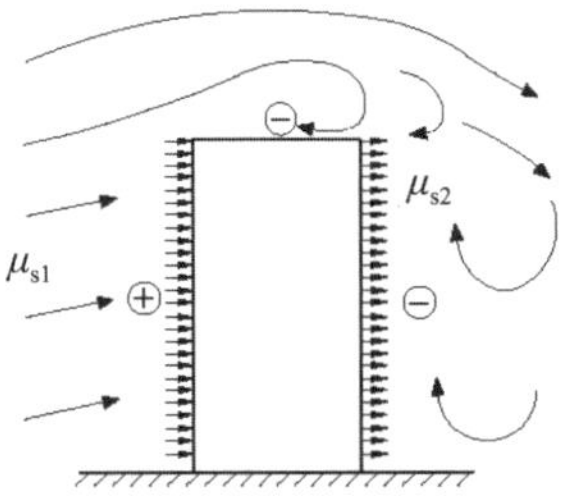

(a) 结构横剖面

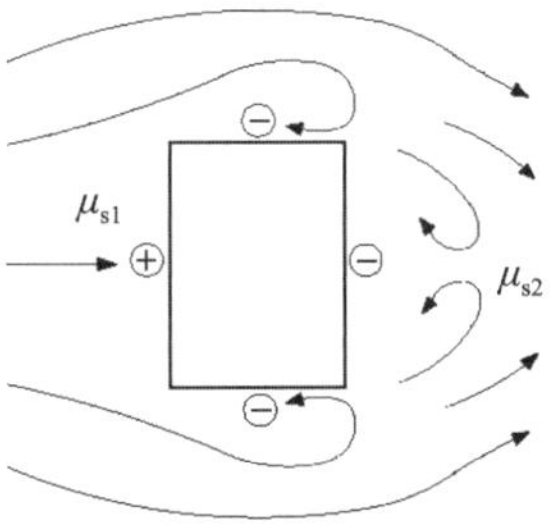

(b) 结构平面

图 2-5　建筑风荷载体型系数示意图

建筑体型不同将直接影响风的方向和流速，改变风压大小。一般迎风面的风荷载为压力(μ_s 为正值)，背风面的风荷载为吸力(μ_s 为负值)，建筑受到的总的风荷载应为迎风面风荷载和背风面风荷载的叠加，即 $\mu_s=\mu_{s1}-\mu_{s2}$，如图 2-5 所示。迎风面的风压力在建筑物的中间偏上为最大，两边及底下最小；侧风面一般近侧大，远侧小，分布也极不均匀；背风面一般两边略大，中间小。

对于外形简单规则的房屋和构筑物，其风荷载体型系数可以直接查荷载规范获得。以封闭式双坡屋面的风荷载体型系数为例，根据《建筑结构荷载规范》(GB 50009—2012)有关风荷载体型系数的规定，当屋面坡度 $\alpha=30°$ 时，迎风坡屋面风荷载体型系数近似为 0；当 $\alpha>30°$时，风荷载为压力；当 $\alpha<30°$ 时，风荷载为吸力，如图 2-6 所示。对于常见的坡屋面，一般 $\alpha<30°$，可见屋面在风荷载作用下通常承受吸力，如图 2-6 所示。

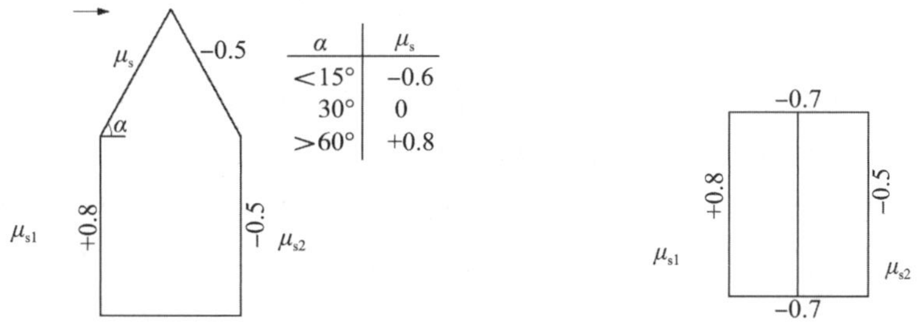

（a）双坡屋面结构横剖面　　（b）双坡屋面结构平面

图 2-6　封闭式双坡屋面风荷载体型系数

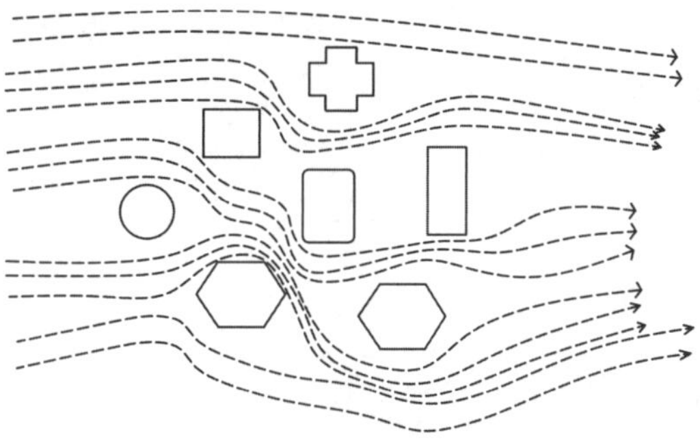

图 2-7　不同平面建筑物对于风的阻挡与加速作用

建筑物所采用的平面与剖面形体，与其各个外表面所受风的作用有密切关系（图 2-7），不同平面所受的风力作用差异很大。一般来说，圆形、椭圆形、梭形、正六边形、Y 形、正十字形、三角形平面所受风力作用小于矩形，矩形平面建筑物做倒角处理后，风力作用会降低，圆形平面建筑所受各方向风力最小，因此抗风性能最佳。

（3）风压高度变化系数 μ_z

平均风速在不同高度处的值是不同的，平均风速随高度变化的规律称为风剖面。该规律符合指数函数，并与地面的粗糙度有关，粗糙度通过粗糙度指数 α 来反映（图 2-8）。我国现行荷载规范的风剖面函数为：

$$v_z = v_{10}\left(\frac{z}{10}\right)^{\alpha} \tag{2-6}$$

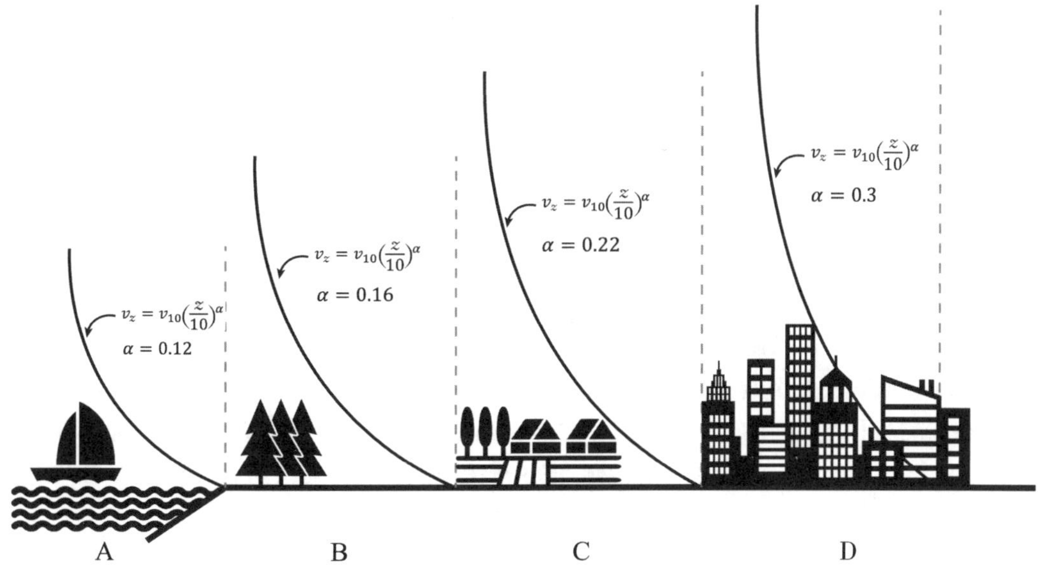

图 2-8　地面粗糙度分类及其风剖面示意图

式中：v_z 为高度 z(m)处的风速；α 为地面粗糙度指数，现行规范将地面粗糙程度分为四类：A类指近海海面、海岛、海岸、湖岸及沙漠地区；B类指田野、乡村、丛林、丘陵以及房屋比较稀疏的乡镇和城市郊区；C类指有密集建筑群的城市市区；D类指密集建筑群且房屋较高的城市市区。A、B、C、D类对应的 α 取值分别为0.12、0.16、0.22、0.3。风压沿高度变化的程度则通过风压高度变化系数 μ_z 来反映，地面粗糙度分类及其风剖面变化规律如图2-8所示。我国现行荷载规范给出了各种情况下的风压高度变化系数 μ_z 的取值情况，如表2-5所示。

表2-5　风压高度变化系数 μ_z

离地面或海平面平均高度/m	地面粗糙度类别			
	A	B	C	D
≥450	3.12	3.12	3.12	3.12
400	3.12	3.12	3.12	2.91
350	3.12	3.12	2.94	2.68
300	3.12	2.97	2.75	2.45
250	2.99	2.80	2.54	2.19
200	2.83	2.61	2.30	1.92
150	2.64	2.38	2.03	1.61
100	2.40	2.09	1.70	1.27
90	2.34	2.02	1.62	1.19
80	2.27	1.95	1.54	1.11
70	2.20	1.86	1.45	1.02
60	2.12	1.77	1.35	0.93
50	2.03	1.67	1.25	0.84
40	1.92	1.56	1.13	0.73
30	1.80	1.42	1.00	0.62
20	1.63	1.25	0.84	0.62
15	1.52	1.14	0.74	0.62
10	1.38	1.00	0.74	0.62
5	1.17	1.00	0.74	0.62

(4) 顺风向风振和风振系数 β_z

风荷载中脉动风可引起高柔建筑结构的顺风向动力响应。由荷载规范规定，自振周期大于0.25 s的工程结构以及对于高度大于30 m且高宽比大于1.5的高柔房屋，均应考虑风压脉动对结构发生顺风向风振的影响，该影响程度通过风振系数 β_z 来反映，其表达式如下：

$$\beta_z = 1 + \frac{\xi \nu \varphi_z}{\mu_z} \tag{2-7}$$

式中：ξ 为脉动增大系数，与 $w_0 T_1^2$ 即基本风压和结构的自振周期有关，其值可按荷载规范查表获得；ν 为脉动影响系数，与建筑物高度和建筑物的高宽比有关，其值可按规范查表获得；φ_z 为结构在高度 z 处的振型系数，应根据结构动力学计算，对于高柔结构，顺风向风振可仅考虑第一振型的影响。

另外，对于围护结构的风荷载，可采用阵风系数 β_{gz} 取代 β_z 来进行风荷载的计算。

【例 2-1】如图 2-9 所示，一高层钢筋混凝土结构，平面形状为正六边形，边长为 20 m。房屋共 20 层，除底层层高 5 m 外，其余层高为 3.6 m。该房屋的第一自振周期 $T_1=1.2$ s，所在地区的基本风压 $w_0=0.7\ \text{kN/m}^2$。

地面粗糙度为 C 类。试计算各楼层处与风向一致方向总的风荷载标准值。

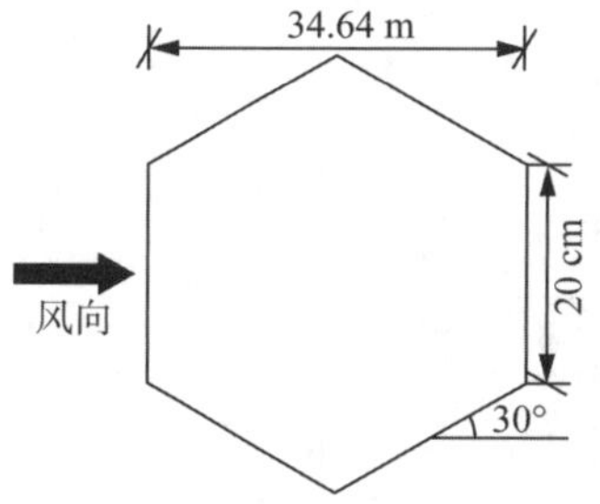

图 2-9　例 2-1 题图

【解】

1. 确定体型系数 μ_s

该房屋共 6 个面，查荷载规范得到各个面的风荷载体型系数，如图 2-10 中所示。

2. 计算各层的风压高度变化系数 μ_z

以二层为例，二层楼面距离室外地面高度为 5 m，查荷载规范可得，对于 C 类地面粗糙度，$\mu_z=0.74$。

3. 计算风振系数 β_z ：

$$\beta_z=1+\frac{\xi\nu\varphi_z}{\mu_z}$$

$w_0 T_1^2=0.7\times1.2^2=1.01$，对于 C 类地面，查荷载规范可得脉动增大系数 $\xi=1.386$。

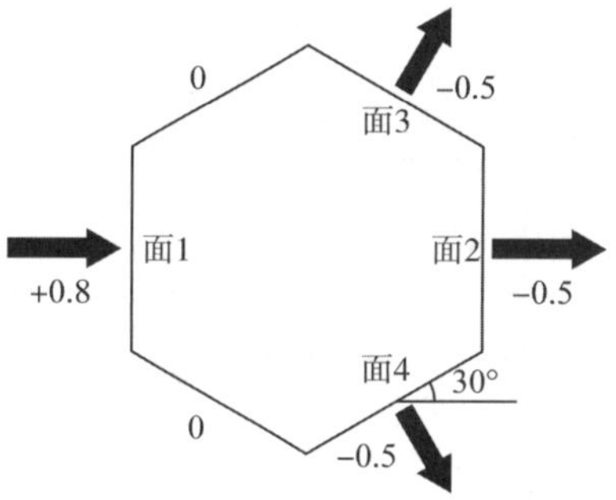

图 2-10　例 2-1 分析图

房屋高为 $5+3.6\times19=73.4$(m)，高宽比为 $\dfrac{73.4}{34.64}\approx2.1$，查荷载规范可得脉动影响系数 $\nu=0.485$。

由荷载规范可得，对于质量和刚度沿着高度分布较均匀的房屋，结构振型系数可以取 $\varphi_z=\dfrac{z}{H}=\dfrac{z}{73.4}$。

4. 计算各个面不同高度的分布风荷载

$$w_{iz}=\beta_z\mu_s\mu_z w_0$$

5. 计算各个面各楼层处的集中风荷载

$$W_{iz}=B\times h_j\times w_{iz}=\begin{cases}20\times\dfrac{5+3.6}{2}w_{iz} & \text{底层}\\ 20\times3.6w_{iz} & \text{中间层}\\ 20\times\dfrac{3.6}{2}w_{iz} & \text{顶层}\end{cases}$$

6. 计算各楼层处总的风荷载

$$W_z=W_{1z}+W_{2z}+2\times W_{3z}\cos60^\circ$$

7. 风荷载计算结果(表 2-6)

表 2-6　风荷载计算结果

层数	H_1/m	μ_z	φ_z	β_z	w_{iz} /(kN/m²)			W_{iz} /kN			W_z /kN
					面 1	面 2	面 3	面 1	面 2	面 3	
1	5	0.74	0.07	1.06	0.44	0.27	0.27	37.84	23.22	23.22	84.28
2	8.6	0.74	0.12	1.11	0.46	0.29	0.29	33.12	20.88	20.88	74.88
3	12.2	0.74	0.17	1.15	0.48	0.30	0.30	34.56	21.60	21.60	77.76
4	15.8	0.76	0.22	1.19	0.51	0.32	0.32	36.72	23.04	23.04	82.80
5	19.4	0.83	0.26	1.21	0.56	0.35	0.35	40.32	25.20	25.20	90.72
6	23	0.89	0.31	1.23	0.61	0.38	0.38	43.92	27.36	27.36	98.64
7	26.6	0.95	0.36	1.25	0.67	0.42	0.42	48.24	30.24	30.24	108.72
8	30.2	1.00	0.41	1.28	0.72	0.45	0.45	51.84	32.40	32.40	116.64
9	33.8	1.05	0.46	1.29	0.76	0.47	0.47	54.72	33.84	33.84	122.40
10	37.4	1.10	0.51	1.31	0.81	0.50	0.50	58.32	36.00	36.00	130.32
11	41	1.14	0.56	1.33	0.85	0.53	0.53	61.20	38.16	38.16	137.52
12	44.6	1.19	0.61	1.34	0.89	0.56	0.56	64.08	40.32	40.32	144.72
13	48.2	1.23	0.66	1.36	0.94	0.59	0.59	67.68	42.48	42.48	152.64
14	51.8	1.27	0.71	1.38	0.98	0.61	0.61	70.56	43.92	43.92	158.40
15	55.4	1.30	0.75	1.39	1.01	0.63	0.63	72.72	45.36	45.36	163.44
16	59	1.34	0.80	1.40	1.05	0.66	0.66	75.60	47.52	47.52	170.64
17	62.6	1.38	0.85	1.41	1.09	0.68	0.68	78.48	48.96	48.96	176.40
18	66.2	1.41	0.90	1.43	1.13	0.71	0.71	81.36	51.12	51.12	183.60
19	69.8	1.45	0.95	1.44	1.17	0.73	0.73	84.24	52.56	52.56	189.36
20	73.4	1.48	1.00	1.45	1.20	0.75	0.75	43.20	27.00	27.00	97.20

2.3.2　地震作用

地震按成因可分为构造地震、火山地震、诱发地震和陷落地震。其中尤以构造地震破坏力大,影响范围广。地震作用是地震时地面运动加速度引起的建筑质量的惯性力。地震作用的大小与地震烈度、建筑物的质量、结构的自振周期以及场地土的情况等许多因素有关,通常地震时既有水平振动又有竖向振动,设计中主要考虑水平地震作用引起的惯性力的影响。

地震发生时,底部受到的剪力会更大。地震的剪力分布不确定性更大,相比于高层,底层更容易被破坏。所以,建筑设计时,考虑到剪力的不均匀分布,会对底层进行加固设计。

抗震设防是指对建筑物进行抗震设计和采取抗震构造措施,以达到抗震的效果,包括增强强度、提高延性、加强整体性和改善传力途径等措施。抗震设防的依据是抗震设防烈度。《建筑抗震设计规范(2016 年版)》(GB 50011—2010)中提出的建筑物抗震设防目标如下:

(1) 当遭受低于本地区抗震设防烈度的多遇地震影响时,主体结构不受损坏或不需修理仍可继续使用。

(2) 当遭受本地区抗震设防烈度的地震影响时,建筑物可能损坏,但经一般性修理仍可继续使用。

(3) 当遭受高于本地区抗震设防烈度的罕遇地震影响时,建筑物不致倒塌或发生危及生命的严重破坏。

为达到上述三点抗震设防目标，可以用 3 个地震烈度水准来考虑，即多遇烈度、基本烈度和罕遇烈度。遵照现行规范设计的建筑物，当遭受低于本地区抗震设防烈度的多遇地震（或称小震）影响时，建筑物一般不受损坏或不需修理仍可继续使用；当遭受本地区规定设防烈度的地震（或称中震）影响时，建筑物可能产生一定的损坏，经一般修理或不需修理仍可继续使用；当遭受高于本地区规定设防烈度的预估的罕遇地震（或称大震）影响时，建筑可能产生重大破坏，但不致倒塌或发生危及生命的严重破坏。即建筑物抗震设防的目标就是要做到“小震不坏，中震可修，大震不倒”。

《建筑抗震设计规范（2016 年版）》（GB 50011—2010）提出了两阶段抗震设计方法以实现上述 3 个烈度水准的抗震设防要求。第一阶段设计是在方案布置符合抗震原则的前提下，按与基本烈度相对应的众值烈度（相当于小震）的地震动参数，用弹性反应谱法求得结构在弹性状态下的地震作用标准值和相应的地震作用效应，然后与其他荷载效应按照一定的组合系数进行组合；对结构构件截面进行承载力验算，对较高的建筑物还要进行变形验算，以控制侧向变形。这样，既满足了第一水准下具有必要的承载力可靠度，又满足了第二水准中震可修的设防要求，再通过概念设计和构造措施来满足第三水准的设计要求。对大多数结构，可只进行第一阶段设计。对《建筑抗震设计规范（2016 年版）》（GB 50011—2010）所规定的部分结构，如有特殊要求的建筑和地震时易倒塌的结构以及有明显薄弱层的不规则结构，除进行第一阶段设计外，还要进行第二阶段设计：在罕遇地震烈度作用下，验算结构薄弱层的弹塑性层间变化，并采取相应的构造措施，以满足第三水准大震不倒的设防要求。

底部剪力法和振型分解反应谱法是结构抗震计算的基本方法，而时程分析法作为补充计算方法，仅对特别不规则、特别重要的和较高的高层建筑才要求采用。根据建筑类别设防烈度以及结构的规则程度和复杂性，《建筑抗震设计规范（2016 年版）》（GB 50011—2010）为各类建筑结构的抗震计算，规定以下 3 种方法：

（1）高度不超过 40 m 的，以剪切变形为主且质量和刚度沿高度分布比较均匀的结构，以及近似于单质点体系的结构，宜采用底部剪力法等简化方法。

（2）除第（1）条外的建筑结构，宜采用振型分解反应谱法。

（3）特别不规则的建筑、甲类建筑和表 2-7 所列高度范围的高层建筑，应采用时程分析法进行多遇地震下的补充计算，可取多条时程曲线计算结果的平均值与振型分解反应谱法计算结果的较大值。

表 2-7　采用时程分析法的房屋高度范围

烈度、场地类别	房屋高度范围/m
8 度Ⅰ、Ⅱ类场地和 7 度	＞100
8 度Ⅲ、Ⅳ类场地	＞80
9 度	＞60

（一）底部剪力法

理论分析研究表明：当建筑物为高度不超过 40 m、以剪切变形为主且质量和刚度沿高度分布比较均匀的结构，结构振动位移反应往往以第一振型为主，而且第一振型接近于直线。故满足上述条件时，《建筑抗震设计规范（2016 年版）》（GB 50011—2010）建议可采用底部剪力法。这时，水平地震作用的计算可以大大简化。

采用底部剪力法时可近似认为满足上述条件的建筑物的质量都集中在各层楼面标高处，通常建筑物顶部质量的惯性力最大，向下逐渐减小，地面及地面以下为 0。在方案阶段的总体分析时，一般只考虑建筑水平地震作用合力 F_{eq} 的作用效应，如图 2-11 所示。

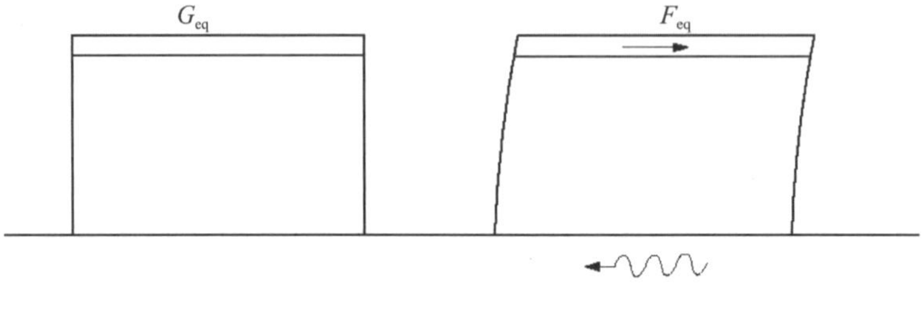

(a) 结构等效总重力荷载　　(b) 水平地震作用

图 2-11　底部剪力法的水平地震作用下结构计算

$$F_{eq}=\alpha_1 G_{eq} \tag{2-8}$$

式中：F_{eq} 为结构总水平地震作用标准值，即结构底部剪力的标准值；G_{eq} 为结构等效总重力荷载，单质点应取总重力荷载代表值，多质点可取总重力荷载代表值的 85%；α_1 为相应于结构基本自振周期的水平地震影响系数。

当需考察层间剪力时，由于结构振动以基本振型为主，而基本振型接近于直线(图 2-12)，因此可将各楼层水平地震层间剪力近似为

$$V_i=\sum_{j=i}^{n}\left(\frac{G_j H_j}{\sum_{k=1}^{n} G_k H_k}F_{eq}\right) \tag{2-9}$$

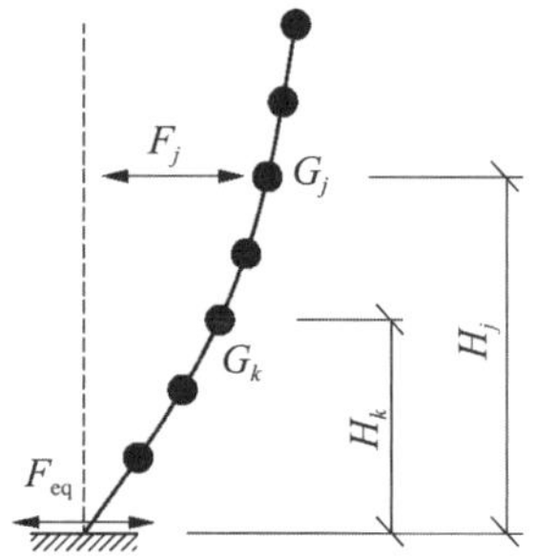

图 2-12　水平地震作用下的结构层间计算简图

研究表明，地震动态作用中的地面运动速度和位移可能对长周期结构的破坏具有更大影响，而《建筑抗震设计规范(2016 年版)》(GB 50011—2010)对此并未做规定。出于结构安全的考虑，《建筑抗震设计规范(2016 年版)》(GB 50011—2010)提出了对各楼层水平地震层间剪力最小值 $V_{i,min}$ 的要求。亦即抗震验算时。结构任一楼层的水平地震层间剪力应符合如下要求：

$$V_i>\lambda\sum_{j=i}^{n}G_j \tag{2-10}$$

式中：V_i 为第 i 层对应于水平地震作用标准值的楼层剪力；G_j 为第 j 层重力荷载代表值；λ 为剪力系数。

【例 2-2】试用底部剪力法计算图 2-13 所示的三层框架在多遇地震时的层间剪力。抗震设防烈度为 8 度，设计地震分组为第二组，Ⅱ类场地，阻尼比为 0.05。已知：结构的基本周期 $T_1=0.467$ s。

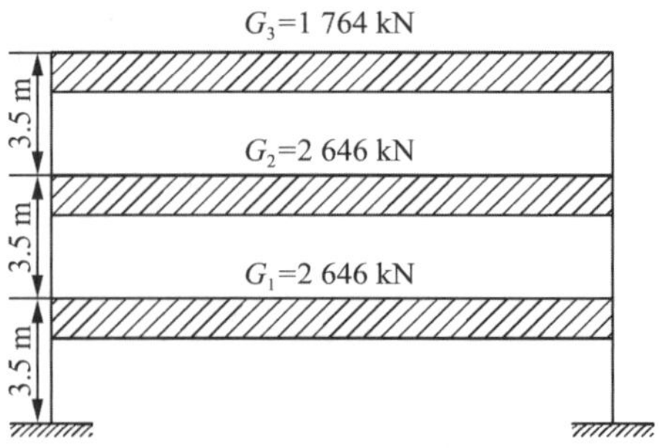

图 2-13　三层框架结构示意

【解】

1. 计算结构等效总重力荷载代表值

$$G_{eq}=0.85\sum_{i=1}^{n}G_i=0.85\times(2\,646+2\,646+1\,764)=5\,997.6(\text{kN})$$

2. 计算水平地震影响系数

查阅《建筑抗震设计规范(2016 年版)》(GB 50011—2010),可知 $T_g=0.400$ s,$\alpha_{max}=0.16$。因 $T_g<T_1<5T_g$,$\zeta=0.05$ 时,$\eta_2=1.0$,$\gamma=0.9$,则有

$$\alpha_1=\left(\frac{T_g}{T_1}\right)^{\gamma}\eta_2\alpha_{max}=\left(\frac{0.400}{0.467}\right)^{0.9}\times 1.0\times 0.16\approx 0.139$$

3. 计算结构总水平地震作用标准值

$$F_{eq}=\alpha_1 G_{eq}=0.139\times 5\,997.6\approx 833.7(\text{kN})$$

4. 计算各楼层水平地震层间剪力

由 $H_1=3.5$ m,$H_2=7.0$ m,$H_3=10.5$ m,得

$$V_1=\sum_{j=1}^{3}\left(\frac{G_jH_j}{\sum\limits_{k=1}^{n}G_kH_k}F_{eq}\right)\approx 833.7(\text{kN})$$

$$V_2=\sum_{j=2}^{3}\left(\frac{G_jH_j}{\sum\limits_{k=1}^{n}G_kH_k}F_{eq}\right)\approx 667.0(\text{kN})$$

$$V_3=\sum_{j=3}^{3}\left(\frac{G_jH_j}{\sum\limits_{k=1}^{n}G_kH_k}F_{eq}\right)\approx 333.5(\text{kN})$$

(二) 振型分解反应谱法

振型分解反应谱法是指将求解多自由度弹性体系的最大地震反应分解为独立的等效单自由度体系的最大地震反应,从而求得对应于每一个振型的作用效应,再按一定的法则将每个振型的作用效应组合成总的地震作用效应。

以体系自振周期为横坐标,以最大绝对加速度、速度或位移为横坐标,可以绘制三者的反应谱。地震是随机的,即使在同一地点、相同的地震烈度下,前后两次地震记录到的地面运动加速度时程曲线也可能有很大差别。不同的加速度时程曲线可以算得不同的反应谱曲线,虽然它们之间有着某些共同特性,但也存在着许多差别;在进行工程结构设计时,也无法预知该建筑物将会遭遇到怎样的地震。因此,仅用某一次地震加速度时程曲线所得到的反应谱曲线作为设计标准来计算地震作用是不恰当的。而且,依据单个地震所绘制的反应谱曲线波动起伏,变化频繁,也很难在实际抗震设计中应用。为此,必须根据同一类场地上所得到的强震时地面运动加速度记录分别计算出它的反应谱曲线,然后将这些谱曲线进行统计分析,求出其中最有代表性的平均反应谱曲线作为设计依据,通常称这样的谱曲线为抗震设计反应谱。《建筑抗震设计规范(2016 年版)》(GB 50011—2010)给出的设计反应谱不仅考虑了

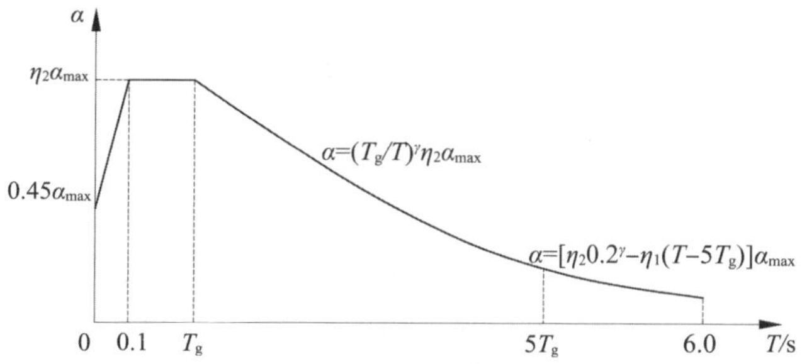

图 2-14　地震影响系数曲线

建筑场地类别的影响，还考虑了震级、震中距及阻尼比的影响，如图 2-14 所示。

根据振型分解反应谱法确定的相应于各振型的地震作用均为最大值。所以，所求得的地震作用效应也是最大值。但是，相应于各振型的最大地震作用效应不会同时发生，《建筑抗震设计规范(2016 年版)》(GB 50011—2010)依据概率论理论，给出了多质点弹性体系地震作用效应的平方和开方法(SRSS 法)。该方法是基于假定输入地震为平稳随机过程，各振型反应之间相互独立而推导得来的，主要用于平面振动的多质点弹性体系。因此，在采用振型分解反应谱法时，必须将求出的各振型的作用效应并用平方和开方法进行组合，以求出水平地震产生的水平地震作用效应 S_{eq}。

$$S_{eq}=\sqrt{\sum_{i=1}^{n}S_i^2} \tag{2-11}$$

式中：S_{eq} 为水平地震作用标准值的效应；S_i 为第 i 阶振型的水平地震作用标准值的效应；n 为计算时考虑的振型数。基于此，就可借助有限元软件对复杂体系进行地震反应谱分析(图 2-15)。

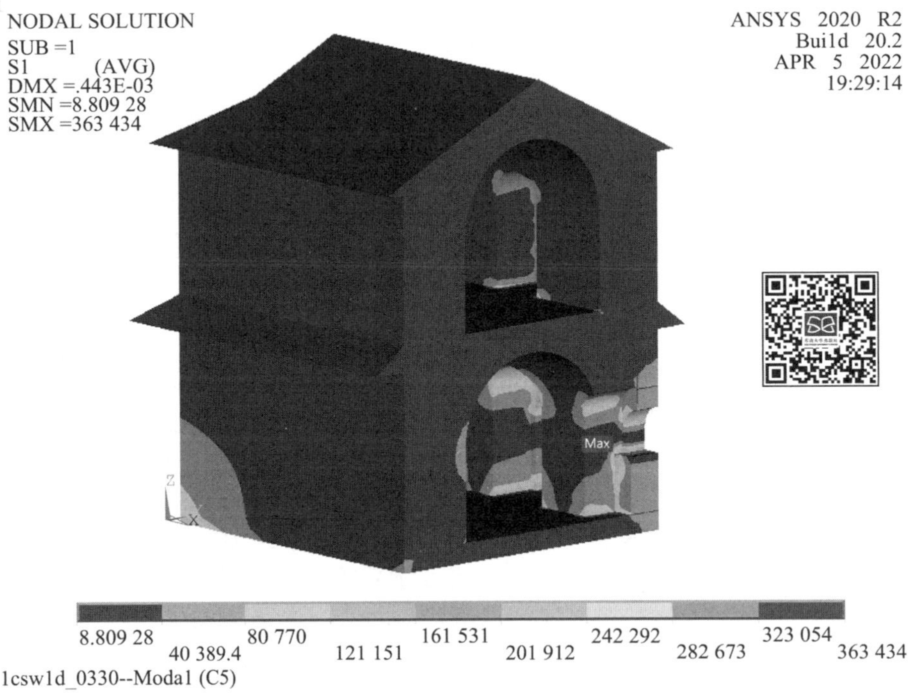

图 2-15 隆昌寺无梁殿地震反应谱分析

（三）时程分析法

时程分析法是对结构的运动微分方程直接进行逐步积分求解的一种动力分析方法。由时程分析可得到各质点随时间变化的位移、速度和加速度动力反应，进而可计算出构件内力和变形的时程变化。由于此法是对运动方程直接求解，又称直接动力分析法。用直接动力分析法对结构进行地震反应计算是在底部剪力法和反应谱法两阶段之后发展起来的。

由于地震的不确定性，很难预测建筑物会遇到什么样的地震波。以往大量的计算结果表明，结构对不同地震波的反应，差别很大。为了充分估计未来地震作用下的最大反应，以确保结构的安全，采用时程分析法对建筑进行抗震设计时，有必要选取拟建场地的实际地震记录、典型的强震记录（图 2-16）或人工地震波，地震加速度时程最大值按表 2-8 选用，对结构进行弹塑性反应计算。

自 20 世纪 60 年代以来，许多地震工程学者致力于弹塑性动力时程分析法的研究。该方法是将建筑物作为弹塑性振动系统，直接输入地震波，用逐步积分法求解依据结构弹塑性恢复力特性建立的动力方程，直接计算地震期间结构的位移、速度和加速度时程响应（图 2-17），从而能够描述结构在强震作用下在弹性和非弹性阶段的内力变化，以及结构构件逐步开裂、屈服、破坏直至倒塌的全过程。

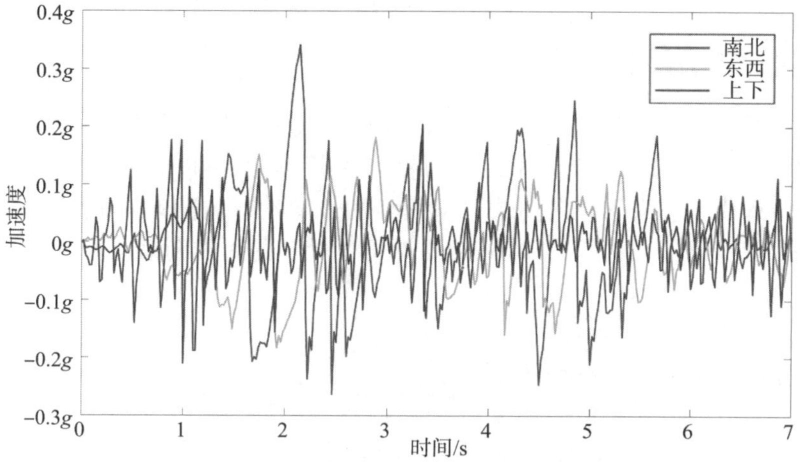

图 2-16　El-Centro 地震波

表 2-8　时程分析法所用的地震加速度时程最大值　　单位：cm/s^2

地震影响	6 度	7 度	8 度	9 度
多遇地震	18	35(55)	70(110)	140
罕遇地震	125	220(310)	400(510)	620

注：括号内数值分别用于设计基本地震加速度为 0.15g 和 0.30g 的地区。

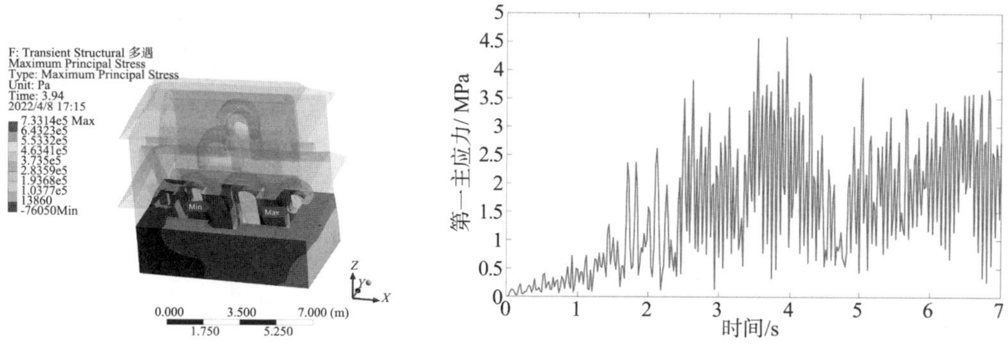

(a) 结构应力云图　　(b) 结构应力响应

图 2-17　隆昌寺无梁殿的地震时程分析

2.4 荷载的传力途径

建筑的结构体系不同,其荷载的传力途径也不相同,但荷载传递的总体方向是一致的,都是自上而下传递给地基基础。偶有例外,地震作用是通过基础传递给上部结构,惯性力造成建筑物的损坏。一般对于框架结构,其传力途径则是由屋盖和楼盖,到梁,到柱或墙,再到基础;对于多层砖混结构,其传力途径为由屋盖和楼盖,到墙体,再到基础。

建筑所受的荷载分为竖向荷载和水平荷载,竖向荷载主要包括恒荷载和活荷载,水平荷载主要包括风荷载和地震作用,下面分别介绍竖向荷载和水平荷载的传力途径。

2.4.1 竖向荷载的传力途径

竖向荷载传力路径为:板—梁—墙柱—基础。竖向荷载可直接作用板面,比如楼面装修及吊顶荷载,也可直接作用于梁上,比如梁上的隔墙线荷载,也可以直接只用于墙柱,比如剪力墙的挂石等。作用于板面的竖向荷载根据板面的长宽比,以梯形三角形导荷或者对边导荷的方式把荷载传递给板周边的梁(墙),板传递给梁(墙)的是线荷载。

(一) 梯形三角形导荷

梯形三角形导荷(图 2-18),每个板角均分(45°),交线分割成的三角形和梯形面积包含的荷载就是相应梁边所受的荷载,由原理可知,梯形和三角形都是中部面积较大,因此板传递到梁的线荷载非均匀分布,而是中间大,端部小。梯形三角形导荷方式可以根据长宽比查《静力学手册》手算,计算方便且精度能够满足工程需求,在过去人工计算时代优势较大,即便现在计算机已经普及,其仍然是目前采用的主要导荷方式。

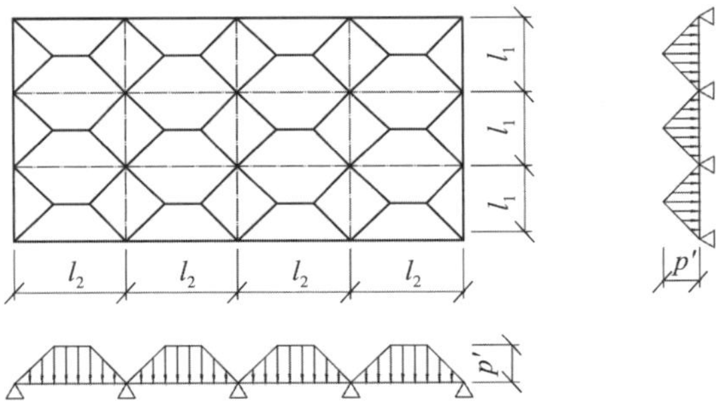

图 2-18 梯形三角形导荷

(二) 对边导荷

对边导荷主要用于只有两对边受力的板,比如单向板、楼梯板、楼面预制板、屋面为了“轻薄”造型而设计的两边自由板等,如图2-19 所示。

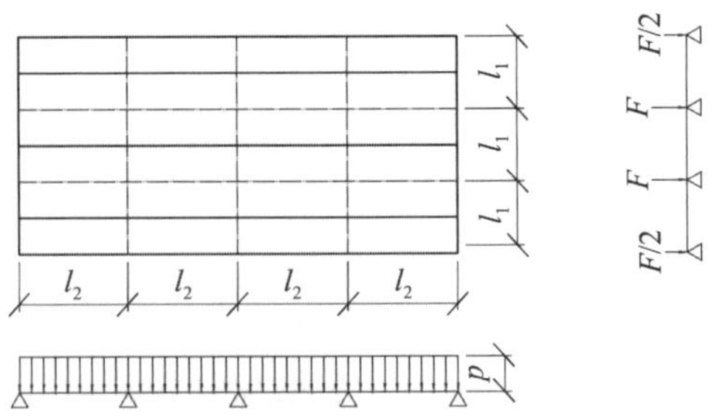

图 2-19 对边导荷

2.4.2 水平荷载的传力途径

水平荷载,例如风荷载,作用在建筑上,除了产生水平推力,还产生了倾覆弯矩。水平推力通过外墙传递到楼板、柱、墙,然后通过墙、柱剪力传递到基础,基础再将该力传递给地基。一般建筑自重越大,倾覆弯矩对建筑的影响越小,倾覆弯矩在整体上不会增加或者减少地基的竖向力,但会改变其分布,迎风方向的地基压力减小,背风方向的地基压力增大。

2.4.3　结构的传力途径

根据结构的类型不同，我们将重点介绍框架结构、砖混结构、剪力墙结构、钢结构、桥梁结构、玻璃幕墙的传力途径。

（一）框架结构

（1）结构特点

框架结构是指由梁和柱为主要构件组成的承受竖向和水平作用的结构，主要有钢筋混凝土框架结构、钢框架结构、木框架结构等。

框架结构是最常见的一种建筑结构，其主要优点是建筑平面布置灵活、可形成较大的建筑空间，主要缺点是侧向刚度较小，当层数较多时，会产生较大的侧移。

（2）传力途径

在框架结构中，楼（屋）面板首先承受楼（屋）面的恒荷载和活荷载，并将这些荷载传递给次梁，次梁是搭接在主梁上的梁。次梁再将荷载传递给主梁，主梁就是搭接在框架柱上的梁。主梁再将荷载传递给柱，柱传给基础，基础传给地基。框架结构竖向荷载的传力路径为：竖向荷载—楼（屋）面板—次梁—主梁—柱—基础—地基（图 2-20）；框架结构水平荷载的传力路径为：风荷载—墙体—框架（分配给框架柱和梁）—柱—基础—地基（图 2-21）；地震荷载—楼（屋）面板—柱—基础—地基。

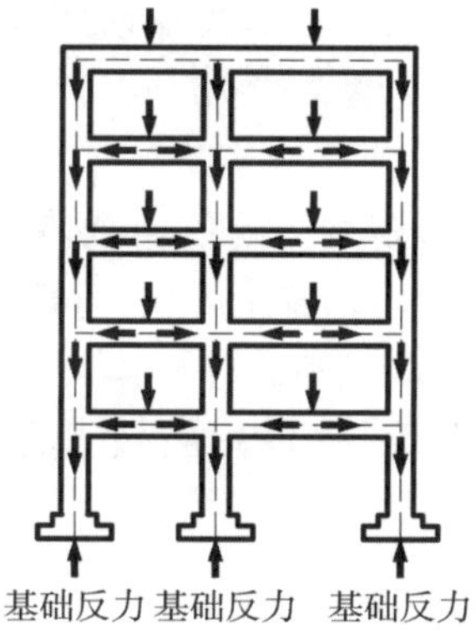

图 2-20　框架结构的竖向荷载传递

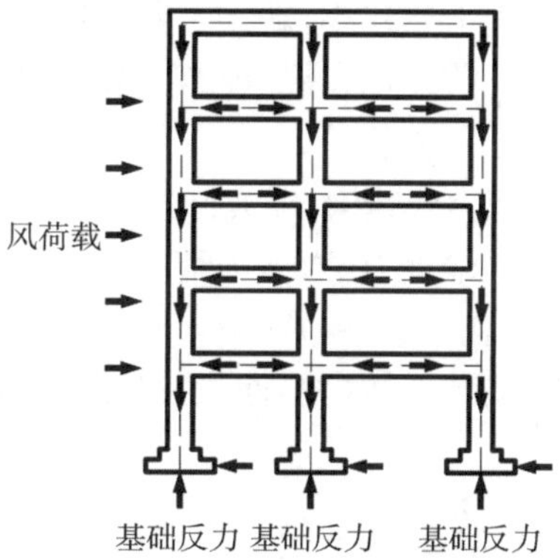

图 2-21　框架结构的水平荷载传递

（二）砖混结构

（1）结构特点

砖混结构是混合结构的一种，是采用砖墙来承重，钢筋混凝土梁、板等构件构成的混合结构体系。这种结构体系主要由两类基本构件共同组合而形成空间：一类构件是砖墙；另一类构件是钢筋混凝土梁、板。前者形成了空间的垂直面；后者形成了空间的水平面。墙所承受的主要是垂直压力；梁和板所承受的主要是弯曲力。砖混结构适合开间和进深较小、房间面积小、多层或低层的住宅或办公建筑。

（2）传力途径

对于砖混结构，竖向荷载的主要传力路径为：竖向荷载—屋顶/楼盖—墙体—基础—地基（图 2-22）；水平荷载的主要传力路径为：水平荷载—屋顶/楼盖—墙体—基础—地基（图 2-23）。

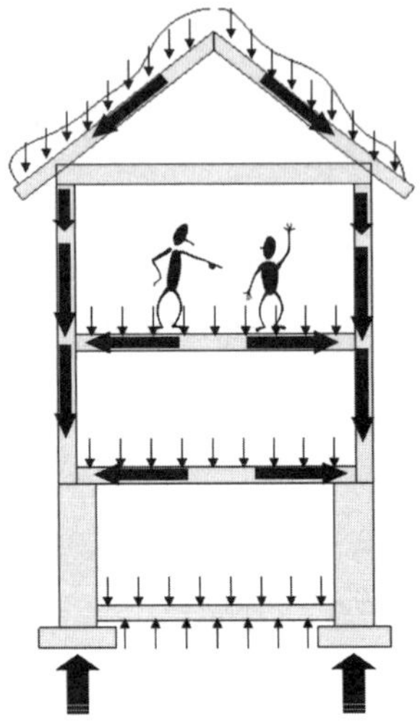

图 2-22　砖混结构竖向荷载传递

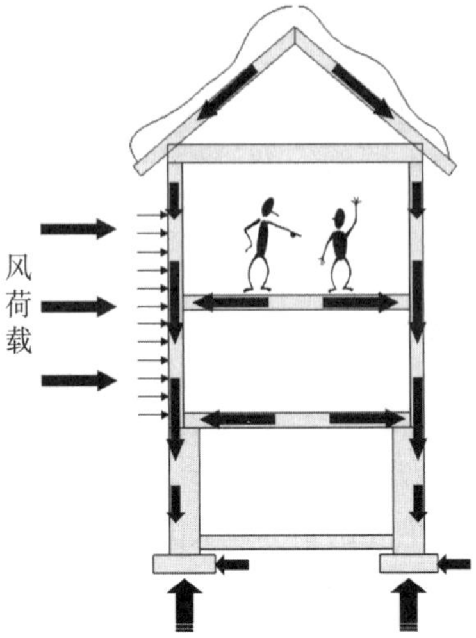

图 2-23　砖混结构水平荷载传递

（三）剪力墙结构

（1）结构特点

剪力墙体系是利用建筑物的墙体做成剪力墙来抵抗水平力。其优点是侧向刚度大，水平荷载作用下侧移小，缺点是剪力墙的间距小，平面布置不灵活。剪力墙既承受垂直荷载，也承受水平荷载，对高层建筑主要荷载为水平荷载，墙体既受弯又受剪。

（2）传力途径

对于剪力墙结构，楼板首先承受楼面上的恒荷载和活荷载，并将这些荷载传递给梁，梁再将荷载传递给剪力墙，剪力墙传给基础，基础传给地基。剪力墙结构竖向荷载的传力路径为：竖向荷载—楼（屋）面板—梁—墙体—基础—地基；剪力墙结构水平荷载的传力路径为：风荷载—墙体—楼（屋）面板—墙体—基础—地基；地震荷载—楼（屋）面板—墙体—基础—地基。

（四）钢结构

（1）结构特点

钢结构是由钢制材料组成的结构，是主要的建筑结构类型之一。钢结构主要由型钢和钢板等制成的钢梁、钢柱、钢桁架等构件组成，并采用硅烷化、纯锰磷化、水洗烘干、镀锌、涂防锈漆等除锈防锈工艺。各构件或部件之间通常采用焊缝、螺栓或铆钉连接。因其自重较轻，且施工简单，广泛应用于大型厂房、场馆、超高层等领域。钢结构容易锈蚀，一般钢结构要除锈、镀锌或涂防锈漆，且要定期维护。

（2）传力途径

钢框架-支撑结构遵循从上到下的传力途径，竖向荷载的传力路径为：竖向荷载—楼（屋）面板—梁—柱—基础—地基（图 2-24）；水平荷载的传力路径为：风荷载—楼（屋）面板—梁—柱—基础—地基（图 2-25）；地震荷载—楼（屋）面板—梁—柱—基础—地基。

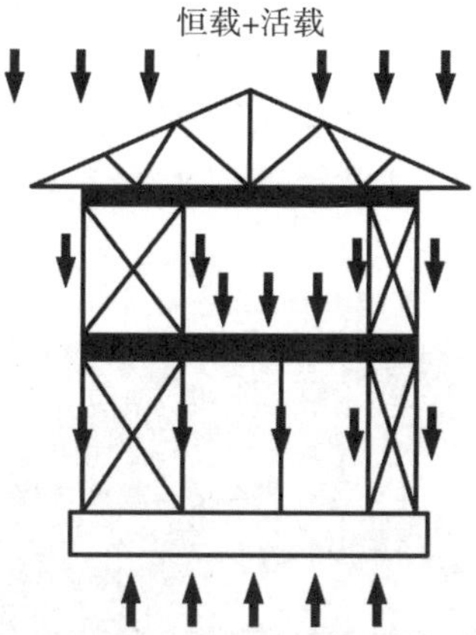

图 2-24　钢框架-支撑结构竖向荷载传递

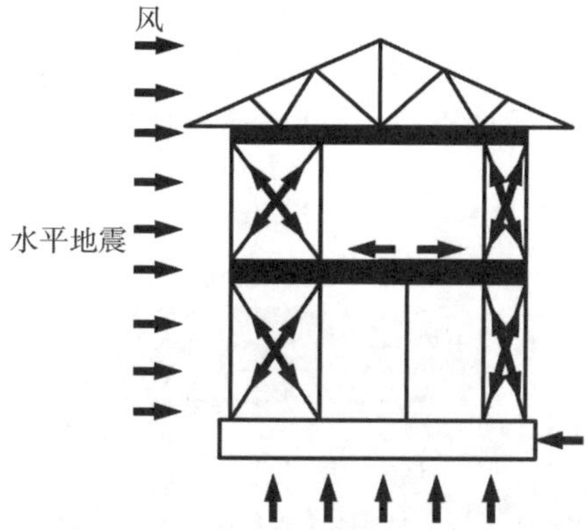

图 2-25　钢框架-支撑结构水平荷载传递

（五）桥梁结构

（1）梁桥

梁桥是指结构在垂直荷载作用下，支座只产生垂直反力而无推力的梁式体系桥的总称，按静力特性可分为简支梁桥、悬臂梁桥、连续梁桥、T 形刚构桥及连续-刚构桥五种体系。其主梁可以是实腹梁或桁架梁。实腹梁构造简单，制造、架设和维修均较方便，广泛用于中、小跨度桥梁，但在材料利用上不够经济。桁架梁的杆件承受轴向力，材料能充分利用，自重较轻，跨越能力大，多用于建造大跨度桥梁。

梁桥的主要受力构件是主梁与桥墩。荷载的传递途径为：竖向荷载传递到主梁，主梁传递给支座，支座传递给桥墩，最后传递给地基。简支梁桥的特点是每一跨之间主梁是断开的，也就是说每一跨之间相互不影响，如图 2-26 所示；而连续梁桥的特点是支点上连续，几跨主梁都是一个整体，如图 2-27 所示。

图 2-26　正在施工中的简支梁桥

图 2-27　正在施工的连续梁桥

（2）拱梁组合桥

拱桥指的是在竖直平面内以拱作为结构主要承重构件的桥梁，而拱梁组合桥是指将梁或者系杆和拱组合后形成的组合体系桥梁，两者共同工作，将跨径范围的荷载传递到下部结构上。拱的优点主要是受压、结构刚度大、材料利用率高，缺点是简单体系拱桥有很大的水平推力；而梁的优点是能够直接承担活载，并能承担较大的弯矩和轴向力。因此两者合理组合所形成的结构体系既能发挥它们各自的优点，又能克服它们各自的缺点。

拱桥的主要受力构件是拱圈。由桥面与主要受力构件拱圈的相对空位置关系，分为上承式、中承式、下承式。拱圈在桥面上方称为上承式，下方为下承式(图 2-28)，介于之间为中承式(图 2-29)。荷载主要传力途径为：竖向荷载传递到横梁，横梁受弯，横梁将荷载传递给吊杆，吊杆受拉，吊杆将荷载传递给主拱圈，主拱圈受压，主拱圈最后将荷载传递给基础，如图 2-30 所示。

图 2-28　下承式拱桥

图 2-29　中承式拱桥

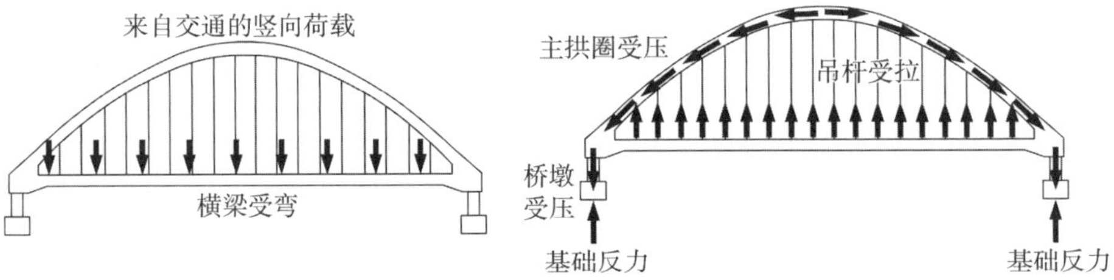

图 2-30　系杆拱桥传力示意图

(3) 斜拉桥

斜拉桥作为一种拉索体系，比梁式桥的跨越能力更大，是大跨度桥梁的最主要桥型。其可看作是拉索代替支墩的多跨弹性支承连续梁。其可使梁体内弯矩减小，降低建筑高度，减轻了结构重量，节省了材料，如图 2-31 所示。

图 2-31　斜拉桥

斜拉桥的主要受力构件有桥塔、拉索、主梁。其传力途径为：竖向荷载传递到主梁，主梁受弯，主梁将荷载传递给拉索，拉索受拉，拉索将荷载传递给桥塔，桥塔受压，桥塔最后将荷载传递给基础，如图 2-32 所示。

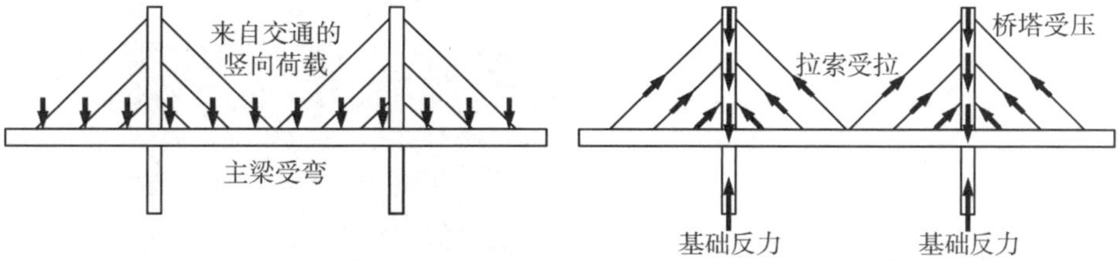

图 2-32　斜拉桥传力示意图

（4）悬索桥

悬索桥，又名吊桥，指的是以通过索塔悬挂并锚固于两岸（或桥两端）的缆索（或钢链）作为上部结构主要承重构件的桥梁。其缆索几何形状由力的平衡条件决定，一般接近抛物线。从缆索垂下许多吊杆，把桥面吊住，在桥面和吊杆之间常设置加劲梁，同缆索形成组合体系，以减小荷载所引起的挠度变形，如图 2-33 所示。

图 2-33　悬索桥

悬索桥的主要受力构件是主缆、桥塔与锚碇。其传力途径为：竖向荷载传到桥面加劲梁，加劲梁受弯，桥面加劲梁将荷载传递给吊杆，吊杆受拉，吊杆再将荷载传递给主缆，主缆受拉，主缆再将荷载传递给桥塔上和主缆两头的大锚碇，桥塔受压，桥塔最后将荷载传递给基础，如图 2-34 所示。

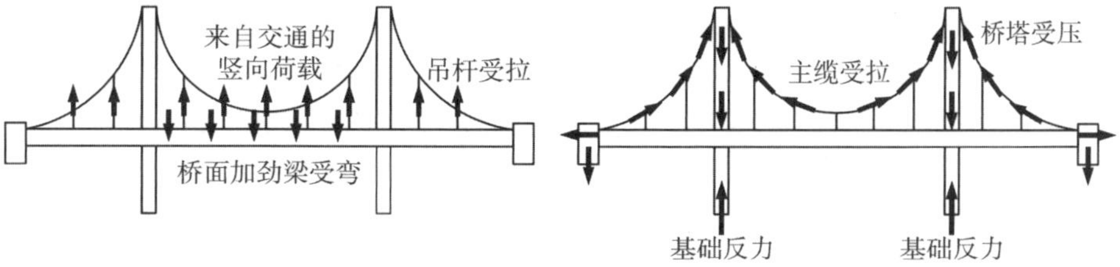

图 2-34　悬索桥传力示意图

（六）玻璃幕墙

（1）结构特点

玻璃幕墙是一种美观新颖的建筑墙体装饰方法，多用于酒店、博物馆、商场、航站楼等。

玻璃幕墙是用铝合金或其他金属轧成骨架，以玻璃及封闭的金属空腹型杆件做成的房屋围护墙，墙体有单层和双层玻璃两种(图 2-35)。玻璃幕墙的优点有：可吸收红外线；减少进入室内的太阳辐射；降低室内温度；轻巧美观；不易污染；节约能源；在光线的反射下，室内不受强光照射，视觉柔和等。另外，在现代化高层建筑的玻璃幕墙中，常采用镀膜玻璃(或 low-e 镀膜玻璃)与普通玻璃组合、隔层充入干燥空气的中空玻璃。

图 2-35　玻璃幕墙体系示意图

(2) 传力途径

玻璃幕墙的传力途径为：玻璃面板所承受的风荷载、地震作用等通过连接件传给横梁，横梁受弯，横梁将荷载传递给立柱，立柱将荷载通过锚接点以点传递方式传至建筑物主框架结构。由于幕墙构件不能承受过大的位移，只能通过弹性连接件来避免主体结构过大侧移的影响。幕墙构件与立柱、横梁的连接要能可靠地传递风荷载、地震作用、自重作用，降低主体结构水平位移产生的影响，所以连接件须具有一定的适应位移的能力。幕墙的破坏，往往最先体现在连接点上，连接点出现问题，则造成整个结构体系出现安全隐患，故连接件的作用不可忽视，必须通过计算来确定。

2.5　案例分析

在前几节中，我们讨论了荷载的种类，分别介绍了竖向荷载和水平荷载并给出了二者的传力途径。下面结合工程实际案例介绍结构设计中如何考虑荷载传力。

(一) 威利斯大厦

威利斯大厦(Willis Tower)，原名西尔斯(Sears)大厦，于 1974 年建成于美国芝加哥市，大厦约高 443 m，共 108 层(加上天线高度约达 500 m)，如图 2-36 所示。威利斯大厦采用筒体结构，底层平面为正方形，如图 2-37 所示。在侧向风荷载的作用下，其受力类似刚性的箱形截面的悬臂梁，迎风面将受拉，而背风面将受压。由于框筒边长过大，采用了将大框筒分为 9 个小框筒组成的组合筒体系(又称束筒)，采用组合筒方案就像在大框筒中间加上几道腹板，削弱了剪力滞后现象，有效地改善了框筒的受力状态，使它具有更好的抗侧移能力。小框筒为 22.9 m×22.9 m 的正方形，随着高度增加，筒的数目逐渐减少，在 50 层、66 层和 90 层分别减少 2～3 个小框筒，最后剩两个小框筒到顶。框筒密柱采用 H 形截面，柱截面底层为 1 070 mm × 609 mm × 102 mm (高×宽×厚)，向上逐渐分段减小，顶层柱截面为1 070 mm×305 mm×19 mm。

如图 2-37 所示，建筑的收筒意味着刚度的突变，为抵抗风荷载和地震作用，用加强结构腰桁架进行刚度补强，以减小水平的侧移。除此以外，外观上还能起到简单装饰的作用。上部结构的某些单筒适当减少，可减小高层建筑上部的受风面积，并且扰乱大气气流，使产生的涡流对高层建筑的摇摆振动减小，从而有效地减小风力产生的侧向变形，同时可以使建筑获得不同高度，获得不同形式的无柱大空间。适应不同公司、不同形式的活动大厦的造型，犹如 9 个高低不一的方形筒体集束在一起，挺拔利索，简洁稳定，营造了不同层级的外形。不同方向的立面形态各不相同，突破了一般高层建筑呆板对称的造型手法。由于采用组合筒体系，设计用总钢量为 7.6 万 t，平均用钢量约为 150 kg/m^2，用钢量比高度低约 30 m 的原世界贸易中心大楼还少，可见合理的结构体系对超高层建筑是十分重要的。

图 2-36　威利斯大厦

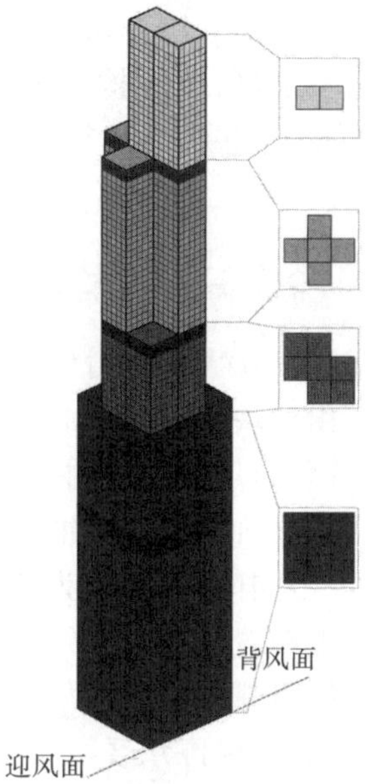

图 2-37　威利斯大厦的收筒

（二）深圳新华大厦

深圳新华大厦平面为 28.8 m×28.8 m 的正方形，地面以上 35 层，中间为 12 m×9.7 m 的钢筋混凝土核心筒，四周采用钢筋混凝土巨型框架体系，如图 2-38 所示。

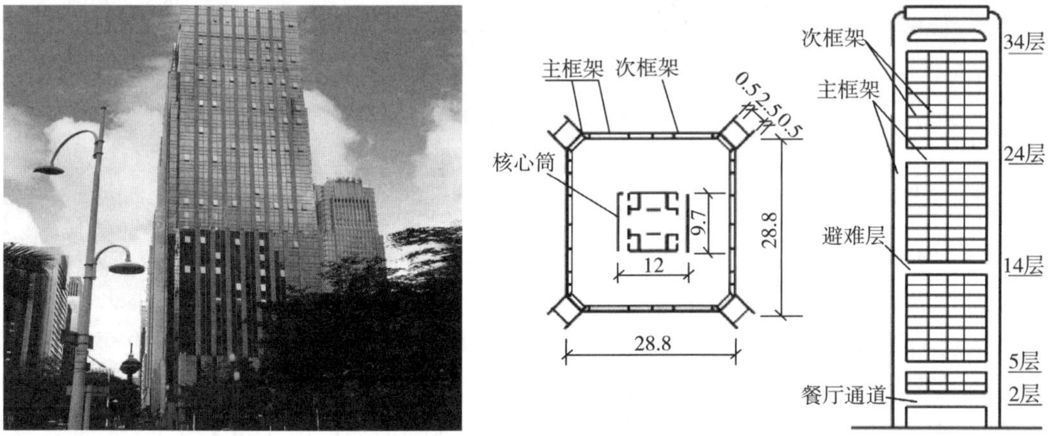

(a) 外景　　(b) 平面图及剖面图(单位:m)

图 2-38　新华大厦

现代高层建筑体量都较大，尤其在强风地区，巨大的风荷载会引起过大的结构内力，甚至会引起倾覆。新华大厦采用的这种巨型框架结构可以利用中间大横梁下部空间开设大洞口，让一部分气流通过，从而大大减小风荷载，这是别的结构难以实现的。

巨型结构是由巨型梁和巨型柱组成的主结构与常规结构构件组成的次结构共同工作的一种高层建筑结构体系。主结构的巨型构件截面尺寸通常很大，而次结构的常规构件截面尺寸通常较小，满足正常使用功能。巨型结构的主结构通常为主要抗侧力体系，次结构主要承担竖向荷载，并负责将力传给主结构。

巨型框架的应用越来越多，其优越性十分明显，但由于构件刚度增大，温度、收缩、局压的影响也会加剧，节点构造上也会出现一些新的问题。不少学者正在对巨型框架体系设计、施工中的一些细节进行深入研究。可以预见，巨型框架体系将在未来高层建筑中扮演重要角色。

（三）哈尔滨工业大学体育馆

哈尔滨工业大学体育馆[图 2-39(a)]于 1995 年建成，建筑面积 6 300 m^2，平面呈八角形。屋盖由四块四边形双曲抛物面单双层钢网壳交替组合而成，每块四边形的四条边也不在同一平面内，形成扭壳曲面，如图 2-39(b)所示。但网壳结构杆件不是沿四边形边长方向布置，而是沿曲面两个主曲率方向布置，一个方向向上凸，成为竖向荷载下的主要承重杆件，另一个方向向下凹，作为承受风荷载吸力的稳定杆件。可以看出，这样布置的网壳和双曲抛物面上布置双向悬索结构十分相似，杆件以承受轴力为主，弯矩、扭矩都很小，所以这种网壳一般可只布置成单层。与双向悬索屋面相比，在局部荷载或风荷载作用下，网架钢管有一定刚度，可以承受少量局部弯矩，变形较小；而悬索的抗弯刚度为零，一般应对双向悬索施加预应力，以减小荷载下的变形。

(a) 外景

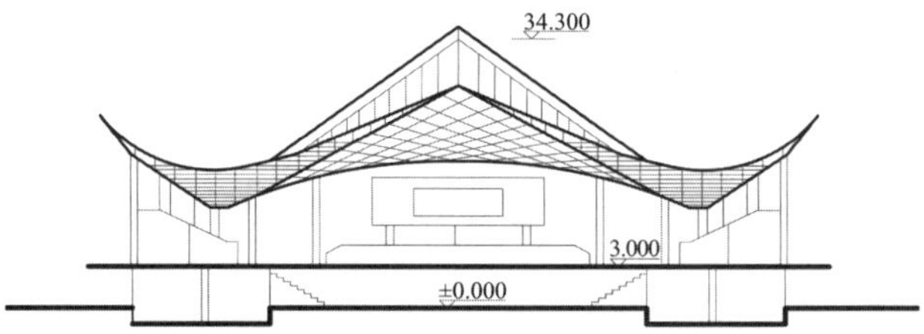

(b) 剖面

图 2-39　哈尔滨工业大学体育馆

（四）北京工人体育馆

北京工人体育馆建筑面积 42 000 m^2，容纳观众 15 000 席。如图 2-40(a)所示，下部结构框架轴线的外围直径 118 m，悬索屋盖直径 96 m，采用轮辐式的双层悬索结构，上下各设 144 束悬索，下部为承重索，上部为稳定索，它们在平面上相间布置。其目的有二：一是使上索在屋面荷裁作用下减少下垂度，以利雨水的排除；二是减少内环受荷载后的下沉量，提高顶盖的刚度。结构层可分解为钢筋混凝土支撑桩基础、钢筋混凝土框架结构、轮辐式双层悬索结构屋顶，如图 2-40(b)所示。由于拉力很大，中心设钢结构拉环，拉环高 11 m，直径 16 m，受压外环梁采用现浇钢筋混凝土梁，截面为 2 m×2 m，以承受巨大的环向压力，压力达 2 300 kN。

(a) 外景

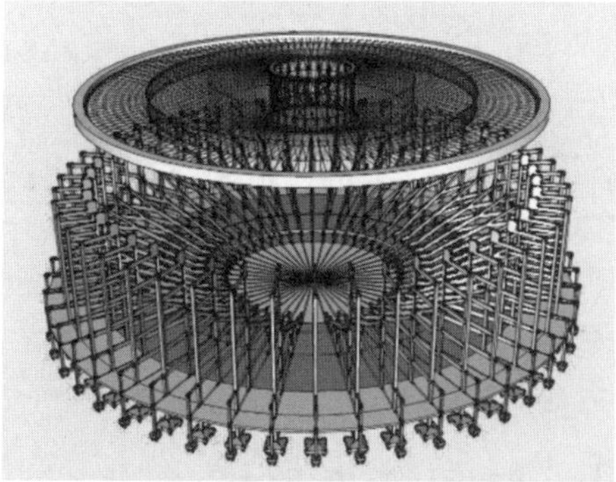

(b) 结构层分解

图 2-40　北京工人体育馆

2.6　小结

本章介绍了建筑结构的荷载和受力。我们需要了解荷载的定义和各种分类，以及荷载代表值的意义。对于建筑总重、地基承载力和墙、柱及基础荷载等竖向荷载，我们需要掌握其在方案设计阶段的估算方法。对于水平荷载，我们需要学会分析和估算在方案设计阶段的整体分析中最重要的水平作用力——风荷载和地震荷载。理解竖向荷载和水平荷载的传力途径及它们的受力体系，根据受力进行合理的结构选型。

我们需要利用本章的知识对结构荷载进行正确判断、灵活分析和计算，能够对实际工程中的结构受力加以简单分析，并将计算分析方法运用于房屋设计方案阶段的荷载总体估算中。

第 2 章习题

1. 施加于结构上的作用有哪些？与荷载有什么区别？
2. 施加于结构上的直接作用与间接作用分别有哪些？
3. 按荷载随时间变化与否将作用于结构上的作用进行分类并简述其概念。
4. 什么是荷载的代表值？有哪几种？
5. 屋面活荷载有哪些种类？如何取值？
6. 在一般工业与民用建筑中，竖向作用力一般是指什么？如何进行估算？
7. 房屋的水平荷载有哪些？
8. 某工厂工作平台恒荷载 5.4 kN/m^2，活荷载 2.0 kN/m^2，求正常使用极限状态下不同荷载组合效应的设计值。
9. 对位于非地震区的某大楼横梁进行内力分析。已求得在永久荷载标准值、楼面活荷载标准值、风荷载标准值的分别作用下，该梁梁端弯矩标准值分别为：$M_{Gk}=10$ kN·m、$M_{Q1k}=12$ kN·m、$M_{Q2k}=4$ kN·m。楼面活荷载的组合值系数为 0.7，风荷载的组合值系数为 0.6。求该横梁在承载能力极限状态基本组合时的梁端弯矩设计值 M。
10. 有一个在非地震区的办公楼顶层柱。已知在永久荷载标准值、屋面活荷载标准值、风荷载标准值及雪荷载标准值分别作用下，该柱轴向力标准值分别为：$N_{Gk}=40$ kN、$N_{Qk}=12$ kN、$N_{Wk}=4$ kN、$N_{Sk}=1$ kN。屋面活荷载、风荷载和雪荷载的组合系数值分别为：0.7、0.6、0.7。计算该柱在承载能力极限状态基本组合时的轴向压力设计值 N。

第3章　轴向受力与构件形态

3.1　轴向受力概述

轴向受力是一种在建筑结构中常见的受力状态，轴向受力一般指顺着最长的方向受力，比如杆，指顺着杆的方向拉和压。轴向受力构件广泛应用于各种类型的建筑结构中，如混凝土结构中的轴向受压柱、转换桁架、屋面桁架等；钢结构中的桁架、屋架、托架、塔架、网架和网壳等各种类型的平面或空间格构式体系以及支撑系统。轴向受力与构件形态有着重要关系，轴向受力的不同会带来构件形态的不同，例如虽然轴向拉力和轴向压力在数值上是相同的，但是轴向拉力可以用一根轻柔且较小截面的拉索来承载，而轴向压力则需用一根厚实且较大截面的型钢或混凝土构件来承载。如图3-1、图3-2所示，钢桁架结构中的弦杆、腹杆以及斜拉桥中的斜拉索等，都属于轴向拉压的例子。

图3-1　钢桁架结构中的弦杆、腹杆

图3-2　斜拉桥中的斜拉索

在轴向拉压状态下，构件的受力特点为外力的合力作用线与杆的轴线重合，其变形主要表现为构件的轴向收缩或伸长，同时伴随横向的缩扩。当构件轴向受到拉伸时，对应的外力合力称为拉力，构件的变形表现为轴向伸长，横向变细。当构件轴向受到压缩时，对应的外力合力称为压力，构件的变形表现为轴向缩短，横向变粗。当构件所受的力超出一定限值时，构件便会面临破坏失效。在受拉状态下，通常为截面应力超过其抗拉强度而断裂，应力的概念将在本章中详细介绍。在受压状态下，通常为失稳破坏或因截面应力超过其抗压强度而压溃。失稳是指轴向受压的细长直杆在受压状态下突然变弯，失去原来直线形式的平衡状态，而丧失继续承载的能力，我们称这种现象为丧失稳定，即失稳。

3.2　杆件的轴力

3.2.1　内力与外力

对于所研究的构件对象来说，其他构件与物体作用于该构件上的力均称为外力，例如荷载与支座反力。构件不受外力作用时，其内部各相邻部分之间存在相互作用的力系，使构件维持一定的形状。当构件受到外力作用而变形时，这种相互作用力便会发生改变。将由外力作用引起的物体内部相邻部分之间分布内力系的合成称为内力。通常情况下，内力随着外力的增大而增大，当内力达到一定限度时，构件就会破坏，内力的大小与构件的强度是密切相关的。

3.2.2　截面法

在分析构件强度、刚度、稳定性等问题的时候，需要知道构件在已知外力作用下某一截面上的内力值。求解内力一般用到下述的截面法(图 3-3)。

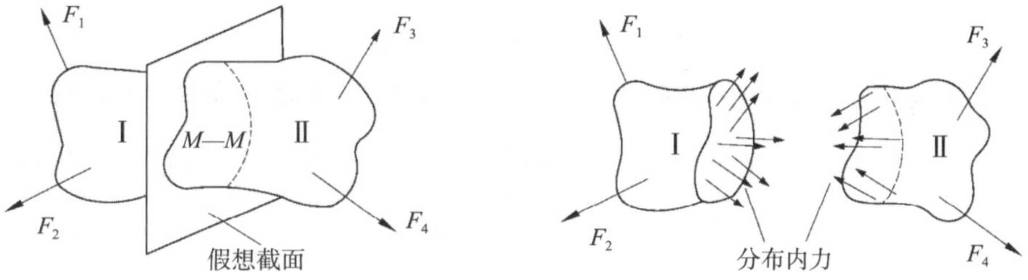

(a)　　　　(b)

图 3-3　截面法图示

截面法通常分为截开、代替、平衡三个步骤，如：

(1) 截开：在所求内力截面处，假想地用截面将构件一分为二；

(2) 代替：取任意一部分，弃去部分对留下部分的内力作用，用作用在截面上的内力(力或力偶)代替；

(3) 平衡：对留下的部分建立平衡方程，根据其上的已知外力来计算留在构件截开面上的未知内力。需要注意的是，此时截开面上的内力对于所留部分而言也是外力。

力是矢量，具有大小和方向，在实例中可以发现，整体坐标系下大小相同的轴力 F_N 对不同部分的方向是相反的。为方便描述，统一规定轴力与截面外法线同向时为正轴力、相反时为负轴力，即受拉为正、受压为负，如图 3-4 所示。

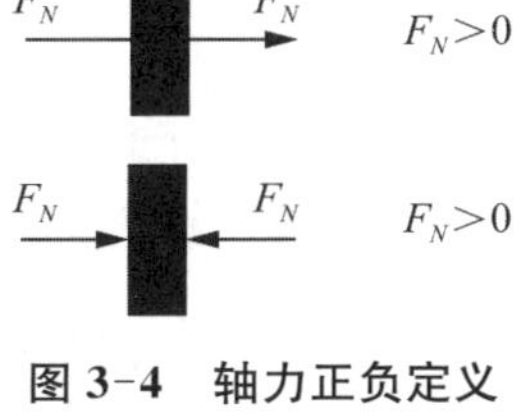

图 3-4　轴力正负定义

3.2.3 轴力图

在通常情况下，轴力的大小会随着截面的位置变化而变化，通常选用轴力图来直观表示这种变化关系。同时，轴力图便于确定最大轴力的数值及其所在截面的位置，为强度计算提供依据。轴力图常以平行于杆轴的坐标表示截面的位置，垂直于杆轴的另一坐标表示轴力。图 3-5 所示为杆件轴力示意图。

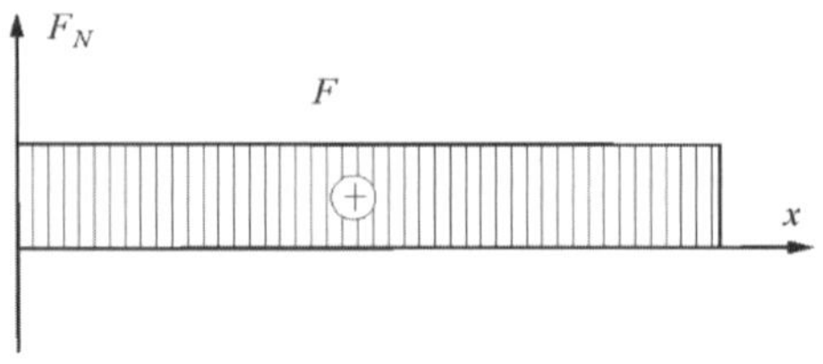

图 3-5 杆件轴力示意图

例 3-1、例 3-2 将讲解如何计算杆件轴力、如何画轴力图。

【例 3-1】图 3-6 所示杆的 A、B、C 点分别作用着大小为 $2F$、F、F 的力，方向见图 3-6，试画出杆的轴力图。

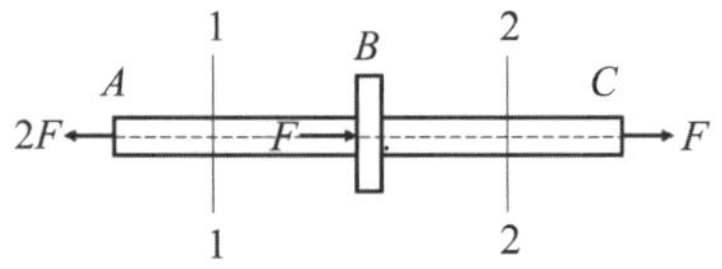

图 3-6 例 3-1 图示杆示意图

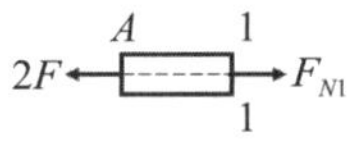

图 3-7 对 A 到 1—1 段使用截面法

解：在 AB 段上的任一截面 1—1 处将杆切开，选左端为研究对象，如图 3-7 所示。

$$\sum F_x = 0, F_{N1} - 2F = 0$$

得 AB 段的轴力为：

$$F_{N1} = 2F$$

对 BC 段采用同样的方法，选右端为研究对象，如图 3-8 所示。

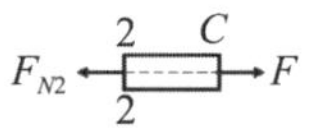

图 3-8 对 C 到 2—2 段使用截面法

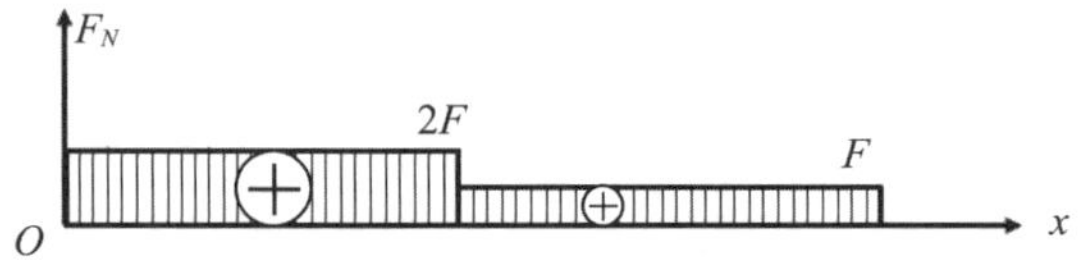

图 3-9 例 3-1 轴力图

$$\sum F_x = 0, -F_{N2} + F = 0$$

得 BC 段的轴力为：

$$F_{N2} = F$$

作轴力图如图 3-9 所示。

【例 3-2】图 3-10 示杆的 A、B、C、D 点分别作用着大小为 $5F$、$8F$、$4F$、F 的力，方向见图 3-10，试画出杆的轴力图。

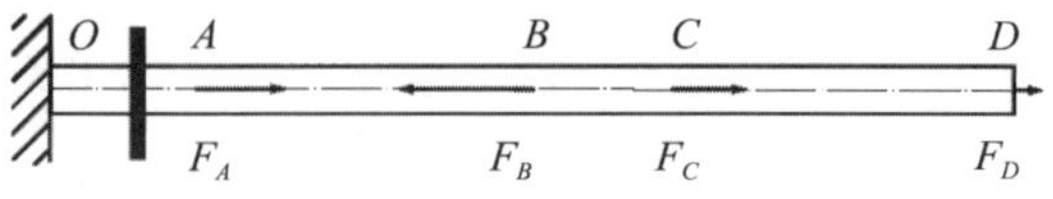

图 3-10 例 3-2 图示杆示意图

解：OA 段内力 F_{N1}；截面设置如图3-11。

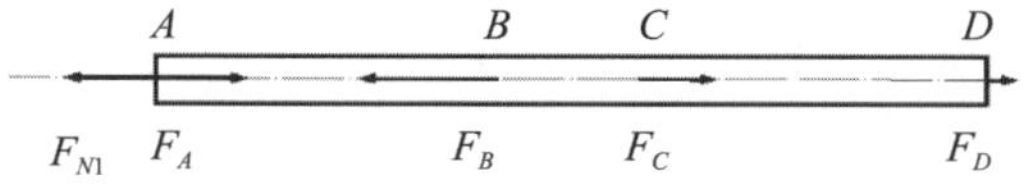

图 3-11　对 OA 段使用截面法

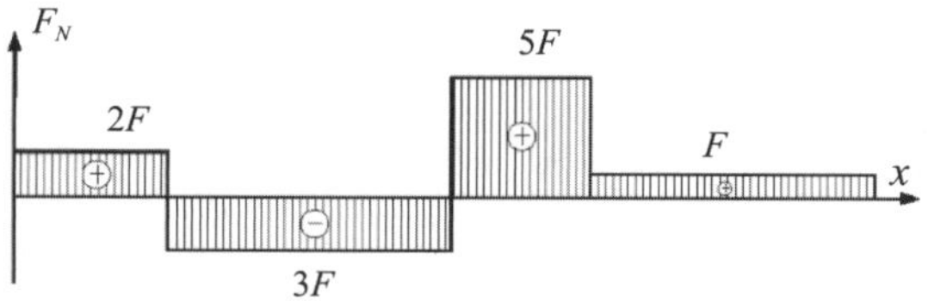

图 3-12　例 3-2 轴力图

$$\sum F_x = 0$$

$$F_{N1} - F_A + F_B - F_C - F_D = 0$$

$$F_{N1} - 5F + 8F - 4F - F = 0$$

因此，$F_{N1} = 2F$ 。

同理，求得 AB、BC、CD 段的内力分别为：

$$F_{N2} = -3F$$

$$F_{N3} = 5F$$

$$F_{N4} = F$$

作轴力图如图 3-12 所示。

根据以上示例可以发现轴力图在集中荷载作用位置发生突变，突变值等于集中荷载的大小。

3.3　杆件的应力

3.3.1　应力的概念

材料强度一般指材料承受荷载的能力。利用截面法可以求出构件截面所处位置的内力，但是仅仅求出内力还不能解决构件的强度问题，这就需要引入应力的概念。

如图 3-13 所示，杆件(a)、(b)所承受的轴向拉力相同，各横截面上的内力也相同，但随着拉力的增加，显然(a)杆将先被拉断。这表明，数值相等但分布情况不同的内力，对构件的作用效果是不同的。构件的危险程度取决于截面上分布内力的聚集程度，而不是分布内力的总和。在图中，同样的轴力，聚集在较小的横截面上时，就比较危险；而将其分散在较大的横截面上时，相对就比较安全。因此，在讨论构件的强度问题时，还必须了解内力在截面上的聚集程度，即内力分布集度。材料某截面上的分布内力在某点处的集度称为应力。

图 3-13　截面大小与材料破坏的关系

得到截面分布内力与截面尺寸后，根据应力的定义，可以对应力进行求解。

用 $n—n$ 截面从受力构件中取分离体如图 3-14(a)、(b)所示，在 $n—n$ 截面上任意一点 k 处，取一微面积 ΔA ，ΔA 上内力合力以 ΔF 代替，则将 ΔF 与 ΔA 的比值称为 ΔA 上的平均应力：

$$P_m = \frac{\Delta F}{\Delta A} \tag{3-1}$$

应力的单位是 Pa(帕)，1 Pa＝1 N/m^2。应力的常用单位为 MPa，1 MPa＝10^6 Pa 。

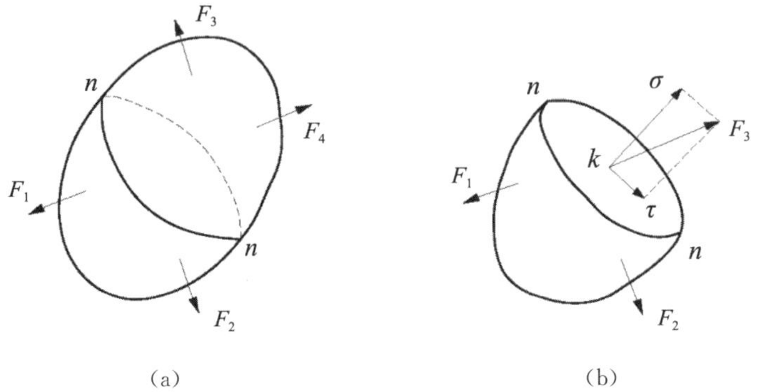

图 3-14 应力定义图示

需要注意的是，工程中的构件，在大多数情形下，内力并非均匀分布，内力集度的定义不仅准确而且重要，因为“破坏”或“失效”往往从内力集度最大处开始。平均应力的大小及方向随所取面积 ΔA 的大小而变化。为了准确反映 k 点处的内力密集程度，应使 ΔA 趋近于零，即得 k 点的总应力(全应力)：

$$P = \lim_{\Delta x \to 0} \frac{\Delta F}{\Delta A} = \frac{\mathrm{d}F}{\mathrm{d}A} \tag{3-2}$$

应力与内力一样为矢量，其方向就是 ΔF 的极限方向。通常把全应力 P 分解为垂直于截面的分量 σ 和剪切于截面的分量 τ ，其中，将 σ 称为正应力，τ 称为切应力。如图 3-14(b)所示，可得到正应力与切应力表达式：

$$\sigma = \lim_{\Delta A \to \infty} \frac{\Delta N}{\Delta A} = \frac{\mathrm{d}N}{\mathrm{d}A} \tag{3-3}$$

$$\tau = \lim_{\Delta A \to \infty} \frac{\Delta T}{\Delta A} = \frac{\mathrm{d}T}{\mathrm{d}A} \tag{3-4}$$

3.3.2 拉(压)杆横截面上的应力

取一根等截面直杆，受力之前，在杆的中部表面上画许多与杆轴线平行的纵线和与杆轴线垂直的横线；然后在杆的两端施加一对轴向拉力 F，使杆产生伸长变形，如图 3-15 所示。

由变形后的情况可知，纵线仍为平行于轴线的直线，各横线仍为直线并垂直于轴线，但产生了平行移动。横线可以看成是横截面的轴线，因此，根据横线的变形情况去推测杆内部的变形，可以作出如下假设：变形前为平面的横截面，变形后仍为平面，同时纵向纤维变形相同，这个假设称为平面假设。

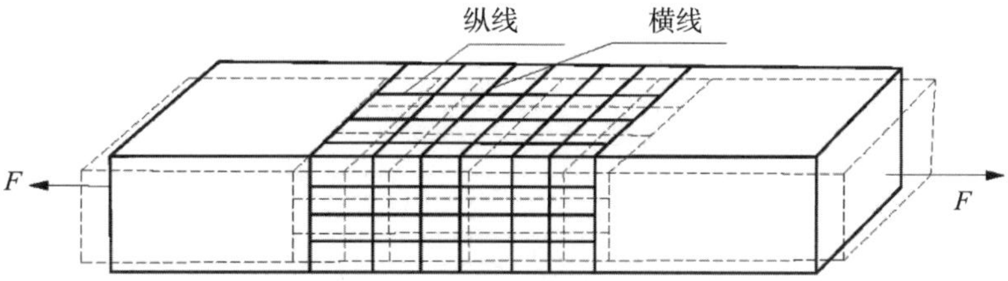

图 3-15　平面假设下的杆件变形

(1) 拉伸应力

根据物理学知识，当变形为弹性变形时，变形和力成正比。因为各纤维的变形相同，而各纤维的变形只能由正应力 σ 引起，故可推知横截面上各点处的正应力相同，即在横截面上，各点处的正应力 σ 均匀分布，如图 3-16 所示。

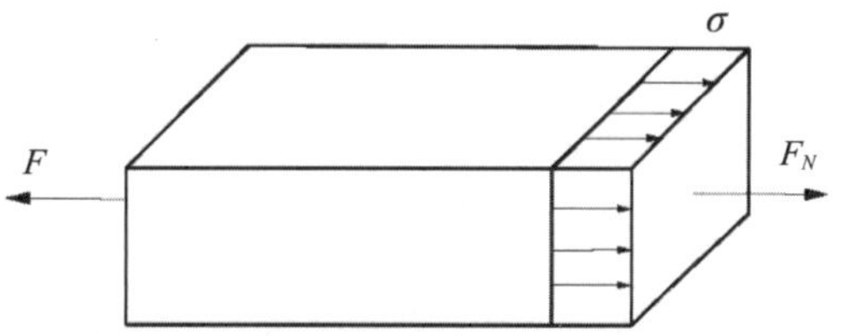

图 3-16　理想状态下横截面各处正应力分布情况

(2) 危险截面及最大工作应力

仅考虑材料破坏时，如某点的应力越大，越接近材料的强度极限，则该点越容易发生破坏。将应力最大的点称为构件的危险点。相应地，将应力最大的面称为危险截面。对于拉压杆件，危险截面通常为内力最大的面或截面尺寸最小的面。对于等截面直杆，内力最大的面即为危险截面，其应力为：

$$\sigma_{max}=\frac{F_{N,max}}{A} \tag{3-5}$$

3.3.3　拉(压)杆斜截面上的应力

前面讨论了轴向拉压时杆件横截面上的应力。但不同材料的实验表明，拉(压)杆的破坏并不总是沿着横截面。因此，为全面了解杆件在不同方位截面上的应力情况，还需研究杆件斜截面上的应力，如图 3-17 所示。

承受轴向拉伸的等直杆如图 3-17(a)所示，现在研究与横截面成 α 角的任一斜截面 k—k 上的应力情况；用 N_α 表示 k—k 斜截面上的内力[图 3-17(b)]，由截面法可得

$$N_\alpha=F \tag{3-6}$$

由于杆内行点的变形是均匀的，因而同一斜截面上的应力也是均匀分布的。设斜截面面积为 A_α，以 P_α 表示斜截面的全应力[图 3-17(c)]，于是有

$$P_\alpha=\frac{N_\alpha}{A_\alpha} \tag{3-7}$$

而斜截面面积与杆件正截面面积 A 的关系为

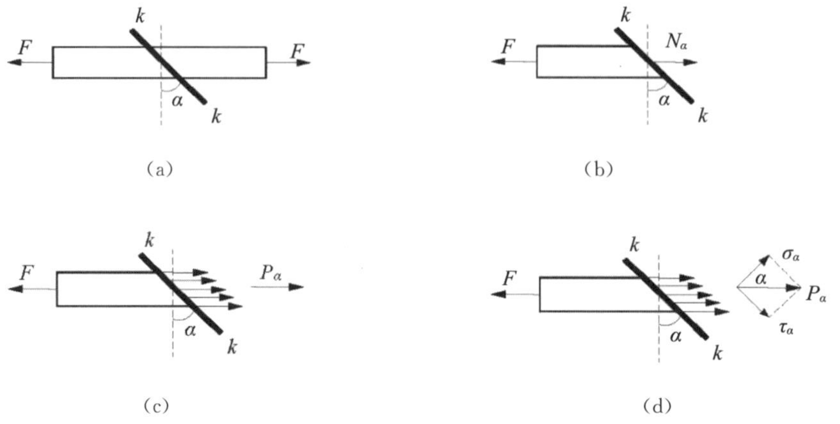

图 3-17 斜截面应力图

$$A_\alpha = \frac{A}{\cos\alpha} \tag{3-8}$$

将式(3-8)代入式(3-7),并结合式(3-6),得

$$P_\alpha = \frac{F}{A}\cos\alpha = \sigma\cos\alpha \tag{3-9}$$

其中,σ 为杆横截上的正应力。将斜截面的全应力 P_α 分解为垂直于斜截面的正应力σ_α 和沿斜截面的切应力 τ_α,如图 3-17(d)所示,即得

$$\left.\begin{aligned} \sigma_\alpha &= \frac{\sigma}{2}(1+\cos2\alpha) = \sigma\cos^2\alpha \\ \tau_\alpha &= \frac{\sigma}{2}\sin2\alpha \end{aligned}\right\} \tag{3-10}$$

由式(3-10)可以看出,σ_α 和 τ_α 都是 α 的函数。所以斜截面的方位不同,截面上的应力也就不同。当 $\alpha=0$ 时,$\sigma_0=\sigma_{\alpha,\max}=\sigma$,$\tau_0=0$,即横截面上的正应力是所有截面上正应力总的最大值;当 $\alpha=\pm45°$ 时,τ_α 达到最大值,$|\tau_\alpha|_{\max}=\frac{\sigma_0}{2}$;当 $\alpha=90°$ 时,$\sigma_{90}=\sigma_{\alpha,\min}=0$。

关于切应力的符号,规定如下:截面外法线顺时针转 90° 后,其方向和切应力相同时,该切应力为正值,如图 3-18(a)所示;逆时针转 90° 后,其方向和切应力相同时,该切应力为负值,如图 3-18(b)所示。

图 3-18 切应力符号表示

【例 3-3】直径 $d=1$ cm 的杆受拉力 $F=10$ kN 的作用,试求最大剪应力,并求与横截面夹角为 30°的斜截面上的正应力和剪应力。

解:拉压杆斜截面上的应力,直接由公式求之:

$$\sigma_0 = \frac{F}{A} = \frac{10 \times 10^3}{3.14 \times \left(\frac{10^{-2}}{2}\right)^2} \approx 1.274 \times 10^8 (\text{Pa}) = 127.4\ \text{MPa}$$

$$\tau_{\max} = \sigma_0 / 2 = 127.4/2 \approx 63.7(\text{MPa})$$

$$\sigma_\alpha = \sigma_0 \cos^2\alpha = 127.4 \times \frac{3}{4} \approx 95.6(\text{MPa})$$

$$\tau_\alpha = \frac{\sigma_0}{2}\sin 2\alpha = \frac{127.4}{2} \times \frac{\sqrt{3}}{2} \approx 55.2(\text{MPa})$$

3.4　杆件的变形

3.4.1　杆件的变形及应变

取一根等截面直杆，受力之前，在杆的中部表面上画与杆轴线平行的纵线和与杆轴线垂直的横线；然后在杆的两端施加一对轴向拉力 F，使杆产生伸长变形，如图 3-19 所示。

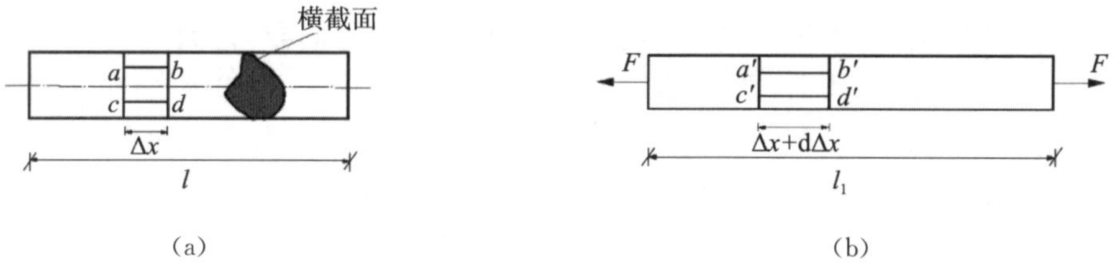

图 3-19　杆件在受拉情况下伸长变形

可以发现，杆件的纵向与横向都发生一定的变形，可以使用总的变形量来描述这一变形。

杆件的纵向总变形描述为：

$$\Delta l = l_1 - l \tag{3-11}$$

显然，总变形的大小会受到杆件原长的影响，为避免这种影响，现引入线应变（即相对变形）的概念。类似应力的定义，线应变指单位长度的伸长（或缩短）。

对于整根杆件而言，伸长量与原长之比为：

$$\varepsilon = \frac{\Delta l}{l} = \frac{l_1 - l}{l} \tag{3-12}$$

即为杆件的平均线应变。

对于杆件上的某一点，可以取一长度极小的微段（即微元段）Δx 以精确描述其变形。此时 Δx 因趋近于零，x 纵向线应变为：

$$\varepsilon = \lim_{\Delta x \to 0} \frac{\mathrm{d}\Delta x}{\Delta x} \tag{3-13}$$

杆件横向的变形亦可使用平均线应变等概念进行描述，所示杆件的横向变形为：

$$\Delta ac = a'c' - ac \tag{3-14}$$

横向线应变为：

$$\varepsilon=\frac{\Delta ac}{ac}=\frac{a'c'-ac}{ac} \tag{3-15}$$

实际构件的变形一般是极其微小的，应变通常需要使用精密的仪器测定。这说明应力应变研究的问题限于小变形的情况，即认为无论是变形还是因变形引起的位移，其大小都远小于构件的最小尺寸。在材料力学中，这种假设被称为小变形假设，是材料力学研究的基本假设之一。

3.4.2 杆件的弹性定律

通过大量实验发现，杆件发生纵向弹性变形时，杆的纵向总变形 Δl 与拉力 F 、杆长 l 成正比，与杆的横截面面积成反比，即：

$$\Delta l \propto \frac{Fl}{A}$$

引入比例常数 E ，并注意到轴力 $F_N=F$ ，则上式可以表示为：

$$\Delta l=\frac{F_N l}{EA} \tag{3-16}$$

这一关系是由胡克首先发现的，故通常称为胡克定律。式(3-16)中的 E 称为拉伸(或压缩)时材料的弹性模量，单位是 Pa(帕)。E 值的大小因材料而异，是通过实验测定的，其值表征材料抵抗弹性变形的能力，即 E 值越大，杆的变形越小；E 值越小，杆的变形越大。工程上的大部分材料在拉伸和压缩时的 E 值可认为是相同的。轴力 F_N 和变形 Δl 的正负号是相对应的，即当轴力 F_N 是拉力时，求得的变形 Δl 是拉伸变形为正，反之亦然。

式(3-16)中的 EA 称为杆的拉伸(或压缩)刚度，当 F_N 和 l 不变时，EA 越大，则杆的轴向变形越小；EA 越小，则杆的轴向变形越大。

轴向变形 Δl 的大小与杆的长度 l 有关，不足以反映杆的变形程度。为了消除杆长的影响，在均匀变形的情况下，将式(3-16)变换为：

$$\frac{\Delta l}{l}=\frac{1}{E}\frac{F_N}{A} \tag{3-17}$$

又

$$\varepsilon=\frac{\Delta l}{l}$$

$$\sigma=\frac{F_N}{A}$$

得

$$\varepsilon=\frac{\sigma}{E} \text{ 或 } \sigma=E\varepsilon \tag{3-18}$$

式(3-18)表示当杆发生弹性变形时，正应力和同一方向的线应变成正比，这是胡克定律的另一种形式，即单轴应力状态下的胡克定律。显然，轴向线应变 ε 和横截面上的正应力 σ 的正负号是相对应的，即拉应力引起轴向伸长线应变，反之亦然。式(3-19)是经过改写后的胡克定律，它不仅适用于轴向拉(压)杆，而且更普遍地适用于所有的单向受力情况。

纵向受力状态下，横向也会产生变形。显然，在拉伸时，ε 为正，ε' 为负；在压缩时，ε 为负，ε' 为正。由实验可知，当变形为弹性变形时，横向应变和轴向应变比值的绝对值为一常数，即：

$$\nu=\left|\frac{\varepsilon}{\varepsilon'}\right| \text{ 或 } \varepsilon=-\nu\varepsilon' \qquad (3\text{-}19)$$

ν 被称为泊松比，是由法国科学家泊松最先提出的。ν 是量纲为 1 的量，其大小因材料而异，由实验测定。

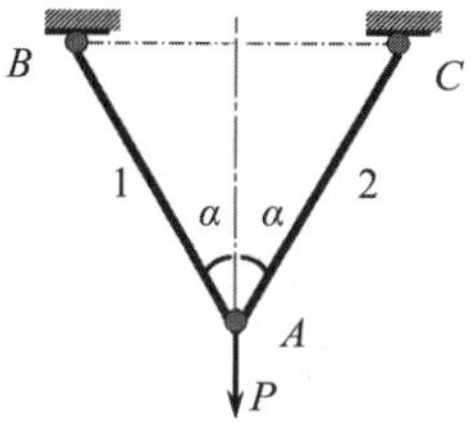

图 3-20　1、2 两根钢杆用铰链连接图

【例 3-4】设 1、2 两根钢杆用铰链连接如图 3-20 所示，已知：各杆长为 $l=2$ m，各杆直径为 $d=25$ mm，两杆与竖向夹角为 30°，钢的弹性模量为 $E=210$ GPa，外力 $P=100$ kN，求节点 A 的位移。

解：1. 根据图 3-21 可得平衡方程：

$$\sum F_x=F_{N1}\sin\alpha-F_{N2}\sin\alpha=0$$

$$\sum F_y=F_{N1}\cos\alpha+F_{N2}\cos\alpha-P=0$$

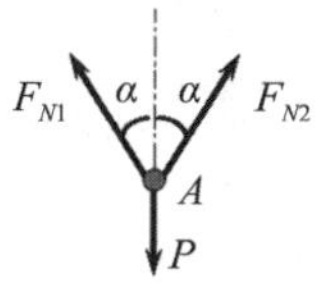

图 3-21　受力平衡示意图

2. 求解各杆的轴力：

$$F_{N1}=F_{N2}=\frac{P}{2\cos\alpha}$$

3. 如图 3-22 所示，根据弹性定律列物理方程：

$$\Delta l_1=\Delta l_2=\frac{F_{N1}l}{EA}=\frac{Pl}{2EA\cos\alpha}$$

$$\left(\text{其中 } A=\frac{\pi}{4}d^2\right)$$

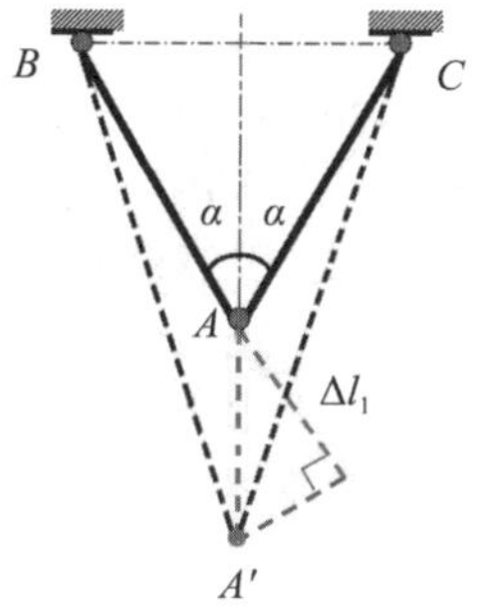

图 3-22　变形关系示意图

4. 变形协调方程：

$$\Delta A=\overline{AA'}=\frac{\Delta l_1}{\cos\alpha}=\frac{Pl}{2EA\cos^2\alpha}$$

代入已知数据可得：

$$\Delta A=\frac{1\times10^5\times2}{2\times2.1\times10^{11}\times\frac{3.14}{4}\times(0.025)^2\times\left(\frac{\sqrt{3}}{2}\right)^2}$$

$$\approx0.001\,294(\text{m})$$

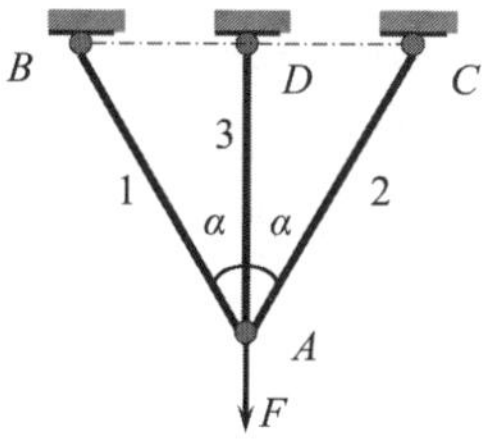

图 3-23　1、2、3 三杆用铰链连接图

【例 3-5】设 1、2、3 三杆用铰链连接如图 3-23 所示，已知：各杆长为 $L_1=L_2$，$L_3=L$；各杆面积为 $A_1=A_2=A_3=A$；各杆弹性模量为 $E_1=E_2=E_3=E$。外力沿铅垂竖直向下方向，求各杆的内力。

解：1. 根据图 3-24 列平衡方程

$$\sum F_x=F_{N1}\sin\alpha-F_{N2}\sin\alpha=0$$

$$\sum F_y=F_{N1}\cos\alpha+F_{N2}\cos\alpha+F_{N3}-F=0$$

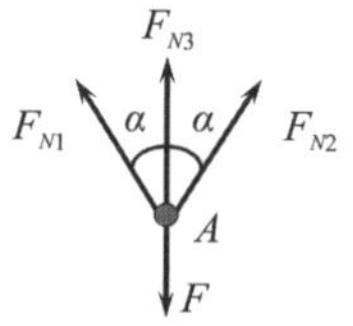

图 3-24　受力平衡示意图

2. 如图 3-24 所示，列变形协调方程

$$\Delta L_1=\Delta L_3\cos\alpha$$

3. 列物理方程——弹性定律

$$\Delta L_1 = \frac{F_{N1}L_1}{EA}$$

$$\Delta L_3 = \frac{F_{N3}L_3}{EA}$$

4. 列补充方程

由几何方程和物理方程得

$$\frac{F_{N1}L_1}{EA} = \frac{F_{N3}L_3}{EA}\cos\alpha$$

5. 解由平衡方程和补充方程组成的方程组

$$F_{N1} = F_{N2} = \frac{F\cos^2\alpha}{2\cos^3\alpha + 1};F_{N3} = \frac{F}{2\cos^3\alpha + 1}$$

3.5 案例分析

【例 3-6】铜丝直径 $d = 2$ mm，长 $L = 500$ mm，材料的拉伸曲线如图 3-25 所示。如欲使铜丝的伸长为 30 mm，则大约需加多大的力 F？

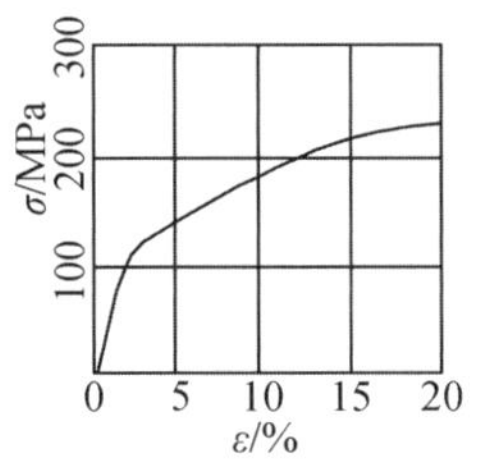

图 3-25　材料拉伸曲线图

解：变形量可能已超出了“线弹性”范围，故不可再应用“弹性定律”。

应如下计算：

$$\varepsilon = \frac{30}{500} \times 100\% = 6\%$$

由拉伸图(图 3-25)知：

$$\sigma = 160 \text{ MPa}$$

$$F = \sigma A = 1.6 \times 10^8 \times \frac{3.14}{4} \times (2 \times 10^{-3})^2 = 502.4(\text{N})$$

【例 3-7】一根 Q235 钢的拉伸试样，直径 $d = 10$ mm，长 $l = 100$ mm。试验机荷载读数达到 $F = 10$ kN 时，量得工作段的伸长 $\Delta l = 0.060\,7$ mm。求此时试样横截面上正应力 σ，并求材料的弹性模量 E。(已知 Q235 钢的抗拉强度为 200 MPa)

解：$F = 10$ kN 时，正应力应如下计算：

$$\sigma = \frac{F}{A} = \frac{10 \times 10^3}{\frac{\pi}{4} \times (10 \times 10^{-3})^2} \approx 1.274 \times 10^8(\text{Pa}) = 127.4 \text{ MPa}$$

$$\varepsilon = \frac{\Delta l}{l} = \frac{0.060\,7 \times 10^{-3}}{0.1} = 6.07 \times 10^{-4}$$

材料的弹性模量 E 如下计算：

$$E = \frac{\sigma}{\varepsilon} = \frac{1.274 \times 10^8}{6.07 \times 10^{-4}} \approx 2.1 \times 10^{11}(\text{Pa}) = 210 \text{ GPa}$$

【例 3-8】已知一圆杆受拉力 $F = 25$ kN，直径 $d = 14$ mm，许用应力$[\sigma] = 170$ MPa，试校核此杆是否满足强度要求。

解:① 轴力:

$$F_N = F = 25\ \text{kN}$$

② 应力:

$$\sigma_{\max} = \frac{F_N}{A} = \frac{F}{\frac{\pi d^2}{4}} = \frac{25\times 10^3}{\frac{3.14\times(14\times 10^{-3})^2}{4}} \approx 1.62\times 10^8(\text{Pa}) = 162\ \text{MPa}$$

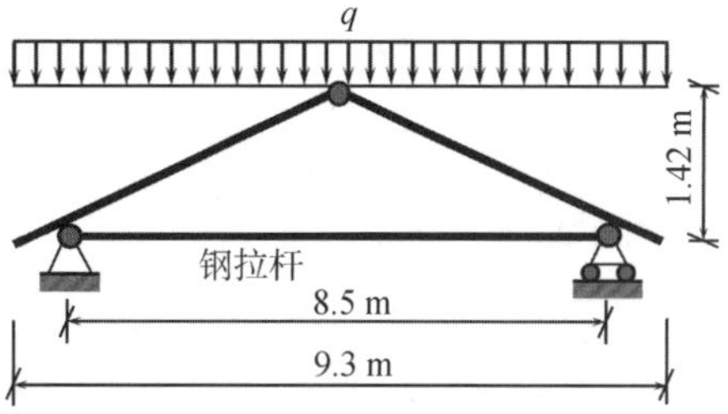

图 3-26　三铰屋架示意图

③ 强度校核:

$$\sigma_{\max} = 162\ \text{MPa} < [\sigma] = 170\ \text{MPa}$$

④ 结论:此杆满足强度要求,能够正常工作。

【例 3-9】已知三铰屋架如图 3-26 所示,承受竖向均布载荷,载荷的分布集度为:$q=4.2\ \text{kN/m}$,屋架中的钢拉杆直径 $d=16$ mm,许用应力$[\sigma]=170$ MPa。试校核钢拉杆的强度。

解:① 如图 3-27 所示,由整体平衡求支反力可得:

$$\sum F_x = 0;\ F_{Ax}=0;\ \sum F_y = 0,$$

$$F_{Ay} = \frac{1}{2}\times 4.2\times 9.3 \approx 19.5(\text{kN})$$

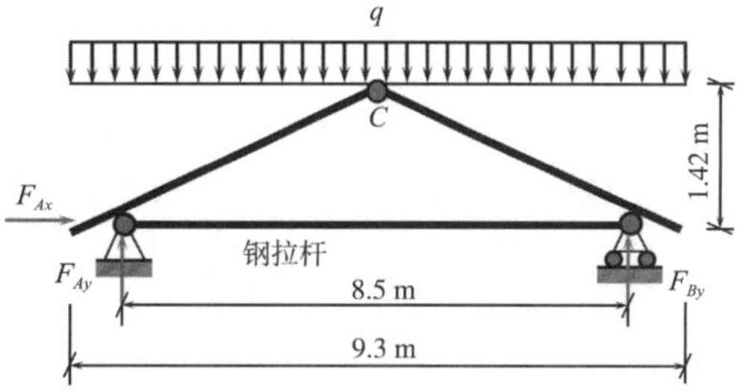

图 3-27　三铰屋架受力简图

② 局部平衡求轴力,如图 3-28 所示:

$$\sum M_C = 0; F_N = \frac{19.5\times\frac{8.5}{2} - \frac{1}{2}\times 4.2\times\frac{9.3}{2}\times\frac{9.3}{2}}{1.42} \approx 26.4(\text{kN})$$

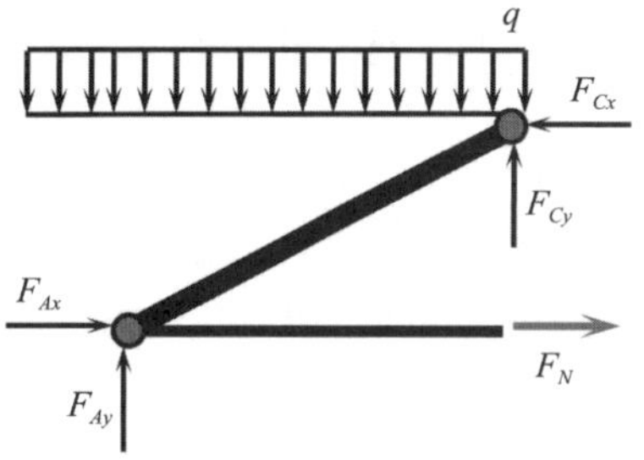

图 3-28　局部受力平衡示意图

③ 应力:

$$\sigma = \frac{F_N}{A} = \frac{F_N}{\frac{\pi d^2}{4}} = \frac{26.4\times 10^3}{\frac{3.14\times(16\times 10^{-3})^2}{4}} \approx 1.31\times 10^8(\text{Pa}) = 131\ \text{MPa}$$

④ 强度校核与结论:

$$\sigma_{\max} = 131\ \text{MPa} < [\sigma] = 170\ \text{MPa}$$

因此,此杆满足强度要求,是安全的。

【例 3-10】如图 3-29 所示,杆 AC 由两根 80 mm×80 mm×7 mm 的等边角钢组成,杆 AB 由两根 10 号工字钢组成。材料为 Q235 钢,许用应力$[\sigma]=170$ MPa。求许可荷载$[F]$。

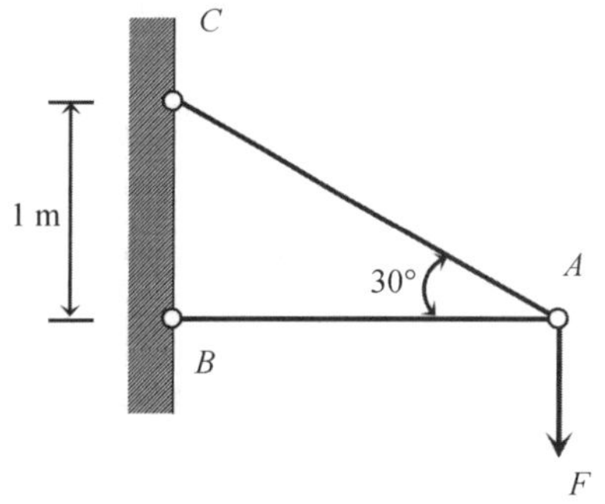

图 3-29　悬臂三角桁架

解:80 mm×80 mm×7 mm 角钢截面面积: $10.86\times 10^{-4}\ \text{m}^2$;

10 号工字钢截面面积: $14.30\times 10^{-4}\ \text{m}^2$。

① 取节点 A 作为隔离体,作受力分析示意图,如图 3-30 所示。

由 A 点平衡方程:

$$\begin{cases}\sum F_y = 0 & F_{AC}\sin 30^\circ - F = 0 \\ \sum F_x = 0 & F_{AB} - F_{AC}\cos 30^\circ = 0\end{cases}$$

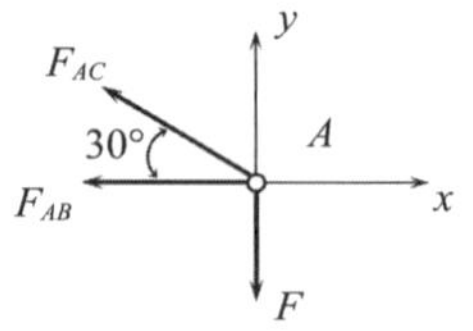

图 3-30　受力分析示意图

可得

$$F_{AC} = 2F(\text{拉})$$

$$F_{AB} = -\sqrt{3}F = -1.732F(\text{压})$$

② 由型钢表查得：

AC 杆的横截面面积：

$A_1 = (10.86\times10^{-4}\ \mathrm{m}^2)\times2 = 2.172\times10^{-3}\ \mathrm{m}^2$

AB 杆的横截面面积：

$A_2 = (14.30\times10^{-4}\ \mathrm{m}^2)\times2 = 2.860\times10^{-3}\ \mathrm{m}^2$

根据强度条件 $\sigma = \frac{F_N}{A} \leqslant [\sigma]$ 分别得到 AC、AB 杆的许可轴力。

$$[F_{AC}] = (170\times10^6\ \mathrm{Pa})\times(2.172\times10^{-3}\ \mathrm{m}^2) = 369.24\times10^3\ \mathrm{N} = 369.24\ \mathrm{kN}$$

$$[F_{AB}] = (170\times10^6\ \mathrm{Pa})\times(2.860\times10^{-3}\ \mathrm{m}^2) = 486.20\times10^3\ \mathrm{N} = 486.20\ \mathrm{kN}$$

③ 利用 $[F_{AC}]$、$[F_{AB}]$ 分别求得许可荷载 $[F]$。

$$[F_1] = \frac{[F_{AC}]}{2} = \frac{369.24\ \mathrm{kN}}{2} \approx 184.6\ \mathrm{kN}$$

$$[F_2] = \frac{[F_{AB}]}{1.732} = \frac{486.20\ \mathrm{kN}}{1.732} \approx 280.7\ \mathrm{kN}$$

因此该结构的许可荷载 $[F] = 184.6\ \mathrm{kN}$。

3.6　小结

本章我们主要学习了轴向受力的基本原理。轴向拉(压)是杆件的基本受力形式之一，我们需要掌握其受力特点与定义，以及杆件在拉压状态下的变形模式。同时应建立外力与内力的相对概念，懂得如何区分和运用这一对概念。掌握轴力的概念、截面法求轴力的基本方法以及轴力图的做法。掌握应力的概念，明确应力反映了截面上内力在某一点的集度。掌握轴向拉压杆件在横截面以及斜截面上的应力求解方法。掌握应变的相关概念，明确应力与应变的关系。掌握胡克定律的概念，了解泊松比的定义。这些概念与定律是结构计算中最为基本的内容，都是我们需要掌握的基本知识，也是我们学习本书后面内容的基础。

第 3 章习题

1. 试求图 3-31 各杆 1—1 和 2—2 横截面上的轴力，并作轴力图。

2. 试求图 3-32 阶梯状直杆横截面 1—1、2—2 和 3—3 上的轴力，并作轴力图。若横截面面积 $A_1 = 200\ \mathrm{mm}^2$，$A_2 = 300\ \mathrm{mm}^2$，$A_3 = 400\ \mathrm{mm}^2$，求各横截面上的应力。

3. 图 3-33 为拉杆承受轴向拉力 $F = 10\ \mathrm{kN}$，杆的横截面面积 $A = 100\ \mathrm{mm}^2$。如以 α 表示斜截面与横截面的夹角，试求当 $\alpha = 0^\circ$、30°、45°、60°、90° 时各斜截面上的正应力和切应力，并用图表示其方向。

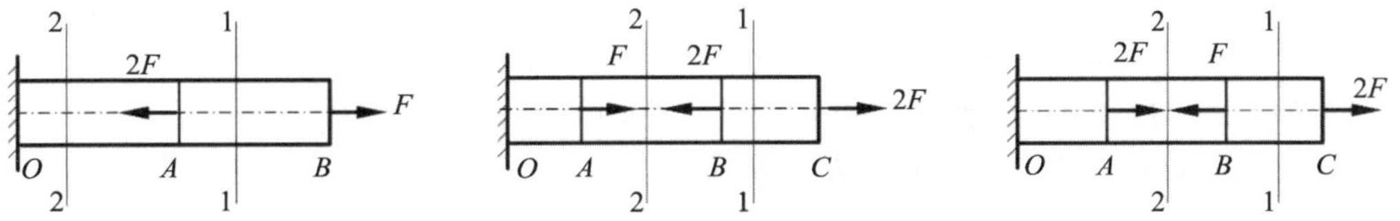

(a)　　(b)　　(c)

图 3-31　等直杆轴向受力

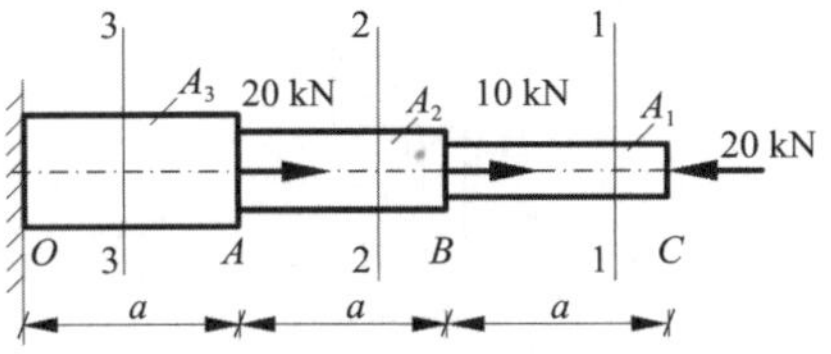

图 3-32　阶梯状直杆轴向受力

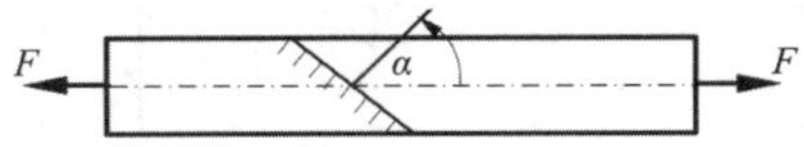

图 3-33　拉杆轴向受拉时的应力

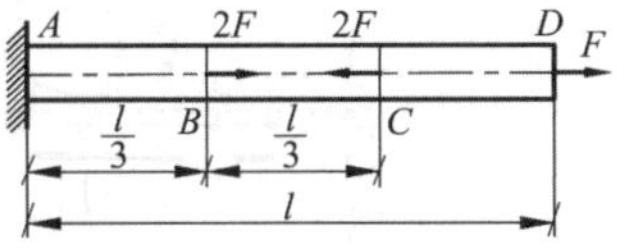

图 3-34　等直杆轴向受力时的位移

4. 一根等直杆受力如图 3-34 所示。已知杆的横截面面积 A 和材料的弹性模量 E。试作轴力图，并求杆端点 D 的位移。

5. 一木柱受力如图 3-35 所示，柱的横截面为边长 20 cm 的正方形，材料服从胡克定律，其弹性模量 $E=0.10\times10^{5}$ MPa。如不计柱自重，试求：

(1) 轴力图；

(2) 各段柱横截面上的应力；

(3) 各段柱的纵向线应变；

(4) 柱的总变形。

6. 石砌桥墩的墩身高 $l=10$ m，其横截面尺寸如图 3-36 所示。若荷载 $F=1\ 000$ kN，材料的密度 $\rho=2.35\times10^{3}\ \mathrm{kg/m^{3}}$，求墩身底部横截面上的压应力。

7. 图 3-37 的等截面直杆由钢杆 ABC 与铜杆 CD 在 C 处粘接而成。直杆各部分的直径均为 $d=36$ mm，受力如图 3-37 所示。若不考虑杆的自重，试求 AC 段和 AD 段杆的轴向变形量 Δl_{AC} 和 Δl_{AD}。

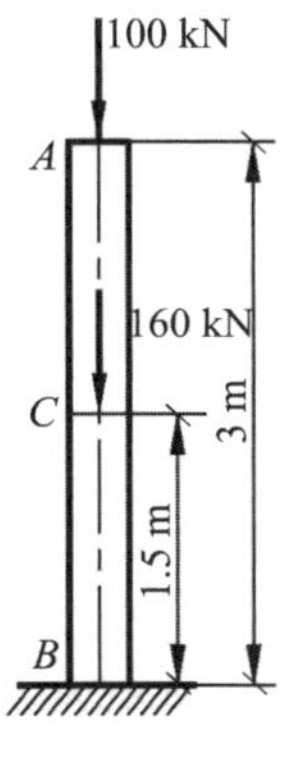

图 3-35　木柱轴向受力

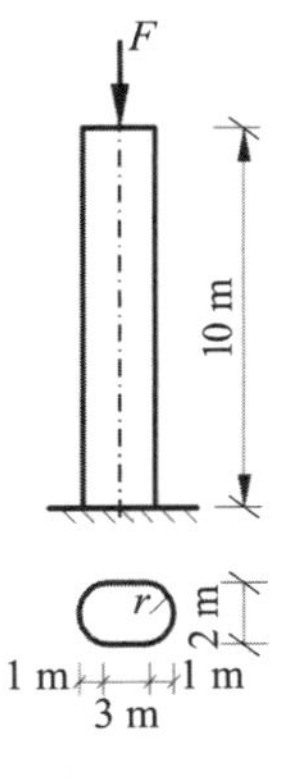

图 3-36　石砌桥墩轴向受压

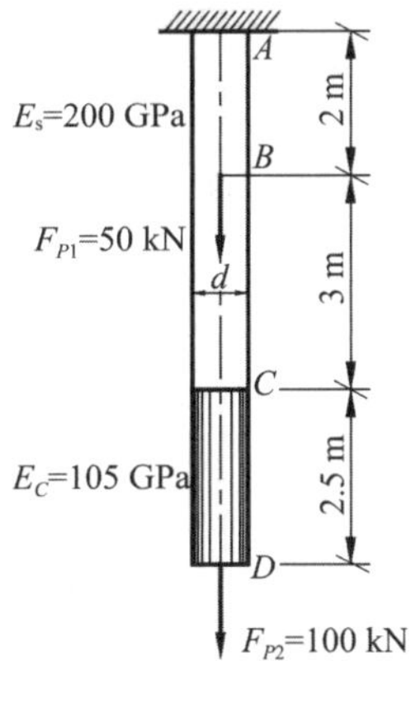

图 3-37　等截面直杆轴向受力时的变形

8. 长度 $l=1.2$ m、横截面面积为 1.10×10^{-3} m^2 的铝制圆筒放置在固定的刚性块上，直径 $d=15.0$ mm 的钢杆 BC 悬挂在铝筒顶端的刚性板上，铝制圆筒的轴线与钢杆的轴线重合。若在钢杆的 C 端施加轴向拉力 F_P，且已知钢和铝的弹性模量分别为 $E_s=200$ GPa，$E_a=70$ GPa，轴向载荷 $F_P=60$ kN，受力如图 3-38 所示，试求钢杆 C 端向下移动的距离。

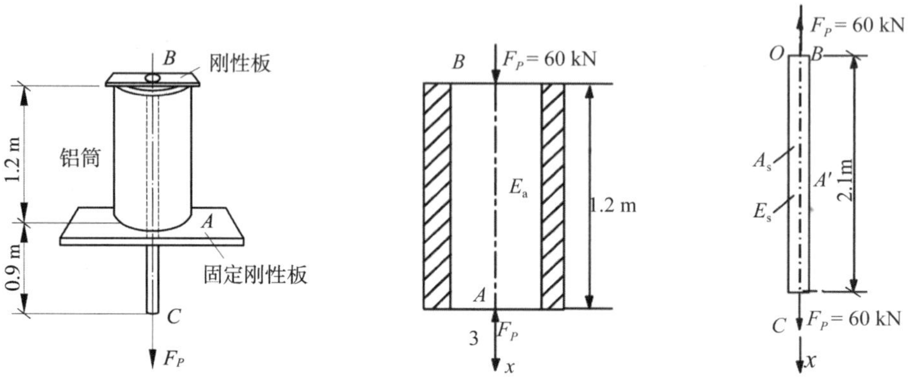

(a)　　　　(b)

图 3-38　铝制圆筒的轴向受力

9. 螺旋压紧装置如图 3-39 所示。现已知工件所受的压紧力 $F=4$ kN。装置中旋紧螺栓内径 $d_1=13.8$ mm；固定螺栓内径 $d_2=17.3$ mm。两根螺栓材料相同，其许用应力$[\sigma]=53.0$ MPa。试校核各螺栓的强度是否安全。

10. 已知混凝土的密度 $\rho=2.25\times10^3$ kg/cm^3，许用应力$[\sigma]=2$ MPa。试按强度条件确定图 3-40 混凝土柱所需的横截面面积 A_1 和 A_2。

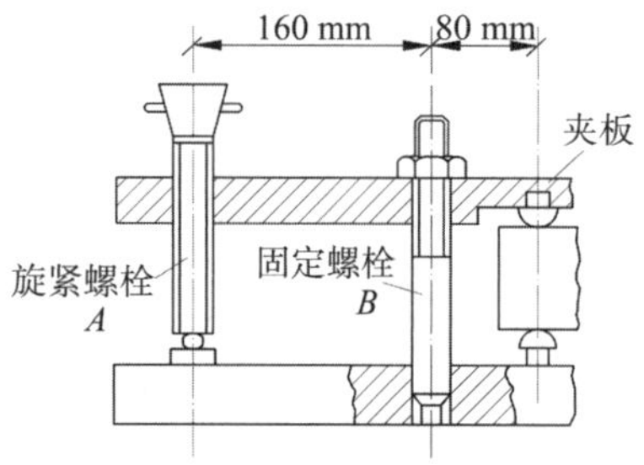

图 3-39　螺旋压紧装置的受力

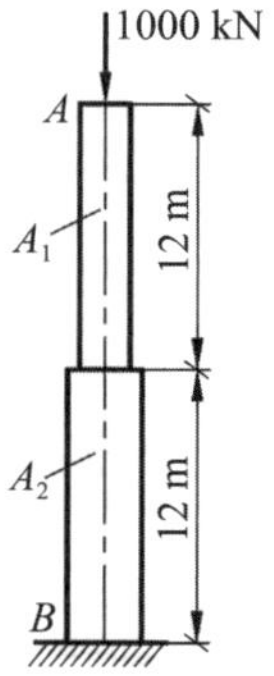

图 3-40　混凝土柱的轴向受压

第4章　弯曲受力与构件形态

4.1　弯曲受力概述

4.1.1　弯曲的概念

建筑中经常遇到受弯构件，例如在房屋建筑中经常见到的楼板和梁[图4-1(a)]。这类构件的受力特征是作用于杆件上的外力、外力偶矩垂直于杆件的轴线，变形特征是杆件的轴线由原来的直线变成曲线，这种形式的变形称为弯曲变形。

除了现代建筑中常见的楼板和梁以外，我国古建筑中的檩、椽、梁等构件也都为受弯构件[图4-1(b)]。绝大部分桥梁上部结构的主体也是或也包含受弯构件[图4-1(c)]。

(a)

(b)

(c)

图4-1　常见受弯构件

绝大部分受弯杆件的横截面至少有一根对称轴，如图4-2(a)所示。此对称轴与梁的轴线共同确定了梁的一个纵向对称面，如图4-2(b)所示。当作用于杆件的所有外力都在纵向对称面内时，杆件弯曲变形后的轴线也将是位于这个面内的一条曲线，也就是说，荷载的作用平面、梁的弯曲平面与梁的纵向对称面重合，这种弯曲称为对称弯曲，也称为平面弯曲。若梁不具有纵向对称面，或者梁虽然具有纵向对称面但外力并非作用在纵向对称面内，则这种弯曲统称为非对称弯曲。

平面弯曲是最为基本的弯曲问题，本章主要以讨论平面弯曲为主。

4.1.2　受弯杆件的简化

在实际工程中，梁的支承条件与荷载情况一般都比较复杂，为了便于分析计算，应当对其进行必要的简化，抽象得到计算简图，即力学模型。对于实际模型的简化主要从构件、荷载、支座(边界条件)三个方面进行讨论。

(一) 构件的简化

通常情况下研究的梁大多为等截面直梁，且外力作用在梁的纵向对称面内，因此，在计算简图中用梁的轴线来代表实际的梁。

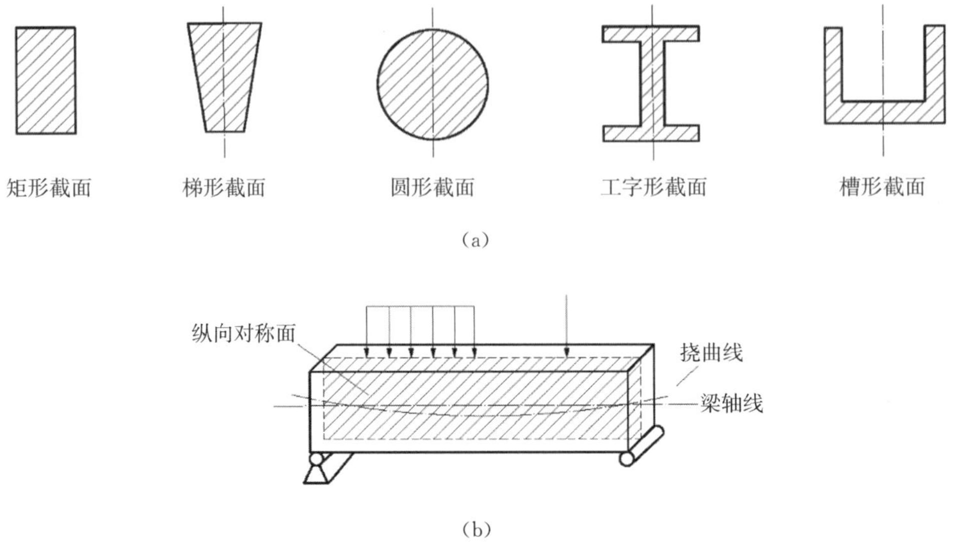

图 4-2　受弯构件常用截面

（二）荷载的简化

作用于梁上的荷载(包括支座反力)可简化为三种类型:集中力、集中力偶和分布荷载。

(1) 集中力

集中力指分布面积远小于物体表面尺寸,或者沿杆件轴线分布范围远小于轴线长度的荷载。通俗说来,集中力分布范围的几何尺度远小于作用构件的几何尺度,能够将其视为作用在构件上的一点。

(2) 集中力偶

集中力偶指作用在梁纵向对称面内的力偶。需要注意的是,力偶对其作用面内任一点之矩恒等于力偶矩,与矩心位置无关。

(3) 分布荷载

分布荷载指连续作用在构件全长或部分长度内的荷载。相较于集中力,分布荷载的分布范围在几何尺度上与构件尺度更为相近。分布荷载的大小用荷载集度表示。在梁上取一微段 Δx ,微段上分布荷载的合力为 ΔP ,当 Δx 趋于零时, $\Delta P/\Delta x$ 的极限即称为分布荷载的荷载集度,用 q 表示,即

$$q=\lim_{x\to 0}\frac{\Delta P}{\Delta x} \tag{4-1}$$

荷载集度的单位一般为 kN/m。

显然,梁上任一点处的荷载集度是该点坐标 x 的函数,即 $q=q(x)$。若 $q(x)$ 为常数,即各点处的荷载集度相等,则称这种分布荷载为均布荷载。例如楼板传给大梁的荷载即可简化为均布荷载。

（三）支座的简化

按照支座对梁的约束情况分类,工程中有以下三种常见的支座形式:可动铰支座、固定

铰支座、固定端。需要知道的是，通常对于梁端最多能有三个约束以限制梁端位移，这三个约束一般为水平向、竖向与转动，三个约束对应三个反力。不同支座形式可提供约束的数量与具体情况不同，则简化后对梁端的限制与提供的反力也不同。相应地，梁的受力情况也会因此改变。

(1) 可动铰支座

可动铰支座可称滚动支座或辊轴支座，常见构成如图 4-3(a)所示，简图如图 4-3(b)所示，它限制支座处的梁截面沿垂直于支承面方向移动，但允许截面绕铰链中心转动或沿支承面移动。因此其提供一个竖向约束，约束反力 F 为通过铰链中心且垂直支承面的集中力[图 4-3(c)]。桥梁为了适应较大的水平向位移与变形，经常会使用可动铰支座。

(a)

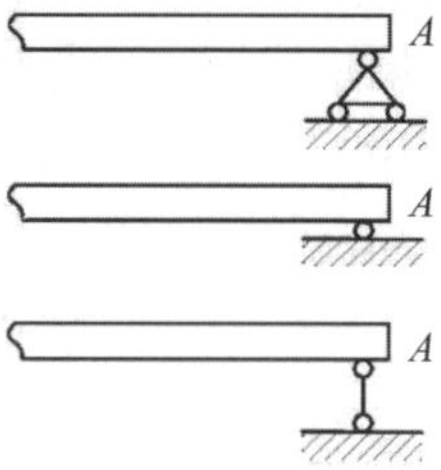

(b)

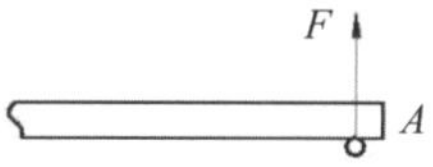

(c)

图 4-3　可动铰支座及简图

(2) 固定铰支座

固定铰支座是光滑铰链约束的一种形式，即用连接件(如销钉等)连接的两个钻有同样大小孔的构件，其中一个构件固定在地面，另一个与梁固定为一体，常见构成如图 4-4(a)所示。固定铰支座的简图如图 4-4(b)所示，它限制支座处的梁截面沿水平向和竖向相对移动，但允许梁截面绕铰链中心转动。故其提供两个约束，约束反力包括水平反力 F_x 和竖向反力 F_y 两个分量[图 4-4(c)]，且两个反力都通过铰链中心。

(a)

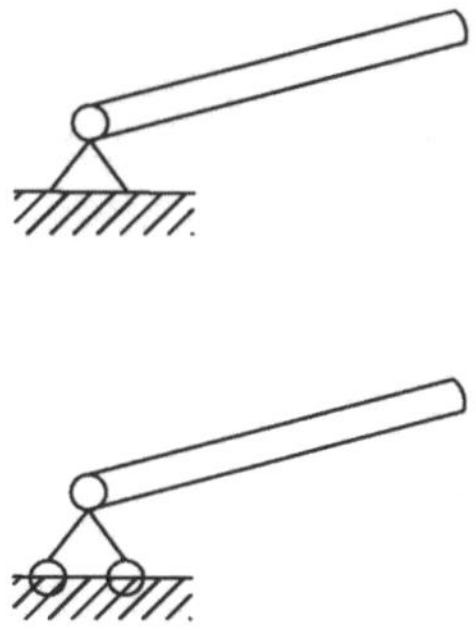

(b)

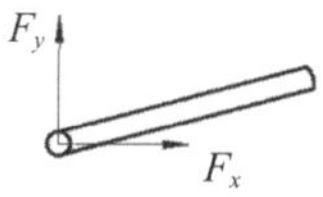

(c)

图 4-4　固定铰支座及简图

(3) 固定端

固定端约束中，梁端完全固定在另一物体上，如图 4-5(a)所示。固定端的各个方向对其都有约束[图 4-5(b)]，对约束力进行简化，容易得到水平反力 F_{Ax}、竖向反力 F_{Ay} 以及转动约束力矩 M_A 三个分量[图 4-5(c)]，三个分量都通过铰链中心，固定端提供三个约束。

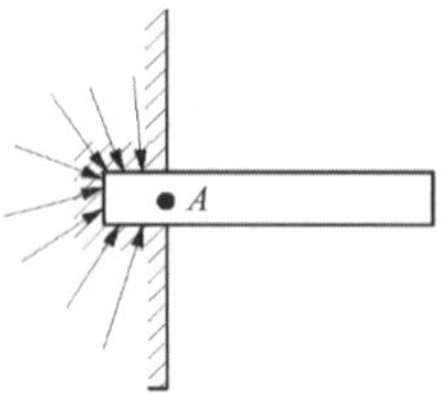

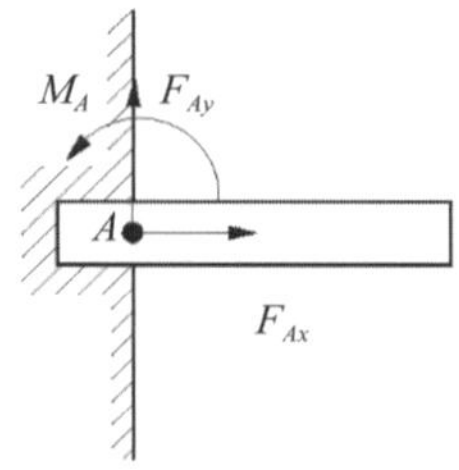

(a)　　(b)　　(c)

图 4-5　固定端示意图

依次对构件、荷载、支座进行简化即可得到计算简图，需要注意的是，计算简图只是一种力学模型，而不是唯一的力学模型，具体的简化模型与简化计算所要求的精度有关。对于精度要求较高的计算，更有可能使用有限元模型等更为精确的计算模型来模拟。

（四）静定梁与超静定梁

对于结构而言，静力学的平衡方程可以直接求解得到全部反力的结构称为静定结构，反之，用静力学平衡方程不能求解全部支反力的结构则为超静定结构。这是静定的标准定义，静力学方程与静定结构判定将在本书后文中进行学习。通俗地说，如果结构的某一个支座（约束）释放后结构保持不变，则该结构为超静定结构，如果不能保持不变，则为静定结构。图 4-6 中，(a)、(b)结构在去掉部分支座后依旧可以保持结构稳定不变，都为超静定的结构，(c)结构在去掉一个约束后，无法保持稳定而变成机构，是静定结构。事实上，(a)为两次超静定三跨连续梁，(b)为一次超静定双跨连续梁，(c)为简支梁。这种判定方法只是静定与超静定结构判定的一种，更多的方法还将在本书后文中学习。

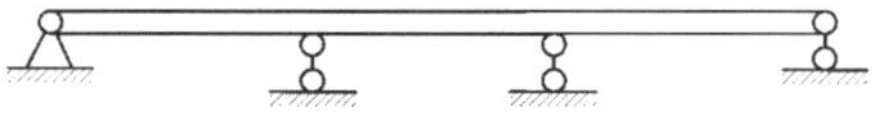

(a)

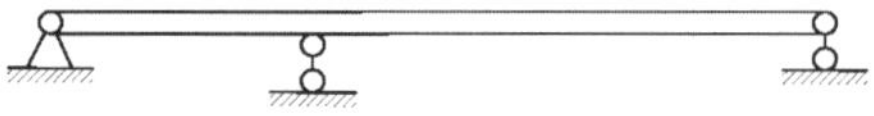

(b)

(c)

图 4-6　静定结构与超静定结构

(1) 简支梁

梁的一端为固定铰支座，另一端为可动铰支座，如图 4-7 所示。常见的简支梁桥主要由简支梁构成，如图 4-8 所示。

(2) 外伸梁

简支梁的一端或两端伸出支座外，如图 4-9 所示，常见的外伸梁如传统木构建筑中屋顶外伸的木檩条，如图 4-10 所示。

(3) 悬臂梁

梁的一端为固定端，另一端为自由端，如图 4-11 所示，较常见的有各类悬挑结构以及悬臂结构，如图 4-12 所示。

图 4-7　简支梁基本形式

图 4-8　简支梁

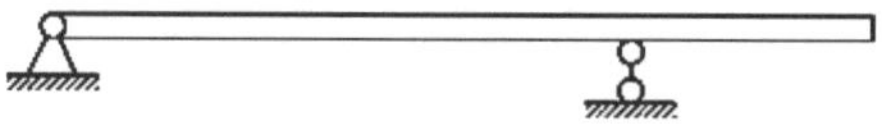

图 4-9　外伸梁基本形式

图 4-10　木构建筑中屋顶外伸的木檩条

图 4-11　悬臂梁基本形式

图 4-12　悬臂结构

简支梁或外伸梁的两个铰支座之间的距离称为跨度。悬臂梁的跨度是固定端到自由端的距离。

4.2 梁的剪力和弯矩

4.2.1 剪力和弯矩的计算

为进行梁的设计，需计算梁的内力，计算梁截面内力通常采用截面法，以图 4-13 为例，梁在外力 P 的作用与 A、B 两支座的支承下处于平衡状态。

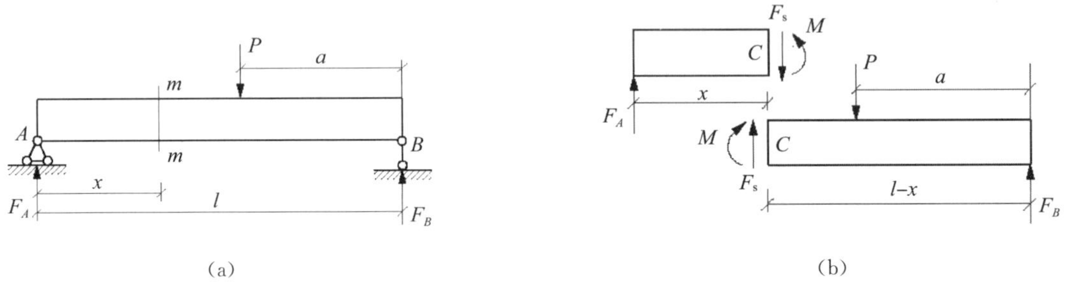

图 4-13 简支梁的受弯和受剪

为了求出距 A 端 x 处梁的内力，先使用整体法将 AB 杆件视为一个整体，根据支座约束的特性能够画出支座反力图，对整个杆件列平衡方程：

$$\sum F_x = 0 \Rightarrow F_{Ax} = 0$$

$$\sum M_B = 0 \Rightarrow F_{Ay} = \frac{Pa}{l}$$

$$\sum F_y = 0 \Rightarrow F_{By} = P - F_{Ay} = \frac{P(l-a)}{l}$$

然后使用截面法，用一假想截面 m—m 将梁截开分为两段。取任意一段，如左段作为脱离体。根据截面法的知识，由于梁原来处于平衡状态，取出的任一部分也应保持平衡。由整体法计算结果可知，左段 A 端作用有一向上的支座反力 F_{Ay}，要使它保持平衡，由 $\sum F = 0$ 和 $\sum M = 0$ 可知，在切开的截面 m—n 上必然存在两个内力分量：内力 F_s 和内力偶矩 M。对左隔离体列平衡方程：

$$\sum F_y = 0 \Rightarrow F_s = F_{Ay} = \frac{Pa}{l}$$

$$\sum M_C = 0 \Rightarrow M = F_{Ay}x = \frac{Pax}{l}$$

在该截面，M 被称为弯矩，即构件受弯时，横截面上作用面垂直于截面的内力偶矩。F_s 被称为剪力，即构件受弯时，横截面上作用线平行于截面的内力。

需要注意的是，此处亦可取另一段梁作为隔离体。计算得到的弯矩剪力与左段计算的结果大小一致，但方向（或转向）相反，是互为作用力与反作用力的关系。

为了使梁在同一截面的内力符号一致，需要对其正负号作出规定。联系受弯情况下的变形状态，对符号作出以下规定：取一微段梁体 dx，使微段梁发生顺时针转动趋势的剪力 F_s，为正[如图 4-14(a)所示]，反之为负[如图 4-14(b)所示]；使微段梁弯曲下端受拉的弯

矩 M 为正[如图 4-14(c)所示]，反之为负[如图 4-14(d)所示]。

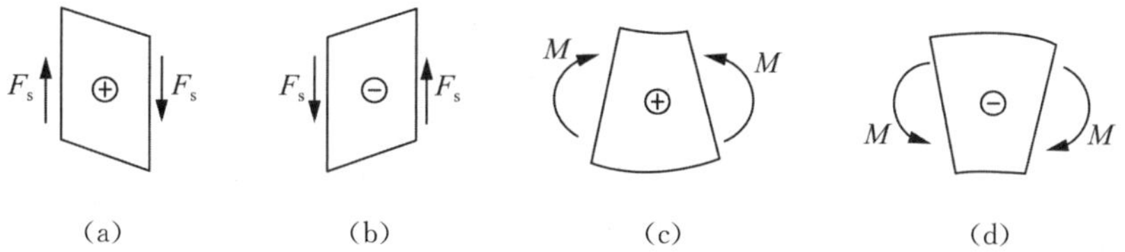

图 4-14　弯矩方向规定

4.2.2　剪力图和弯矩图

(一) 剪力方程与弯矩方程

在一般情况下，梁横截面上的剪力和弯矩是随横截面的位置而变化的。设横截面沿梁轴线的位置用坐标 x 表示，则梁的各个横截面上的剪力和弯矩可以表示为坐标 x 的函数，即：

$$F_s = F_s(x);M = M(x)$$

以上两式表示沿梁轴线各横截面上剪力和弯矩的变化规律，分别称为梁的剪力方程和弯矩方程。

(二) 剪力图与弯矩图的绘制

以横截面上的剪力或弯矩为纵坐标，截面沿梁轴线的位置为横坐标，根据剪力方程或弯矩方程给出表示 $F_s(x)$ 或 $M(x)$ 的图线，用以表示沿梁轴线各横截面上剪力或弯矩的变化情况，分别称为梁的剪力图或弯矩图。绘图时将正值的剪力画在 x 轴的上侧；正值的弯矩则画在梁的受拉侧。

应用剪力图和弯矩图可以确定梁的剪力和弯矩的最大值及其所在的截面位置。

【例 4-1】作出图 4-15 中梁的剪力图和弯矩图。

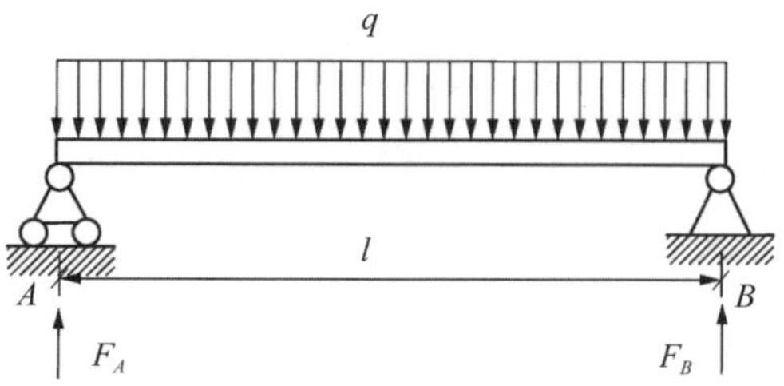

图 4-15　承受均布荷载的简支梁

解：对 AB 杆件列整体平衡方程，计算支座反力

$$F_A + F_B = ql$$

$$F_A l = ql \cdot \frac{l}{2}$$

得：

$$F_A = F_B = \frac{ql}{2}$$

以 A 为原点,截面与 A 的距离为 x 列内力方程:

$$F_s(x)=F_A-qx=q\left(\frac{l}{2}-x\right)$$

$$M(x)=F_Ax-qx\cdot\frac{x}{2}=\frac{q}{2}x(l-x)$$

根据方程画出图 4-16 所示的剪力图和弯矩图。

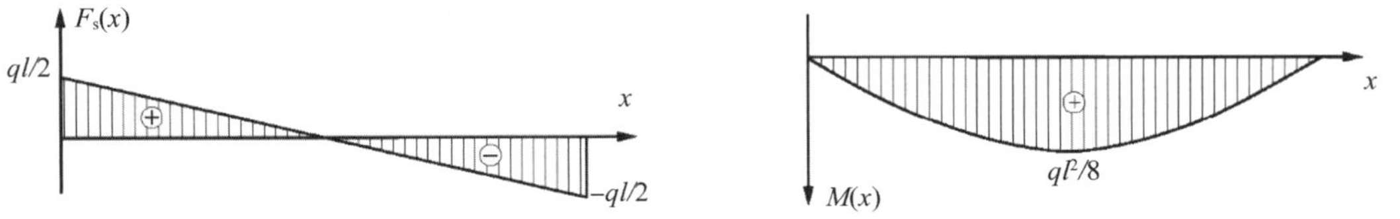

(a) 剪力图　(b) 弯矩图

图 4-16　承受均布荷载的简支梁剪力图和弯矩图

【例 4-2】作出图 4-17 中梁的剪力图和弯矩图。

解:对 AB 杆件列整体平衡方程,计算支座反力

$$F_A+F_B=F$$

$$F_Al=Fb$$

得:

$$F_A=\frac{Fb}{l}$$

$$F_B=\frac{Fa}{l}$$

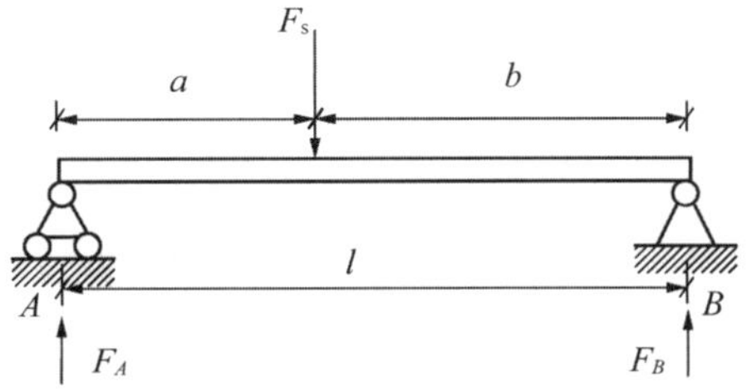

图 4-17　承受集中荷载的简支梁

以 A 为原点,截面与 A 的距离为 x,列内力方程。可以发现,内力方程在 F_s 作用点左右的情况各不相同,故需要分段表示:

$$F_s(x)=\begin{cases}\dfrac{Fb}{l}(0<x<a)\\-\dfrac{Fa}{l}(a<x<l)\end{cases}$$

$$M(x)=\begin{cases}\dfrac{Fb}{l}x(0<x<a)\\\dfrac{Fb}{l}(l-x)(a<x<l)\end{cases}$$

根据方程画出图 4-18 所示的剪力图和弯矩图。

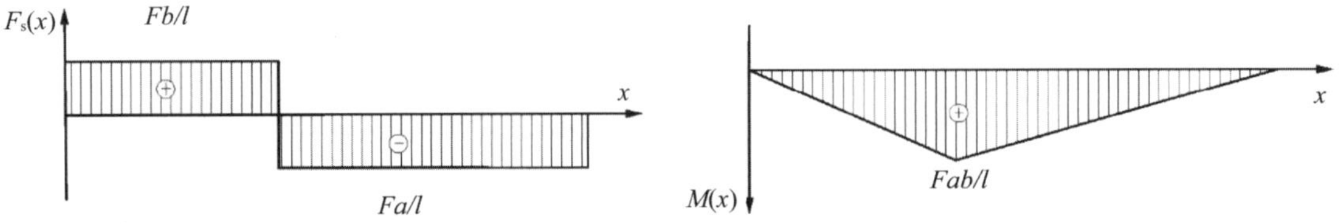

(a) 剪力图　(b) 弯矩图

图 4-18　承受集中荷载的简支梁剪力图和弯矩图

【**例 4-3**】作出图 4-19 中梁的剪力图和弯矩图。

解:对 AB 杆件列整体平衡方程,计算支座反力

$$F_A + F_B = 0$$

$$F_A l = M_e$$

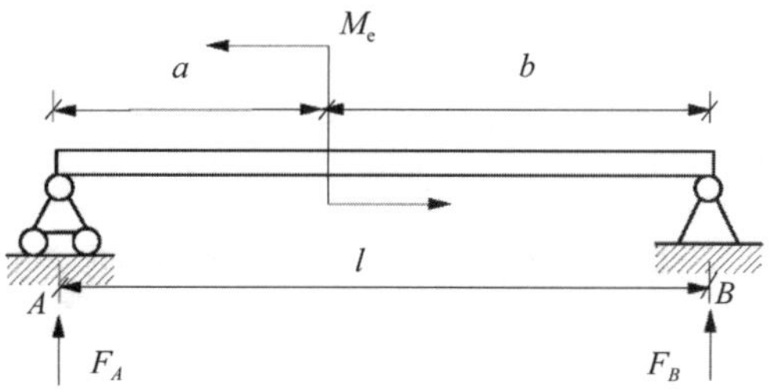

图 4-19　承受力偶的简支梁

得:

$$F_A = \frac{M_e}{l}$$

$$F_B = -\frac{M_e}{l}$$

需要注意的是,当计算结果中出现负号时,表明该力或力偶的方向与计算前标注的方向不同,正号代表方向相同,例如此处 F_B 的实际方向应为竖直向下。解题过程中并不要求力与力偶均画为正方向,保持算术计算结果中的符号即可。

以 A 为原点,截面距 A 的距离为 x 列内力方程。可以发现,内力方程在 M_e 作用点左右的情况各不相同,故需要分段表示:

$$F_s(x) = \frac{M_e}{l}$$

$$M(x) = \begin{cases} \frac{M_e}{l}x \ (0 < x < a) \\ -\frac{M_e}{l}(l - x)\ (a < x < l) \end{cases}$$

根据方程画出图 4-20 所示的剪力图和弯矩图。

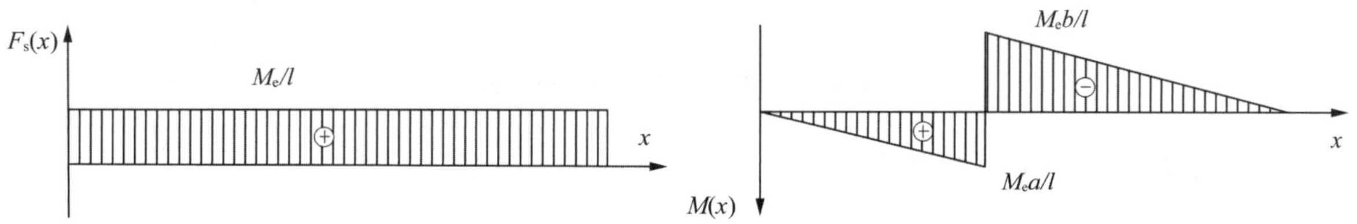

(a) 剪力图　　　　(b) 弯矩图

图 4-20　承受力偶的简支梁剪力图和弯矩图

【**例 4-4**】作出图 4-21 中梁的剪力图和弯矩图。

解:对 AB 杆件列整体平衡方程,计算支座反力

$$Y_O = P$$

$$M_O = PL$$

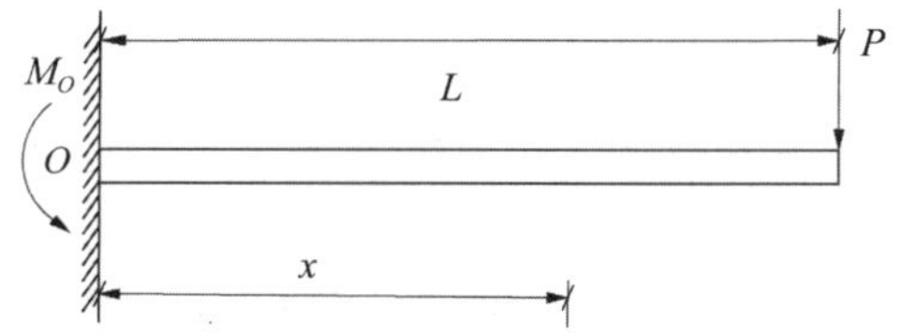

图 4-21　承受集中荷载的悬臂梁

以 O 为原点，截面与 O 的距离为 x 列内力方程：

$$F_s(x)=Y_O=P$$

$$M(x)=Y_O x-M_O=P(x-L)$$

根据方程画出图 4-22 所示的剪力图和弯矩图。

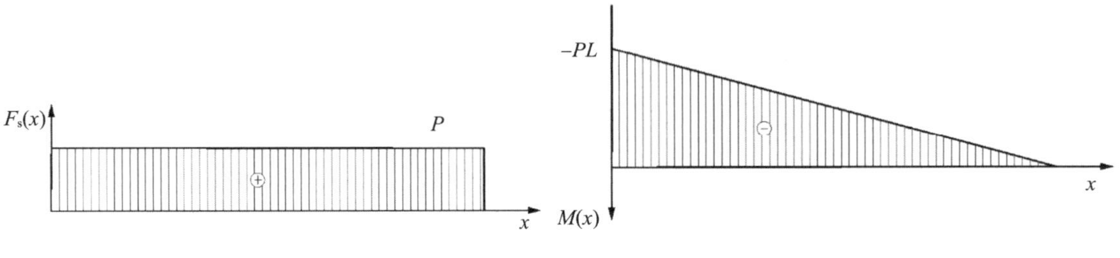

（a）剪力图　　（b）弯矩图

图 4-22　承受集中荷载的悬臂梁剪力图和弯矩图

如图 4-23(a)所示的梁受向上的分布荷载 $q(x)$ 作用，若用垂直于梁轴线的两个假想截面 $m—m$ 和 $n—n$ 在梁上切出一微段 dx。在微段上，可将分布荷载 $q(x)$ 看作大小相同的均布力，设截面左边内力分别为 $F_s(x)$、$M(x)$，则右边内力相对左边有一增量，为 $F_s(x)+dF_s(x)$、$M(x)+dM(x)$，且都假设为正值，如图 4-23(b)所示。

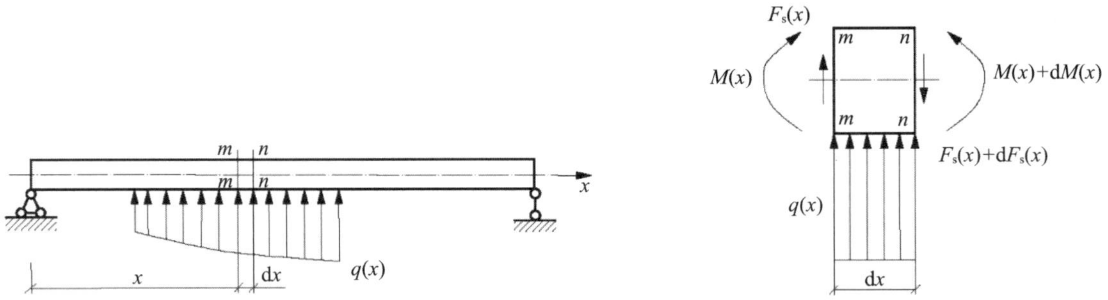

（a）简支梁受力简图　　（b）简支梁的微段受力简图

图 4-23　承受分布荷载的简支梁

根据微段的平衡条件，由 $\sum F_y=0$，有：

$$F_s(x)+q(x)dx-[F_s(x)+dF_s(x)]=0$$

整理可得：

$$\frac{dF_s(x)}{dx}=q(x) \tag{4-2}$$

由 $\sum M_n=0$，有：

$$M(x)+F_s(x)dx+q(x)dx\cdot\frac{dx}{2}-[M(x)+dM(x)]=0$$

忽略高阶微量 $q(x)dx\cdot\dfrac{dx}{2}$ 一项，整理可得：

$$\frac{\mathrm{d}M(x)}{\mathrm{d}x}=F_{\mathrm{s}}(x) \tag{4-3}$$

对式(4-3)再求一次导数并由式(4-2)可得：

$$\frac{\mathrm{d}^2M(x)}{\mathrm{d}x^2}=q(x) \tag{4-4}$$

式(4-2)～式(4-4)就是荷载集度 $q(x)$、剪力 $F_{\mathrm{s}}(x)$ 和弯矩 $M(x)$ 间的微分关系。一阶导数的几何意义是图形的斜率。因此上面三个公式说明：剪力图上某一点处的斜率等于梁上该点处的荷载集度；弯矩图上某一点处的斜率等于梁上该点处的剪力。

综合运用上面介绍的微分关系和积分关系，除了可校核剪力图和弯矩图的正确性之外，还可更简捷地绘制剪力图和弯矩图，并可通过荷载图、剪力图、弯矩图中的任一个图直接画出其他的两个图。必须指出，作梁的剪力图、弯矩图的方法有多种，如分段列出内力方程，根据方程作图；直接用微分关系作剪力图和弯矩图等。后一种方法是作梁的内力图的简捷方法。用微分关系作内力图的步骤是：

第一步，求反力；

第二步，在荷载不连续处(变化处)对梁进行分段，并判断各段内力图的线性，梁在均布荷载、集中力和集中力偶作用下剪力图和弯矩图特征见表4-1；

第三步，求各段控制截面的内力值；

第四步，将控制截面内力绘成曲线。

表4-1　典型受力工况下的梁剪力图和弯矩图特征

	无外力段		均布荷载段		集中力	集中力偶
外力	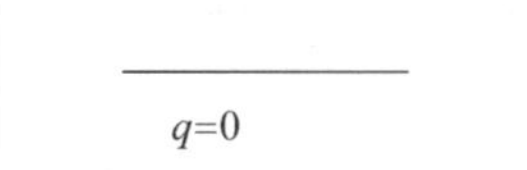 $q=0$		 $q>0$	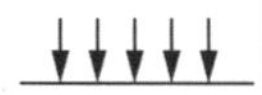 $q<0$	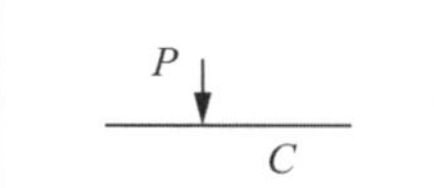	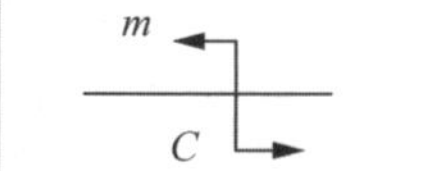
F图特征	水平直线		斜直线		自左向右突变	无变化
	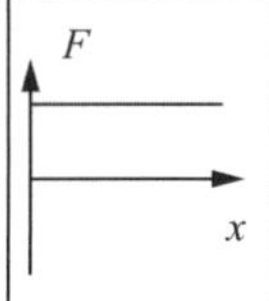 $F>0$	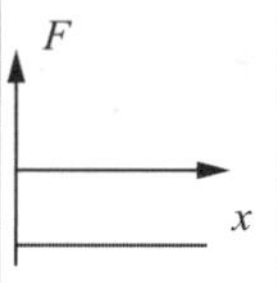 $F<0$	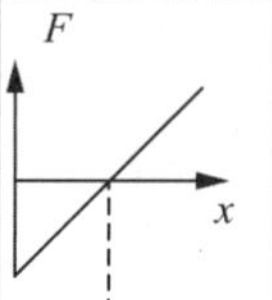	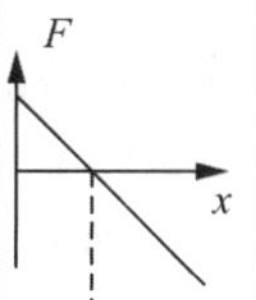	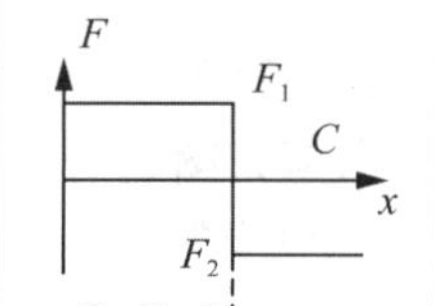 $F_1-F_2=P$	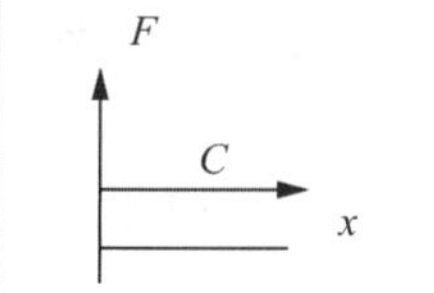
M图特征	斜直线		曲线		自左向右折角	自左向右突变
	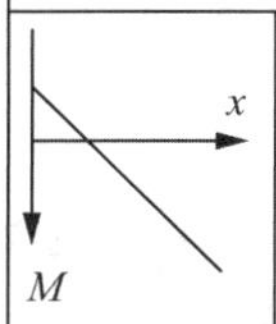 增函数	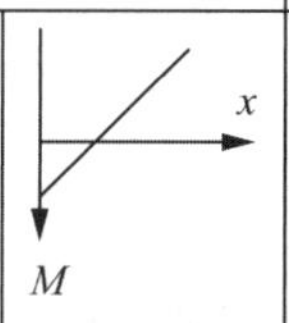 减函数	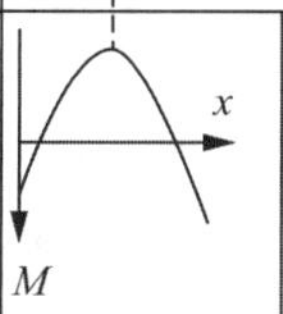 峰状	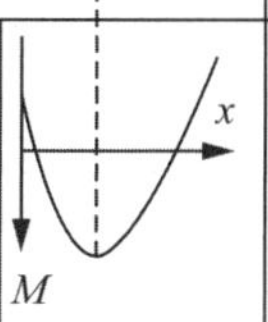 谷状	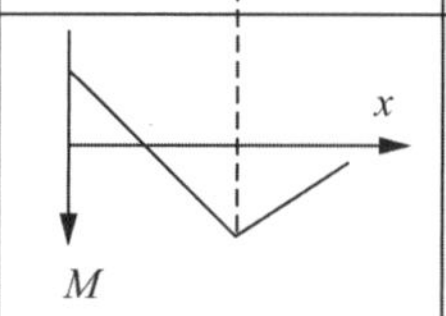 折向与P反向	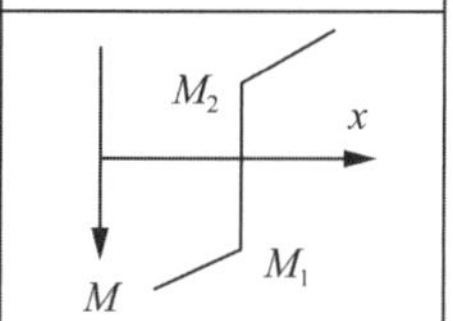 $M_1-M_2=m$ 折向与m反向

【例4-5】用简易作图法作出图4-24中梁的剪力图和弯矩图。

解：对杆件列整体平衡方程，计算支座反力

$$F_{BS}+qa-qa=0$$

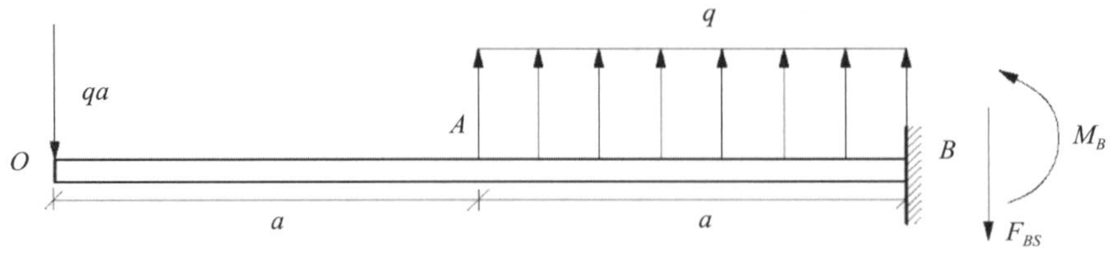

图 4-24　承受集中荷载和分布荷载的悬臂梁

$$M_B + qa \cdot 2a - qa \cdot \frac{1}{2}a = 0$$

得：

$$F_{BS} = 0$$

$$M_B = -\frac{3}{2}qa^2$$

将梁体在 A 点处分为左右两个部分。

左段梁体内无外力，剪力图为水平直线，弯矩图为斜直线。右端梁体分布有均布荷载，剪力图为斜直线，弯矩图为二次抛物线。

左端点为自由端，O 点有外力 qa，故：

$$F_s = -qa$$

$$M = 0$$

A 点取左段使用截面法，得：

$$F_s = -qa$$

$$M = -qa^2$$

右端点即为支座反力。

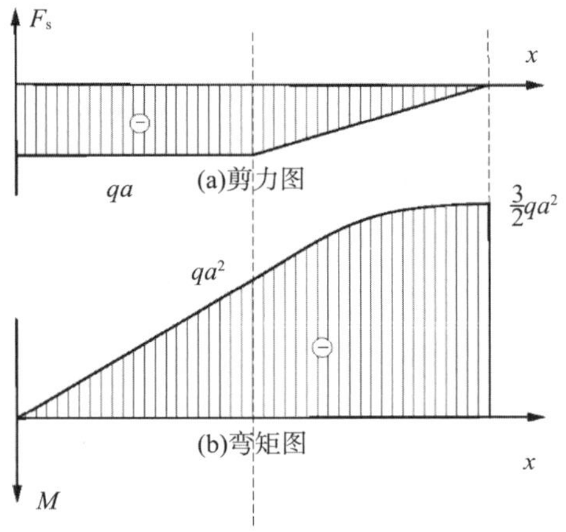

图 4-25　承受集中荷载和分布荷载的悬臂梁剪力图和弯矩图

右端剪力为负，绝对值逐渐趋于 0，弯矩为负，故弯矩图线性为峰状。画出剪力图和弯矩图，如图 4-25 所示。

【例 4-6】用简易作图法作出图 4-26 中梁的内力图。

解：计算支座反力得到：

$$F_A = -\frac{qa}{2}$$

$$F_D = \frac{qa}{2}$$

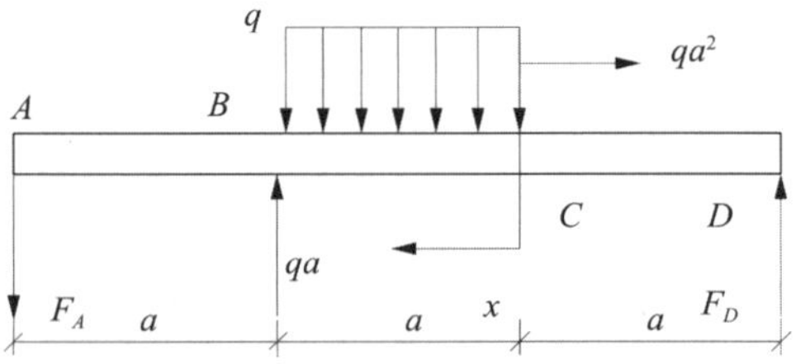

图 4-26　承受集中荷载、分布荷载和力偶的简支梁

AB 段，无外力，剪力图为水平直线，弯矩图为斜直线。BC 段，分布有均布荷载，左端为集中力，右端为外力偶，剪力图为斜直线，B 点有突变，弯矩图为二次抛物线，右端有突变。CD 段，无外力，剪力图为水平直线，弯矩图为斜直线。

截面法求得各点剪力和弯矩，A 点：

$$F_s=-\frac{qa}{2};M=0$$

B 点左侧：

$$F_s=-\frac{qa}{2};M=-\frac{1}{2}qa^2$$

B 点右侧：

$$F_s=\frac{qa}{2};M=-\frac{1}{2}qa^2$$

C 点左侧：

$$F_s=-\frac{qa}{2};M=-\frac{1}{2}qa^2$$

C 点右侧：

$$F_s=-\frac{qa}{2};M=\frac{1}{2}qa^2$$

BC 段剪力图存在零点，弯矩图出现驻点，即：

$$F_s=0;M=-\frac{3}{8}qa^2$$

D 点：

$$F_s=-\frac{qa}{2};M=0$$

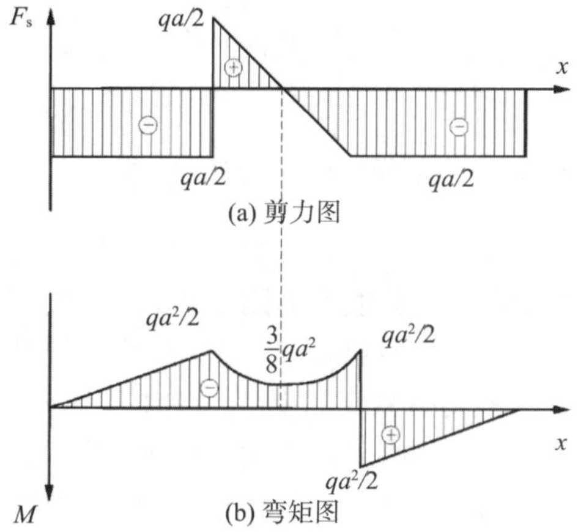

图 4-27　承受集中荷载、分布荷载和力偶的简支梁剪力图和弯矩图

画剪力图和弯矩图，如图 4-27 所示。

4.2.3　叠加原理

当梁在荷载作用下出现微小变形时，其跨长的改变可忽略不计，因而在求梁的反力、剪力和弯矩时，均可按其原始尺寸进行计算，而所得的结果均与梁上荷载呈线性关系，即在弹性限度内满足胡克定律。在这种情况下，当梁上受几项荷载共同作用时，某一横截面上的弯矩就等于梁在各项荷载单独作用下同一横截面上弯矩的代数和：

$$F(P_1P_2\cdots P_n)=F_1(P_1)+F_2(P_2)+\cdots+F_n(P_n) \tag{4-5}$$

$$M(P_1P_2\cdots P_n)=M_1(P_1)+M_2(P_2)+\cdots+M_n(P_n) \tag{4-6}$$

这是一个普遍性的原理，即叠加原理：当所求参数（内力、应力或位移）与梁上荷载呈线性关系时，由几项荷载共同作用时所引起的某一参数（剪力或弯矩等），就等于每项荷载单独作用时所引起的该参数值的叠加。

用叠加原理作几个荷载作用下梁的剪力、弯矩图时，可以先分别作出梁在每个荷载单独作用下的剪力图和弯矩图，然后将各图的相应纵坐标叠加起来，就得到梁在几个荷载共同作用下的剪力图和弯矩图。当你对梁在简单荷载作用下的剪力图、弯矩图较熟悉时，使用叠加原理就特别方便,如图 4-28 所示。

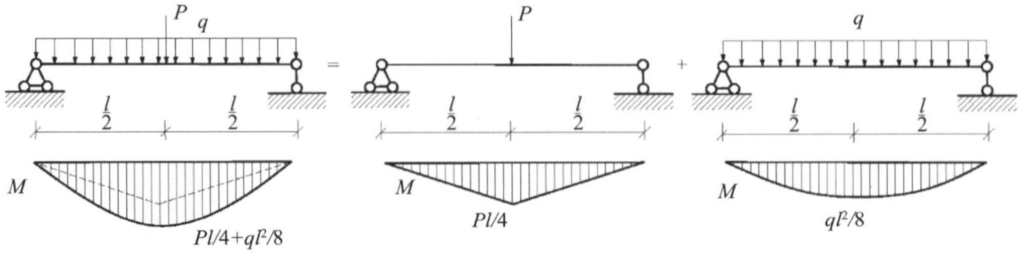

图 4-28　承受均布荷载和集中荷载的简支梁弯矩图

4.3　平面刚架和曲杆的受弯

4.3.1　平面刚架的内力图

在同一平面内,轴线方向不同的杆件,通过杆端的刚性连接而组成的结构被称为平面刚架。连接处被称为刚节点。通常在小变形的研究范围内,刚架变形的过程中,各梁之间的角度始终保持不变。同时,刚节点能够传递轴力、剪力与弯矩,故在节点处的轴力、剪力和弯矩大小相等,绝对方向相同。

平面刚架的内力图包括轴力图、剪力图和弯矩图。其中需要注意的是内力图关于符号与作图位置的规定。弯矩图规定将图像画在受拉一侧,不用标注正负号。剪力图与轴力图可将图像画在轴线的任意一侧,但必须标注正负号。

【例 4-7】如图 4-29(a)所示为刚架结构,由竖杆 AC 和横杆 CB 用刚性很大的接头焊接成一体,在 AC 段受均布荷载 q 作用。试绘制刚架的内力图。

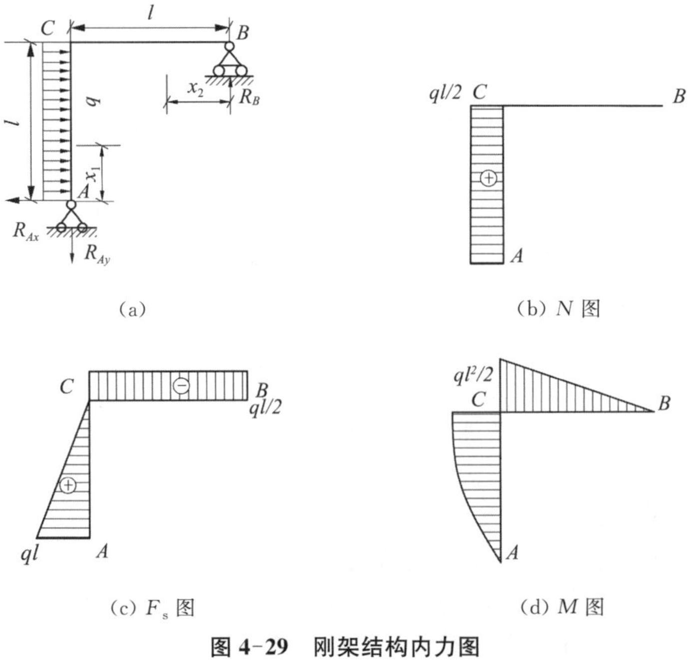

图 4-29　刚架结构内力图

解:由平衡方程计算支座反力得到:

$$R_{Ax}=ql;R_B=\frac{1}{2}ql;R_{Ay}=\frac{1}{2}ql$$

将 AC 和 CB 杆的坐标原点分别设在 A 点和 B 点,并设各杆任意截面到各自原点的距离分别为 x_1 和 x_2。由图可得内力方程:

AC 杆:

$$N(x_1)=R_{Ay}=\frac{1}{2}ql$$

$$F_s(x_1)=R_{Ax}-qx_1=q(l-x_1)$$

$$M(x_1)=R_{Ax}x_1-\frac{1}{2}qx_1^2=qx_1\left(l-\frac{1}{2}x_1\right)$$

CB 杆:

$$N(x_2)=0$$

$$F_s(x_2)=-R_B=-\frac{1}{2}ql$$

$$M(x_2)=R_Bx_2=\frac{1}{2}qlx_2$$

绘制内力图,见图 4-29(b)～(d)。

4.3.2　曲杆的内力图

与普通杆件的内力图一样,曲杆也可使用截面法求得内力。需要格外注意的是,用于分段的截面一定垂直于杆件轴线。具体见图 4-30(a)、(b)。

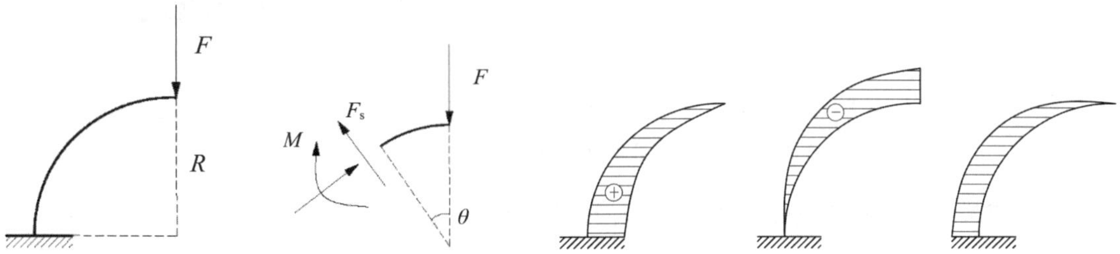

(a) 曲杆受力简图　(b) 曲杆微段受力平衡示意图　(c) N 图　(d) F_s 图　(e) M 图

图 4-30　曲杆的内力图

根据静力平衡方程可以得到:

$$N(\theta)=F\sin\theta$$

$$F_s(\theta)=-F\cos\theta$$

$$M(\theta)=-FR\sin\theta$$

根据以上内力方程即可作图,轴力图如图 4-30(c)所示,剪力图如图 4-30(d)所示,弯矩图如图 4-30(e)所示。

4.4 弯曲应力

4.4.1 平面弯曲时梁横截面上的正应力

本节主要研究梁在对称弯曲下横截面上的正应力。若梁在某段内各截面上的剪力为零,弯矩为常量,则该段梁的弯曲称为纯弯曲。例如,梁在对称面内仅受一对外力偶作用时,则梁的弯曲即为对称弯曲中的纯弯曲。

(一) 变形几何规律

取图 4-31(a)所示梁进行纯弯曲实验,在梁加力之前,先在其侧面画两条相邻的横向线 ab 和 cd,并在靠近顶面和底面处分别画纵线 mn 和 pq,然后在梁端加一对力矩为 M_e 的外力偶[图 4-31(b)]。由截面法可知,梁的任一截面上剪力为零,弯矩 M 为常量,其值等于外力偶矩 M_e。

在梁的纯弯曲实验中,有如下现象:

(1) 横向线 ab、cd 变形后仍为直线,但有转动;

(2) 纵向线 mn、pq 变为曲线,且上缩下伸;

(3) 横向线与纵向线变形后仍正交。

根据上述现象,可以提出弯曲问题中的平面假设:梁在受力而发生纯弯曲后,横截面变形后仍为平面,只是绕中性轴发生转动,与中性轴等高处,变形相等。此时,梁的横截面上只有正应力。由于变形的连续性,梁内必有一层纤维既不伸长也不缩短,因而纤维不受拉应力和压应力,此层纤维称为中性层。中性层与横截面的交线称为中性轴。具体见图 4-31(c)。

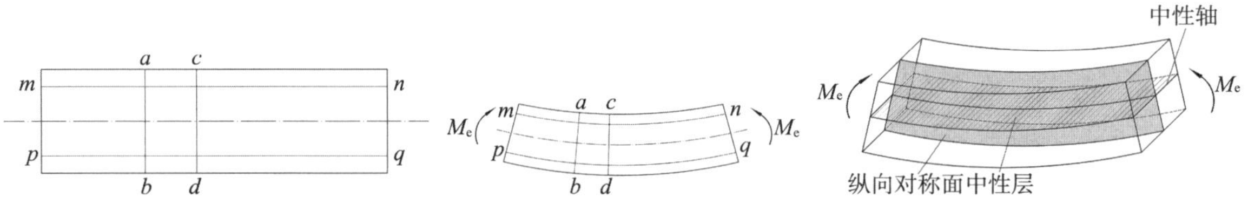

(a) 未弯曲　　(b) 二维弯曲示意　　(c) 三维弯曲示意

图 4-31　梁受弯

设用两截面 ab 和 cd 从图 4-31(a)的梁中假想地截取长为 dx 的微段 $abdc$[图 4-32(a)],由平面假设可知,在梁弯曲时,两横截面将相对旋转一微小角度 $d\theta$[图 4-32(b)]。如图 4-32(a)所示,在矩形的下边缘取一段与中性轴 O_1O_2 距离为 y 的线段 AB。如图 4-32(b)所示,矩形 $abdc$ 在弯曲后将形成扇形 $a'b'd'c'$,线段 AB 受拉后形成线段 $A'B'$。

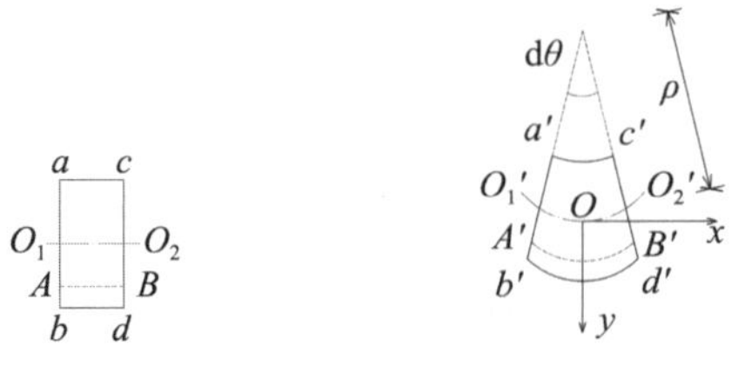

(a) 未弯曲　　(b) 弯曲

图 4-32　梁微段受弯

以 O_1O_2 的中点为圆心建立如图 4-32(b)所示坐标系 xOy，由于中性层上的纤维在变形前后既不伸长也不缩短，于是有 $O_1O_2=O_1'O_2'$。则横截面上任意一点处的纵向线应变 ε_x 为

$$\varepsilon_x=\frac{A'B'-AB}{AB}=\frac{A'B'-O_1O_2}{O_1O_2}=\frac{A'B'-O_1'O_2'}{O_1'O_2'}=\frac{(\rho+y)\mathrm{d}\theta-\rho\mathrm{d}\theta}{\rho\mathrm{d}\theta}=\frac{y}{\rho} \quad (4-7)$$

（二）物理关系

假设梁的纵向纤维在纯弯曲下互不挤压，则横截面上任意一点均处于单向应力状态。于是，当材料处于弹性范围内，且拉伸和压缩弹性模量相同时，根据单向应力状态下的胡克定律可得物理关系：

$$\sigma_x=E\varepsilon_x=E\frac{y}{\rho} \quad (4-8)$$

式(4-8)表明：横截面上任一点处的正应力与该点至中性轴的距离成正比，至中性轴的距离为 y 的等高线上各点处的正应力均相等。

（三）静力学关系

根据物理关系，可求得纯弯曲梁中性层曲率 $\frac{1}{\rho}$ 表达式为：

$$\frac{1}{\rho}=\frac{M_z}{EI_z} \quad (4-9)$$

式(4-9)表明，在相同弯矩作用下，EI_z 值越大，梁的弯曲变形(曲率)就越小，EI_z 称为梁的抗弯刚度。

（四）梁在纯弯曲时横截面正应力公式

将式(4-9)代入式(4-8)中，可得梁在纯弯曲时横截面上任意一点处的正应力为：

$$\sigma_x=\frac{M_z y}{I_z} \quad (4-10)$$

式中：M_z 为横截面上的弯矩；I_z 为横截面对中性轴 z 的惯性矩；y 为所求应力点的纵坐标。

从式(4-10)可知，在横截面上离中性轴最远的各点处，正应力值最大。当中性轴 z 为截面的对称轴时，则截面上的最大正应力为：

$$\sigma_{\max}=\frac{M_z y_{\max}}{I_z} \quad (4-11)$$

若令

$$W_z=\frac{I_z}{y_{\max}} \quad (4-12)$$

则

$$\sigma_{\max}=\frac{M_z}{W_z} \quad (4-13)$$

式中：W_z 称为抗弯截面模量，其值与横截面的形状和尺寸有关，其单位为 m^3。

矩形截面[图 4-33(a)]

$$W_z=\frac{bh^2}{6} \tag{4-14}$$

圆形截面[图 4-33(b)]

$$W_z=\frac{\pi d^3}{32} \tag{4-15}$$

回形截面[图 4-33(c)]

$$W_z=\frac{BH^2}{6}\left(1-\frac{bh^3}{BH^3}\right) \tag{4-16}$$

圆环截面[图 4-33(d)]

$$W_z=\frac{\pi D^3}{32}(1-\alpha^4) \tag{4-17}$$

其中，$\alpha=\dfrac{d}{D}$。

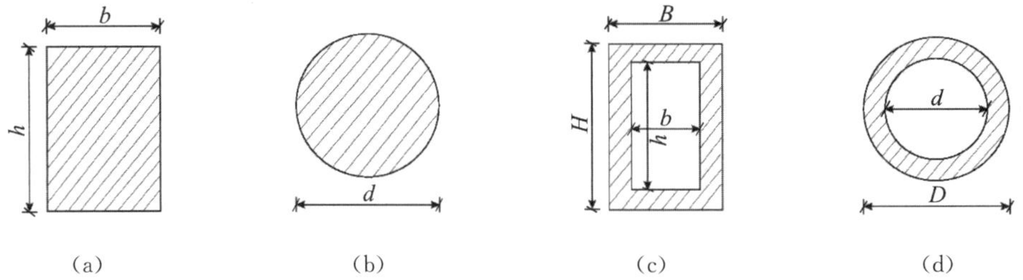

图 4-33　典型截面形式

4.4.2　梁横截面上的剪应力

在横力弯曲的情况下，梁的横截面上有剪力，相应地将有剪应力。

对于狭长矩形截面，由于梁的侧面上无剪应力，故横截面上侧边各点处的剪应力必与侧边平行，而在对称弯曲情况下，对称轴 y 处的剪应力必沿 y 方向，且狭长矩形截面上剪应力沿截面宽度的变化不可能大。于是，可作出如下两个假设：

(1) 横截面上各点处的剪应力均与剪力平行；

(2) 横截面上与中性轴等距离处的剪应力大小相等。

现以分离体平衡的方法研究梁横截面上的剪应力。图 4-34(a)所示为一矩形截面梁受任意横向荷载作用，以 ab、cd 两横截面假想地从梁中截取长度为 dx 的微段[图 4-34(b)]，再用平行于中性层的纵截面 AA_1B_1B 假想地从微段上截取体块 $aABc$[图 4-34(c)]。在一般情况下，ab、cd 两横截面上的弯矩并不相等，因而两截面上同一 y 坐标处的正应力也不相等，且在端面 aA 和 cB 上，与正应力对应的法向内力 F_{N1} 与 F_{N2} 也不相等，为维持体块 aA_1B_1c 的平衡，在纵面 AB_1 上必有沿 x 方向的切向内力 dF'_s，故在纵面上就存在相应的剪应力 τ'[图 4-34(d)]。

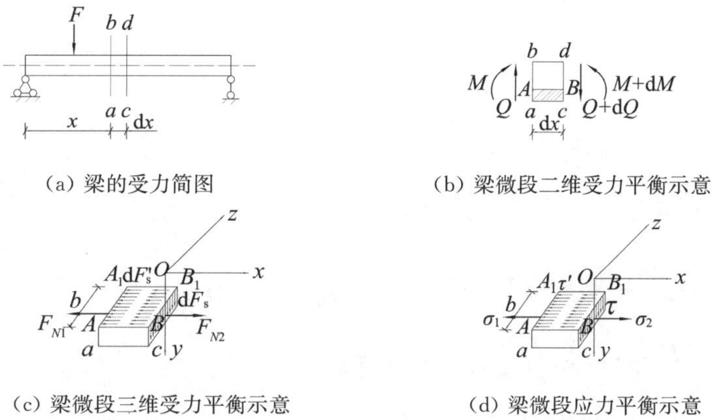

(a) 梁的受力简图　(b) 梁微段二维受力平衡示意

(c) 梁微段三维受力平衡示意　(d) 梁微段应力平衡示意

图 4-34　梁的受剪

设在图 4-34(a)中距左端为 x 和 $x+\mathrm{d}x$ 处横截面 ab、cd 上的弯矩分别为 M 和 $M+\mathrm{d}M$[图 4-34(b)]，两界面中性轴位 y_1 处的正应力分别为 σ_1 和 σ_2，于是，可得两端面上的法向内力 F_{N1} 和 F_{N2} 分别为：

$$F_{N1}=\int_A \sigma_1 \mathrm{d}A=\int_A \frac{M}{I_z}y_1 \mathrm{d}A=\frac{M}{I_z}S_z \tag{4-18}$$

$$F_{N2}=\int_A \sigma_2 \mathrm{d}A=\int_A \frac{(M+\mathrm{d}M)}{I_z}y_1 \mathrm{d}A=\frac{M+\mathrm{d}M}{I_z}S_z \tag{4-19}$$

式中：$S_z=\int_A y_1 \mathrm{d}A$ 为横截面上至中性轴距离为 y 的横线以外部分的面积 A 对中性轴的静矩。

由沿 x 方向的平衡方程可得：

$$\sum F_x=F_{N2}-F_{N1}-\tau' b\mathrm{d}x=0 \tag{4-20}$$

将式(4-18)、式(4-19)代入式(4-20)，经简化后得：

$$\tau'=\frac{\mathrm{d}M}{\mathrm{d}x}\frac{S_z}{bI_z}=\frac{QS_z}{bI_z}$$

$$Q=\frac{\mathrm{d}M}{\mathrm{d}x} \tag{4-21}$$

由剪应力互等定理可知，$\tau=\tau'$[图 4-34(d)]，故矩形截面等直梁在对称弯曲时横截面上任意一点处的剪应力为：

$$\tau=\frac{QS_z}{bI_z} \tag{4-22}$$

式中：Q 为横截面上的剪力；I_z 为整个横截面对其中性轴的惯性矩；b 为矩形截面的宽度；τ 的方向与剪力 Q 的方向相同。

式(4-22)中的 Q、I_z 和 b 对某一横截面而言均为常量，因此，横截面上的剪应力 τ 沿截面高度的变化情况由静矩 S_z 与坐标 y 的关系所反映。对于矩形截面，有

$$S_z=\int_A y_1 \mathrm{d}A=\frac{\frac{h}{2}+y}{2}b\left(\frac{h}{2}-y\right)=\frac{b}{2}\left(\frac{h^2}{4}-y^2\right) \tag{4-23}$$

把式(4-23)代入式(4-22)中,可得

$$\tau=\frac{Q}{2I_z}\left(\frac{h^2}{4}-y^2\right) \tag{4-24}$$

可见,剪应力 τ 沿截面高度呈二次抛物线规律变化(图 4-35)。当 $y=\pm\frac{h}{2}$ 时,即在横截面上距中性轴最远处,剪应力 $\tau=0$;当 $y=0$ 时,即在中性轴上各点处,剪应力达到最大值 $\tau_{\max}=\frac{3}{2}\frac{Q}{A}$(对于圆形截面,$\tau_{\max}=\frac{4}{3}\frac{Q}{A}$),$A=bh$ 为矩形截面面积。

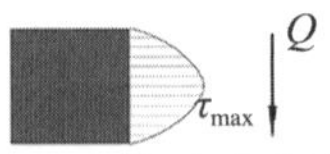

图 4-35　剪应力沿截面高度的分布

4.4.3　梁的正应力和剪应力强度条件

对于横力弯曲下的等直梁,其横截面上一般既有正应力又有剪应力,梁需同时保证正应力和剪应力的强度要求。

(一) 梁的正应力强度条件

等直梁的最大正应力发生在最大弯矩的横截面上距中性轴最远的各点处,这些点处的剪应力 $\tau=0$,在略去纵截面上由横向力引起的挤压应力后,横截面上最大正应力所在点处于单轴应力状态。于是,可按单轴应力状态下的强度条件 $\sigma_{\max}\leqslant[\sigma]$,建立梁的正应力强度条件,即

$$\sigma_{\max}=\frac{M_{\max}}{W_z}\leqslant[\sigma] \tag{4-25}$$

式中:$[\sigma]$ 为材料在横力弯曲时的许用弯曲正应力,其值在有关设计规范中有具体规定。

(二) 梁的剪应力强度条件

等直梁的最大剪应力一般发生在最大剪力所在横截面的中性轴上各点处,这些点处的正应力 $\sigma=0$,在略去纵截面上由横向力引起的挤压应力后,横截面上最大剪应力所在点处于纯剪切应力状态。于是,可按纯剪切应力状态下的强度条件 $\tau_{\max}\leqslant[\tau]$ 建立梁的剪应力强度条件,即

$$\tau_{\max}=\frac{Q_{\max}S_{z,\max}}{bI_z}\leqslant[\tau] \tag{4-26}$$

式中:$[\tau]$ 为材料在横力弯曲时的许用剪应力,其值在有关设计规范中有具体规定。

(三) 强度条件应用

(1) 校核强度

梁在荷载作用下,须同时满足正应力和剪应力的强度条件

$$\sigma_{\max}\leqslant[\sigma]\text{；}\tau_{\max}\leqslant[\tau]$$

在进行强度校核计算时,通常是先按正应力强度进行计算,再按剪应力强度进行校核。一般来说,梁的强度大多数由正应力控制,并不需要再按剪应力进行强度校核。但在以下几种情况下,需校核该梁的剪应力:

① 梁的最大弯矩较小,而最大剪力却很大;

② 在焊接或铆接的组合截面(例如工字形)钢梁中,当其横截面腹板部分的厚度与梁高之比小于型钢截面的相应规定值;

③ 由于木材在其顺纹方向的剪切强度较差,木梁在横力弯曲时可能因中性层上的剪应力过大而使梁沿中性层发生剪切破坏。

(2) 设计截面尺寸

当截面的弯矩和剪力确定时,可按式(4-27)计算抗弯截面模量 W_z、横截面对中性轴的惯性矩 I_z 与横截面上对中性轴的最大静矩 $S_{z,\max}$ 的比值。

$$W_z \geqslant \frac{M_{\max}}{[\sigma]}\ ;\ \frac{I_z}{S_{z,\max}} \geqslant \frac{Q_{\max}}{[\tau]b} \tag{4-27}$$

综合 W_z 和 $\dfrac{I_z}{S_{z,\max}}$ 可以确定截面的最小尺寸。

(3) 设计荷载

当截面尺寸确定时,可按式(4-28)计算等直梁可允许承受的最大弯矩 $M_{\max}$ 和最大剪力 $Q_{\max}$。

$$M_{\max} \leqslant W_z[\sigma]\ ;\ Q_{\max} \leqslant \frac{[\tau]bI_z}{S_{z,\max}} \tag{4-28}$$

4.5　案例分析

【例4-8】作图4-36所示刚架的内力图。

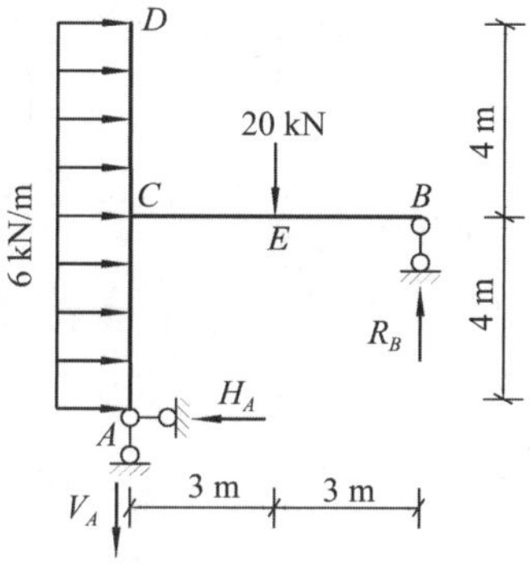

图4-36　刚架受力简图

解:(1) 计算支座反力(图4-37)

$$H_A = 48\ \text{kN}(\leftarrow)$$

$$R_B = 42\ \text{kN}(\uparrow)$$

$$V_A = 22\ \text{kN}(\downarrow)$$

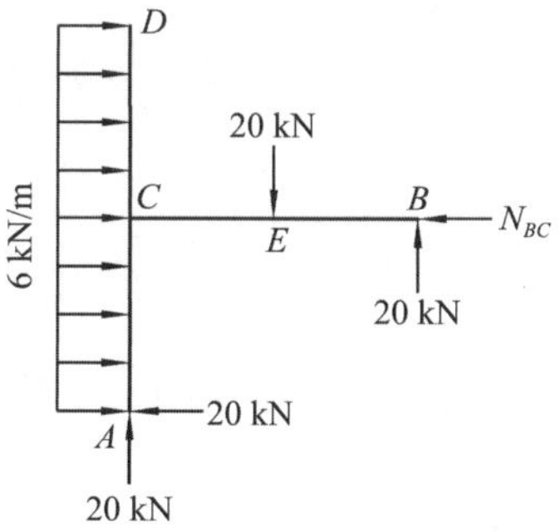

图4-37　例4-8支座反力示意图

(2) 绘弯矩 M 图(图4-38)

CD 杆:

$$M_{DC} = 0$$

$$M_{CD} = 48\ \text{kN}\cdot\text{m}(左)$$

CB 杆:

$$M_{EB} = M_{EC} = 126\ \text{kN}\cdot\text{m}(下)$$

$$M_{CB} = 192\ \text{kN}\cdot\text{m}(下)$$

AC 杆:

$$M_{AC} = 0$$

$$M_{CA} = 144\ \text{kN}\cdot\text{m}(右)$$

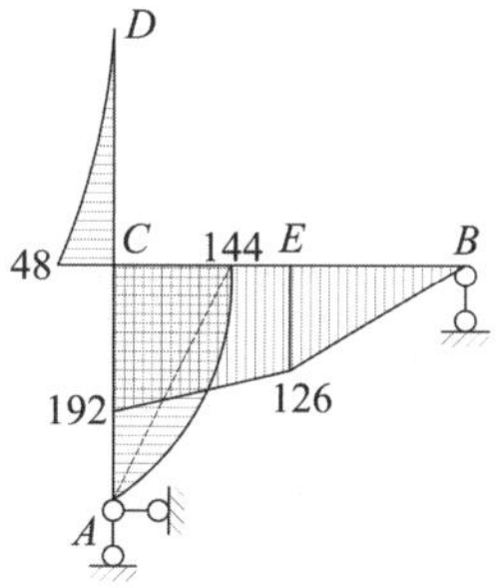

图4-38　例4-8弯矩 M 图(单位:kN·m)

(3) 绘剪力 F_s 图(图4-39)

CD 杆:

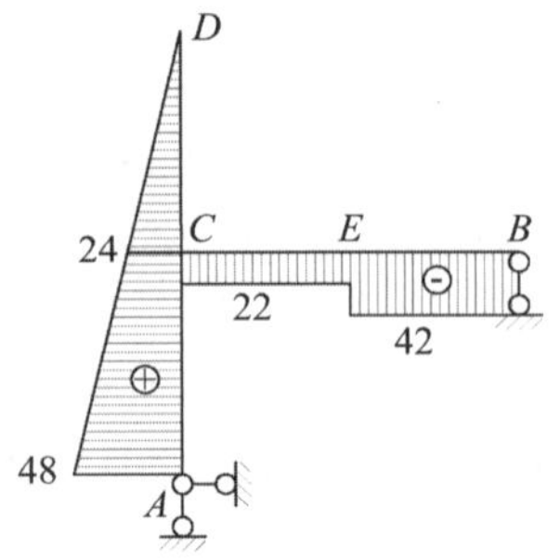

图 4-39　例 4-8 剪力 F_s 图(单位:kN)

$$F_{DC}=0$$

$$F_{CD}=24\ \text{kN}$$

CB 杆:

$$F_{BE}=-42\ \text{kN}$$

$$F_{EC}=-22\ \text{kN}$$

AC 杆:

$$F_{AC}=48\ \text{kN}$$

$$F_{CA}=24\ \text{kN}$$

(4) 绘轴力 N 图(图 4-40)

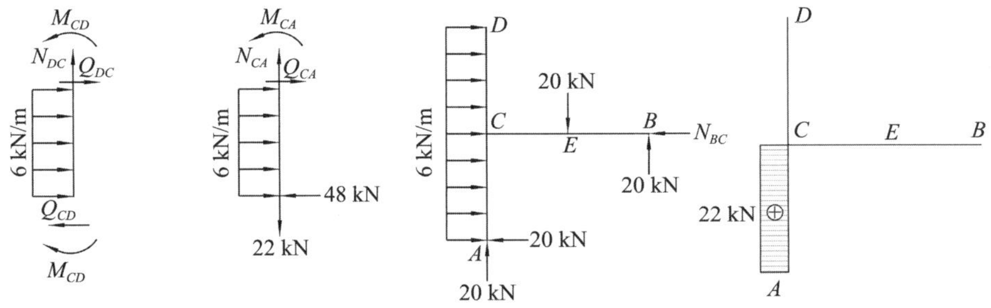

图 4-40　例 4-8 轴力 N 图

CD 杆:

$$N_{CD}=N_{DC}=0\ \text{kN}$$

AC 杆:

$$N_{CA}=N_{AC}=V_A=22\ \text{kN}$$

CB 杆:

$$N_{BC}=0\ \text{kN}$$

【例 4-9】作图 4-41 所示静定门式刚架的弯矩图。

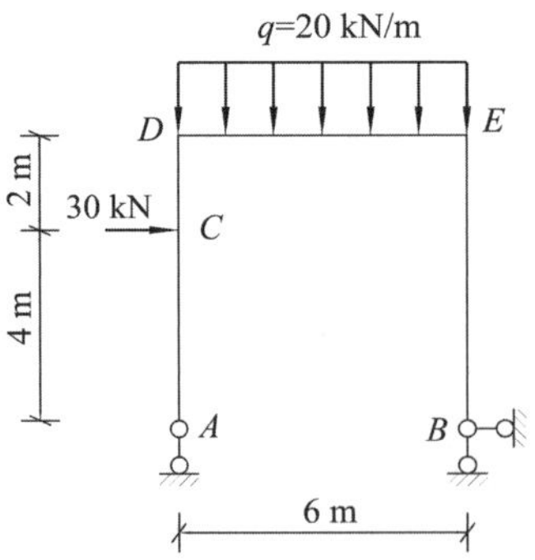

图 4-41　静定门式刚架受力简图

解:(1) 求支座反力(图 4-42)

$$\sum M_A = 30 \times 4 + 20 \times 6 \times 3 - F_{VB} \times 6 = 0$$

$$F_{VA} = 40\ \text{kN}(\uparrow)$$

$$F_{VB} = 80\ \text{kN}(\uparrow)$$

$$F_{HB} = 30\ \text{kN}(\leftarrow)$$

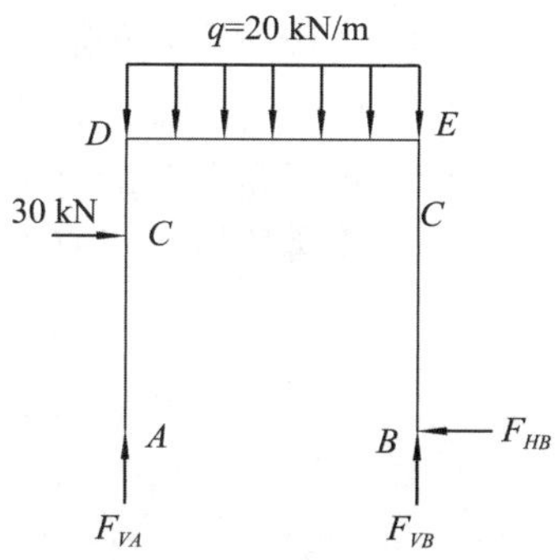

图 4-42　例 4-9 支座反力示意图

(2) 取隔离体,求各杆件弯矩图(图 4-43)

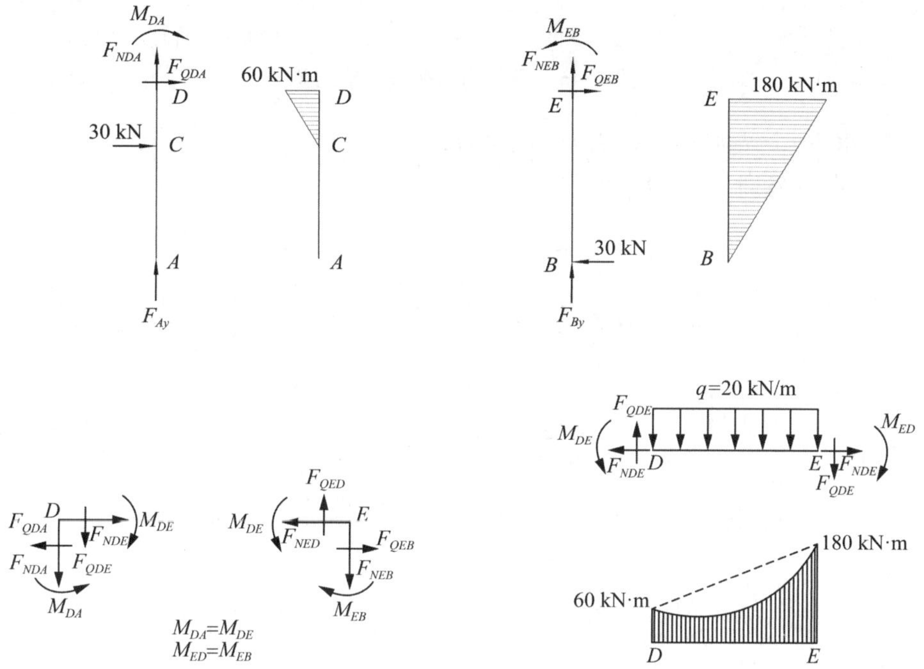

图 4-43　例 4-9 各杆件弯矩图

(3) 绘弯矩 M 图(图 4-44)

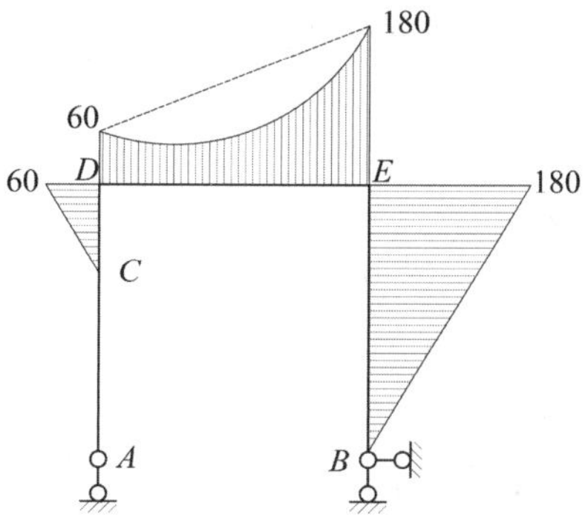

图 4-44　例 4-9 弯矩 M 图(单位:kN · m)

【例 4-10】受均布载荷作用的简支梁如图 4-45 所示，试求：

(1) 1—1 截面上 1、2 两点的正应力；

(2) 此截面上的最大正应力；

(3) 全梁的最大正应力。

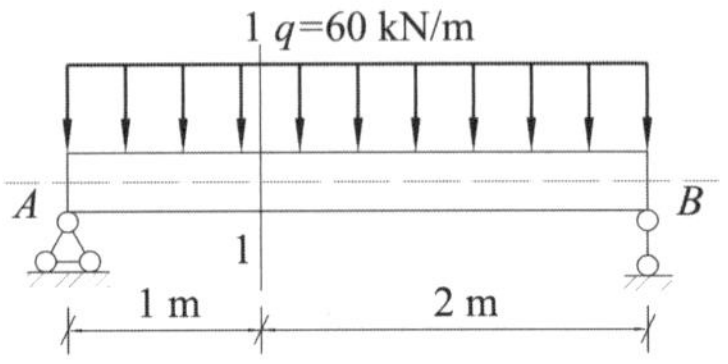

(a) 受力简图

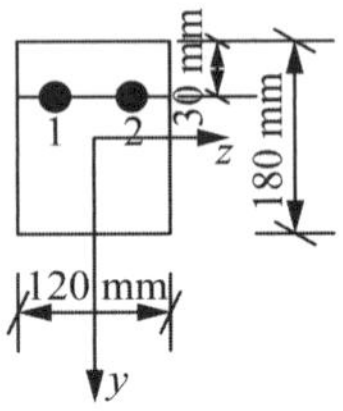

(b) 1—1 截面

图 4-45　承受均布荷载的简支梁

解:(1) 求 1—1 截面上 1、2 两点的正应力：

① 画 M 图求截面弯矩(图 4-46)

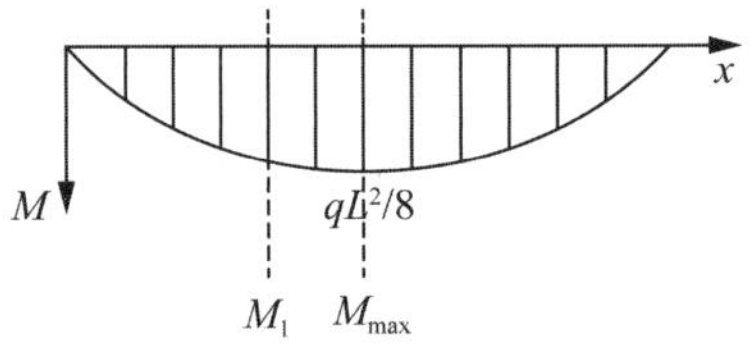

图 4-46　例 4-10 *M* 图

$$M_1=\left(\frac{qLx}{2}-\frac{qx^2}{2}\right)\bigg|_{x=1}=\frac{60\times3\times1}{2}-\frac{60\times1^2}{2}=60(\text{kN}\cdot\text{m})$$

$$M_{\max}=\frac{qL^2}{8}=\frac{60\times3^2}{8}=67.5(\text{kN}\cdot\text{m})$$

② 求应力

$$I_z=\frac{bh^3}{12}=\frac{120\times180^3}{12}\times10^{-12}=5.832\times10^{-5}(\text{m}^4)$$

$$W_z=\frac{I_z}{\frac{h}{2}}=\frac{5.832\times10^{-5}}{\frac{180\times10^{-3}}{2}}=6.48\times10^{-4}(\text{m}^3)$$

$$\sigma_1=\sigma_2=\frac{M_1y}{I_z}=\frac{60\times10^3\times60\times10^{-3}}{5.832\times10^{-5}}\approx6.17\times10^7(\text{Pa})=61.7\ \text{MPa}$$

(2) 求此截面上的最大正应力：

$$\sigma_{1\max}=\frac{M_1}{W_z}=\frac{60\times10^3}{6.48\times10^{-4}}\approx9.26\times10^7(\text{Pa})=92.6\ \text{MPa}$$

(3) 求全梁的最大正应力：

$$\sigma_{\max}=\frac{M_{\max}}{W_z}=\frac{67.5\times10^3}{6.48\times10^{-4}}\approx1.042\times10^8(\text{Pa})=104.2\ \text{MPa}$$

【例 4-11】矩形($b\times h=0.12\ \mathrm{m}\times 0.18\ \mathrm{m}$)截面木梁如图 4-47 所示，$[\sigma]=7\ \mathrm{MPa}$，$[\tau]=0.9\ \mathrm{MPa}$，试求最大正应力和最大剪应力之比，并校核梁的强度安全。

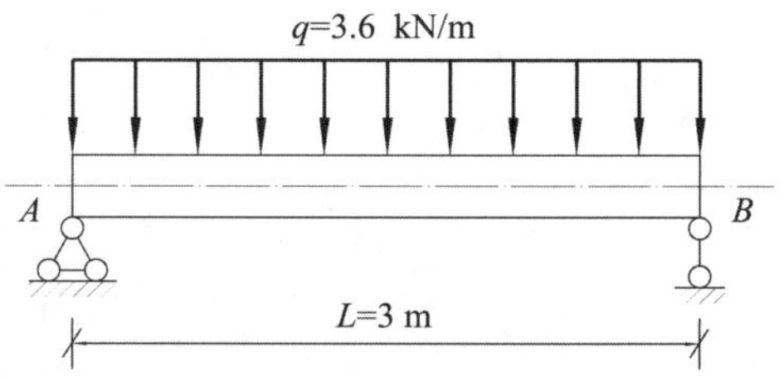

图 4-47　简支木梁的受力简图

解：(1) 画内力图求危面内力(图 4-48)

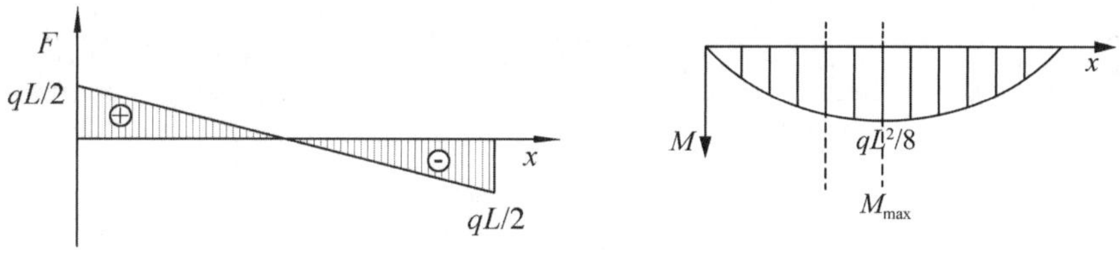

图 4-48　例 4-11 内力图

$$F_{\max}=\frac{qL}{2}=\frac{3\ 600\times 3}{2}=5\ 400(\mathrm{N})$$

$$M_{\max}=\frac{qL^2}{8}=\frac{3\ 600\times 3^2}{8}=4\ 050(\mathrm{N\cdot m})$$

(2) 求最大应力并校核强度

$$\sigma_{\max}=\frac{M_{\max}}{W_z}=\frac{6M_{\max}}{bh^2}=\frac{6\times 4\ 050}{0.12\times(0.18)^2}=6.25\times 10^6(\mathrm{Pa})$$

$$=6.25\ \mathrm{MPa}<7\ \mathrm{MPa}=[\sigma]$$

$$\tau_{\max}=1.5\frac{Q_{\max}}{A}=\frac{1.5\times 5\ 400}{0.12\times 0.18}=3.75\times 10^5(\mathrm{Pa})$$

$$=0.375\ \mathrm{MPa}<0.9\ \mathrm{MPa}=[\tau]$$

(3) 求应力之比

$$\frac{\sigma_{\max}}{\tau_{\max}}=\frac{M_{\max}}{W_z}\frac{2A}{3Q}=\frac{L}{h}\approx 16.7$$

【例 4-12】若例 4-11 中矩形截面木梁为杉木木梁，查《木结构设计规范》得：$[\sigma]=11\ \mathrm{MPa}$，$[\tau]=1.2\ \mathrm{MPa}$，试求最大承受均布荷载。

若为松木木梁，查《木结构设计规范》得：$[\sigma]=15\ \mathrm{MPa}$，$[\tau]=1.6\ \mathrm{MPa}$，试求最大承受均布荷载。

解:(1) 杉木木梁

$$\frac{M}{W}=\frac{\frac{1}{8}qL^2}{\frac{1}{6}bh^2}=\frac{\frac{1}{8}q\times10^3\times3^2}{\frac{0.12\times0.18^2}{6}}\times10^{-6}\leqslant[\sigma]=11\ \text{MPa},q\leqslant6.336\ \text{kN/m}$$

$$1.5\frac{Q}{A}=\frac{\frac{1}{2}qL}{bh}=\frac{\frac{1}{2}q\times10^3\times3}{0.12\times0.18}\times10^{-6}\leqslant[\tau]=1.2\ \text{MPa},q\leqslant17.28\ \text{kN/m}$$

故最大承受均布荷载为 6.336 kN/m。

(2) 松木木梁

$$\frac{M}{W}=\frac{\frac{1}{8}qL^2}{\frac{1}{6}bh^2}=\frac{\frac{1}{8}q\times10^3\times3^2}{\frac{0.12\times0.18^2}{6}}\times10^{-6}\leqslant[\sigma]=15\ \text{MPa},q\leqslant8.64\ \text{kN/m}$$

$$1.5\frac{Q}{A}=\frac{\frac{1}{2}qL}{bh}=\frac{\frac{1}{2}q\times10^3\times3}{0.12\times0.18}\times10^{-6}\leqslant[\tau]=1.6\ \text{MPa},q\leqslant23.04\ \text{kN/m}$$

故最大承受均布荷载为 8.64 kN/m。

4.6 小结

这一章主要介绍了弯曲受力的基本原理。我们需要理解弯曲、剪力、弯矩等基本概念，掌握剪力、弯矩的符号规定以及基本求解方法——截面法。弯曲是结构构件常见的受力状态，梁是结构中最为常见的一种基本构件，剪力与弯矩也是解决力学问题所必须知道的内力种类。同时需要掌握剪力方程、弯矩方程、剪力图、弯矩图的求法与作图方法。剪力图、弯矩图等内力图是建筑结构在解决力学问题时最有力最基础的手段。不仅是普通的受力分析，在解决变形计算等其他结构问题的时候，都需要用到内力图。绘制内力图的基本步骤为：(1) 求支座反力；(2) 求内力方程或分段确定曲线形状；(3) 根据内力方程绘制内力图或根据节点内力大小绘制内力图。在画内力图时，我们了解到可以使用外力、剪力、弯矩之间的关系以及叠加原理进行简易作图。这些简易方法的原理与使用方法也需要理解并掌握。平面刚架与曲杆的内力图也在本章中进行了介绍。刚架内力图绘制与一般梁体内力图绘制的区别也应熟记于心。了解最大正应力和最大剪应力的简化公式以及如何进行强度校核。

第 4 章习题

1. 试求图 4-49 中梁截面 1—1 和 2—2 的剪力，其中两截面无限接近。
2. 试求图 4-49 梁截面 1—1 和 2—2 的弯矩，其中两截面无限接近。
3. 试求图 4-49 梁的剪力方程及剪力图。
4. 试求图 4-49 梁的弯矩方程及弯矩图。

5. 试求图 4-50 梁截面 1—1 和 2—2 的剪力，及整根梁的剪力图。

6. 试求图 4-50 梁截面 1—1 和 2—2 的弯矩，及整根梁的弯矩图。

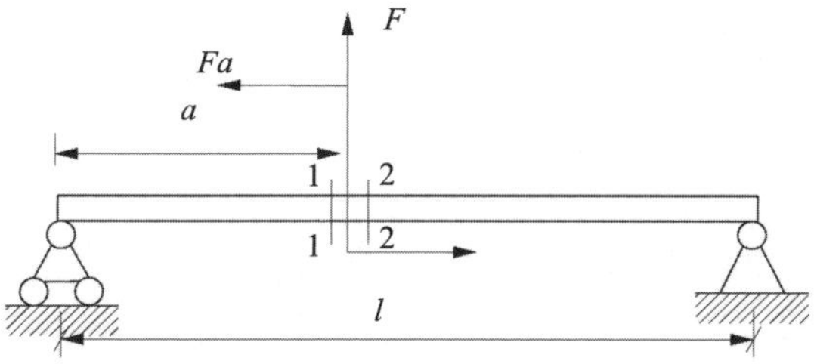

图 4-49　承受力偶和集中荷载的简支梁

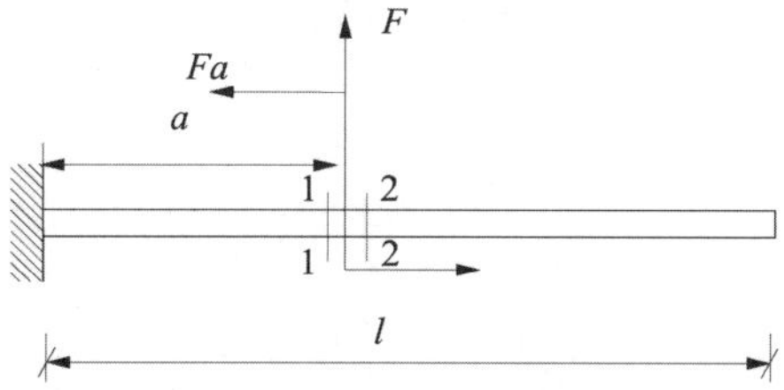

图 4-50　承受力偶和集中荷载的悬臂梁

7. 试在图 4-51 中作出梁的剪力图和弯矩图。

8. 已知简支梁的弯矩图如图 4-52 所示，试作该梁的剪力图和载荷图。

9. 试求图 4-53 平面刚架的剪力图和弯矩图。

10. 试求图 4-54 平面刚架的剪力图和弯矩图。

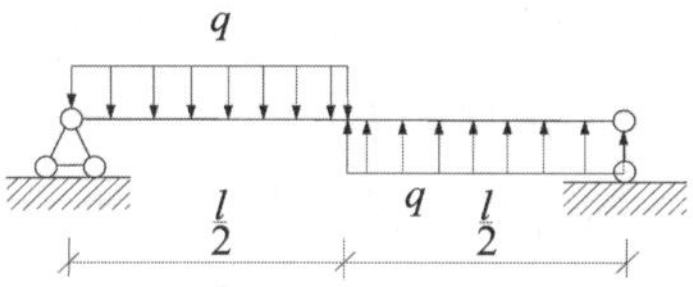

图 4-51　承受不同方向分布荷载的简支梁

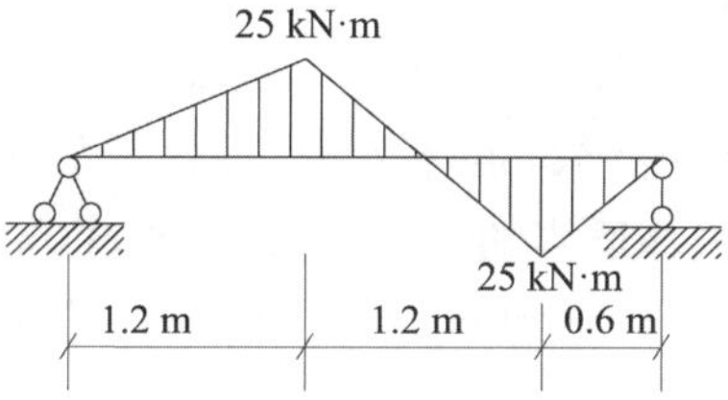

图 4-52　简支梁弯矩图

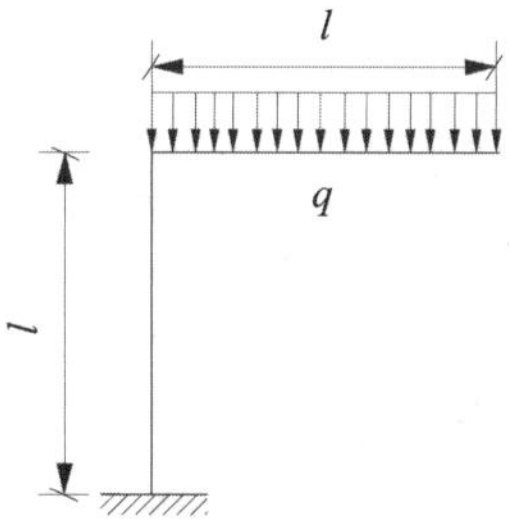

图 4-53　承受竖向均布荷载的平面刚架

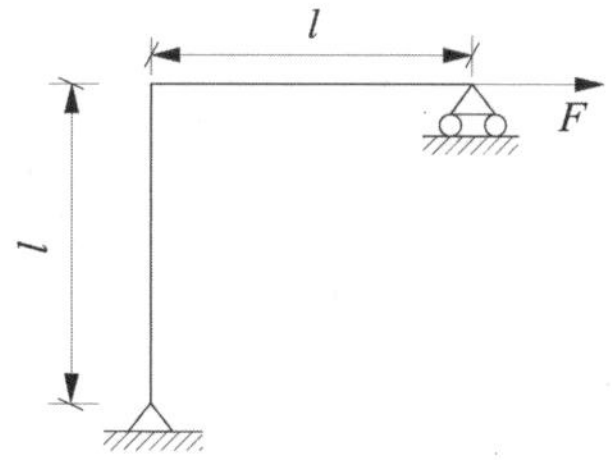

图 4-54　承受水平荷载的平面刚架

第 5 章　稳定的构造形态

5.1　几何构造分析概述

杆件以某种形式联结，并与基础相连，即构成杆件体系。如果体系中所有杆件和联结以及外部作用均处于同一个平面内，即构成平面体系。按照几何学的原理对体系发生运动的可能性进行分析，称为体系的几何构造分析。

体系几何构造分析的主要目的是确定什么样的体系可以作为结构。实际结构在承受荷载后都不可避免地会产生内力与变形，但对于工程结构来说，一般不允许其相对于基础存在刚体运动的可能性。所以我们要研究工程结构正确的联结方式，确保所设计的工程结构能承受荷载，维持平衡，不至于发生刚体运动。另外，在结构计算时，可根据其几何组成情况，选择适当的计算方法；分析其组成顺序，寻找简便的解题途径。

在不计材料变形的前提下，若体系的位形是可以改变的，则称为几何可变体系(geometrically unstable system)；若体系的位形是不可改变的，则称为几何不变体系(geometrically stable system)。如图 5-1(a)所示的平面四连杆机构就属于几何可变体系，而图 5-1(b)所示的铰接三角形体系则是一种简单的几何不变体系。建筑结构应是几何不变体系。

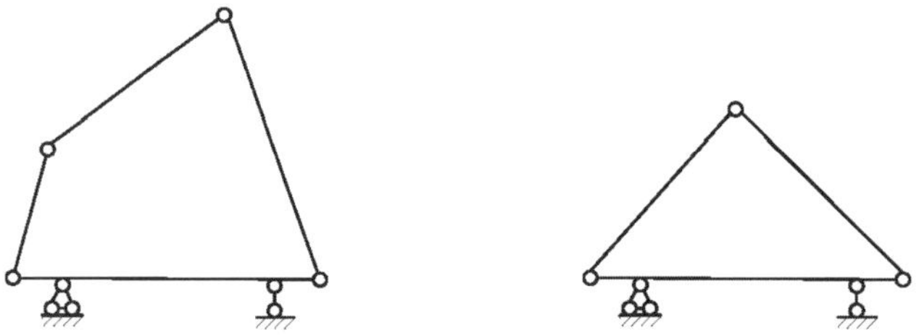

(a) 几何可变体系　　(b) 几何不变体系

图 5-1　几何可变体系与几何不变体系示意图

几何可变体系又可分为几何常变体系和几何瞬变体系两种。几何常变体系是指受力后可发生有限位移的体系，而几何瞬变体系是指受力后可发生微量位移的体系。这里，有限位移是指体系的位移值与体系本身的几何尺寸两者在数学上属同一量级；而微量位移是指体系的位移值相对于体系本身的几何尺寸来说属于微量。如图 5-2(a)所示的三角形置于活动铰支座上，可沿水平方向活动，是常变体系；而图 5-2(b)所示的两根链杆汇于铰 A，此时铰 A 处可发生微量纵向位移，此后由于几何约束位形便不能再发生变化，是瞬变体系。由于几何瞬变体系能产生很大的内力，故几何常变体系和几何瞬变体系均不能作为建筑结构使用。

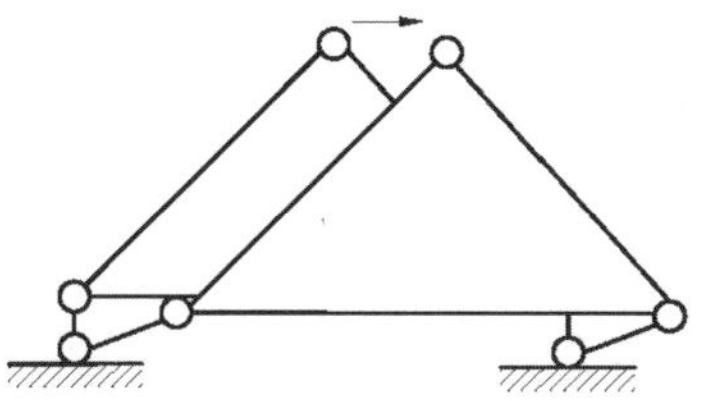

(a) 常变体系

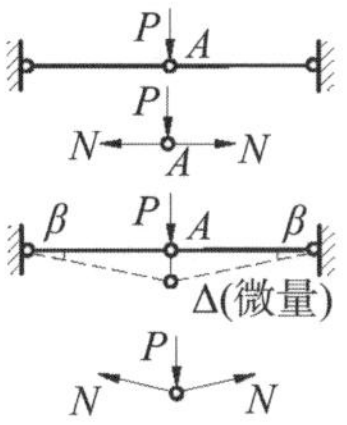

(b) 微变体系

图 5-2　几何常变体系与几何瞬变体系示意图

判别一个体系是否为几何不变，实际上就是判别该体系是否存在刚体运动的自由度。本书将这种刚体运动的自由度简称为体系的自由度。所谓体系的自由度，是指完全确定体系位置所需要的独立坐标的数目。这里所说的独立坐标是指广义坐标。它可以是直角坐标，也可以是其他任何可独立变化的几何参数。

一个点在空间中有 3 个自由度，即要确定空间一点的位置需要 3 个独立坐标；一个刚体在空间有 6 个自由度，即要确定空间一刚体的位置需要 6 个独立坐标。而在平面中，点的自由度为 2，刚片的自由度为 3(图 5-3)。

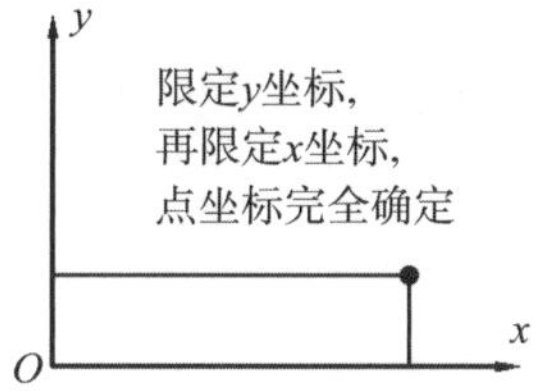

(a) 平面点自由度=2

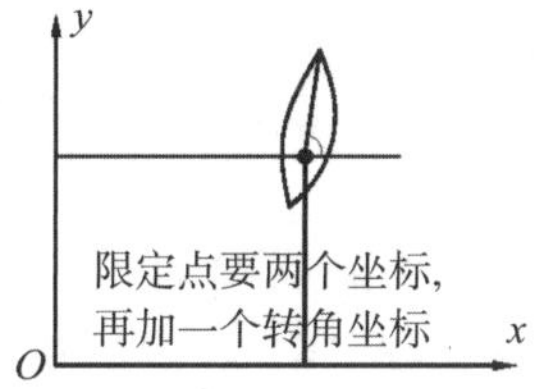

(b) 平面刚片自由度=3

图 5-3　平面点和刚片的自由度

平面体系并非自由系，各部分之间以及体系与基础之间总存在一定的联系。这种联系对体系各部分之间的位置关系形成几何学上的限制，这种对于非自由系各部分的位置关系所施加的几何学上的限制称为约束。其中体系内各杆间的联系称为内部约束，而体系与基础间的联系称为外部约束。

体系杆件之间以及杆件与基础之间的联结方式常见的有链杆联结、铰联结和刚性联结等。如图 5-4(a)所示，A、B 两点间由一链杆联系，原先 A、B 两个独立动点有 4 个自由度，通过链杆联结后成为 AB 杆在平面内只有图示 3 个自由度；图 5-4(b)所示刚片 Ⅰ、Ⅱ 间由一链杆 BC 联结，原先两个独立刚片有 6 个自由度，通过链杆联结后可以由图示 5 个独立坐标 x，y，α，β，φ 确定其位置，自由度减为 5 个。由此可知，一根链杆相当于 1 个约束，可以减少 1 个自由度。需要注意的是，链杆可以是曲的、折的杆，只要保持两间距不变，在两铰连线方向起到约束作用即可。

以下来看刚片之间用铰联结的情况。图 5-5(a)所示两个刚片在 B 点用铰联结，联结之前两个刚片共有 6 个独立自由度，联结之后的自由度减为图示的 4 个。由此可知，1 个铰相当于 2 个约束，可以减少 2 个自由度，图 5-5(b)所示为 3 个刚片之间用一个铰联结的情况，联结之后的自由度数为 5，共计减少了 4 个自由度。一般称联结两个刚片的铰为单铰，联结两个以上刚片的铰较为复铰。图 5-5(b)所示复铰的约束作用相当于 2 个单铰。以此类推，从减少自由度的角度来看，联结 n 个刚片的复铰可以当作 $n-1$ 个单铰，将减少 $2(n-1)$ 个自由度。

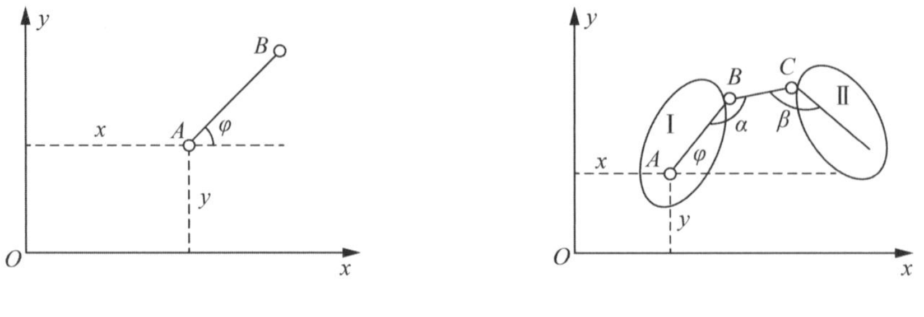

(a) (b)

图 5-4　链杆联结

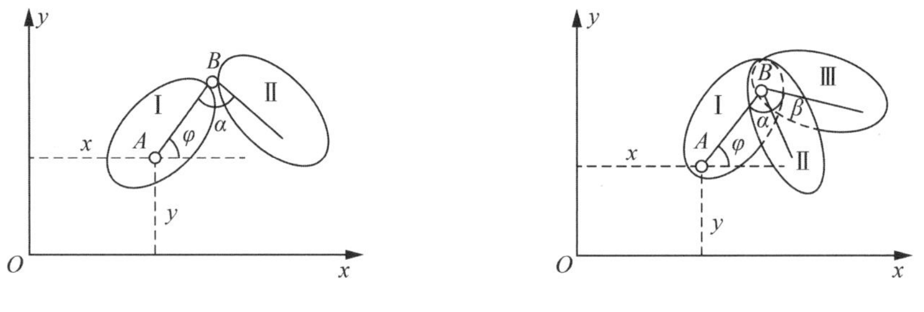

(a) (b)

图 5-5　铰联结

再来看刚片之间用刚联结的情况。图 5-6(a)所示为平面内 2 个刚片Ⅰ、Ⅱ在 A 点刚联结成一个整体。由于刚联结使刚片Ⅰ、Ⅱ合成为一个刚片,因此一个刚结点相当于 3 个约束,可以减少 3 个自由度。以此类推,联结 n 个刚片的复刚结点可以当作 $n-1$ 个上述的单刚结点,可以减少 $3(n-1)$个自由度,如图 5-6(b)所示。

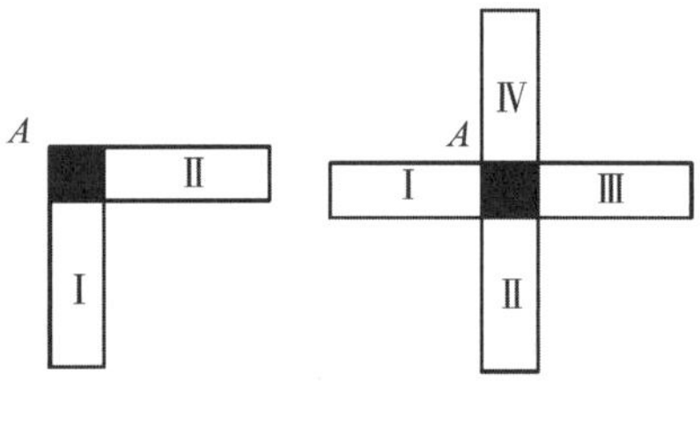

(a) (b)

图 5-6　刚联结

一般将使体系成为几何不变而必需的约束,称为必要约束;把必要约束之外的约束称为多余约束。值得一提的是,必要约束与多余约束经常是相对而言的。图 5-7 中两个活动铰支座中的任意一个可认为是必要约束,另一个是多余约束。

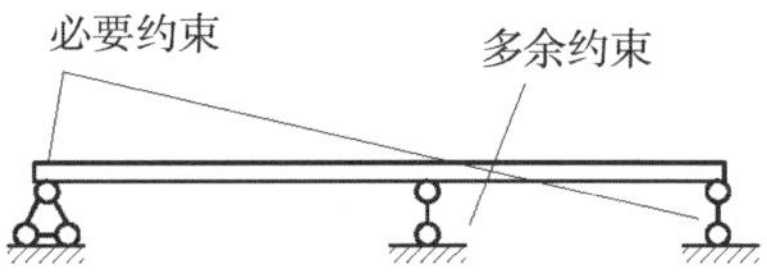

图 5-7　必要约束与多余约束

5.2　计算自由度

体系各组成部分总的自由度数减去体系中总的约束数,称为体系的计算自由度,记为 W。当所有约束全部是必要约束时,体系的计算自由度就等于其自由度;当体系中的约束包含有多余约束时,体系的自由度就大于体系的计算自由度。由此可见,体系的计算自由度 $W\leqslant 0$ 是体系几何不变的必要条件。若 $W>0$,则体系一定是几何可变的。所以,确定计算自由度 W 的数目就成为体系几何可变性判定的手段之一。

当把体系看作刚片联结体系时,可用式(5-1)计算体系的计算自由度

$$W = 3m - (3g + 2h + r) \tag{5-1}$$

式中：m 为刚片数（不含地基）；g 为单刚结点数；h 为单铰结点数；r 为支座链杆数。

而当把体系看作链杆联结的结点体系，如桁架结构体系时，可用式（5-2）计算体系的计算自由度

$$W = 2j - (b + r) \tag{5-2}$$

式中：j 为结点数；b 为杆件数；r 为支座链杆数。

$W>0$ 一定是几何可变体系。而 $W\leqslant 0$ 时，若 $W=0$，则表明体系的约束数等于体系总自由度数，是体系几何不变的必要不充分条件，如无多余约束则是静定结构；若 $W<0$，则表明体系的约束数多于体系总自由度数，必有多余约束，如为几何不变体系则是超静定结构。总之，体系为几何不变体系除满足约束个数，还须保证约束的合理布置，即结构体系的合理性。

【例 5-1】试确定图 5-8 所示体系的计算自由度。

解：将体系看作刚片联结体系，采用式（5-1）求解，$m=7$，$g=1$，$h=7$（其中有 3 个单铰，2 个三刚片复铰可看作 4 个单铰，共 7 个单铰），$r=3$，则计算自由度

$$W = 3m - (3g + 2h + r) = 3\times 7 - (3\times 1 + 2\times 7 + 3) = 1$$

$W>0$，体系是几何可变的。

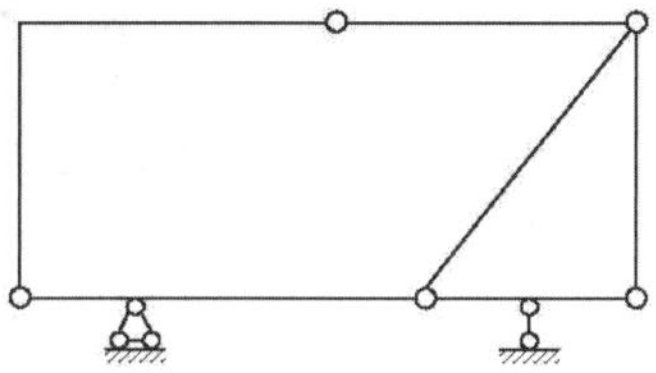

图 5-8　例 5-1 图

【例 5-2】试确定图 5-9 所示体系的计算自由度。

解：方法一：将 AB、BC、CD、DE、FG、GH、HI、IJ、GB、HC、ID 看作刚片，$m=11$。B、C、D、G、H、I 是联结 3 个刚片的复刚结点，因此每个结点相当于 2 个单刚结点，$g=12$。F、J 是固定铰支座，各相当于 2 个约束，再加上 A、E 支座的 3 个约束，共 7 个约束，$r=7$。此时刚片间没有铰结点，$h=0$。

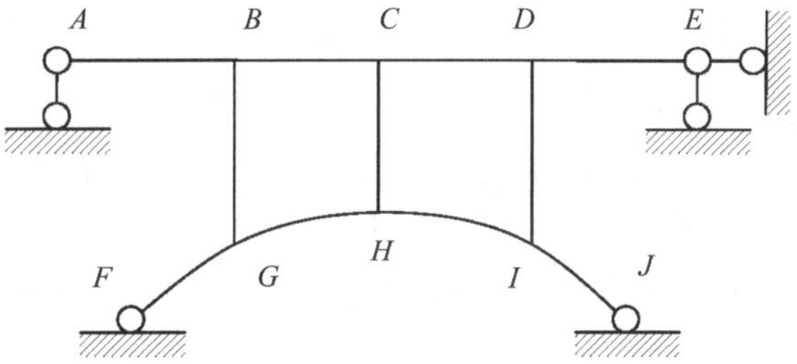

图 5-9　例 5-2 图

则计算自由度

$$W = 3\times 11 - (3\times 12 + 7) = -10$$

方法二：将 $ABCDEGHI$、$FGHIJ$ 看作刚片，$m=2$。G、H、I 是联结 2 个刚片的单刚结点，$g=3$。F、J 是固定铰支座，各相当于 2 个约束，再加上 A、E 支座的 3 个约束，共 7 个约束，$r=7$。此时刚片间没有铰结点，$h=0$。

则计算自由度

$$W = 3\times 2 - (3\times 3 + 7) = -10$$

【例 5-3】试确定图 5-10 所示体系的计算自由度。

解：所有结点都是铰结点，$j=16$，杆件 28 根，$b=28$，支座链杆 3 根，$r=3$。

则用式（5-2）计算体系的计算自由度。

$$W = 2\times 16 - (28 + 3) = 1$$

$W>0$，体系是几何可变的。

【**例 5-4**】试确定图 5-11 所示体系的计算自由度。

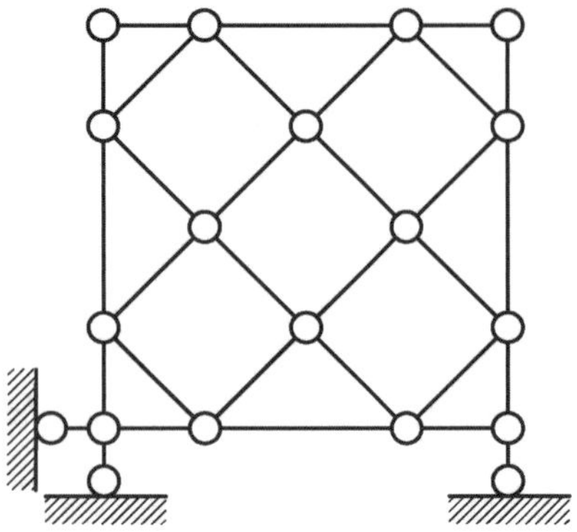

图 5-10　例 5-3 图

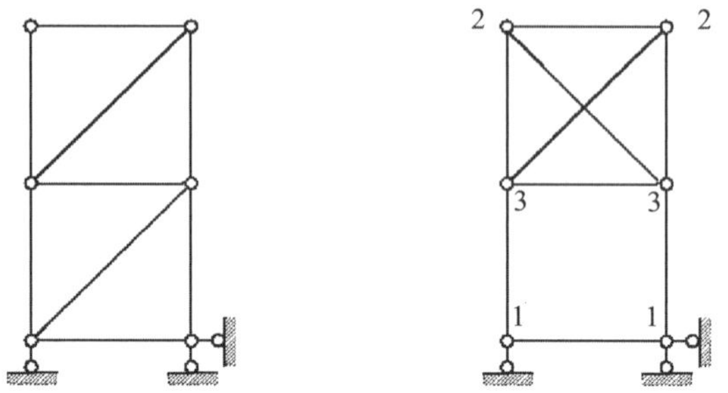

(a)　　(b)

图 5-11　例 5-4 图

解：方法一：将体系看作刚片联结体系，采用式(5-1)计算，把一根杆看作一个刚片，则图 5-11(a)、(b)均为 $m=9$，$g=0$，$h=12$，$r=3$，则计算自由度均为

$$W=3\times 9-(0+2\times 12+3)=0$$

方法二：所有结点都是铰结点，$j=6$，杆件 9 根，$b=9$，支座链杆 3 根，$r=3$，则用式(5-2)计算体系的计算自由度

$$W=2\times 6-(9+3)=0$$

但是计算自由度 $W=0$ 仅满足了几何不变的必要条件。对约束进行分析可以发现，图 5-11(a)全部是必要约束，几何不变；而图 5-11(b)上部有多余约束，下部缺少约束，布置不当，故几何可变。可见计算自由度 $W\leqslant 0$ 作为体系几何不变的必要不充分条件，不能完全判断出体系是否为几何不变，这就需要我们探讨体系几何不变的充分条件。

5.3　几何不变组成规则

上一节中我们得到了几何不变体系的必要条件。然而在工程结构中，为了构造几何不变体系，更需要研究组成几何不变体系的充分条件。本节就来讨论平面几何不变体系最基本的两刚片和三刚片组成规则。这些组成规则中所要求的约束数，是指保证体系几何不变的最少约束数。

首先来看两刚片组成规则。两刚片组成规则是指两个刚片间用不相交于一点也不相平行的 3 根链杆相连，其内部是几何不变的，并且无多余约束。图 5-12(a)所示刚片Ⅰ、Ⅱ由链杆 1、2、3 相连。若链杆 3 不存在，链杆 1 和 2 的延长线交点 O 就是刚片Ⅰ、Ⅱ的瞬时运动中心；而当链杆 3 存在时，只要其不通过 O 点，则刚片Ⅰ、Ⅱ之间就不可能再发生相对运动，即成为内部几何不变体系。图 5-12(b)、(c)所示体系与图 5-12(a)所示体系的实质是一样的。图 5-12(a)中链杆 1、2 的作用是使刚片Ⅰ、Ⅱ只能绕瞬心 O 做相对转动，其作用与实铰是等效的，即相当于刚片Ⅰ、Ⅱ在 O 点由铰联结。这种由链杆延长线交点形成的铰联结一般称为虚铰。故根据以上分析，还可以把两刚片组成规则表述为：两刚片间用一个铰和一个不通过该铰的链杆相连，其内部是几何不变的，并且没有多余约束。

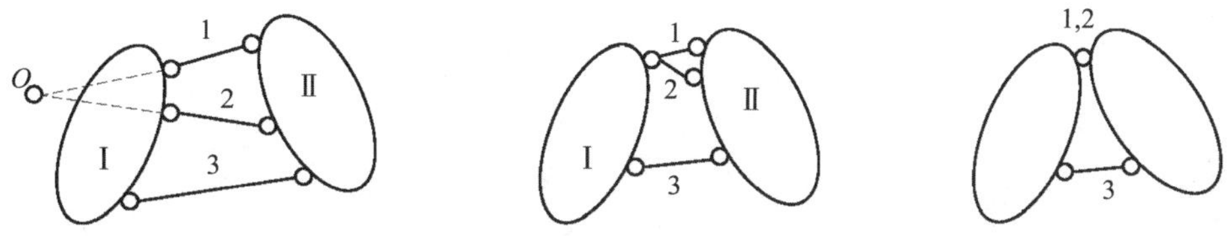

(a)　　(b)　　(c)

图 5-12　两刚片组成规则

如果联结两个刚片的三根链杆交于同一点，则构成的体系是几何可变的。图 5-13(a)所示体系中联结两刚片的三根链杆汇交于实铰 O，此时上面的刚片可以绕 O 点任意转动，此情况称为常变体系；而图 5-13(b)所示体系中三根链杆延长线的交点 O 形成了两刚片发生相对运动时的瞬时中心；但当上面的刚片绕 O 点发生瞬时微量转动后，三根链杆便不再交于一点，体系的位形不能继续变化，此情况称为瞬变体系。

如果联结两个刚片的三根链杆相互平行，则所构成的体系也是几何可变的。图 5-14(a)所示体系中联结刚片的三根平行链杆长度相等，此时上面的刚片可以发生有限量移动，因此属常变体系；而图 5-14(b)所示三根平行链杆的长度不相同，当上面的刚片发生微量移动后，三根链杆便不再互相平行，体系的位形就不能继续变化，因此是瞬变体系。

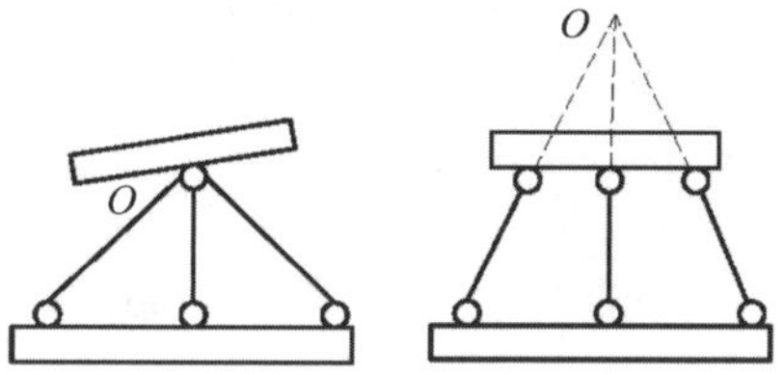

(a)　　(b)

图 5-13　交于同一点的三根链杆联结两刚片

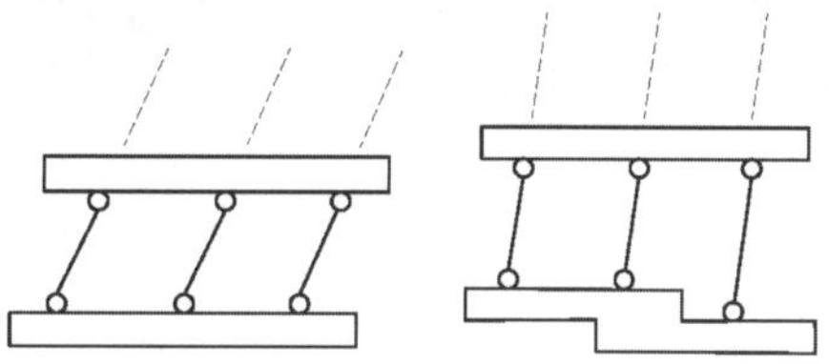

(a)　　(b)

图 5-14　平行的三根链杆联结两刚片

接下来我们讨论三刚片组成规则。三刚片组成规则是指三刚片间用三个不在一条直线上的铰两两相联，其内部是几何不变的，并且没有多余约束。只需要将图 5-12(c)中链杆 3 替换为刚片即可由两刚片组成规则得到三刚片组成规则。联结三个刚片的铰可以全部是实铰[如图 5-15(a)]，也可以部分或全部是虚铰[如图 5-15(b)]。

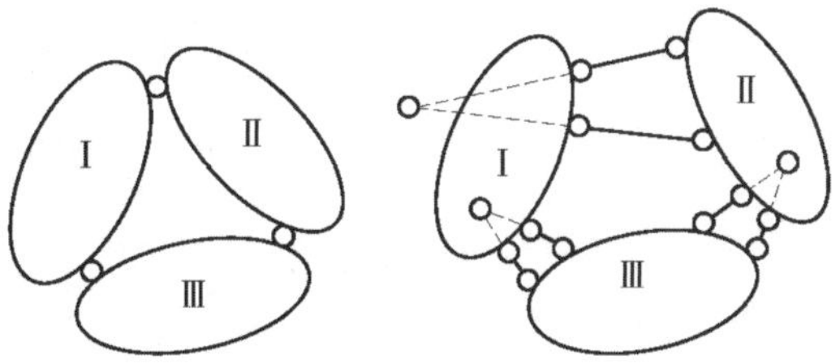

(a)　　(b)

图 5-15　三刚片组成规则

下面来讨论三刚片联结的特殊情况。当有两个链杆平行时，如果另外两个铰的连线不与平行的链杆平行，体系几何不变[如图 5-16(a)所示]；反之，若平行则体系几何瞬变。如果两组平行的链杆间互不平行，体系几何不变[如图 5-16(b)所示]。如果两组平行的链杆间相互平行，体系几何可变[如图 5-16(c)所示]。如果三个刚片由三组平行的链杆联结时，体系几何可变[如图 5-16(d)所示]。如果联结三个刚片的三个(虚)铰位于同一直线上，体系是几何瞬变的[如图 5-16(e)所示]。

前面我们介绍了两刚片组成规则和三刚片组成规则。实际上，给定边长的三角形几何形状是唯一确定的。因此体系几何不变组成规则可统称为三角形规则。

此外，在进行体系几何构造分析时，可以增加或减少一些特定的部件而并不改变体系的几何构造特征，从而简化构造分析。

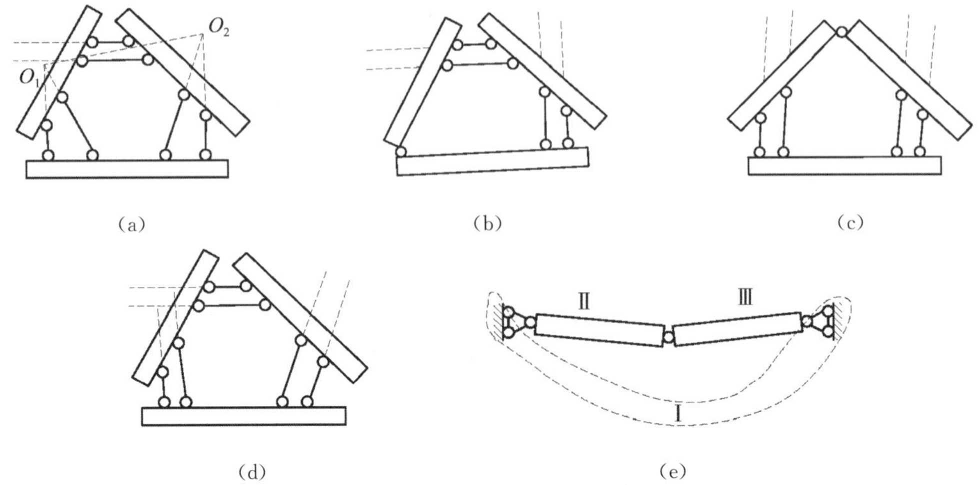

图 5-16　三刚片联结的特殊情况

一个刚片与一个体系间用三根不交于一点也不相互平行的链杆联结，则该刚片称为一元体。构造分析时，从体系中减少或向体系增加一元体，不改变体系的几个构造特征。如图 5-17 所示，刚片Ⅰ与体系Ⅱ通过三根链杆相连，可将Ⅰ称为一元体，该体系的分析，实际只要分析Ⅱ的几何构造即可。

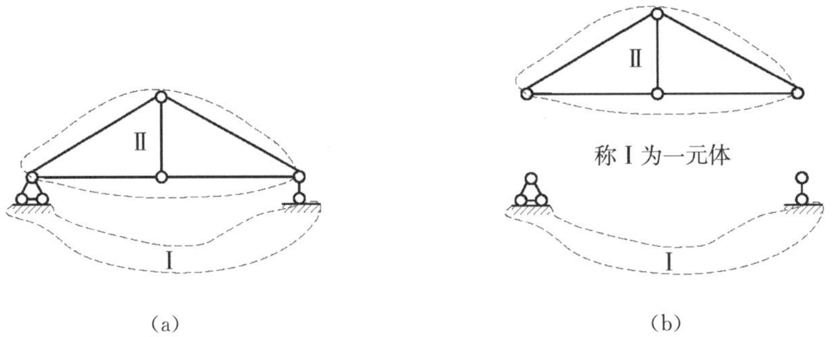

图 5-17　一元体

两个刚片与一个体系间用三个不在一直线上的铰两两相联，则两个刚片称为二元体。构造分析时，从体系中减少或向体系增加二元体，不改变体系的几何构造特征。如图 5-18 所示，刚片Ⅰ、Ⅱ与体系Ⅲ通过三个铰相连，可将Ⅰ、Ⅱ称为二元体，该体系的分析，实际只要分析Ⅲ的几何构造即可。

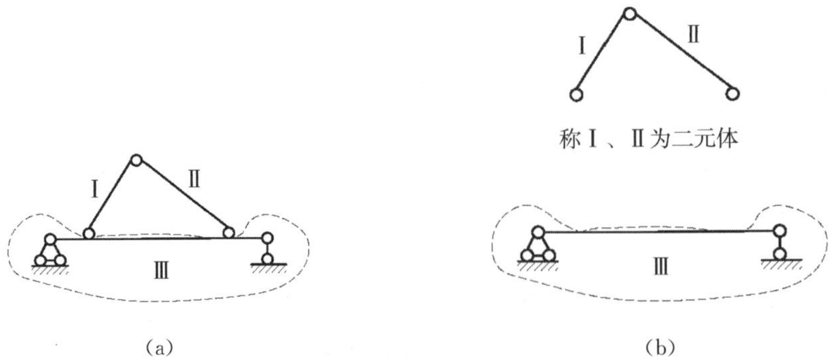

图 5-18　二元体

利用两刚片和三刚片组成规则、结合一元体与二元体的应用技巧以及平面体系几何不变的必要条件,能够解决一般工程上常见的平面杆件体系的几何构造分析问题。具体分析时可以将易直观判定为内部几何不变的部分当作刚片,并应注意检查刚片之间的联系数目和方式是否符合两刚片或三刚片的组成规则。

【例 5-5】分析图 5-19(a)所示体系的几何构造。

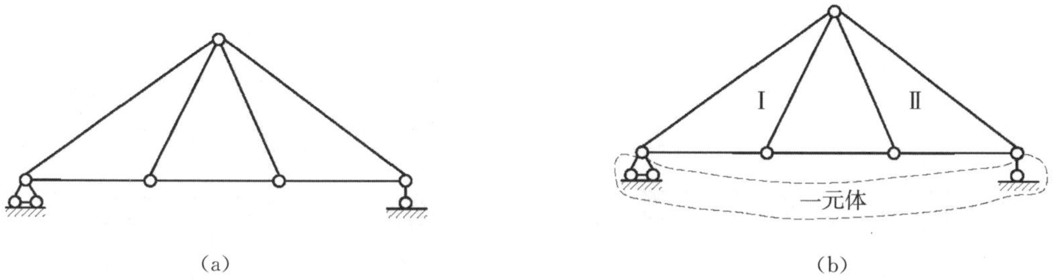

图 5-19　例 5-5 三角桁架体系

解:基础部分与体系的联结符合一元体情况,去掉一元体不改变体系的几何构造特征,剩下的部分左边和右边的三角形都是几何不变的[如图 5-19(b)所示],刚片Ⅰ、Ⅱ符合两刚片组成规则,因此,体系几何不变,并且没有多余约束。

【例 5-6】分析图 5-20(a)所示体系的几何构造。

图 5-20　例 5-6 连续梁体系

解:左边刚片和基础间符合两刚片组成规则,因此,基础刚片可扩展到中间铰联结处。最后,刚片Ⅰ、Ⅱ符合两刚片组成规则,因此,体系几何不变,并且没有多余约束[图 5-20(b)]。

【例 5-7】分析图 5-21(a)所示体系的几何构造。

解:基础不能作为一元体去除,将其看作一个刚片。其他部分还要划分 2 个刚片,原则就是注意 3 个刚片间的联结。如果按图 5-21(b)所示选择刚片 2 后,则剩下的刚片都不符合刚片 3。那么我们需按图 5-21(c)所示选择刚片 2,则刚片 3 只能在最下方 2 根杆中选择。进一步分析可知只能如图 5-21(c)所示选择刚片 3。

那么分析三刚片的几何构造,如图 5-21(d)所示,刚片 1 和 2 由 2 根链杆联结,虚铰在 O_{12};刚片 1 和 3 由 2 根链杆联结,虚铰在 O_{13};刚片 2 和 3 由 2 根平行的链杆联结,虚铰 O_{23} 在无穷远处。由于虚铰 O_{12} 和 O_{13} 的连线与平行链杆平行,因此三铰共线,体系几何可变(瞬变)。

从以上各例题分析可以看出,当基础不能当作一元体去掉时,构造分析一般都要将基础看作一个刚片;对于不动铰支座和直接联结在基础上的几何不变部分,均可划入基础刚片的范围,而对于单链杆支座就不能划入基础刚片的范围;在确定刚片时,应考虑到两两之间应有足够的直接联系;在分析过程中,链杆与刚片之间常可按解题需要相互替换,对于有些体系可以从不同的角度或采用不同的刚片分析其几何构造,所得的结论是相同的。

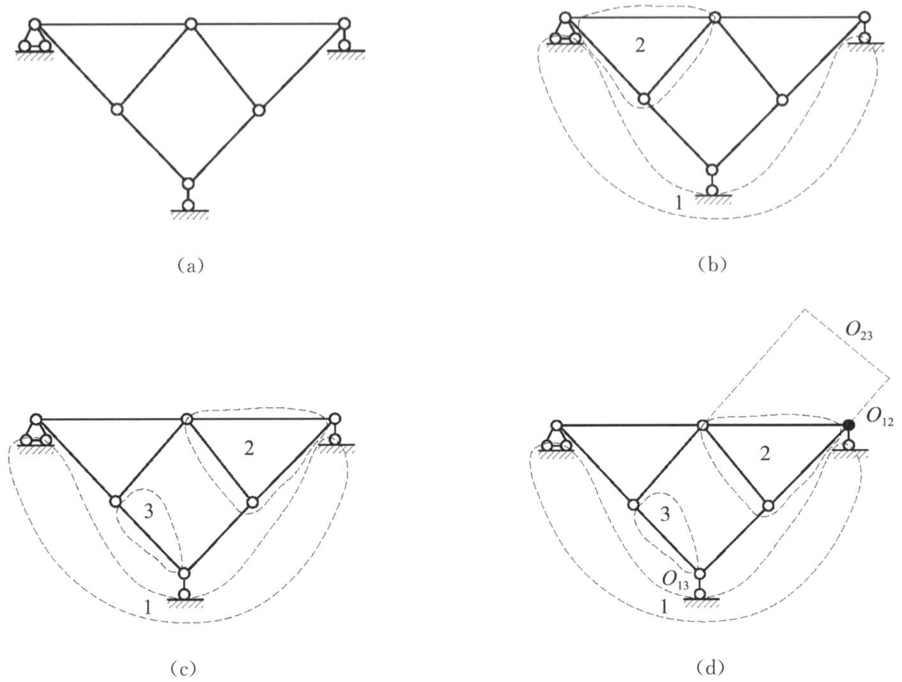

图 5-21　例 5-7 三角桁架体系

最后我们来探讨体系构造与静定性的问题。体系的静定性，是指体系在任意的荷载作用下，其内力和约束反力可以由平衡条件完全确定。体系的静定性与体系的几何构造之间有着必然的联系，下面我们举例说明。

例如，图 5-22(a)所示体系，是几何不变的，并且没有多余约束。体系有三个约束反力，可建立三个独立平衡方程：$\sum F_{s}=0$，$\sum F_{y}=0$，$\sum M=0$。因此，不论体系上作用什么荷载，都可以由平衡方程完全确定约束反力。所以，无多余约束的几何不变体系是静定的，称为静定结构。而如果在该体系中添加一个约束，如图 5-22(b)所示，体系几何不变，但存在多余约束。约束反力有四个，而平衡方程还是三个，无论何种荷载作用，体系的约束反力都无法利用平衡方程确定。因此，存在多余约束的几何不变体系是静不定的，称为超静定结构。

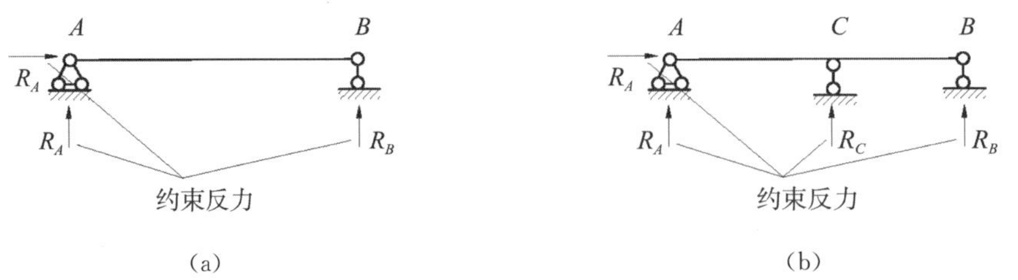

图 5-22　静定结构与超静定结构

如果体系是几何常变的，任意荷载作用时，体系一般都不会平衡。因此，几何常变的体系，不能作为结构，称为机构。例如图 5-23(a)所示体系只有两根支座链杆，因为缺少一个必要约束，所以是几何常变的。这样，未知约束力的个数就少于静力平衡方程的个数，无静力学解答。而图 5-23(b)所示几何瞬变体系由于荷载有竖向分力，体系在其原始的水平位置上也不可能达到平衡。如果体系是几何瞬变的，在体系发生微小变形后，杆件轴力是非常大的，足以导致构件破坏，因此，瞬变体系不能用作结构。

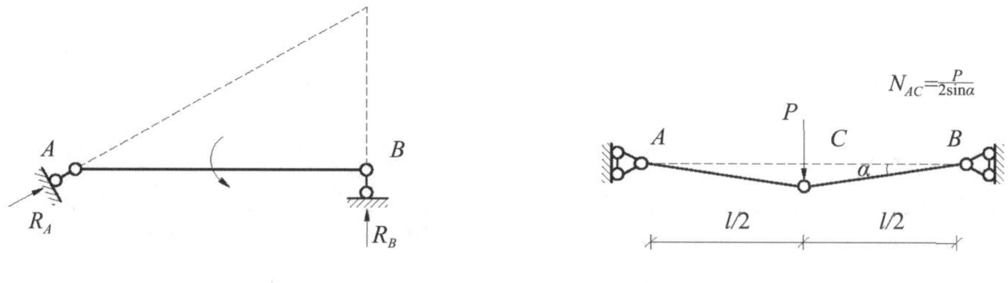

(a)　　　　(b)

图 5-23　几何常变体系与几何瞬变体系举例

5.4　案例分析

【例 5-8】分析图 5-24 所示体系的几何构造。

解：自由度计算：由 $j=6,b=9,r=3$ 可得，$W=2\times6-(9+3)=0\leqslant0$，因此满足几何不变的必要条件。

基础部分与体系的联结符合一元体规则，去掉一元体不改变体系的几何构造特征如图 5-25 所示，剩下的三个刚片，两两相交于三角形三个顶点，因此，体系几何不变，并且没有多余约束。

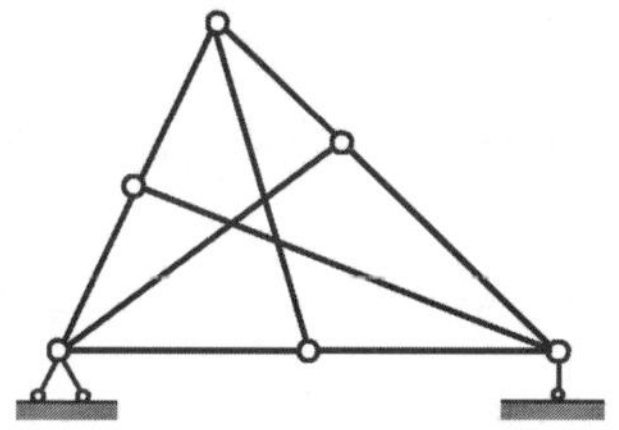

图 5-24　例 5-8 三角桁架体系

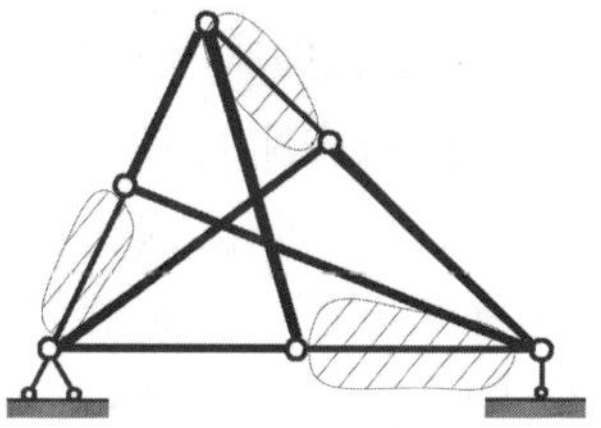

图 5-25　例 5-8 几何构造分析(三刚片)

【例 5-9】分析图 5-26 所示体系的几何构造。

解：自由度计算：由 $j=6,b=9,r=3$ 可得，$W=2\times6-(9+3)=0\leqslant0$，因此满足几何不变的必要条件。

上部结构符合两刚片组成规则，体系几何不变，上部加下部结构符合两刚片组成规则，体系几何不变(图 5-27)，因此，体系几何不变，并且没有多余约束。

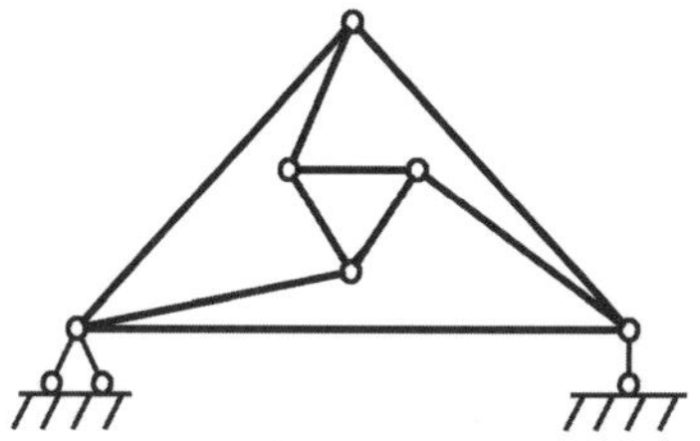

图 5-26　例 5-9 三角桁架体系

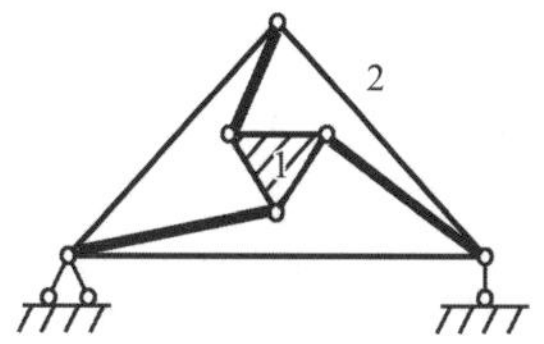

图 5-27　例 5-9 几何构造分析(两刚片)

【例 5-10】分析图 5-28 所示体系的几何构造。

解：自由度计算：由 $j=8,b=13,r=3$ 可得，$W=2\times8-(13+3)=0\leqslant0$，因此满足几何不变的必要条件。

1、2、3、4 和 5、6、7、8 各组成一刚片，符合两刚片组成规则，体系几何不变，如图 5-29 所示，因此，体系几何不变，并且没有多余约束。

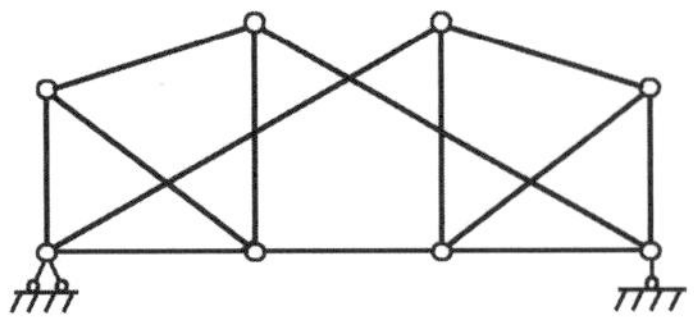

图 5-28　例 5-10 平面桁架

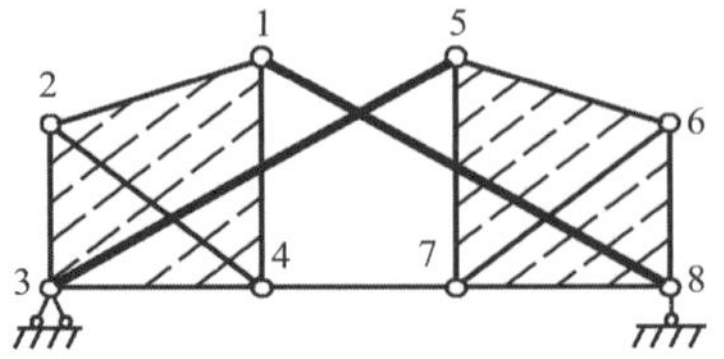

图 5-29　例 5-10 几何构造分析(两刚片)

5.5　小结

本章我们介绍了平面体系的几何构造分析。我们需要理解几何不变体系、几何可变体系(几何常变体系与几何瞬变体系)、自由度、约束(必要约束与多余约束)、联结方式(链杆联结、铰联结、刚联结)等概念，并要将这些概念应用到几何不变体系的判定中。这里需要灵活运用计算自由度的计算、两刚片组成规则与三刚片组成规则，以及一元体二元体去除和增加、链杆与刚片的代换等基本组成规则的应用技巧。根据这些技巧和规则分析出体系几何构造后，还需要判断其有无多余约束，得到结构的几何特性与静力特性的关系(静定结构与超静定结构)。本章涉及的体系的分类及其与静力特性的关系如图 5-30 所示。

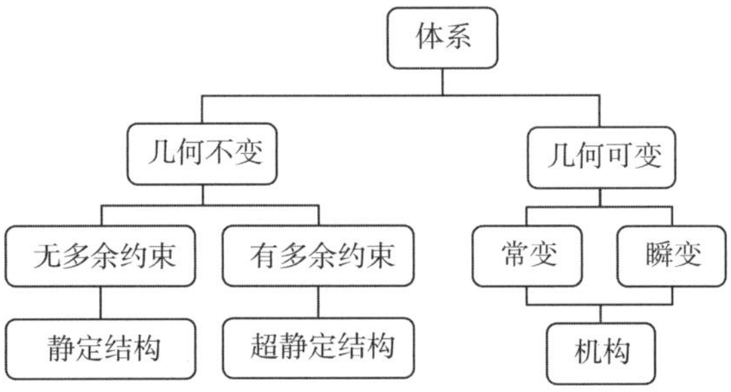

图 5-30　体系的分类及其与静力特性的关系

并不是任意体系都能称之为结构。我们需要利用本章的知识分析、判断一个体系是否几何可变，或者如何保证它成为几何不变体系，只有几何不变体系才能作为结构。在工程实践中，我们要研究结构的正确联结方式，确保所设计的结构能够合理承受荷载，维持平衡，不至于发生刚体运动。在结构计算时，可根据其几何组成情况，选择适当的计算方法，分析其组成特点，寻找简便的求解途径。

第 5 章习题

1. 如何求解体系的计算自由度？
2. 试说明体系的必要约束与多余约束的区别。
3. 试说明何为体系的静定性，以及体系的静定性与几何构造之间的关系。
4. 试说明瞬变体系的受力特点。为什么几何构造接近于瞬变的几何不变体系一般不宜作为结构？
5. 试分析图 5-31 所示体系的几何构造。
6. 试分析图 5-32 所示体系的几何构造。

图 5-31　题 5 连续梁

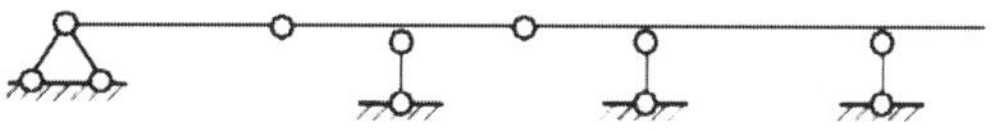

图 5-32　题 6 连续梁

7. 试分析图 5-33 所示体系的几何构造。
8. 试分析图 5-34 所示体系的几何构造。
9. 试分析图 5-35 所示体系的几何构造。
10. 试分析图 5-36 所示体系的几何构造。

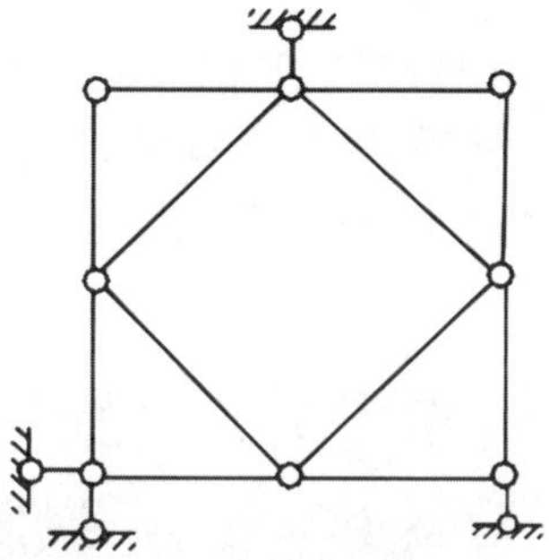

图 5-33　题 7 平面桁架

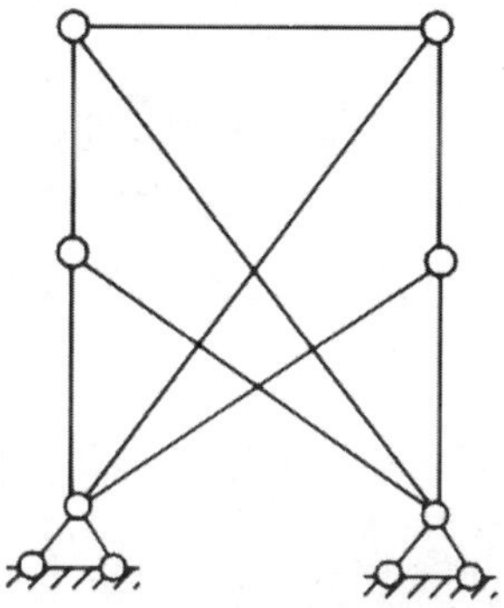

图 5-34　题 8 平面桁架

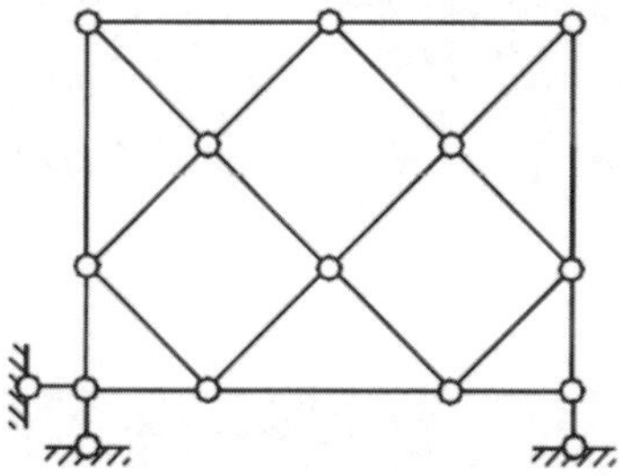

图 5-35　题 9 平面桁架

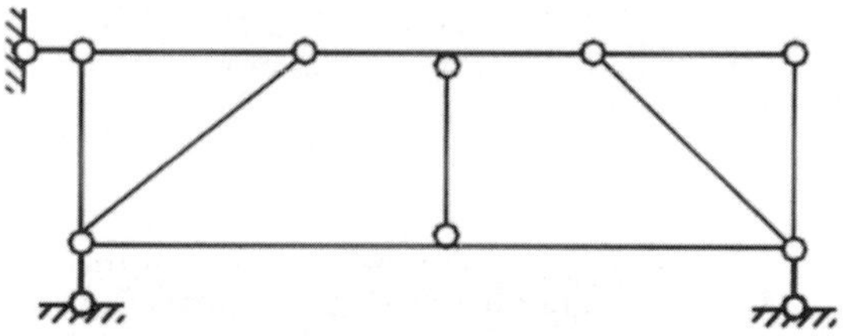

图 5-36　题 10 平面桁架

第6章　直线线构结构——桁架

6.1　静定桁架概述

桁架是指由若干直杆构成，且所有杆件的两端均用铰联结时即可构成几何不变体系，并且杆件主要承受轴力的结构。桁架是工程中广泛采用的结构形式之一，钢桁架桥(图6-1)、钢屋架(图6-2)、钢桁架连廊(图6-3)、钢木屋架(图6-4)都是生活中常见的桁架结构。

图6-1　南京长江大桥

图6-2　某工业厂房屋架

图6-3　南京德基广场二期空中连廊

图6-4　某近代建筑钢椽式屋架

桁架由上弦、下弦、腹杆组成，腹杆的形式又分为斜腹杆、竖腹杆，由于杆件本身长细比较大，虽然杆件之间的连接可能是“固接”，但是实际杆端弯矩一般都很小，因此，设计分析时可以简化为“铰接”，简化计算时，杆件都是“二力杆”，承受压力或者拉力。桁架体系无多余约束时，则称为静定桁架；有多余约束时，则称为超静定桁架。当桁架各杆的轴线以及外力的作用线都在同一平面内时，称为平面桁架；不在同一平面内时称为空间桁架。本章所讨论的均是平面桁架。很多工程中的桁架都可以简化为平面桁架，例如工业与民用建筑的屋架[图6-5(a)、(b)]，格构式电视塔、输电塔和起重机塔架[图6-5(c)]，铁路和公路的桁架桥[图 6-5(d)]等。

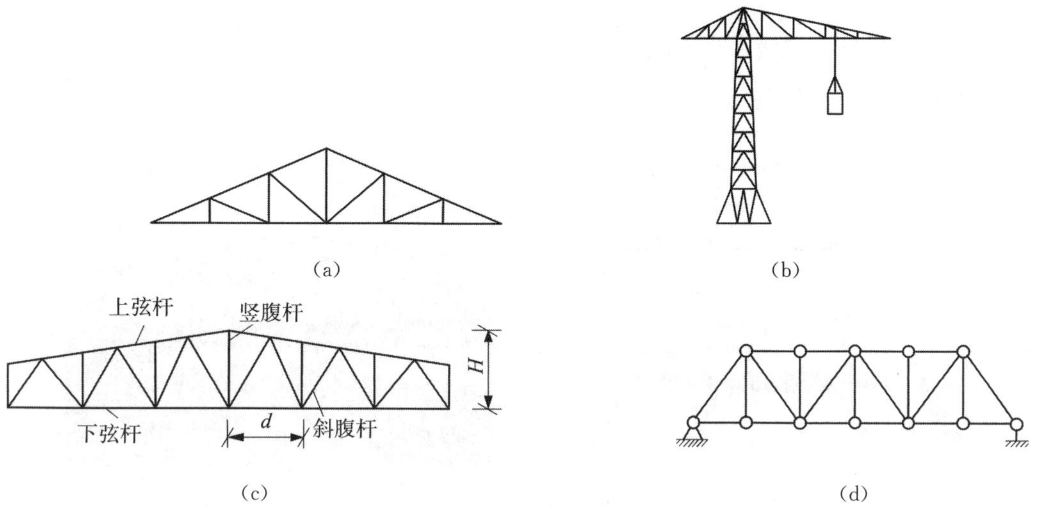

图 6-5　工程中的桁架

桁架是在工程实践中,特别是大跨度建筑的实践中由梁演化而来,可以看作“掏空的梁”。梁是工程中最常见的结构,但在建筑物的空间跨度较大时会产生许多问题。例如一跨度为 L 的等截面简支梁(图 6-6),当跨度 L 很大时,梁的截面就需要做得很高很大。实践和理论分析表明,等截面梁的材料并不是同等地分担外荷载的,大部分材料并未发挥潜力,那些受力不大的材料不仅没有提高整个梁的承载能力,反而增加了梁的自重,间接影响到梁所能承受的外荷载的数量。因此对于大跨度建筑来说,等截面梁很不经济。

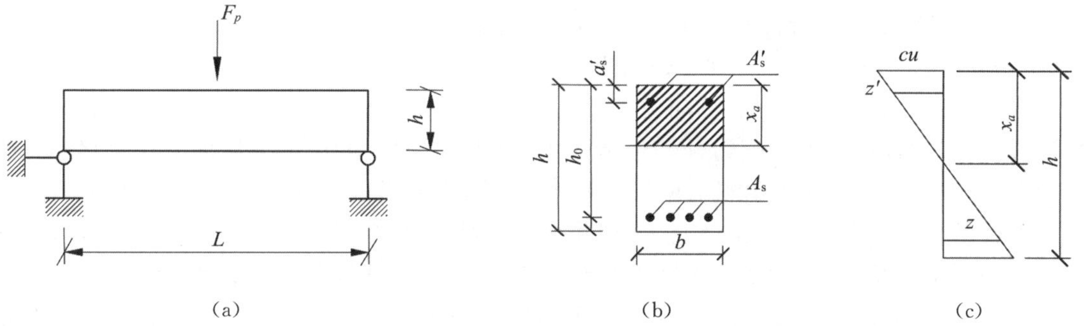

图 6-6　等截面简支梁

为了满足社会生产对大跨度建筑的需要,同时克服等截面梁的缺陷,工程师采取了去掉梁中无用材料的办法得出桁架结构(图 6-7)。实践和理论分析表明,桁架结构与梁结构相比在承载能力上没有多少差别,但自重却大幅度下降。因此,大跨度建筑采用桁架结构比较理想。

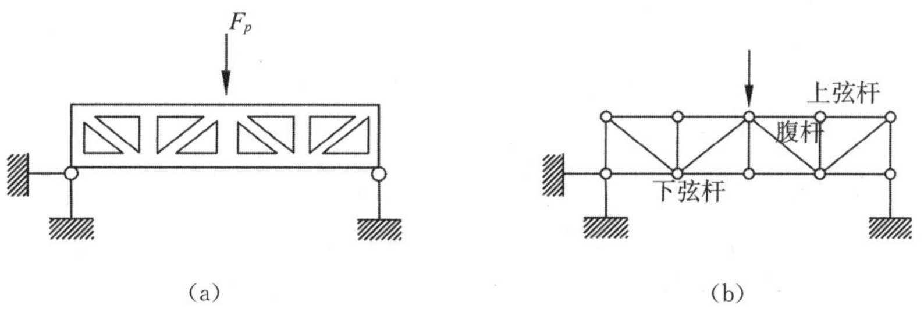

图 6-7　由简支梁衍生出的桁架结构

当荷载只作用在结点上时，各杆内力主要为轴力，截面上的应力基本上分布均匀，可以充分发挥材料的作用。在实际的大跨度结构设计中，首先设计平面桁架结构并进行结点荷载分配[图 6-8(a)]，计算杆件内力进行强度校核以确定杆件截面尺寸[图 6-8(b)]，最后得出真实的空间桁架结构[图 6-8(c)]。

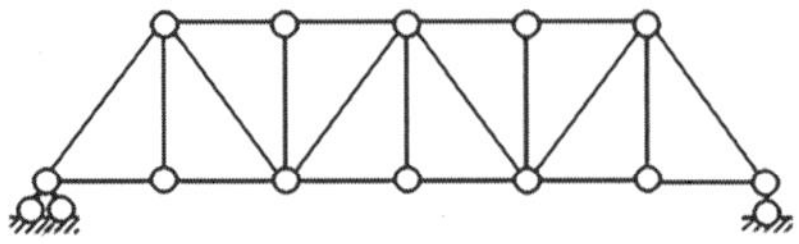

(a) 平面桁架

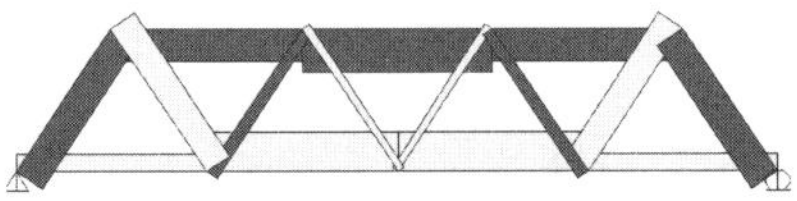

(b) 杆件内力

(c) 空间桁架结构

图 6-8　桁架结构的设计流程

6.2　静定桁架的计算简图

实际的平面桁架受力较为复杂，在计算分析时需要进行简化，计算简图应符合以下三项基本假定：

(1) 各结点都是无摩擦的理想铰；

(2) 各杆轴都是直线，并且在同一平面内通过铰的中心；

(3) 荷载只作用在结点上并在桁架平面内。

理想桁架的各杆件只承受轴向力，常称为二力杆。由前面章节可知，在轴心受拉或受压杆件中，二力杆截面上的应力是均匀分布的，此时材料的效用可以得到充分的发挥。所以与梁或刚架相比，桁架的材料应用较为经济，自重较轻，并能跨越更大的跨度。

实际的桁架一般不完全符合上述理想情况。钢桁架中的杆件常通过与结点板焊接、铆接或用高强螺栓相互联结，混凝土屋架各杆件是连续浇筑或装配整体浇筑而成的，其结点均具有一定的刚性，各杆之间的角度几乎不能变动；在结点处桁架各杆件的轴线有时不完全交于一点，存在一定偏差；杆件的自重以及作用到杆件上的风荷载等并非作用在桁架的结点上。但实际工程中桁架的杆件一般比较细长，在符合桁架几何构造特点时仍以承受轴力为主，在计算杆件轴力时常可以采用理想桁架的计算简图。在工程设计中，通常是将按上述基本假定得到的计算简图算得的桁架内力称为主内力，与此相应的正应力则称为主应力；将由于实际情况与上述基本假定不同而产生的附加内力称为次内力(其中主要是次弯矩)，由次内力产生的应力称为次应力。本章中只限于讨论桁架主内力的计算。桁架的次内力一般较小而可以忽略，必要时可以根据杆件受力和结构构造方面的特点，按简化模型计算。在工程设计中，通常应避免桁架产生较大的次内力。

桁架各部分名称如图 6-9 所示。桁架的杆件，按其所在位置的不同，常可以分为弦杆和腹杆两大类。弦杆是组成水平桁架上、下边缘的杆件，分别称为上弦杆和下弦杆；腹杆是在上、下弦杆之间的联系杆件，包括斜腹杆和竖腹杆。弦杆上两相邻结点之间的水平距离 d 称为节间长度，两支座间的水平距离称为跨度 L，上、下弦杆上结点之间的最大竖向距离 H 称为桁高。

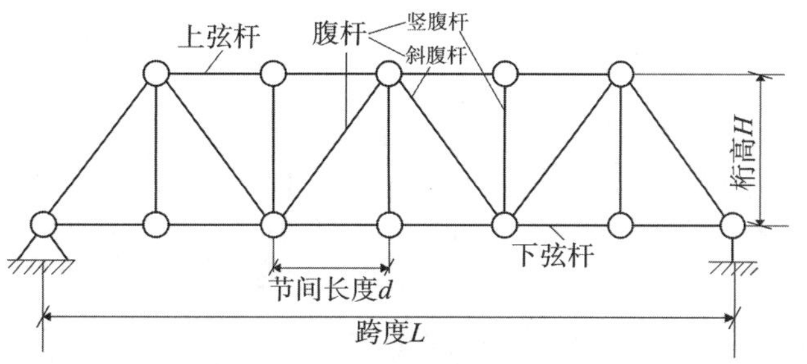

图 6-9　桁架各部分名称

桁架的杆件布置必须满足几何不变体系的组成规则。按照几何构造的特点，静定平面桁架可分为三类：

(1) 简单桁架：由一个基础或一个基本铰接三角形开始，依次用不在同一直线上的两根链杆连接一个新结点(二元体)所构成的桁架[图 6-10(a)]；

(2) 联合桁架：由几个简单桁架按照几何不变体系铰接组成的桁架[图 6-10(b)、(c)]；

(3) 复杂桁架：不是按以上两种方式组成的桁架[图 6-10(d)]。

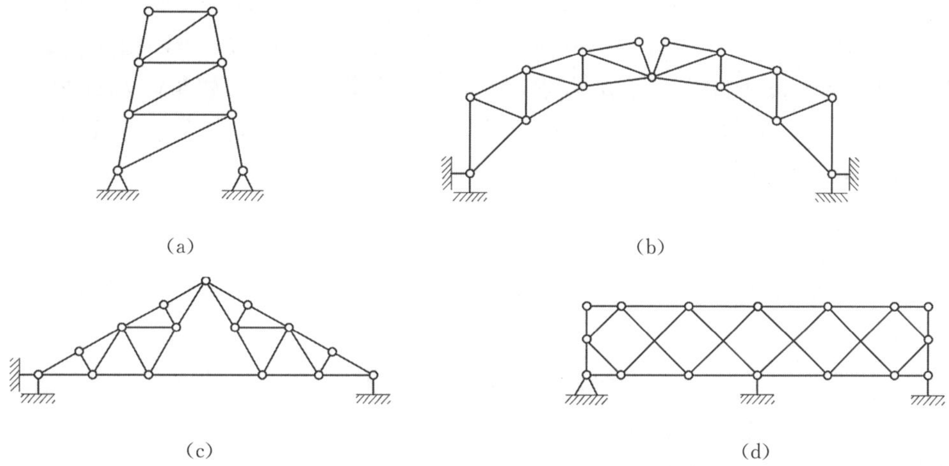

图 6-10　桁架按几何构造分类

此外，桁架还可以按外形分为平行弦桁架、折弦桁架、三角形桁架等；也可以按竖向载荷是否引起水平反力(推力)分为梁式桁架(无水平推力)和拱式桁架(有水平推力)(图 6-11)。

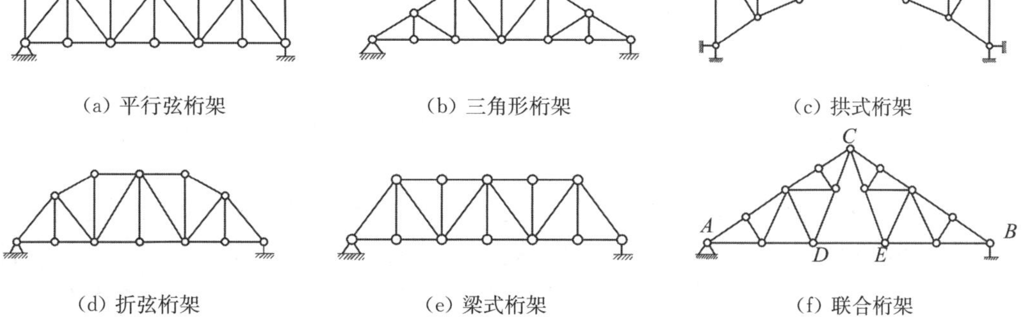

图 6-11　桁架的其他分类

不同形式的桁架，其内力分布情况及适用场合亦各不相同，设计时应根据具体要求选用。为此下面就常用的三种桁架加以比较。

（1）平行弦桁架：内力分布不均匀，弦杆内力向跨中递增。构造上各类杆长度相同，结点处各杆交角相同，便于标准化。因制作施工较为方便，铁路桥常采用。

（2）抛物线形桁架：外形呈抛物线形状的折弦桁架（图6-12）。其内力分布均匀，在材料使用上经济，但构造上复杂。大跨度桥梁（100～150 m）及大跨度屋架（18～30 m）中常采用。

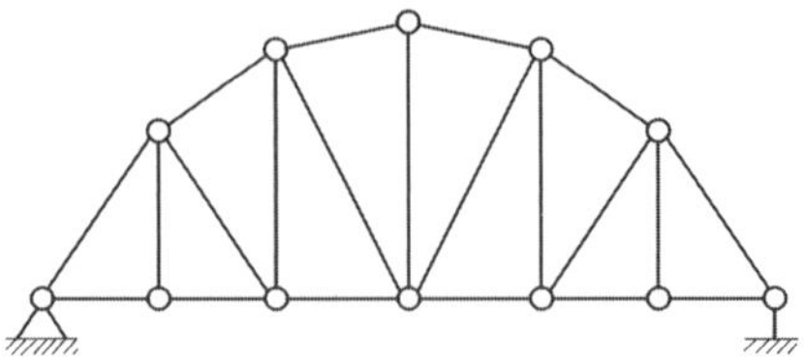

图6-12　抛物线形桁架

（3）三角形桁架：内力分布不均匀，弦杆内力两端大，两端结点夹角甚小，构造复杂。因两斜面符合屋顶要求，在屋架中常采用。

6.3　静定桁架的内力计算

桁架杆件的轴力规定以受拉为正。在计算时可假设所求杆件的未知轴力为拉力，若所得结果为负，则代表为压力。在计算桁架杆件的内力时，可以截取桁架中的一部分作为隔离体，由隔离体的平衡条件列出平衡方程，求解杆件的未知内力。如果隔离体只包含一个结点，则称为结点法；如果隔离体包含两个以上的结点，则称为截面法。本节讲讨论结点法、截面法及其联合应用。

6.3.1　结点法

结点法是截取桁架的一个结点为隔离体求解桁架内力的方法。若桁架是静定的，则其计算自由度数 $W=0$，由式(5-2)可知

$$W=2j-(b+r)=0 \tag{6-1}$$

即 $2j=b+r$。而作用于平面桁架任一结点的各力（包括荷载、支座反力和杆件轴力）组成一平面汇交力系，每个结点可建立2个平衡方程。因此，利用 j 个结点建立 $2j$ 个独立的平衡方程，就能确定出 $(b+r)$ 个链杆与支杆的未知力。

在建立平衡方程时，时常需要把杆的轴力 S 分解为水平分力 X 和竖直分力 Y（图6-13）。那么可以根据力三角形和几何三角形的相似关系建立比例关系：

$$\frac{S}{L}=\frac{X}{L_x}=\frac{Y}{L_y} \tag{6-2}$$

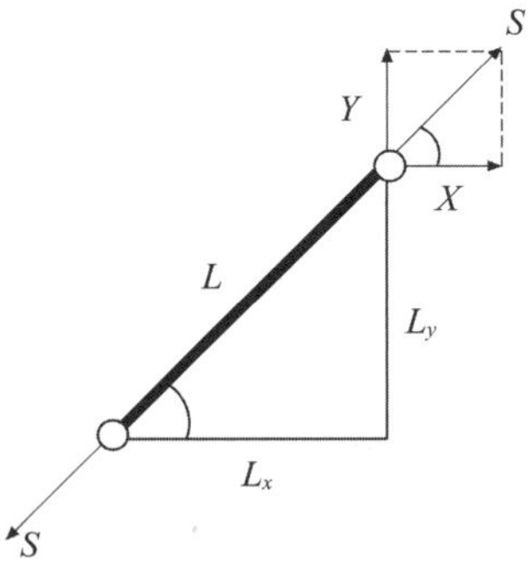

图6-13　杆件轴力的分解

根据这个平衡关系，在 S、X、Y 三者中，可以很简便地由其中一个求出另外两个，而无须使用三角函数。

结点法最适用于计算简单桁架。为了避免解联立方程组，可以从未知力不超过两个的结点开始，依次进行。例如，在计算图6-14(a)所示的桁架时，可以先根据整体平衡条件求出支座反力 H_A、H_B、V_A，此时结点 G 处只有两个未知力 S_{EG}、S_{GF}。取结点 G 为隔离体[如图6-14(b)所示]，由平衡条件 $\sum F_y=0$ 可求得杆 EG 的竖向分力为15 kN，继而求得 $S_{GF}=$

25 kN；再由 $\sum F_x=0$ 求得杆 EG 的轴力 $S_{EG}=-20$ kN。这样，结点 F 仅余两个未知力，取结点 E 为隔离体，由平衡条件求得 $S_{EC}=-20$ kN，$S_{EF}=15$ kN。以此类推，再取结点 F、D、C 计算。到结点 B 时，仅有一个未知力 S_{BA}，到结点 A 时，所有杆件轴力均已求出，故以此两个结点的平衡条件进行校核。所有杆件的轴力如图 6-14(a)所示。

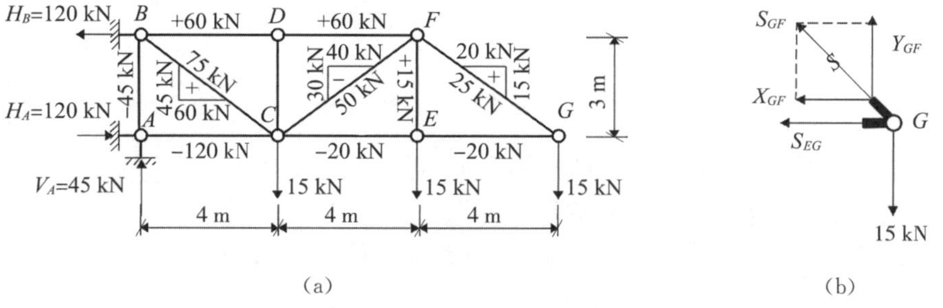

图 6-14 结点法计算举例

因为简单桁架是由一个基本铰接三角形(或基础)开始依次增加二元体所构成的，所以在采用结点法求解时，总可以按照上述增加或去除二元体的顺序求出所有杆件的内力。

在利用结点法求解时，利用结点平衡的几种特殊情况，常可以判断桁架中某些杆件内力为零，称为零杆；或者判断某一结点上的两杆内力数值相等，从而简化计算。

(1) L 形结点：两杆结点上无外荷载时，两杆均为零杆，如图 6-15(a)所示，$S_1=S_2=0$；

(2) T 形结点：两杆在一直线上的三杆结点上无外荷载时，则侧杆为零杆，而在同一直线上的两杆的轴力相等且受力性质(指受拉或受压)相同，如图 6-15(b)所示，$S_1=S_2$，$S_3=0$；

(3) X 形结点：直线交叉的四杆结点上无外力作用时，在同一直线上的两杆轴力相等且受力性质相同，如图 6-15(c)所示，$S_1=S_2$，$S_3=S_4$；

(4) K 形结点：两杆在同一直线上，侧杆倾角相等的四杆结点上无外载荷作用时，两侧杆轴力相等且受力性质相反，如图 6-15(d)所示，$S_1\neq S_2$，$S_3=-S_4$。

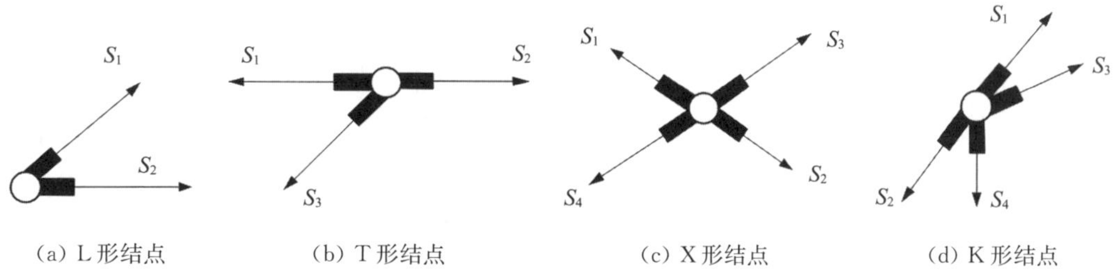

图 6-15 几种特殊结点

利用以上特殊结点的判断方法，可以很轻松地判断零杆或内力相等的杆。如图 6-16 所示，从右上角的结点开始，这是个 L 形结点，两侧均为零杆；去除右上角的 L 形结点零杆后，那么右下角的结点也可看作 L 形结点，两侧均为零杆。以此类推，最后判断出所有的零杆。

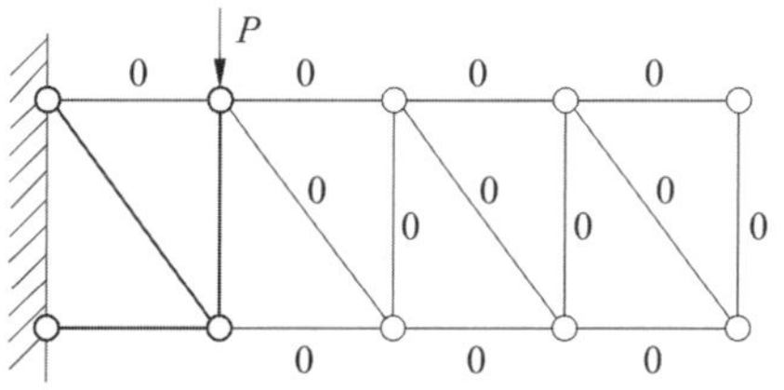

图 6-16 零杆的判断

【例 6-1】指出图 6-17(a)所示桁架中的零杆。

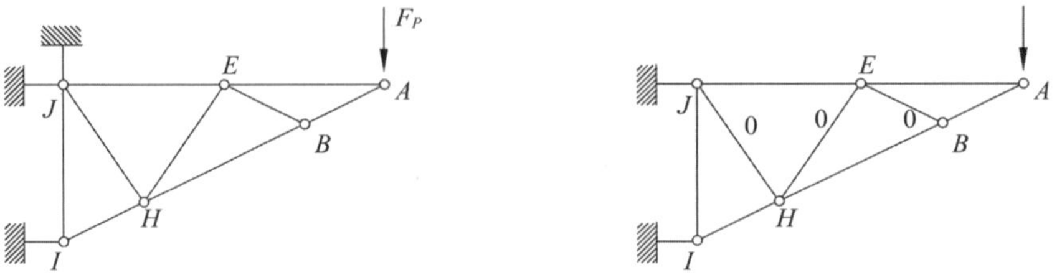

(a)　　　　　　　　　　(b)

图 6-17　例 6-1 悬挑桁架

解:B 是 T 形结点,则 BE 是零杆。那么 E 也是 T 形结点,EH 杆也是零杆;H 也是 T 形结点,HJ 杆也是零杆。最终零杆的标注如图 6-17(b)所示。

【例 6-2】用结点法求解图 6-18(a)所示桁架各杆件的内力。

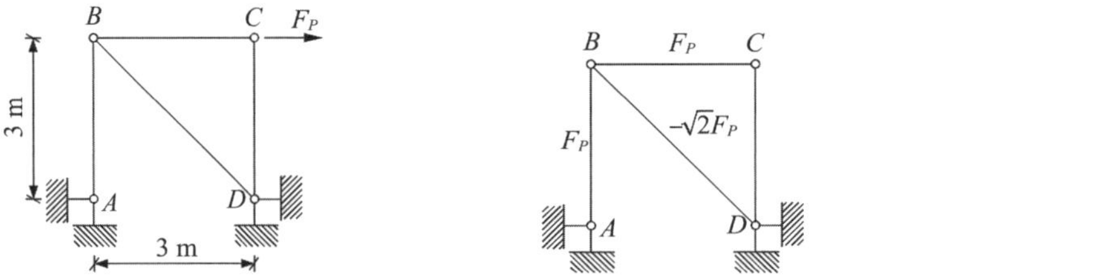

(a)　　　　　　　　　　(b)

图 6-18　例 6-2 平面桁架

解:分别以结点 C、B 为隔离体,列平衡方程

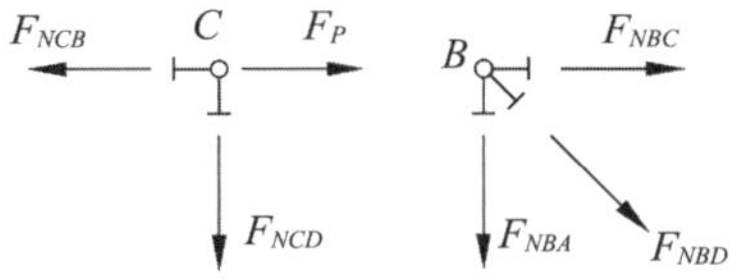

$$F_P - F_{NBC} = 0$$

$$F_{NCD} = 0$$

$$F_{NBC} + \frac{\sqrt{2}}{2}F_{NBD} = 0$$

$$F_{NBA} + \frac{\sqrt{2}}{2}F_{NBD} = 0$$

解得 $F_{NBC}=F_P$,$F_{NCD}=0$,$F_{NBD}=-\sqrt{2}F_P$,$F_{NBA}=F_P$。各杆轴力已在图 6-18(b)中标出。

【例 6-3】用结点法求图 6-19(a)所示桁架各杆件的内力。

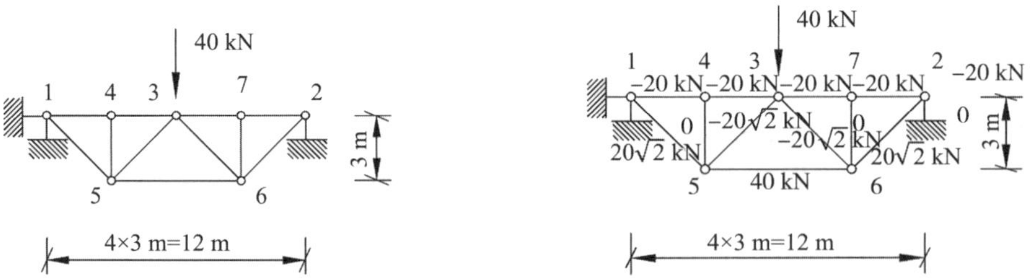

(a)　　　　　　　　　　(b)

图 6-19　例 6-3 平面桁架

解:由于该桁架为对称结构,左右两边杆件的内力是相等的,所以只需要求出一半杆件的内

力。首先找出零杆，点 4 和点 7 是 T 形结点，则 45 和 76 都是零杆，点 1 水平向支座反力为零。

对整体列平衡方程求支座反力

$$F_{V1}+F_{V2}=40\ \text{kN}, F_{V1}=F_{V2}=20\ \text{kN}(\uparrow)$$

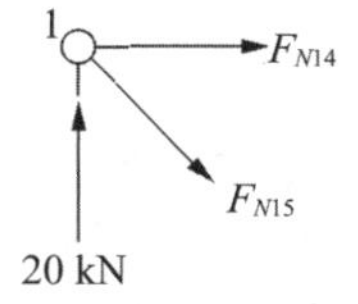

以点 1 为隔离体

$$20-\frac{\sqrt{2}}{2}F_{N15}=0\ ,\ F_{N15}=20\sqrt{2}\ \text{kN}\ (拉)$$

$$F_{N14}+\frac{\sqrt{2}}{2}F_{N15}=0, F_{N14}=-20\ \text{kN}\ (压)$$

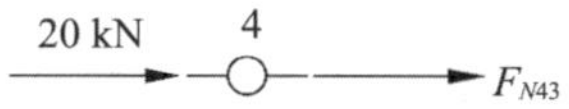

以点 4 为隔离体

$$20+F_{N43}=0\ ,\ F_{N43}=-20\ \text{kN}\ (压)$$

以点 3 为隔离体

$$20+F_{N37}=0\ ,\ F_{N37}=-20\ \text{kN}\ (压)$$

$$2F_{N35}\times\frac{\sqrt{2}}{2}+40=0\ ,\ F_{N35}=-20\sqrt{2}\ \text{kN}\ (压)$$

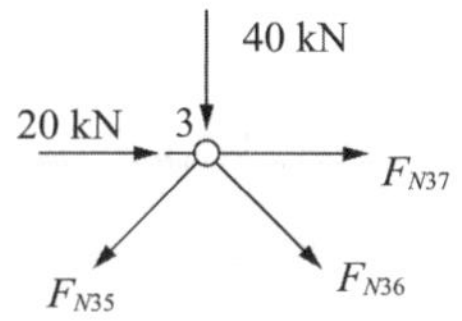

以点 5 为隔离体

$$F_{N56}-2\times\frac{\sqrt{2}}{2}\times 20\sqrt{2}=0\ ,\ F_{N56}=40\ \text{kN}\ (拉)$$

则各杆的内力为 $F_{N14}=-20$ kN，$F_{N15}=20\sqrt{2}$ kN，$F_{N45}=0$，$F_{N43}=-20$ kN，$F_{N35}=-20\sqrt{2}$ kN，$F_{N56}=40$ kN。由对称性可直接得出 $F_{N27}=-20$ kN，$F_{N26}=20\sqrt{2}$ kN，$F_{N76}=0$，$F_{N37}=-20$ kN，$F_{N36}=-20\sqrt{2}$ kN。标出各杆件内力如图 6-19(b)所示。

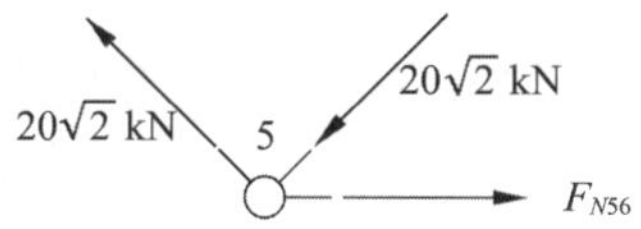

从本例可以看出，利用对称结构的对称性，常常可以减少计算量。

由以上各例题可以得出应用结点法解平面桁架的内力计算的几点结论：

(1) 结点法适用于简单桁架，从最便于计算的结点开始计算；

(2) 每次所取结点的未知力不能多于两个；

(3) 计算前先判断零杆。

6.3.2　截面法

截面法是作一截面将桁架分成两部分，任取一部分为隔离体(含两个以上的结点)，用平衡方程计算所截杆件的内力(一般内力不超过三个)。在桁架分析中，有时仅需或者是先需求出某一(或某些)指定杆件的内力，此时一般用截面法比较方便。截面法据所选方程类型的不同，又分为力矩法、投影法。

力矩法是指对隔离体列力矩平衡方程的方法。如图 6-20(a)所示，假设支座反力 R_A、R_B 已求出，求 EF、ED、CD 三杆的内力。可做截面Ⅰ—Ⅰ，取左半部分为隔离体。因为 EF、ED 杆的内力均过 E 点，若列对 E 点的力矩平衡方程，$(R_A-P_1)d+S_{CD}h=0$，则可求出 $S_{CD}=\dfrac{(R_A-P_1)d}{h}$ (拉)。类似地，EF、ED 杆的内力可以对 D、C 列力矩平衡方程求出。可以证明，简支桁架在竖向荷载作用下，下弦杆受拉力，上弦杆受压力。

投影法是指对隔离体沿某方向建立力平衡方程的方法。如图 6-20(b)所示，欲求 DG 杆的内力，可做截面Ⅱ—Ⅱ，取左半部分为隔离体。沿 y 方向建立力平衡方程有 R_A-P_1-

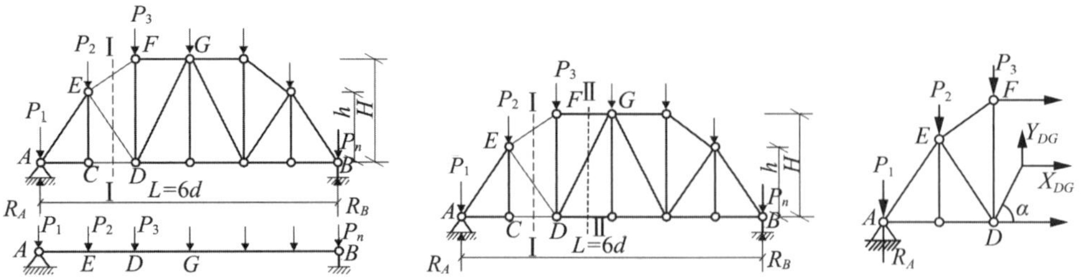

(a) 力矩法　　(b) 投影法　　(c)

图 6-20　力矩法与投影法示例

$P_2-P_3+S_{DG}\sin\alpha=0$[图 6-20(c)],则可求出 $S_{DG}=\dfrac{P_1+P_2+P_3-R_A}{\sin\alpha}$ 。

【例 6-4】用截面法求图 6-21(a)所示桁架 DG 杆的内力。

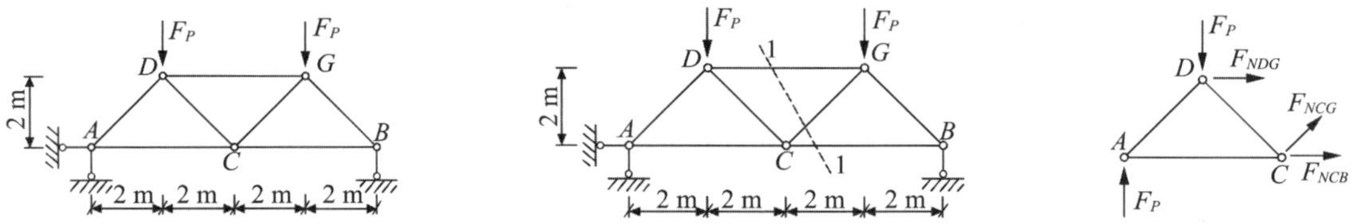

(a)　　(b)　　(c)

图 6-21　例 6-4 平面桁架

解:仅需求 DG 杆的内力,应用截面法较简便。对整体列平衡方程求解支座反力

$$F_{VA}+F_{VB}=2F_P\ ,\ F_{VB}\times 8-F_P\times 6-F_P\times 2=0$$

则 $F_{VA}=F_{VB}=F_P$ 。

做截面 1—1[图 6-21(b)],以左半部分(ADC)为隔离体作受力图[图 6-21(c)],对 C 点列力矩平衡方程,则 CG 和 CB 杆内力均过 C 点,可不予考虑

$$\sum M_C=0\ ;\ F_P\times 4+F_{NDG}\times 2-F_P\times 2=0$$

解得 $F_{NDG}=-F_P$ (压)。

【例 6-5】用截面法求图 6-22(a)桁架 56 杆件的内力。

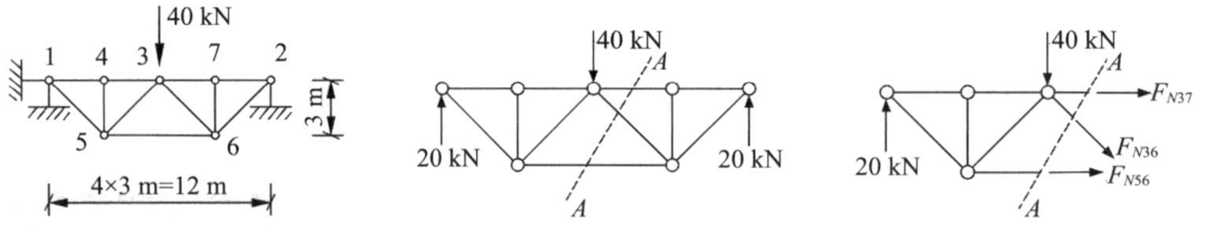

(a)　　(b)　　(c)

图 6-22　例 6-5 平面桁架

解:与图 6-21 相同,对整体列平衡方程求出支座反力

$$F_{V1}=F_{V2}=20\ \text{kN}$$

做 A—A 截面[图 6-22(b)],以左半部分(135)为隔离体作示力图[图 6-22(c)],对结点 3 列力矩平衡方程,36 杆和 37 杆的内力均过点 3,可不予考虑

$$\sum M_3=0,20\times 6-F_{N56}\times 3=0$$

解得 $F_{N56}=40\text{ kN}$(拉)。

由以上各例题可以得出应用截面法解平面桁架的内力计算的几点结论：

(1) 用截面法求内力时，一般截断的杆件一次不能多于三个。

(2) 对于简单桁架，求全部杆件内力时，应用结点法；若只求个别杆件内力，应用截面法。

(3) 对于联合桁架，先用截面法求出联合杆件的内力，然后对各简单桁架进行分析。

6.3.3　截面法和结点法的联合应用

结点法与截面法各有所长，据具体情况选用。有些情况下，截面法和结点法联合使用，更为方便。举例说明。

【例 6-6】求桁架中 a 杆和 b 杆的内力。

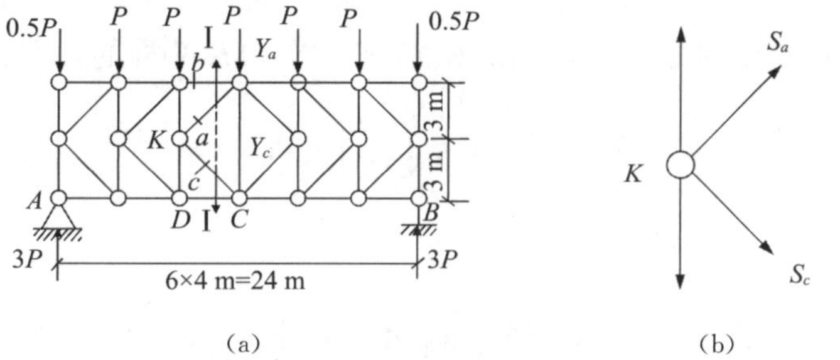

图 6-23　例 6-6 平面桁架

解：对整体列平衡方程求支座反力

$$V_A=V_B=3P$$

首先求 a 杆的内力。应用结点法，取 K 点为隔离体，在水平方向列平衡方程，则

$$X_a=-X_c,$$

因此 $S_a=-S_c$，$Y_a=-Y_c$。

再做Ⅰ—Ⅰ截面，对左半部分隔离体列竖直方向的力平衡方程

$$3P-\frac{P}{2}-P-P+Y_a-Y_c=0,Y_a=-\frac{P}{4}$$

由图 6-23 的比例关系可以得到

$$S_a=-\frac{P}{4}\times\frac{5}{3}=-\frac{5}{12}P\ (\text{压})$$

然后求 b 杆的内力，对右半部分隔离体列对 C 点的力矩平衡方程得

$$\sum M_C=0,-S_a\times\frac{4}{5}\times6-S_b\times6-3P\times12+\frac{P}{2}\times12+P\times8+P\times4=0$$

解得 $S_b=-\frac{8}{3}P$ (压)。

【例 6-7】求图 6-24(a)所示桁架 CI、IN、LN 杆件的内力。$\left(\text{注}:\sin\theta=\frac{3}{5.83},\sin\beta=\frac{0.5}{5.02},\cos\beta=\frac{5}{5.02}\right)$

解：首先找特殊结点进行零杆分析。D、G、L、P 是 T 形结点，则 DI、GJ、LI、PJ 都是零杆。忽略这四根杆之后，I、J 也是 T 形结点，IK、JQ 也是零杆。则计算简图如图 6-24(b)所示。

(a)　　　　(b)

图 6-24　例 6-7 平面桁架

对整体列平衡方程求解支座反力

$$F_{VA}+F_{VB}=120\ \text{kN}\ ,\ 120\times7.5-F_{VB}\times15=0$$

解得 $F_{VA}=F_{VB}=60\ \text{kN}$ 。

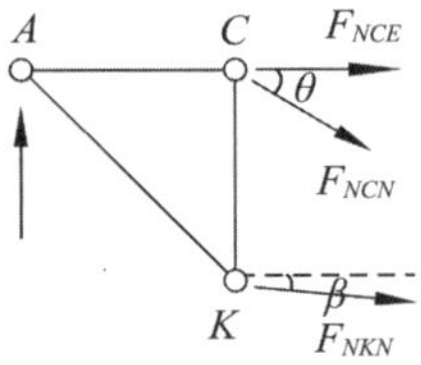

如图做截面,取左半部分(ACK)为隔离体,求 CN 和 KN 杆的轴力

$$\sum M_C=0\ ,\ 60\times2.5-\left(F_{NKN}\times\frac{5}{5.02}\right)\times2.5=0$$

解得 $F_{NKN}=60.24\ \text{kN}$,$F_{NLN}=F_{NKN}=60.24\ \text{kN}$ 。

$$\sum F_V=0,F_{NCN}\times\frac{3}{5.83}+F_{NKN}\times\frac{0.5}{5.02}-60=0$$

解得 $F_{NCN}=104.94\ \text{kN}$ 。

又因为 I 可看作 T 形结点,则有 $F_{NIN}=F_{NCI}=104.94\ \text{kN}$ 。

6.4　案例分析

在前几节中,我们讨论了平面桁架的概念、分类及计算分析方法。下面结合工程实际案例中的桁架结构进行分析。

(一) 埃菲尔铁塔

法国的文化象征、巴黎的地标埃菲尔铁塔(Eiffel Tower;图 6-25)矗立在塞纳河南岸巴黎的战神广场,于1887 年 1 月 26 日动工,1889 年 5 月 15 日开放,距今已有 100 多年的历史。埃菲尔铁塔得名于其设计者,著名建筑师、结构工程师古斯塔夫·埃菲尔(Gustave Eiffel),全部由施耐德铁器(现施耐德电气)建造。

图 6-25　埃菲尔铁塔

在设计铁塔的结构体系时,Eiffel 借鉴了其桥梁工程设计的经验,创造性地采用了复合拱和空间桁架结构体系作为铁塔的主要结构体系,来抵抗竖向力(重力)和侧向力荷载(包括风力)的作用。这一体系代表了当时的建筑结构工程领域最为先进高效的结构体系。他的设计研究结果引发了土木工程和建筑设计的一场革命。除 4 个脚采用钢筋水泥之外,全身用超过 7 000 t

锻铁构成。塔分 3 层，第一层高 57 m，第二层高 115 m，第三层高 276 m。除了第三层的平台没有缝隙外，其他部分全是透空的。从塔座到塔顶共有 1 711 级阶梯，现已安装电梯。铁塔的主要结构体系是铁塔的四个角各自由一个巨大的缀条格构柱组成，这四个格构柱之间及柱肢之间通过锻铁构件两两相连，从而进一步从整体上形成一个坚固且轻巧的空间桁架结构。

（二）香港中银大厦

中银大厦（Bank of China Tower；图 6-26）是中国银行在香港的总部大楼，位于香港中西区中环花园道 1 号，由美籍华裔建筑师贝聿铭设计。中银大厦自 1982 年底开始规划设计，1985 年 4 月动工，1989 年建成，1990 年投入使用。该建筑基地面积约 8 400 m^2，总建筑面积 12.9 万 m^2，地上 70 层，楼高 315 m，加顶上两杆的高度共有 367.4 m，建成时是全亚洲最高的建筑物，也是美国地区以外最高的摩天大楼。大厦外形像节节高升的竹子，象征着力量、生机、茁壮和锐意进取的精神，基座的麻石外墙代表长城，象征中国。结构采用四角 12 层高的巨型钢柱支撑，室内无一根柱子。

中银大厦是巨型桁架结构体系，主体结构为八榀巨型桁架，其中四榀沿正方形平面的周边布置，另四榀沿对角线方向布置。平面面积为 52 m×52 m，四角为型钢配筋的大型钢筋混凝土立柱，底部最大截面面积为 4 800 m×4 100 m，立柱直接落地深入基础，向上截面逐渐减小。正方形平面中心外的立柱由顶层向下通到第 25 层结束，支承在金字塔形的空间桁架中心。在巨型桁架平面内还设置有若干吊杆，将楼层荷载通过巨型桁架斜杆传给角柱，使角柱承担绝大部分荷载，增加了巨型桁架的抗倾覆能力。

图 6-26　香港中银大厦

图 6-27　上海中心大厦

（三）上海中心大厦

上海中心大厦（Shanghai Tower），是上海市的一座巨型高层地标式摩天大楼（图 6-27）。上海中心大厦总建筑面积约为 57.8 万 m^2，总高为 632 m，结构高度为 580 m。

2008 年 11 月 29 日进行主楼桩基开工，2016 年 3 月 12 日建筑总体正式全部完工。2016 年 4 月 27 日，上海中心大厦举行建设者荣誉墙揭幕仪式并宣布分步试运营。大厦采用了美国甘斯勒建筑设计事务所的“龙型”方案，大厦细部深化设计以“龙型”方案作为蓝本，由同济大学建筑设计研究院(集团)有限公司完成施工图出图。2020 年 1 月 6 日，上海中心大厦入选上海新十大地标建筑。

如图 6-28 所示，上海中心大厦的几何外形在随高度上升，围绕塔楼的几何中心同时发生旋转和收缩两种变化。对于构成主楼旋转表皮的几何元素，设计中从工程学和美学双向角度进行了反复论证。结合建筑立面及平面布置，上海中心大厦采用了巨型框架伸臂核心筒结构体系。沿高度方向在第 2、第 4、第 5、第 6、第 7 和第 8 区共设置了 6 道两层高的伸臂桁架。各区均设置有两层高的箱形环带桁架。巨柱底部最大截面尺寸为 5 300 mm×3 700 mm，核心筒底部最大厚度为 1 200 mm。在各个分区的避难层均设置了径向桁架作为幕墙结构的支撑系统。

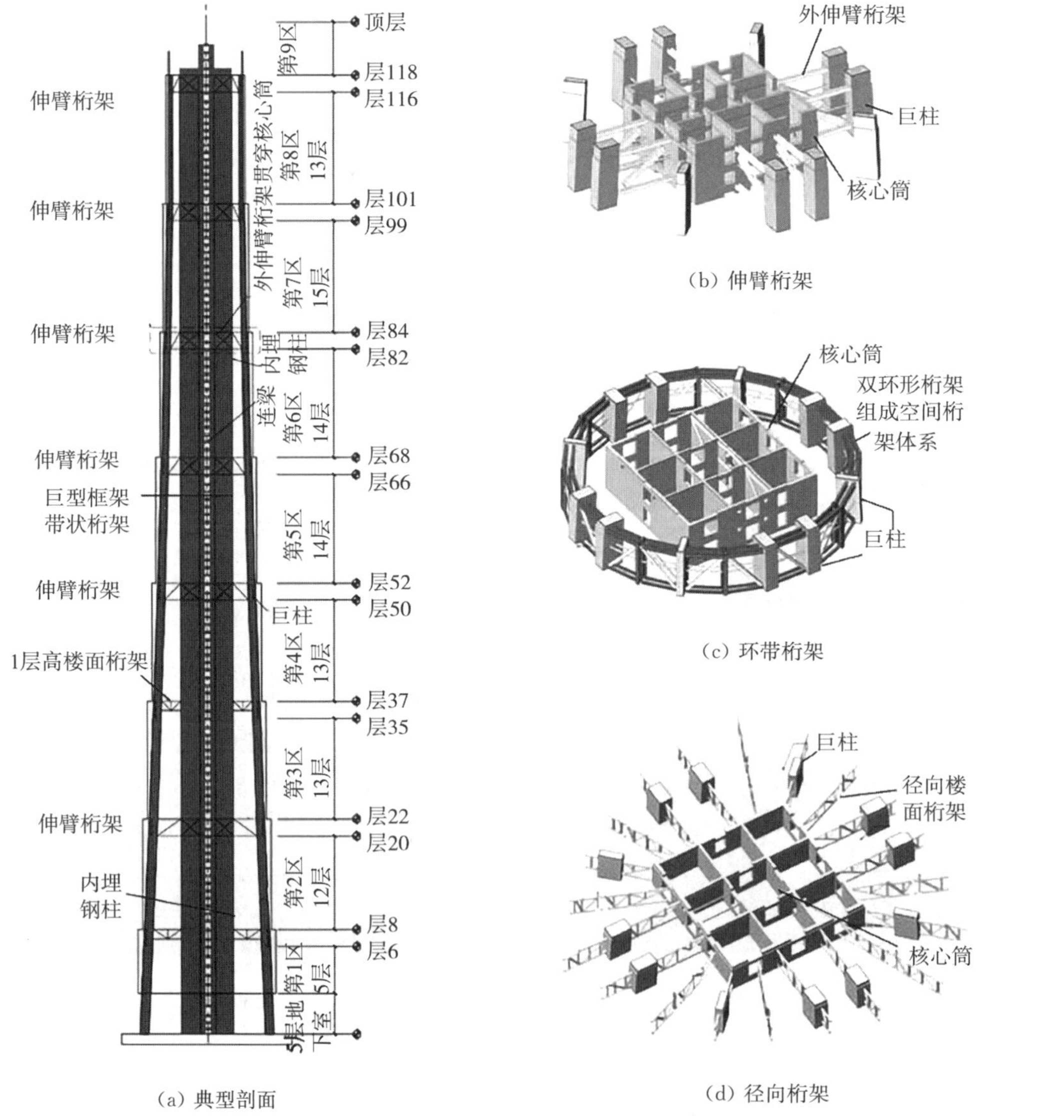

图 6-28　上海中心大厦的桁架结构体系构成

巨型框架由 8 根巨型柱和每个加强层设置的两层高箱形空间桁架相连而成。巨型框架的 8 根巨型柱在第 8 区终止，4 根角柱在第 5 区终止。在第 6 区以下沿建筑对角位置布置的 4 根角柱主要用于减少箱形空间桁架的跨度。箱形空间桁架是巨型框架抗侧力体系的一部分，同时也是建筑周边重力柱的转换桁架。作为巨型柱之间的有效连接，箱形空间桁架与巨柱共同形成巨型框架结构体系。

伸臂桁架的设置可以有效地减小水平荷载(风、地震荷载等)作用下结构的侧移和核心筒体承担的弯矩。由于加强层具有较强的抗弯刚度，对与之相连的巨型柱有很强的约束作用。在每个加强层部位，结构受拉侧巨型柱对加强层作用有向下的集中力，而结构受压侧巨型柱对加强层作用有向上的集中力。这两个力形成一对力偶，平衡了核心筒在水平荷载作用下承担的一部分弯矩内力，减小结构的变形。

核心筒平面形状沿高度根据建筑平面功能作相应调整，底部为 29 m×29 m 的方形布置，中部为切角方形布置，顶部为十字形布置。在建筑底部，为减小核心筒墙体厚度，增加底部加强区延性，在核心筒内埋设了钢板。地下室范围内在巨柱和核心筒之间设置有 5 层高的翼墙。翼墙的设置一方面增加筏板抗冲切承载力、减小基础的差异变形，另一方面为地下室提供较大的剪切刚度，满足地下室顶部嵌固的刚度要求。

6.5　小结

本章介绍了静定桁架结构的基本原理。本章所涉及的桁架均为平面桁架，我们需要理解平面桁架的概念及分类，包括按外形分类及按几何构造分类，以及它们各自的特点；掌握平面桁架简化的三点基本假定，工程结构根据基本假定得到计算简图。

根据计算简图，针对桁架的类型及需要解决的问题灵活选用结点法、截面法，以及二者的联合应用法，来解决平面桁架的内力计算问题。对于简单桁架，可考虑各结点的平衡，结点承受汇交力系作用，逐次建立各结点的投影平衡方程，求出所有的未知杆力。求解时宜根据组成特点先判定零杆，并尽可能避免解联立方程。有时只需求少数杆件内力或者对于联合桁架和复杂桁架，结点法无法奏效时，需用截面法。有选择地截断杆件(一般不超过三杆)，以桁架的局部为平衡对象，考虑其中任一部分平衡，由平衡方程即可求得所需杆件轴力。对于某些复杂桁架或特定问题，联合应用结点法和截面法更有效。

我们需要利用本章的知识对桁架结构进行灵活分析、计算，将其运用到桁架的建筑设计和结构选型中。此外必须综合考虑使用要求、使用特点、跨度和荷载大小以及材料供应情况、施工条件等因素，对桁架结构进行全面的技术经济分析。

第 6 章习题

1. 试思考截面法与结点法的区别与联系。
2. 试举例说明生活中桁架结构的建筑特点以及桁架的作用。
3. 试总结零杆判断的规则。
4. 试举例说明桁架结构在超高层建筑中的应用情况。
5. 对比桁架结构与实腹梁结构的优缺点。
6. 从结构静定的角度来看，桁架能够分为哪几类？
7. 我们在进行桁架计算时，是基于哪几条基本假设与规则？

8. 判断图 6-29 中零杆的数目。

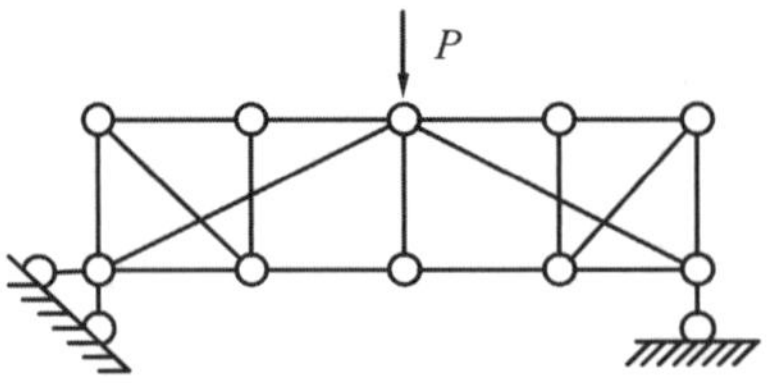

图 6-29　题 8 平面桁架

9. 图 6-30 中杆 DE、EF、FG、GH、BE 和 CG 的长度均为 a，杆 AF 长度为 $2a$，试通过结点法计算图中所有杆的内力。

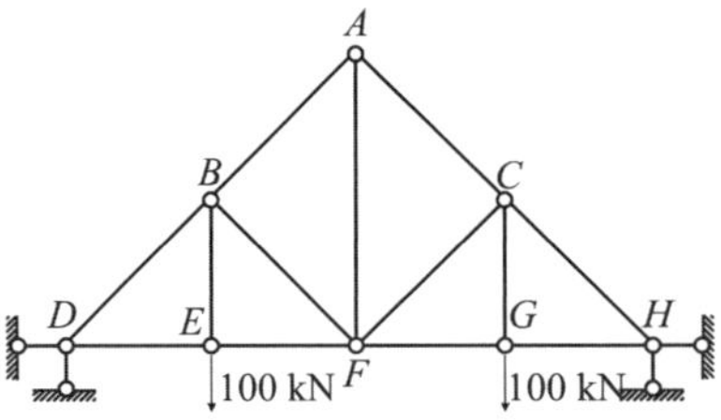

图 6-30　题 9 平面桁架

10. 图 6-31 中 AB、BC、BD 长度为 a，AD、CD、DE 长度为 $\sqrt{2}a$，集中力 F_1、F_2、F_3 均为 F，试通过截面法计算杆 1、3、6 的内力。

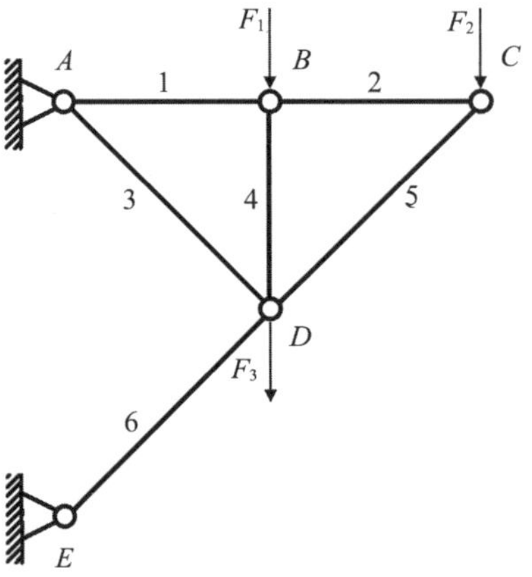

图 6-31　题 10 平面桁架

第 7 章　曲线线构结构——拱

7.1　静定拱概述

拱式结构是指杆轴线为曲线并且在竖向荷载作用下产生水平反力的结构。拱式结构在房屋建筑、地下建筑、桥梁及水工建筑中有着广泛的应用。拱式结构常用的形式包括无多余约束的三铰拱[图 7-1(a)、(b)]和有多余约束的两铰拱[图 7-1(c)]和无铰拱[图 7-1(d)]。

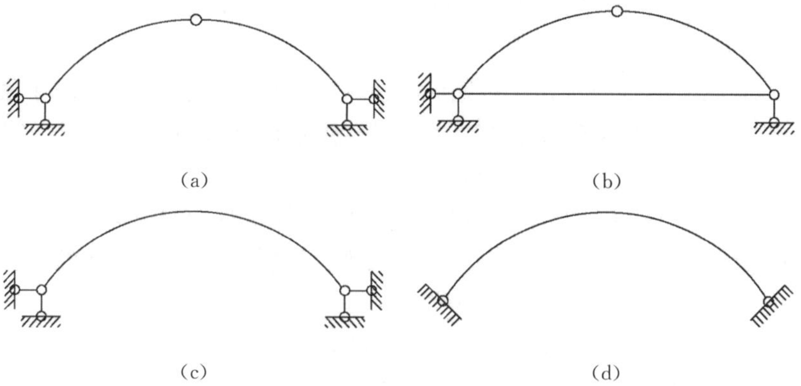

图 7-1　拱式结构的常用形式

第 6 章提到，桁架可以看作是由梁演化而来。类似地，我们可以把拱看作由刚架演化而来。当梁端与柱刚接以减少弯矩峰值，即成刚架[图 7-2(a)]，可用来抵抗弯矩、剪力和轴力。若使柱向内倾，梁向上拱，其弯矩峰值能进一步减小，即形成拱[图 7-2(b)]，因此，拱是一种非常巧妙的曲线结构，能将外在竖向荷载产生的弯矩内力化解为轴向压力。

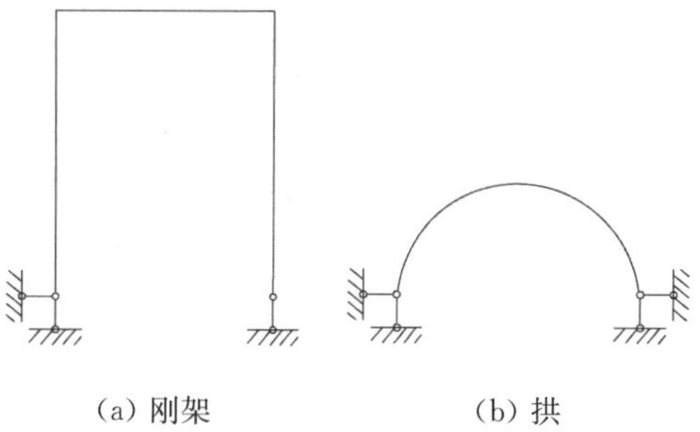

图 7-2　刚架与拱

拱式结构的特点是，在竖向荷载作用下会产生水平推力，截面上主要承受压力，应力分布均匀。拱用凸向荷载的曲杆轴力来抵抗外荷载，并把力斜向下传递，且与荷载逐个抗衡后，最终把力传到两端支座。在竖向荷载作用下，拱身曲杆对支座的斜向作用力必有向外水平推力，称为拱脚推力，简称推力。拱脚推力使支座有向外水平移动趋势，因此两拱脚必须有不动铰支座或固定支座。

拱式结构的上述基本静力特征，决定了其与梁相比用材节省，自重减轻，并且可有较大的跨度。由于拱体主要承受轴向压力，故可利用砖、石、混凝土等抗压性能好而又相对廉价的材料建造。从建筑学的角度，拱式结构有利于营造曲线美，并能提供较大的净空使用高度。拱式结构的缺点是需要支座提供较大的抗水平推力。

拱的各部分名称如图 7-3 所示。拱体各横截面形心点的连线称为拱轴线。拱的两端与支座联结处称为拱趾,拱趾位于同一标高的拱称为平拱,位于不同标高的拱称为斜拱。拱轴的最高点称为拱顶,三铰拱的中间铰一般设在拱顶处。两拱趾的水平距离 L 称为跨度,由拱顶至两拱趾连线的竖向距离 f 称为拱高。拱高与跨度之比 f/L 称为拱的高跨比,它对拱的内力有重要影响。拱的高跨比越小,拱支座的水平推力越大。

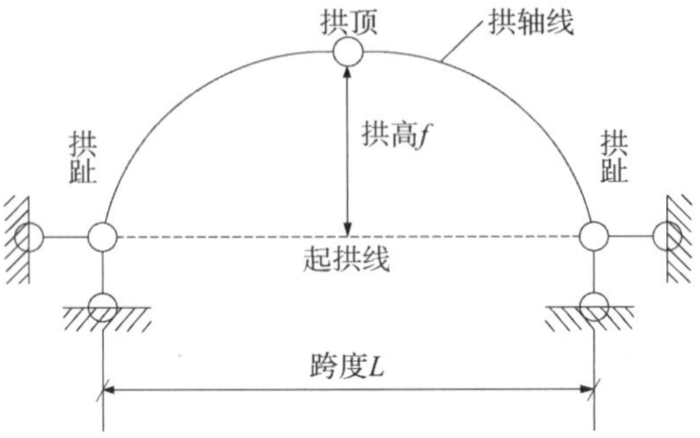

图 7-3　拱的各部分名称

下面对三类拱进行比较。首先是无铰拱[图 7-1(d)],因其刚度大而成为拱中弯矩最小者。但在房屋建筑中的墙柱顶上,根本不可能做成固定端支座;即使拱脚落地的落地拱,可以做到固定支座,但在地下做庞大的固定基础很不经济。此外,无铰拱还有超静定次数多,具有对间接作用敏感的弱点。因而,无铰拱在房屋中几乎不使用,多用于拱桥。

再来看两铰拱[图 7-1(c)],其弯矩比无铰拱大,主要原因有二:一是由于设铰导致刚度稍差;二是由于两铰支座间水平跨度 L 不能保证绝对不变,只要稍有增长,拱内弯矩即增加。正因为如此,两铰拱的使用跨度受到限制。

三铰拱[图 7-1(a)]弯矩虽然比两铰拱大,但由于其是静定结构,应用范围很广。计算简单,又不受间接作用影响,且分段制作,安装方便,适用于跨度不太大的拱。当支座处地基的水平抗力较弱时,可以采用带有水平拉杆的弓弦拱[图 7-1(b)],此时支座水平推力将由拉杆提供,拱体的受力情况仍与一般三铰拱相同,但拉杆的设置可能影响净空使用高度。工程中也有采用连续拱的形式,使中间支座两边的水平推力相互抵消。本章所讨论的静定拱,即指三铰拱。

7.2　静定拱的计算简图

实际的静定拱结构受力和外形较为复杂,在计算分析时需要进行简化,绘制计算简图。上一节中的各图均属于计算简图。绘制计算简图时应注意:各铰都是无摩擦的理想铰,并用拱轴线代替拱体。如图 7-4(a)所示为某玻璃厂使用的装配式钢筋混凝土三铰拱,而图 7-4(b)为按上述规则绘制的计算简图。可以看出,其实际上是一带拉杆的弓弦拱。

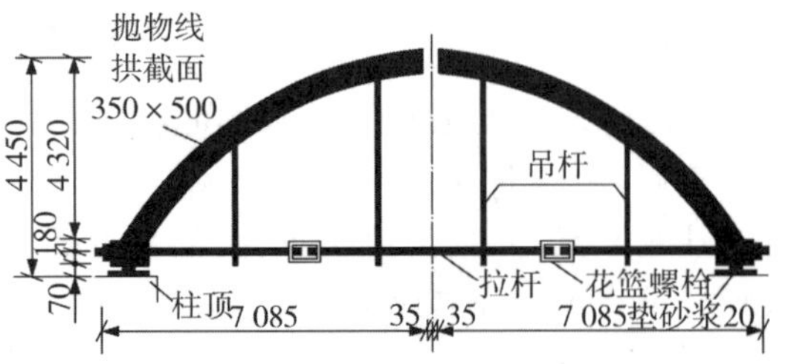

(a)

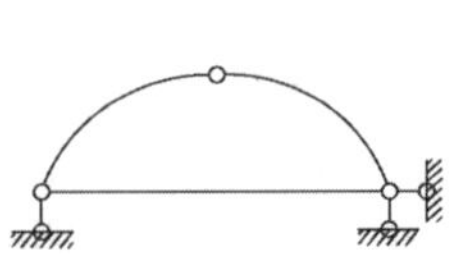

(b)

图 7-4　三铰拱及其计算简图(单位:mm)

借助计算简图，可以分析三铰拱的受力。下面我们求取三铰拱的支座反力。如图 7-5 所示，三铰拱共有 4 个支座反力 H_A 、V_A 、H_B 、V_B ，可以利用 3 个整体平衡方程，加上顶铰处弯矩为 0 的条件，即由顶铰一侧隔离体的力矩平衡方程唯一确定。

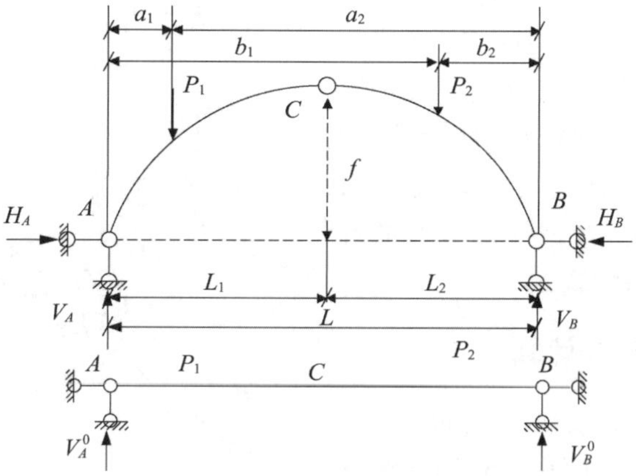

图 7-5　三铰拱的支座反力计算

假设拱受如图 7-5 所示的集中荷载 P_1、P_2，由整体平衡方程 $\sum M_A = 0$ 和 $\sum M_B = 0$ 可得

$$V_A = \frac{P_1 a_2 + P_2 b_2}{L},\ V_B = \frac{P_1 a_1 + P_2 b_1}{L}$$

可见，此时三铰拱支座竖向反力与相应简支梁支座反力 V_A^0 、V_B^0 完全相同。

由 $\sum X = 0$，可得 $H_A = H_B = H$ 。

取左半边拱为隔离体，由 $\sum M_C = 0$，可得 $V_A L_1 - P_1(L_1 - a_1) - Hf = 0$。

解得 $H = \dfrac{V_A L_1 - P_1(L_1 - a_1)}{f}$ 。

简支梁相应三铰拱铰顶位置的 C 截面弯矩 M_C^0 为 $V_A L_1 - P_1(L_1 - a_1)$。

那么我们可以综合以上各式得到三铰拱在竖向荷载作用下的支座反力计算式

$$\left.\begin{aligned} V_A &= V_A^0 \\ V_B &= V_B^0 \\ H &= \frac{M_C^0}{f} \end{aligned}\right\} \tag{7-1}$$

由以上的分析可知：

(1) 在给定的荷载作用下，三铰拱的支座反力仅与三个铰的位置有关，而与拱轴的形状无关。

(2) 在竖向荷载的作用下，三铰拱的竖向支座反力与相应简支梁反力相同，而水平推力 H 与拱高 f 成反比。拱的高跨比 $\dfrac{f}{L}$ 愈大，则推力 H 愈小；反之，则推力 H 愈大。

7.3 静定拱的内力计算及合理拱轴线

上一节我们给出了静定拱的计算简图及其支座反力的求取。本节将在其基础上讨论静定拱内力的计算方法。在这里，我们根据三铰拱的受力特点，规定轴力以受压为正，剪力以顺时针旋转为正，弯矩以使拱内侧受压为正。进一步地，根据受力求取最省材料的三铰拱的合理拱轴线。

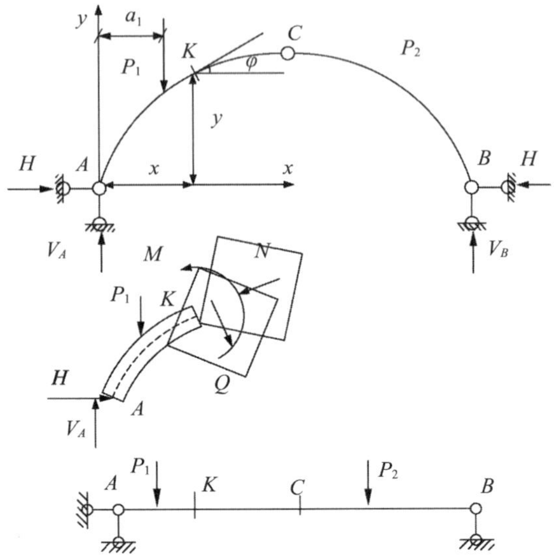

图 7-6 三铰拱的内力计算

7.3.1 静定拱的内力计算

如图 7-6，用截面法求任一截面 $K(x, y)$ 的内力，可取 AK 段为隔离体利用平衡条件求得。K 截面的弯矩为

$$M=[V_A x-P_1(x-a_1)]-Hy \tag{7-2}$$

即等于相应简支梁的截面弯矩 M^0，减去由支座水平推力引起的弯矩，即

$$M=M^0-Hy \tag{7-3}$$

在计算 K 截面的轴力 N 和剪力 Q 时，可将 B 支座反力和作用于隔离体上的外荷载沿 K 点拱轴线的切线和法线方向进行分解，再分别由这两个方向上力的平衡条件求得截面上的轴力和剪力。截面 K 上的剪力为

$$Q=V_A\cos\varphi-P_1\cos\varphi-H\sin\varphi$$

若用 Q^0 表示相应简支梁的剪力 V_A-P_1，则也可写作

$$Q=Q^0\cos\varphi-H\sin\varphi$$

同理，截面 K 上的轴力为

$$N=Q^0\sin\varphi+H\cos\varphi$$

综上所述，可以得到三铰拱任一截面 $K(x, y)$ 的内力计算式

$$\left.\begin{aligned}M&=M^0-Hy\\Q&=Q^0\cos\varphi-H\sin\varphi\\N&=Q^0\sin\varphi+H\cos\varphi\end{aligned}\right\} \tag{7-4}$$

在作拱结构的内力图时，为方便起见，可以取拱的水平投影线为基线进行绘制。

【例 7-1】求图 7-7(a)所示对称三铰拱在图示荷载作用下的内力图。拱轴线为抛物线 $y=\dfrac{4f}{l^2}x(l-x)$。

解:(1) 反力计算

先计算支座反力，三铰拱支座的竖向反力与相应简支梁的反力相同

$$V_A = V_A^0 = \frac{4 \times 8 \times 12 + 16 \times 4}{16} = 28(\text{kN}),\ V_B = V_B^0 = 4 \times 8 + 16 - 28 = 20(\text{kN})$$

然后计算水平推力

$$H = \frac{M_C^0}{f} = \frac{20 \times 8 - 16 \times 4}{4} = 24(\text{kN})$$

(2) 内力计算

为了绘制内力图，可将拱沿跨度方向分成若干等份，然后求出各分点截面上的内力值。此处将拱跨八等分，算出各个截面的轴力、剪力和弯矩的数值。现以分点 2、6 截面为例详细说明计算步骤。

分点 2 和 6 截面的横坐标分别为 $x_2 = 4$ m，$x_6 = 12$ m，$l = 8 + 4 + 4 = 16(\text{m})$，由拱轴方程可得

$$y_2 = \frac{4f}{l^2} x_2 (l - x_2) = 3\ \text{m},\ \tan\varphi_2 = \left.\frac{\mathrm{d}y}{\mathrm{d}x}\right|_{x = x_2} = \frac{4f}{l^2}(l - 2x_2) = 0.5$$

$$y_6 = \frac{4f}{l^2} x_6 (l - x_6) = 3\ \text{m},\ \tan\varphi_6 = \left.\frac{\mathrm{d}y}{\mathrm{d}x}\right|_{x = x_6} = \frac{4f}{l^2}(l - 2x_6) = -0.5$$

由此得出

$$\varphi_2 = 26°34',\ \varphi_6 = -26°34'$$

2 和 6 截面上的内力可借助图 7-7(b)、(c)所示隔离体求出

$$M_2 = M_2^0 - Hy_2 = 8(\text{kN} \cdot \text{m})$$

$$Q_2 = (V_A - qx_2)\cos\varphi_2 - H\sin\varphi_2 = (28 - 4 \times 4) \times 0.894 - 24 \times 0.447\,2 = 0$$

$$N_2 = (V_A - qx_2)\sin\varphi_2 + H\cos\varphi_2 = (28 - 4 \times 4) \times 0.447\,2 + 24 \times 0.894 \approx 26.8(\text{kN})$$

6 截面处因有集中荷载的作用，分点两侧的截面上剪力和轴力均有突变，所以需要分别求出左侧的剪力和轴力 Q_6^{L}、N_6^{L} 与右侧的剪力和轴力 Q_6^{R}、N_6^{R}

$$M_6 = M_6^0 - Hy_6 = 8(\text{kN} \cdot \text{m})$$

$$Q_6^{\text{L}} = (F_P - V_B)\cos\varphi_6 - H\sin\varphi_6 = (16 - 20) \times 0.894 - 24 \times (-0.447\,2) \approx 7.16(\text{kN})$$

$$N_6^{\text{L}} = (F_P - V_B)\sin\varphi_6 + H\cos\varphi_6 = (16 - 20) \times (-0.447\,2) + 24 \times 0.894 \approx 23.24(\text{kN})$$

$$Q_6^{\text{R}} = -V_B\cos\varphi_6 - H\sin\varphi_6 = -20 \times 0.894 - 24 \times (-0.447\,2) \approx -7.15(\text{kN})$$

$$N_6^{\text{R}} = -V_B\sin\varphi_6 + H\cos\varphi_6 = -20 \times (-0.447\,2) + 24 \times 0.894 = 30.40(\text{kN})$$

其余分点截面上的内力可按相同的方法计算。根据各分点的计算结果可画出三铰拱的弯矩图、剪力图和轴力图，分别如图 7-7(d)、(e)、(f)所示。

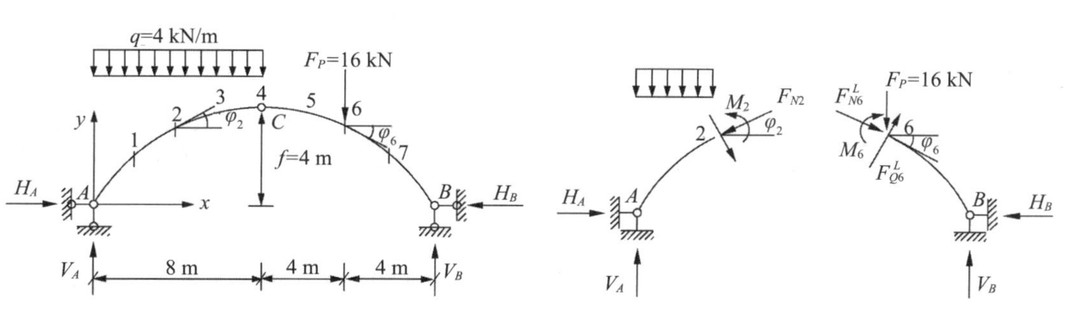

(a)　　　　　　(b)　　　　　　(c)

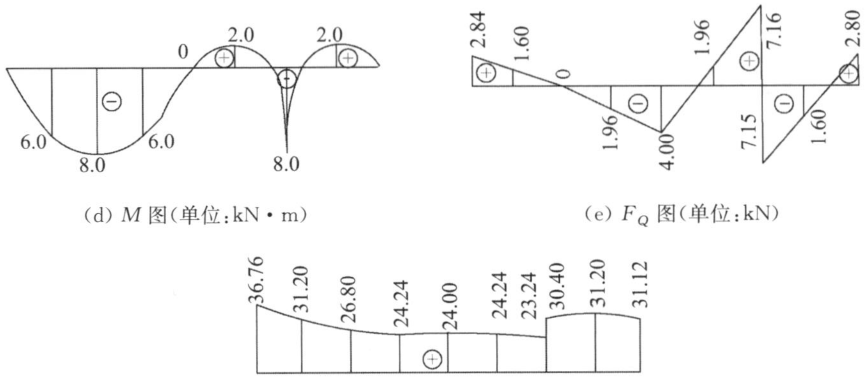

(d) M 图(单位:kN·m)　　(e) F_Q 图(单位:kN)

(f) F_N 图(单位:kN)

图 7-7　例 7-1 三铰拱的内力图

7.3.2　合理拱轴线

在给定荷载作用下,拱体上所有截面的弯矩都等于零,只有轴力时,这时的拱轴线为合理拱轴线。此时,拱的材料使用最经济。

由式(7-4)第一式可得当取合理拱轴线时

$$M = M^0 - Hy = 0$$

由此可得合理拱轴线的方程

$$y = \frac{M^0}{H} \tag{7-5}$$

上式说明,三铰拱合理拱轴线的纵坐标 y 与相应简支梁弯矩图的竖标 M^0 成正比。M^0 仅与荷载、跨度有关,是关于 x 的函数。当荷载已知时,只需求出相应简支梁的弯矩方程式,除以水平推力 H 便得到合理拱轴线方程。拱脚推力 H 不仅与荷载、跨度有关,还与拱顶铰 C 的位置 (x_C, f) 有关。

对于三铰拱的合理拱轴线,可以用悬索比拟的方法以形象化地理解。设想两定点之间有一自重可忽略的悬索,若将作用于拱上的荷载施加在该索上,则所得悬索的形状曲线倒置后就是三铰拱的合理拱轴线的形状。

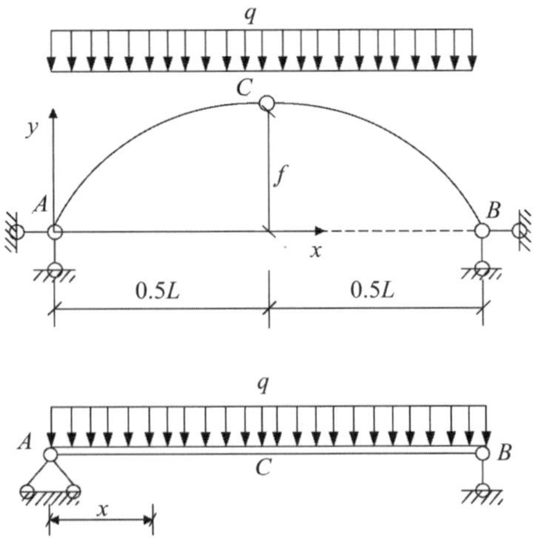

图 7-8　承受均布荷载的三铰拱

【例 7-2】求图 7-8 所示对称三铰拱在均布荷载 q 作用下的合理拱轴线。

解:该三铰拱相应简支梁的弯矩方程为

$$M^0 = \frac{qL}{2}x - \frac{qx^2}{2} = \frac{1}{2}qx(L-x)$$

支座推力可由式(7-1)求得,即

$$H = \frac{M_C^0}{f} = \frac{qL^2}{8f}$$

故由式(7-5)可得三铰拱合理拱轴线方程为

$$y=\frac{M^0}{H}=\frac{4f}{L^2}x(L-x)$$

【例 7-3】求图 7-9(a)所示对称三铰拱在均布荷载 q 作用下的合理拱轴线。

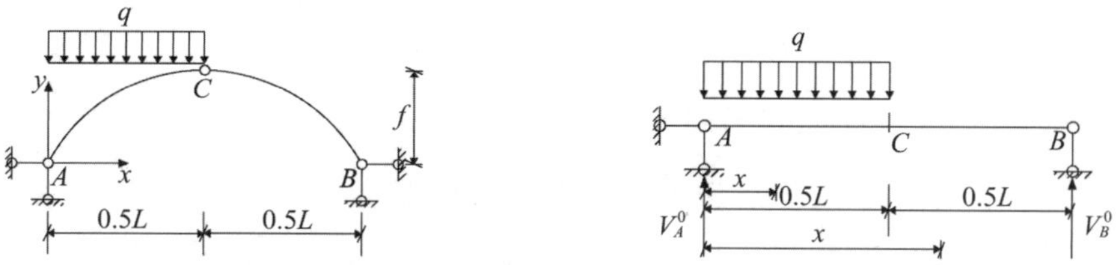

(a)　　　　(b)

图 7-9　承受一半均布荷载的三铰拱

解：该三铰拱相应简支梁[图 7-9(b)]的支座反力为

$$V_A^0=\frac{3qL}{8}(\uparrow),V_B^0=\frac{qL}{8}(\uparrow)$$

跨中截面 C 的弯矩为

$$M_C^0=V_B^0\cdot\frac{L}{2}=\frac{qL^2}{16}$$

则任意截面 K 处的弯矩表达式需分段表示为

AC 段：$M_K^0(x)=V_A^0x-qx\cdot\frac{x}{2}=\frac{3qLx}{8}-\frac{qx^2}{2}\left(0\leqslant x\leqslant\frac{L}{2}\right)$。

CB 段：$M_K^0(x)=V_B^0(L-x)=\frac{qL}{8}(L-x)\left(\frac{L}{2}<x\leqslant L\right)$。

支座推力可由式(7-1)求得，即

$$H=\frac{M_C^0}{f}=\frac{qL^2}{16f}$$

故由式(7-5)可得三铰拱合理拱轴线方程为

AC 段：$y=\frac{M_K^0}{H}=\frac{2f}{L^2}x(3L-4x)\left(0\leqslant x\leqslant\frac{L}{2}\right)$，是二次抛物线。

CB 段：$y=\frac{M_K^0}{H}=\frac{2f}{L}(L-x)\left(\frac{L}{2}<x\leqslant L\right)$，是直线。

本例表明，在半跨均布荷载作用下，三铰拱的合理拱轴线由左半跨的二次抛物线与右半跨的直线组成。

7.4　案例分析

【例 7-4】已知三铰拱 $M^0-F_Hy=0$，其中 M^0 为相应简支梁的弯矩，F_H 为三铰拱的水平推力，求图 7-10(a)所示三铰拱的合理拱轴线。

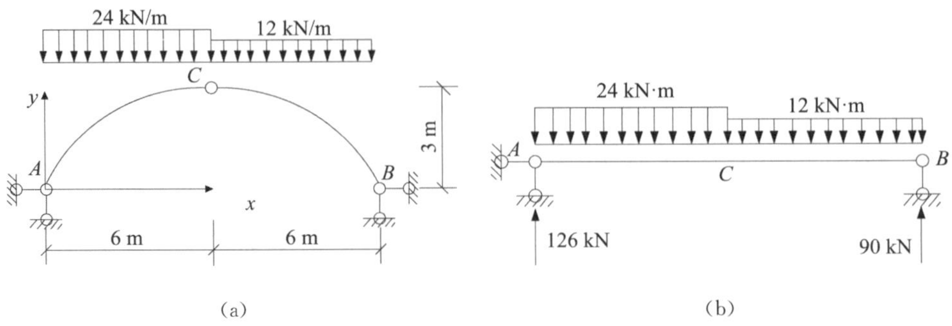

图 7-10 例 7-4 三铰拱

解:先画出相应的代梁,如图 7-10(b)所示,求出梁中拱顶对应位置的弯矩为该三铰拱的支座反力

$$V_A^0=\frac{24\times6\times9+12\times6\times3}{12}=126\ (\mathrm{kN})$$

$$V_B^0=24\times6+12\times6-126=90\ (\mathrm{kN})$$

$$M_C^0=126\times6-24\times6\times3=324(\mathrm{kN\cdot m})$$

则拱的水平支座反力

$$F_H=\frac{M_C^0}{f}=\frac{324}{3}=108(\mathrm{kN})$$

当为合理拱轴线时,拱任意截面的弯矩 $M=0$,即

$$M^0-F_Hy=0$$

其中

AC 段:$M^0=126x-12x^2$。

BC 段:$M^0=-6x^2+54x+216$。

将两段表达式代入 $M^0-F_Hy=0$,整理得

AC 段:$y=\frac{7}{6}x-\frac{1}{9}x^2$。

BC 段:$y=2+\frac{1}{2}x-\frac{1}{18}x^2$。

【例 7-5】试确定图 7-11 所示的三铰拱在三角形分布荷载作用下的合理拱轴线。

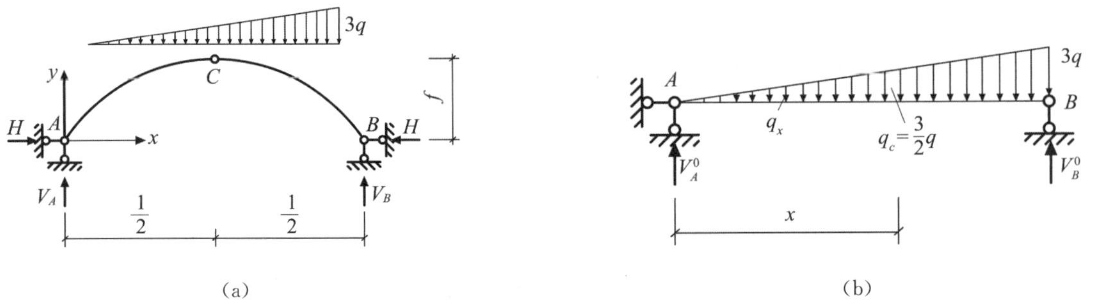

图 7-11 例 7-5 三铰拱

解：① 求水平推力 H 和弯矩方程 $M^0(x)$

由比例关系求得任意截面 x 处和顶角 C 处的荷载值为

$$q_x = \frac{3q}{l}x\ ,\ q_c = \frac{3q}{2}$$

简支梁竖向反力 V_A^0 和 C 截面弯矩 M_C^0 为

$$V_A^0 = \frac{1}{l}\left(\frac{1}{2}l \times 3q \times \frac{l}{3}\right) = \frac{ql}{2}$$

$$M_C^0 = V_A^0 \times \frac{l}{2} - \frac{1}{2} \times \frac{l}{2} \times q_c \times \frac{1}{3} \times \frac{l}{2} = \frac{3}{16}ql^2$$

三铰拱的水平推力 H 为

$$H = \frac{M_C^0}{f} = \frac{3ql^2}{16f}$$

简支梁任意截面 x 处的弯矩方程 $M^0(x)$为

$$M^0(x) = V_A^0 x - \frac{q_x x}{2} \times \frac{x}{3} = \frac{ql}{2}x - \frac{3qx^2}{2l} \times \frac{x}{3} = \frac{ql}{2}x - \frac{q}{2l}x^3$$

② 求合理拱轴线

根据合理拱轴线的定义，令三铰拱任一截面 x 处弯矩 $M(x)$为零，得：

$$M(x) = M^0(x) - Hy(x) = 0$$

合理拱轴线方程为

$$y(x) = \frac{M^0(x)}{H} = \frac{16f}{3ql^2}\left(\frac{ql}{2}x - \frac{q}{2l}x^3\right) = \frac{8f}{3l^2}\left(lx - \frac{x^3}{l}\right)$$

在前几节中，我们讨论了静定拱的概念、分类、计算分析方法，并给出了合理拱轴线的确定方法。下面结合工程实际案例中的拱结构进行分析。

(1) 考特温多斯飞机棚

考特温多斯飞机棚(Hangar de Cuatro Vientos)是位于西班牙马德里的一座使用了拱结构的建筑(图 7-12)，由西班牙著名结构工程师爱德华多·托罗哈(Eduardo Torroja)担任结构设计。其屋盖的纵向檩条安放在 35.1 m 跨度的金属拱上。金属拱的杆件在对角线方向上相互交叉，以至于安装后形成一个刚度很大的圆筒面交叉网，能够较好地承受作用在竖向投影上的风荷载和其他竖向荷载。

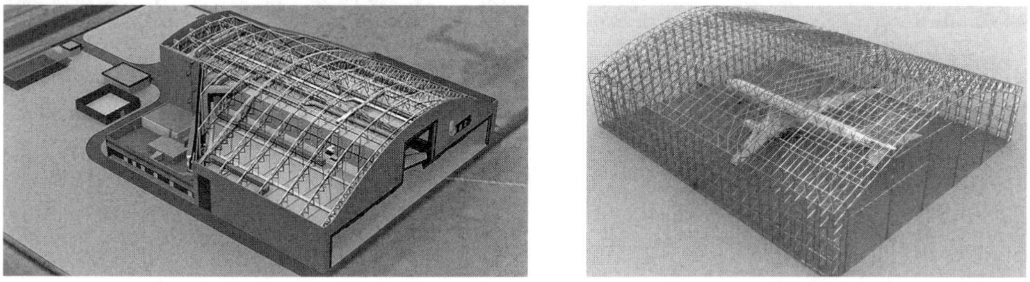

(a)　　(b)

图 7-12　考特温多斯飞机棚

拱脚支承在一系列突出于门式刚架一侧的伸臂梁上。这些刚架除两个端部刚架外，没有一个设计成必须用它来承受拱的侧向水平外推力的。而两侧端部刚架的对角线方向上则设置了具有足够强度和刚度的斜撑，使得端部刚架能承受整个屋盖拱传来的外推力。端部刚架之所以能承受上述全部外推力，是由于两侧刚架顶部的屋盖结构就像两个略为倾斜的水平梁一样，这两个水平梁虽然自重很轻，但在水平方向有很大的强度和刚度，足以将整个屋盖拱的全部水平外推力传递给各自的端部刚架。

屋盖拱在地面上拼装而成。拼装时在拱脚处采用一系列的临时拉杆，使拱体形成自我平衡的结构。当将拼装后的屋盖提升就位(即安装在两侧门式刚架的伸臂梁上)，并将拱用铰连接在它的支承伸臂梁上时，临时拉杆即可予以拆除。值得注意的是，应使拱脚处的支承点做成一个可有微量侧移的滚动铰支座，用以应付温度空化后屋盖拱在横向的伸缩。当屋盖拱完全就位后，将得到一空旷的使用空间。

两侧外层拱支承着一个轨道梁，轨道梁下安装一扇有轨道的大门。轨道梁安装在外层拱的拱脚处，并设计成既能承受作用于大门上的水平风力，又能允许大梁在温度变化时自由胀缩的构件。轨道梁所承受的水平风力将通过屋盖拱的纵向檩条被传递给布置在飞机棚后侧的扶壁墙。

由于屋盖拱是由一系列的三铰拱组成的，主要的弯矩发生在拱腰处，因此，每侧拱杆件所需要的截面高度在拱脚处最小，沿拱身逐渐增大，在 1/4 跨度处最大，以后又逐渐减小，到拱顶处又最小。这种做法可以将一根足够 1/4 拱身长度的工字钢沿腹部对角线剖开，调转 180°后再沿腹部将剖缝处焊牢，形成另一根具有 1/4 拱身长度的一头截面尺寸大、一头截面尺寸小的工字钢，接着将两根这样的不等截面工字钢拼成半个拱身加以弯曲后完成。

(2) 天津西站

天津西站(图 7-13)新站房由麦哈德·冯·格康、福尔克·温玛格及合伙人建筑师事务所 GMP 担纲设计。天津西站位于北京西南约 130 km 处，是京沪高铁线上的新枢纽，同时也是城际交通网与城市地铁网的交会点。天津市拥有常住人口 1 363 万，西站的落成在城市结构上通过站轨、河流和一条公路将南部的老城区与北部的商务新区连为一体。

(a)

(b)

图 7-13 天津西站

一座高 57 m，长约 400 m 的拱形屋顶覆盖在主站房上方，象征着沟通两个城区的桥梁。巨大的券拱传达了城市大门的意象，而其下的长形大厅则寓意着古典式的通廊。两座高 20 m 的 C 形柱廊建筑对称围合于主站房的东西两侧，构成建筑体的基座。

由于屋面为拱形曲面结构，施工时提升难度较大，不但提升点设置需要精密的计算，高空对接点较多，提升到位后动态调整难度大。提升过程均由电脑控制，采用液压千斤顶同步控制提升技术，并将激光扫描技术作为动态提升过程的检测手段之一，精确掌握结构变形数据。屋面呈金属编织状，跨度 114 m，施工人员先在空中 10 m 高架层上分组进行屋面拼接，然后整体提升到 50 m，即站房的主体结构上。整个屋顶长度是 386.15 m，重量接近 7 万 t。在拱顶拼接完后，采取液压千斤顶群提升，整体提起来，再与两侧进行拼接，最终形成整个的拱结构。

旅客将从位于南北两端的主入口进入新建成的天津西站。入口处高大的玻璃山墙立面顶部挑出的拱形雨篷是主站房设计理念的外在表征，刻画了宏大的空间，令人印象深刻：日光从屋顶透入大厅，使旅客可以清晰地定位空间，同时营造了明亮舒适的室内氛围。主站房屋面为白色钢框架玻璃幕墙结构，日光通过菱形网格射入室内，屋面底部玻璃趋近透明，这一设计可过滤顶部直射的阳光，更多地引入来自侧面的漫射光线。钢结构拱梁由下至上逐渐增粗增厚，穿插交织，勾勒出拱顶优雅而富有活力的整体形象。乘客可从这里搭乘电梯或手扶电梯抵达下层的站台层面。

天津西站从技术设备到工程结构均符合可持续性发展要求，功能杰出完备，设计者以极富当代精神的建筑语汇，重新诠释了近代铁路运输鼎盛时期的经典车站建筑。

(3) 赵州桥

赵州桥(图 7-14)是一座位于河北省石家庄市赵县城南洨河之上的石拱桥，因赵县古称赵州而得名。当地人称之为大石桥，以区别于城西门外的永通桥(小石桥)。据记载，赵州桥由隋朝匠师李春设计建造，后由宋哲宗赵煦赐名安济桥，并以之为正名。赵州桥屹立 1 400 多年而不倒，足以说明其功能性、稳定性、耐久性、结构合理性、过水能力、建筑美、文化性等方面的成功，是中国古代工程建设的典范。

(a)

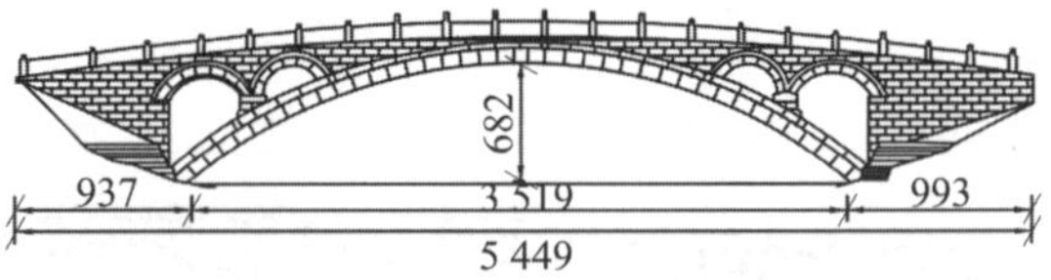

(b)

图 7-14　赵州桥(单位:cm)

据记载，赵州桥始建于隋文帝开皇十五年(公元 595 年)，完工于隋炀帝大业二年(公元 606 年)，历时 11 年。赵州桥为单跨桥梁结构，桥面长度 64.4 m，桥面宽度 9.0～9.6 m。主拱净跨 37.02 m，净矢高 7.23 m，拱券厚度 1.03 m，拱券轴线圆弧半径 27.82 m，矢高 7.05 m，高跨比 1/5.25。每一拱券采用了下宽上窄、略有“收分”的方法，使每个拱券向里倾斜，相互挤靠，增强其横向联系，以防止拱石向外倾倒；在桥的宽度上也采用了少量“收分”的办法，就是从桥的两端到桥顶逐渐收缩宽度，从最宽 9.6 m 收缩到 9 m，以加强大桥的稳定性。在主券上均匀沿桥宽方向设置了 5 个铁拉杆，穿过 28 道拱券，每个拉杆的两端有半圆形杆头露在石外，以夹住 28 道拱券，增强其横向联系。在 4 个小拱上也各有一根铁拉杆起同样作用。靠外侧的几道拱石上和两端小拱上盖有护拱石一层，以保护拱石；在护拱石的两侧设有勾石 6 块，勾住主拱石使其连接牢固。此外，为了使相邻拱石紧紧贴合在一起，在两侧外券相邻拱石之间都穿有起连接作用的“腰铁”，各道券之间的相邻石块也都在拱背穿有“腰铁”，把拱石连锁起来。而且每块拱石的侧面都凿有细密斜纹，以增大摩擦力，加强各券横向联系。这些措施的采取使整个大桥连成一个紧密整体，增强了整个大桥的稳定性和可靠性。1955 年，做过一次比较全面的修缮，在拱背和护拱石板之间加铺了一层钢筋混凝土盖板，加强拱的整体稳定性。

赵州桥是世界上现存年代久远、跨度最大、保存最完整的单孔坦弧敞肩石拱桥，其建造工艺独特，在世界桥梁史上首创"敞肩拱"结构形式，具有较高的科学研究价值；雕作刀法苍劲有力，艺术风格新颖豪放，显示了隋代浑厚、严整、俊逸的石雕风貌，桥体饰纹雕刻精细，具有较高的艺术价值。赵州桥在中国造桥史上占有重要地位，对全世界桥梁建筑有着深远的影响。1961 年，安济桥（大石桥）被中华人民共和国国务院公布为第一批全国重点文物保护单位。

（4）蒲塘桥

蒲塘桥（图 7-15）位于江苏省南京市溧水区蒲塘河上，是南京地区现存的最大的一座古桥，为九孔连续石拱桥。桥长 91.7 m，桥宽 6.68 m。桥下有 8 个带分水尖的桥墩，中心孔最大，跨径 9.9 m，两侧各孔逐渐收小（图 7-16）。

图 7-15　蒲塘桥现状

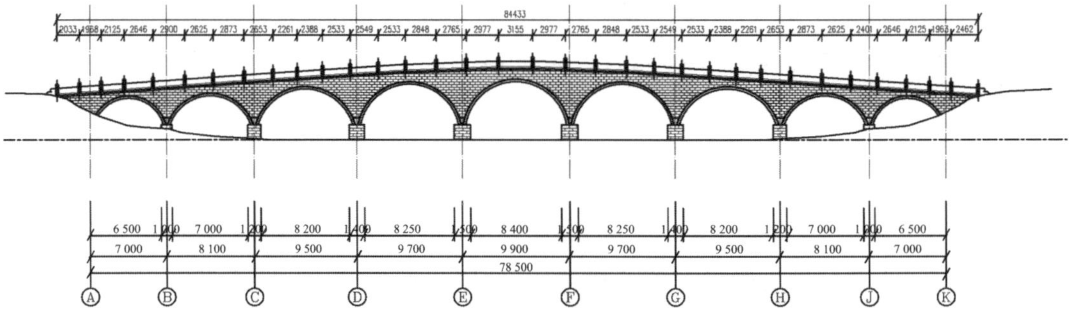

图 7-16　蒲塘桥立面测绘图(单位:mm)

据溧水区的县志记载，蒲塘桥始建于明正德三年（1508 年）春二月，落成于正德七年（1512 年）冬十月，距今已有 500 多年历史，现为全国重点文物保护单位。蒲塘桥在历史上一直是溧水和周边地区重要的通行桥梁，其西南端就是连接南京和浙江、安徽的陆路大道，这是一条苏商、浙商、徽商往来活动和贸易的交通要道，是蒲塘村通往高淳、宣城的必经之路，曾给村里带来很多生活物资。桥梁文物主体基本完好，仍然保留了大部分的历史特征，这对研究溧水当地历史文化、造桥工艺、古镇交通格局等都具有重要的历史、科学和艺术价值。蒲塘桥在历史上虽然是乡民自建，但其整体结构和形制大多符合官式做法，桥孔采取纵联分节并列式砌筑方式，造型优美、线条简洁、轻巧素雅、工艺精湛，桥的各部分构件如望柱、拱券、分水尖等加工较为精细，无论在营造技术还是造型艺术上都显示出江南地区的典型风格，是一处具备江南水乡特征和重要元素的典型桥梁结构。

石材的抗拉强度比抗压强度小得多，为抗压强度的 1/20～1/10，是典型的脆性材料。根据本章学习的内容可以知道，石拱桥的拱结构可以通过水平推力把原本由桥面行人荷载、重力荷载等竖向荷载产生的弯矩转变成压应力全部或者大部分转化为压应力。通过建立有限元模型分析可以发现，蒲塘桥的第三主应力（可表征脆性材料的压应力）比第一主应力（可表征脆性材料的拉应力）大一个数量级（图 7-17），证明石拱桥的压应力远大于拉应力，通过拱结构充分发挥出石砌体抗压较强而抗拉较弱的特点。

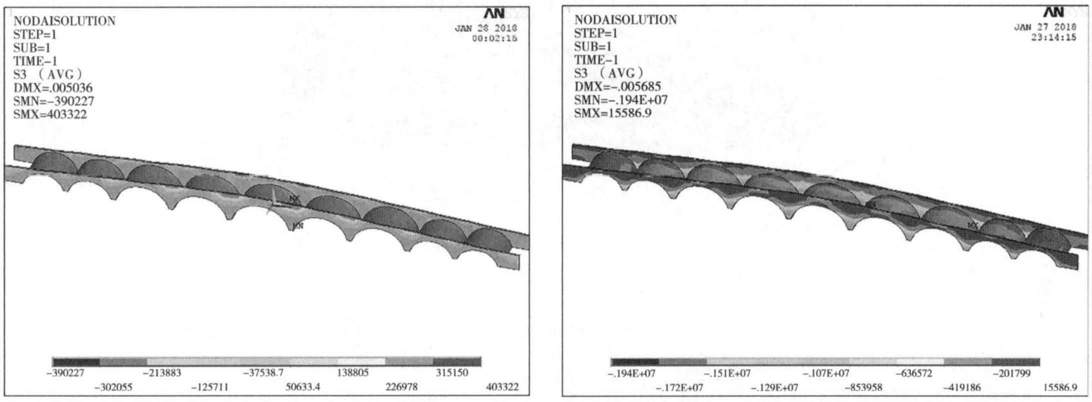

(a) 第一主应力　　　　(b) 第三主应力

图 7-17　蒲塘桥有限元分析结果

(5) 明代无梁殿

砖砌无梁殿建筑流行于明代，是我国古代砖石砌体建筑的杰作，它无梁无柱，为拱券式，砌筑过程全部以砖、石或砌块为材料，并以石灰砂浆砌筑，因其良好的防火性及保温隔热性在古代常用作佛寺藏经阁、皇室档案库等。特殊的内部结构和独特的外部仿木构殿堂式装饰构造手法，使得无梁殿建筑在结构上获得良好稳定性的同时兼具造型美感，其作为中国特有的建筑遗产类型承载了重要的艺术、历史及科学价值。明代砖砌无梁殿从形制角度可以分为以下两种类型：一类以南京灵谷寺无梁殿[图 7-18(a)]为代表，建造较早的官式建筑，普遍等级很高，体量宏大，屋面坡度和缓，与江南建筑常见做法相似[图 7-18(b)]；拱券技术上，筒拱起拱曲线多为半圆形，且多只用横拱[图 7-18(c)]；建筑造型以简洁取胜，无木构装饰，仅在檐部有仿木做法；建筑形态质朴雄壮，气势恢宏。另一类以句容隆昌寺无梁殿[图 7-19(a)]、太原永祚寺无梁殿[图 7-19(b)]、苏州开元寺无梁殿[图 7-20(a)]为例的万历年间建造的无梁殿为代表，相比南京灵谷寺无梁殿而言，其体量较小，均采用二层单檐歇山顶[图 7-20(b)]；脊步陡峭，檐步较长；拱券技术上，内部多用尖券及双心券，纵横拱穿插[图 7-20(c)]；建筑形制依然采用仿木构的手法，风格受明代官式大木作影响，外观相较南京灵谷寺无梁殿更加精美华丽。

砖作为无梁殿最主要的搭建材料，也是承重结构的构成部分，砖的搭接、砌法，对于无梁殿的结构性能有着重要的影响。正如美国现代建筑师路易斯·康设想的那段著名的对话：“假设你对砖块说：‘砖，你想要什么？’砖块回答你：‘我喜欢拱。’假设你说：‘拱索价太高，我可以用一块混凝土楣石架在开口部的上端，你觉得如何？’砖块回答说：‘我喜欢拱。’”康认为设计师应当尊重砖的本性并赞扬它，而非欺骗它，使其丧失个性，比方说仅仅将砖作为仿木构的填充材料。明代无梁殿并不盲目追求仿木构，其内部结构采用了最适合砖砌体材料的拱券结构。采用拱券结构来承托楼面荷载和屋面荷载，充分发挥了砖砌体的抗压强而抗拉弱的特点，在满足结构安全的前提下达到了美观耐久的功效。无梁殿的拱券在完成大跨度的同时，需要靠墙体来抵消拱顶的水平推力，通过改进砖的砌法、组合，可以减轻墙体及拱券本身重量，从而使拱券发挥其应有的作用。

(a) 南京灵谷寺无梁殿实景

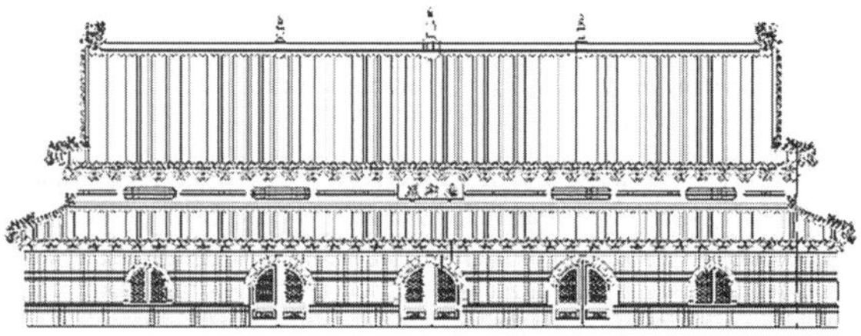

(b) 灵谷寺无梁殿正立面

(c) 灵谷寺无梁殿横剖面

图 7-18　南京灵谷寺无梁殿

(a) 句容隆昌寺无梁殿实景

(b) 太原永祚寺无梁殿实景

图 7-19　句容隆昌寺无梁殿和太原永祚寺无梁殿

(a) 苏州开元寺无梁殿实景

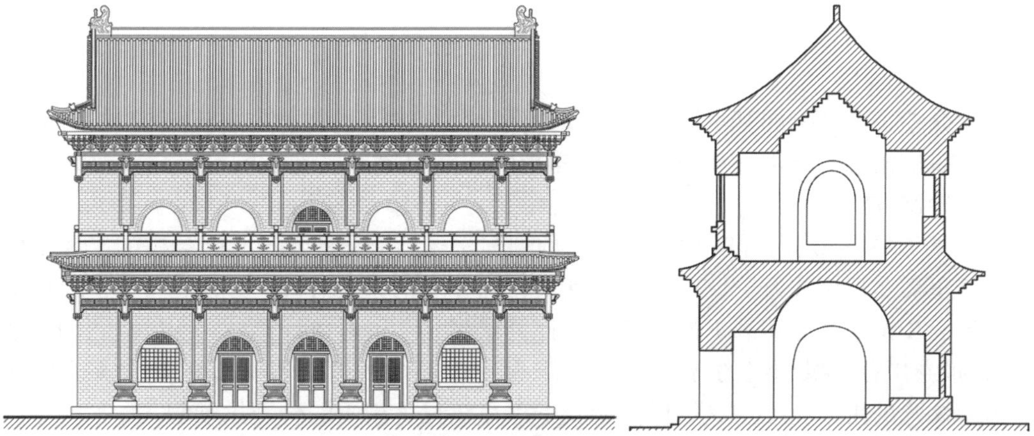

(b) 开元寺无梁殿正立面　　　　　　　　(c) 开元寺无梁殿横剖面

图 7-20　苏州开元寺无梁殿

为了更直观地得到无梁殿的受力性能，选取隆昌寺无梁殿和开元寺无梁殿进行竖向荷载下的有限元静力计算(图 7-21)。对于砖砌体脆性材料，其拉、压应力的最大值方向往往不平行于几何坐标轴，宜选取第一主应力及第三主应力进行分析。两座无梁殿的最大压应力均比最大拉应力大一个数量级，证明无梁殿的拱券结构可以把竖向荷载产生的内力大部分转化为压应力，充分发挥出砖砌体抗压较强而抗拉较弱的特点。

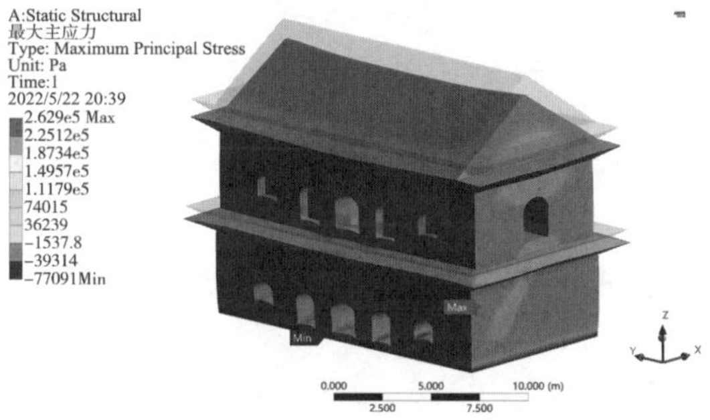

(a) 开元寺无梁殿第一主应力

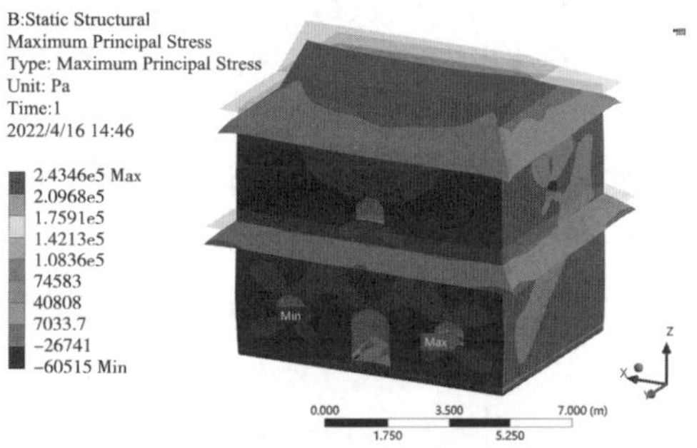

(b) 隆昌寺无梁殿第一主应力

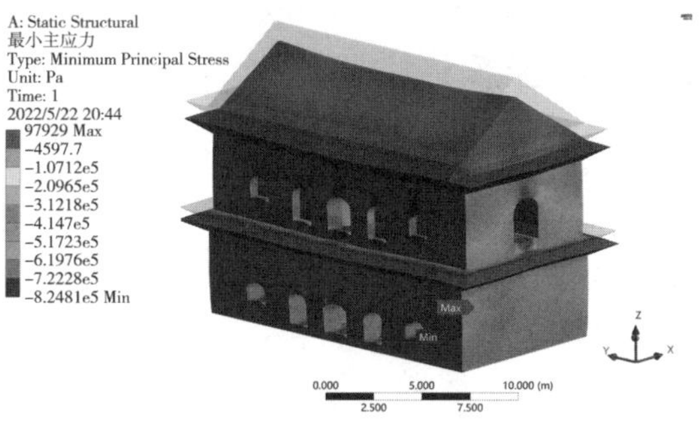

(c) 开元寺无梁殿第三主应力

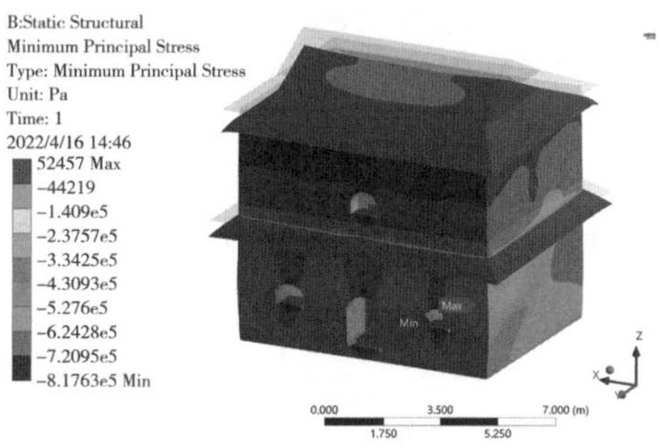

(d) 隆昌寺无梁殿第三主应力

图 7-21　典型无梁殿的应力分布

7.5 小结

本章介绍了拱结构的基本原理。本章计算所涉及的拱均为静定拱即三铰拱，我们需要理解静定拱的概念及分类，以及它们各自的受力特点。掌握拱轴线的定义以及静定拱的计算简图的绘制方法。

根据计算简图，我们可以对整体或部分列写平衡方程，求解静定拱结构的支座反力和内力。这里需要特别注意三铰拱相应简支梁在计算中的重要作用，会借助三铰拱相应简支梁推导出三铰拱在竖向荷载下的支座反力计算式(7-1)和内力计算式(7-4)。利用上述计算方法，推导出合理拱轴线的方程(7-5)，求取使拱各截面弯矩都为零的轴线即合理拱轴线。需要注意的是，对于三铰拱，任何荷载下都存在与其相应的合理拱轴线。

我们需要利用本章的知识对静定结构进行灵活分析、计算，能够对实际工程中的拱结构加以分析，并将计算分析方法运用到自己的结构选型中。

第 7 章习题

1. 试分析钢架与拱结构之间的区别与联系。
2. 合理拱轴线是什么？计算合理拱轴线的意义是什么？
3. 按力学结构的分类，拱结构能够分为哪几类结构？
4. 试举出一些大跨度拱结构的例子。
5. 无铰拱、两铰拱、三铰拱各有什么优缺点？
6. 拱形结构为了减少拱脚处的水平推力，可以采取什么措施？
7. 试举出生活中常见的拱结构的建筑，分别判断它们的类型。
8. 常见的拱桥类型有哪些？
9. 已知 $M=18\ \text{kN}\cdot\text{m}$，求图 7-22 所示半圆形拱截面 K 处的内力。

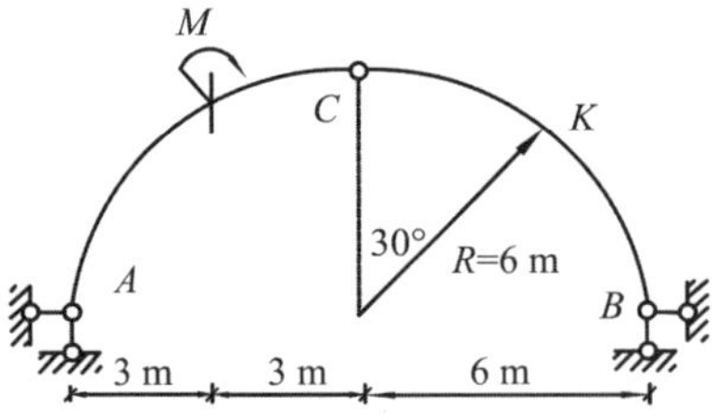

图 7-22　题 9 三铰拱

10. 求图 7-23 所示半圆形拱截面 K 处的内力。

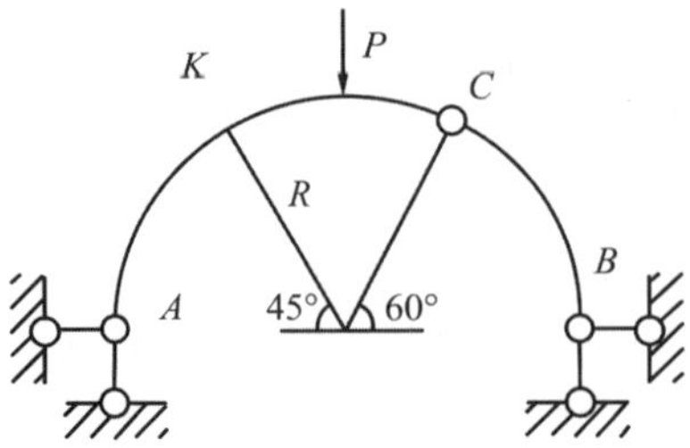

图 7-23　题 10 三铰拱

第 8 章　结构材料特性

8.1　材料性能概述

材料的发展是人类进步的里程碑，是时代和文明的标志，是国民经济发展的支柱，是构成各种建筑物的物质基础，也是决定工程质量和使用性能的关键因素。材料的性能表现对于建筑物的各种性能具有重要影响。合理选择和正确使用材料可以使得建筑物获得结构安全、性能可靠、耐久、美观及经济适用等综合品质。本节初步介绍材料性能的基本概念，为后续介绍并理解建筑物常用的材料及其性能奠定基础，从而为后续其他专业课程的学习以及将来在从事建筑行业工作时正确选择与使用材料奠定一定的理论基础。

(1) 材料的密度：指材料在绝对密实状态下单位体积的质量。

(2) 材料的表观密度：指块状材料在自然状态下单位体积的质量。

(3) 材料的堆积密度：指粉状或粒状材料在堆积状态下单位体积的质量。

(4) 材料的孔隙率：指材料体积内，孔隙体积所占的比例。根据材料内部孔隙的构造，孔隙可分为连通孔隙和封闭孔隙；根据孔隙尺寸大小，又可分为毛细孔隙、细孔隙和粗孔隙。孔隙的大小及分布对材料影响较大。密实度是与孔隙率相关的材料性能，是指材料的密实程度。

(5) 材料的空隙率：指散粒材料在某堆积体积中颗粒之间的空隙体积所占的比例。

(6) 材料的吸水性：指材料在水中能吸收水分的性质。表示方法为以质量表示称为质量吸水率，以体积表示称为体积吸水率。材料的吸水性与材料的孔隙率和空隙率特征有关。

(7) 材料的吸湿性：指材料在潮湿环境中吸收水分的性质。潮湿材料在干燥的空气中也会放出水分，称为还湿性。材料的吸湿性用含水率表示。材料中所含水分与空气的湿度相平衡时的含水率，称为平衡含水率。材料的吸水性和吸湿性均会对材料的强度、绝热性、耐久性等性能产生不利影响。材料的吸湿和还湿也会引起其体积变形，从而影响使用。

(8) 材料的耐水性：指材料长期在水作用下不破坏，强度也不显著降低的性质。材料的耐水性用软化系数表示，即材料在饱水状态下的抗压强度与材料在干燥状态下的抗压强度的比值，用 K_R 表示。K_R 值越小，表示材料吸水饱和后强度下降越大，耐水性越差。

(9) 材料的抗渗性：指材料抵抗压力水渗透的性质，也称不透水性。材料的抗渗性通常用渗透系数 K_s 表示，即以单位面积、单位时间、渗透过来的水量大小表示。K_s 值越大，表示材料渗透的水量越多，抗渗性越差。此外，材料的抗渗性也可以用抗渗等级表示，即以规定的试件，在标准试验方法下所能承受的最大水压力来确定，用 Pa 表示。如 P4、P8 分别表示材料能承受 0.4 MPa、0.8 MPa 的水压而不渗水。材料的抗渗性与其孔隙率和孔隙特征有关，是决定材料耐久性的重要因素。

(10) 材料的抗冻性：指材料在水饱和状态下，能经受多次冻融循环作用而不破坏的性能。材料的抗冻性用抗冻等级表示，用 Fn 表示，其中 n 为最大冻融循环次数。材料受冻融破坏主要是其孔隙中的水结冰所致。材料的抗冻性取决于其孔隙率、孔隙特征及充水程度。抗冻性好的材料抵抗大气温度变化、材料内部结构应力的变化、干湿交替等风化作用的能力较强，也说明材料的耐久性好。

(11) 材料的抗压强度：指材料被压缩时，在破坏前承受的最大负荷除以负荷截面面积所得的应力。

(12) 材料的抗拉强度：指材料拉伸时，在破坏前所承受的最大负荷除以原横截面面积所得的应力，表示材料在拉力作用下抵抗破坏的最大能力。

(13) 材料的抗折(抗弯)强度：指材料在外力作用下抗折断弯曲的强度，表示材料在抗折破坏时的最大抗拉应力。相同种类的材料，随着其孔隙率及构造特征的不同，材料的强度也有较大差异。一般孔隙率越大的材料强度越低，其强度与孔隙率具有近似直线的比例关系。砖、石材、混凝土等无机材料的抗压强度较高，而其抗拉强度很低；而有机材料抗压强度高，抗折强度也较高，柔韧性好。

(14) 材料的抗剪强度：指材料在受剪切时，在破坏前所承受的最大负荷除以截面面积所得的应力。它表示材料在剪切作用下抵抗破坏的最大能力。

(15) 材料的抗冲击力：指某一材料受规定重量的物体以较高的速度与其相接触后所能承受冲击的能力。

(16) 材料的挠度：材料或构件在荷载或其他外界影响下，其材料的纤维长度与位置的变化，沿轴线长度方向的变形称为轴向变形，偏离轴向的变形称为挠度。

(17) 材料的弹性：材料在外力作用下产生变形，当外力取消后，能够完全恢复原来形状的性质称为弹性，这种完全恢复的变形称为弹性变形(也称瞬间变形)。

(18) 材料的塑性：材料在外力作用下产生变形，如果取消外力，仍保持变形后的形状和尺寸，并且不产生裂缝的性质称为塑性，这种不能恢复的变形称为塑性变形(也称永久变形)。

(19) 材料的脆性：当外力达到一定限度后，材料突然破坏，而破坏时并无明显的塑性变形，材料的这种性质称为脆性。

(20) 材料的韧性：在冲击、振动荷载作用下，材料能够吸收较大的能量，同时也能产生一定的变形而不致破坏的性质称为韧性。路面、桥梁、吊车梁及有抗震要求的结构都要考虑到材料的韧性。

(21) 材料的耐久性：指材料在长期使用过程中抵抗其自身及外界环境、物理、化学、气候、生物等因素长期破坏作用，保持其原有性能而不变质、不破坏的能力。物理作用指冻融、干湿、温度变化；化学作用指酸、碱、盐等有害溶液及空气中 CO_2、SO_3 侵蚀；生物作用指霉菌、蛀虫等。材料的耐久性是一项重要的综合技术性质，具有明确的经济意义。

(22) 材料的热工性：建筑热量传递的方式有三种，即导热、对流和热辐射。导热是指由于物体各种部分直接接触的物质质点作热运动而引起的热能传递过程；对流是指由较热的液体或气体因遇热膨胀而密度减小从而上升，冷的液体或气体补充，形成分子的循环流动，从而使热量从高温的地方通过分子的相对位移传向低温的地方；热辐射是指靠电磁波来传递能量的过程。建筑材料主要是靠导热，但一般建筑材料内部或多或少有些孔隙，在孔隙内除存在气体的导热外，同时还有对流和热辐射存在。

8.2　建筑材料的分类

建筑物实体是由材料堆砌或连接而成的，建筑物的许多性质也都是以材料作为基本载体体现出来。因此，选择与使用合适的材料是建筑建设的首要任务之一，例如根据建筑物的性质选择钢材或混凝土作为主要建筑材料，如图 8-1 和图 8-2 所示。

图 8-1　钢结构建筑

图 8-2　混凝土结构建筑

从广义的角度来说，建筑材料指的是建筑工程中应用的各种材料。建筑材料品种繁多，涵盖了自然界中的绝大多数材料，为了便于掌握其应用规律，通常从不同角度对建筑材料进行分类，如表 8-1 所示。

表 8-1　建筑材料分类

根据主要构成组分分类	有机材料	天然有机材料	木材、竹材、天然纤维/橡胶等
		人工合成有机材料	合成纤维/橡胶/树脂、涂料、胶黏剂等
		沥青材料	石油沥青、煤沥青及其制品
	无机材料	金属材料	黑色金属：钢、铁
			有色金属：铝及铝合金、铜及铜合金
		非金属材料	天然石材：花岗岩、石灰岩、大理岩等
			胶凝材料：气硬性胶凝材料（石灰、石膏、水玻璃）；水硬性胶凝材料（各种水泥）
			混凝土及砂浆
			硅酸盐制品
	复合材料	有机-有机复合材料	复合木地板、橡胶改性沥青、树脂改性沥青
		有机-无机复合材料	沥青混合料、聚合物混凝土、金属增强橡胶
		金属-无机非金属	钢筋混凝土、夹丝玻璃、金属夹芯复合板
		无机非金属-无机非金属复合材料	普通混凝土、玻璃纤维增强石膏/水泥等
根据主要功能分类	结构材料		金属、混凝土、石材、砖瓦、木材、竹材、玻璃等
	其他功能材料		围护材料、保温绝热材料、防水材料、吸声隔音材料、装饰材料等

8.2.1 根据主要构成组分分类

（1）有机材料：以有机物质为主所构成的材料，其具备有机物质的一系列特性，如密度小、加工性好、易燃烧、易老化等。根据其来源又可分为天然有机材料（如木材、天然纤维、天然橡胶等）、人工合成有机材料（如合成纤维、合成橡胶、合成树脂、涂料、胶黏剂等）和沥青材料（如石油沥青、煤沥青及其制品等）。

（2）无机材料：以无机物质为主所构成的材料，包括金属材料（如各种钢材、铝材、铜材等）和非金属材料（如天然石材、硅酸盐制品、混凝土等）。无机材料与有机材料相比，具有不老化、不燃烧、组分构成相对稳定等特性，但其受构成成分与结构的影响，物理力学性能差别很大。

（3）复合材料：以两种或两种以上不同类别的材料按照一定组成结构所构成的材料。复合材料可以根据工程对材料的性能需求对其组成和结构进行优化，不仅保持各组分材料性能的优点，而且通过各组分性能的互补和关联，克服了单一组成材料的某些弱点，发挥其复合后材料在某些方面的综合优异特性。根据构成不同，建筑工程复合材料可分为有机-有机复合材料（如复合木地板、橡胶改性沥青、树脂改性沥青等）、有机-无机复合材料（沥青混合料、聚合物混凝土、金属增强橡胶等）、金属-无机非金属复合材料（如钢筋混凝土、夹丝玻璃、金属夹芯复合板）、无机非金属-无机非金属复合材料（如普通混凝土、玻璃纤维增强石膏、玻璃纤维增强水泥等）。

8.2.2 根据材料在工程中的主要功能分类

（1）结构材料：建筑工程中主要起承受荷载作用的材料，是工程建设中最重要的材料，常用于工程的主体部位，如结构物的基础、柱、梁、板等。材料的物理力学性能是建筑工程对结构材料的主要技术性能要求，其性能的优劣决定了工程结构的安全与使用可靠性。结构材料包括金属、混凝土、石材、砖瓦、木材、竹材、玻璃等。

（2）其他功能材料：建筑工程中主要起其他作用的材料，如围护材料、保温绝热材料、防水材料、吸声隔音材料、装饰材料等。科学合理地选择及使用功能材料往往决定了工程使用的可靠性、适用性和美观效果等。

常用材料的强度如表 8-2 所示。

表 8-2 常用材料的强度　　单位：MPa

强度	木材	竹材	Q235	Q345	铝合金	混凝土	碳纤维
抗拉强度	8～10	180	235	345	420～460	1～3	3 000
抗压强度	10～16	80	235	345	150～250	10～50	—

注：表中常用材料的强度值为参考值，实际工程设计计算时，应根据相应规范取值。

8.3 钢材及其材料性能

8.3.1 钢材的定义与组成

钢材，指钢锭、钢坯或钢材通过压力加工制成所需要的各种形状、尺寸和性能的材料；

也可以说是将炼钢生铁和废钢材等原料在炼钢炉内冶炼而成的铁碳合金的总称。钢是以铁为主的铁碳合金。合金指的是将至少一种金属元素与其他一种或者一种以上的元素进行熔合而组成的具有金属特性的物质。一般含碳量小于 0.021 8%的铁碳合金为工业纯铁，含碳量小于 2.11%的铁碳合金为碳钢，而含碳量大于 2.11%的铁碳合金则称为铸铁，我们讨论的主要是含碳量介于 0.021 8%～2.11%的钢材。随着铁碳合金含碳量的变化，其晶体组织的种类、含量及分布状态也会变化，从而使得钢材的性质改变，如图 8-3 所示。

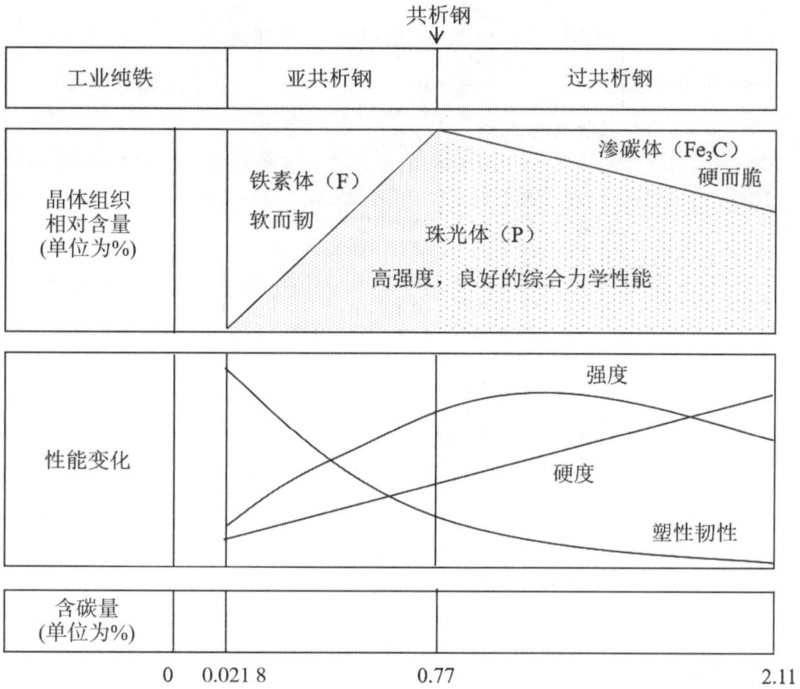

图 8-3　铁碳合金的含碳量、晶体组织与钢材性质之间的关系

钢材在常温下的基本晶体组织有铁素体、珠光体和渗碳体三种。碳溶于 α-Fe 中的间隙固溶体称为铁素体，以符号 F 表示。铁素体内原间空隙较小，溶碳能力较低，见图 8-4(a)，晶界圆滑，晶内很少见孪晶或滑移线，多以片状、块状、针状和网状存在。铁素体的塑性和韧性较好，伸长率约为 50%，冲击韧性可达 300 J/cm^2；但铁素体强度和硬度较低。珠光体是铁素体和渗碳体一起组成的机械混合物，用符号“P”表示，平均含碳量约为 0.77%，形态为铁素体薄层和渗碳体薄层交替叠压的层状复相物，见图 8-4(b)。因此珠光体的性质亦介于铁

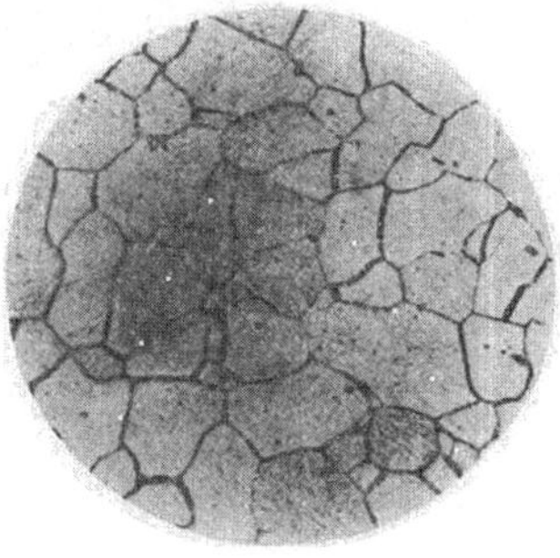
(a) 铁素体

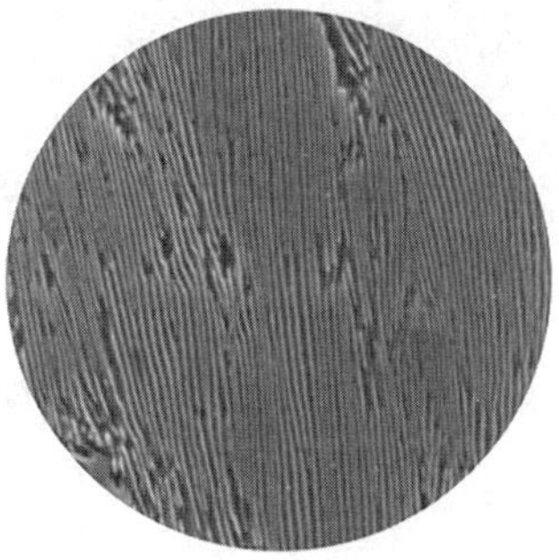
(b) 珠光体

(c) 渗碳体

图 8-4　晶体组织微观结构图

素体和渗碳体之间，既具有一定的强度和硬度，也具有一定的塑性和韧性。渗碳体是一种具有复杂晶格结构的间隙化合物，其分子式为 Fe_3C，多呈片状、粒状、网状或板状，见图 8-4(c)。渗碳体表现出明显的硬脆特点，硬度超过 HB800，但塑性和韧性非常低，伸长率几乎为零。

8.3.2 钢材的分类

钢材的种类很多，可以从不同角度进行多种分类，见图 8-5 和图 8-6。

- 钢
  - 按冶炼方法分
    - 按炉种分
      - 平炉钢
      - 转炉钢(氧气转炉钢、空气转炉钢)
      - 电炉钢
    - 按脱氧程度分
      - 镇静钢
      - 半镇静钢
      - 特别镇静钢
      - 沸腾钢
  - 按化学成分分
    - 碳素钢
      - 低碳钢　含碳量<0.25%
      - 中碳钢　含碳量0.25%～0.60%
      - 高碳钢　含碳量>0.60%
    - 合金钢
      - 低合金钢　合金元素总含量<5%
      - 中合金钢　合金元素总含量5%～10%
      - 高合金钢　合金元素总含量>10%
  - 按质量分
    - 普通钢　$w(P)\leqslant0.045\%$，$w(S)\leqslant0.05\%$
    - 优质钢　$w(P)\leqslant0.035\%$，$w(S)\leqslant0.035\%$
    - 高级优质钢　$w(P)\leqslant0.025\%$，$w(S)\leqslant0.025\%$
    - 特级优质钢　$w(P)\leqslant0.025\%$，$w(S)\leqslant0.015\%$
  - 按用途分
    - 结构钢
      - 工程结构用钢
        - 建筑用钢(圆钢、角钢、工字钢)
        - 专门用途钢(船舶用钢、桥梁用钢、锅炉用钢)
      - 机械零件用钢
        - 渗碳钢
        - 调质钢
        - 弹簧钢
        - 轴承钢
    - 工具钢
      - 量具钢
      - 刃具钢
      - 模具钢
    - 特殊性能钢
      - 不锈钢
      - 耐热钢
      - 耐磨钢
      - 电工用钢

图 8-5　钢材的分类

(a) 角钢　　(b) 螺纹钢　　(c) H 型钢

图 8-6　工程螺纹钢结构用钢图片

8.3.3 钢材的力学性能

钢材的力学性能主要指的是钢材抵抗外力作用的能力及其在外力作用下的变形特征。

反映钢材力学性能的主要技术指标有:抗拉屈服强度 σ_s、抗拉极限强度 σ_b、伸长率 δ、冲击韧性和硬度等。

（一）抗拉性能

低碳钢的拉伸性能变化规律可以通过轴向拉伸的应力(σ)-应变(ε)曲线表示,如图 8-7 所示。从图中可以看出,低碳钢拉伸过程可划分为四个阶段:弹性阶段($O\sim A$)、屈服阶段($A\sim B$)、强化阶段($B\sim C$)和颈缩阶段($C\sim D$)。

(1) 弹性阶段($O\sim A$)

从图 8-7 中可以看出,在 OA 范围内,钢材试件在受力时发生变形,卸除拉伸力后变形能够完全恢复,表现出明显的弹性性质,为弹性变形阶段。与 A 点对应的应力为应力和应变保持直线关系的最大应力,称为弹性极限(也为比例极限),用 σ_p 表示。弹性阶段应力和应变成正比,比例系数为弹性模量 E,是衡量材料刚度的重要指标,表征金属材料抵抗弹性变形的能力。弹性模量越大,说明在相同应力下产生的弹性变形越小。

(2) 屈服阶段($A\sim B$)

在 AB 曲线范围内,应力与应变不成比例,应变增加的速度大于应力的增长速度,从 $B_上$ 点到 $B_下$ 点甚至出现了应力减少的情况,这一现象称为屈服,这一阶段称为屈服阶段。在这一阶段,若卸去外力,试件不能完全恢复,产生塑性变形。钢材屈服阶段最高点 $B_上$ 点对应的应力即此阶段的最大应力称为屈服上限,最低点 $B_下$ 点对应的应力称为屈服下限。由于 $B_下$ 点对应数值较稳定,且较易测定,因此一般以 $B_下$ 点对应的应力为屈服点(也称屈服强度),用 σ_s 表示。钢材受力达到屈服点后,变形立即迅速发展,虽然并未破坏,但已不能满足使用要求,因此设计中一般以屈服点作为强度的取值依据,其是工程结构计算中非常重要的一个参数。对于在外力作用下屈服现象不明显的钢材(如高碳钢),规定以产生残余变形为 0.2%原标距长度时的应力作为该钢材的屈服强度,称为条件屈服强度,用 $\sigma_{0.2}$ 表示,如图 8-8 所示。

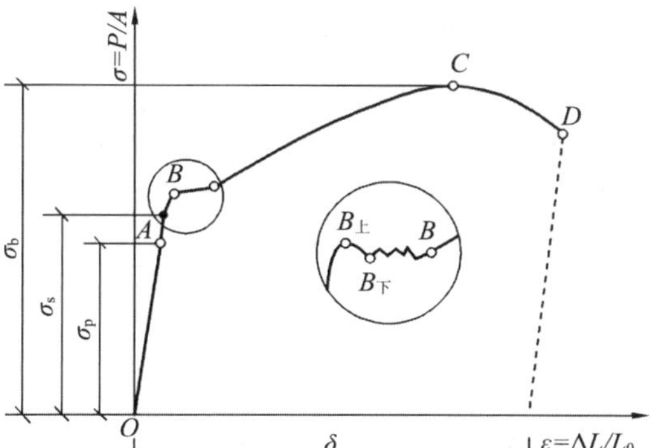

图 8-7　低碳钢拉伸时的应力-应变曲线

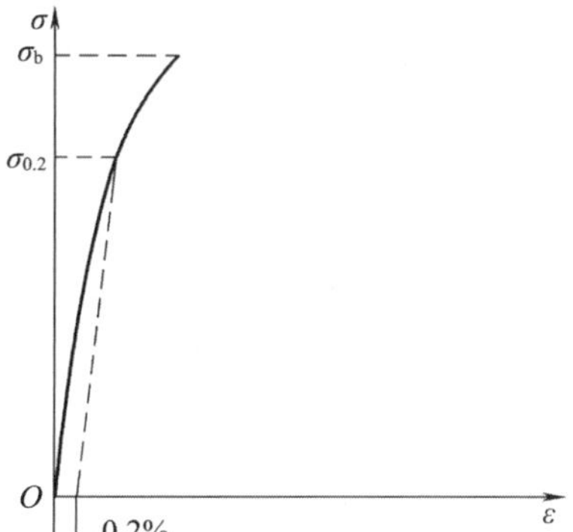

图 8-8　中碳钢、高碳钢拉伸的应力-应变曲线

(3) 强化阶段($B\sim C$)

从图 8-7 中可以看出 BC 曲线逐步升高,说明当试件屈服达到一定程度后,其抵抗塑性变形的能力又会重新提高,此现象称为钢材的强化,这一阶段称为强化阶段。在最高点 C 处,钢材的承载能力达到极限,此时对应的最大应力值称为极限抗拉强度,用 σ_b 表示。设计中抗拉强度虽不能利用,但钢材的屈服强度(σ_s)与抗拉强度(σ_b)的比值(称为屈强比,

σ_s/σ_b)却能反映钢材的利用率和结构的安全可靠性。屈强比越小,钢材受力超过屈服点工作的可靠性越大,不易因局部超载造成脆性断裂而破坏,结构安全性越高;但屈强比不可过小,太小的屈强比使得钢材不能被有效地利用,造成钢材浪费。建筑结构钢较为合理的屈强比一般为 0.60~0.75。

(4) 颈缩阶段($C\sim D$)

当曲线达到最高点 C 后,钢材抵抗变形的能力明显降低,在最薄弱处发生较大的塑性变形,此处截面急剧缩小,呈杯状变细,最后断裂,该阶段称为颈缩阶段,如图 8-9 所示。

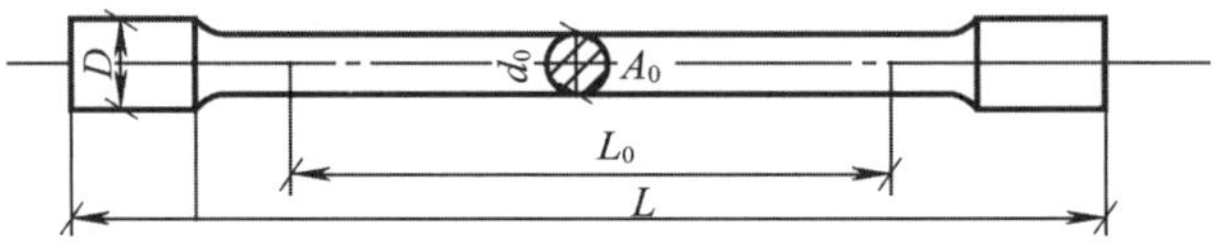

(a) 拉伸前

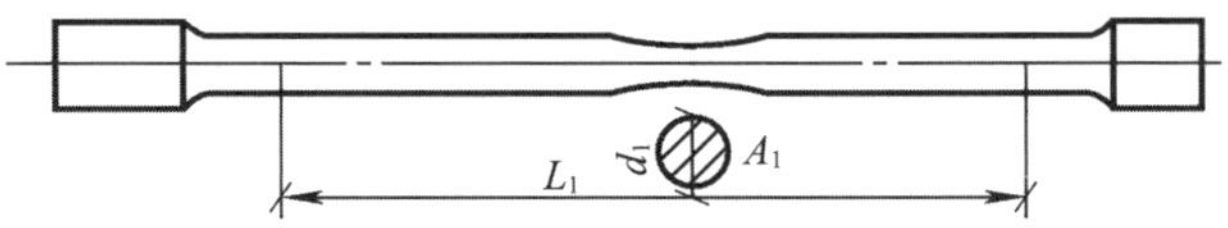

(b) 拉伸后

图 8-9 钢材拉伸前后尺寸变化

通过拉伸试验(图 8-9),不仅可以检测钢材的屈服强度和抗拉强度等指标,还可以检测钢材在外力作用下发生塑性变形而不破坏的能力,即塑性。一般用伸长率衡量钢材的塑性性能。伸长率是试件拉断后标距的伸长量与原始标距的百分比,用 δ 表示,计算式见式(8-1):

$$\delta=\frac{L_1-L_0}{L_0}\times 100\% \tag{8-1}$$

式中:L_0 为试件原始标距长度,mm;L_1 为试件拉断后原始标距两点间的长度,mm。

标准拉伸试验的标距长度 L_0 通常选取试件直径 d_0 的 10 倍或 5 倍,即 $L_0=10d_0$ 或 $5d_0$,其伸长率相应地被记为 δ_{10} 或 δ_5。比例试件的尺寸越短,伸长率越大。

断面收缩率是试件拉断后,缩颈处横截面面积的最大缩减量与原始横截面面积的百分比,用符号 ψ 表示,计算式见式(8-2):

$$\psi=\frac{A_0-A_1}{A_0}\times 100\% \tag{8-2}$$

式中:A_0 为试件原始横截面面积,mm^2;A_1 为试件缩颈处最小横截面面积,mm^2。

可根据 δ 与 ψ 的相对大小判断钢材拉伸时是否形成缩颈:

$\psi>\delta$,钢材拉伸形成缩颈,且($\psi-\delta$)的值越大,缩颈越严重;

$\psi\leqslant\delta$,钢材不形成缩颈。

(二) 冲击韧性

冲击韧性指的是钢材抵抗冲击荷载的能力。钢材的冲击韧性是用标准试件(中部加工有 V 形或 U 形缺口)在摆锤式冲击试验机上进行冲击弯曲试验确定的,如图 8-10 所示。

按照规定，将试件冲断时缺口处单位截面面积上所消耗的功作为钢材的冲击韧性指标，称为冲击吸收功，用 A_k 表示。A_k 值越大，钢材的冲击韧性越好。冲击韧性的大小可以比较灵敏地反映出材料内部晶体组织、有害杂质、各种缺陷、应力状态以及环境温度等因素微小变化对性能的影响。所以，常用冲击韧性来检查上述因素对钢材性能的影响程度，防止其对钢材引起的脆性断裂，并将冲击韧性作为选材的主要依据之一。

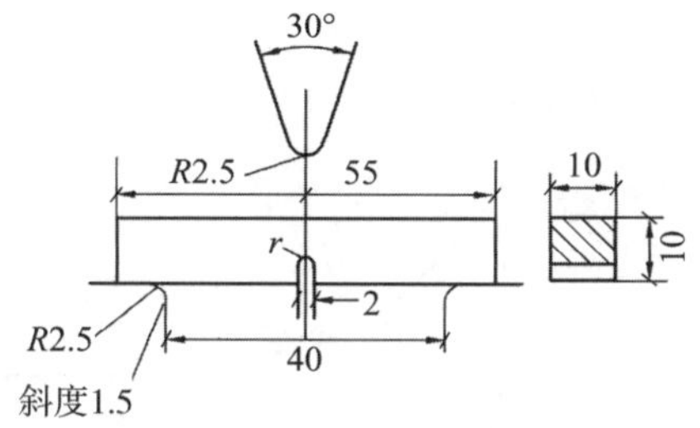

(a)

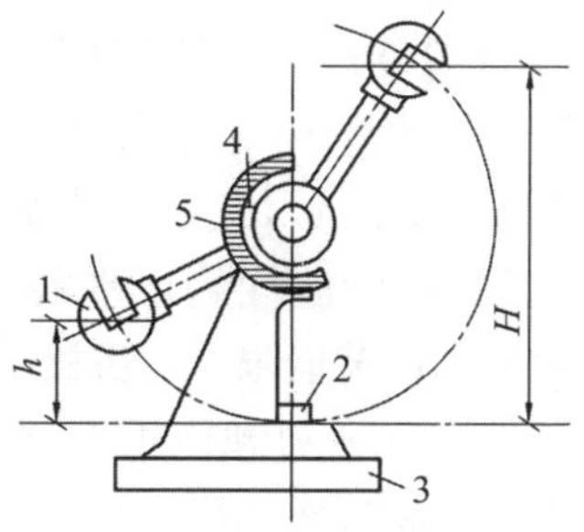

(b)

r—缺口半径；*h*—摆锤下落后的高度；*H*—摆锤顶点高度；1—摆锤；2—试件；3—试验台；4—指针；5—转盘。

图 8-10　钢材的冲击韧性试验(单位:mm)

（三）硬度

硬度表示钢材表面局部体积内抵抗另一更硬物体压入而产生塑性变形的能力。一般硬度高时，耐磨性能好，但脆性也大。钢材的硬度常用压痕的深度或压痕单位面积上所受的压力作为衡量指标。建筑钢材的硬度常用布氏法来测定(图 8-11)。

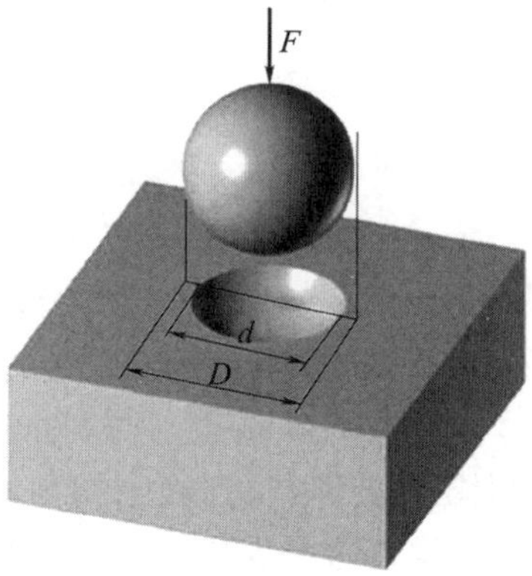

(a) 测试图

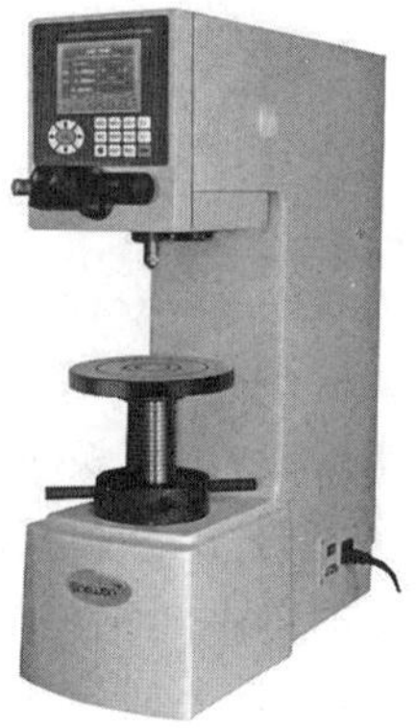
(b) 试压机

图 8-11　布氏硬度测试图及试压机

布氏法是利用一直径为 D 的硬质合金球，以一定的荷载 F 将其压入试件表面，经规定的持续时间(钢材保持 10～15 s)后卸除荷载，在试样表面得到直径为 d 的压痕，计算出压痕面积，如图 8-11 所示。以压入荷载 F 与压痕球形表面积之比作为该试件的布氏硬度值，用 HB 表示。布氏硬度计算式见式(8-3)：

$$\mathrm{HB}=0.12\times\frac{2F}{\pi D^2\left(1-\sqrt{1-\frac{d^2}{D^2}}\right)} \tag{8-3}$$

式中：D 为球体直径，mm，通常为 10 mm、5 mm、2.5 mm；d 为压痕直径，mm；F 为荷载，N。

通常可以通过钢材硬度的大小判断其软硬程度，并且近似地估计其强度。低碳钢的布氏硬度值一般为 HB120～HB140，其抗拉强度近似为 36%的布氏硬度值。

（四）疲劳性能

钢材承受交变应力的反复作用时，可能会在远低于抗拉强度甚至屈服强度时突然发生断裂破坏，这种现象称为疲劳破坏。钢材疲劳曲线如图 8-12 所示，交变应力循环次数增多至一定值后，疲劳曲线趋于平稳，此时所对应的即为钢材的疲劳极限。疲劳极限指的是疲劳试验中试件在交变荷载作用下，在规定的周期基数内不发生断裂破坏所能承受的最大应力。测定所用钢材的疲劳极限对设计承受反复荷载且需进行疲劳验算的结构是很有必要的。在交变应力作用下，由于材料内部的各种缺陷（晶体位错、气孔、白点、非金属夹杂物等）、成分偏析、构件截面沿长度方向的急剧变化及构件集中受力处等，破坏先在局部容易产生微裂纹的地方形成细小裂纹，裂纹端部应力集中并使微裂纹拓展成肉眼可见的宏观裂纹，宏观裂纹再进一步扩展，直到最后导致突然断裂破坏。由于断裂突然发生，断口可明显看到疲劳裂纹扩展区和残留部分的瞬时断裂区。

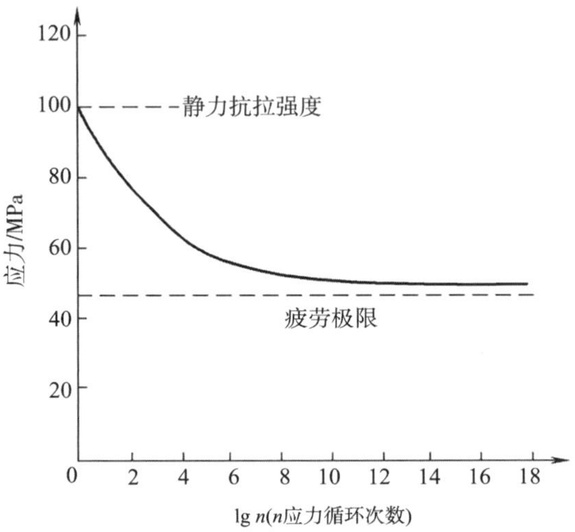

图 8-12　钢材疲劳曲线

8.3.4　钢材的工艺性能

（一）冷弯性能

冷弯性能是指钢材在常温下在承受静力弯曲变形时所能允许的变形能力，是钢材一项重要的工艺性能指标，用试验时的弯曲角度 α 和弯心直径 d 与试件直径（或厚度）a 的比值来表示，钢材冷弯试验示意图如图 8-13 所示。α 角越大，d/a 越小，则钢材冷弯性能越好。钢材的技术指标中对不同钢材的冷弯指标均有具体规定。弯曲到规定的角度 α 和 d/a 值时，检查试件弯曲处有无裂纹、断裂或起层等现象，若没有这些现象则认为冷弯性能合格。

钢材的冷弯性能和伸长率均可反映其塑性变形能力，两者区别在于：伸长率主要反映钢材均匀变形程度，而冷弯性能可以揭示钢材内部组织是否均匀，是否存在内应力和夹杂物等缺陷。此外，冷弯性能在工程中也常被用来检验建筑钢材的焊接质量。

（二）焊接性能

焊接连接是建筑工程中钢材的主要连接方式，如图 8-14 所示。因此，焊接性能也是钢材一项重要的工艺性能指标。在焊接过程中，由于高温及焊接后的急剧冷却，焊接缝及其附近区域的钢材发生晶体组织结构变化，产生局部变形和内应力，使焊缝周围钢材产生硬脆倾向，影响钢材的某些技术性能。焊接质量主要取决于焊接工艺的正确选择、适当的焊接材料及钢材本身的可焊性。可焊性良好的钢材是指焊接后焊缝处的性质与母材性质的一致程度。钢材的可焊性与其组成有关，一般含碳量小于 0.25%的钢材具有良好的可焊性，含碳量大于 0.3%的钢材可焊性较差；硫、磷及气体杂质会使可焊性降低，使焊缝处产生硬脆及热裂纹；加入过多的合金元素，也会降低可焊性。对于高碳钢和合金钢，为了改善焊接性能，一般采用焊前预热和焊后热处理等措施。

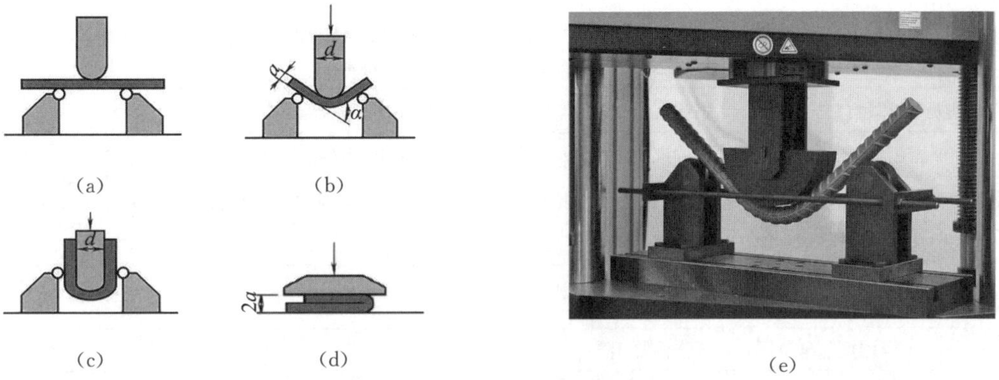

图 8-13　钢材冷弯试验示意图

图 8-14　钢材焊接

（三）冷加工性能

为提高钢材强度和经济效益，常温下对钢材进行冷拉、冷拔或冷轧等冷加工，使之产生一定的塑性变形，提高屈服强度，但塑性和韧性有所降低，这个过程称为冷加工强化处理。经冷加工后，在常温下存放 15～20 d 或加热至 100～200 ℃保持 2～3 h，钢材的屈服强度、抗拉强度及硬度进一步提高，而塑性及韧性继续降低，弹性模量基本恢复，这种现象称为时效。前者常温时称为自然时效，后者加热时称为人工时效。

8.4　混凝土及其材料性能

8.4.1　混凝土的定义与分类

从广义上来说，混凝土指的是以胶凝材料（胶结料）、粗细骨料（或称集料）、水及其他材料为原料，按适当比例拌和制成的混合物，再经一定时间硬化而成的人造石材，统称为混凝土。混凝土按表观密度、用途及生产施工方法等有不同分类，见表 8-3。工程上目前使用最多的是普通混凝土。

表 8-3　混凝土分类

根据表观密度分类	干表观密度 >2 500 kg/m³	重混凝土(高密度的重晶石、铁矿石、钢屑等重集料或同时采用钡水泥、锶水泥等重水泥配制而成,主要用作辐射屏蔽材料)
	干表观密度 1 950~2 500 kg/m³	普通混凝土(常用水泥为胶凝材料,天然砂石为集料配制而成,主要用作建筑承重结构材料)
	干表观密度 <1 950 kg/m³	轻混凝土(陶粒等轻质多孔集料或用加气剂/泡沫剂取代集料,形成多孔结构混凝土,主要用作轻质结构材料和绝热材料)
根据所用胶凝材料分类		水泥混凝土、沥青混凝土、石膏混凝土、水玻璃混凝土等
根据用途分类		结构混凝土、防水混凝土、道路混凝土、耐热混凝土等
根据生产和施工方法分类		泵送混凝土、喷射混凝土、离心混凝土、碾压混凝土等
根据强度等级分类	抗压强度<30 MPa	低强混凝土
	抗压强度≥30 MPa 且<60 MPa	中强混凝土
	抗压强度≥60 MPa	高强混凝土
	抗压强度≥100 MPa	超高强混凝土

8.4.2　普通混凝土的组成

无特定指代的混凝土一般是指由水泥作胶凝材料,天然砂等作细集料,石子等作粗集料,以及水等作为基本组成材料,或再适量掺加外加剂、掺合料等,按一定比例配合,经搅拌、成形、养护而制成的复合材料,也称普通混凝土。混凝土基本材料组成如图 8-15 所示。混凝土中的各组成材料具有不同的作用。砂、石等集料主要作为骨架,因此也称为骨料,对混凝土的稳定性具有重要意义。水泥和水形成的水泥浆包裹在集料表面,填充集料间的空隙并且在混凝土硬化前起润滑作用,使新拌混凝土具有一定的流动性,便于施工操作;混凝土硬化后,水泥浆形成水泥石,将砂、石等集料胶结成坚硬的人造石材,混凝土中的砂石及水泥胶体组成的弹性骨架,主要承受外力,使得混凝土具有弹性变形的特点,具备一定的力学强度。硬化混凝土的组织结构如图 8-16 所示。但水泥胶体中的凝胶、孔隙以及截面初始微裂缝等在外力作用下均可使混凝土产生塑性变形,再加上混凝土中的孔隙、界面微裂缝等缺陷,这些均是混凝土受力破坏的内在原因。

图 8-15　混凝土基本材料组成

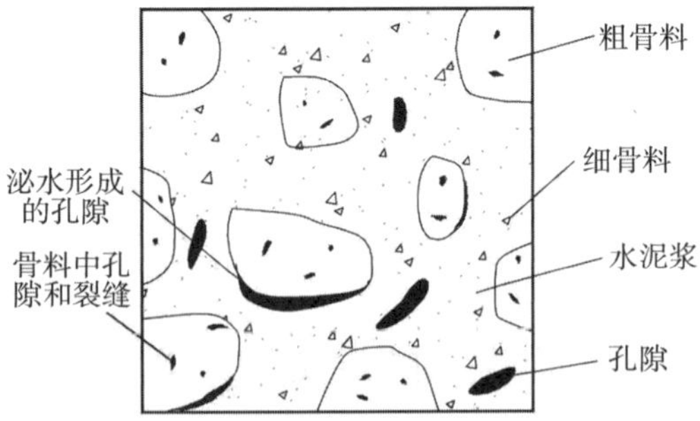

图 8-16　硬化混凝土的组织结构

通常将混凝土结构分为微观结构(水泥石结构)、亚微观结构(混凝土中的水泥砂浆结构)及宏观结构(砂浆和粗集料两组分体系)。微观结构由水泥凝胶、晶体骨架、未完全水化的水泥颗粒和凝胶孔组成,其物理力学性能取决于水泥的化学矿物成分、粉磨细度、水灰比和凝结硬化条件等；在宏观结构和亚微观结构中，均可将水泥砂浆看作基相，而粗集料分布于砂浆中，两者形成的界面即为结合的薄弱面，界面结合强度以及集料的分布也是影响混凝土物理力学性能的重要因素。

混凝土泌水造成的塑性收缩是不可逆的变形，硬化过程中水泥浆水化引起的化学收缩和干缩受到集料的限制，在不同层次界面引起结合破坏，形成随机分布的界面裂缝，从而降低混凝土强度。

8.4.3　混凝土的物理力学性能

混凝土的物理力学性能主要包括混凝土的强度性能、混凝土的变形性能和混凝土的耐久性三个方面。

（一）混凝土的强度性能

在建筑工程结构和施工验收中，常用的强度有立方体抗压强度、轴心抗压强度、抗拉强度和抗折强度等。

（1）混凝土立方体抗压强度 f_{cu}

我国采用立方体抗压强度作为混凝土的强度特征值。根据《混凝土物理力学性能试验方法标准》(GB/T 50081—2019)规定，混凝土立方体抗压强度是指按规定方法制作而成的 150 mm×150 mm×150 mm 的标准立方体试件，在标准养护条件下(温度 20 ℃±2 ℃，相对湿度大于 95%)，将其养护到 28 d 龄期，以标准试验方法测得的抗压强度值称为混凝土的立方体抗压强度，用 f_{cu} 表示，单位为 MPa。在实际工程中，在试件尺寸满足所用粗集料的最大粒径规定的前提下，允许采用非标准尺寸的试件，但应将其抗压强度测定值换算成标准试件时的抗压强度，换算系数见表 8-4。根据《混凝土强度检验评定标准》(GB/T 50107—2010)规定，混凝土强度等级小于 C60 时，可用非标准尺寸试件测得的强度值乘强度换算系数。当混凝土强度等级大于或等于 C60 时，尽量采用标准试件，如果使用非标准尺寸试件，换算系数需由试验确定。

表 8-4　混凝土试件不同尺寸的抗压强度换算系数

骨料最大粒径/mm	试件边长/mm	抗压强度换算系数
31.5	100	0.95
40	150	1.00
63	200	1.05

数据来源：部分来源于《混凝土物理力学性能试验方法标准》(GB/T 50081—2019)。

（2）混凝土强度等级 C

根据普通混凝土的立方体抗压强度，可划分为不同的强度标准值，用 $f_{cu,k}$ 表示。混凝土立方体抗压强度标准值是指按照标准方法制作养护的边长为 150 mm 的立方体标准试件，在 28 d 龄期用标准试验方法测得的具有 95%保证率的立方体抗压强度。混凝土强度等级采用符号 C 及其对应的强度标准值(以 MPa 为单位)表示，可分为 C15、C20、C25、C30、C35、C40、C45、C50、C55、C60、C65、C70、C75 及 C80 等不同强度等级。

混凝土的强度等级必须满足结构设计时建筑物承载能力所需求的混凝土强度，强度等级不仅是混凝土结构设计中强度计算取值的依据，还是混凝土施工中控制工程质量和工程验收时的重要依据。根据《混凝土结构设计规范(2015 年版)》(GB 50010—2010)规定，预应力混凝土结构的混凝土强度等级不宜低于C40,且不应低于C30。

(3) 混凝土轴心抗压强度 f_{cp}

混凝土强度等级采用立方体试件测定,但实际工程结构中,许多钢筋混凝土受压构件为棱柱体或圆柱体。为了使测得的混凝土强度尽可能地接近混凝土构件实际受力情况,在钢筋混凝土结构设计中,计算轴心受压构件(如柱子、桁架的腹杆等)时,应采用混凝土的轴心抗压强度 f_{cp} 作为设计依据。

混凝土的轴心抗压强度 f_{cp} 又称棱柱体抗压强度,根据《混凝土物理力学性能试验方法标准》(GB/T 50081—2019)规定,混凝土轴心抗压强度是指按标准方法制作的150 mm×150 mm×300 mm标准尺寸的棱柱体试件,在标准养护条件下养护到28 d龄期,以标准试验方法测得的抗压强度值。与同截面面积的标准立方体抗压强度(f_{cu})相比,相同混凝土的轴心抗压强度(f_{cp})较小。随着棱柱体试件高宽比(h/a)的增大,混凝土的轴心抗压强度减小;但当高宽比达到一定值后,强度渐趋平稳。这是高宽比达到一定值后,试验中试件压板与试件表面间的摩擦力对棱柱体试件中部的影响已消失,这部分混凝土几乎处于无约束的纯压状态导致的。当标准立方体抗压强度 f_{cu} 在10～50 MPa范围内时,轴心抗压强度 $f_{cp}=(0.7\sim0.8)f_{cu}$,其系数一般取0.76。

(4) 混凝土抗拉强度 f_{ts}

混凝土是典型的脆性材料,直接受拉时,即使很小的变形都会开裂,断裂前没有残余变形,其抗拉强度很低,仅有抗压强度的1/20～1/10(通常取1/15),即拉压比为0.1～0.2。随着混凝土强度等级的提高,拉压比降低,说明当混凝土强度等级提高时,抗拉强度的增加速度慢于抗压强度的提高速度。因此,钢筋混凝土结构设计中,通常不考虑混凝土的承拉能力。但抗拉强度对于混凝土的抗裂性具有重要作用,是结构设计中确定混凝土抗裂度的主要依据,而且也是间接衡量混凝土抗冲击强度、混凝土与钢筋黏结强度、抵抗干湿变化或温度变化能力的参考指标。

鉴于混凝土的脆性特点,直接测定其抗拉强度是非常困难的,通常采用劈裂抗拉试验法间接得出混凝土的抗拉强度,称为劈裂抗拉强度,用 f_{ts} 表示。混凝土劈裂抗拉强度采用边长为150 mm的立方体试件,试验时先在立方体试件的两个相对的表面上加上垫条,如图8-17支架示意图所示。然后施加均匀分布的压力,使试件在竖向平面内产生均匀分布的拉应力,如图8-18劈裂试验时垂直于受力面的应力分布所示,该拉应力可以根据弹性理论计算得出,劈裂抗拉强度计算式为式(8-4)。这个方法不仅极大简化了抗拉试件的制作,而且能较正确地反映试件的抗拉强度。

$$f_{ts}=\frac{2P}{\pi A}\approx 0.637\frac{P}{A} \tag{8-4}$$

式中:f_{ts} 为混凝土劈裂抗拉强度,MPa;P 为破坏荷载,N;A 为试件劈裂面积,mm^2。

在相同条件下,混凝土的劈裂抗拉强度 f_{ts} 与标准立方体抗压强度 f_{cu} 之间具有一定的关联性,强度等级为10～50 MPa的混凝土,其相互关系可近似表示为式(8-5)。

$$f_{ts}=0.35f_{cu}^{3.4} \tag{8-5}$$

随着强度等级的提高,混凝土表现出更明显的脆性,其劈裂抗拉强度 f_{ts} 与标准立方体抗压强度 f_{cu} 之间的差别可能更大。

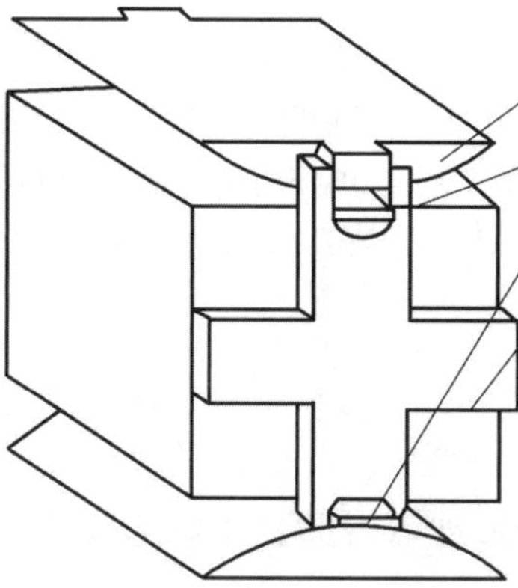

图 8-17　支架示意图

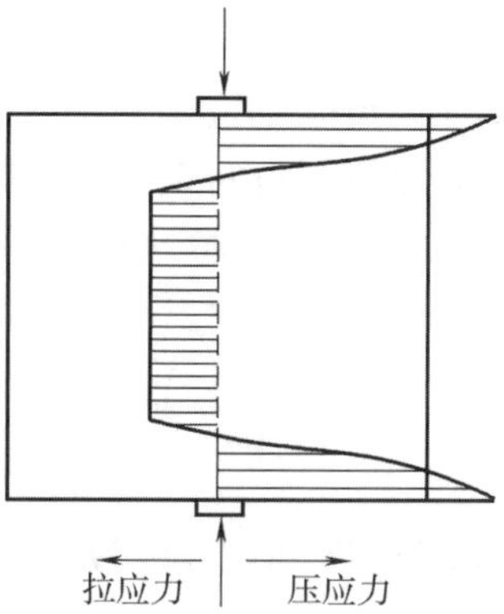

图 8-18　劈裂试验时垂直于受力面的应力分布

(5) 混凝土抗折强度 f_{tf}

混凝土的抗折强度是指处于受弯状态下混凝土抵抗外力的能力，作为典型的脆性材料，混凝土断裂前没有明显的弯曲变形，因此称为抗折强度。通常混凝土的抗折强度采用 150 mm×150 mm×550 mm 的试梁在三分点加荷状态下测得，如图 8-19 所示。试件受弯状态下的抗折强度计算式见式(8-6)。对于采用 100 mm×100 mm×450 mm 的试梁和中间集中单点加荷方法所测得的抗折强度值应乘折减系数 0.85 后作为标准抗折强度值。

$$f_{tf}=\frac{FL}{bh^2} \tag{8-6}$$

式中：f_{tf} 为混凝土的抗折强度，MPa；F 为所承受的最大垂直荷载，N；L 为试梁两支点间的间距，为 450 mm；b 为试梁高度，为 150 mm；h 为试梁宽度，为 150 mm。

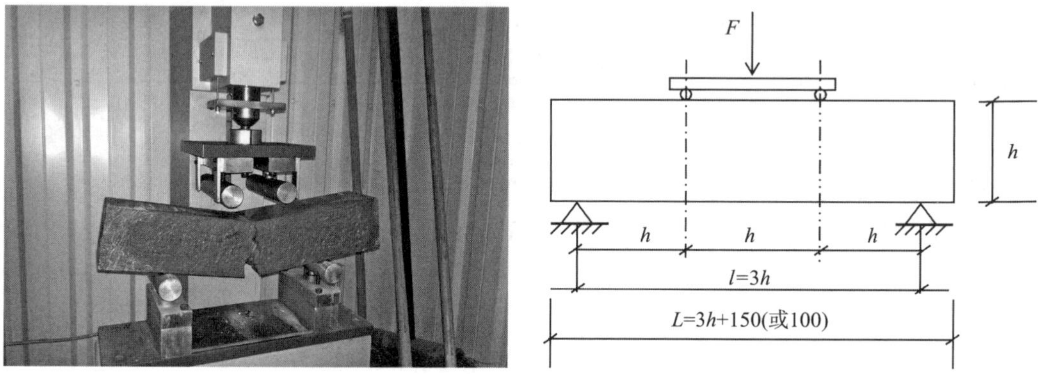

(a)　　(b)

图 8-19　水泥混凝土抗折试验装置

(6) 混凝土与钢筋的黏结强度

在钢筋混凝土结构中，为使钢筋和混凝土间能有效地协同工作，要求混凝土与钢筋之间必须有足够的黏结强度。这种黏结强度，主要来源于混凝土与钢筋之间的摩擦力、钢筋与水泥之间的黏结力及变形钢筋的表面机械啮合力。黏结强度的大小与混凝土质量有关，与混凝土抗压强度成正比。此外，黏结强度还受其他许多因素影响，如钢筋尺寸及变形钢筋种类，钢筋在混凝土中的位置（水平钢筋或垂直钢筋），加载类型（受拉钢筋或受压钢筋）

以及干湿变化、温度变化等。

为测定混凝土与钢筋的黏结强度，美国材料试验学会（ASTM）提出一种拔出试验方法：在边长为 150 mm 的立方体混凝土试件中埋入ϕ19 mm 的标准变形钢筋，以不超过 34 MPa/min 的加荷速度对钢筋施加拉力，直到钢筋发生屈服、混凝土裂开或加荷端钢筋滑移超过 2.5 mm，记录出现上述 3 种情况中任一情况的荷载值 F，用式(8-7)计算混凝土与钢筋的黏结强度。

$$F_{\mathrm{N}}=\frac{F}{\pi dL} \tag{8-7}$$

式中：f_{N} 为黏结强度，MPa；F 为测定的荷载值，N；L 为钢筋埋入混凝土中的长度，mm；d 为钢筋直径，mm。

(7) 混凝土强度主要影响因素

混凝土是一种结构复杂的非匀质多相堆聚体，影响混凝土强度的因素有很多，主要取决于其中的水泥石和集料的性质，以及水泥石与集料的界面胶结能力。混凝土中水与水泥的含量比值即为水灰比，是影响混凝土强度的重要因素。混凝土强度主要影响因素见表 8-5，相关规律见图 8-20、图 8-21 和图 8-22。除此之外，试验条件如试件尺寸、形状、表面状态以及试验时的加荷速度等也是影响混凝土强度测定值的因素。

表 8-5　混凝土强度主要影响因素

主要影响因素		规律
水泥强度与水灰比	水灰比一定	水泥强度↑，水泥石本身强度↑，与集料的界面黏结强度↑，混凝土强度↑
	水泥强度一定	水灰比↓，水泥石强度↑且与集料黏结能力↑，混凝土强度↑
集料		一般集料强度↑，混凝土强度↑（低水灰比和高强度混凝土中尤为明显）
温度		温度较高时，水泥水化速度较快，混凝土强度发展较快，而低温下则发展迟缓
湿度		环境湿度较低时，混凝土内部缺少水泥水化所必需的水分，混凝土强度↓
龄期		标养条件下，普通水泥混凝土强度的发展与龄期的对数大致成正比例关系

（二）混凝土的变形性能

变形是混凝土的一个重要力学性能，主要分为非荷载作用下的变形和荷载作用下的变形。非荷载作用下的变形又分为混凝土的化学收缩、干湿变形及温度变形；荷载作用下的

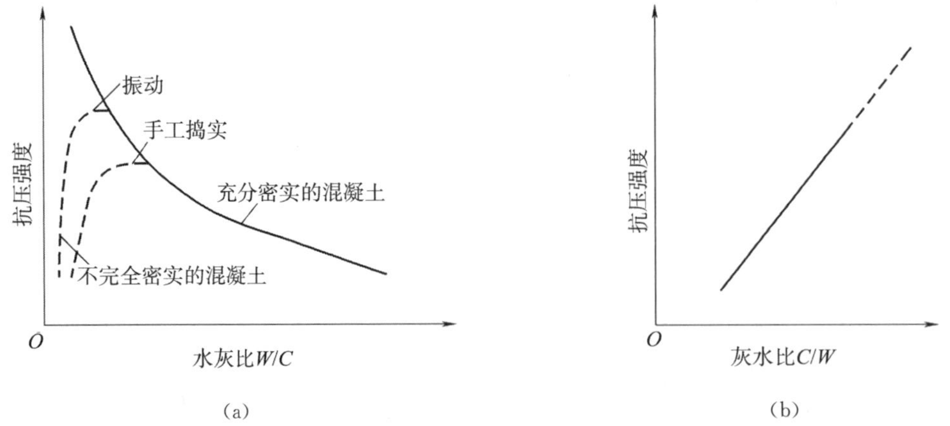

图 8-20　水灰比及灰水比对混凝土强度的影响规律

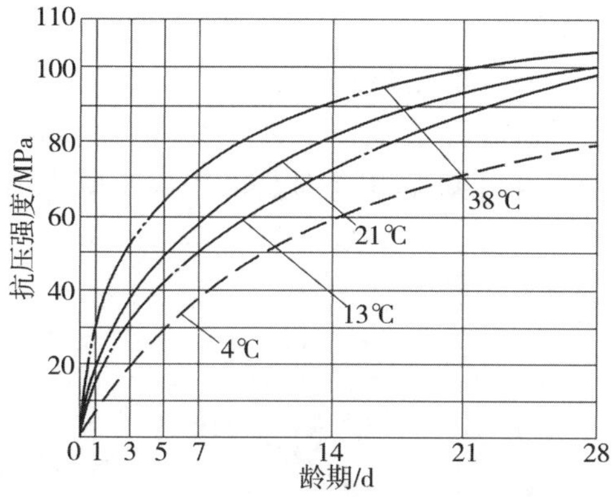

图 8-21　养护温度对水泥强度的影响规律

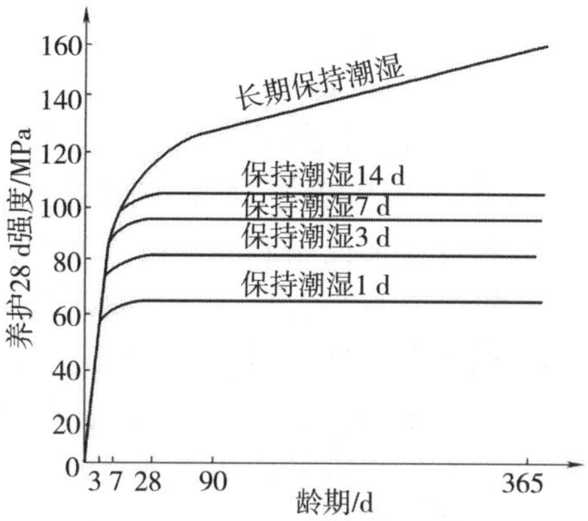

图 8-22　保湿养护时间对混凝土强度的影响规律

变形又分为短期荷载作用下的变形及长期荷载作用下的变形(即徐变)。

(1) 非荷载作用下的变形——化学收缩

在混凝土硬化过程中,由于水泥水化生成物的固相体积相比于反应前物质的总体积减小而引起的混凝土收缩,称为化学收缩。化学收缩是不可恢复的,其收缩量随混凝土硬化龄期的延长而增加,一般在混凝土成型后 40 d 内增长较快,以后逐渐趋于稳定。化学收缩值很小(小于 1%),通常对混凝土结构几乎没有明显影响,但当收缩量较大(水泥用量过多)时,在混凝土内部可能产生微细裂缝,从而影响承载状态(产生应力集中),降低混凝土的耐久性。

(2) 非荷载作用下的变形——干湿变形

混凝土周围环境湿度的变化,影响到混凝土内部某些水分增减,从而可引起混凝土的干缩或湿胀变形。通常混凝土内部水分有三种形式:自由水(又称孔隙水)、毛细管水和凝胶体颗粒的吸附水,后两种水发生变化时,混凝土便会发生干湿变形。一般混凝土在水环境中硬化时,吸附水膜增厚,胶体粒子间距离增大,但体积产生的湿膨胀较为微小,这种湿胀产生的变形量很小,一般无明显破坏作用。但是,混凝土处于干燥环境中时,水分蒸发首先失去自由水,然后失去毛细管水。毛细孔水蒸发使毛细孔中形成负压,随着空气湿度的降低,毛细孔水继续蒸发,负压逐渐增大从而产生较大收缩力。这种收缩应力可能导致混凝土的体积收缩或混凝土难以承受该应力而开裂,也是混凝土早期失水收缩与开裂的主要原因。若继续干燥,毛细管水蒸发殆尽时,水泥凝胶体中的吸附水开始部分蒸发,凝胶体失水紧缩,混凝土体积收缩或收缩开裂。这种体积收缩在重新吸收水分以后往往大部分是可以恢复的,但仍有 30%～50%的变形不可恢复,混凝土湿胀干缩变形规律如图 8-23 所示。干缩变形可导致混凝土表面产生很高的拉应力而产生开裂,降低了其结构的承载能力和安全性,也严重影响了混凝土的耐久性。

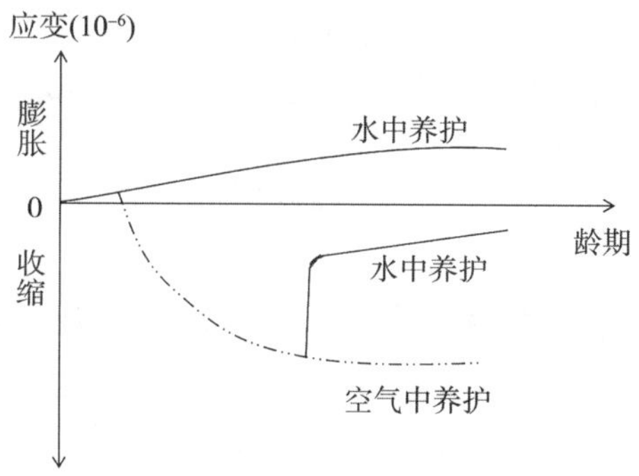

图 8-23　混凝土的湿胀干缩变形规律

(3) 非荷载作用下的变形——温度变形

混凝土与其他材料一样,也会随着温度的变化产生热胀冷缩的变形,这种变形对于早期的混凝土结构危害很大。混凝土硬化初期,水泥水化放出较多热量,而混凝土又是热的不良导体,散热很慢,这些热量积聚在混凝土内部,造成混凝土内外温差很大,有时可达 50～

70 ℃，这将使混凝土产生内胀外缩变形，混凝土表面产生较大的拉应力，严重时使混凝土产生裂缝。混凝土的温度线胀系数为(1～1.5)×10^{-5}/℃，即温度每升降 1 ℃，每 1 m 胀缩 0.01～0.015 mm。温度变形对大体积混凝土及大面积混凝土工程极为不利，因此，常采用低热水泥或适量掺加细矿物混合料以减少水泥用量；也可掺加缓凝剂及采用人工降温等措施以减少因温度变形而引起的混凝土质量问题。

(4) 荷载作用下的变形——短期荷载作用下的变形

① 混凝土的弹塑性变形

混凝土是一种由水泥石、砂、石、游离水、气泡等组成的不匀质的多组分三相复合材料。它既不是一个完全弹性体，也不是一个完全塑性体，而是一个弹塑性体。受力时既产生弹性变形，又产生塑性变形，其应力 σ 与应变 ε 曲线如图 8-24 所示。

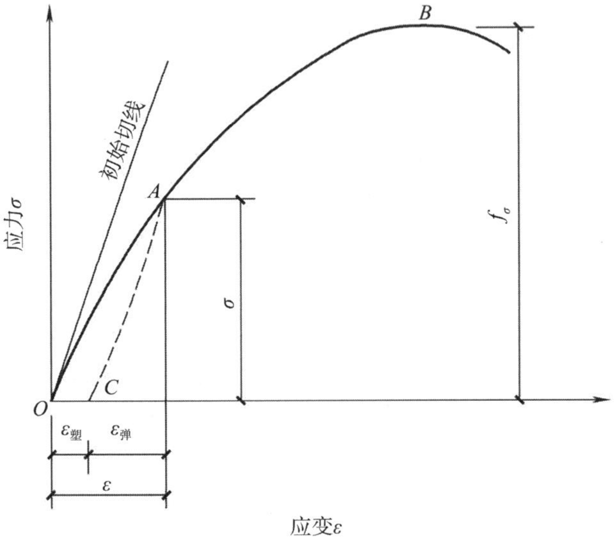

图 8-24　压力作用下混凝土的应力-应变曲线

在静力试验的加荷过程中，加荷至应力为 σ，应变为 ε 的 A 点，此时逐渐卸去荷载，则卸荷时的应力-应变曲线如 AC 线所示。卸荷后能恢复的应变 $\varepsilon_{弹}$是混凝土弹性变形的结果，称为弹性应变；剩余的不能恢复的应变 $\varepsilon_{塑}$则是由混凝土的塑性变形引起的，称为塑性应变。

② 混凝土的弹性模量

应力-应变曲线上任一点的应力 σ 与应变 ε 的比值，称为混凝土在该应力下的变形模量。它反映混凝土所受应力与所产生应变之间的关系。在计算钢筋混凝土结构的变形、裂缝开展及大体积混凝土的温度应力时，均需知道该混凝土的弹性模量。但由于混凝土是弹塑性体，弹性模量很难准确测定，只能间接计算其近似值。当应力 $\sigma <$ (0.3～0.5)f_{cp} 时，在重复荷载作用下，每次卸荷载都在应力-应变曲线中残留一部分塑性变形 $\varepsilon_{塑}$，但随着重复次数的增加(3～5次)，$\varepsilon_{塑}$ 的增量逐渐减小，最后曲线稳定于 $A'C'$线，它与初始切线大致平行，如图 8-25 所示。该近似直线的斜率即为所测混凝土的静力受压弹性模量，称为混凝土割线弹性模量。

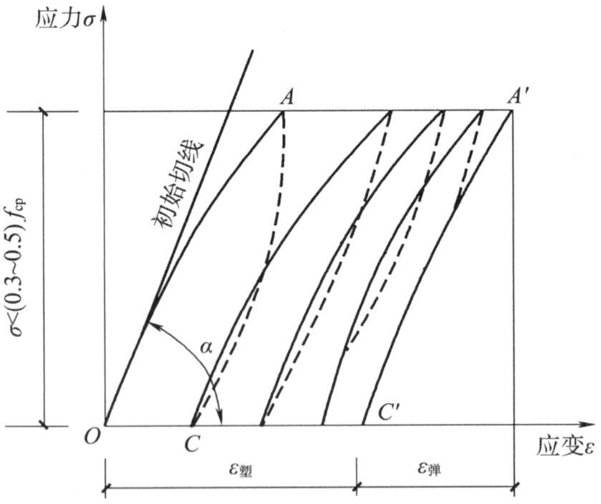

图 8-25　低应力重复作用下的应力-应变曲线

根据《混凝土物理力学性能试验方法标准》(GB/T 50081—2019)的规定，混凝土弹性模量的测定以 150 mm×150 mm×300 mm 的棱柱体作为标准试件，取 0.5 MPa 为基准应力，轴心抗压强度的 1/3 作为控制应力，经多次反复加荷与卸荷后，测得应力与应变的比值即为

混凝土的弹性模量 E。混凝土的强度、骨料的含量以及养护条件等都会影响混凝土的弹性模量。一般混凝土的强度越高，弹性模量越大。当混凝土的强度等级由 C15 增加至 C60 时，其弹性模量大致由 1.75×10^4 MPa 增加至 3.60×10^4 MPa；骨料的含量越多，混凝土的弹性模量越高；混凝土的水灰比较小，若养护环境较好且龄期较长，则混凝土的弹性模量就较大。

③ 混凝土的受压与变形

混凝土在短期荷载下产生变形与混凝土受力前水泥浆内部或水泥浆与骨料之间已存在的随机分布的微细原生界面裂缝的发展密切相关。

当混凝土试件承受的单项静压荷载低于极限应力的 30%时，这些裂缝无明显变化，此时荷载(应力)与变形(应变)呈近似直线关系；当荷载达到极限应力的 30%～50%时，裂缝数量有所增加并稳定缓慢伸展，在这一阶段，应力-应变曲线随裂缝的变化也逐渐偏离直线，产生弯曲；当荷载超过极限应力的 50%时，一些界面裂缝开始失稳，并且逐渐扩延至砂浆基体中；当荷载超过极限应力的 75%时，界面裂缝继续发展的同时，砂浆基体中的裂缝也逐渐增生，并与邻近的界面裂缝连接起来，成为连续裂缝，混凝土变形加速增大，荷载曲线斜率明显减小，弯向水平应变轴；当荷载超过极限应力后，连续裂缝急剧扩展，变形急剧增大，混凝土的承载能力迅速下降，最终混凝土试件完全破坏。

(5) 荷载作用下的变形——长期荷载作用下的变形(徐变)

混凝土在长期恒荷载作用下，除产生瞬间的弹性变形和塑性变形外，随着时间的延长，还会沿着作用力的方向产生非弹性变形，这种变形称为徐变，如图 8-26 所示。

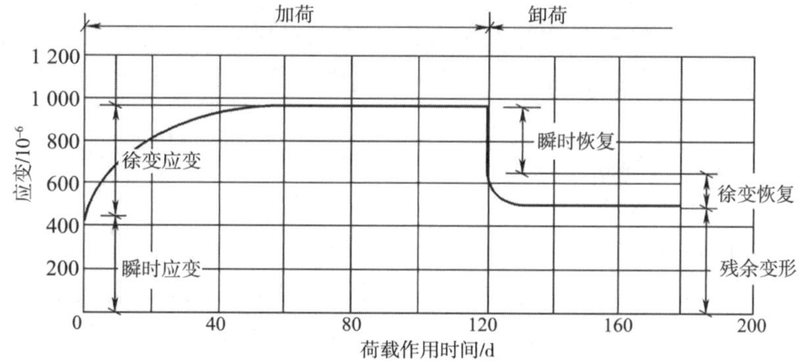

图 8-26　混凝土变形与持荷时间的关系

加荷瞬间，混凝土产生明显的瞬时变形，主要为弹性变形；随着加荷时间的延长，逐渐产生徐变变形，以塑性变形为主。在加荷初期，徐变变形增长较快，而后逐渐减慢并渐趋稳定，最终徐变变形量可达$(3\sim15)\times10^{-4}$，即 0.3～1.5 mm/m。持荷一定时间后卸去荷载，一部分变形瞬时恢复，其值略小于加荷瞬间产生的瞬时变形。不过，卸荷后的一段时间内变形还会继续恢复，称为徐变恢复。最后残存的不能恢复的变形，称为残余变形。

混凝土徐变产生的原因为水泥凝胶内部结构的改变和水分的迁移。因此，混凝土的徐变受很多因素的影响。例如：混凝土的水灰比较小，硬化龄期较长时，其中毛细孔中水分含量较少，所以徐变量较小；水灰比相同的混凝土，其水泥用量越多，徐变量越大；混凝土所用集料的弹性模量较大时，徐变量较小等。

混凝土的徐变对结构物的影响有利有弊。有利影响是徐变可减弱钢筋混凝土内的应力集中，使应力重新分布，从而使结构物整体承载能力提高，减小甚至避免因局部应力集中造成的逐渐破坏；大体积混凝土可以消除一部分由于温度变形产生的破坏应力。不利影响是在预应力钢筋混凝土中，混凝土的徐变会造成钢筋的预应力损失。

（三）混凝土的耐久性

混凝土的耐久性是指混凝土在抵抗环境条件的长期作用下，仍能保持其稳定良好的使用性能和外观完整性，从而维持混凝土结构安全、正常使用的能力。混凝土的耐久性是一个综合性概念，包括抗渗性、抗冻性、抗侵蚀性、抗碳化反应、抗碱-集料反应等，这些性能都决定着混凝土经久耐用的程度。

（1）抗渗性

混凝土的抗渗性是指混凝土抵抗水、油等液体在压力作用下渗透作用的能力，直接影响混凝土的抗冻性和抗侵蚀性。

我国一般采用抗渗等级表示混凝土的抗渗性。抗渗等级是以 28 d 龄期的标准试件，在标准试验方法下进行试验，以每组 6 个试件，4 个试件未出现渗水时，所承受的最大静水压来表示，国家标准《混凝土质量控制标准》（GB 50164—2011）将混凝土抗渗性划分为 P4、P6、P8、P10、P12、＞P12 等 6 个等级，表示混凝土能抵抗 0.4 MPa、0.6 MPa、0.8 MPa、1.0 MPa、1.2 MPa、＞1.2 MPa 的静水压力而不渗水。

由于混凝土本质上是一种多孔性材料，混凝土的抗渗性主要与其密度及内部孔隙的大小和构造有关。混凝土内部互相连通的孔隙和毛细管通路，以及由于在混凝土施工成型时，振捣不实产生的蜂窝、孔洞都会造成混凝土渗水。影响混凝土抗渗性的主要因素是水灰比，水灰比越大，水分越多，蒸发后留下的孔隙越多，其抗渗性越差。提高混凝土抗渗性的主要措施是提高混凝土的密实度并改善混凝土中的孔隙结构，减少连通孔隙。降低水灰比、选择好的骨料级配、充分振捣和养护、掺入引气剂等都是比较有效的措施。

（2）抗冻性

混凝土的抗冻性是指混凝土在饱水状态下，经受多次冻融循环作用，仍能保持强度和外观完整性的能力。在寒冷地区，尤其是在接触水又受冻（如冷库）的环境下所用的混凝土都要求混凝土具有较强的抗冻性。

混凝土的抗冻性用抗冻等级或抗冻标号表示，采用抗冻标号时需要做慢冻法试验，抗冻标号分为 D25、D50、D100、D150、D200、D250、D300 及 D300 以上。抗冻标号应以抗压强度损失率不超过 25%或者质量损失率不超过 5%时的最大冻融循环次数来确定。采用抗冻等级时需要做快冻法试验，抗冻等级分为 F50、F100、F150、F200、F250、F300、F350、F400 及 F400 以上。抗冻等级应以相对动弹性模量下降至不低于 60%或者质量损失率不超过 5%时的最大冻融循环次数来确定。

混凝土受冻融破坏的原因很复杂，主要由混凝土内部孔隙中的水在负温度下结冰后体积膨胀造成的静水压力和因冰水蒸气压的差别推动未冻水向冻结区的迁移所造成的渗透压力导致。当这两种压力所产生的内应力超过混凝土的抗拉强度时，混凝土就会产生裂缝，多次冻融使裂缝不断扩展直至破坏。因此，混凝土的孔隙率、孔结构、孔隙充水程度、混凝土强度及温度下降程度都是决定混凝土抗冻性的重要因素。所以，当混凝土采用的原材料质量好、水灰比小、具有封闭细小孔隙（如掺入引气剂的混凝土）及掺入减水剂或防冻剂等后，抗冻性均较好。

（3）抗侵蚀性

当混凝土所处环境中含有侵蚀性介质时，混凝土便会遭受侵蚀，通常有软水侵蚀、硫酸盐侵蚀、镁盐侵蚀、碳酸侵蚀、一般酸侵蚀与强碱侵蚀等。此外，随着混凝土在地下工程、海岸工程等恶劣环境中的大量应用，对混凝土的抗侵蚀性提出了更高的要求。混凝土的抗侵蚀性与所用水泥的品种、混凝土的密实程度和孔连通性有关。密实和孔隙封闭的混凝土，环境水不易侵入，故其抗侵蚀性较强。因此，提高混凝土抗侵蚀性的措施，主要是合理选择水泥品种、降低水灰比、提高混凝土的密实度和改善孔结构。

(4) 抗碳化反应

混凝土的碳化是指湿度适宜时，空气中的二氧化碳与水泥石中的氢氧化钙作用，生成碳酸钙和水的过程。碳化过程也是二氧化碳由表及里向混凝土内部逐渐扩散的过程。因此，气体扩散规律决定了碳化速度的快慢。碳化引起水泥石化学组成及组织结构的变化，从而对混凝土的化学性能和物理力学性能有明显的影响，主要是对碱度、强度和收缩的影响。

碳化对混凝土性能的影响各有利弊，且弊大于利。有利影响是碳化放出的水分有助于水泥的水化作用，而且碳酸钙减少了水泥石内部的孔隙，从而使混凝土的抗压强度增大。不利影响首先是减弱了对钢筋的保护作用。这是因为本来混凝土中水泥水化生成大量的氢氧化钙，钢筋在这种碱性环境中表面能生成一层钝化膜，保护钢筋不易锈蚀，但随着时间的延长，当碳化深度穿透混凝土保护层而达钢筋表面时，钢筋处于中性环境，使得钢筋钝化膜被破坏从而发生锈蚀，并且此时产生体积膨胀，致使混凝土保护层产生开裂。开裂后的混凝土又促进碳化进行及钢筋锈蚀，最后导致混凝土产生顺筋开裂而破坏。此外，碳化作用会增加混凝土的收缩，导致混凝土表面产生拉应力，出现微细裂缝，从而降低混凝土的抗拉、抗折强度及抗渗能力。为减少碳化作用对钢筋混凝土结构的不利影响，可采取以下措施：

①在钢筋混凝土结构中采用适当的保护层，使碳化深度在建筑物设计年限内达不到钢筋表面；②根据工程所处环境及使用条件，合理选择水泥品种；③使用减水剂，改善混凝土的和易性，提高混凝土的密实度；④采用水灰比小，单位水泥用量较大的混凝土配合比；⑤加强施工质量控制，加强养护，保证振捣质量，减少或避免混凝土出现蜂窝等质量问题；⑥在混凝土表面涂刷保护层，防止二氧化碳侵入。

(5) 抗碱-集料反应

碱-集料反应是指水泥中的强碱(Na_2O 和 K_2O)与集料中的活性 SiO_2 发生化学反应，生成碱-硅酸凝胶，其吸水后会产生很大的体积膨胀(体积增大超过 3 倍)，从而导致混凝土产生膨胀开裂而破坏的现象。混凝土只有同时具备以下 3 个条件才会发生碱-集料反应：含活性 SiO_2 的集料、较多的碱(Na_2O 和 K_2O)以及充分的水。因此，可以采取以下措施抑制碱-集料反应：① 选择无碱活性的集料；② 在不得不采用具有碱活性的集料时，应严格控制混凝土中总的碱量；③ 掺用活性掺合料，如硅灰、矿渣、粉煤灰(高钙高碱粉煤灰除外)等，对碱-集料反应有明显的抑制效果。活性掺合料与混凝土中的碱起反应，反应产物均匀分散在混凝土中，而不是集中在集料表面，不会发生有害膨胀，从而降低了混凝土的含碱量，起到抑制碱-集料反应的作用；④ 控制进入混凝土的水分。碱-集料反应要有水分，如果没有水分，反应就会大为减少乃至完全停止。因此，要防止外界水分渗入混凝土以减轻碱-集料反应的危害。

8.5　砌体及其材料性能

砌体材料是指用砌筑、拼装或用其他方法构成承重或非承重墙体或构筑物的材料。工程建设中常用的砌体材料有砖、砌块和石材三大类。

8.5.1　砌墙砖分类及其力学性能

相比于其他砌体材料，在满足一定建筑功能要求前提下，砌墙砖的价格相对比较便宜，是当前主要的墙体材料。根据目前工程用的砌墙砖生产工艺,可大致将其分为两类:一是通过焙烧工艺制得的,称为烧结砖;二是通过蒸养或蒸压工艺制得的,称为蒸养砖或蒸压砖(也称免烧砖)。按砖的形式分为实心砖、多孔砖和空心砖三类。

(一) 烧结砖

(1) 烧结普通砖

① 分类及工艺

烧结普通砖(简称砖)是使用最多的墙体材料,以黏土、页岩、煤矸石、粉煤灰、建筑渣土、淤泥(江河湖淤泥)、污泥等为主要原料,经过焙烧而成,主要用于建筑物承重部位的普通砖。烧结砖的种类较多,按照主要原料可以分为烧结黏土砖(N)、烧结页岩砖(Y)、烧结煤矸石砖(M)、烧结粉煤灰砖(F)、烧结建筑渣土砖(Z)、烧结淤泥砖(U)、烧结污泥砖(W)、烧结固体废弃物砖(G)。

烧结普通砖的生产工艺过程主要包括:采土、调制配料、制坯、干燥、焙烧(950~1 050 ℃)并最终得到成品。其中,焙烧是生产全过程中最重要的环节。焙烧过程中的烧成温度需要严格控制。烧成温度过低,孔隙率大,强度低,所得的砖为欠火砖,颜色较浅;烧成温度过高,有弯曲等变形,砖的尺寸极不规整,所得的砖为过火砖,颜色较深。

将砖坯放在氧化气氛中焙烧,可制得红砖;若在氧化气氛中烧成后,再经浇水闷窑,窑内形成还原气氛,砖内的红色高价氧化铁(Fe_2O_3)还原成青色的低价氧化亚铁(FeO),可制得青砖。红砖、青砖如图 8-27 所示。

(a) 红砖

(b) 青砖

图 8-27 烧结普通砖

按照《烧结普通砖》(GB/T 5101—2017)的规定,砖的主要技术要求包括尺寸偏差、外观质量、强度等级、抗风化性能、泛霜、石灰爆裂等,并规定产品中不允许有欠火砖、酥砖和螺旋纹砖。砖的产品标记一般按产品名称的英文缩写、类别、强度等级和标准编号顺序编写。例如,烧结普通砖、强度等级 MU15 的黏土砖,其标记为:FCB N MU15 GB/T 5101—2017。

烧结普通砖具有全国统一的规格。根据《烧结普通砖》(GB/T 5101—2017)的规定,烧结普通砖的尺寸为 240 mm×115 mm×53 mm。

② 强度等级

按照《烧结普通砖》标准规定,砖的强度可分为 MU30、MU25、MU20、MU15、MU10 五个强度等级。砖的强度应符合表 8-6 的要求。

表 8-6　砖的强度等级　　单位：MPa

强度等级	抗压强度平均值 $\overline{f}$≥	强度标准值 f_k≥
MU30	30.0	22.0
MU25	25.0	18.0
MU20	20.0	14.0
MU15	15.0	10.0
MU10	10.0	6.50

数据来源：《烧结普通砖》(GB/T 5101—2017)。

砖的强度等级按《砌墙砖试验方法》(GB/T 2542—2012)规定的方法进行，试样数量为 10 块，加荷速度为(5±0.5)kN/s，试验后按式(8-8)计算出强度标准差 s。

$$s=\sqrt{\frac{1}{9}\sum_{i=1}^{10}(f_i-\overline{f})^2} \tag{8-8}$$

式中：s 为 10 块试样的抗压强度标准值，MPa，精确至 0.01 MPa；$\overline{f}$ 为 10 块试样的抗压强度平均值，MPa，精确至 0.01 MPa；f_i 为单块试样抗压强度测定值，MPa，精确至 0.01 MPa。

按表 8-6 中砖的抗压强度平均值 $\overline{f}$、强度标准值 f_k 评定砖的强度等级。样本量 $n=10$ 时的抗压强度标准值按式(8-9)计算。

$$f_k=\overline{f}-1.83s \tag{8-9}$$

式中：f_k 为强度标准值，MPa，精确至 0.1 MPa。

③ 耐久性

砖的耐久性主要包括抗风化性能、抗冻性、泛霜、石灰爆裂、吸水率和饱和系数等。以下介绍前 4 种：

a. 抗风化性能

砖在干湿变化、温度变化、冻融变化或腐蚀介质等因素作用下，其物理力学性能会受到影响。对砖的抗风化性能要求应根据各地区风化程度的不同而定。对于非严重风化区使用的烧结普通砖，抗风化性能一般要求为 5 h 沸煮吸水率不大于 23%，饱和系数不大于 0.88。

b. 抗冻性

对于寒冷地区与其他风化严重地区，还应对砖进行冻融试验。砖的抗冻性试验是将 5 块吸水饱和的砖放到−15 ℃下冻结 3 h，再置于 10～20 ℃水中融化不少于 2 h，形成一个冻融循环过程；如此反复冻融 15 次后，每块砖样不允许出现裂纹、分层、掉皮、缺棱、掉角等冻坏现象，且其干质量损失率不得大于 2%，抗压强度平均值不得低于表 8-7 规定值，则可认为该砖合格；否则，为不合格。

表 8-7　烧结普通砖冻融后的强度规定值　　单位：MPa

强度等级	MU30	MU25	MU20	MU15	MU10
5 块平均抗压强度≥	23.0	19.0	14.0	10.0	6.5

c. 泛霜

当生产原料中含有较多可溶盐类(如硫酸钠等)时，可溶盐类在烧结等过程中仍会隐含在烧结砖内部。将其砌筑后，砖吸水后再次干燥时，这些可溶盐类会随水分向外迁移并渗到砖的表面，水分蒸发后便留下白色结晶物，形成絮团或絮片状的盐，这种现象称为泛霜。泛霜严重时，不仅有损于建筑物的外观，而且结晶膨胀还会引起砖的表层疏松甚至剥落。

d. 石灰爆裂

石灰爆裂是指生产烧结砖的原料中夹有石灰石等颗粒，焙烧时被烧成生石灰块等物质。砌筑完成后，生石灰颗粒吸水熟化，生成氢氧化钙而产生明显的体积膨胀，导致砖体开裂、断裂和局部崩溃等破坏现象。石灰爆裂不仅造成砖的外观缺陷和强度降低，严重时还会导致砌体的强度降低、破坏。因此，需严格控制砖的石灰爆裂。

(2) 烧结多孔砖

根据《墙体材料术语》(GB/T 18968—2019)的规定，常用于承重部位、孔洞率大于或等于25%，孔的尺寸小而数量多的砖(多孔砖)，表观密度多为1 400 kg/m^3 左右。烧结多孔砖主要是以黏土、页岩、煤矸石、粉煤灰、淤泥以及其他固体废弃物等为原料，经焙烧制成的。按照主要原料不同，烧结多孔砖分为黏土砖(N)、页岩砖(Y)、煤矸石砖(M)、粉煤灰砖(F)、淤泥砖(U)、固体废弃物砖(G)6种类型。

烧结多孔砖的生产工艺与烧结普通砖基本相同。

按照《烧结多孔砖和多孔砌块》(GB 13544—2011)的规定，烧结多孔砖的外形一般为直角六面体，各部位名称如图8-28所示。在与砂浆的结合面上应设有增加结合力的粉刷槽和砌筑砂浆槽；烧结多孔砖的长度、宽度、高度应符合规格尺寸要求，其规格尺寸主要有290 mm、240 mm、190 mm、180 mm、140 mm、115 mm、90 mm。砖的孔洞尺寸应符合表8-8的规定；其外观质量应符合表8-9的规定。按照《烧结多孔砖和多孔砌块》标准规定，烧结多孔砖的抗压强度分为MU30、MU25、MU20、MU15、MU10 5个强度等级，其等级评定方法与烧结普通砖相近。烧结多孔砖主要适用于多层建筑及一般工业建筑，在实际工程中可作为承重、围护结构材料使用。

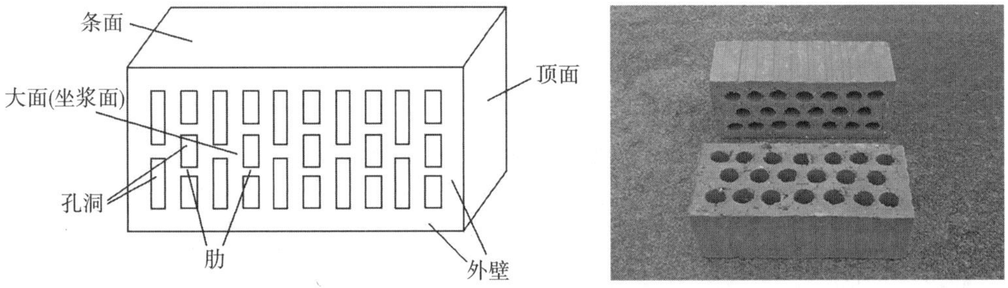

(a)　　(b)

图8-28　烧结多孔砖

表8-8　烧结多孔砖的孔洞尺寸　　单位：mm

圆孔直径	非圆孔内切圆直径	手抓孔尺寸
≤22	≤15	(30～40)×(75～85)

表8-9　烧结多孔砖外观质量　　单位：mm

项目	指标
完整面	不得少于一个面和一个顶面
缺棱掉角的3个破坏尺寸	不得同时>30

续表

项目		指标
裂纹长度	大面(有孔面)上深入孔壁 15 mm 以上宽度方向及其延伸到条面的长度	≤80
	大面(有孔面)上深入孔壁 15 mm 以上长度方向及其延伸到顶面的长度	≤100
	条顶面上的水平裂纹	≤100
杂质在砖或砌块面上造成的凸出高度		≤5

数据来源:《烧结多孔砖和多孔砌块》(GB 13544—2011)。

(3) 烧结空心砖

与烧结多孔砖相比,烧结空心砖多为顶面有大孔洞的砖,孔的数量小但孔的尺寸大。烧结空心砖主要是以黏土、页岩、煤矸石、粉煤灰为主要原料,经焙烧制成的。按照主要原料不同,烧结空心砖分为黏土空心砖(N)、页岩空心砖(Y)、煤矸石空心砖(M)、粉煤灰空心砖(F)、淤泥空心砖(U)、建筑渣土空心砖(Z)、其他固体废弃物空心砖(G)。砌筑时通常孔洞平行于受力面,表观密度为 800～1 100 kg/m^3。

按照《烧结空心砖和空心砌块》(GB/T 13545—2014)的规定,烧结空心砖根据抗压强度分为 MU10.0、MU7.5、MU5.0、MU3.5 4 个等级,体积密度分为 800、900、1 000、1 100,4 个等级。同时,烧结空心砖的长度、宽度、高度应符合规格尺寸要求,其规格尺寸主要有 390 mm、290 mm、240 mm、190 mm、180(175)mm、140 mm、115 mm、90 mm,其他规格尺寸可由供需双方协商确定。

烧结空心砖的产品标记按产品名称、类别、规格(长度×宽度×高度)、密度等级、强度等级和标准编号顺序编写。例如,规格尺寸 290 mm×190 mm×90 mm、密度等级为 800、强度等级为 MU7.5 的页岩空心砖,其标记为:烧结空心砖 Y(290×190×90) 800 MU7.5 GB/T 13545—2014。

烧结空心砖多应用于非承重建筑内隔墙和填充墙。如图 8-29 所示烧结空心砖,其孔洞平行于大面和条面、垂直于顶面,使用时大面承压,承压面与孔洞平行,因此这种砖强度不高,而且自重较轻,因而多用于非承重墙,如多层建筑内隔墙或框架结构的填充墙等。

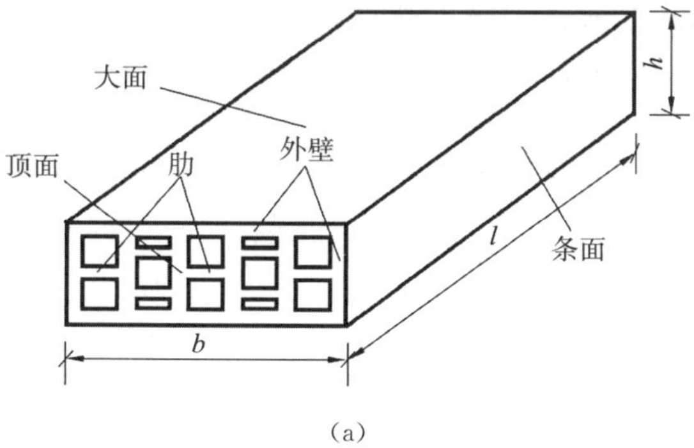

(a)

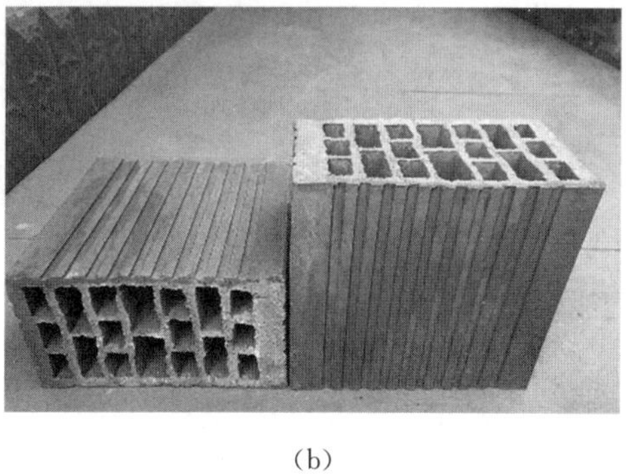

(b)

图 8-29　烧结空心砖

综上,烧结多孔砖和烧结空心砖与普通砖相比,可使建筑自重减轻 1/3 左右,节约黏土 20%～30%,节省燃料 10%～20%,造价降低 20%,施工效率提高 40%,并能改善砖的隔热和隔音性能,在相同的热工性能要求下,用烧结空心砖砌筑的墙体厚度可减少半砖左右。因此,推广使用烧结多孔砖、烧结空心砖,并用以代替烧结普通砖是加快我国墙体材料改革的重要措施之一。

（二）蒸压砖

蒸压砖属于硅酸盐制品，以硅质材料（砂、粉煤灰、炉渣、矿渣、煤矸石等）和石灰为主要原料，加水拌和压制成坯，并经高压釜蒸汽养护而成的实心砖，如图 8-30 所示。目前，使用的主要有蒸压粉煤灰砖、蒸压灰砂砖和蒸压炉渣砖，其规格尺寸与烧结普通砖相同。以下主要介绍前两种。

图 8-30　蒸压砖

（1）蒸压粉煤灰砖

蒸压粉煤灰砖是以粉煤灰、生石灰为主要原料，可掺加适量石膏等外加剂和其他集料，经坯料制备、压制成型、高压蒸汽养护而制成的砖，产品代号为 AFB。

按照《蒸压粉煤灰砖》（JC/T 239—2014）的规定，根据蒸压粉煤灰砖的强度分为 MU30、MU25、MU20、MU15、MU10，5 个强度等级。蒸压粉煤灰砖的产品标记按产品代号（AFB）、规格尺寸、强度等级、标准编号顺序编写。例如，规格尺寸为 240 mm×115 mm×53 mm、强度等级为 MU15 的砖，其标记为：AFB 240×115×53 MU15 JC/T 239—2014。

蒸压粉煤灰砖可用于工业与民用建筑的墙体和基础，但用于基础或用于易受冻融和干湿交替作用的建筑部位必须使用 MU15 及以上强度等级的砖；同时，不得用于长期受热（200 ℃以上）、受急冷急热和有酸性介质侵蚀的建筑部位。

（2）蒸压灰砂砖

蒸压灰砂砖是以石灰和砂为主要原料，允许掺入颜料和外加剂，经坯料制备、压制成型、蒸压养护而成的实心灰砂砖，代号为 LSSB。按照蒸压灰砂砖的颜色分为本色（N）和彩色（C）两种类型。

按照《蒸压灰砂实心砖和空心砌块》（GB/T 11945—2019）的规定，根据蒸压灰砂砖的抗压强度分为 MU30、MU25、MU20、MU15、MU10，5 个强度等级。蒸压灰砂砖的产品标记是按照产品代号、颜色、等级、规格尺寸、标准编号顺序编写。例如，规格尺寸为 240 mm×115 mm×53 mm、强度等级为 MU15 的本色实心砖（标准砖），其标记为：LSSB-N MU15 240×115×53 GB/T 11945—2019。

蒸压灰砂砖不应用于长期受热 200 ℃以上、受急冷急热和有酸性介质侵蚀的建筑部位。

8.5.2　砌块的分类及其力学性能

砌块是近年来迅速发展起来的一种新型墙体砌筑材料，除了用于砌筑墙体外，还可以用于砌筑挡土墙、高速公路音障及其他砌块构成物，如图 8-31 所示。砌块是建筑用的人造块材，外形多为直角六面体，也有各种异型的；砌块系列中主规格的长度、宽度或高度有一项或一项以上分别大于 365 mm、240 mm 或 115 mm，但高度不大于长度或宽度的 6 倍，长度不超过高度的 3 倍。

(a) 混凝土空心砌块　　(b) 蒸压加气混凝土砌块

图 8-31　常见砌块

砌块的分类很多，见表 8-10。

表 8-10　砌块分类

根据规格高度分类	>115 mm 且<380 mm	小型砌块(小砌块)
	≥380 mm 且≤980 mm	中型砌块(中砌块)
	>980 mm	大型砌块(大砌块)
根据在结构中作用分类		承重砌块
		非承重砌块
根据有无孔洞及空心率大小分类	无孔洞或空心率<25%	实心砌块
	空心率≥25%	空心砌块
根据材质分类		混凝土砌块、粉煤灰砌块、硅酸盐砌块、石膏砌块、烧结砌块等

(一) 普通混凝土小型空心砌块

普通混凝土小型砌块是以水泥、矿物掺合料、砂、石、水等为集料，经搅拌、振动成型、养护等工艺制成的小型砌块。小型砌块分为实心砌块和空心砌块。实心砌块代号为 S，空心砌块代号为 H。砌块按使用时砌筑墙体的结构和受力情况，分为承重结构用砌块(代号为 L)、非承重结构用砌块(代号为 N)。

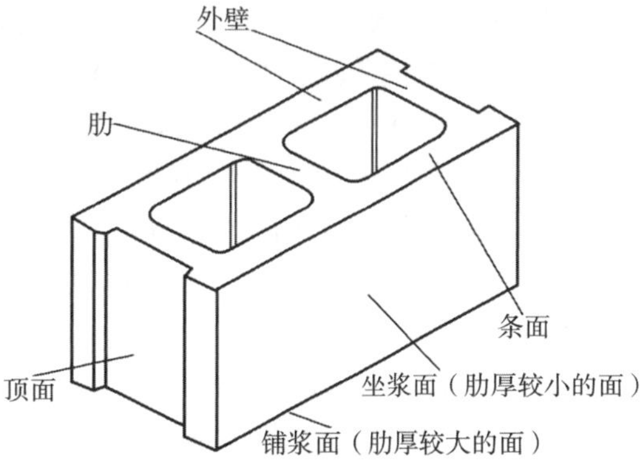

图 8-32　砌块各部分名称

按照《普通混凝土小型砌块》(GB/T 8239—2014)的规定，砌块的主规格尺寸为 390 mm×190 mm×190 mm，其孔洞设置在受压面，有单排孔、双排孔、三排孔及四排孔，各部位名称如图8-32 所示。材料选用时，承重空心砌块的最小外壁厚应不小于 30 mm，最小肋厚应不小于25 mm，空心率应不小于 25%。除主规格外，砌块还有若干辅助规格，共同组成砌块基本系列。

砌块按抗压强度分为 MU5.0、MU7.5、MU10、MU15、MU20、MU25、MU30、MU35 和 MU40 9 个强度等级，强度应符合表 8-11 的要求。砌块按砌块种类、规格尺寸、强度等级(MU)、标准代号的顺序进行标记。例如，规格尺寸 395 mm×190 mm×194 mm、等级强度 MU5.0、非承重结构用空心砌块，其标记为：NH 395×190×194 MU5.0 GB/T 8239—2014。

表 8-11 砌块的强度等级 单位：MPa

强度等级	砌块抗压强度	
	平均值≥	单块最小值≥
MU5.0	5.0	4.0
MU7.5	7.5	6.0
MU10	10.0	8.0
MU15	15.0	12.0
MU20	20.0	16.0
MU25	25.0	20.0
MU30	30.0	24.0
MU35	35.0	28.0
MU40	40.0	32.0

数据来源：《普通混凝土小型砌块》(GB/T 8239—2014)。

目前，普通混凝土小型空心砌块主要用于单层和多层工业与民用建筑的内墙和外墙，如果利用砌块的空心配置钢筋，可用于建造高层砌块建筑。混凝土砌块的吸水率较小(一般为 5%～8%)，吸水速度慢，砌筑前不允许浇水，以免发生“走浆”现象，影响砂浆饱满度和砌体的抗剪强度。但在气候特别干燥炎热时，可在砌筑前稍喷水湿润。与烧结砖砌体相比，混凝土砌块墙体较容易产生裂缝，应注意在构造上采取抗裂措施。另外，还应注意防止外墙面渗漏，粉刷时做好填缝，并压实抹平。

(二) 轻集料混凝土小型空心砌块

轻集料混凝土小型空心砌块是采用轻集料混凝土制成的小型空心砌块，代号为 LB。其按砌块孔的排数分为单排孔、双排孔、三排孔和四排孔等。

按照《轻集料混凝土小型空心砌块》(GB/T 15229—2011)的规定，砌块的主规格尺寸为 390 mm×190 mm×190 mm。除主规格外，砌块还有若干辅助规格，共同组成砌块基本系列。材料选用时，承重砌块最小外壁厚不应小于 30 mm，肋厚不应小于 25 mm，保温砌块最小外壁厚和肋厚不宜小于 20 mm。

按照《轻集料混凝土小型空心砌块》(GB/T 15229—2011)的规定，砌块强度等级可以分为五级：MU2.5、MU3.5、MU5.0、MU7.5、MU10.0；砌块密度等级可以分为八级：700、800、900、1 000、1 100、1 200、1 300、1 400。交货时，砌块按代号、类别(孔的排数)、密度等级、强度等级、标准编号的顺序进行标记。例如，符合 GB/T 15229、双排孔、密度等级 800、强度等级 3.5 的轻集料混凝土小型空心砌块标记为：LB 2 800 MU3.5 GB/T 15229—2011。

与普通混凝土小型空心砌块相比，轻集料混凝土小型空心砌块密度小、热工性能较好，但干缩值较大，使用时更容易产生裂缝。目前，主要用于非承重的隔墙和围护墙。

(三) 粉煤灰混凝土小型空心砌块

粉煤灰混凝土小型空心砌块是以粉煤灰、水泥、集料、水为主要组分(也可加入外加剂等)制成的混凝土小型空心砌块,代号为 FHB。其中粉煤灰用量不应低于原材料质量的 20%,水泥用量不应低于原材料质量的 10%。其按照砌块孔的排数分为单排孔(1)、双排孔(2)和多排孔(D)三类。

按照《粉煤灰混凝土小型空心砌块》(JC/T 862—2008)的规定,砌块的主规格尺寸为 390 mm×190 mm×190 mm。除主规格外,砌块还有若干辅助规格,共同组成砌块基本系列。材料选用时,用于承重墙体的砌块最小外壁厚应不小于 30 mm,肋厚应不小于 25 mm;用于非承重墙体的砌块最小外壁厚应不小于 20 mm,肋厚应不小于 15 mm。

砌块按抗压强度可以分为 MU3.5、MU5、MU7.5、MU10、MU15、MU20,6 个强度等级;按体积密度可以分为 600、700、800、900、1 000、1 200、1 400,7 个等级。交货时,砌块按代号、分类、规格尺寸、密度等级、强度等级和标准编号的顺序进行标记。例如,规格尺寸为 390 mm×190 mm×190 mm、密度等级为 800、强度等级为 MU5 的双排孔砌块,其标记为:FHB2 390×190×190 800 MU5 JC/T 862—2008。

与普通混凝土小型空心砌块相比,粉煤灰混凝土小型空心砌块具有较好的韧性、不易脆裂,同时还具有良好的保温性能和抗渗性能,但是耐蚀和耐热性较差。目前,主要用于一般工业与民用建筑的墙体和基础。

(四) 蒸压加气混凝土砌块

蒸压加气混凝土砌块是以硅质材料(如砂、矿渣、粉煤灰等)和钙质材料(如水泥、石灰等)为主要原料,掺加发气剂(如铝粉等)及其他调节材料,通过配料浇注、发气静停、切割、蒸压养护等工艺制成的多孔轻质硅酸盐建筑制品。

蒸压加气混凝土砌块按原材料的不同,又分为蒸压水泥-石灰-砂加气混凝土砌块、蒸压水泥-石灰-粉煤灰加气混凝土砌块、蒸压水泥-矿渣-砂加气混凝土砌块、蒸压水泥-石灰-煤矸石加气混凝土砌块、蒸压水泥-石灰-沸腾炉渣加气混凝土砌块、蒸压石灰-粉煤灰加气混凝土砌块等多种类型。

按照《蒸压加气混凝土砌块》(GB/T 11968—2020)的规定,砌块的规格尺寸应满足 600 mm×(100/120/125/150/180/200/240/250/300)mm×(200/240/250/300)mm。砌块按尺寸偏差分为Ⅰ型和Ⅱ型。Ⅰ型适用于薄灰缝砌筑,Ⅱ型适用于厚灰缝砌筑。砌块按抗压强度分为 A1.5、A2.0、A2.5、A3.5、A5.0,5 个等级;按干密度分为 B03、B04、B05、B06、B07,5 个等级。砌块的强度与干密度级别应符合表 8-12 的要求。砌块按其代号 AAC-B、强度和干密度分级、规格尺寸和标准编号进行标记。例如,抗压强度为 A3.5、干密度为 B05、规格尺寸为 600 mm×200 mm×250 mm 的蒸压加气混凝土Ⅰ型砌块,其标记为:AAC-B A3.5 B05 600×200×250(Ⅰ) GB/T 11968—2020。

蒸压加气混凝土砌块保温隔热性能好,用作墙体可降低建筑物采暖、制冷等使用能耗;同时,砌块的表观密度小,一般为黏土砖的 1/3,可减轻结构自重,有利于提高建筑物抗震能力。另外,砌块表面平整、尺寸精确,容易提高墙面平整度。但是,砌块吸水导湿缓慢,导致干缩大、易开裂,且强度不高,表面易粉化,故需要采取专门措施。例如,砌块在运输、堆放存储中应防雨防潮,过大墙面应适当在灰缝中布设钢丝网,砌筑砂浆和易性要好,抹面砂浆适当提高灰砂比,墙面增挂一道钢丝网,用于外墙时进行饰面处理或憎水处理等。蒸压加气混凝土砌块广泛用于一般建筑物墙体,常用于建筑物的非承重墙体及隔墙,表观密度级别低的砌块还可用于屋面保温。

表 8-12　抗压强度和干密度要求

强度级别	抗压强度/MPa		干密度级别	平均干密度/(kg/m³)
	平均值	最小值		
A1.5	≥1.5	≥1.2	B03	≤350
A2.0	≥2.0	≥1.7	B04	≤450
A2.5	≥2.5	≥2.1	B04	≤450
			B05	≤550
A3.5	≥3.5	≥3.0	B04	≤450
			B05	≤550
			B06	≤650
A5.0	≥5.0	≥4.2	B05	≤550
			B06	≤650
			B07	≤750

8.5.3　砌筑石材的分类及其力学性能

天然石材是最古老的建筑材料之一，是由天然岩石开采的，经过或不经过加工而制得的石材。世界上有许多著名的古建筑是由天然石材建造而成的，比如古希腊雅典卫城、意大利比萨斜塔、古埃及金字塔、我国的赵州桥等。目前，石材作为结构材料已在很大程度上被钢筋混凝土、钢材所取代。不过，天然石材抗压强度高，耐久性、耐磨性及装饰性好且蕴藏丰富，便于就地取材等，这些优点使得天然石材在建筑工程中的使用仍然相当普遍，较多地被用作建筑装饰材料、基础和墙身等砌筑材料，以及混凝土的骨料。

（一）砌筑石材的分类

岩石是在一定的地质条件下，由一种或几种矿物自然组合而成的矿物集合体。组成岩石的矿物称为造岩矿物。大部分岩石是由几种造岩矿物组成的，如花岗岩是由长石、石英、云母等几种矿物组成；少数岩石是由一种矿物构成的，如石灰岩是由方解石矿物组成。各种造岩矿物在不同的地质条件下，形成不同类型的天然岩石，根据其生成条件可分为岩浆岩、沉积岩和变质岩三大类，见表 8-13 和图 8-33。

表 8-13　三大类岩石的基本特征

岩类	常见品种	产状	形成环境	结构	构造	主要矿物
岩浆岩	花岗岩、玄武岩、安山岩、流纹岩	侵入 喷出	降温 降压	大部分为结晶的岩石，粒状、斑状等，部分为隐晶质、玻璃质	多为块状构造，喷出岩具有气孔状、杏仁状、流纹状等构造	石英、长石、橄榄石、辉石、角闪石、云母等
变质岩	片麻岩、千枚岩、大理岩	多随原产状而定	增温 增压	重结晶岩石，具粒状、斑状、鳞片状等各种变晶结构	大部分具有片理构造，部分为块状构造	除石英、长石、辉石、角闪石、云母等以外，常含变质矿物

续表

岩类	常见品种	产状	形成环境	结构	构造	主要矿物
沉积岩	页岩、砂岩、石灰岩	层状产出	常温常压	碎屑结构、泥质结构、化学结构和生物结构	各种层理构造，水平层理、斜层理、交错层理等，常含生物化石	除石英、长石等以外，富含黏土、方解石、白云石、有机质，多含生物化石

(a) 岩浆岩的代表：玄武岩

(b) 沉积岩的代表：石灰岩

(c) 变质岩的代表：大理岩

图 8-33　三大类岩石

(1) 岩浆岩

岩浆岩又称火成岩，是地下深处的岩浆侵入地壳或喷出地表冷凝而成的岩石。根据形成条件的不同，岩浆岩分为深成岩、喷出岩和火山岩三类。

① 深成岩　深成岩其矿物全部结晶且晶粒较粗，构造致密，具有抗压强度高、吸水率小、表观密度大及抗冻性、耐磨性好等特点。建筑上常用的深成岩有花岗岩、正长岩、辉长岩、闪长岩等。

② 喷出岩　喷出岩是岩浆岩喷出地表时，在压力骤减和冷却较快的条件下形成的岩石。由于结晶条件差，多呈隐晶质或玻璃体结构。当由喷出的岩浆所形成的岩层很厚时，其结构接近深成岩。当喷出岩凝固成比较薄的岩层时，常呈多孔构造，近于火山岩。工程上常用的喷出岩有玄武岩、安山岩和辉绿岩等。

③ 火山岩　火山岩是火山爆发时岩浆被喷到空中，急速冷却后形成的岩石。火山岩为玻璃体结构且呈多孔构造，如火山灰、火山渣、浮石和凝灰岩等。火山灰、火山渣可作为水泥的混合材料，浮石可用作轻混凝土的骨料。

(2) 沉积岩

沉积岩又称水成岩，是在地表或近地表的常温常压条件下，露出地表的先成岩石(母岩)遭受风化剥蚀作用的破坏产物或生物作用与火山作用的产物，经原地或外力(风力、流水、冰川等)搬运形成的沉积层，再经成岩作用而成的岩石。形成沉积岩的沉积作用有机械沉积作用、化学沉积作用和生物沉积作用；沉积物的成岩作用有压固作用、胶结作用和重结晶作用。沉积岩呈层状构造，表观密度小，孔隙率和吸水率较大，强度低，耐久性也较差。根据生成条件，沉积岩可分为三种：

① 机械沉积岩　由自然风化而逐渐破碎松散的岩石，经风、雨、冰川、沉积等搬运和逐渐沉积，在覆盖层的压力下重新压实或胶结而成的岩石，如砂岩、砾岩、页岩等。

② 化学沉积岩　由溶解于水中的矿物质经聚积、沉积、重结晶、化学反应等过程而形成的岩石，如石膏、菱镁矿、白云石等。

③ 生物沉积岩　由各种有机体的残骸沉积而成的岩石，如石灰岩、硅藻土等。沉积岩

在地表分布很广，加工较易，因此其应用也较为广泛，建筑上用途较广、用量较大的岩石有石灰岩等。

(3) 变质岩

变质岩是地壳中原有的各类岩石，在地层的高压和高温作用下，矿物在固体状态下发生再结晶作用，而使其矿物成分、结构构造以及化学成分发生部分或全部改变而形成的新岩石。

一般沉积岩形成变质岩后，其建筑性能有所提高，如石灰岩和白云岩变质后得到的大理岩，砂岩变质后得到的石英岩，都比原来的岩石坚固耐久。而深成岩变质后产生片状构造，性能反而下降，如花岗岩变质后成为片麻岩则易于分层剥落，耐久性差。

(二) 砌筑石材的力学性能

(1) 表观密度

岩石的表观密度与岩石的矿物组成及孔隙率有关。根据表观密度大小可分为轻质石材和重质石材。表观密度小于 1 800 kg/m^3 的为轻质石材，一般用作墙体材料；表观密度大于或等于 1 800 kg/m^3 的为重质石材，可用作建筑物的基础、贴面、地面、房屋外墙、桥梁和水工构筑物等。

(2) 吸水性

石材的吸水性主要与其孔隙率和孔隙特征有关。孔隙特征相同的石材，孔隙率越大，吸水率就越大。天然石材，如深成岩以及许多变质岩一般孔隙率都很小，因而它们的吸水率也很小，如花岗岩吸水率通常小于 0.5%，而多孔的贝类石灰岩吸水率可达 15%。岩石吸水后强度降低，抗冻性、耐水性、耐久性下降，导热性增加。一般而言，表观密度大的石材，孔隙率小，吸水率也小。

(3) 耐水性

石材的耐水性用软化系数表示。根据软化系数的大小，石材的耐水性分为 3 种：软化系数大于 0.9 的石材为高耐水性石材；软化系数为 0.7～0.9 的石材为中耐水性石材；软化系数为 0.6～0.7 的石材为低耐水性石材。土木建筑工程中使用的石材，软化系数应大于 0.8。

(4) 抗冻性

抗冻性是指石材抵抗冻融破坏的能力，是衡量石材耐久性的一个重要指标。石材的抗冻性与吸水率大小有密切关系，一般吸水率大的石材，抗冻性较差。另外，抗冻性还与石材的吸水饱和程度、冻结温度和冻融次数有关。石材在水饱和状态下，经规定次数的冻融循环后，若无贯穿裂纹且质量损失不超过 5%，强度损失不超过 25%时，则为抗冻性合格。

(5) 耐热性

石材的耐热性取决于其化学成分和矿物组成。由于各种造岩矿物热膨胀系数不同，受热后体积变化不一致，将产生内应力而导致石材崩裂破坏。另外，在高温下造岩矿物会产生分解或晶型转变。含有石英和其他矿物结晶的石材，如花岗岩等，当温度在 700 ℃以上时，由于石英受热膨胀，强度会迅速下降。

(6) 抗压强度

天然石材的抗压强度取决于岩石的矿物组成、结构、构造特征、胶结物质的种类及均匀性等。如花岗岩的主要造岩矿物是石英、长石、云母和少量暗色矿物，若石英含量高，则强度高；若云母含量高，则强度低。

石材是非均质和各向异性的材料，而且是典型的脆性材料，其抗压强度高，而抗拉强度比抗压强度低得多，为抗压强度的 1/10～1/20。根据《砌体结构设计规范》(GB 50003—

2011)的规定,石材的强度等级可用规格尺寸为 70 mm×70 mm×70 mm 的立方体试块的抗压强度表示,抗压强度取 3 个试件破坏强度的平均值;试件也可以采用表 8-14 所示边长尺寸的立方体,但应对其试验结果乘相应的换算系数后,所得的值方可作为石材的强度等级;石材的强度等级分为 MU100、MU80、MU60、MU50、MU40、MU30、MU20,7 个等级。

表 8-14　石材强度等级的换算系数

立方体边长/mm	200	150	100	70	50
换算系数	1.43	1.28	1.14	1.00	0.86

(7) 硬度

岩石的硬度用莫氏硬度表示,它主要取决于组成岩石的矿物硬度与构造。由致密而坚硬的矿物组成的石材,其硬度较高;结晶质结构硬度高于玻璃质结构;构造紧密的岩石硬度也较高。岩石的硬度与抗压强度有很大的相关性,一般抗压强度高的岩石硬度也大;岩石的硬度越大,其耐磨性和抗刻划性能就越好,但表面加工就越困难。

(8) 耐磨性

石材的耐磨性是指石材在使用条件下抵抗摩擦、边缘剪切,以及撞击等复杂作用而不被磨损(耗)的性质。耐磨性包括耐磨损性和耐磨耗性两个方面。耐磨损性用磨损度表示,它是用石材受摩擦作用,其单位摩擦面积的质量损失大小来表示;耐磨耗性用磨耗度表示,它是用石材同时受摩擦与冲击作用,其单位质量所产生的质量损失的大小来表示。石材的耐磨性与岩石组成矿物的硬度及岩石的结构和构造有一定的关系。一般而言,石材的强度高,构造致密,则耐磨性也较好。用于土木工程中的石材,应具有较好的耐磨性。

(9) 抗风化性

由化学水、冰等因素造成岩石开裂或剥落的过程,称为风化。对石材表面进行磨光、喷涂等处理,可有效地防止风化的产生。

(10) 放射性

少数天然石材中含有某些放射性元素,若超过国家标准的规定,对人体的健康不利。除了天然石材外,用无机或有机胶结料、矿物质原料及各种外加剂配制而成的称为人造石材,如人造大理石、人造花岗石等。天然石材的特点是成本低、气孔小、强度大、加工困难。人造石材可加工成任意形状,并可控制其性能。天然石材由于具有抗压强度高、耐久性和耐磨性好、资源分布广、便于就地取材等优点而被广泛使用。但天然石材也具有性质较脆、抗拉强度低、表观密度大、硬度高等缺点,因此开采和加工都比较困难。

8.6　木材及其材料性能

木材是天然生长的有机高分子材料,是人类最早使用的建筑材料之一。中国早在石器时代便已出现以木材作为构架支承屋顶材料的半穴居式建筑,而后逐步发展并形成中国特色的穿斗式和抬梁式建筑;西方国家如古希腊、古罗马由原始木支承结构发展为后来的桁架式木屋架建筑及独具特色的木框架填充墙建筑。随着科学技术的发展,除了继续保持木材本身具备的轻质高强、良好的弹性和韧性、低导热性、良好的耐久性及可加工性、美观等优点外,通过对木材进行防火、防腐及防蛀等药物处理以及对木材进行改性、胶合等处理,克服了木材的部分缺点,使得木材在当代建筑建设中依然占有一定比重,与水泥、钢材并列为三大主要建筑材料。

8.6.1 木材的分类与构造

木材是由树木的躯干或枝干加工而成的材料，取自不同品种树木的木材具有不同的性能。

（一）木材的分类

大自然中树木种类繁多，主要可分为针叶树和阔叶树两大类。

针叶树的树叶多呈针状，树干一般通直而高大，纹理平顺，材质均匀而松软，易干燥，开裂变形较小，易于加工成材。因此，由针叶树加工而成的木材也称为软木材，适合作结构用材。建筑工程中常用的软木材主要取自杉木、红松、落叶松、柏树等针叶树。

阔叶树的树干通直部分一般较短，材质较硬且多疵病，较难加工。因此，由阔叶树加工而成的木材称为硬木材。有些阔叶树材纹理色泽美观，常作为装饰用材。建筑工程中常用的硬木材主要取自水曲柳、榆树、槐树、香樟等阔叶树。

（二）木材的构造

木材的宏观构造如图 8-34 所示。由于木材构造的不均匀性，将其分为三个切面进行剖析：垂直于树轴切面（横切面）、通过树轴的纵切面（径切面）以及平行于树轴的纵切面（弦切面）。通常可以利用这些切面上的特征辨别和研究木材。横切面是识别木材最重要的切面，木材中平行于木纹方向的细胞组织在横切面上均可看到。这个切面的板材优点是硬度大，耐磨损；而缺点是易折断，难刨削。径切面从树皮通过髓心将木材切开，所得切面板材收缩小，不易翘曲，木纹挺直并且具有较高的硬度。弦切面板材上的年轮呈“V”字形花纹，较美观，但易翘曲变形。

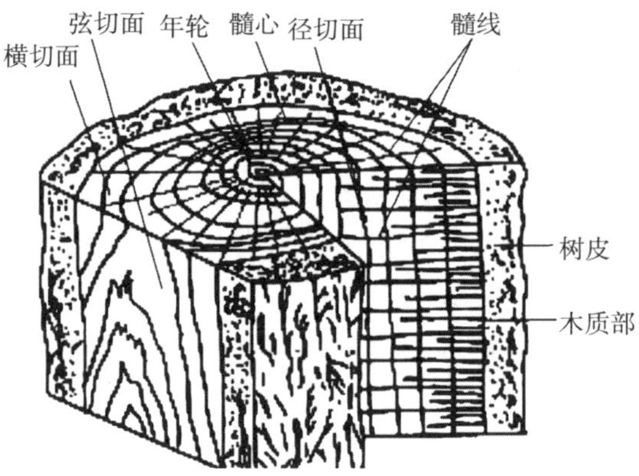

图 8-34 木材的宏观构造

树干由树皮、木质部和髓心组成。其中木质部是树皮至中心的部分，靠近树皮的部分色浅，称为边材；靠近髓心的部分色深，称为芯材。芯材相比于边材，材质较硬、密度更大、含水量较少，不宜翘曲变形，且耐腐蚀性较好。木质部是木材在建筑工程使用中最具利用价值的主要部分。髓心位于树干中心，质地松软、强度低且容易遭受腐蚀和虫蛀。若木材表面含有髓心，则从髓心处向外易产生破损。由髓心向外的辐射线是髓线，其周围的结合力弱，木材干裂时易沿此开裂。

在横切面上颜色深浅交替不一的同心圆称为年轮。多数树种的年轮近似圆形，少数树种的年轮呈不规则的波浪形。在每一个年轮内，靠里面的部分是每年春季生长的，其颜色较浅，材质松软，强度也较低，称为春材（或早材）；靠外面的部分是夏末生长的，颜色较深，材质坚硬且强度较高，称为夏材（或晚材）。横切面上径向单位长度中，所含夏材宽度总和占全长的百分率，称为夏材率。夏材率是反映木材质量的重要特征。通常，夏材部分越多，木材强度越高。对于相同的树种，年轮密而均匀的材质相对更好。

木材的微观构造指的是其在显微镜下观察到的构造特征，从图 8-35 中可以看出，不同的木材具有不同的构造特征，但是基本构成具有相近的形式。一般通过观察有无导管以及髓线的粗细来鉴别针叶树和阔叶树。有导管的为阔叶树，髓线较为细小的为针叶树。

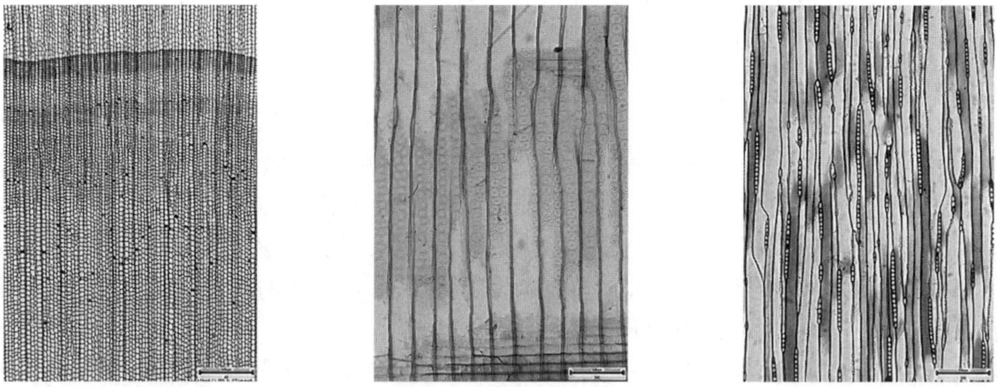

(a) 木材横切面　(b) 木材径切面　(c) 木材弦切面

图 8-35　木材的微观构造

在显微镜下观察的木材是由无数管状细胞紧密结合而成的。它们绝大部分呈纵向排列，少数呈横向排列。每个细胞都分为细胞壁和细胞腔两个部分。细胞壁由若干层细纤维组成，细胞间纵向联结比横向联结牢固，所以细胞壁纵向强度高，横向强度低。组成细胞壁的细纤维之间有极小的空隙，能吸附和渗透水分。细胞组织的构造在很大程度上决定了木材的性质，如木材的细胞壁越厚、腔越小，木材越密实，体积密度和强度也就越大，同时胀缩程度也越大。

8.6.2　木材的物理性质

(一) 密度

密度是指单位体积木材的质量。木材的质量和体积均受含水率影响。木材试样烘干质量与其饱水时的体积之比称为基本密度；烘干质量与烘干后的体积之比称为绝干密度；烘干质量与炉干时的体积之比称为炉干密度；木材在气干后的质量与气干后的体积之比，称为木材的气干密度。木材密度因树种而异。大多数木材的气干密度为 0.3～0.9 g/cm^3。密度大的木材，其力学强度一般较高。

(二) 木材含水率

(1) 木材中的水分

① 自由水：存在于木材细胞腔和细胞间隙中的水分；

② 吸附水：吸附在细胞壁内细纤维之间的水分；

③ 结合水：形成细胞化学成分的化合水(以化学结合水形式存在)。

(2) 木材的平衡含水率

木材的含水率是随着环境温度和湿度的变化而变化的。当木材长期处于一定的温度和湿度下，木材的含水率与周围空气相对湿度达到平衡，木材吸收水分的速度与向环境中释放水分的速度相等，趋于一个定值，此时的含水率称为木材的平衡含水率。木材的平衡含水率是一个可变参数，随着周围环境温度和相对湿度变化而变化，如图 8-36 所示。

(3) 木材的纤维饱和点含水率

木材受潮时，首先形成吸附水，吸附水饱和后，多余的水成为自由水；木材干燥时，首先失去自由水，然后才失去吸附水。当吸附水处于饱和状态而无自由水存在时所对应的含水率称为木材的纤维饱和点含水率。纤维饱和点含水率因树种而异，一般为23%～33%，平均为30%。木材的纤维饱和点含水率是木材物理、力学性质的转折点。

（三）木材的湿胀干缩

木材细胞壁内吸附水量的变化而引起的木材变形，称为湿胀干缩。如图8-37所示的是木材含水率与胀缩变形的关系。木材的湿胀干缩受纤维饱和点控制，当含水率高于纤维饱和点含水率时，只有自由水增减变化，木材体积不变；当含水率低于纤维饱和点含水率时，木材中吸附水的改变才会影响木材的体积变化。由于木材构造的不均匀性，在不同的方向的干缩值不同。顺纹方向（纵向方向）的干缩值最小，仅为0.1%～0.35%；径向收缩较大，为3%～6%；弦向收缩最大，为5%～12%。因此，弦向较容易产生翘曲变形。一般来说，表观密度大、夏材含量多的木材，湿胀变形较大。通常，湿胀可造成木材表面鼓凸，干缩会导致木结构开裂或连接处松动。所以最根本的办法是将木材在加工或使用前预先进行处理，使其含水率达到或接近与环境湿度相适应的平衡含水率。

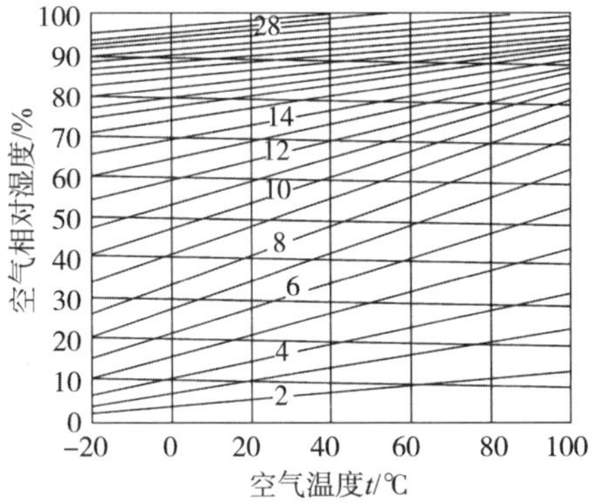

图8-36　不同温度和湿度环境中木材的平衡含水率

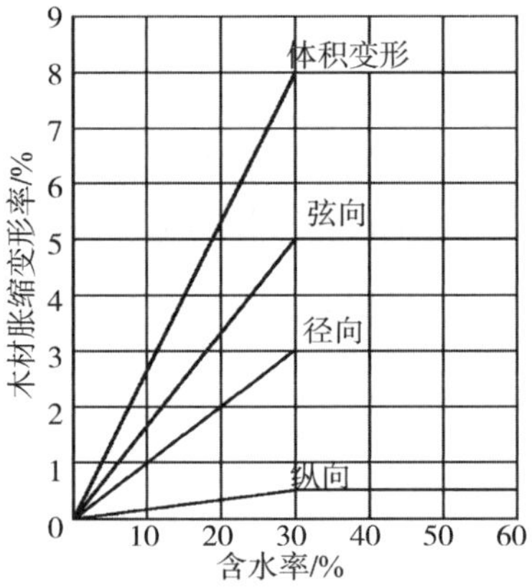

图8-37　含水率对木材胀缩的影响

8.6.3　木材的力学性质

（一）木材的强度

木材有很好的力学性质，但由于其构造上的各向异性，力学性质也表现为明显的各向异性。顺纹方向与横纹方向的力学性质有很大差别，一般顺纹强度远大于横纹强度，工程上充分利用木材的顺纹强度。木材所受外力形式主要有拉力、压力、弯曲和剪切力，木材各种强度的关系见表8-15。

表8-15　木材承受不同受力形式时的强度关系

抗压强度		抗拉强度		抗弯强度	抗剪强度	
顺纹	横纹	顺纹	横纹		顺纹	横纹
1	1/10～1/3	2～3	1/20～1/3	3/2～2	1/7～1/3	1/2～1

木材的顺纹抗拉和抗压强度均较高，但横纹抗拉和抗压强度较低。影响木材强度的因素很多，不同树种、木材缺陷、荷载作用时间、含水率及温度等因素，特别是木材缺陷及荷载

作用时间两种因素对木材强度的影响最大。因木节尺寸和位置不同、受力性质(拉或压)不同,有节木材的强度相比无节木材可降低 30%~60%。在荷载长期作用下,木材的长期强度几乎只有瞬时强度的一半。而木材强度随含水率的变化主要以纤维饱和点为分界,如图 8-38 所示。当含水率在纤维饱和点以上变化时,则仅仅发生自由水的增减,对木材的强度没有影响;当含水率在纤维饱和点以下变化时,随含水率的降低,细胞壁趋于紧密,木材的强度增加。

木材在长期荷载的作用下,只有当其应力远低于强度极限的某一范围时,才可避免木材因长期负荷而被破坏。木材在长期荷载的作用下不致引起破坏的最大强度,称为持久强度。通常木材的持久强度比其短时荷载下的极限强度小得多,为极限强度的 50%~60%,如图 8-39 所示。

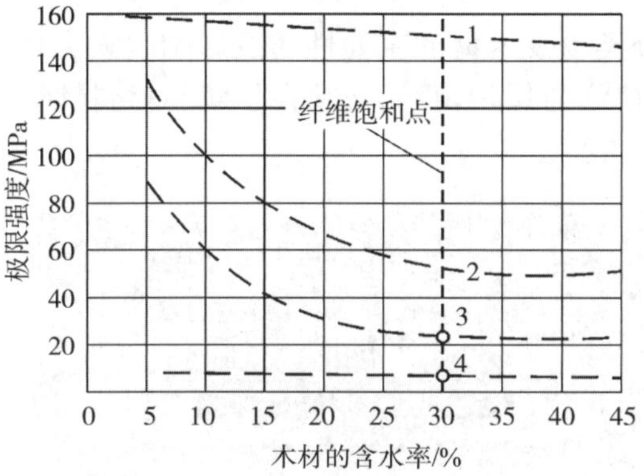

1—顺纹抗拉;2—抗弯;3—顺纹抗压;4—顺纹抗剪。

图 8-38　含水率对木材强度的影响

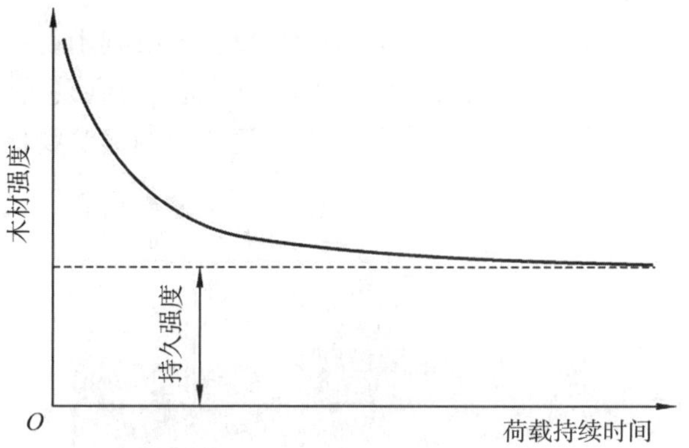

图 8-39　木材的持久强度

(二) 木材的韧性

木材具有较高的韧性,适合制作承受振动或冲击荷载作用的结构。但是木材的韧性会根据其材质及所处环境条件改变而表现出较大的差异。木材密度越大,其冲击韧性越好;温度达到零度以下,湿木材冰冻变脆,韧性严重降低;但当温度很高时,木材也会变脆,韧性降低。任何缺陷的存在都可能严重降低木材的冲击韧性。

(三) 木材的硬度和耐磨性

木材的硬度和耐磨性主要取决于其微观细胞组织的紧密程度,不同切面上的硬度和耐磨性差别较大。木材横截面的硬度和耐磨性相比于径切面和弦切面较高。对于木髓线发达的木材,其弦切面的硬度和耐磨性均高于径切面。

8.7　案例分析

从上面几节的学习中,我们对建筑材料的分类、组成及其技术性质都有了一定的了解,下面结合实际案例进行分析。

(一) 木材

木材是中国古代的典型建筑材料。在世界建筑史中,中国古代建筑特别是木结构建筑，因独特的取材、巧妙的结构和别具风格的造型艺术而占有重要地位。比如目前现存最古老的木塔建筑——山西省朔州市应县佛宫寺释迦塔(图 8-40)、最古老的楼阁式木构建筑——天津市蓟州区独乐寺观音阁(图 8-41)、最古老的木构建筑——山西省忻州市五台县南禅寺大殿(图 8-42)等。除此之外，还有世界上现今存在规模最大、最完整的古代木结构建筑群——北京故宫(图 8-43)。

位于山西省忻州市五台县的南禅寺大殿从外观看呈方形，面阔三间、进深三间，为灰色筒板瓦单檐歇山式屋顶，屋面坡度极为平缓，四翼如飞。木制斗拱硕大是盛唐的标志，主要用作承重；而发展到明清，斗拱变小，且越来越密，其美观装饰作用相比于承重作用更为突出。木结构大多主要由梁、枋及斗拱组成平面网络架构，层层重叠而成，具有优良的抗震性能。

在本章 8.6 节的学习中，我们了解到木材的分类以及木材的主要性质及影响因素。目前历史留下的传统木构建筑遗产亟须得到妥善的修缮与保护，我们必须在了解其材料性能和结构机制后，才能制定出科学合理的建筑物保护方案。

图 8-40　应县木塔

图 8-41　独乐寺观音阁

图 8-42　南禅寺大殿

图 8-43　北京故宫

(二) 砌体材料

砌体材料也是一种非常普遍的建筑材料，纵观国内外用砌体材料落成的建筑不在少数。其中有埃及的金字塔(图 8-44)；有被称为印度珍珠的泰姬陵(图 8-45)；也有中国的万里长城(图 8-46)；还有中国的砖塔河南省郑州市登封市嵩岳寺塔(图 8-47)等。这些建筑都是震惊世界的奇迹。

长城是中国古代的军事防御工程，是以城墙为主体，同大量的城、障、亭、标相结合的防御体系。墙身是城墙的主要部分，也是防御敌人的主要部分，平均高度为7.8 m，有些地段高达14 m。山岗陡峭处构筑得较低，平坦处构筑得较高；紧要处较高，一般处较低。墙身的总厚度较宽，基础宽度均有6.5 m，城墙海墁宽度平均也有5.8 m，保证两辆辎重马车并行。墙身由外墙和内墙构成，内填泥土碎石。

图8-44　金字塔

图8-45　泰姬陵

图8-46　长城

图8-47　嵩岳寺塔

外墙是指外皮墙向城外的一面。构筑时，有明显的收分，收分一般为墙高的125%。这样可以增加墙体下部的宽度，增强墙身的稳定度，加强它的防御性能，并且使外墙雄伟壮观。外檐墙的厚度，一般是以“垛口”处的墙体厚度为准，这里的厚度一般为一砖半宽，根据收分的比例，越往下越厚。内墙是指外皮墙向城内的一面。构筑时一般没有明显的收分，构筑成垂直的墙体。砖的砌筑方法以扁砌为主。长城的构筑中有版筑夯土墙、青砖砌墙、石砌墙、砖石混合砌筑及条石等。

（三）混凝土

混凝土是现代最主要的土木工程材料之一。混凝土具有原料丰富、价格低廉、生产工艺简单的特点，因而其使用量越来越大。在现代社会中，我们仿佛置身混凝土森林，抬眼望去，可以很轻易捕捉到混凝土的身影，应用混凝土建造出的建筑也是很多的。比如法国的萨伏伊别墅（图8-48）、美国的萨尔克生物研究所（图8-49）以及中国的上海龙美术馆（图8-50）、三峡大坝（图8-51）等。

三峡大坝位于中国湖北省宜昌市夷陵区三斗坪镇境内，距下游葛洲坝水利枢纽工程38 km，是当今世界最大的水利枢纽工程。三峡大坝工程包括主体建筑物工程和导流工程两部分。大坝为混凝土重力坝，混凝土浇筑量达 2 794 万 m^3。

图 8-48　萨伏伊别墅

图 8-49　萨尔克生物研究所

图 8-50　龙美术馆

图 8-51　三峡大坝

在本章 8.4 节中我们已经了解到混凝土的组成材料，三峡大坝中混凝土的原材料主要包括骨料、水泥、粉煤灰、水及外加剂等。三峡大坝所用骨料主要来源于大坝基坑、船闸和料场开挖出的新鲜花岗岩，具有较高的抗压强度，从原材料方面提高混凝土的力学性能；所用水泥为低热或中热水泥，这种水泥具有低发热性及微膨胀性，既可以降低大坝内部混凝土的水化热温度，又可以减少混凝土的干缩裂缝，改善混凝土的变形性能；将粉煤灰作为大坝混凝土的掺合料，部分取代水泥并减少水泥硬化过程中的发热量，并且利用粉煤灰的微珠效应，极大改善了新拌混凝土的和易性，降低用水量，也方便混凝土的振捣施工。混凝土中的水，可以使混凝土中的各组分形成整体，水少了拌和不了混凝土，而水多了会降低混凝土的强度。因此，加入合适的外加剂可以使混凝土的性质不受影响的前提下降低水的用量。三峡大坝中主要掺入的是适配性良好且减水率超过 18%的高效减水剂；此外，还添加了引气剂，使得混凝土中生成互不贯通的微小气泡，增强抗冻融性能，从而达到提高混凝土耐久性、延长大坝使用寿命的效果。

此外，针对三峡大坝不同部位的功能也进行了强化处理。比如在大坝泄洪坝面的混凝土中掺入了钢纤维，增加抗冲耐磨性能；通过大坝的发电水流采用压力钢管，进入水轮发电机组发电，避免了有压力的江水直接冲刷混凝土，保证大坝的安全。

（四）钢材

随着科技的发展，融合了古典与现代建筑风格和美感的钢结构建筑层出不穷，比如矗立于法国巴黎的埃菲尔铁塔（图 8-52）、美国纽约的帝国大厦（图 8-53）、我国南京的长江大桥（图 8-54）以及北京的国家体育场“鸟巢”（图 8-55）等。

图 8-52　埃菲尔铁塔

图 8-53　帝国大厦

图 8-54　南京长江大桥

图 8-55　国家体育场“鸟巢”

“鸟巢”位于北京奥林匹克公园中心区南部，是 2008 年北京奥运会主体育场，承担奥运会开、闭幕式与田径比赛。由 2001 年普利兹克奖获得者雅克・赫尔佐格、皮埃尔・德・梅隆及中国建筑师李兴钢等合作设计完成。设计者们对这个国家体育场没有做任何多余的处理，把结构暴露在外，因而自然形成了建筑的外观。“鸟巢”为空间杂交结构，其结构组件相互支撑，形成了网络状的构架，高低起伏变化的外观缓和了建筑的体量感，并赋予了具有戏剧性和震撼力的形体。主体建筑呈空间马鞍椭圆形，是目前世界上跨度最大的单体钢结构工程。

“鸟巢”名字来源于其形态，如同孕育生命的“巢”，更像一个摇篮，寄托着人类对未来的希望。钢结构大量采用由钢板焊接而成的箱形构件，交叉布置的主桁架与屋面及立面的次结构一起形成了“鸟巢”这样结构设计奇特新颖的特殊建筑造型。搭建这一结构的钢材为 Q460。Q460 是一种低合金高强度钢，受力强度达到 460 MPa 时才会发生塑性变形，比一般钢材大。随之而来的是生产难度很大。“鸟巢”中使用的 Q460 要求钢板厚度达到 110 mm，大于国家标准的 100 mm。在建设“鸟巢”时，用到大量钢材，钢材之间的连接既有薄板焊接，又有厚板焊接；既有平焊、立焊，又有仰焊；既有高强钢的焊接，又有铸钢件的焊接等，焊接工作量大。而且薄板焊接变形大，厚板焊接熔敷量大，这对于温度控制和劳动强度的要求都很高。而高空焊接、冬雨季焊接的防风雨防低温措施更加大了焊接难度，这些都离不开精湛高超的施工工艺。

8.8 小结

本章应掌握建筑材料的定义、分类及相关的物理力学性能，从而灵活合理选择运用建筑材料。

了解钢材的冶炼方法和分类及建筑工程常用钢材的化学成分对钢材性能的影响。掌握建筑钢材的技术性质，主要包括抗拉性能、冲击韧性、硬度、疲劳性能、冷弯性能、焊接性能及冷加工性能。其中，前四项为力学性能，后三项为工艺性能。钢材的强度等级主要根据抗拉性能(屈服强度、抗拉强度、伸长率)和冷弯性能来确定；理解并会应用屈强比。

了解混凝土的组成材料、分类。掌握混凝土的强度性能、变形性能、耐久性，并掌握影响混凝土性能的关键因素及改善措施。

了解常用的砌体材料(砖、砌块和石材等)的组成、分类、工艺及技术指标。技术性质主要包括物理性质、力学性质。

了解木材的分类及其构造。掌握木材的主要性质、影响木材强度的因素及含水率对木材强度影响的规律。

随着技术的发展，也逐渐产生了新型的绿色低碳的建筑材料，不断赋予建筑材料鲜活的生命力。

第 8 章习题

1. 简述材料的弹性、塑性、脆性、韧性之间的区别。
2. 简述材料的孔隙率和空隙率的区别。
3. 简述低碳钢的拉伸性能变化规律。
4. 简述钢材的力学性能主要技术指标。
5. 简述混凝土轴心抗压强度与立方体抗压强度的关系。
6. 简述混凝土与钢筋的黏结强度。
7. 简述混凝土强度的主要影响因素及变化规律。
8. 简述砌墙砖的分类。
9. 简述蒸压加气混凝土砌块的优缺点。
10. 简述木材的分类。
11. 简述木材的各类强度的近似关系。

第 9 章　钢筋混凝土结构

9.1　钢筋混凝土结构概述

1874 年，世界第一座钢筋混凝土结构的建筑在美国纽约落成，人类建筑史上一个崭新的纪元从此开始。1900 年之后，钢筋混凝土结构在工程界才得到了大规模的使用。钢筋混凝土结构是指用配有钢筋增强的混凝土制成的结构，如图 9-1 所示。

(a) 钢筋混凝土框架结构　　(b) 钢筋混凝土剪力墙结构

图 9-1　钢筋混凝土结构

9.1.1　钢筋混凝土结构的特点

钢筋混凝土结构是以混凝土承受压力、钢筋承受拉力的结构类型，能比较充分合理地利用混凝土（高抗压性能）和钢筋（高抗拉性能）这两种材料的力学特性。与素混凝土结构相比，钢筋混凝土结构承载力大大提高，破坏也呈延性特征，有明显的裂缝和变形发展过程。对于一般工程结构，钢筋混凝土结构经济指标优于钢结构，技术经济效益显著。钢筋有时也可以用来协助混凝土受压，改善混凝土的受压性能和减少截面尺寸。

钢筋混凝土结构的工作原理是：首先钢筋与混凝土有着近似相同的线膨胀系数，不会因环境不同而产生过大的应力。其次钢筋与混凝土之间有良好的黏结力，有时钢筋的表面也被加工成有间隔的肋条（称为变形钢筋）来增强混凝土与钢筋之间的机械咬合，当此仍不足以传递钢筋与混凝土之间的拉力时，通常将钢筋的端部弯起 90°弯钩。此外混凝土中的氢氧化钙提供了碱性环境，使得钢筋表面形成了一层钝化保护膜，从而使钢筋相对于中性与酸性环境下更不易腐蚀。

钢筋混凝土结构有以下优点：(1) 合理用材。能充分合理地利用钢筋（高抗拉性能）和混凝土（高抗压性能）两种材料的受力性能。(2) 耐久性好。在一般环境下，钢筋受到混凝土保护而不易生锈，而混凝土的强度随着时间的增长还有所提高，所以其耐久性较好。

(3) 耐火性好。混凝土是不良导热体，遭火灾时，钢筋因有混凝土包裹而不至于很快升温到失去承载力的程度。(4) 可模性好。混凝土可根据设计需要支模浇筑成各种形状和尺寸的结构。(5) 整体性好。整体浇筑的钢筋混凝土结构整体性好，再通过合适的配筋，可获得较好的延性，有利于抗震、防爆和防辐射，适用于防护结构。(6) 易于就地取材。混凝土所用的原材料中占很大比例的石子和砂子，产地普遍，便于就地取材。

钢筋混凝土结构也存在以下缺点：(1) 自重偏大。相对于钢结构来说，混凝土结构自重偏大，这对于建造大跨度结构和高层建筑是不利的。(2) 抗裂性差。由于混凝土的抗拉强度较低，在正常使用时，钢筋混凝土结构往往带裂缝工作，裂缝存在会影响结构物的正常使用性和耐久性。(3) 施工比较复杂，工序多，工期长。(4) 施工受季节、天气的影响也较大。(5) 新老混凝土不易形成整体。混凝土结构一旦破坏，修补和加固比较困难。

9.1.2 钢筋混凝土多层、高层及超高层建筑结构的概念

通常根据建筑的层数或高度对建筑进行分类。住宅建筑按层数分类，1～3 层为低层住宅，4～6 层为多层住宅，7～9 层为中高层住宅，10 层及以上为高层住宅。除住宅建筑之外的民用建筑高度不大于 24 m 者为单层和多层建筑，大于 24 m 者为高层建筑（不包括建筑高度大于 24 m 的单层公共建筑）。

《建筑设计防火规范(2018 年版)》(GB 50016—2014)对建筑高度的计算有如下解释：当建筑屋面为坡屋面时，建筑高度应为建筑物室外设计地面到其檐口与屋脊的平均高度；当为平屋面（包括有女儿墙的平屋面）时，建筑高度应为建筑物室外设计地面至其屋面面层的高度；当同一座建筑有多种形式的屋面时，建筑高度应按上述方法分别计算后，取其中最大值。局部突出屋顶的瞭望塔、冷却塔、水箱间、微波天线间或设施、电梯机房、排风和排烟机房以及楼梯出口小间等辅助用房占屋面面积不大于 1/4 者，可不计入建筑高度。

对于高层建筑，《建筑设计防火规范(2018 年版)》(GB 50016—2014)将其分为一类与二类两种，见表 9-1。一类高层建筑的耐火等级为一级，二类高层建筑的耐火等级不低于二级。

表 9-1 高层建筑分类

名称	一类	二类
住宅建筑	19 层及以上的住宅(大于 54 m) 建筑高度大于 54 m 的住宅建筑(包括设置商业服务网点的住宅建筑)	10～18 层的住宅(大于 27 m，但不大于 54 m) 建筑高度大于 27 m，但不大于 54 m 的住宅建筑(包括设置商业服务网点的住宅建筑)
公共建筑	1. 建筑高度大于 50 m 的公共建筑； 2. 建筑高度 24 m 以上部分任一楼层建筑面积大于 1 000 m^2 的商店、展览、电信、邮政、财贸金融建筑和其他多种功能组合的建筑； 3. 医疗建筑、重要公共建筑、独立建造的老年人照料设施； 4. 省级及以上的广播电视和防灾指挥调度建筑、网局级和省级电力调度建筑； 5. 藏书超过 100 万册的图书馆、书库	除一类高层公共建筑外的其他高层公共建筑

在高层结构中，竖向结构体系需要将房屋承受的水平荷载传递到基础，故竖向结构体系的选择与组成是高层建筑结构设计中需要首先考虑的。多层、高层及超高层房屋的常用结构体系可分为框架结构、剪力墙结构、框架-剪力墙结构和筒体结构等，其各有不同的适用高度和优缺点。

最初高层结构常采用框架、剪力墙结构等基本结构体系，后来发展到框架-剪力墙体系，继而又发展出各式各样的筒体结构、巨型框架结构、悬挂结构等。随着建筑功能与形式的不断发展，高层建筑结构形式也在不断发展、改进与创新，并逐渐形成各种新的高效且合理的建筑结构形式。通常按照高层建筑使用材料可以将高层结构分为高层钢筋混凝土结构与高层钢结构，现在也有更多的组合结构运用到高层建筑中。

9.2　框架结构的受力特点及构造要求

框架结构主要由楼（屋面）板、梁、柱及基础等承重构件组成。由框架梁、柱与基础形成平面框架（单榀框架），作为主要的承重结构。各平面框架再由框架梁联系起来，形成一个空间结构体系，如图 9-2、图 9-3、图 9-4 所示。

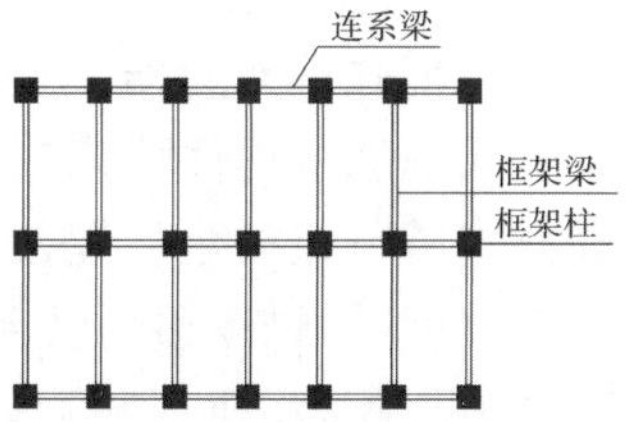

图 9-2　普通框架结构示意图

图 9-3　正在施工中的钢筋混凝土框架结构

图 9-4　钢筋混凝土框架结构模型

框架结构体系的主要优点：

① 空间分布灵活，具有可以较灵活地进行建筑平面布置的优点，利于布置大空间，如教室、超市等。

② 框架结构构件类型少，且梁、柱构件易于标准化、定型化，便于采用装配整体式结构，以缩短施工工期。

③ 采用现浇混凝土框架时，结构的整体性、刚度较好。

框架结构体系的缺点：

① 框架结构的抗侧刚度小，抵抗水平荷载的能力差。在强烈地震作用下，结构所产生水平位移较大，易造成严重的结构性破坏，故一般适用于建造不超过 15 层的房屋。

② 钢材和水泥用量较大，构件的总数量多，施工工序多。

混凝土框架结构广泛用于住宅、学校、办公楼，也有根据需要对混凝土梁或板施加预应力，以适用于较大的跨度。一般在非地震区，钢筋混凝土框架结构在非地震区适用于 15 层以下的多高层建筑，在一般地震区则以不超过 10 层为宜，在 8 度及 8 度以上烈度的地震区一般以 8 层以下为宜。

柱截面为 L 形、T 形、Z 形或十字形的框架结构称为异型柱框架，其柱截面厚度一般为 180～300 mm，截面高度与宽度之比为 3～4。目前一般用于按 6 度、7 度抗震设计的 12 层以下的建筑中。

按施工方法的不同，框架可分为现浇整体式、装配式和装配整体式三种。

（1）现浇整体式框架

现浇整体式框架的梁、柱均为现浇钢筋混凝土，梁的纵筋伸入柱内锚固，如图 9-5 所示。其优点是整体性及抗震性能好，预埋件少，较其他形式的框架节省钢材等。缺点是模板消耗量大，现场湿作业多，施工周期长，在寒冷地区冬季施工困难等。对使用要求较高、功能复杂或处于地震高烈度区域的框架房屋，宜采用全现浇框架。

（2）装配式框架

装配式框架的构件全部或者部分为预制，在施工现场进行吊装和连接，如图 9-6 所示。装配式框架的构件可采用先进的生产工艺在工厂进行大批量生产，在现场以先进的组织处理方式进行机械化装配，因而构件质量容易保证，并可节约大量模板，改善施工条件，加快施工进度，但结构整体性差，节点预埋件多，总用钢量较全现浇框架多，施工需要大型运输和拼装机械，在地震区不宜采用。

图 9-5　现浇整体式框架

图 9-6　装配式框架

（3）装配整体式框架

装配整体式框架是将预制梁、柱和板现场安装就位后，在构件连接处局部现浇混凝土，使之形成整体，如图 9-7 所示。装配整体式框架具有良好的整体性和抗震能力，又可采用预制构件，减少了现场浇筑混凝土的工作量，省去了接头预埋件，减少了用钢量，但节点施工复杂。

由于装配式框架整体性很差，装配整体式框架施工复杂，因此目前工程中基本上采用的是全现浇整体式框架。

图 9-7　装配整体式框架

9.2.1　框架结构的受力特点

框架结构承受的荷载包括竖向荷载和水平荷载。竖向荷载包括结构自重及楼（屋）面活荷载，一般为分布荷载，有时有集中荷载。水平荷载主要为风荷载和地震荷载。

其在荷载作用下的内力图如图 9-8 所示。无论是在竖向荷载还是水平荷载的作用下，各楼层的弯矩图与剪力图大致相同，各层之间互不影响。轴力大小由上至下逐层变大。

在工程设计中，活荷载是指在使用过程中产生的荷载，如人员、设备、货物等。而活荷载最不利布置原则是指在设计中，应该考虑到活荷载的最不利情况，以保证结构的安全性和稳定性。活荷载最不利布置原则要求在设计中考虑到荷载的分布情况，例如，在设计楼房时，应该考虑到人员和设备的分布情况，以保证楼房的稳定性。当梁的跨中弯矩承担最大荷载时，竖向活荷载应采取间隔布置方式，如图 9-9(a)所示；当梁支座弯矩承担最大荷载时，竖向活荷载应采取先连续后间隔的布置方式，如图 9-9(b)所示。

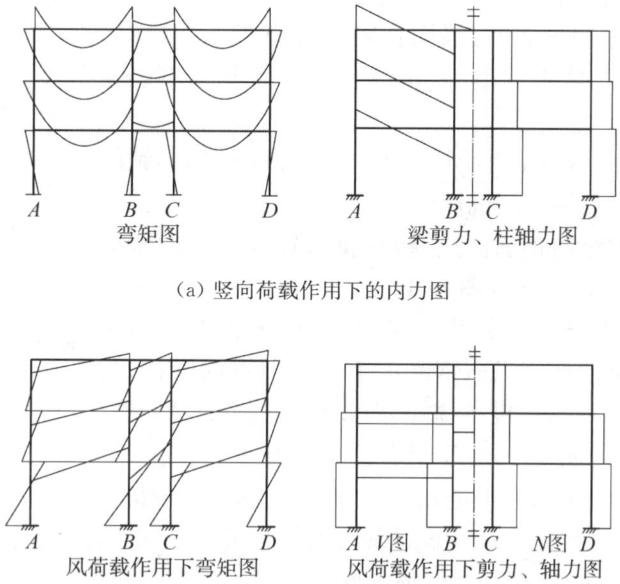

(a) 竖向荷载作用下的内力图

(b) 左向水平荷载作用下的内力图

图 9-8　框架结构的内力图

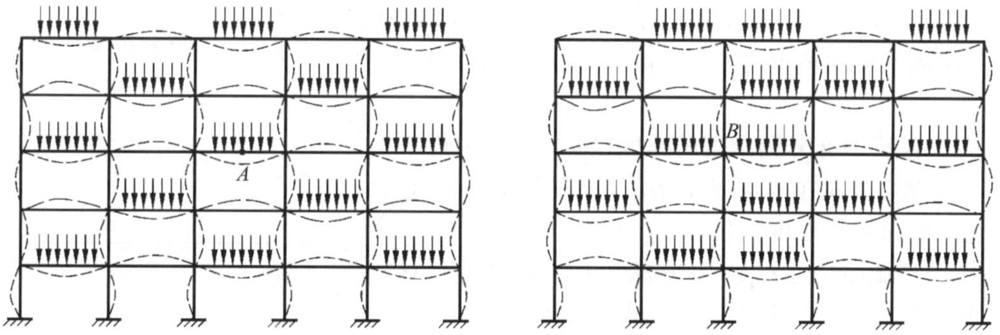

(a) 梁跨中(*A* 点)弯矩最不利活荷载位置　　(b) 梁支座(*B* 点)弯矩最不利活荷载位置

图 9-9　竖向活荷载最不利位置布置图

9.2.2　框架结构的构造要求

构造上，框架结构梁截面宽度不宜小于 200 mm，截面高宽比不宜大于 4，净跨与截面高度之比不宜小于 4。方柱截面的宽度和高度均不宜小于 300 mm，圆柱直径不宜小于 350 mm，截面长边与短边的边长比不宜大于 3。高层的框架结构不应采用单跨框架结构，多层框架结构不宜采用单跨框架结构。

对于单跨框架结构，尤其是层数较多的高层建筑，震害比较严重。因此，抗震设计的框架结构不应采用冗余度低的单跨框架。当必须采用时，应采取设置支撑、增加柱子翼墙或少量的钢筋混凝土抗震墙等加强措施。

构件连接是框架设计的一个重要组成部分。只有通过构件之间的相互连接，结构才能成为一个整体。现浇框架的连接构造，主要是梁与柱、柱与柱之间的配筋构造。

梁纵向钢筋在框架中间层端节点的锚固应符合下列要求：

(1) 梁上部纵向钢筋伸入节点的锚固。

① 当采用直线锚固形式时，锚固长度不应小于 l_a，且应伸过柱中心线，伸过的长度不宜小于 $5d$(d 为梁上部纵向钢筋的直径)。

② 当柱截面尺寸不满足直线锚固要求时，梁上部纵向钢筋可按相关要求采用钢筋端部加机械锚头的锚固方式。梁上部纵向钢筋宜伸至柱外侧纵向钢筋内边，包括机械锚头在内的水平投影锚固长度不应小于 $0.4l_{ab}$(图 9-10)。

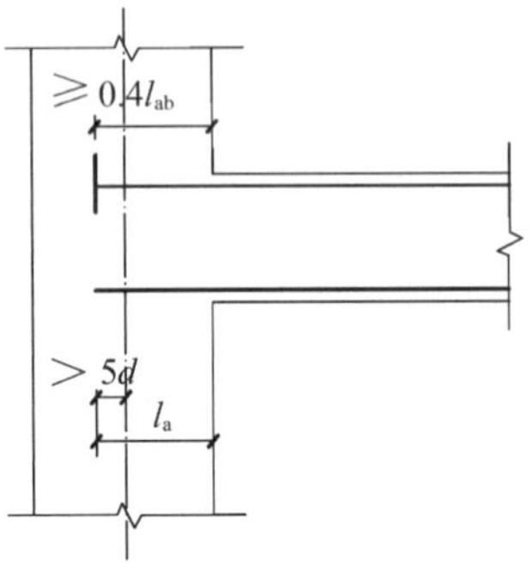

图 9-10　梁上部钢筋采用端部加机械锚头锚固

③ 梁上部纵向钢筋也可采用 90°弯折锚固的方式，此时梁上部纵向钢筋应伸至柱外侧纵向钢筋内边并向节点内弯折，其包含弯弧在内的水平投影长度不应小于 $0.4l_{ab}$，弯折钢筋在弯折平面内包含弯弧段的投影长度不应小于 $15d$(图 9-11)。

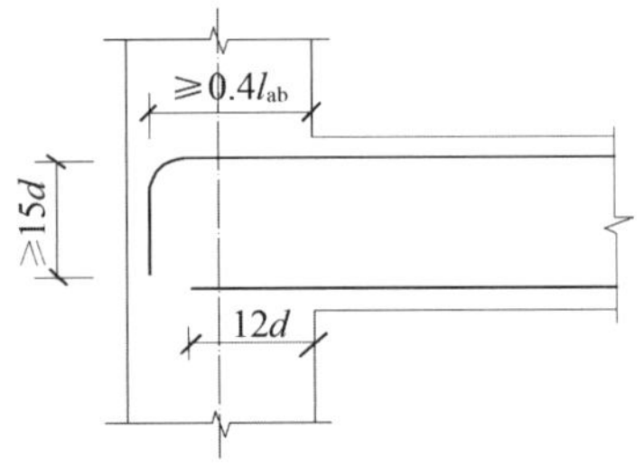

图 9-11　梁上部纵向钢筋采用 90°弯折锚固

(2) 框架中间层中间节点或连续梁中间支座，梁的上部纵向钢筋应贯穿节点或支座，梁的下部纵向钢筋宜贯穿节点或支座。当必须锚固时，应符合下列锚固要求：

① 当计算中不利用该钢筋的强度时，其伸入节点或支座的锚固长度对带肋钢筋不小于 $12d$，对光面钢筋不小于 $15d$(d 为钢筋的最大直径)。

② 当计算中充分利用钢筋的抗压强度时，钢筋应按受压钢筋锚固在中间节点或中间支座内，其直线锚固长度不应小于 $0.7l_a$。

③ 当计算中充分利用钢筋的抗拉强度时，钢筋可采用直线方式锚固在节点或支座内，锚固长度不应小于钢筋的受拉锚固长度 l_a(图 9-12)。

④ 当柱截面尺寸不足时，宜按第(1)条的规定采用钢筋端部加机械锚头的锚固方式，如图 9-13(a)所示，或采用 90°弯折锚固的方式，如图 9-13(b)所示，也可采用二者结合的方式，如图 9-13(c)。

⑤ 钢筋可在节点或支座外梁中弯矩较小处设置搭接接头，搭接长度的起始点至节点或支座边缘的距离不应小于 $1.5h_b$。

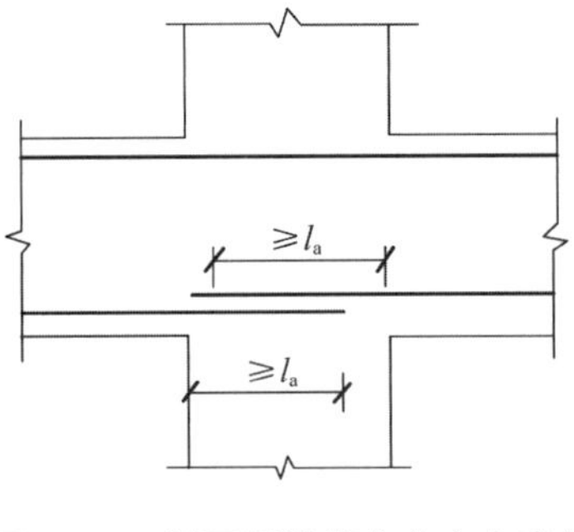

图 9-12　梁下部纵筋在节点中直锚

9.3　剪力墙结构的受力特点及构造要求

剪力墙是由钢筋混凝土浇筑而成的墙体。剪力墙结构是指以剪力墙作为竖向受力构件和侧向受力构件的结构体系。剪力墙不仅承受竖向荷载，还承受水平剪力，故称为剪力墙。同时剪力墙与一般墙体一样，起到围护和分隔的作用，如图 9-14、图 9-15、图 9-16 所示。

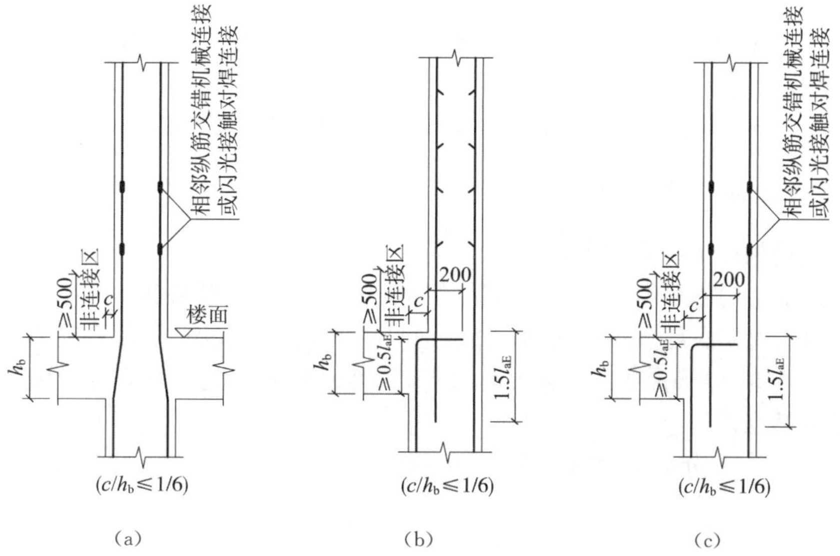

图 9-13　柱钢筋的锚固及连接(单位:mm)

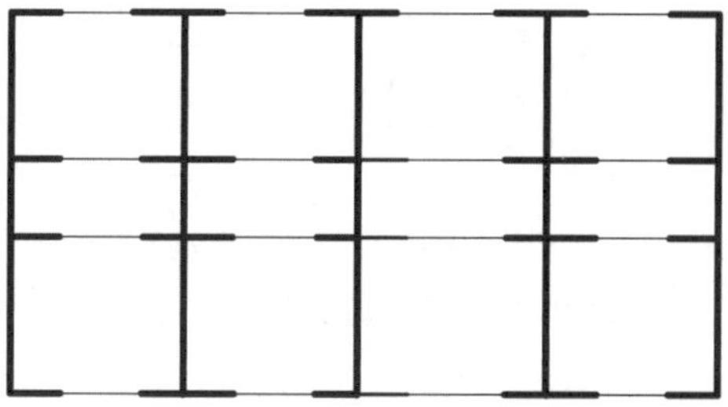

图 9-14　剪力墙结构平面

图 9-15　预制的钢筋混凝土剪力墙

图 9-16　正在施工中的剪力墙结构

剪力墙结构体系的主要优点：

① 剪力墙既能承担竖向荷载,如重力,又能抵抗水平荷载,如风荷载、水平地震作用等。

② 空间整体性强、抗侧刚度大和抗震性能好。

③ 由于没有梁、柱等构件外露或凸出,便于房间内部布置。

剪力墙结构体系的缺点：

① 剪力墙结构中墙与楼板组成受力体系,所以剪力墙不能拆除,不利于形成大的空间,

空间布置不够灵活。

② 剪力墙结构通常适用于建筑空间较小，高度较高的建筑物，如 30～50 层的高层住宅、高层写字楼等。

③ 剪力墙结构自重大，钢材和混凝土用量大，整体结构延性较差。

9.3.1 剪力墙结构的受力特点

剪力墙结构的受力特点如下：

(1) 剪力墙结构体系中的墙体既承受重力荷载，又承受水平荷载。

(2) 剪力墙犹如底部嵌固于基础的直立悬臂深梁，受到压、弯、剪复合受力状态。

(3) 根据墙体上开洞方式、开洞大小的不同，可以划分不同类型的剪力墙，并具有不同的受力状态和特点。

剪力墙结构体系分为整体墙、小开口整体墙、联肢墙、壁式框架等类型，如图 9-17 所示。

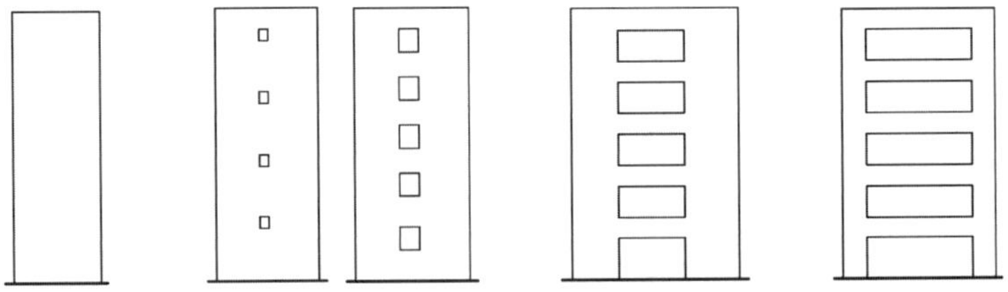

(a) 整体墙　(b) 小开口整体墙　(c) 联肢墙　(d) 壁式框架

图 9-17　剪力墙结构体系分类

9.3.2 剪力墙结构的构造要求

剪力墙的厚度，一、二级不应小于 160 mm 且不应小于层高的 1/20，三、四级不应小于 140 mm 且不应小于层高的 1/25。底部加强部位的墙厚，一、二级不宜小于 200 mm 且不宜小于层高的 1/16；无端柱或翼墙时不应小于层高的 1/12。

一般剪力墙结构底部加强部位的高度可取墙肢总高度的 1/8 和底部两层二者的较大值，当剪力墙高度超过 150 m 时，其底部加强部位的高度可取墙肢总高度的 1/10。

剪力墙应双向布置，纵向与横向剪力墙宜相互连接，增加刚度，尽量拉通对直，贯通全高。剪力墙上应尽量使洞口上下对齐，成列布置，形成明确的墙肢和连梁。当墙体长度较大时，可通过开设洞口将长墙分成若干均匀的独立墙段，墙段的长度不宜大于 8 m。剪力墙的门窗洞口宜上下对齐，成列布置。尽量避免出现错洞墙，洞与洞之间、洞到墙边的距离不能太小，避免墙肢刚度的过分悬殊。避免在内纵墙与内横墙交叉处的四面墙上开洞，形成十字形的薄弱环节。墙肢截面宜简单、规则。剪力墙布置不宜太密，使结构具有适合的侧向刚度。

9.4 框架-剪力墙结构的受力特点及构造要求

框架结构抗侧刚度差，抵抗水平荷载能力较低，地震作用下变形大，但它具有平面灵活、空间较大、立面处理易于变化等优点。而剪力墙结构则相反，抗侧刚度大，抵抗水平荷载能力较强，但使用空间受到了限制。把两者结合起来，取长补短，在框架中设置一些剪力墙，就成了框架-剪力墙体系。

当框架结构超过 15 层时，房屋的侧向位移和底层柱内力明显加大，这时可在框架结构内布置局部剪力墙，既能提高房屋的抗侧刚度，又能为建筑平面布置提供较大的使用空间。框架-剪力墙结构中的剪力墙可以单独设置，也可以利用电梯井、楼梯间、管道井等墙体进行设置。框架-剪力墙结构适用于 15～30 层的高层建筑。如图 9-18 所示的北京饭店即为框架-剪力墙结构。

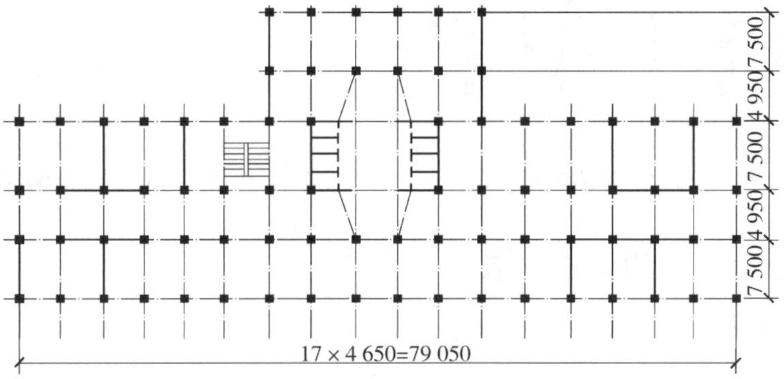

(a) 北京饭店结构平面(单位：mm)

(b) 北京饭店实景图

(c) 北京饭店入口立面图

图 9-18　北京饭店

9.4.1　框架-剪力墙结构的受力特点

在框架-剪力墙结构体系(图 9-19)中，剪力墙常常承担大部分水平荷载，结构总体刚度加大，侧向位移减小。同时，通过框架和剪力墙协同工作，以及变形协调，各种变形会趋于均匀，克服了纯框架或纯剪力墙结构中上部和下部层间变形相差较大的缺点，因而在地震作用下可减少结构构件的破坏。从框架本身看，上下各层柱的受力也比纯框架柱的受力均匀，因此柱子断面尺寸和配筋都可比较均匀、合理。

对于框架-剪力墙结构而言，框架和剪力墙共同作为竖向承重结构的结构体系，剪力墙是结构体系中主要的抗侧力构件。框架以承担竖向荷载为主，剪力墙承担绝大部分的水平荷载。由于框架和剪力墙的协同受力，在结构的底部框架侧移减小，结构上部剪力墙的侧移减小，层间变形沿建筑高度变化均匀，减小了框架和剪力墙的层间变形，如图 9-20 所示。

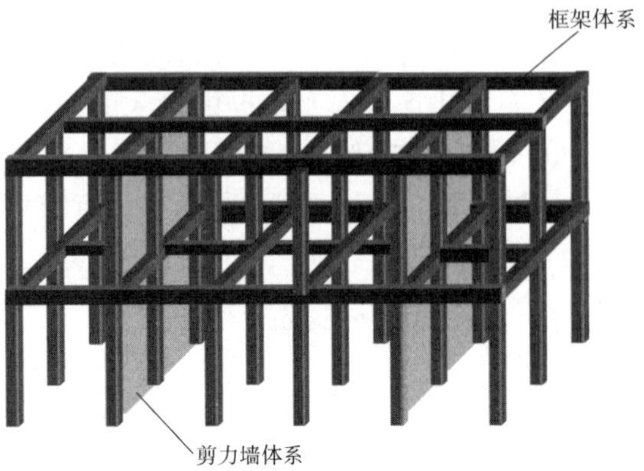

图 9-19 框架-剪力墙示意图

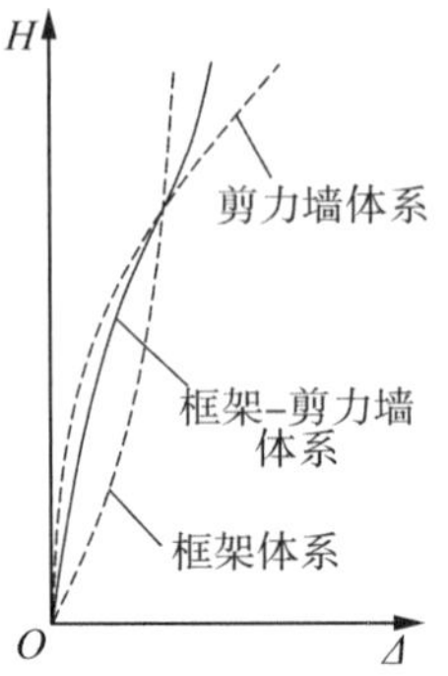

图 9-20 框架-剪力墙变形曲线

9.4.2 框架-剪力墙的构造要求

在框架-剪力墙结构中，剪力墙布置时参照以下几点：

(1) 剪力墙的数量与结构体型、高度有关，剪力墙的数量适宜时，可增强结构整体刚度，减小侧向变形，可减少结构及非结构构件破坏；剪力墙的数量过多时，则导致建筑布置困难、刚度大，造成地震时地震作用力大。剪力墙的数量布置一般以保证侧向变形不超过规范规定的限值为宜。

(2) 剪力墙宜对称布置，以减少结构扭转，地震区要求更严格。剪力墙宜均匀布置在建筑物的周边附近、楼梯间、电梯间、平面形状变化及恒载较大的部位，剪力墙间距不宜过大；平面形状凹凸较大时，宜在凸出部分的端部附近布置剪力墙，楼梯间、电梯间等竖井宜尽量与靠近的抗侧力结构结合布置。剪力墙的布置原则为“均匀、分散、对称、周边”。

(3) 剪力墙应贯穿全高，使结构上下刚度连续、均匀。宜避免刚度突变；剪力墙开洞时，洞口宜上下对齐。

(4) 层数不高时，可将剪力墙做成 T 形、L 形等形式，其较“一”字形剪力墙更能发挥剪力墙的作用。结构高度较大时，可将剪力墙围成井筒式，加大结构的抗侧和抗扭刚度。

(5) 抗震设计时，剪力墙沿纵向和横向两个方向的布置，宜使结构各主轴方向的侧向刚度接近。

剪力墙的厚度不应小于 160 mm 且不应小于层高的 1/20，底部加强部位的剪力墙厚度不应小于 200 mm 且不应小于层高的 1/16，剪力墙的周边应设置梁（或暗梁）和端柱组成的边框；端柱截面宜与同层框架柱相同，并应满足框架结构柱的抗震要求；剪力墙底部加强部位的端柱和紧靠剪力墙洞口的端柱宜按柱箍筋加密区的要求沿全高加密箍筋。

当剪力墙墙面开有非连续小洞口，且在整体计算中不考虑其影响时，应将洞口处被截断的分布筋量分别集中配置在洞口上、下和左、右两边，且钢筋直径不应小于 12 mm，见图 9-21(a)。穿过连系梁的管道宜预埋套管，洞口上、下的有效高度不宜小于梁高的1/3，且不宜小于 200 mm，洞口处宜配置补强钢筋，见图 9-21(b)。

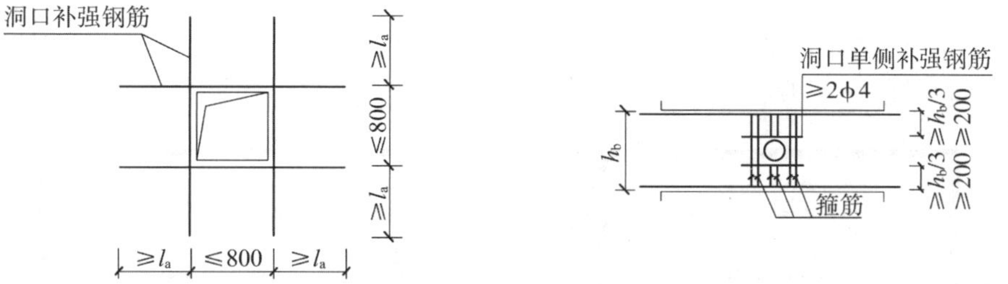

(a) 剪力墙洞口补强　　(b) 连系梁洞口补强

图 9-21　洞口补强配筋示意图(单位:mm)

9.5　筒体结构的受力特点及构造要求

筒体是由实心钢筋混凝土墙或者密集框架柱(框筒)构成的,由一个或多个竖向筒体组成的结构称为筒体结构。筒体是由若干片剪力墙围合而成的封闭井筒式结构,其受力与一个固定于基础上的筒形悬臂构件相似。根据开孔的多少,筒体有实腹筒和空腹筒之分,如图 9-22、图 9-23、图 9-24 所示。实腹筒一般由电梯井、楼梯间、管道井等组成,开孔少,因其常位于房屋中部,故又称核心筒。空腹筒又称框筒,由布置在房屋四周的密排立柱和截面、尺寸很大的横梁组成。

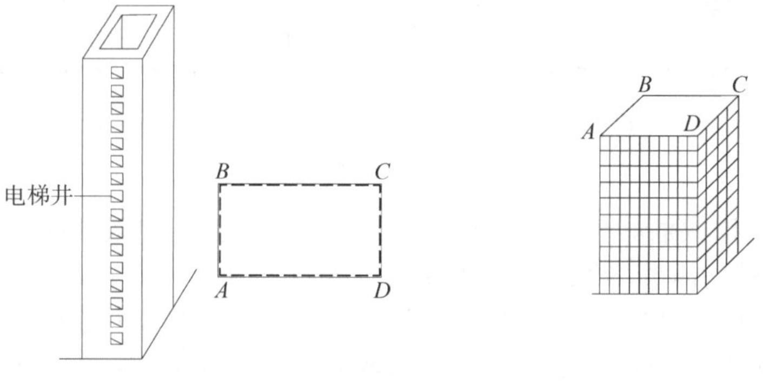

(a) 实腹筒　　(b) 空腹筒

图 9-22　筒体结构示意图

图 9-23　正在施工中的核心筒

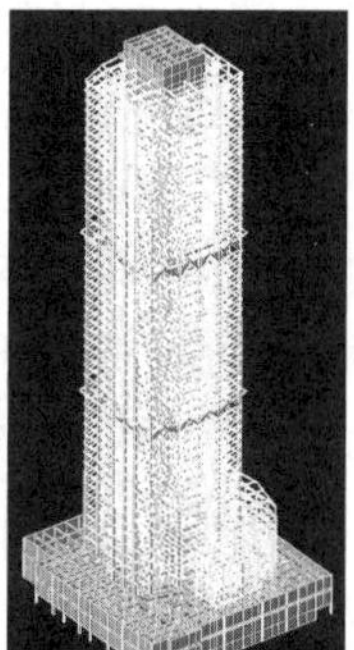

图 9-24　筒体结构模型

由核心筒、框筒等基本单元组成的承重结构体系称为筒体体系。根据房屋高度及其所受水平力的不同，筒体体系可以布置成框架-筒体结构、筒中筒结构、成束筒结构和多重筒结构等形式，如图 9-25 所示。

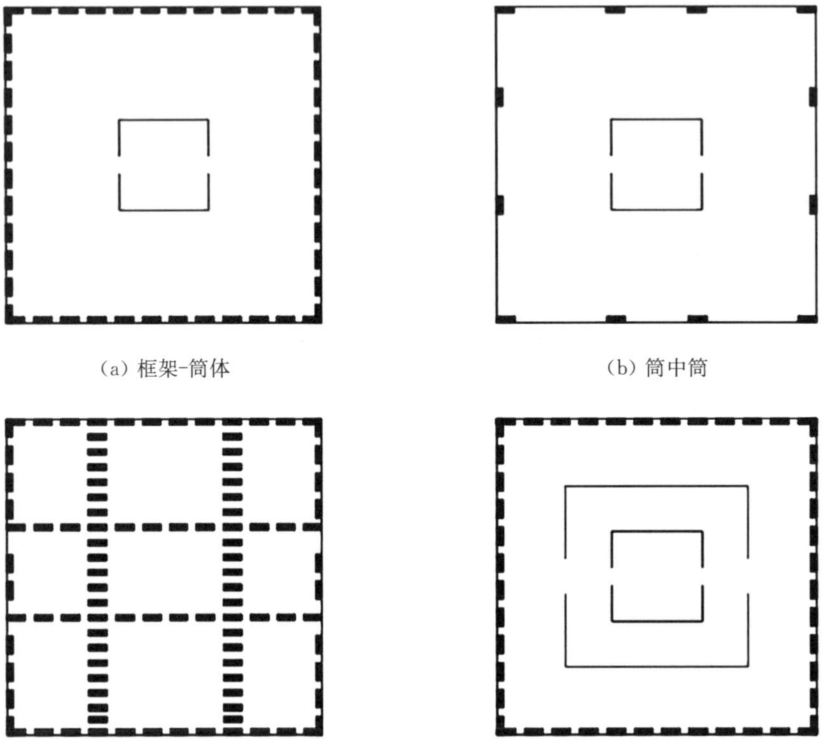

(a) 框架-筒体　(b) 筒中筒　(c) 成束筒　(d) 多重筒

图 9-25　常见的筒体体系

框架-筒体结构就是将框架分布在四周，结构中间通过一定数量的剪力墙围合成一个筒体的高层建筑结构体系。框架-筒体结构中筒体主要承担水平荷载，框架主要承担竖向荷载。核心筒与外围稀柱框架组成的高层建筑结构体系，具有较大的抗侧刚度和水平承载力，其平面多采用正方形或接近正方形的矩形和多边形。约翰・汉考克中心(图 9-26)就是采用了框架-筒体结构体系。

随着建筑高度或地震设防烈度的增加，框架-筒体结构不能满足抗侧力要求时，应优先考虑筒中筒结构体系。筒中筒结构是一种由内外筒组合在一起形成的高层建筑结构体系，这种结构中的内筒一般是剪力墙壁筒，而外筒一般是密柱组合在一起而构成的框筒。这种形式的结构体系外柱具有更大的密度，结构整体性能较好，大致与多孔的竖向箱形梁壁类似，其抗风性能和抗震性能都是较高的。深圳国际贸易中心大厦(图 9-27)便采用了筒中筒结构体系。

将多个筒体合并在一起形成成束筒结构。成束筒抗侧刚度比筒中筒更大，可建造很高的结构。成束筒的腹板数量多，使翼缘框架与腹板框架相交的角柱增加，这可以在很大程度上减小剪力滞后，同时，成束筒可以组成较复杂的建筑平面图形。美国芝加哥威利斯大厦(图 9-28)就采用了成束筒体系，采用 9 个框筒合并在一起形成成束筒结构体系，随高度增加，筒体数目不断减少。

当建筑平面尺寸很大或当内筒较小时，内外筒之间的距离较大，使楼板加厚或楼面大梁加高，可在中间加设一圈柱子或剪力墙，形成多重筒结构。

图 9-26　约翰·汉考克中心

图 9-27　深圳国贸中心大厦

图 9-28　威利斯大厦

筒体结构的剪力墙集中在房屋的内部或者外围，形成空间封闭筒体，既能获得较大的抗侧刚度，又能因为剪力墙的集中获得较大的使用空间，使建筑平面设计获得良好的灵活性，它适用于平面或竖向布置繁杂、水平荷载大的高层建筑。筒体结构一般用于50层以上的建筑。

筒中筒结构宜采用对称平面，优先采用圆形、正方形平面、三角形平面。采用矩形平面的长宽比不宜大于2，当矩形平面长宽比大于2时，宜在平面内另设剪力墙或柱距较小的框架将筒体划分为若干个筒，各筒之间的刚度不宜相差太大。筒中筒结构的高宽比宜大于3，高度不宜小于60 m。外筒柱距不宜大于层高，宜小于3 m。外墙面洞口面积不宜大于墙面面积的50%。内筒和外筒之间的距离，非抗震设计时，不宜大于12 m，抗震设计时，不宜大于10 m。

9.6　其他高层结构体系类型

9.6.1　巨型框架结构

巨型框架体系是由柱距较大的立体桁架柱及桁架梁构成，即通常所说的巨型柱和巨型梁，立体桁架柱是由桁架形成的立体构件，一般布置在建筑平面的周边，桁架梁通常为立体桁架，一般10～15层设一道，在两层空间桁架之间设置次框架结构(即为次结构)，以承担空间桁架层之间的楼面荷载，并将这些楼面荷载通过次框架的柱子传递给桁架梁及立体桁架柱。上海证券交易中心(图9-29)便采用了巨型框架结构。

每个巨型构件承受上面次结构传来的竖向荷载，水平荷载则由巨型框架抵抗，其抗侧刚度视巨型梁、巨型柱构件的刚度而定，可适用于一般高层或超高层建筑。它的主要优点是适合于多功能需要和建筑布置复杂的高层建筑，巨型梁之间的次结构可以变化，或者不设次结构而形成一个大空间，巨型结构本身保持上下一致的规则布置。

9.6.2　悬挂结构

这类建筑主要由井筒、吊架或斜拉杆、吊杆和各层楼板构成。井筒常采用钢筋混凝土结构，也可采用钢结构。各层楼板的内端支承在井筒上，外端由吊杆悬挂住，吊杆悬挂在由井筒伸出的吊架上，也可用斜拉杆悬挂在井筒的顶端。所有荷载传递到中心或两端的井筒，再由井筒传至基础。根据层数、平面和立体形状，可采用顶部悬挂或分组悬挂，悬挂的方式可用桁架悬挂或用斜拉杆悬挂。

1985 年建成的香港汇丰银行大厦(图 9-30)是大型悬挂结构建筑，地面上 47 层，高 178.8 m，采用 5 组桁架式悬挂结构，垂直构件为 8 组钢柱，每组 4 根柱子。

图 9-29　上海证券交易中心

图 9-30　香港汇丰银行大厦

9.7　钢筋混凝土多层、高层及超高层建筑结构的发展概况

高层建筑结构从出现到现在，尤其是最近 50 年内，有了巨大的发展，包括结构材料、结构体系以及施工技术的发展。

高层建筑结构通常选择钢筋混凝土与钢作为结构材料。除了纯粹的钢结构与钢筋混凝土结构以外，近些年同时采用两种材料的混合结构与组合结构也得到了越来越广泛的应用。混合结构是指在同一种结构中使用多种材料，但不同材料用在不同构件上。而组合结构是指将钢筋混凝土材料与钢材结合在同一种构件中使用，例如钢管混凝土、钢-混凝土组合梁等。

高层建筑结构最早在美国产生，这得益于美国在经济以及技术条件上的快速发展。芝加哥学派对高层建筑产生了深远的影响。芝加哥学派突出功能在建筑设计中的主要地位，明确提出“形式服从功能”的观点，力求摆脱折中主义的羁绊，探讨新技术在高层建筑中的应用，强调建筑艺术应反映新技术的特点，主张采用简洁的立面以符合时代工业化的精神。同时期的欧洲城市更加重视对城市历史风貌的保护，大部分城市在发展过程中保持了严格的高度控制标准。

美国高层建筑造型演变经历了四个时期。第一个时期是芝加哥时期(1865—1893 年)的高层建筑处于早期功能主义时期。1871 年的芝加哥大火在某种程度上促进了高层建筑的发展。当时的大火烧毁了几乎全城的建筑，30 万人因此无家可归。这个在美国经济上具有举足轻重地位的城市需要采用钢结构来建造高层建筑，形成了“芝加哥学派”，芝加哥也因此成为世界摩天大楼的发源地。在芝加哥学派中，最具有世界影响力的建筑师就是路易斯·沙利文(Louis Sullivan)。正是他提出了“形式服从功能(form follows function)”的口号。当时建造高层建筑首先考虑的是经济、效率、速度、面积，功能优先，建筑风格退居次要位置，基本不考虑建筑装饰。体型与风格大都表达高层建筑骨架结构的内涵，使用长方形的“芝加哥窗”，强调横向的水平线条，增强横向延伸的视觉感。摒弃了厚重的石材外衣，强调建筑的“功能主义”，形成了一种完全独立于过去任何风格的新式样。沙利文设计的最具有代表性的温莱特大厦(图 9-31)，至今仍矗立在密苏里州圣路易斯市栗树街。另外，电梯的发明，为后期高层建筑的发展提供便利，解决了垂直方向的交通问题，也使得这一时期的高层建筑得到发展。

第二个时期是古典主义复兴时期(1893 年至大萧条时期)。美国建筑界的古典主义复兴开始于纽约和东海岸，逐渐向中西部和西海岸扩展。与早期的功能主义体现的简洁外观相比，古典主义复兴时期的高层建筑试图在新结构、新材料的基础上，将功能性与传统的建筑风格联系在一起，呈现一种折中主义的面貌。这一时期的高层建筑通过运用历史样式来寻求美学上的解决办法，该设计风格也被称为纽约学派。这一时期重要的代表性建筑包括克莱斯勒大厦(图 9-32)，该建筑高 320 m，大厦的构造由石头、砖、钢架与电镀金属构成。在 1931 年帝国大厦完工前，克莱斯勒大厦是纽约的最高大楼。帝国大厦(图 9-33)共有 102 层，楼高 381 m，雄踞世界最高建筑的宝座达 40 年之久，曾为纽约市的标志性建筑。

图 9-31　温莱特大厦

图 9-32　克莱斯勒大厦

图 9-33　帝国大厦

第三个时期是现代主义时期(第二次世界大战后至 20 世纪 70 年代)。第二次世界大战后，由于在轻质高强材料、抗风抗震结构体系、施工技术及施工机械等方面都取得了很大进步，同时伴随着计算机在设计中的应用，高层建筑得到了飞速发展。其建筑形象大多是单纯的“方盒子”，并由建筑的经济性、建筑结构以及内外墙关系的功能性来确定。

20 世纪 50 年代末，以密斯为代表的讲求技术精美的倾向占据了主导地位，简洁的钢结构国际式玻璃盒子到处盛行。密斯的玻璃摩天楼诠释了他的名言：“少就是多。”(Less is more.)他向人们证明，高品质的材料和完美的建筑细部，比任何精美的造型和装饰都更有说服力。西格拉姆大厦(图 9-34)便是他的代表作。西格拉姆大厦采用了当时刚刚发明的染色隔热玻璃做幕墙，这些琥珀色的玻璃，配以镶包青铜的铜窗格，使西格拉姆大厦在纽约众多的高层建筑中显得优雅华贵。整个建筑的细部处理都经过慎重的推敲，简洁细致，突出材质和工艺的审美品质。

第四个时期是后现代主义时期。20 世纪 80 年代初开始，由于环境观念和生态技术的发展，高层建筑设计朝人性化、智能化、生态化的方向发展。结构艺术风格、高技派以及生态型的高层设计，在多元化的建筑发展中日益引起关注。

由贝聿铭设计的香港中银大厦(图 9-35)，其结构采用 4 角 12 层高的巨型钢柱支撑，室内无一根柱子。建筑大师里查德 · 罗杰斯设计了具有独特建筑风格的劳埃德大厦

(图 9-36),使其成为伦敦城区最引人注目的建筑,是高技派的代表作品之一。

图 9-34　西格拉姆大厦

图 9-35　香港中银大厦

图 9-36　劳埃德大厦

我国在 20 世纪 50 年代开始自行设计、建造高层建筑,如北京的民族饭店(图 9-37,地上 12 层,楼高 47.85 m)、民航大楼(15 层,楼高 60.8 m)等。60 年代建成广州宾馆(主楼 27 层,楼高 86.51 m)。70 年代北京、上海、广州等地建成了一批剪力墙结构住宅和旅馆。1975 年广州白云宾馆(图 9-38,剪力墙结构,地上 33 层,楼高 120 m)的建成,标志着我国自行设计建造的高层建筑高度开始突破 100 m。80 年代我国高层建筑发展进入兴盛时期,10 年内全国(不包括香港、澳门、台湾)建成 10 层以上的高层建筑面积约 4 000 万 m^2,高度 100 m 以上的共有 12 幢。1985 年建成的深圳国际贸易中心(图 9-39,筒中筒结构,地上 50 层,楼高 160 m)是 80 年代全国最高的建筑。

图 9-37　北京民族饭店

图 9-38　广州白云宾馆

图 9-39　深圳国际贸易中心

9.8　案例分析

(一) 框架结构——北京民族饭店

北京民族饭店(图 9-37)位于北京西城区复兴门内大街北侧,与天安门广场、故宫博物院等名胜古迹咫尺之遥,为新中国成立十周年十大建筑之一,于 1959 年开业。北京民族饭店专为招待国内各少数民族代表和亚非各国友人在京参加政治集会和专业性会议而建设,是当时首都设备最齐全的大型旅馆之一,可同时住 1 200 名客人。

北京民族饭店地面以上共 12 层，总高 47.85 m，是我国较早采用预制装配式钢筋混凝土框架结构体系的高层建筑(图 9-40)。北京民族饭店的新建集中体现了新中国成立以来建筑业的成就，是设计水平、技术水平和施工组织管理水平迅速提高的结果。

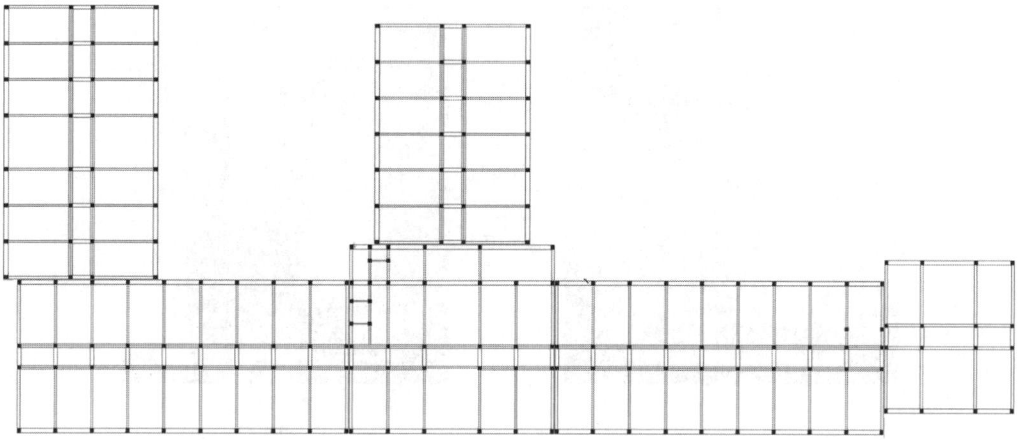

图 9-40　北京民族饭店首层平面图

(二) 钢框架-剪力墙结构——深圳发展中心大厦

深圳发展中心大厦建于 1990 年，是一幢集酒店、办公、商业和娱乐等多功能为一体的超高层大厦(图 9-41)。其外形独特，为国内首座隐框幕墙建筑。大厦楼层布置为地下一层，地上 43 层，高 165.3 m，主楼平面形状近似于圆形，主体结构为钢框架-剪力墙结构体系(图 9-42)。

图 9-41　深圳发展中心大厦

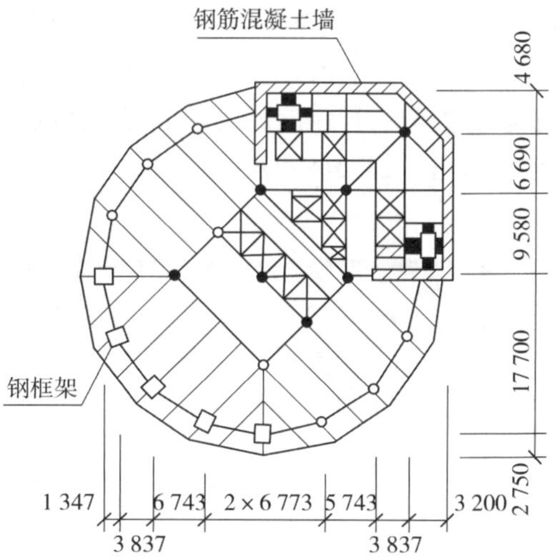

图 9-42　深圳发展中心大厦典型楼层平面(单位:mm)

(三) 框架-核心筒结构——太仓港商务办公用房 1# 楼

太仓港行政商务办公区位于江苏省太仓市港城整体规划区的东北角，东连滨江大道，南隔北环路与港区管委会办公大楼相望，北邻陆公路，西为玖龙路。1 号商务办公楼地下 2 层，地上 37 层，总建筑面积为 62 693 m^2，其中地下建筑面积为 3 876 m^2，地上建筑面积为

58 817 m²。基底面积为 1 779 m²，地面以上建筑高度为 147.80 m。本工程建筑性质为超高层建筑。建筑工程设计等级为一级，建筑耐火等级为一级，结构设计使用年限为 50 年，抗震设防烈度为 7 度。屋面为上人屋面，防水等级为Ⅰ级，耐用年限 15 年。项目效果图如图 9-43 所示。

(a)　　　　(b)

图 9-43　太仓港商务办公用房 1♯楼效果图

结构选型：根据《高层建筑混凝土结构技术规程》(JGJ 3—2010)有关规定，在抗震设防烈度为 7 度的地区采用框架-核心筒结构体系的 A 级房屋，其最大适用高度为 130 m，B 级房屋最大适用高度为 180 m，故本工程采用现浇框架-核心筒结构体系，属 B 级高度的房屋，框架及核心筒的抗震等级为一级。

平面格局为中间核心筒，核心筒内主要设置电梯、楼梯、设备用房及管井(图 9-44)，外部四周为建筑使用空间模式。主要柱网尺寸为 8.4 m×10.0 m。建筑第 1 层层高 5.1 m，第 2 层层高 4.8 m，第 3～35 层层高 3.9 m，第 36 层层高 4.5 m，顶层开敞江景平台净高约 11.7 m(图 9-45)。6 层以下剪力墙为底层加强部位，7 层以下剪力墙设置约束边缘构件，7 层以上剪力墙设置构造边缘构件。在 30 层以下框架柱内设置型钢(劲性柱，图 9-46)，既提高了框架柱的承载能力，改善了框架柱的延性，也能有效控制柱的截面尺寸，实现建筑使用面积的增加。

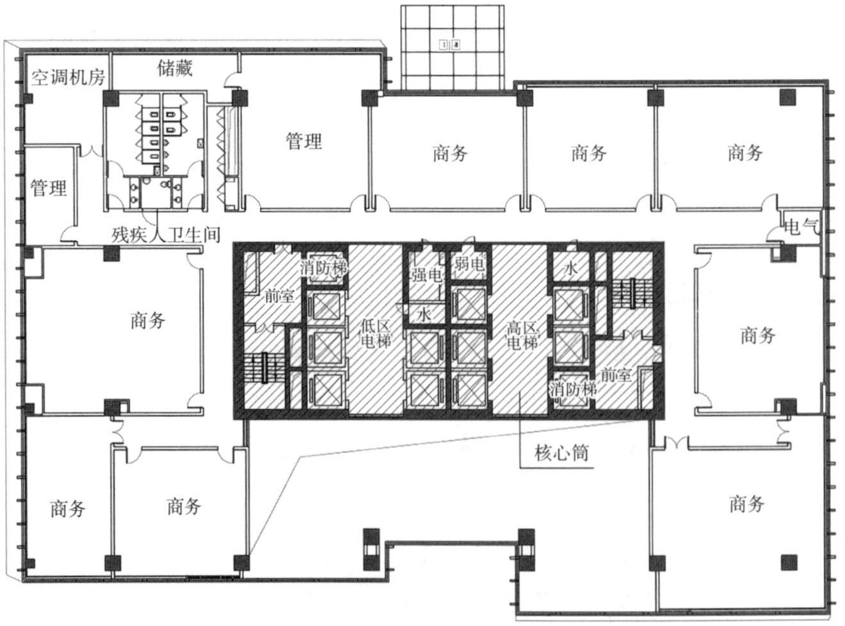

图 9-44　建筑二层平面图

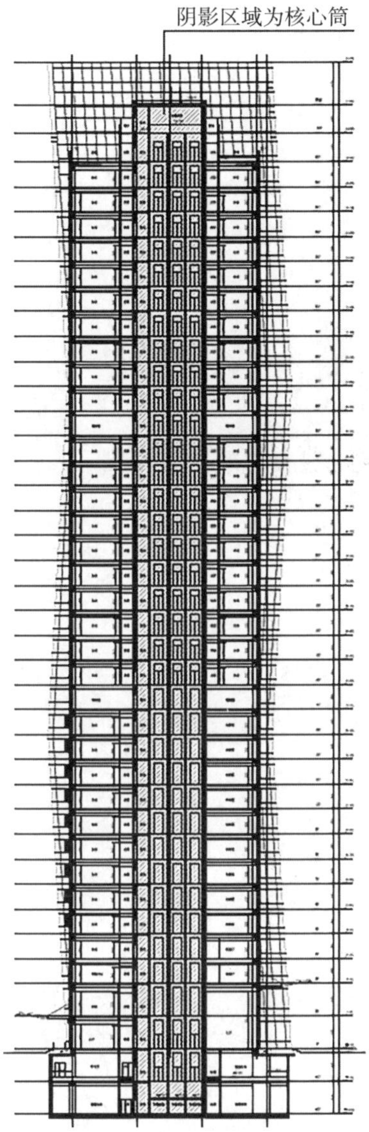

图 9-45　太仓港商务办公用房 1# 楼建筑剖面图

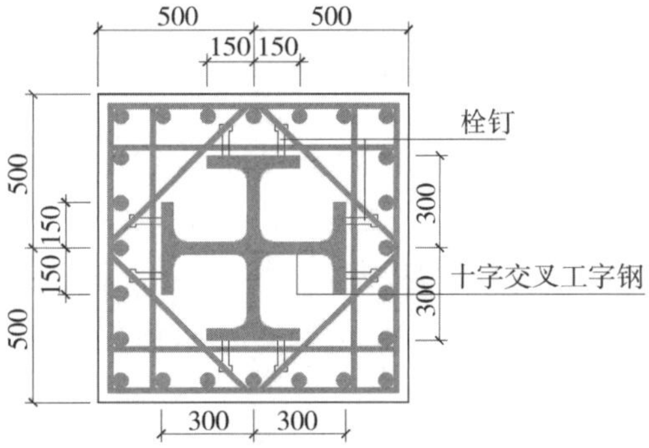

图 9-46　劲性柱大样图(单位:mm)

9.9　小结

本章主要对钢筋混凝土多层、高层及超高层建筑结构进行了介绍。我们需要掌握钢筋混凝土结构和多层、高层及超高层建筑结构的定义与分类。钢筋混凝土结构的分类可以从结构体系与结构用材两个方面入手。结构体系上,可分为框架结构、剪力墙结构、框架-剪力墙结构和筒体结构等。结构用材上,可分为高层钢筋混凝土结构与高层钢结构,其中高层钢结构又包括纯钢结构、钢-混凝土组合结构与钢-混凝土混合结构三种类型。本章对框架结构、剪力墙结构、框架-剪力墙结构、筒体结构、巨型框架结构以及悬挂结构分别进行了介绍。对于不同的结构体系,我们需要掌握其具体定义、受力特点及构造要求;了解不同结构的优缺点,能够区分并合理选用这些结构。本章最后介绍了国内外钢筋混凝土结构多层、高层及超高层建筑发展历史，将美国高层建筑的发展归类为四个时期，我们需要了解这四个时期的概况特点，进一步思考“形式服从功能”这句话的意义。

第 9 章习题

1. 简述钢筋混凝土结构的优点与缺点。
2. 简述常见的高层建筑结构体系有哪些。
3. 简述框架结构体系的主要优点和缺点。
4. 简述框架结构体系按照施工方法可以分为哪几类。
5. 简述框架结构和剪力墙结构的构造要求。
6. 简述剪力墙结构体系的分类，并绘制示意图。
7. 简述框架-剪力墙结构体系的受力特点以及其中剪力墙的布置原则。
8. 简述筒体结构的组成及其分类。
9. 简述筒中筒结构的受力特点。
10. 简述巨型框架结构和悬挂结构的定义。

第 10 章 钢结构

10.1 钢结构概述

钢结构是由钢板、角钢、工字钢、槽钢、钢管和圆钢等钢材通过焊接或螺栓等有效的连接方式所形成的结构。钢结构主要应用于工业厂房、大跨度结构(如飞机库、体育馆、展览馆等)、高耸结构、多层和高层建筑、板壳结构、网壳结构等。随着我国钢产量的持续增长,今后钢结构的发展前景和应用范围将更加宽广。钢结构体系具有自重轻、工厂化制造、安装快捷、施工周期短、抗震性能好、投资回收快、环境污染少等综合优势,与钢筋混凝土结构相比,更具有在“高、大、轻”三个方面发展的独特优势,因此,钢结构在建筑工程领域中被广泛应用。钢结构通常分为轻型钢结构、高层钢结构、住宅钢结构、空间钢结构和桥梁钢结构五大子类。图 10-1 是一些典型钢结构建筑。

(a) 上海外白渡桥

(b) 南京长江大桥

(c) 广州歌剧院

(d) 北京央视大楼

图 10-1 钢结构建筑

10.1.1 钢结构的特点

钢结构与其他结构相比具有以下优点：

(1) 材料强度高。钢材的强度比混凝土、砖石、木材的强度要高得多，其质量与屈服点的比值低，在承载能力相同的情况下，钢结构具有构件小、重量轻、便于运输与安装的特点。因此，适用于跨度大、高度高、承载重的结构。

(2) 韧性、塑性好。钢结构在一般情况下不会发生突发性破坏，因为钢材良好的塑性和韧性使得构件事先有较大的变形可以作为预兆。

(3) 材质均匀。钢材内部组织均匀、接近各向同性体、在一定的应力幅度范围内是理想的弹性体，符合材料力学的基本假定。

(4) 制造简单，施工周期短。钢构件的制作需要复杂的机械设备和严格的工艺要求，通常由金属结构厂进行专业化生产，具有能预制装配生产、精确度高和制造周期短的特点。钢构件运至工地进行安装、装配与工作的效率较高，因而工期较短。

(5) 延性好、抗震能力强。钢材由于具有良好的延性和韧性而能很好地承受动力荷载和地震作用。这都为钢结构的安全应用提供了可靠保证。

但是钢结构也有一些缺点，在设计、制作和施工中应予以重视：

(1) 耐热但不耐火。钢材焊接时的局部高温造成温度场的不均匀和冷却速度的不一致，使钢材产生焊接残余应力和焊接变形。当温度在 150 ℃以下时，钢材性质变化很小；当温度在 300～400 ℃时，钢材强度和弹性模量均显著下降；当温度在 600 ℃左右时，钢材的强度趋于零。

(2) 钢材耐腐蚀性能差，维护费用高。钢结构在潮湿与有侵蚀性介质的环境中易于锈蚀，建成后需进行除锈、镀锌或刷涂料加以保护，并应定期重刷涂料，维护费用较高。

10.1.2 钢结构的组成体系

钢构件主要由钢板和各种型钢(角钢、工字钢、槽钢、H 型钢)、钢管等材料组成。钢拉杆、钢压杆、钢梁、钢柱、钢拱、钢索等是钢结构的基本构件，钢结构的基本组成体系主要有：

(1) 梁式结构：包括次、主梁系，交叉梁系，吊车梁等。

(2) 桁架式结构：包括平面屋架、空间网架、椽檩屋盖体系、由三面或多面平面桁架组成的塔桅结构等。

(3) 框架式结构：由钢梁、钢柱相互连接成的平面或空间框架，它们之间可为铰接也可为刚接。

(4) 拱式结构：由桁架式或实腹式钢拱组成。

10.1.3 钢结构和钢构件的设计特点

钢结构设计时，其受力分析与其他材料的结构设计基本相同，但是在材料性质及构件连接方面有其独具的特点。此外，由于钢构件轻巧、细长，在受压时容易失稳，材料强度不能充分发挥，因此稳定问题在钢结构设计中是一个突出问题；又因钢材价格较贵，设计时应尽量节约钢材，降低造价。

从结构整体考虑，钢结构承重构件的设计一般均需满足强度、刚度(长细比或挠度)、整体稳定性和局部稳定性等条件的要求，同时还需考虑使用和构造要求。具体设计时，应注意考虑钢结构和钢构件所用钢板和各种型钢拼装组合的形式，以及它们之间的连接方法。

在满足构件承载力、刚度、整体和局部稳定的基础上，由于钢结构是用薄壁钢材以焊接或螺栓连接的手段组合而成的，因此还要进行连接的设计，其内容为：

(1) 焊缝的形式和强度(抗压、抗拉和抗弯、抗剪)验算，以确定焊缝的长度和厚度等。

(2) 螺栓的排列和强度(抗拉、抗剪)验算，以确定螺栓的直径、个数以及摩擦面的处理要求等。

(3) 杆件拼接节点和支座节点设计，以确定节点板处各杆件的相对位置、节点板大小和厚度以及杆件与节点板之间的连接设计等。

10.2　钢结构的连接方式

钢结构是先由钢板、型钢通过必要的连接组成构件，各构件再通过一定的连接方法形成整体结构。连接部位应具有足够的强度、刚度及延性。钢结构连接方式选取和设计的重要性不亚于构件的设计。

钢结构的连接方式主要有焊接、螺栓连接(包括普通螺栓连接和高强螺栓连接)和铆钉连接，如图 10-2 所示。连接设计的原则是安全可靠、传力明确、构造简单，便于制造、运输、安装及维护。

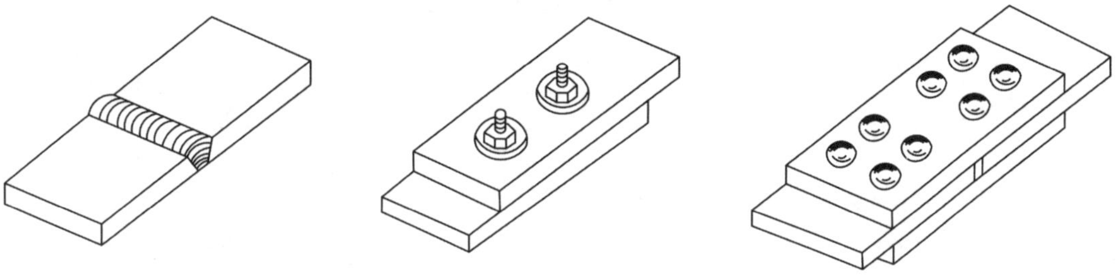

(a) 焊接　(b) 螺栓连接　(c) 铆钉连接

图 10-2　钢结构的连接方式

10.2.1　焊接

焊接连接是目前钢结构最主要的连接方法(图 10-3)。钢结构的焊接方法有电弧焊、电阻焊等。电弧焊是通过电弧产生热量使焊条和焊件局部熔化，冷却后凝结成焊缝，使焊件连接成一体。电弧焊的质量比较可靠，是最常用的一种焊接方法。电阻焊是利用电流通过焊件接触点表面的电阻所产生的热量来熔化金属，再加压力使其焊合，常用于冷弯薄壁型钢的焊接，其板叠厚度不宜超过 12 mm。

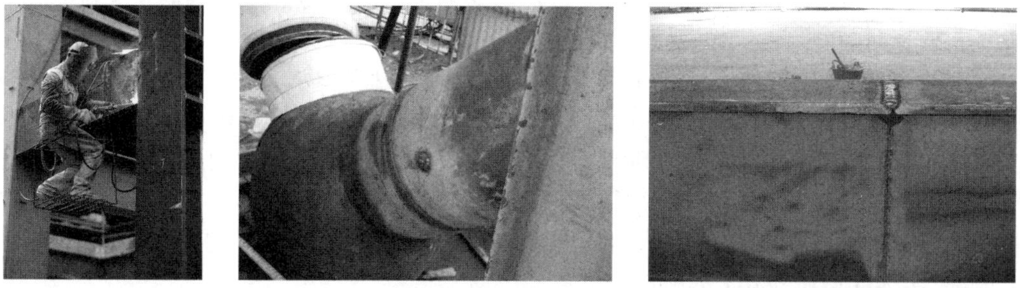

(a)　(b)　(c)

图 10-3　焊接

焊接连接的优点是不需要在钢材上打孔钻眼，节约材料，且任何形状的构件都可以直接焊接，构造简单；连接的密封性好，刚度大；易于采用自动化作业，提高焊接的质量。但施焊时的高温，使焊接部位及附近区域冷却后变脆，冷却时散热不均匀，使构件内部产生焊接残余应力和残余变形；焊接部位刚度大，对裂纹敏感，局部裂纹一旦发生，就容易扩展到整体，低温冷脆问题较为突出。对于直接承受动力荷载的部位，因易产生疲劳破坏，不宜采用焊接连接。

焊缝连接形式按被连接构件间的相对位置分为对接[图 10-4(a)]、搭接[图 10-4(b)]、角接[图 10-4(c)]和 T 形连接[图 10-4(d)]四种，其所采用的焊缝形式主要有对接焊缝和角焊缝(图 10-5)。

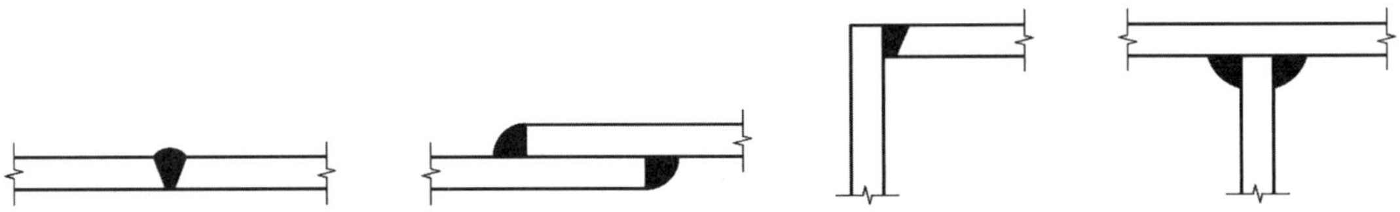

(a) 对接　(b) 搭接　(c) 角接　(d) T 形连接

图 10-4　焊缝连接形式

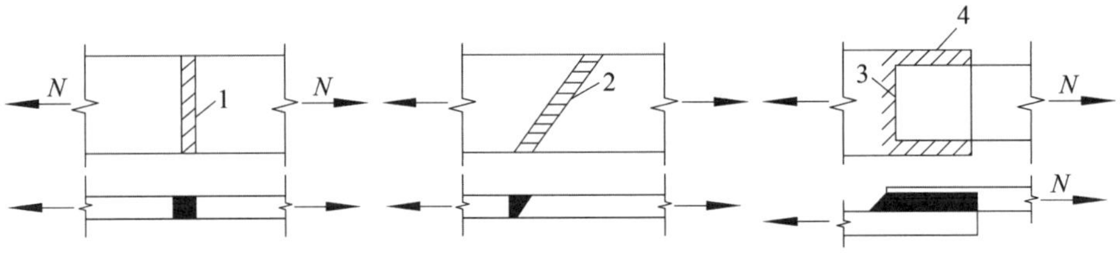

1—正对接焊缝；2—斜对接焊缝；3—正面角焊缝；4—侧面角焊缝。

图 10-5　焊缝形式

钢结构焊接连接构造设计宜符合下列要求：

(1) 尽量减少焊缝的数量和尺寸。

(2) 焊缝的布置宜对称于构件截面的形心轴。

(3) 节点区留有足够空间，便于焊接操作和焊后检测。

(4) 避免焊缝密集和双向、三向相交。

(5) 焊缝位置避开高应力区。

(6) 根据不同焊接工艺方法合理选用坡口形状和尺寸。

(7) 焊缝金属应与主体金属相适应。当不同强度的钢材连接时，可采用与低强度钢材相适应的焊接材料。

《钢结构工程施工质量验收标准》(GB 50205—2020)规定焊缝按其检验方法和质量要求分为一级、二级和三级。三级焊缝只要求对全部焊缝进行外观检查并且符合三级质量标准。一级、二级焊缝除要求进行外观检查外，还要求进行一定数量的超声波探伤检验，超声波探伤不能对缺陷做出判断时，应采用射线探伤检验，并应符合国家相应质量标准的要求。焊缝设计时焊缝质量等级应根据结构的重要性、荷载特性、焊缝形式、工作环境以及应力状态等情况，按下述原则选用：

(1) 在承受动荷载且需要进行疲劳验算的构件中，凡要求与母材等强连接的焊缝应予焊透。当作用力垂直于焊缝长度方向的横向对接焊缝或 T 形对接与角接组合焊缝，受拉时应为一级，受压时应为二级；当作用力平行于焊缝长度方向的纵向对接焊缝应为二级。

(2) 在不需要疲劳计算的构件中，凡要求与母材等强的对接焊缝宜予焊透，其质量等级受拉时应不低于二级，受压时宜为二级。

(3) 重级工作制(A6—A8)和起重量 $Q \geqslant 50$ t 的中级工作制(A4、A5)吊车梁的腹板与上翼缘之间以及吊车桁架上弦杆与节点板之间的 T 形接头焊缝均要求焊透，焊缝形式宜为对接与角接的组合焊缝，其质量等级不应低于二级。

(4) 部分焊透的对接焊缝，不要求焊透的 T 形接头采用的角焊缝或部分焊透的对接与角接组合焊缝，以及搭接连接采用的角焊缝，对直接承受动荷载且需要验算疲劳的构件和起重机起重量等于或大于 50 t 的中级工作制吊车梁，以及梁柱、牛腿等重要节点，焊缝的质量等级应符合二级；对其他结构，焊缝的外观质量等级可为三级。

下面分别讨论对接焊缝和角焊缝的构造和计算。

(1) 对接焊缝的构造和计算

对接焊缝按坡口形式分为 I 形缝、带钝边单边 V 形缝、带钝边 V 形缝(也称 Y 形缝)、带钝边 U 形缝和双 Y 形缝等，如图 10-6 所示。不同形式的对接焊缝根据焊件厚度的不同而分别取用。为了保证焊透，对于没有条件清根和补焊者，需事先加垫板。

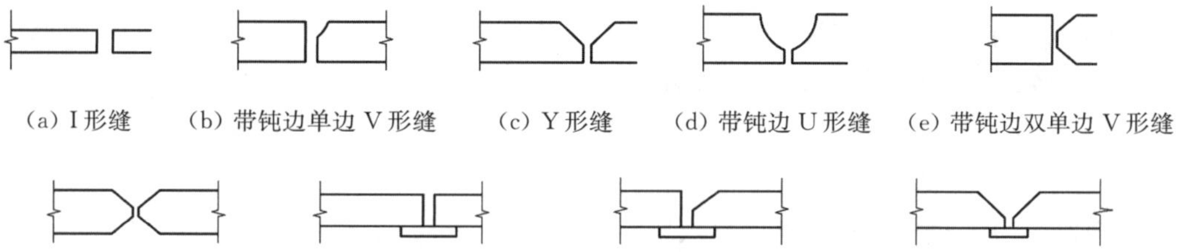

(a) I 形缝　(b) 带钝边单边 V 形缝　(c) Y 形缝　(d) 带钝边 U 形缝　(e) 带钝边双单边 V 形缝

(f) 双 Y 形缝　(g) 加垫板的 I 形缝　(h) 带钝边单边 V 形缝　(i) 带钝边单边 Y 形缝

图 10-6　对接焊缝坡口形式

在对接焊缝的拼接处，当焊件的宽度不同或厚度在一侧相差 4 mm 以上时，为了减少应力集中，应分别在宽度方向或厚度方向从一侧或两侧做成坡度不大于 1∶2.5 的斜角(图10-7)形成平缓过渡；当厚度不同时，焊缝坡口形式应根据较薄焊件厚度选用坡口形式。直接承受动力荷载且需要进行疲劳计算的结构，斜角坡度不应大于 1∶4。焊缝的计算厚度取较薄板的厚度。在承受动力荷载的结构中，垂直于受力方向的焊缝不宜采用部分焊透的对接焊缝。

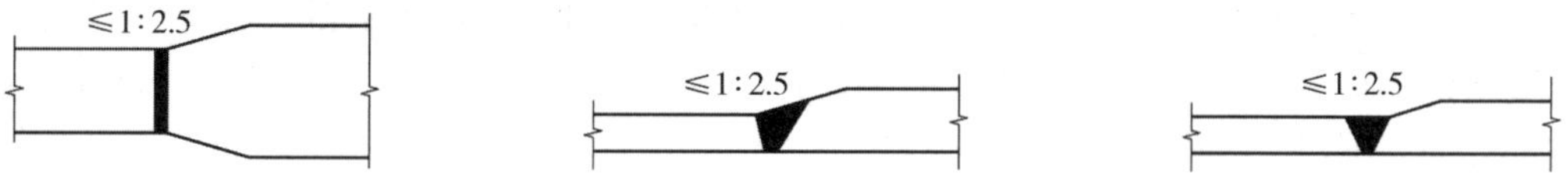

(a) 钢板宽度不同时的做法　(b) 钢板厚度不同时的做法 1　(c) 钢板厚度不同时的做法 2

图 10-7　不同宽度或厚度的钢板拼接做法

对于垂直于轴心拉力或轴心压力的对接焊缝的强度计算，在对接接头和 T 形接头中，垂直于轴心拉力或轴心压力的对接焊接或对接与角接组合焊缝，其强度应按式(10-1)计算：

$$\sigma = \frac{N}{l_w h_e} \leqslant f_t^w \text{ 或 } f_c^w \tag{10-1}$$

式中：N 为轴心拉力或轴心压力；l_w 为焊缝长度；h_e 为对接焊缝的计算厚度，在对接接头中取连接件的较小厚度，在 T 形接头中取腹板的厚度，当采用部分焊透的对接焊缝时，其计算

厚度 h_e 不得小于 $1.5\sqrt{t}$ ，t 为焊件的较大厚度；f_t^w、f_c^w 分别为对接焊缝的抗拉强度、抗压强度设计值。

受弯矩和剪力共同作用的对接焊缝强度计算，对接焊缝受弯矩和剪力共同作用时，其正应力 σ 和剪应力 τ 应分别按式(10-2)、式(10-3)计算：

$$\sigma=\frac{M}{W_w}\leqslant f_t^w \tag{10-2}$$

$$\tau=\frac{VS_w}{I_w t_w}\leqslant f_v^w \tag{10-3}$$

式中：M 为弯矩；V 为剪力；W_w 为焊缝截面抵抗矩；S_w 为焊缝截面计算剪应力处以上部分对中和轴的面积矩；I_w 为焊缝截面惯性矩；t_w 为对接接头中连接件的较小厚度，在 T 形接头中为腹板的厚度；f_v^w 为对接焊缝抗剪强度设计值。

在同时受有较大正应力 σ 和剪应力 τ 处（例如梁腹板横向对接焊缝的端部），应按式(10-4)计算折算应力：

$$\sqrt{\sigma^2+3\tau^2}\leqslant 1.1f_t^w \tag{10-4}$$

(2) 角焊缝的构造和计算

角焊缝各部位的称谓如图 10-8 所示。

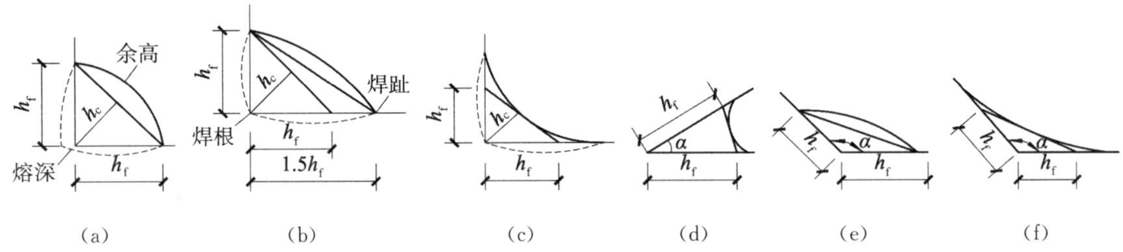

图 10-8 各种角焊缝截面

焊缝背面与母材的交界处称为焊根。焊缝自由表面与基材相交点称为焊趾。在角焊缝的横截面中画出的最大等腰三角形中直角边的长度称为焊脚，用 h_f 表示。自由表面有时向外凸（尤其是采用低电流的手工焊情况），有时向内凹（尤其是采用高电流进行俯焊的自动焊），但在计算焊缝的有效截面时，总是按自由表面是平面，且所取的三角形完全是在焊缝金属之内为原则来划定。其底边上的高，称为计算厚度，用 h_e 表示。直角角焊缝的截面形式可分为普通型、平坦型和凹面型三种。

角焊缝两焊脚边的夹角 α 一般为 90°（直角角焊缝）。夹角 $\alpha>135°$ 或 $\alpha<60°$ 的斜角角焊缝，不宜用作受力焊缝（钢管结构除外）。

角焊缝的焊脚尺寸 h_f 应符合下列规定：

① 焊脚尺寸 h_f 不得小于 $1.5\sqrt{t}$ (mm)，t 为较厚焊件厚度（当采用低氢型碱性焊条施焊时，t 可为较薄焊件厚度）。但对埋弧自动焊，最小焊脚尺寸可减小 1 mm；对 T 形连接的单面角焊缝，应增加 1 mm。当焊件厚度等于或小于 4 mm 时，则最小焊脚尺寸应与焊件厚度相同。

② 同时，角焊缝的焊脚尺寸不宜大于较薄焊件厚度的 1.2 倍（钢管结构除外），但板件（厚度为 t）边缘的角焊缝最大焊脚尺寸尚应符合以下要求：当 $t\leqslant 6$ mm 时，$h_f\leqslant t$ ；当 $t>$

6 mm 时，$h_f \leqslant t-(1\sim 2)$ mm。

③ 圆孔或槽孔内的角焊缝焊脚尺寸不宜大于圆孔直径或槽孔短径的 1/3。

④ 角焊缝的两焊脚尺寸一般相等。当焊件的厚度相差较大且等焊脚尺寸不符合上述①、②的要求时，可采用不等焊脚尺寸，此时与较薄焊件接触的焊脚边应符合②的要求；与较厚焊件接触的焊脚边应符合①的要求。

当角焊缝的计算长度小于 $8h_f$ 或 40 mm 时不应用作受力焊缝。侧面角焊缝的计算长度不宜大于 $60h_f$。若内力沿侧面角焊缝全长分布时，其计算长度不受此限。

在搭接连接中，搭接长度不得小于焊件较小厚度的 5 倍，并不得小于 25 mm。

对于直角角焊缝，当通过焊缝形心的拉力、压力或剪力作用时，正面角焊缝（作用力垂直于焊缝长度方向）的应力：

$$\sigma_f=\frac{N}{h_e l_w}\leqslant \beta_f f_f^w \tag{10-5}$$

侧面角焊缝（作用力平行于焊缝长度方向）的剪应力：

$$\tau_f=\frac{N}{h_e l_w}\leqslant f_f^w \tag{10-6}$$

在各种力共同作用下，σ_f 和 τ_f 共同作用处：

$$\sqrt{\left(\frac{\sigma_f}{\beta_f}\right)^2+\tau_f^2}\leqslant f_f^w \tag{10-7}$$

以上三式中，σ_f 为按焊缝有效截面（$h_e l_w$）计算的垂直于焊缝长度方向的应力；τ_f 为按焊缝有效截面计算的沿焊缝长度方向的剪应力；h_e 为角焊缝的计算厚度，对直角角焊缝，$h_e=0.7h_f$，h_f 为焊脚尺寸；l_w 为角焊缝的计算长度，对每条焊缝取其实际长度减去 $2h_f$；f_f^w 为角焊缝的强度设计值；β_f 为正面角焊缝的强度设计值增大系数，对承受静力荷载和间接承受动力荷载的结构，$\beta_f=1.22$，对直接承受动力荷载的结构，$\beta_f=1.0$。

对于两焊脚边夹角 $60°\leqslant\alpha\leqslant 135°$ 的 T 形接头，其斜角角焊缝的强度应按式（10-5）～式（10-7）计算，但取 $\beta_f=1.0$，其计算厚度为 $h_e=h_f\cos\frac{\alpha}{2}$。

部分熔透的对接焊缝[图 10-9(a)、(b)、(d)、(e)]和 T 形对接与角接组合焊缝[图 10-9(c)]的强度，应按角焊缝的计算式（10-5）～式（10-7）计算，在垂直于焊缝长度方向的压力作用下，取 $\beta_f=1.22$，其他情况取 $\beta_f=1.0$，其计算厚度应根据坡口的形式分别采用：

① V 形坡口[图 10-9(a)]：

当 $\alpha\geqslant 60°$ 时，$h_e=s$；

当 $\alpha<60°$ 时，$h_e=0.75s$。

② 单边 V 形和 K 形坡口[图 10-9(b)、(c)]：

当 $\alpha=45°\pm 5°$ 时，$h_e=s-3$ mm。

③ U 形和 J 形坡口[图 10-9(d)、(e)]：

当 $\alpha=45°\pm 5°$ 时，$h_e=s$。

s 为坡口深度，即根部至焊缝表面（不考虑余高）的最短距离（单位为 mm）；α 为 V 形、单边 V 形或 K 形坡口角度。

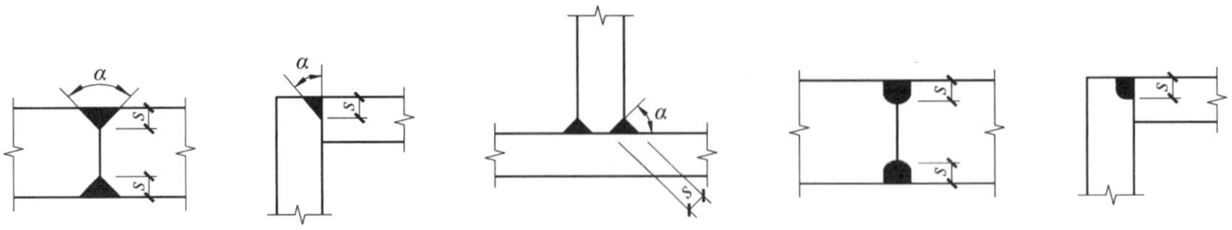

(a)　(b)　(c)　(d)　(e)

图 10-9　部分熔透的对接焊缝和其与角接焊缝的组合焊缝截面

10.2.2　螺栓连接

螺栓连接(图 10-10)可分为普通螺栓连接和高强螺栓连接。两者的形状、连接构造基本相同。主要的区别是:普通螺栓依靠杆身承压和抗剪来传递剪力[图 10-11(a)],在扭紧螺帽时螺栓产生的预拉力很小,其影响不予考虑;高强螺栓连接的工作原理则是有意给螺栓施加很大的预拉力,使被连接件接触面之间产生挤压力,因而垂直于螺杆方向有很大摩擦力,依靠这种摩擦力来传递连接剪力[图 10-11(b)]。高强螺栓的预拉力是通过扭紧螺帽实现的。普通高强螺栓一般采用扭矩法、转角法进行紧固。扭剪型高强螺栓则采用扭断螺栓尾部的方法以控制预拉力。

(a)　(b)　(c)

图 10-10　螺栓连接

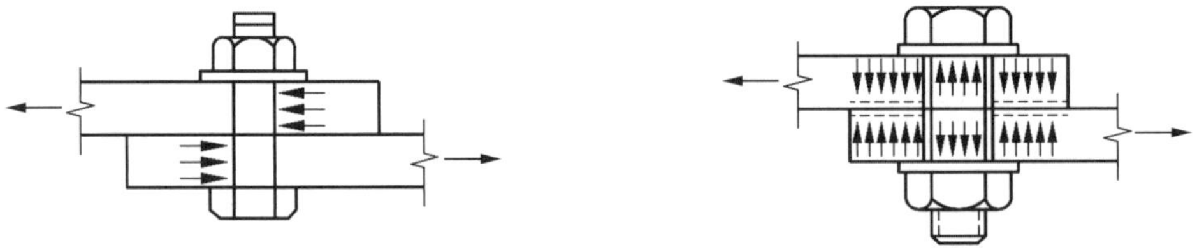

(a) 普通螺栓连接　(b) 高强螺栓连接

图 10-11　螺栓连接分类

钢结构连接用螺栓按照性能等级主要分为 8 个等级:3.6、4.8、5.6、6.8、8.8、9.8、10.9、12.9,其中 8.8 级及以上螺栓材质为低碳合金钢或中碳钢并经热处理(淬火、回火),通称为高强螺栓,8.8 级以下(不含 8.8 级)则通称为普通螺栓,如图 10-12 所示。

图 10-12　普通螺栓

（一）普通螺栓连接

普通螺栓按照制作精度可分为 A、B、C 3 个等级，其中，A、B 级为精制螺栓，C 级为粗制螺栓。A、B 级螺栓连接采用 5.6 级或 6.8 级钢材制造，5.6 级钢材的抗拉强度不小于 500 N/mm^2，$f_y/f_u=0.6$。A、B 级螺栓，尺寸准确，螺杆和螺孔间的最大间隙为 0.2～0.5 mm，螺栓受剪性能良好。C 级螺栓采用 3.6 级或 4.8 级钢材制造，螺杆和螺孔间的最大间隙为 1.0～1.5 mm，螺栓受剪时板件产生较大的滑移，受剪性能较差，受拉性能较好。C 级螺栓宜用于沿其杆轴方向受拉的连接，在下列情况下可用于受剪连接：

（1）承受静力荷载或间接承受动力荷载的结构中的次要连接；

（2）承受静力荷载的可拆卸结构的连接；

（3）临时固定构件的安装连接。

对直接承受动力荷载的普通螺栓受拉连接应采用双螺帽或其他能防止螺帽松动的有效措施。

螺栓连接有五种可能的破坏情况：螺栓杆被剪断、孔壁挤压、钢板被拉断、钢板被剪断和螺栓杆弯曲，如图 10-13 所示。前三种需要进行计算，后两者通过限制孔距和边距值可避免发生。

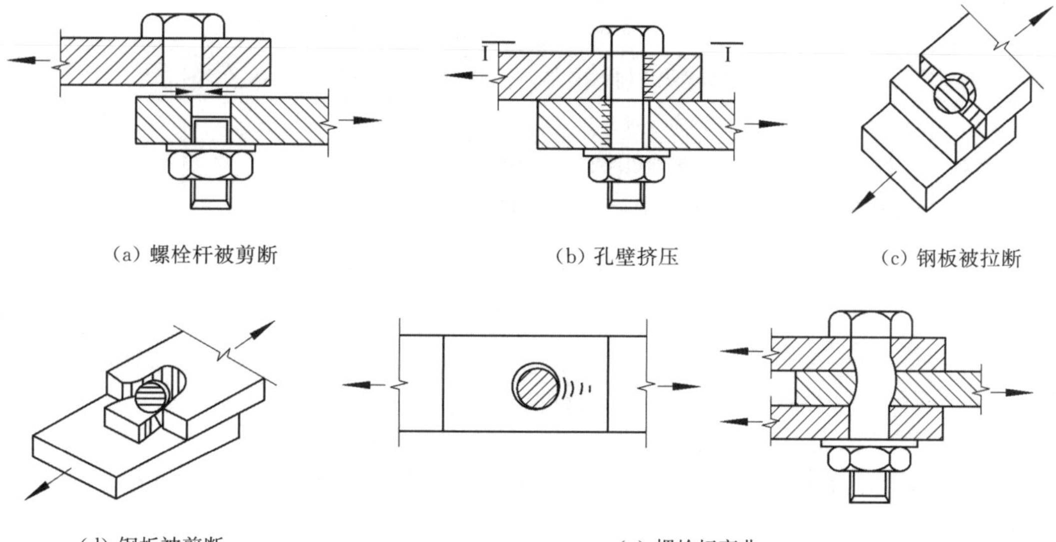

（a）螺栓杆被剪断　（b）孔壁挤压　（c）钢板被拉断

（d）钢板被剪断　（e）螺栓杆弯曲

图 10-13　螺栓连接破坏情况

螺栓的排列应遵循简单紧凑、整齐划一和便于安装紧固的原则，通常采用并列和错列两种形式（图 10-14）。并列形式简单，但栓孔对截面削弱较多；错列形式可减少对截面的削弱，但排列较烦琐。不论采用哪种排列形式，螺栓的中距（螺栓中心间距）、端距（顺内力方向螺栓中心至构件边缘距离）和边距（垂直于内力方向螺栓中心至构件边缘距离）应满足下列要求：

（1）受力要求。螺栓任意方向的中距、边距和端距均不应过小，以免受力时加剧孔壁周围的应力集中和防止钢板过度削弱而承载力过低，造成沿孔与孔或孔与边间拉断或剪断。当构件承受压力作用时，顺压力方向的中距不应过大，否则螺栓间钢板可能失稳而形成鼓曲。避免钢板被剪断和螺栓杆弯曲，螺栓孔距和边距值的限值见表 10-1。

（2）构造要求。螺栓的中距不应过大，否则钢板不能紧密贴合。外排螺栓的中距、边距

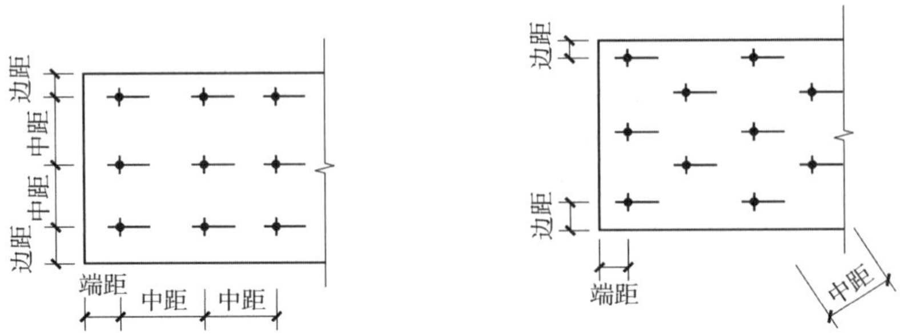

(a) 并列　　　　(b) 错列

图 10-14　螺栓的排列

表 10-1　螺栓和铆钉的孔距和边距

名称	位置和方向			最大允许距离（取两者的较小值）	最小允许距离
中心间距	外排（垂直内力或顺内力方向）			$8d_0$ 或 $12t$	$3d_0$
	中间排	垂直内力方向		$16d_0$ 或 $24t$	
		顺内力方向	构件受压力	$12d_0$ 或 $18t$	
			构件受拉力	$16d_0$ 或 $24t$	
	沿对角线方向				
中心至构件边缘距离	顺内力方向			$4d_0$ 或 $8t$	$2d_0$
	垂直内力方向	剪切边或手工切割边			$1.5d_0$
		轧制边、自动气割或钢割边	高强螺栓		$1.2d_0$
			其他螺栓或铆钉		

注：1. d_0 为螺栓或铆钉的孔距，对槽孔为短向尺寸；t 为外层较薄板件的厚度。
2. 钢板边缘与刚性构件（如角钢、槽钢等）相连的高强螺栓的最大间距可按中间排的数值采用，计算螺栓孔引起的截面削弱时取 $d+4$ mm 和 d_0 的较大者。

和端距更不应过大，以防止潮气侵入引起锈蚀。

(3) 施工要求。螺栓间应有足够距离以便于转动扳手，拧紧螺母。

在普通螺栓受剪连接中，每个普通螺栓的承载力设计值应取受剪和承压承载力设计值中的较小者。

普通螺栓的受剪承载力设计值：

$$N_v^b = N_v \frac{\pi d^2}{4} f_v^b \tag{10-8}$$

普通螺栓的承压承载力设计值：

$$N_c^b = d \Sigma t f_c^b \tag{10-9}$$

式中：N_v 为受剪面数目，单剪 $N_v=1$，双剪 $N_v=2$，四剪 $N_v=4$，如图 10-15 所示；d 为螺杆直径；Σt 为在不同受力方向中一个受力方向承压构件总厚度的较小值；f_v^b 和 f_c^b 分别为螺栓的抗剪和承压强度设计值。

在普通螺栓轴向方向受拉的连接中，每个普通螺栓的承载力设计值应按式(10-10)计算：

$$N_t^b = \frac{\pi d_e^2}{4} f_t^b \tag{10-10}$$

式中：d_e 为螺栓或锚栓在螺纹处的有效直径；f_t^b 为普通螺栓的抗拉强度设计值。

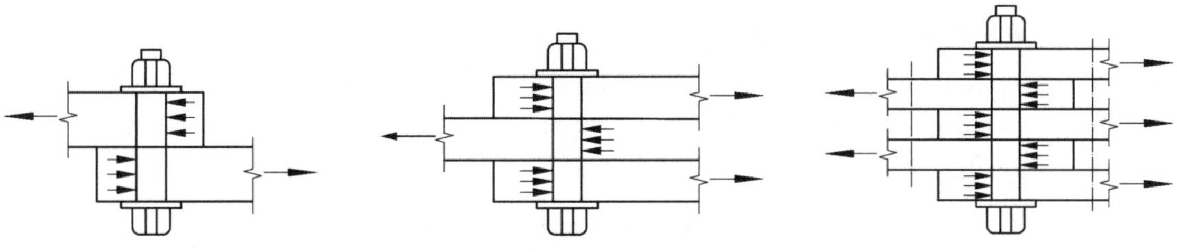

(a) 单剪　　(b) 双剪　　(c) 四剪

图 10-15　受剪螺栓的示意

对于同时承受剪力和杆轴方向拉力的普通螺栓，应符合式(10-11)和式(10-12)的要求：

$$\sqrt{\left(\frac{N_v}{N_v^b}\right)^2+\left(\frac{N_t}{N_t^b}\right)^2}\leqslant 1 \qquad (10-11)$$

$$N_v\leqslant N_c^b \qquad (10-12)$$

式中：N_v、N_t 分别为某个普通螺栓所承受的剪力和拉力；N_v^b、N_t^b、N_c^b 分别为一个普通螺栓抗剪、抗拉和承压承载力设计值。

沿杆轴方向受拉的螺栓连接中的端板(法兰板)，应适当增强其刚度(如加设加劲肋)，以减少撬力对螺栓抗拉承载力的不利影响。

对于构件连接时螺栓数目的确定，除应满足承载力外，还应满足以下要求：

(1) 每一杆件在节点上以及拼接接头的一端，永久性的螺栓数不宜少于 2 个。对组合构件的缀条，其端部连接可采用 1 个螺栓。

(2) 在下列情况的连接中，螺栓的数目应增加：

① 一个构件借助填板或其他中间板与另一构件连接的螺栓(摩擦型连接的高强螺栓除外)数目应按计算增加 10%。

② 当采用搭接或拼接板的单面连接传递轴心力，因偏心引起连接部位发生弯曲时，螺栓(摩擦型连接的高强螺栓除外)数目应按计算增加 10%。

③ 在构件的端部连接中，当利用短角钢连接型钢(角钢或槽钢)的外伸肢以缩短连接长度时，在短角钢两肢中的一肢上所用的螺栓数目应按计算增加 50%。

(二) 高强螺栓连接

高强螺栓(图 10-16)的形状、连接构造与普通螺栓基本相同，两者的主要区别在于工作原理、紧固方法等方面。高强螺栓常用 8.8 级和 10.9 级两个强度等级。

高强螺栓连接的螺栓采用优质合金结构钢并经过热处理制作而成，高强螺栓孔应采用钻成孔。摩擦型连接的高强螺栓的孔径比螺栓公称直径 d 大 1.5～2.0 mm；承压型连接的高强螺栓的孔径比螺栓公称直径 d 大 1.0～1.5 mm。

图 10-16　高强螺栓

根据其传力的方式可分为摩擦型连接和承压型连接。摩擦型连接是利用板叠间的摩擦力传递剪力，其特点是变形小、不易松动、耐疲劳，因此可用于直接承受动荷载的结构。承压型连接允许外力超过板叠间的摩擦力并产生滑动，然后利用栓杆与螺栓孔壁靠紧传递剪力，破坏时与普通螺栓相似。承压型连接的特点是强度高，剪切变形比摩擦型的大，仅用于承受静荷载或间接承受动荷载的结构。

当型钢构件拼接采用高强螺栓连接时，其拼接件宜采用钢板。

高强螺栓承压型连接采用标准圆孔，高强螺栓摩擦型连接可采用标准孔、大圆孔和槽孔，孔型尺寸可按表 10-2 数据采用。同一连接面只能在盖板和芯板其中之一的板上采用相应的扩大孔，其余仍采用标准孔。

表 10-2　高强螺栓连接的孔型尺寸匹配　　单位：mm

螺栓型号			M12	M16	M20	M22	M24	M27	M30
孔型	标准孔	直径	13.5	17.5	22	24	26	30	33
	大圆孔	直径	16	20	24	28	30	35	38
	槽孔	短向	13.5	17.5	22	24	26	30	33
		长向	22	30	37	40	45	50	55

下面分别讨论高强螺栓各种连接方式的计算。

(1) 高强螺栓摩擦型连接

在受剪连接中，每个高强螺栓的承载力设计值应按式(10-13)计算：

$$N_v^b = k_1 k_2 n_f \mu P \qquad (10-13)$$

式中：N_v^b 为一个高强螺栓的抗剪承载力设计值；k_1 为系数，冷弯薄壁型钢结构（板厚≤6 mm）取 0.8，其他情况取 0.9；k_2 为孔型系数，标准孔取 1.0，大圆孔取 0.85，内力与槽孔长向垂直时取 0.7，内力与槽孔长向平行时取 0.6；n_f 为传力摩擦面数目；μ 为摩擦面的抗滑移系数；P 为一个高强螺栓的预拉力，按表 10-3 取值。

表 10-3　一个高强螺栓的预拉力设计值　　单位：kN

螺栓的性能等级	螺栓公称直径/mm					
	M16	M20	M22	M24	M27	M30
8.8 级	80	125	150	175	230	280
10.9 级	100	155	190	225	290	355

在螺栓杆轴方向受拉的连接中，每个高强螺栓的承载力设计值取：

$$N_t^b = 0.8P \qquad (10-14)$$

当高强螺栓摩擦型连接同时承受摩擦面间的剪力和螺栓杆轴方向的外拉力时，其承载力应按式(10-15)计算：

$$\frac{N_v}{N_v^b} + \frac{N_t}{N_t^b} \leqslant 1 \qquad (10-15)$$

式中：N_v、N_t 分别为某个高强螺栓所承受的剪力和拉力；N_v^b、N_t^b 分别为一个高强度螺栓的抗剪、抗拉承载设计值。

(2) 高强螺栓承压型连接

承压型连接的高强螺栓预拉力 P 应与摩擦型连接高强螺栓相同。连接处构件接触面应清除油污及浮锈。

在抗剪连接中，每个承压型连接高强螺栓承载力设计值的计算方法与普通螺栓相同。

但当剪切面在螺纹处时，其受剪承载力设计值应按螺纹处的有效面积进行计算。

在螺栓杆轴方向受拉的连接中，每个承压型连接高强螺栓的承载力设计值为：

$$N_t^b = \frac{\pi d_e^2}{4} f_t^b \tag{10-16}$$

同时承受剪力和杆轴方向拉力的承压型连接的高强螺栓，应满足：

$$\sqrt{\left(\frac{N_v}{N_v^b}\right)^2 + \left(\frac{N_t}{N_t^b}\right)^2} \leqslant 1 \tag{10-17}$$

$$N_v \leqslant \frac{N_c^b}{1.2} \tag{10-18}$$

式中：N_v、N_t 分别为某个高强螺栓所承受的剪力和拉力；N_v^b、N_t^b、N_c^b 分别为一个高强螺栓的受剪、受拉和承压承载力设计值，其中，N_c^b 按式(10-9)计算。

10.2.3　铆钉连接

铆钉连接是指利用铆钉将两个或两个以上的元件(一般为板材或型材)连接在一起的一种不可拆卸的静连接，简称铆接(图10-17)。铆钉有实心[图10-18(a)]和空心[图10-18(b)]两大类。最常用的铆接是实心铆钉连接。实心铆钉连接多用于受力大的金属零件的连接，空心铆钉连接用于受力较小的薄板或非金属零件的连接。

(a)

(b)

(c)

图10-17　铆钉连接

(a) 实心铆钉

(b) 空心铆钉

图10-18　铆钉分类

铆钉连接分冷铆和热铆两种。热铆紧密性较好，但铆杆与钉孔间有间隙，不能参与传力。冷铆时钉杆镦粗，胀满钉孔，钉杆与钉孔间无间隙。直径大于10 mm的钢铆钉加热到1 000～1 100 ℃进行热铆，钉杆上的单位面积锤击力为650～800 MPa。直径小于10 mm的钢铆钉和塑性较好的有色金属、轻金属及合金制造的铆钉，常用冷铆。

铆钉连接的主要特点是：工艺简单、连接可靠、抗震、耐冲击。与焊接相比，铆钉连接结构笨重，连接件截面强度被铆孔削弱 15%～20%，操作劳动强度大、噪声大，生产效率低，因此，铆接经济性和紧密性不如焊接。相对螺栓连接而言，铆钉连接更为经济、自重更轻，适于自动化安装，但材料越厚铆钉连接越困难，一般的铆钉连接不适于承受拉力，因为其抗拉强度比抗剪强度低得多。

由于焊接和高强螺栓连接的发展，铆接的应用已经逐渐减少，只是在承受严重冲击或剧烈振动载荷的金属结构上或焊接技术受到限制的场合，如起重机机架、铁路桥梁、造船、飞机、重型机械等方面尚有应用。

铆钉连接的承载力计算式与普通螺栓的承载力计算式相似，见式(10-8)～式(10-12)，只需将螺栓的相应参数代换为铆钉的对应参数即可。

铆钉的排列方式、孔距和边距规定均可参照普通螺栓。

对于构件连接时铆钉数目的确定，除应满足承载力外，还应满足以下要求：

(1) 每一杆件在节点上以及拼接接头的一端，永久性的铆钉数不宜少于 2 个。对组合构件的缀条，其端部连接可采用 1 个铆钉。

(2) 在下列情况的连接中，铆钉的数目应增加：

① 一个构件借助填板或其他中间板与另一构件连接的铆钉数目应按计算增加 10%。

② 当采用搭接或拼接板的单面连接传递轴心力，因偏心引起连接部位发生弯曲时，铆钉数目应按计算增加 10%。

③ 在构件的端部连接中，当利用短角钢连接型钢(角钢或槽钢)的外伸肢以缩短连接长度时，在短角钢两肢中的一肢上所用的铆钉数目应按计算增加 50%。

④ 当铆钉连接的铆合总厚度超过铆钉孔径的 5 倍时，总厚度每超过 2 mm，铆钉数目应按计算增加 1%(至少应增加一个铆钉)，但铆合总厚度不得超过铆钉孔径的 7 倍。

10.3 钢结构的构造方式

10.3.1 轴心受力构件

轴心受力构件是指承受通过截面形心轴线的轴向力作用的构件，包括轴心受拉构件(轴心拉杆)和轴心受压构件(轴心压杆)。

轴心受力构件的截面形式有如图 10-19、图 10-20 所示的四种。第一种是热轧式钢截面，如图10-19(a)中圆钢、圆管、角钢、工字钢、H 型钢、T 型钢和槽钢等；第二种是用型钢和钢板连接而成的实腹式组合截面，如图 10-19(b)所示；第三种是用型钢和钢板连接而成的格构式组合截面，如图 10-19(c)所示；第四种是冷弯薄壁型钢截面，如图 10-19(d)所示。

实腹式构件整体受力和抗剪性能好，但截面尺寸较大时钢材用量较多；格构式构件容易实现两主轴方向的等稳定性，刚度较大，受力性能较好，用料较省。

轴心受力构件的正常使用极限状态问题，《钢结构设计规范》主要是通过限制其长细比实现。轴心受力构件的计算长度 l_0 与构件截面的回转半径 i 的比值 λ 称为长细比。当 λ 过大时，在运输和安装过程中容易产生弯曲或过大变形；当构件处于非竖直位置时，自重可使构件产生较大挠曲，在动力荷载作用时会发生较大振动。因此构件应具有一定的刚度，来满足结构的正常使用要求。轴心受力构件的刚度通常以长细比来衡量，刚度条件需确保最大长细比 λ_{max} 不超过容许长细比 $[\lambda]$，即为满足结构的正常使用要求，轴心受力构件不应做得过分柔细，而应具有一定的刚度，以保证构件不会产生过度变形。

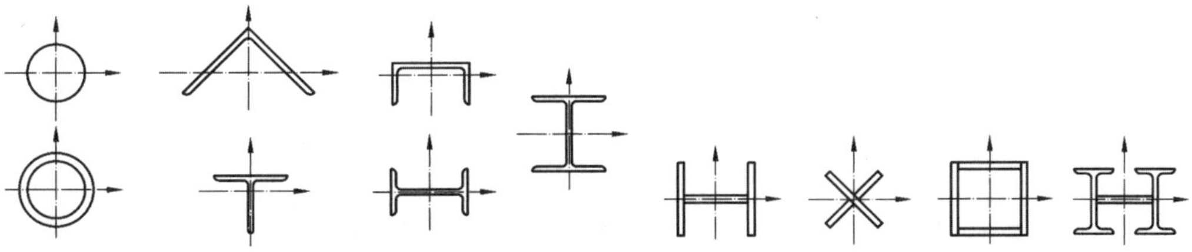

(a) 热轧式钢截面　　(b) 实腹式组合截面

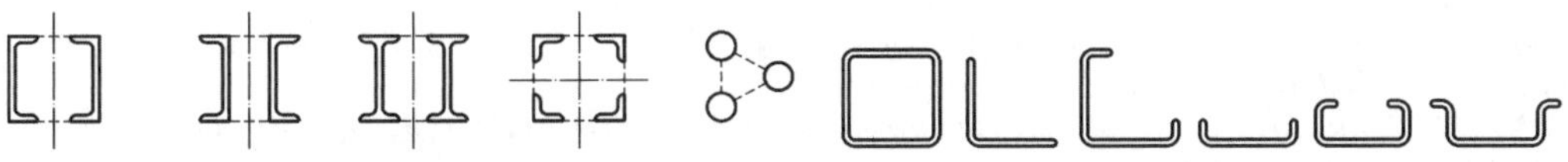

(c) 格构式组合截面　　(d) 冷弯薄壁型钢截面

图 10-19 轴力构件截面形式

(a) 热轧式钢截面

(b) 实腹式组合截面　　(c) 格构式组合截面　　(d) 冷弯薄壁型钢截面

图 10-20 轴力构件截面形式照片

轴心受拉和受压构件的刚度是以保证其长细比限值 λ 来实现的。即

$$\lambda=\frac{l_0}{i}\leqslant[\lambda] \tag{10-19}$$

式中：λ 为轴心受力构件的最大长细比，即 $\lambda=\max(\lambda_1,\lambda_2)$；$l_0$ 为轴心受力构件的计算长度，$l_0=\mu l$，其中 l 为轴心受力构件的实际长度，μ 为构件计算长度系数，根据材料力学中压杆的约束形式确定；i 为轴心受力构件的回转半径，为轴心受力构件截面的惯性矩；$[\lambda]$ 为轴心受力构件容许长细比，受压构件和受拉构件的长细比不宜超过表 10-4 和表 10-5 规定的容许值。

表 10-4　受压杆件的容许长细比

构件名称	容许长细比
轴压柱、桁架和天窗架中的压杆	150
柱的缀条、吊车梁或吊车桁架以下的柱间支撑	150
支撑(吊车梁或吊车桁架以下的柱间支撑除外)	200
用以减小受压杆件计算长度的构件	200

注:1. 当杆件内力设计值不大于承载能力的 50%时,容许长细比值可取 200。
2. 计算单角钢受压构件的长细比时,应采用角钢的最小回转半径,但计算在交叉点相互连接的交叉杆件平面外的长细比时,可采用与角钢肢边平行轴的回转半径。
3. 跨度等于或大于 60 m 的桁架,其受压弦杆、端压杆和直接承受动力荷载的受压腹杆的长细比不宜大于 120。
4. 验算容许长细比时,可不考虑扭转效应。

表 10-5　受拉杆件的容许长细比

构件名称	承受静力荷载或间接动力荷载的结构			直接承受动力荷载的结构
	一般建筑结构	对腹杆提供面外支点的弦杆	有重级工作制起重机的厂房	
桁架构件	350	250	250	250
吊车梁或吊车桁架以下的柱间支撑	300	—	200	—
其他拉杆、支撑、系杆等(张紧的圆钢除外)	400	—	350	—

注:1. 除对腹杆提供面外支点的弦杆外,承受静力荷载的结构受拉构件,可仅计算竖向平面内的长细比。
2. 在直接或间接承受动力荷载的结构中,单角钢受拉构件长细比的计算方法与表 10-4 注 2 相同。
3. 中、重级工作制吊车桁架下弦杆的长细比不宜超过 200。
4. 在设有夹钳或刚性料耙等硬钩起重机的厂房中,支撑的长细比不宜超过 300。
5. 受拉构件在永久荷载与风荷载组合作用下受压时,其长细比不宜超过 250。
6. 跨度等于或大于 60 m 的桁架,其受拉弦杆与腹杆的长细比不宜超过 300(承受静力荷载或间接承受动力荷载)或 250(直接承受动力荷载)。
7. 柱间支撑按拉杆设计时,竖向荷载作用下柱子的轴力应按无支撑时考虑。

10.3.2　受弯构件

在房屋结构中,楼板、楼盖梁、工作平台梁、吊车梁、屋面檩条及墙架横梁等,这些构件仅承受横向荷载,而没有轴向荷载,构件变形主要是受弯变形,这类构件称为受弯构件。在交通桥梁、水工钢闸门、近海采油平台(图 10-21)等工程结构中也经常使用受弯构件。如图 10-22 所示为一工作平台梁板结构体系。

受弯构件一般称为梁,梁按弯曲变形状况分为:单向弯曲构件,构件在一个主轴平面内受弯;双向弯曲构件,构件在两个主轴平面内受弯。

梁按支承条件分为简支梁、连续梁和悬臂梁。

梁的截面形式有多种,主要有:热轧型钢梁,如图 10-23(a)、(b)、(c)所示;冷弯薄壁型钢梁,如图 10-23(d)、(e)、(f)所示;焊接组合截面梁,如图 10-23(g)、(h)、(i)、(j)所示;采用摩擦型高强螺栓或者铆接连接的组合截面梁,如图 10-23(k)所示;钢-压型钢板混凝土组合梁,如图 10-23(l)所示。

图 10-21　近海采油平台

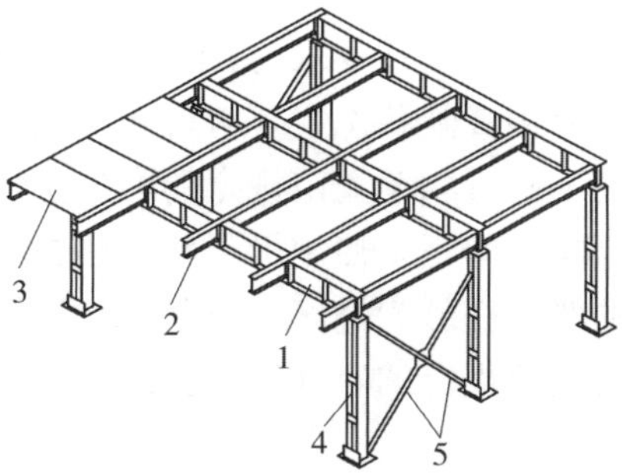

1—主梁;2—次梁;3—面板;4—柱;5—支撑。

图 10-22　工作平台梁板结构体系

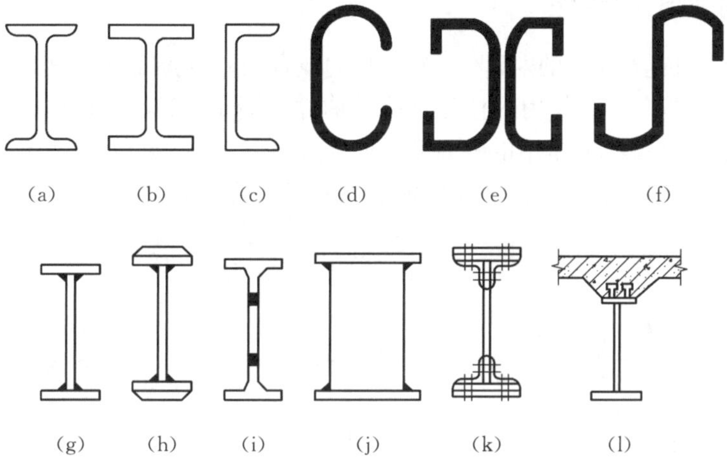

图 10-23　梁的截面形式

另外,还有将工字钢或 H 型钢的腹板沿如图 10-24 所示折线切开,再焊接成空腹梁,称为蜂窝梁。它自重轻,经济性好,蜂窝孔便于设备穿过等,还能起到调整空间韵律变化的作用,在国内外得到了比较广泛的研究和应用。

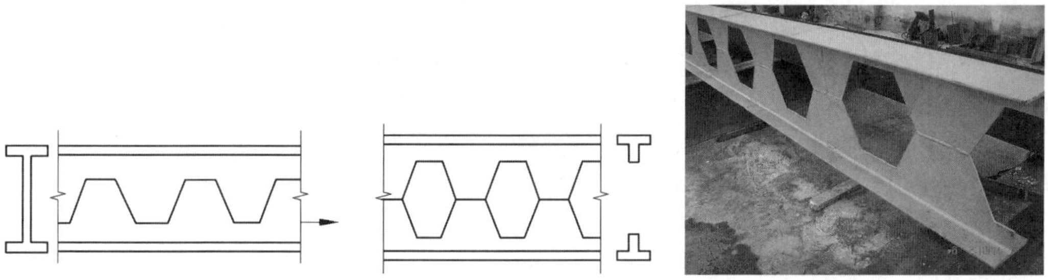

(a) 切割线　(b) 蜂窝梁示意　(c) 蜂窝梁照片

图 10-24　蜂窝梁

不论何种支承或者截面形式的梁,当截面内力已知时,进行截面设计的原则和方法是相同的。梁的设计要满足承载力极限状态和正常使用极限状态这两个要求。

承载力极限状态包括强度、整体稳定和局部稳定这 3 个方面。强度承载力的设计要求为:在荷载设计值作用下,梁的弯曲正应力、剪应力、局部压应力和折算应力均不超过相关规范规定的强度设计值。整体稳定承载力的设计要求为:整根梁不发生侧向弯扭屈曲。局部稳定承载力的设计要求为:组成梁的板件(翼缘和腹板)不出现波状的局部屈曲。

正常使用极限状态主要考虑在荷载标准值作用下梁的抗弯刚度要满足设计要求,梁的最大挠度不超过相关规范规定的容许挠度。

受弯构件的正常使用极限状态是指其出现过大的弯曲变形,通常称受弯构件在使用阶段出现的弯曲变形为挠度,为了满足正常使用的要求,设计时必须保证梁和桁架的挠度不超过相关规范规定的容许挠度。即:

$$v \leqslant [v] \tag{10-20}$$

式中:v 为受弯构件在标准荷载作用下产生的最大挠度或跨中弯矩;$[v]$ 为相关规范给出的受弯构件的挠度限值。

10.3.3　拉弯和压弯构件

拉弯和压弯构件是指构件的内力既有轴心拉力或者压力,同时还有弯矩作用。图 10-25(a)所示有轴心拉力和横向荷载作用的杆件是拉弯构件。图 10-25(b)和图 10-25(c)所示有偏心压力或者轴心压力和弯矩作用的杆件都是压弯构件。钢屋架的下弦杆一般都属于轴心拉杆,但如果下弦杆的节点之间存在横向荷载就属于拉弯构件。

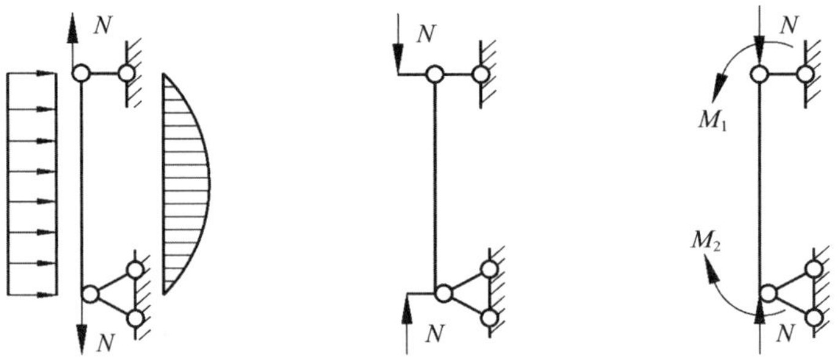

(a)　(b)　(c)

图 10-25　拉弯和压弯构件

对于拉弯构件,如果所承受的弯矩不大,而主要承受轴拉力,则它的截面形式和一般轴拉杆一样;如果所承受的弯矩较大,应采用在弯矩作用平面内有较大抗弯刚度的截面。

在拉力和弯矩的共同作用下,截面出现塑性铰是拉弯构件承载能力的极限。但是对于格构式拉弯构件或者冷弯薄壁型钢拉弯构件,截面边缘的纤维开始屈服就基本上达到了承载能力极限。对于轴心拉力很小而弯矩却很大的拉弯构件,也可能和受弯构件一样出现弯扭失稳的破坏。拉弯构件受压部分的板件也存在局部屈曲的可能性。不过通常这两种可能性不大。图 10-25(b)中的偏心压杆和图 10-25(c)中在构件端部作用有弯矩的压杆,都属于压弯构件。厂房的框架柱、多高层建筑的框架柱和海洋平台的立柱等都属于压弯构件。

压弯构件截面形式常用的有实腹式[图 10-26(a)]和格构式[图 10-26(b)]两种。同时,压弯构件的截面形式可以沿杆轴线变化,如工业厂房中的阶形柱、楔形柱等。

(a) 实腹式

(b) 格构式

图 10-26　拉弯和压弯构件的截面形式

压弯构件整体破坏的形式有 3 种：一种是因为杆端弯矩很大而发生强度破坏，杆截面局部有较大削弱时也可能产生强度破坏，另外两种都是失稳破坏。对于在一个对称轴的平面内作用有弯矩的压弯构件，如果在非弯矩作用的平面内发生失稳破坏，构件的变形形式没有改变，仍为弯矩作用平面内的弯曲变形。如果压弯构件的侧向缺乏足够的支撑，也可能发生弯扭失稳破坏。此时，除在弯矩作用平面内存在弯曲变形外，垂直于弯矩作用的方向会突然产生弯曲变形，同时截面绕杆轴发生扭转。

由于组成压弯构件的板件有一部分受压，和轴压一样，压弯构件也存在局部屈曲问题。

10.3.4　构件间的连接

（一）次梁和主梁的连接

次梁和主梁的连接方法有铰接（简支梁形式）和刚接（连续梁形式）两种，前者多用于平台梁系，后者则多用于多层框架。次梁均以主梁为支点，且应最大限度地保持建筑的净空高度。

次梁与主梁的连接按其相对位置可分为叠接（层接）和平接（侧面连接）两类。叠接是直接把次梁放在主梁上，并用焊缝或螺栓相连[图 10-27(a)]。叠接需要的结构高度很大，所以应用中常受到限制。平接时次梁可根据具体条件与主梁顶面等高或较之略高或略低。次梁端部与主梁翼缘冲突部分应切成圆弧过渡，避免产生严重的应力集中。图 10-27(b)为次梁腹板用螺栓连接于主梁加劲肋上的情形。这种连接构造简单，安装方便，在实际工程中经常采用。图 10-27(c)为利用连接板将次梁连接于主梁腹板的情形。通常先在主梁腹板上焊上一个连接板，次梁就位后再将其腹板与连接板焊接或螺栓连接。

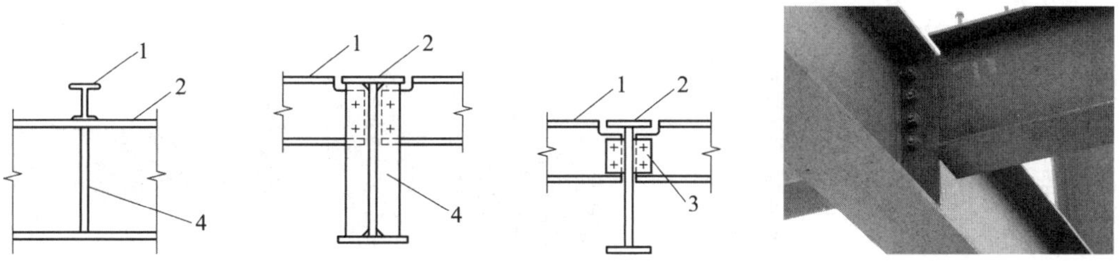

(a)　(b)　(c)　(d)

1—次梁；2—主梁；3—连接角钢；4—加劲肋。

图 10-27　主次梁铰接构造

当次梁或主梁的跨度和荷载较大时，为了减小梁的挠度，次梁与主梁的连接可以采用刚接构造(图 10-28)。由于次梁的负弯矩主要由翼缘承受，故可在次梁与主梁交接处的次梁翼缘上设置连接盖板。这样，截面弯矩产生的上翼缘水平拉力由连接盖板直接传递，截面弯矩产生的下翼缘水平压力则由承托顶板通过主梁腹板传递。

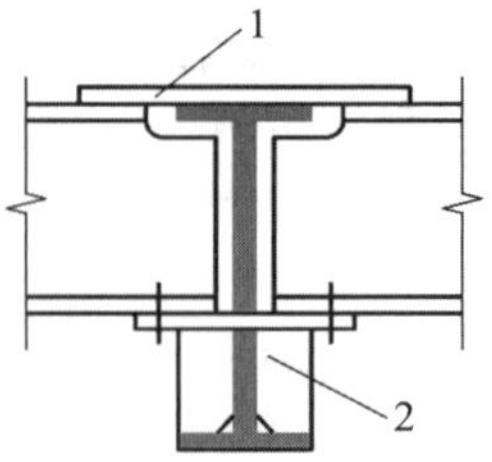

1—连接盖板；**2**—承托。

图 10-28　主次梁刚接构造

(二) 梁与柱的连接方法

梁与柱的连接方法同样有铰接和刚接两种形式。梁与柱的铰接做法有两种构造形式：一种是将梁直接置于柱顶(图 10-29)，另一种是将梁连接于柱侧(图 10-30)。

将梁置于柱顶时，应在柱上端设置具有一定刚度的顶板。图 10-29(a)所示构造形式传力明确，柱为轴心受压构件；图 10-29(b)的连接构造简单，制造和安装方便，但两梁的荷载不等时会使柱偏心受压。

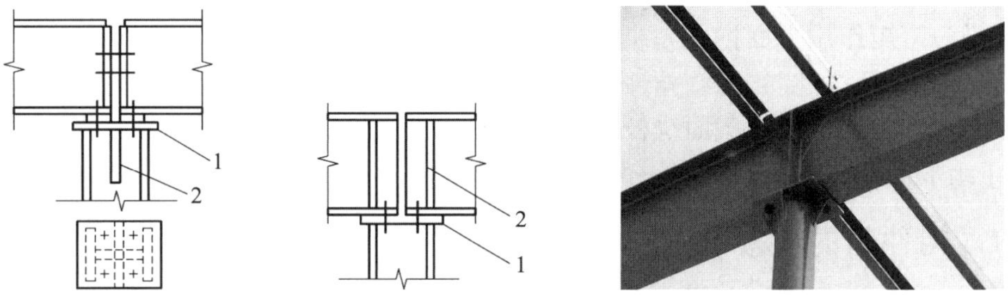

(a)　　(b)　　(c)

1—顶板；2—加劲肋。

图 10-29　梁直接置于柱顶

如图 10-30(a)所示，将梁支承于柱的下部承托上，但在梁端顶部还应在构造上设置顶部短角钢以防止梁端在受力后发生平面外的偏移，同时又不至于影响梁端在梁平面内比较自由地转动，从而较好地符合铰接计算简图的要求，这种做法构造处理简单、传力明确、制造和安装也较为方便，在设计中采用较多。图 10-30(b)的构造适用于梁支座反力较大的情况，梁的反力通过用厚钢板制成的承托传递到柱子上，这种构造传力虽也明确，但对制造和安装精度的要求较高。

在多层框架结构中，常要求梁与柱的连接节点为刚接。这时的节点不仅要求能传递反力，而且要求能传递弯矩，因而构造和施工都较复杂。在梁与柱的刚接中，通常柱是贯通的，梁与柱进行工地现场连接。一种做法是将梁端部直接与柱相连接，另一种做法是将梁与预先焊在柱上的梁悬臂段相连接(图 10-31)。

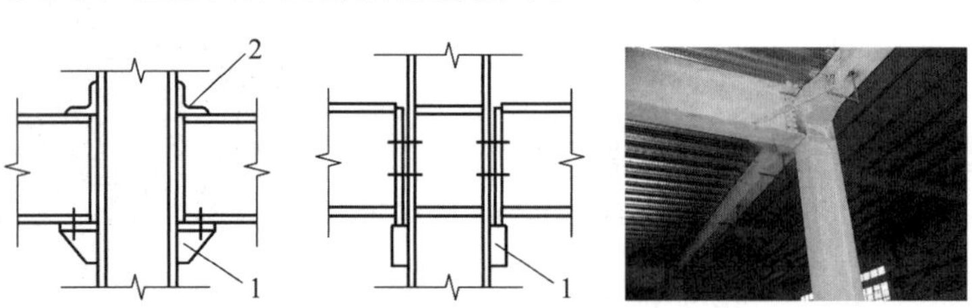

(a)　　(b)　　(c)

1—承托；2—短角钢。

图 10-30　梁连接于柱侧

图 10-31　梁柱刚接

图10-32给出了梁端部与柱直接连接时的几种形式：

图10-32(a)表示梁的翼缘和腹板与柱的全焊接连接；

图10-32(b)表示梁的翼缘与柱焊接，梁的腹板则通过焊在柱上的连接件与柱用高强螺栓连接；

图10-32(c)表示梁翼缘通过专用的T形铸钢件、连接角钢与柱用高强螺栓连接；

图10-32(d)表示梁通过端板与柱用高强螺栓连接。

其中，图10-32(a)形式多用于梁悬臂段与柱在工厂的连接。为了保证柱腹板不致被压坏或局部失稳，通常在梁翼缘对应位置设置柱的横向加劲肋。

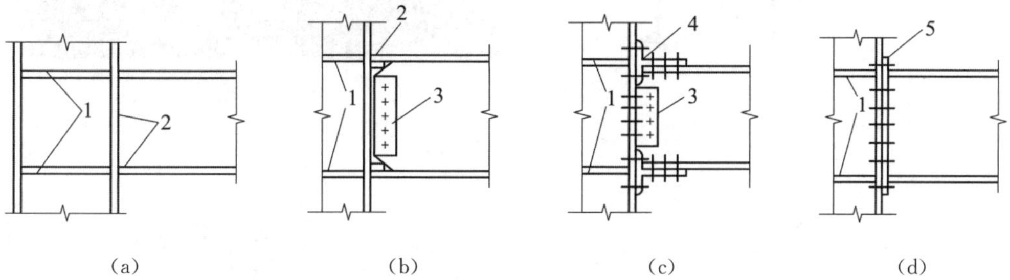

1—加劲肋；2—焊缝；3—连接板；4—T形铸钢件；5—梁端板。

图10-32　梁柱连接构造

（三）钢管连接节点

钢管连接节点适用于钢管桁架、拱架、塔架和网架、网壳等结构形式中的钢管连接节点，以及钢管与非钢管的连接节点。

钢管连接节点包括下列类型：非加劲的钢管间直接焊接节点[图10-33(a)]，非加劲的钢管与非钢管构件直接焊接节点，采用钢管内加劲、外周加劲或局部增厚等方式加劲的钢管间焊接节点[图10-33(b)]，采用钢管内加劲、外周加劲或局部增厚等方式加劲的钢管与非钢管构件(包含板件)的焊接节点[图10-33(c)]，钢管间通过法兰连接的节点等。

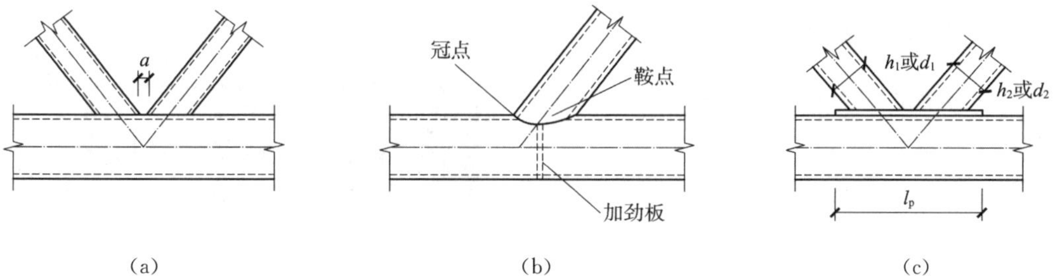

图10-33　钢管连接节点

10.4　钢楼面和钢屋盖

10.4.1　钢楼面

钢结构楼面系统的特征是钢筋混凝土楼板支承在由各种托梁、次梁、主梁组成的钢骨架上并将重力荷载传递到柱上。楼板通常是厚度为10～18 cm的单向现浇混凝土实心板，或是在压型钢板上现浇混凝土形成的最小厚度 9 cm 的不等截面组合楼板(图 10-34),或是采用单元预制楼板铺放在钢梁上后浇一层较薄的细石混凝土形成的叠合楼板(图 10-35)。

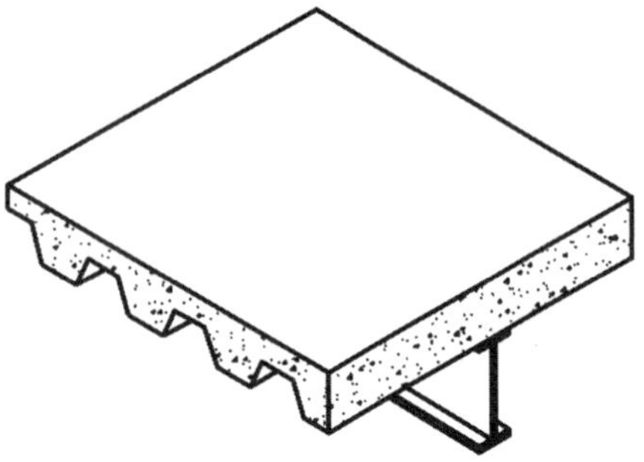

(a)

(b)

图 10-34　组合楼板

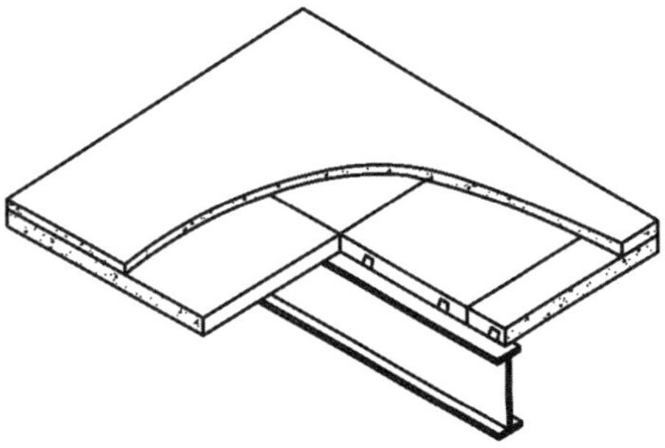

(a)

(b)

图 10-35　叠合楼板

目前,常用的钢楼面类型主要有:压型钢板组合楼面、钢筋桁架楼承板组合楼面、桁架钢筋混凝土叠合楼面、钢结轻质板组合楼面以及钢结构钢板组合楼面。

(一) 压型钢板组合楼面

压型钢板组合楼面是将压型钢板直接铺设在钢梁上,通过栓钉穿透焊接于钢梁,如图 10-36 所示。根据压型钢板截面形式的不同,可将压型钢板分为开口型、缩口型和闭口型。组合楼板中的压型钢板不仅可以作为永久性模板,还可以代替板底受拉钢筋,与混凝土共同工作。

图 10-36　压型钢板组合楼面

压型钢板组合楼面的优点是压型钢板作为模板,节省了大量的模板和支撑;轻便,堆放、运输及安装便捷;使用阶段压型钢板代替受拉钢筋,减少了钢筋用量与安装工序;刚度大,节省混凝土用量,减轻自重;利于设备管线布置,装修方便;增强钢梁侧向支撑的稳定性。但是镀锌压型钢板造价高,经济效益不显著;压型钢板板肋高,限制了板厚和建筑净高,不宜在高层及超高层建筑中使用，且板底呈波浪形，双向刚度不一致，抗震性能差，易造成楼板开裂。

（二）钢筋桁架楼承板组合楼面

钢筋桁架楼承板组合楼面是将楼板中的钢筋在工厂加工成钢筋桁架，并将钢筋桁架与镀锌压型钢板连接成一体，上部浇注混凝土，形成钢筋桁架混凝土楼面，如图 10-37 所示。根据后期要求，底部钢模板可以作为永久性模板，也可后期拆除，仅在施工阶段作为临时模板。

钢筋桁架楼承板组合楼面的优点是钢筋格架与镀锌底板结合，结构受力更加合理，楼板整体性能更优越；格架钢筋工厂机械化生产，底板作为模板，免去支模、拆模、钢筋绑扎等工序，施工更加便捷，施工速度加快；板底平整度、楼层净高有保证；楼板双向刚度一致，抗震性能优越；机械化生产加工混凝土保护层厚度得到保证，施工质量有效提高。但是运输和吊装过程易损坏和变形。目前，钢筋桁架楼承板已经在多层厂房、多高层钢结构办公楼、酒店、住宅建筑、超高层钢结构建筑、不规则楼面（圆形、椭圆、其他形状）钢结构建筑、降板结构、厚板结构、钢筋混凝土结构中广泛使用。

图 10-37　钢筋桁架楼承板组合楼面

当钢筋桁架楼承板设有临时支撑时，与普通现浇混凝土楼板基本相同。不设临时支撑时，施工阶段，钢筋桁架楼承板自重、混凝土重量及施工活荷载全部由钢筋桁架承受；使用阶段，钢筋桁架上下弦钢筋与混凝土共同工作，不考虑钢筋桁架整体、桁架腹杆及底模的作用。

（三）桁架钢筋混凝土叠合楼面

桁架钢筋混凝土叠合楼面是在预制板内铺设了叠合楼板的底部受力钢筋和桁架钢筋，在施工现场通过后浇混凝土叠合而成的楼板，如图 10-38 所示。预制底板可作为施工阶段的永久性模板，桁架钢筋可增加叠合面的抗剪及整体刚度。

桁架钢筋混凝土叠合楼面便于摆放受力钢筋及水电预埋件，避免施工过程中的二次开孔、开槽；格架钢筋提高了叠台板的刚度和新旧混凝土的黏结力，整体工作性能较好；预制底板充当模板，免去支模、拆模工序，降低安全风险；预制底板工厂加工，机械化程度高，构件质量得以保证，且不受季节影响。但是自重大、运输易折断和受限。

图 10-38　桁架钢筋混凝土叠合楼面

当桁架钢筋叠合楼面设有临时支撑时，与普通现浇混凝土楼板基本相同。不设临时支撑时，施工阶段，预制板自重、混凝土重量及施工活荷载全部由预制板承担。使用阶段，当现浇层混凝土强度尚未达到设计值时，荷载主要包括钢筋桁架自重、预制层自重、叠合层自重以及施工活荷载，全部由钢筋桁架以及预制板承担，楼板按照简支构件计算；当现浇层混凝土强度达到设计值时，荷载由楼板全截面共同承担，受力按照整体结构进行计算，此时的荷载主要包括预制构件自重、叠合层自重、面层、吊顶等自重以及本阶段的使用活荷载。

（四）钢结构轻质板组合楼面

钢结构轻质板组合楼面一般由约 100 mm 厚 ALC 加气混凝土板、约 30 mm 厚砂浆找平层以及装饰面层组成，如图 10-39 所示。这种钢结构组合楼面安全环保、自重轻、强度高、持久不变形、施工快捷、施工周期短、保温隔音效果好，安装时也可与钢梁的上翼缘等高，最大限度利用有效空间，适用于办公楼、住宅、轻型厂房等。但楼面荷载较大或有振动荷载的工业项目需慎重选用。

（五）钢结构钢板组合楼面

钢结构钢板组合楼面一般由间距小于 600 mm 的次梁檩条或加劲肋条、花纹钢板或格栅板、约 40 mm 厚细石混凝土以及装饰面层组成，如图 10-40 所示。这种钢结构组合楼面适用于工业厂房、车间、设备间等建筑，承重效果好、施工快捷，但保温隔音效果略差。

图 10-39　钢结构轻度板组合楼面

图 10-40　钢结构钢板组合楼面

10.4.2　钢屋盖

（一）钢屋盖的组成

钢屋盖包括屋架、屋盖支撑系统、檩条、屋面板，有时还包括托架和天窗架等。根据屋面材料和屋面结构布置的不同，可分为有檩体系屋盖和无檩体系屋盖两类，如图 10-41 所示。

采用较轻和小块的屋面材料时，如压型钢板、石棉水泥波形瓦等多用有檩条体系屋盖，屋面荷载通过檩条传给屋架，整体刚度较差，常见于中小型厂房。

采用钢筋混凝土等大型屋面板时，多用无檩体系屋架，屋面荷载直接传给屋架，整个屋架刚度较大。托架用于支撑在纵向柱距大于 6 m 的柱间设置的屋架，属于屋盖系统的支撑结构。天窗架支撑并固定于屋架的上弦节点，用于设置天窗。

整个屋盖结构的形式、屋架的布置、采用有檩体系还是无檩体系、屋面材料等，需根据建筑要求、跨度大小、柱网布置、当地材料供应情况、经济条件等确定。

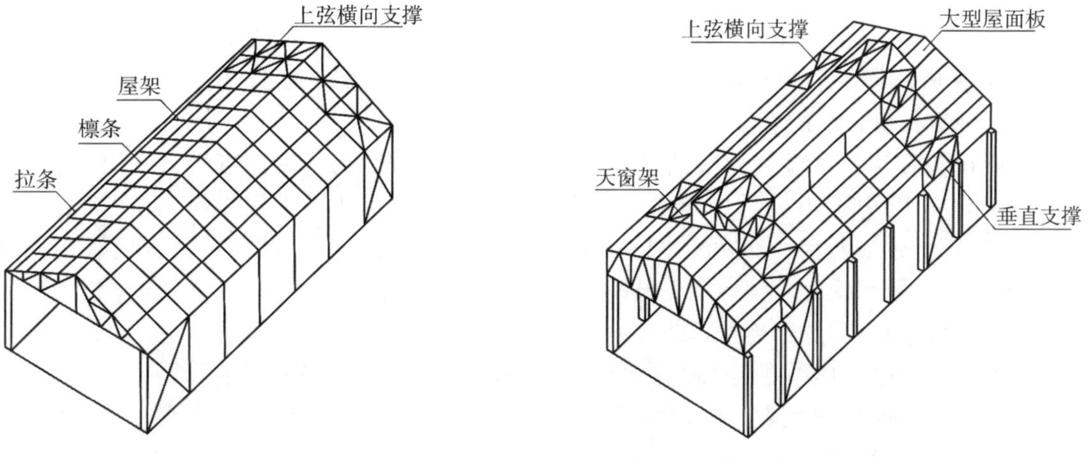

(a) 有檩体系屋盖　　(b) 无檩体系屋盖

图 10-41　屋盖结构组成

(二) 屋盖支撑系统的布置

支撑在柱顶或墙上的单榀屋架，在屋架平面内具有较大的强度和刚度，在垂直于屋架平面方向的强度和刚度较差。由于檩条和屋面板不能作为上弦杆的侧向支撑点，故未设置足够的支撑，在荷载作用下，上弦杆在受压时极易发生侧向失稳现象或可能整个屋架沿垂直屋盖方向失稳，如图 10-42 所示。因此，必须设置屋盖支撑系统。

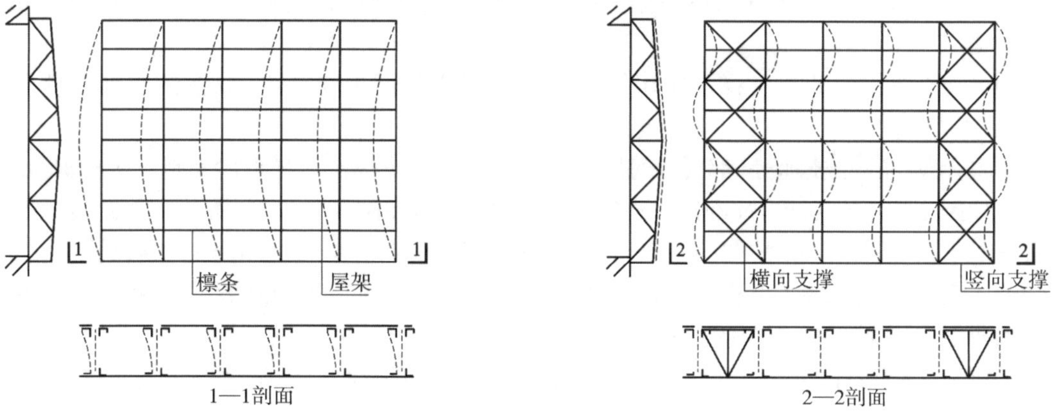

(a) 无支撑时　　(b) 有支撑时

图 10-42　屋架上弦侧向失稳

屋盖支撑系统的作用：

(1) 保证屋盖结构的空间几何不变性和稳定性。

(2) 作为屋架弦杆的侧向支撑点。屋盖支撑和系杆可作为屋架弦杆的侧向支撑点，使其在屋架平面外的计算长度大为缩短，从而提高了上弦压杆的侧向稳定性，增加了下弦拉杆的侧向刚度。

(3) 支撑和传递水平荷载。支撑体系可有效地承受和传递风荷载、悬挂吊车的刹车荷载及地震作用等。

(4) 保证屋盖结构的安装质量和施工安全。

屋盖支撑系统包括:上、下弦横向水平支撑,下弦纵向水平支撑,垂直支撑,系杆等。

(1) 上弦横向水平支撑。上弦横向水平支撑是两榀屋架的上弦作为弦杆组成的水平桁架将两榀屋架在水平方向联系起来,以保证屋架上弦杆在屋架平面外的稳定,减小该方向上弦杆的计算长度,增强它的临界力。

一般设置在房屋或温度区段两端的第一柱间的两屋架上弦,沿跨度全长布置,其净距不宜大于 60 m,否则应在房屋中间增设。当第一柱间距离小于标准间距时,宜在第二柱间设置,与中部上弦横向水平支撑尺寸相同,减少构件种类。屋架有天窗时,也宜设置在第二柱间,与天窗支撑系统配合。但第一开间须在支撑节点处用刚性系杆(既能承受拉力,也能承受压力的杆)与端部屋架连接,如图 10-43(a)、(b)所示。

无论是有檩屋盖体系还是无檩屋盖体系,均应设置上弦横向水平支撑。

(2) 下弦横向水平支撑。下弦横向水平支撑是作为山墙抗风柱的上支点,以承受并传递由山墙传来的纵向风荷载、悬挂吊车的水平力和地震引起的水平力,减小下弦杆在平面外的计算长度,从而减小下弦的振动。

应在屋架下弦平面沿跨度全长布置,并与上弦横向水平支撑在同一柱间,以形成空间稳定体系,如图 10-43(c)所示。当屋架跨度较小($L\leqslant 18$ m)且没有悬挂吊车,厂房内也没有较大振动设备时,可不设下弦横向水平支撑。

(3) 下弦纵向水平支撑。下弦纵向水平支撑是加强房屋的整体刚度,保证平面排架结构的空间工作,并可承受和传递吊车横向水平制动力。下弦纵向支撑一般布置在屋架左、右两端节间,而且必须和屋架下弦横向支撑相连以形成封闭体系。当房屋内设有托架,或有较大吨位的重级、中级工作制吊车,或有大型振动设备,或房屋较高、跨度较大,空间刚度要求较高时,应设置纵向水平支撑屋架下弦(三角形屋架也可设在上弦)端节间,如图 10-43(c)所示。

(4) 垂直支撑。垂直支撑是使相邻两榀屋架形成几何不变体系,以保证屋架在使用和安装的位置正确。

梯形屋架的两端支座处,都要沿房屋的纵向设置垂直支撑。当梯形屋架跨度 $L\leqslant 30$ m,三角形屋架跨度 $L\leqslant 24$ m 时,应在跨中设置一道垂直支撑,如图 10-43(d)所示。当跨度大于上述数值时,宜在跨度 1/3 附近或天窗架侧柱处设置两道垂直支撑,如图 10-43(e)所示。

(5) 系杆。系杆的主要作用是保证无横向支撑的所有屋架的侧向稳定,减小弦杆在屋架平面外的计算长度以及传递纵向水平荷载。

系杆分柔性系杆(常由单角钢组成,只能承受拉力)和刚性系杆(常由双角钢组成,既能承受拉力又能承受压力)。能承受压力的系杆称刚性系杆,只能承受拉力的系杆称柔性系杆。一般系杆应设置在屋架和天窗架两端,以及横向水平支撑的节点处,沿房屋纵向通长布置。

屋盖支撑系统应根据厂房跨度和长度的要求及是否做抗震设计等情况进行布置。屋架选形时主要考虑以下几条原则:

(1) 使用要求。根据屋面材料的排水需要来考虑上弦的坡度。当采用短尺压型钢板、波形石棉瓦等屋面材料时,其排水坡度要求较陡,应采用三角形屋架。当采用大型屋面板油毡防水材料或长尺压型钢板时,其排水坡度可较平缓,应采用梯形屋架。另外,还应考虑建筑上净空要求,以及有无天窗、天棚和悬挂吊车等方面的要求。

(2) 受力合理。屋架在外部荷载作用下,杆件内力均匀,充分利用各部分材料。腹杆布置应使长腹杆受拉,短腹杆受压。同时应尽可能使荷载作用在节点上。

(3) 便于施工。杆件、节点数量和品种宜少,尺寸力求统一,构造应简单,以便制造。节点夹角宜为 30°～60°，节点过小，将使节点构造困难。

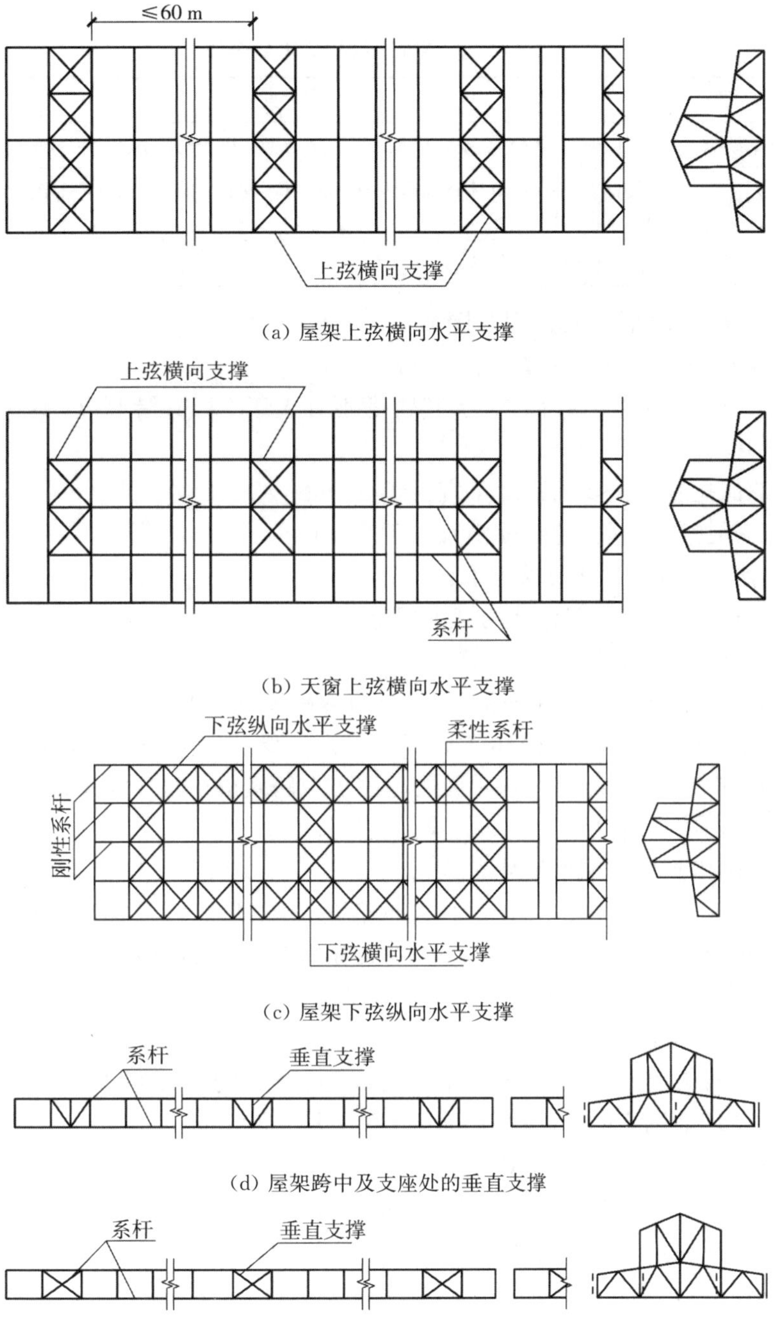

(a) 屋架上弦横向水平支撑

(b) 天窗上弦横向水平支撑

(c) 屋架下弦纵向水平支撑

(d) 屋架跨中及支座处的垂直支撑

(e) 天窗架侧柱处的垂直支撑

图 10-43　屋盖支撑布置

10.5　大跨度钢结构

大跨度钢结构的设计应结合工程的平面形状、体型、跨度、支承情况、荷载大小、建筑功能综合分析确定，结构布置和支承形式应保证大跨度结构具有合理的传力途径和整体稳定性。平面结构应设置平面外的支撑体系。

大跨度钢结构体系的分类见表 10-6。

表 10-6　大跨度钢结构体系的分类

体系分类	常见形式
以整体受弯为主的结构	平面桁架、立体桁架、空腹桁架、网架、组合网架以及与钢索组合形成的各种预应力钢结构
以整体受压为主的结构	实腹钢拱、平面或立体壁架形式的拱形结构、网壳、组合网壳以及与钢索组合形成的各种预应力钢结构
以整体受拉为主的结构	悬索结构、索桁架结构、索穹顶等

各类常用大跨度钢结构，其适用范围为：

(1) 单层球面网壳的跨度不宜大于 80 m。

(2) 两端边支承的单层圆柱面网壳，其跨度不宜大于 35 m；沿两纵向边支承的单层圆柱面网壳，其跨度不宜大于 30 m。

(3) 单层双曲抛物面网壳的跨度不宜大于 60 m。

(4) 单层椭圆抛物面网壳的跨度不宜大于 50 m。

大跨度钢结构的基本设计要求如下：

(1) 桁架、拱架与张弦拱架设计的基本规定

① 桁架的高度可取跨度的 1/16～1/12。

② 拱架厚度可取跨度的 1/30～1/20，矢高可取跨度的 1/6～1/3。

③ 张弦拱架的桁架厚度可取跨度的 1/50～1/30，结构矢高可取跨度的 1/10～1/7，其中桁架矢高可取跨度的 1/18～1/14，张弦的垂度可取跨度的 1/30～1/12。

④ 对平面结构体系应设置平面外的稳定支撑体系。

(2) 网架的网格高度与网格尺寸

根据跨度大小、荷载条件、柱网尺寸、支承情况、网格形式以及构造要求和建筑功能等因素确定，网架的高跨比可取 1/18～1/10。网架在短向跨度的网格数不宜小于 5。确定网格尺寸时宜使相邻杆件间的夹角大于 45°，且不宜小于 30°。

(3) 索、网的基本规定

① 球面网壳的矢跨比不宜小于 1/7，双层球面网壳的厚度可取跨度(平面直径)的 1/60～1/30，单层球面网壳的跨度(平面直径)不宜大于 80 m。

② 两端边支承的圆柱面网壳，其宽度 B 与跨度 L 之比宜小于 1.0，壳体的矢高可取宽度 B 的 1/6～1/3；沿两纵向边支承或四边支承的圆柱面网壳，壳体的矢高可取跨度(宽度 B)的 1/5～1/2。双层圆柱面网壳的厚度可取宽度 B 的 1/50～1/20。两端边支承的单层圆柱面网壳，其跨度 L 不宜大于 35 m。沿两纵向边支承的单层圆柱面网壳，其跨度(此时为宽度 B)不宜大于 30 m。

③ 双曲抛物面网壳底面对角线长度之比不宜大于 2，单块双曲抛物面壳体的矢高可取跨度的 1/4～1/2(跨度为两个对角支承点之间的距离)。四块组合双曲抛物面壳体每个方向的矢高可取相应跨度的 1/8～1/4。双层双曲抛物面网壳的厚度可取短向跨度的 1/50～1/20。单层双曲抛物面网壳的跨度不宜大于 60 m。

④ 椭圆抛物面网壳底边两跨度比不宜大于 1.5，壳体每个方向的矢高可取短向跨度的 1/9～1/6。双层椭圆抛物面网壳的厚度可取短向跨度的 1/50～1/20。单层椭圆抛物面网壳的跨度不宜大于 50 m。

本书第 14 章将会更加详细地介绍大跨度建筑结构知识。

10.6　高层及超高层钢结构

近几十年来，各国的大城市由于人口高度密集，生产和生活用房紧张，交通拥挤，地价昂贵，因此城市建筑逐渐向高空发展，高层和超高层建筑发展迅速，最高的建筑已超过百层，高度在 50 层左右的超高层建筑有大规模发展的趋势。高层及超高层钢结构的主要特点有：

（1）自重轻

以中等高度的高层结构为例，采用钢结构承重骨架，比钢筋混凝土结构至少减轻自重的 1/3，因而可显著减轻结构传至基础的竖向荷载与地震作用。

（2）抗震性能良好

钢材具有良好的弹塑性性能，可使承重骨架及节点等在地震作用下具有良好的延性及耐震效果。

（3）能充分地利用建筑空间

钢结构与同类钢筋混凝土高层结构相比，由于柱网尺寸可适当加大及承重柱截面尺寸较小，因而可相应增加 2%～4% 的建筑使用面积。此外，由于可采用组合楼盖并利用钢梁腹板穿孔设置管线，因此还可适当降低建筑层高。设计时，柱网尺寸的选择幅度较大，更有助于满足建筑功能的空间划分。

（4）建造速度快

由于可以在工厂制造钢结构构件，并采用高强螺栓与焊接连接，以及组合楼板等配套技术进行现场装配式施工，因此，与同类钢筋混凝土高层结构相比，钢结构一般可缩短 1/4～1/3 的建设周期。

（5）防火性能差

不加耐火防护的钢结构构件，其平均耐火时限约为 15 min，明显低于钢筋混凝土构件。故当有防火要求时，钢构件表面必须用专门的耐火涂层防护，以满足《建筑设计防火规范（2018 年版）》(GB 50016—2014)的要求。

高层建筑钢结构所承受的风荷载和地震作用随着房屋高度的增大而变得越来越重要。因此，对高层建筑结构来说，如何安全有效地承受水平力是结构组成要考虑的一个重要问题。高层建筑钢结构的组成有以下体系：

（1）以梁和柱组成多层多跨框架来承受水平荷载[图 10-44(a)]，它在水平荷载作用下既有如同悬臂梁似的整体侧向位移，又有层间剪力引起的位移，所以变形较大，因而适用于不超过 30 层的高层房屋，梁柱间应做成刚性连接。

（2）在两列柱之间设置斜撑，形成竖向悬臂桁架[图 10-44(b)]，它承受水平荷载的能力比框架结构高，故适用于 20～45 层的房屋。

（3）为增强抵抗侧向变形的能力，可采用如图 10-44(c)所示的在两个层的层间布满支撑，这样两边列柱也与支撑体系一起抵抗水平力，结构的适用范围可提高到 60 层。柱列间的支撑应该在两个互相垂直的竖直平面内设置，钢的支撑杆件也可以有效地用钢筋混凝土剪力墙或钢板剪力墙代替。梁、柱间可以做成柔性连接、半刚性连接或刚性连接。

（4）60 层以上的房屋采用筒体结构比较经济[图 10-44(d)]，房屋周围的 4 个面形成刚度很大的空间桁架体系。筒体结构也可以不设斜撑，而使周围 4 个面的柱子排列较密，形成空间框架式筒体。内部可将电梯井做成内筒，和外筒共同承受水平力，内、外筒间的柱子则只承受竖向荷载。

(5) 图 10-44(e)为采用高强钢材的悬挂结构，它利用房屋中心的钢筋混凝土或型钢-混凝土的内筒承受全部竖向和水平荷载。内筒顶部有悬伸的钢桁架，各层楼板都分别支承在内筒和悬吊在桁架下面的高强钢拉杆上。内筒采用滑模施工，内筒完工后可用来吊装钢结构构件和楼盖。

(6) 在钢框架中通过布置混凝土剪力墙，同样可以起到大大提高框架结构抗侧力刚度的作用，而构成钢框架-混凝土剪力墙结构[图 10-44(f)]。很多情况下，将混凝土剪力墙做成闭合的混凝土筒体，与建筑电梯井搭配，布置在建筑平面中心部位，构成钢框架-混凝土芯筒结构[图 10-44(g)]。

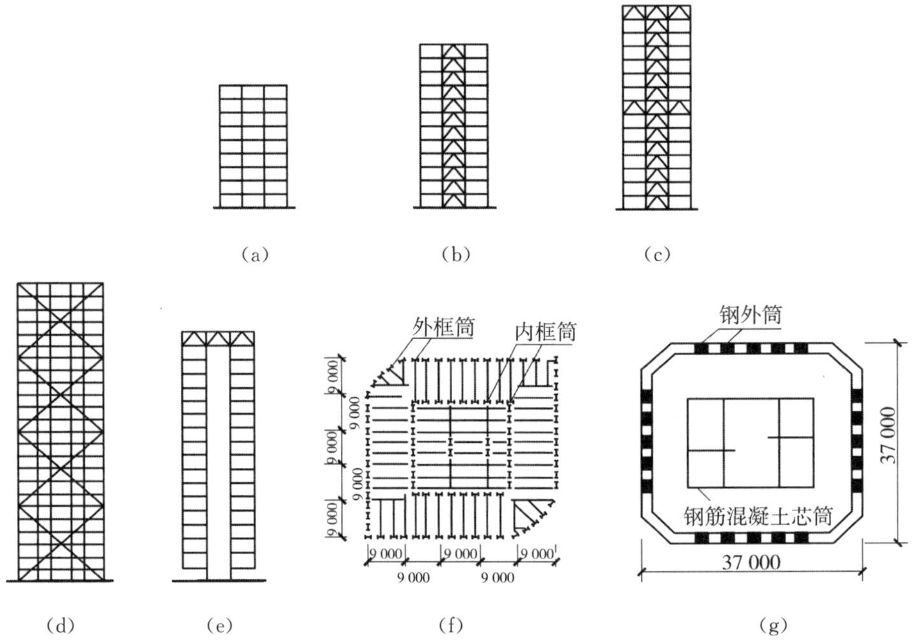

图 10-44　高层建筑钢结构(单位:mm)

10.7　案例分析

钢结构是建筑的主要结构形式之一，随着我国国民经济的迅速发展，钢结构在土木工程各个领域都得到广泛的应用，如高层和超高层建筑等。普通钢结构的主要应用有工业厂房、大跨度建筑、高层建筑、高耸结构等。本节将结合工程实际案例中的钢结构应用进行分析。

(一) 大跨度建筑——国家体育场“鸟巢”

国家体育场“鸟巢”[图 10-45(a)]建筑顶面呈鞍形，长轴为 332.3 m，短轴为 296.4 m，最高点高度为 68.5 m，最低点高度为 40.1 m，固定座席可容纳 80 000 人，活动座席可容纳 11 000 人，总建筑面积约为 25.8 万 m^2。建筑的设计使用年限为 100 年，抗震设防烈度 8 度，抗震设防分类乙类，其“鸟巢”结构[图 10-45(b)]成为北京市的重要标志性建筑。

国家体育场“鸟巢”大跨度屋盖支撑在 24 根桁架柱之上。屋盖中间开洞长度为 185.3 m，宽度为 127.5 m。国家体育场“鸟巢”大跨度钢结构大量采用由钢板焊接而成的箱形构件，交叉布置的主结构与屋面及立面的次结构一起形成了“鸟巢”的特殊建筑造型。主场看台部分采用钢筋混凝土框架-剪力墙结构体系，与大跨度钢结构完全脱开。

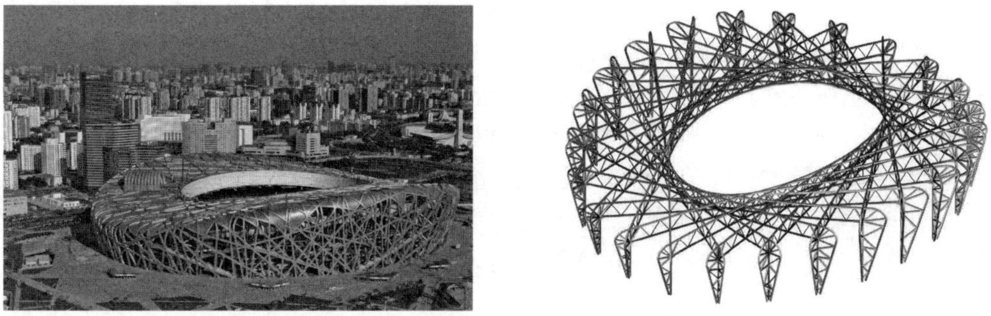

(a) 外景　　　　(b) 结构

图 10-45　国家体育场“鸟巢”

国家体育场“鸟巢”钢结构于 2005 年 9 月开始安装桁架柱柱脚，2005 年 10 月开始安装桁架柱，2006 年 1 月开始安装立面次结构，2006 年 2 月开始安装主桁架与立面大楼梯，2006 年 8 月底完成了主体钢结构合龙，2006 年 9 月 17 日成功地完成主体钢结构卸载，2006 年 11 月底钢结构安装工作全部结束。

国家体育场“鸟巢”钢结构是目前世界上跨度较大的体育建筑，造型非常独特，构件尺寸巨大，存在大量空间扭曲构件，很多方面均超出现有技术规范的涵盖范围，其设计、加工制作及安装的难度前所未有，具有极大的挑战性。在设计中大量采用新技术、新材料、新工艺，进行了许多研究工作与技术创新，填补了多项国内空白，很多成果在当时达到了国际先进水平。

主桁架围绕屋盖中部的洞口呈放射形布置，有 22 榀主桁架直通或接近直通，并在中部形成由分段直线构成的内环桁架。为了避免节点过于复杂，4 榀主桁架在内环附近截断。国家体育场“鸟巢”屋盖结构平面布置如图 10-46 所示。上弦杆截面尺寸为 1 000 mm×1 000 mm～1 200 mm×1 200 mm，下弦杆截面尺寸为 800 mm×800 mm～1 200 mm×1 200 mm，腹杆截面尺寸主要为 600 mm×600 mm～750 mm×750 mm。

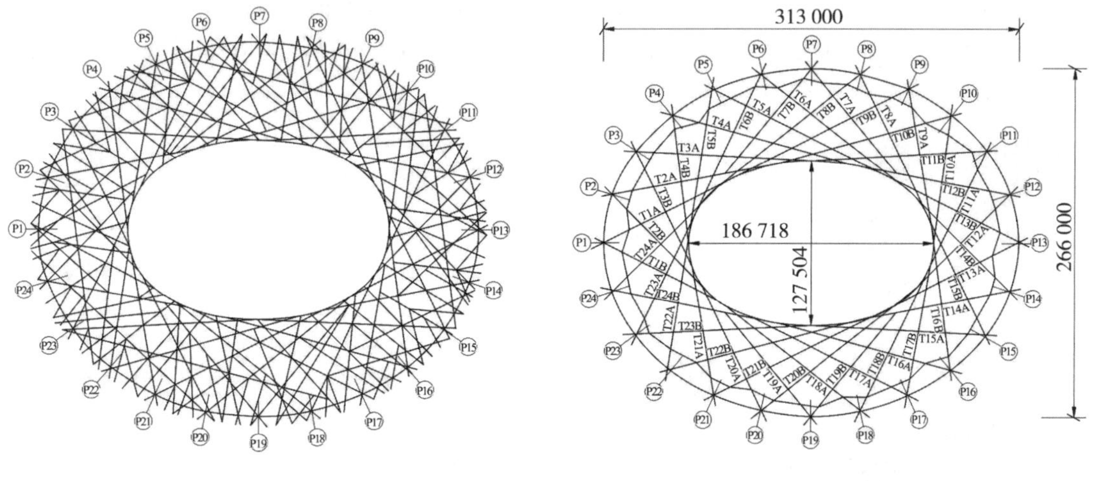

(a) 上弦平面　　　　(b) 下弦平面(单位:mm)

图 10-46　国家体育场“鸟巢”屋盖结构平面布置图

国家体育场“鸟巢”钢结构的 24 根桁架柱均由 1 根垂直的菱形内柱和 2 根向外倾斜的

外柱，以及内柱与外柱之间的腹杆组成，如同垂直放置的变高度三角形管桁架，在桁架柱的顶部外柱连续弯扭逐渐成为主桁架的上弦；在外柱之间的次结构对两侧桁架形成侧向约束；桁架柱上端与主桁架连接，各桁架柱通过与主桁架、立面次结构、顶面次结构、立面大楼梯连接形成整体大跨度空间结构体系。菱形内柱的对角线尺寸从 P1 轴的 1 353 mm×2 599 mm 变化到 P7 轴的 1 552 mm×1 892 mm。桁架柱两根外柱的夹角在 54.987°～78.748°之间变化，外柱截面均为尺寸近似 1 200 mm×1 200 mm 的箱形截面。腹杆截面均为尺寸 1 200 mm×1 000 mm 的箱形截面，与内柱同宽，增加传力的直接性。桁架柱腹杆尽量连接于外柱与立面次结构的交点的位置。内、外柱节间长度尽量均匀，避免腹杆之间的夹角过大或过小。

（二）高层建筑——上海环球金融中心

上海环球金融中心(图 10-47)由美国 KPF 建筑事务所、日本株式会社入江三宅设计事务所共同设计，结构设计由籁思理·罗伯逊联合股份有限公司(LERA)负责。上海环球金融中心的主体是一个正方形柱体，由两个巨型拱形斜面逐渐向上缩窄于顶端交会而成，方形的棱柱与大弧线相互交错，凸显出大楼的垂直高度。为减轻风阻，大楼顶部开有倒梯形的风洞。上海环球金融中心塔楼主要为巨型钢框架-核心筒结构，该结构施工采用自主研发的整体提升钢平台模板体系和进口的液压自动爬模体系。上海环球金融中心塔楼的外墙装饰采用单元式玻璃幕墙，满足安全、美观、节能需要。此建筑为多功能的摩天大楼，主要用于办公，也有一些楼层用作商贸、宾馆、观光、展览、零售和其他公共设施。主楼地上 101 层，地下 3 层，地面以上高度为 492 m，裙房为地上 4 层，高度约为 15.8 m，整个建筑总面积约为 35 万 m^2，其中主楼建筑面积为 252 935 m^2，裙房面积为 33 370 m^2，地下室为 63 751 m^2，其上下标准层平面如图 10-48 所示，立面及结构体系如图 10-49 所示。结构设计基准期为 50 年，主楼的安全等级为一级，抗震设防烈度为 7 度，场地特征周期为 0.9 s，基本地震加速度为 0.1g，建筑场地类别为Ⅳ类，抗震设防类别为乙类，设计地震分组为第一组。

工程主楼采用钢管桩加筏板的基础形式，其中主楼核心筒区域采用ϕ700 mm×18 mm 的钢管桩，有效桩长为 59.85 m，承载力特征值为 5 750 kN；主楼核心筒以外区域采用ϕ700 mm×15 mm 的钢管桩，有效桩长为 41.35 m，承载力特征值为 4 250 kN，裙房部分采用ϕ700 mm×11 mm 的钢管桩，有效桩长为 29.35 m，承载力特征值为 3 700 kN。主楼区域范围内底板厚度为4.0～4.5 m，其余范围底板厚度为 2.0 m。

图 10-47　上海环球金融中心外景

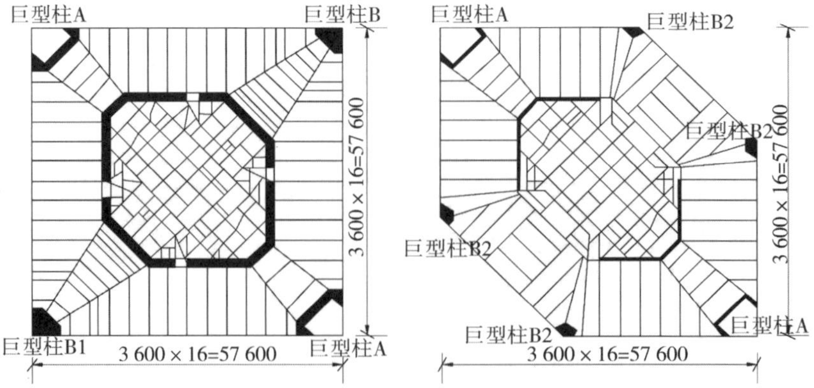

(a) 下部平面　　(b) 上部平面

图 10-48　环球中心标准层平面图(单位:mm)

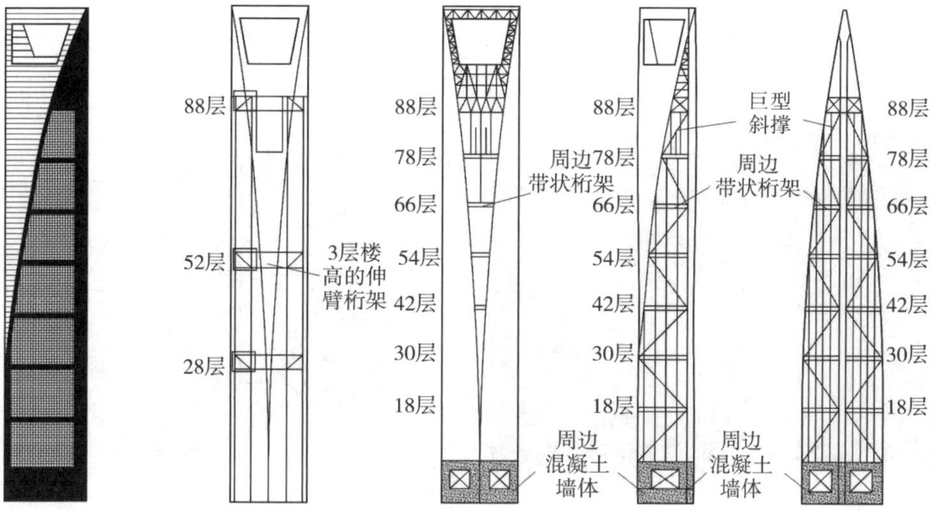

图 10-49　立面及结构体系示意图

工程上部结构同时采用以下三重抗侧力结构体系(图 10-49)：(1) 由巨型柱(主要的结构柱)、巨型斜撑(主要的斜撑)和周边带状桁架构成的巨型钢框架结构；(2) 钢筋混凝土核心筒(79 层以上为带混凝土端墙的钢支撑核心筒)；(3) 连系核心筒和巨型结构柱间的外伸臂桁架。以上 3 个体系共同承担了由风和地震引起的倾覆弯矩。前 2 个体系承担了由风和地震引起的剪力。

该建筑的结构体系有如下一些特点：

① 巨型柱、巨型斜撑、周边带状桁架构成的巨型结构具有很大的抗侧力刚度，在建筑物的底部外周的巨型桁架筒体承担了 60%以上的倾覆力矩和 30%～40%的剪力，而且与框筒结构相比，避免了剪力滞后的效应，也适当减轻了建筑结构的自重。

② 外伸臂桁架在建筑中所起的作用较常规的框架-核心筒或框筒结构体系已大为减少，使得采用非贯穿核心筒体的外伸臂桁架变得可行。

③ 位于建筑角部的巨型柱可达到抵抗来自风和地震作用的最佳效果，型钢混凝土的截面可提供巨型构件需要的高承载力，也能方便与钢结构构件的连接，同时使巨型柱与核心筒竖向变形差异的控制更容易。

④ 巨型斜撑采用内灌混凝土的焊接箱形截面，不仅增加了结构的刚度和阻尼，而且能防止斜撑构件钢板的屈曲。

⑤ 每隔 12 层的 1 层高的周边带状桁架不仅是巨型结构的组成部分，还将荷载从周边小柱传递至巨型柱，也解决了周边相邻柱子之间的竖向变形差异的问题。

(三) 高耸结构——广州塔

广州塔(Canton Tower)，俗称小蛮腰，位于广东省广州市海珠区(艺洲岛)赤岗塔附近，是中国第一高塔[图 10-50(a)]。广州塔的方案是英国奥雅纳顾问公司和荷兰信基事务所在国际方案竞赛中的中标方案。奥雅纳顾问公司完成广州塔的方案设计，初步设计由奥雅纳顾问公司和广州市设计院联合完成，施工图设计由广州市设计院完成。

广州塔由一座高达 454 m 的主塔体和一个高 146 m 的天线桅杆构成。作为广州市的标志性建筑屹立在中轴线的珠江南岸。广州塔塔体由底至上分为 5 个功能段和 4 个透空区，共 39 个楼层，层高 5.2 m；地下 2 层，层高为 5 m，底板面标高 −10.0 m。地上主要功能为观光、餐厅、电影厅、休闲娱乐区等。总建筑面积 102 000 m^2，平台层以下面积 64 000 m^2，主塔面积 38 000 m^2。

(a) 外景

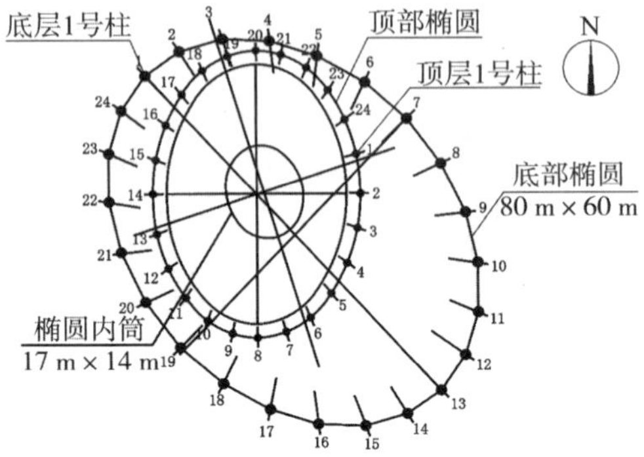

(b) 定位示意图

图 10-50　广州塔

工程设计从 2005 年 1 月开始，至 2006 年 8 月完成。2008 年 8 月 31 日主塔核心筒封顶，2008 年 12 月 28 日钢结构外筒封顶，2009 年 6 月完成天线桅杆提升，2009 年 12 月进行了主体结构的验收。2010 年 11 月广州塔在亚运会期间投入使用，它以广州第一地标的形象展现在全世界人民面前，得到高度评价。

广州塔为采用筒中筒体系的高耸结构。整个塔身是镂空的钢框架结构，塔体体型为一个椭圆旋转体，底层平面、顶长短轴顺时针转 45°，圆心同时沿 X 轴向西平移 7.07 m、沿 Y 轴向北平移 7.07 m。1 号柱从柱底定位到柱顶定位，顺时针旋转了 135°。内筒平面为椭圆形，墙内尺寸长轴 17 m，短轴 14 m，定位沿高度不变。内筒与外筒形心偏心布置，由于外筒沿塔高、圆心沿 45°偏移，因此形成从底到顶层层不同的偏心。广州塔的定位示意图如图 10-50(b)所示。

广州塔表面采用高强度钢化夹胶玻璃制造，为营造动感的曲线美，椭圆形弧面上的每一块三角形玻璃尺寸无一相同。镂空、开放的钢结构，塔身自下而上逆时针扭转 45°，使结构呈三维倾斜状态，每一个截面都在变化，一万多个构件无一相同，使得施工测量、变形控制的难度极大。由于结构的高度和形体上的特殊性，钢结构施工的吊装、测量、焊接、变形控制等方面都存在很多的难题，钢结构的施工工艺技术则成了广州塔工程的最大特色和难点。

10.8　小结

本章介绍了钢结构的相关知识。我们需要了解钢结构的基本概念、特点、组成体系和设计特点；了解钢结构的连接方式，包括焊接、螺栓连接和铆钉连接。其中铆钉连接工艺复杂，在房屋建筑中已很少采用，我们需要重点关注焊接和螺栓连接的相关标准、构造和设计等。此后介绍了钢结构的构造方式，其中构件可根据受力不同分为轴心受力构件、受弯构件、拉弯和压弯构件等，了解各自常用的截面形式和受力特点，以及次梁与主梁、梁与柱、钢管间的连接方法。之后讨论了钢楼面和钢屋盖的分类、组成、设计和布置方式。以大跨度钢结构为例讨论了钢结构的布置、构件选型和主要构造。而后介绍了高层及超高层钢结构的概况，对于高层尤其是超高层结构而言，钢结构也具有相当大的优势。且随着经济的发展、技术的进步，多高层钢结构建筑的优点将日益显现，必将得到更大发展。通过相应的学习，我们应当对钢结构与混凝土结构的差异与优缺点有了一个较为初步的认识。最后选取了大跨度建筑、高层建筑和高耸结构中的钢结构案例，具体分析了各自的结构体系和结构布置，评述了它们的建筑和结构特点。

我们需要掌握本章的钢结构相关概念和原理，将钢结构设计、选型和布置知识运用到设计实践中去。

第 10 章习题

1. 钢结构的特点是什么？包括哪些类型？
2. 钢结构的连接方式有哪些？
3. 试验算图 10-51 所示钢板的对接焊缝的强度。钢板宽度为 200 mm，板厚为 14 mm，轴心拉力设计值为 $N=490$ kN，钢材为 Q235，手工焊，焊条为 E43 型，焊缝质量标准为 3 级，施焊时不加引弧板。（$f_t^w=185$ N/mm²，$f_v^w=125$ N/mm²）

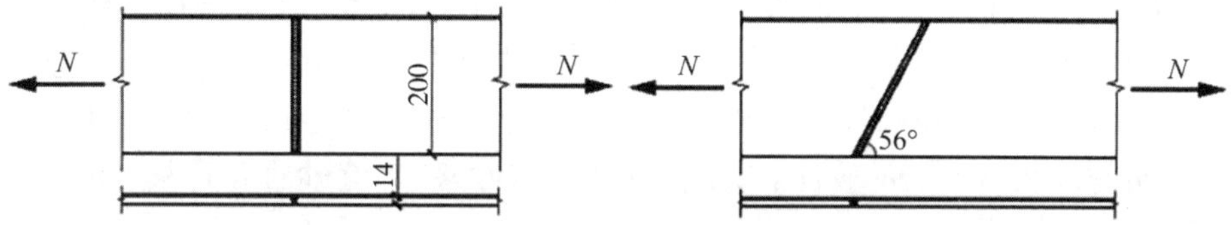

图 10-51　题 3 对接焊缝连接的钢板（单位：mm）

4. 简述焊缝的连接形式。
5. 简述普通螺栓连接和高强螺栓连接的区别。
6. 高强螺栓的预拉力起到什么作用？预拉力的大小与高强螺栓的承载力有什么关系？
7. 规范通过限制轴心受力构件的什么参数来满足其刚度要求？
8. 受弯构件的设计要满足哪两项的要求？两项中又分别包括哪几个方面？
9. 简述钢结构构件间的连接构造做法。
10. 高层建筑钢结构可以通过哪些方式增加结构抗侧刚度，更好地抵抗水平力？

第 11 章　砌体结构

11.1　砌体结构概述

砌体结构是指以砖、石或砌块为块材，用砂浆砌筑而成的结构。砌体结构在我国具有悠久的历史，如我国砖石砌体建筑的瑰宝——无梁殿[图 11-1(a)]、南京许多近代文物保护建筑[图 11-1(b)]、世界上最早建造的空腹式单孔圆弧石拱桥——河北赵县安济桥(赵州桥)[图 11-1(c)]，还有举世闻名的万里长城[图 11-1(d)]，都是经典的砌体结构。

砌体有砖砌体、砌块砌体和石砌体等。通常的块体有天然的石材、人造的烧结普通黏土砖、烧结多孔砖以及不经过烧结的硅酸盐砖、混凝土小型空心砌块、轻集料混凝土砌块等。通常所用的砂浆有天然的胶泥、人工拌和的石灰砂浆、水泥砂浆和石灰水泥砂浆等。

(a) 南京灵谷寺无梁殿

(b) 扬子饭店旧址

(c) 赵州桥

(d) 长城

图 11-1　砌体结构建筑

11.1.1　砌体的分类

按照砌体结构所用材料的不同，砌体可以分为如下几类。

（一）石材砌体

采用天然的石材与砂浆砌筑而成的砌体称为石材砌体。石材具有脆性，不宜承受动荷载，而且截面不宜太小。

（二）砖砌体

采用普通的烧结黏土砖、黏土空心砖以及非烧结的硅酸盐砖与砂浆砌筑而成的砌体。

（三）砌块砌体

砌块砌体是用小型混凝土砌块或者硅酸盐砌块与砂浆砌筑而成的砌体。

（四）配筋砌体

由于砌体的抗震性能差，为了提高砌体的抗震性能而配置了钢筋或钢筋网的砌体，称为配筋砌体。

（五）预应力砌体

为了进一步提高砌体的整体性能，提高其抗剪强度和抗震性能，在配置竖向钢筋的同时，施加预应力，这种砌体称为预应力砌体。

（六）夹心墙砌体

现在有很多新型的空心砌块材料，由这些砌块砌筑而成的墙体，可以分为内外两叶墙体，内墙体为承重墙体，外墙体为围护墙，中间空腔填充了隔热保温用的材料如聚乙烯苯、珍珠岩等。由于这个填充空腔的存在，这种砌体称为夹心墙砌体，这种砌体可以提高节能和隔音效果。

11.1.2　砌体结构的优缺点

砌体结构作为一种历史悠久的结构有着很多的优点。砖、石砌体结构适合“因地制宜，就地取材”且造价低廉及施工简便。许多新的非黏土砖和砌块所用原料为工业废渣，既变废为宝，又保护了土地资源，同时又获得了许多优良的性能。砌体材料有着良好的耐火性、化学稳定性和大气稳定性，特别是砖砌体有着良好的隔热、隔音性能。

但砌体的强度较低，使得构件体积大、用料多、自重大，且砌筑工作量大，劳动强度高。另外砂浆和砌块的黏结强度弱，因此砌体的抗拉、抗剪强度较低，砌体结构的整体性能不良，抗震性能较差。

11.1.3　砌体结构的受力特点

在砌体结构房屋中，纵横向的墙体、屋盖、楼盖和基础等构件相互连接，构成一个空间受力体系。

在砌体结构房屋中，屋盖、楼盖、墙、柱、基础等构件一方面承受着作用在房屋上的各种竖向荷载，另一方面还承受着墙面和屋面传来的水平荷载。由于各种构件之间是相互联系的，不仅是直接承受荷载的构件起着抵抗荷载的作用，与其相连接的其他构件也不同程度地参与工作，因此整个结构体系处于空间工作状态。

试验分析发现，房屋空间工作性能的主要影响因素为楼盖（屋盖）的水平刚度和横墙间距的大小。

在房屋的静力计算中，根据房屋的空间工作性能分为刚性方案、弹性方案、刚弹性方案（图 11-2）。

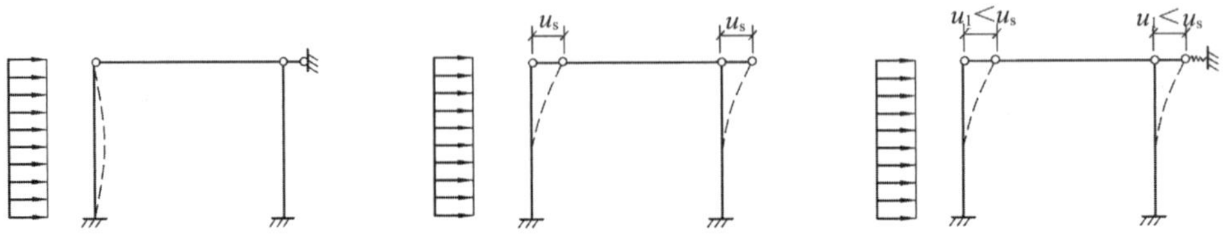

(a) 刚性方案　(b) 弹性方案　(c) 刚弹性方案

图 11-2　砌体房屋的计算简图

11.2　砌体结构的构造要求

为了保证结构的耐久性、房屋的空间刚度及良好的整体性，砌体结构的墙、柱必须按照砌体规范满足一些构造上的要求，缩小设计中因假定带来的计算与实际的差别，以保证房屋的安全性。

11.2.1　墙、柱高厚比验算

在砌体结构房屋中，作为受压构件的墙、柱除了满足承载力要求之外，还必须满足高厚比的要求。墙、柱的高厚比验算是保证砌体房屋施工阶段和使用阶段的稳定性与刚度的一项重要构造措施。

墙、柱的高厚比过大，虽然强度满足要求，但是可能在施工阶段因过度的偏差倾斜以及施工和使用过程中的偶然撞击、振动等因素而导致丧失稳定；同时，过大的高厚比还可能使墙体发生过大的变形而影响使用。

砌体墙、柱的允许高厚比$[\beta]$是指墙、柱高厚比的允许限值，它与承载力无关，而是根据现阶段的材料质量以及施工技术水平综合研究而确定的，见表 11-1。

表 11-1　墙、柱的允许高厚比

砌体类型	砂浆强度等级	墙	柱
无筋砌体	M2.5	22	15
	M5.0 或 Mb5.0，Ms5.0	24	16
	≥M7.5 或 Mb7.5，Ms7.5	26	17
配筋配块砌体	—	30	21

注：下列情况下墙、柱的允许高厚比应进行调整。
（1）毛石墙、柱的高厚比应按表中数值降低 20%。
（2）带有混凝土或砂浆面层的组合砖砌体构件的允许高厚比，可按表中数值提高 20%，但不得大于 28。
（3）验算施工阶段砂浆尚未硬化的新砌砌体高厚比时，允许高厚比对墙取 14，对柱取 11。

墙、柱的高厚比应按式(11-1)验算：

$$\beta=\frac{H_0}{h}\leqslant\mu_1\mu_2[\beta] \tag{11-1}$$

式中：[β]是墙、柱的允许高厚比，按表 11-1 选用；H_0 是墙、柱的计算高度，按表 11-2 受压构件计算高度选用；h 是墙厚或矩形柱与 H_0 相对应的边长。

表 11-2　受压构件计算高度

房屋类型			柱		带壁柱墙或周边拉结的墙		
			排架方向	垂直排架方向	$s>2H$	$H<s\leqslant 2H$	$s\leqslant H$
有吊车的单层房屋	变截面柱上段	弹性方案	$2.5H_u$	$1.25H_u$	$2.5H_u$		
		刚性、刚弹性方案	$2.0H_u$	$1.25H_u$	$2.0H_u$		
	变截面柱下段		$1.0H_l$	$0.8H_l$	$1.0H_l$		
无吊车的单层和多层房屋	单跨	弹性方案	$1.5H$	$1.0H$	$1.5H$		
		刚弹性方案	$1.2H$	$1.0H$	$1.2H$		
	多跨	弹性方案	$1.25H$	$1.0H$	$1.25H$		
		刚弹性方案	$1.10H$	$1.0H$	$1.10H$		
	刚性方案		$1.0H$	$1.0H$	$1.0H$	$0.4s+0.2H$	$0.6s$

注：1. 表中 H 为构件高度，H_u 为变截面柱的上段高度，H_l 为变截面柱的下段高度。
2. 对于上段为自由端的构件，$H_0=2H$。
3. 独立砖柱，当无柱间支撑时，柱在垂直排架方向的 H_0 应按表中数值乘 1.25 后采用。
4. s 为房屋横墙间距。
5. 自承重墙的计算高度应根据周边支承或拉结条件确定。

μ_1 是自承重墙允许高厚比的修正系数，按下列规定采用：

(1) h 为 240 mm 时，μ_1 取 1.2；h 为 90 mm 时，μ_1 取 1.5；90 mm$<h<$240 mm 时，μ_1 按插入法取值。

(2) 上端为自由端的允许高厚比，除按上述规定提高外，尚可提高 30%。

(3) 对厚度小于 90 mm 的墙，当双面采用不低于 M10 的水泥砂浆抹面，包括抹面层的墙厚不小于 90 mm 时，可按墙厚等于 90 mm 验算高厚比。

μ_2 是有门、窗洞口墙允许高厚比的修正系数，按式(11-2)计算：

$$\mu_2=1-0.4\frac{b_s}{s} \tag{11-2}$$

其中，b_s 是在宽度 s 范围内的门窗洞口总宽度(图 11-3)；s 是相邻横墙或壁柱之间的距离。μ_2 按下列经验选取：

(1) 式(11-2)中若 μ_2 的值小于 0.7，应采用 0.7；

(2) 当洞口高度等于或小于墙高的 1/5 时，可取 $\mu_2=1$；

(3) 当洞口高度大于或等于墙高的 4/5 时，可按独立墙段验算高厚比。

11.2.2　材料的强度等级

5 层及 5 层以上房屋的墙，以及受震动或层高大于 6 m 的墙、柱所用材料的最低强度等级，应符合下列要求：砖采用 MU10；砌块采用 MU7.5；石材采用 MU30；砂浆采用 M5。对安全等级为一级或设计年限大于 50 年的房屋，在上述基础上还应提高一级。地面以下或防潮层以下的砌体、潮湿房间的墙，所用材料的最低强度等级应符合表 11-3 的规定。

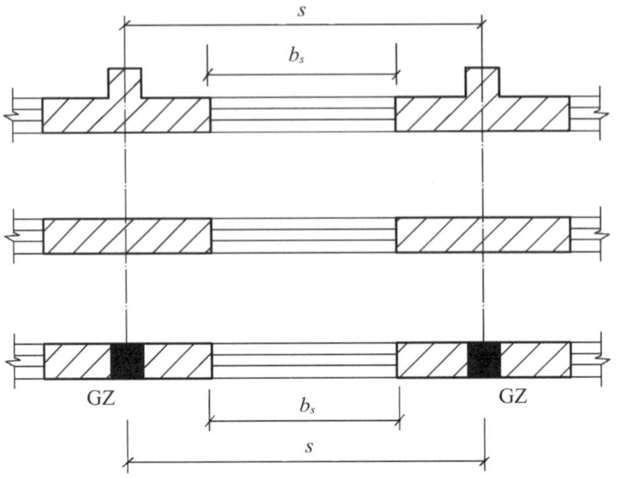

图 11-3　门窗洞口宽度示意图

表 11-3　潮湿环境中砌体所用材料的最低强度等级

基土的潮湿程度	烧结普通砖、蒸压灰砂砖		混凝土砌块	石材	水泥砂浆
	严寒地区	一般地区			
潮湿的	MU10	MU10	MU7.5	MU30	M5
很潮湿的	MU15	MU10	NU7.5	NU30	M7.5
含水饱和的	MU20	MU15	MU10	MU40	M10

11.2.3　墙、柱截面尺寸

承重独立砖柱的截面尺寸不应小于 240 mm×370 mm。毛石墙的厚度不宜小于 350 mm，毛料石柱较小边长不宜小于 400 mm。当有振动荷载时，墙、柱不宜采用毛石砌体。

11.2.4　垫块及壁柱的设置

当屋架、大梁搁置在墙柱上时，为了防止屋架、梁端部支承处的砌体发生局部受压破坏，在支承处的砌体上设置混凝土或钢筋混凝土垫块。对于跨度大于 6 m 的屋架，跨度分别大于 4.8 m(采用砖砌体)、4.2 m(采用砌块或料石砌体)、3.9 m(采用毛石砌体)的梁，应在支承处设置垫块；当墙中设有圈梁时，垫块与圈梁宜浇成整体。

当梁的跨度大于或等于下列数值时，在其支承处宜加设壁柱，或采取其他加强措施：① 采用 240 mm 厚的砖墙时为 6 m；② 采用 180 mm 厚的砖墙时为 4.8 m；③ 采用砌块、料石墙时为 4.8 m。

11.2.5　预制构件的支撑长度

预制钢筋混凝土板的支撑长度：预制板支撑在墙上不宜小于 100 mm；支撑在钢筋混凝土圈梁上时不宜小于 80 mm。当墙、柱上的吊车梁、屋架的跨度大于或等于 9 m(支撑在砖砌体上)或 7.2 m(支撑在砌体和料石砌体上)时，在预制梁端部应采用锚固件与墙、柱锚固。

11.2.6　砌块墙体的构造要求

为了增强混凝土砌块房屋的整体刚度、提高墙体的抗裂能力，砌块墙有以下要求(图 11-4)：

(1) 砌块砌体应分皮错缝搭砌，上下皮搭砌长度不得小于 90 mm。当搭砌长度不满足上述要求时，应在水平灰缝内设置不少于 2ϕ4 的焊接钢筋网片(横向钢筋的间距不宜大于 200 mm)，网片每端均应超过该垂直缝，其长度不得小于 300 mm。

(2) 砌块墙与后砌墙交接处，应沿墙高每 400 mm 在水平灰缝内设置不少于 2ϕ4、横筋间距不大于 200 mm 的焊接钢筋网片，如图 11-4 所示。

(3) 混凝土砌块房屋，宜采用不低于 Cb20 的灌孔混凝土将纵横交接处、距墙中心线每边不小于 300 mm 的孔洞灌实，灌实高度应为墙身全高。

(4) 混凝土砌块墙体的下列部位(搁栅、檩条和钢筋混凝土楼板的支承面下，高度不应小于 200 mm的砌体；屋架、梁等构件的支承面下，长度不应小于 600 mm，高度不应小于 600 mm 的砌体；挑梁支承面下，距墙中心线每边不应小于 300 mm，高度不应小于 600 mm 的砌体)，如未设圈梁或混凝土垫块，应采用 Cb20 灌孔混凝土将孔洞灌实。

(a) 拉结筋详图　　(b) 拉结筋照片

图 11-4　砌体墙与后砌隔墙交接处钢筋网片

11.2.7　砌体中留槽洞及埋设管道时的要求

因为在墙体内预留槽及埋设管道，减小了承受荷载的截面面积，一定程度减弱了墙或柱的整体性，因此，为保证不削弱承重墙及独立柱的承载力应遵守下列规定：

(1) 不应在截面长边小于 500 mm 的承重墙体、独立柱内埋设管线。

(2) 不宜在墙体中穿行暗线或预留、开凿沟槽，无法避免时应采取必要的措施或按削弱后的截面验算墙体的承载力。对受力较小或未灌孔的砌块砌体，允许在墙体的竖向孔洞中设置管线。

11.2.8　夹心墙的构造要求

为保证墙体有足够的耐久性和良好的稳定性，夹心墙应满足一定的构造要求。

(1) 夹心墙应符合规定：混凝土砌块的强度等级不应低于 MU10；夹心墙的夹层厚度不宜大于 100 mm；夹心墙外叶墙的最大横向支撑间距不宜大于 9 m。

(2) 夹心墙叶墙间的连接应符合下列规定：叶墙应用防腐处理的拉结件或钢筋网片连接，

当采用环形拉结件时，钢筋直径不应小于 4 mm；当为 Z 形拉结件时，钢筋直径不应小于 6 mm。拉结件应沿竖向梅花形布置，拉结件的水平和竖向最大间距分别不宜大于 800 mm 和 600 mm；当有振动和抗震设防要求时，其水平和竖向最大间距分别不宜大于 800 mm 和 400 mm；当采用钢筋网片作拉结件时，网片横向钢筋的直径不应小于 4 mm，其间距不应大于 400 mm；网片的竖向间距不宜大于 600 mm，当有振动或有抗震设防要求时，不宜大于 400 mm；拉结件在叶墙上的搁置长度，不应小于叶墙厚度的 2/3，并不小于 60 mm；门窗洞口周边 300 mm 范围内应附加间距不大于 600 mm 的拉结件；对安全等级为一级或设计使用年限大于 50 年的房屋，夹心墙叶墙间宜采用不锈钢拉结件。

11.3 过梁、墙梁和挑梁

11.3.1 过梁

在砌体结构房屋中，在门、窗洞口上方设梁，用以承担门、窗洞口以上墙体自重，有时还需承担上层楼面梁、板传来的均布荷载或集中荷载，这种梁称为过梁。过梁是砌体结构房屋中门窗洞口上常用的构件，用来支承洞口顶面以上一部分墙砌体的自重以及上层楼面梁、板传来的荷载。其主要有钢筋混凝土过梁（图 11-5）和砖砌过梁两类。砖砌过梁又有钢筋砖过梁（图 11-6）、砖砌平拱过梁（图 11-7）和砖砌弧拱过梁（图 11-8）等几种不同的形式。钢筋混凝土过梁由于其受力性能明显好于砖砌过梁，且施工方便，因此目前应用十分普遍。

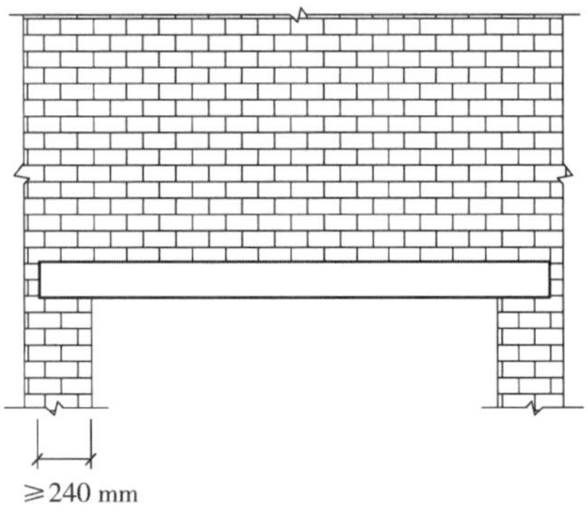

(a)

(b)

图 11-5 钢筋混凝土过梁

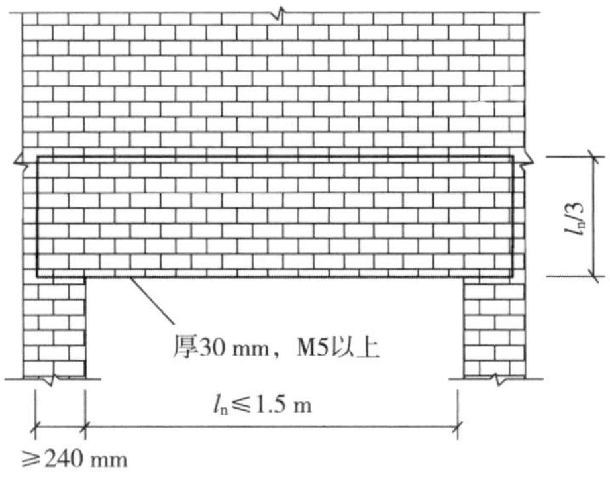

(a)

(b)

图 11-6 钢筋砖过梁

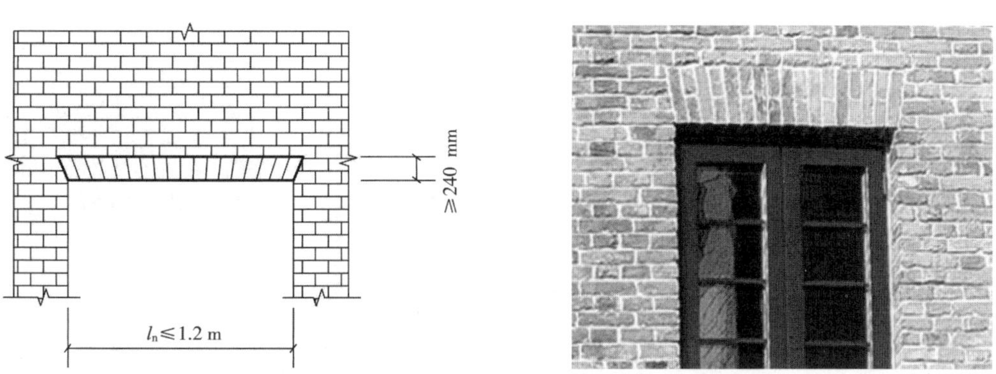

(a)　　(b)

图 11-7　砖砌平拱过梁

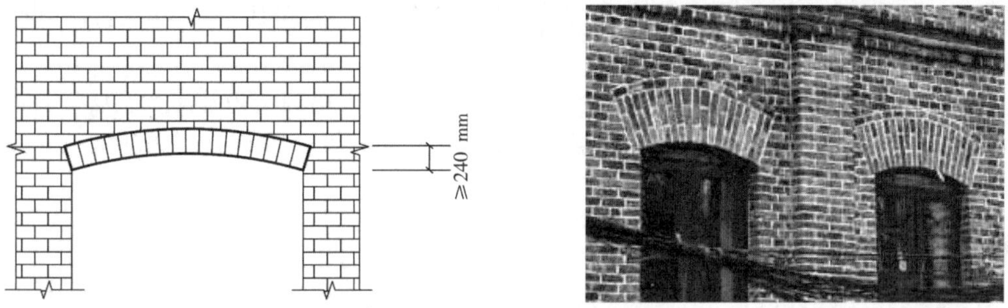

(a)　　(b)

图 11-8　砖砌弧拱过梁

11.3.2　墙梁

墙梁是由钢筋混凝土梁(此处称为托梁)及其以上计算高度范围内的砌体墙体所形成的组合构件。墙梁用于工业与民用建筑中,如商场、住宅、旅馆建筑以及工业厂房的围护墙等。根据支承情况不同,墙梁可分为简支墙梁、框支墙梁以及连续墙梁,如图 11-9、图 11-10 所示。

根据墙梁是否承受梁、板荷载,墙梁可分为承重墙梁和自承重墙梁,仅仅承受托梁自重和托梁顶面以上墙体自重的墙梁,称为自承重墙梁,如工业厂房中的基础连梁,见图 11-10(a)。有些砌体房屋为了满足建筑使用功能的要求,底层常需要一些大开间的房屋,而二层以上为住宅或旅馆、公寓等,通常采用承重墙梁,见图 11-10(b)、图 11-10(c)。根据墙上是否开洞,墙梁又可分为无洞口墙梁和有洞口墙梁。

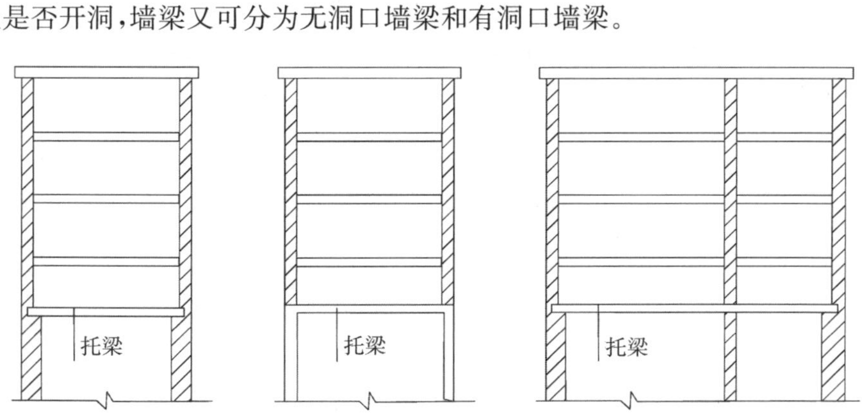

(a) 简支墙梁　　(b) 框支墙梁　　(c) 连续墙梁

图 11-9　墙梁根据支承情况分类

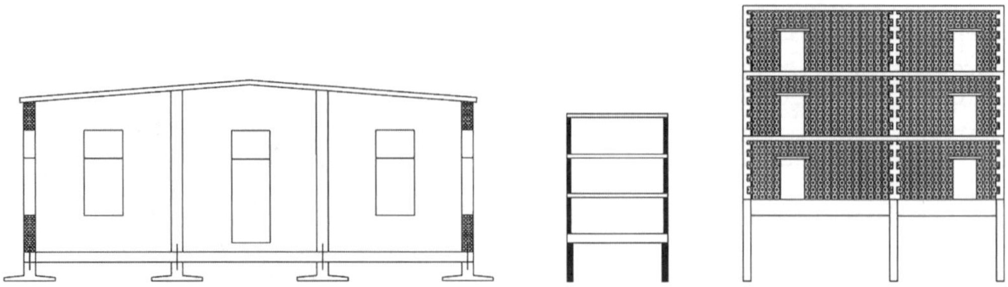

图 11-10 墙梁的示意

墙梁中的墙体不仅作为荷载作用于钢筋混凝土托梁，而且与托梁共同受力形成组合构件。因此，墙梁的受力性能与支承情况、托梁和墙体的材料、高跨比、墙体上是否开洞、洞口的大小与位置等因素有关。

墙梁计算跨度时，对简支墙梁和连续墙梁取净跨的 1.1 倍或支座中心线距离的较小值；框支墙梁支座中心线距离，取框架柱轴线间的距离；墙梁计算高度时，一般为托梁顶面上一层墙体(包括顶梁)加上一半的托梁高度。

11.3.3 挑梁

在混合结构房屋的墙体中，往往将钢筋混凝土的梁悬挑在墙外用以支承阳台板、雨篷、悬挑外廊和屋面挑檐等。这种一端嵌固在砌体墙内的悬挑式钢筋混凝土梁称为挑梁。挑梁的设计包括抗倾覆验算、挑梁下砌体局部受压承载力验算和挑梁自身承载力计算等问题。挑梁抗倾覆验算可按规范进行；自身承载力计算可按本书钢筋混凝土受弯构件估算；挑梁下砌体局部受压承载力验算按式(11-3)进行。

$$N_l \leqslant \eta\gamma f A_l \tag{11-3}$$

式中：N_l 为挑梁下支承压力，可取 $N_l=2R$，R 为挑梁的倾覆荷载设计值；η 为挑梁下压应力图形完整系数，可取 $\eta=0.7$；γ 为砌体局部受压强度提高系数，矩形截面墙段(一字墙) $\gamma=1.25$，T 形截面墙段(丁字墙) $\gamma=1.5$；f 为墙砌体抗压强度设计值；A_l 为挑梁下砌体局部受压面积，可取 $A_l=1.2bh_b$，b、h_b 分别为挑梁截面宽度和高度。

除以上三项计算内容外，挑梁还要满足下列构造要求：

(1) 挑梁中估算得到的纵向受力钢筋至少应有 1/2 钢筋面积伸入梁埋入段尾端，且不少于 2φ12；其他钢筋伸入支座的长度不应小于 $2l_1/3$(图 11-11)。

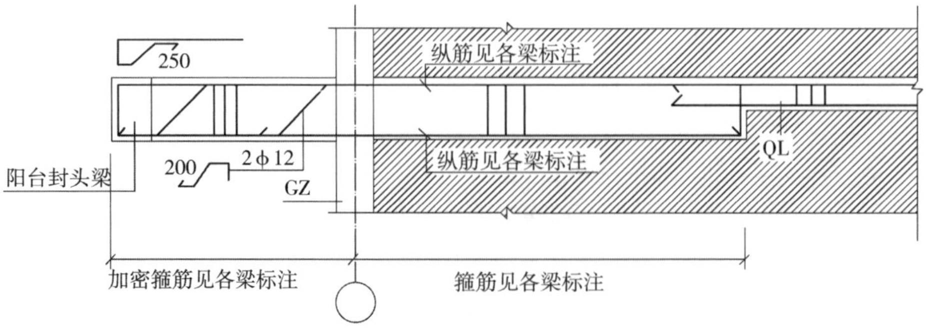

图 11-11 挑梁详图(单位:mm)

(2) 非顶层挑梁埋入墙体内的长度 l_1 与挑出长度 l 之比宜大于 1.2；当顶层挑梁上无砌体时，l_1/l 宜大于 2。

(3) 挑梁下的墙砌体受到较大的局部压力，当按式(11-3)验算不能满足要求时，应在挑梁下端与墙体相交处设置预制刚性垫块。

11.4　砌体结构的抗震措施

11.4.1　砌体结构房屋的震害

砌体结构房屋的材料是一种强度较低的脆性材料，抗震性能相对较差，容易在地震中遭受严重破坏。总体而言，砌体结构房屋在地震作用下的破坏现象大致有以下几种情况：

(一) 墙体的破坏

在砌体房屋中，墙体是主要承受地震作用的构件。导致墙体破坏的原因是墙体的抗剪承载力不足，在地震作用下砖墙首先出现斜向交叉裂缝，如图 11-12 所示。

(二) 墙体转角处的破坏

如图 11-13 所示，由于墙体的转角位于房屋尽端，房屋对它的约束作用减弱，使该处的抗震能力减弱，在地震时，当房屋发生扭转时，墙角处的位移反应较其他地方大，同时，该处还是应力集中的部位，这都是造成墙角破坏的原因。

(三) 楼梯间的破坏

由于楼梯间的墙体计算高度一般较房屋其他部位墙体小，其刚度较大，因此该处分配的地震剪力大，易造成震害，如图 11-14 所示。

图 11-12　外纵墙的 X 形裂缝(连同砖墩一并破坏)

图 11-13　承重外墙斜裂缝引起局部倒塌

图 11-14　楼梯间震害严重
(墙体部分垮塌)

图 11-15　室内纵横墙被震脱开
(咬槎砌筑不到位)

（四）内外墙连接处的破坏

内外墙连接处是房屋的薄弱部位，特别是有些建筑内外墙分别砌筑，以直槎或马牙槎连接，这些部位在地震中极易被拉开，造成外墙、山墙外闪或倒塌等现象，如图 11-15 所示。

图 11-16　屋顶女儿墙破坏导致顶层结构破坏

（五）突出屋面的屋顶间等附属结构的破坏

在房屋中，突出屋面的屋顶间（电梯机房、水箱间等）、烟囱、女儿墙等附属结构，由于地震鞭梢效应的影响，一般较下部主体结构破坏严重，特别是较高的女儿墙、出屋面的烟囱，如图 11-16 所示。

根据震害统计，砌体结构房屋的地震破坏有以下规律：

（1）刚性楼盖房屋上层破坏轻，下层破坏重，柔性楼盖房屋则相反；

（2）横墙承重房屋震害轻于纵墙承重房屋；

（3）坚实地基上房屋震害轻于软弱地基或者非均匀地基上房屋；

（4）现浇楼板房屋震害轻于预制楼板房屋。

11.4.2　抗震设计

砌体结构房屋的平面、立面及结构抗震体系的选择与布置，属于结构抗震概念设计，其对整个结构的抗震性能具有全局性的影响，宜遵守以下几方面的原则。

（一）结构布置

砌体结构房屋结构体系应优先选用横墙承重的结构方案，其次考虑采用纵、横墙共同承重的方案，而纵墙承重方案因横向支承少，纵墙极易受平面外弯曲破坏而导致结构倒塌，应尽量避免采用。

由于墙体是砌体结构房屋的主要抗侧力构件，因此纵横墙应对称、均匀布置，沿平面应对齐、贯通，同一轴线上墙体宜等厚，沿竖向宜上下连续，这样地震作用传递直接、路线最短，且不易在某些薄弱区域集中，可以减轻震害。

楼梯间不宜设置在房屋的尽端和转角处。烟道、风道、垃圾道等墙体被削弱的地方应对墙体采取加强措施。不宜采用无竖向配筋的附墙烟囱及出屋面的烟囱。不宜采用无锚固的钢筋混凝土预制挑檐。

不应在房屋转角处设置转角窗。

教学楼、医院等横墙较少、跨度较大的房屋，宜采用现浇钢筋混凝土楼、屋盖。

利用防震缝，可以将复杂体型的房屋划分成若干体型简单、刚度均匀的单元。当有下列情况之一时，宜设置防震缝，缝两侧均应设置墙体，缝宽应根据烈度、房屋高度确定，可采用 70～100 mm。

（1）房屋立面高度差在 6 m 以上；

（2）房屋有错层，且楼板高差大于层高的 1/4；

（3）部分结构刚度、质量截然不同。

（二）砌体房屋总高度与层数

震害调查资料表明：随着房屋层数增加，砌体房屋的破坏程度也随之加重，且倒塌率近似成正比增加。因此，有必要对砌体房屋的高度和层数给予一定的限制。我国《建筑抗震设计规范（2016年版）》（GB 50011—2010）对砌体房屋的层数和总高度限值见表11-4。并且，对医院、教学楼等横墙较少的房屋（横墙较少指同一层内开间大于4.2 m的房间占该层总面积40%以上），总高度应比表11-4中的规定相应减少3 m，层数相应减少一层。对各层横墙很少的多层砌体房屋（指开间不大于4.2 m的房间占该层总面积不到20%且开间大于4.8 m的房间占该层总面积的50%以上），还应再减少一层。砌体结构房屋的层高，不宜超过3.6 m，当使用功能确有需要时，采用约束砌体等加强措施的普通砖砌体房屋的层高不应超过3.9 m。底部框架-抗震墙砌体房屋的底部层高不应超过4.5 m，当底层采用约束砌体抗震墙时，底层的层高不应超过4.2 m。

配筋砌块砌体抗震墙房屋适用的最大高度见表11-5。

表11-4 砌体房屋的层数和总高度限值

房屋类别		最小抗震墙厚度/mm	设防烈度和设计基本地震加速度											
			6度		7度				8度				9度	
			0.05g		0.10g		0.15g		0.20g		0.30g		0.40g	
			高度/m	层数	高度/m	层数	高度/m	层数	高度/m	层数	高度/m	层数	高度/m	层数
多层砌体房屋	普通砖	240	21	7	21	7	21	7	18	6	15	5	12	4
	多孔砖	240	21	7	21	7	18	6	18	6	15	5	9	3
	多孔砖	190	21	7	18	6	15	5	15	5	12	4	—	—
	小砌块	190	21	7	21	7	18	6	18	6	15	5	9	3
底部框架-抗震墙砌体房屋	普通砖 多孔砖	240	22	7	22	7	19	6	16	5	—	—	—	—
	多孔砖	190	22	7	19	6	16	5	13	4	—	—	—	—
	小砌块	190	22	7	22	7	19	6	16	5	—	—	—	—

注：1. 房屋的总高度指室外地面到檐口或主要屋面板顶的高度，半地下室可从地下室室内地面算起，全地下室和嵌固条件好的半地下室可从室外地面算起；带阁楼的坡屋面应算到山尖墙的1/2高度处。

2. 室内外高差大于0.6 m时，房屋总高度应允许比表中的数据适当增加，但增加量应少于1 m。

3. 乙类的多层砌体房屋仍按本地区设防烈度查表，其层数应减少一层且总高度应降低3 m；不应采用底部框架-抗震墙砌体房屋。

4. 本表小砌块砌体房屋不包括配筋混凝土小型空心砌块砌体房屋。

表11-5 配筋砌块砌体抗震墙房屋适用的最大高度

结构类型	最小墙厚度/mm	设防烈度和设计基本地震加速度					
		6度	7度		8度		9度
		0.05g	0.10g	0.15g	0.20g	0.30g	0.40g
		高度/m	高度/m	高度/m	高度/m	高度/m	高度/m
配筋砌块砌体抗震墙	190	60	55	45	40	30	24

(三)砌体房屋的高宽比

当房屋的高宽比较大时,地震下易发生整体弯曲破坏。多层砌体房屋可不做整体弯曲验算,但为了保证房屋的整体稳定性,房屋总高度和总宽度的最大比值应满足表 11-6 的要求。

表 11-6　砌体房屋最大高宽比

设防烈度	6 度	7 度	8 度	9 度
最大高宽比	2.5	2.5	2.0	1.5

注:单面走廊房屋的总宽度不包括走廊宽度。

(四)抗震横墙的间距

抗震横墙的间距直接影响到房屋的空间刚度。横墙间距过大时,结构的空间刚度小,抗震性能差,且不能满足楼盖传递水平地震作用到相邻墙体所需水平刚度的要求。因此,为了保证结构的空间刚度、保证楼盖具有足够的水平刚度来传递水平地震作用,砌体房屋的抗震横墙间距不应超过表 11-7 中的规定值。

表 11-7　砌体房屋抗震横墙的间距　单位:m

房屋类别		设防烈度			
		6 度	7 度	8 度	9 度
多层砌体房屋	现浇或装配整体式钢筋混凝土楼、屋盖	15	15	11	7
	装配式钢筋混凝土楼、屋盖	11	11	9	4
	木屋盖	9	9	4	—
底部框架-抗震墙砌体房屋	上部各层	同多层砌体房屋			—
	底层或底部两层	18	15	11	—

注:1. 多层砌体房屋的顶层,除木屋盖外的最大横墙间距可适当放宽;但应采取相应加强措施。
2. 多孔砖抗震横墙厚度为 190 mm 时,最大横墙间距应比表中数值减少 3 m。

表 11-7 中所规定的间距是指一栋房屋中只有部分横墙间距较大时应满足的要求,如果房屋中横墙间距均比较大,最好按空旷房屋进行抗震验算。同时采用较高要求的构造措施和结构布置。

(五)房屋的局部尺寸

为了避免结构出现薄弱部位,防止因局部破坏发展成为整体房屋的破坏,砌体房屋的墙体尺寸应符合表 11-8 的要求。

表 11-8　砌体房屋的局部尺寸　单位:m

部位	设防烈度			
	6 度	7 度	8 度	9 度
承重窗间墙最小宽度	1.0	1.0	1.2	1.5
承重外墙尽端至门窗洞边的最小距离	1.0	1.0	1.2	1.5
非承重外墙尽端至门窗洞边的最小距离	1.0	1.0	1.0	1.0

续表

部位	设防烈度			
	6 度	7 度	8 度	9 度
内墙阳角至门窗洞边的最小距离	1.0	1.0	1.5	2.0
无锚固女儿墙(非出入口处)的最大高度	0.5	0.5	0.5	0.0

局部尺寸不满足时，应采取局部加强措施弥补，且最小宽度不宜小于 1/4 层高和表 11-8 所列数据的 80%；出入口处的女儿墙应有锚固。

11.4.3　房屋抗震构造措施

对于砌体结构房屋必须采取合理、可靠的抗震构造措施。抗震构造措施有助于加强砌体结构的整体性、提高结构变形能力，特别是对防止砌体房屋在大震作用下出现倒塌具有重要作用。

（一）设置钢筋混凝土构造柱、芯柱

在砌体结构房屋中设置钢筋混凝土构造柱(图 11-17)或芯柱，可以提高墙体的抗剪强度和整体性，大大增强房屋的变形能力。当墙体周边设置有钢筋混凝土构造柱和圈梁时，墙体受到较大约束，开裂后的墙体可以靠其塑性变形、滑移和摩擦来消耗地震能量，并保证墙体在达到极限状态后仍然具有一定的承载力，不致突然倒塌。

图 11-17　构造柱构造措施 1

（二）合理设置圈梁

圈梁[图 11-18(a)]在砌体结构抗震中可以发挥多方面的作用。圈梁可以加强纵横墙的连接以及墙体与楼盖间的连接；圈梁和构造柱一起[图 11-18(b)]，不仅增强了房屋的整体性和空间刚度，还可以限制裂缝的扩展，提高墙体的稳定性，减少不均匀沉降的不利影响。震害调查表明：合理设置圈梁的砌体房屋，其震害远远轻于设置不合理或者不设置圈梁的砌体房屋。

(a) 圈梁

(b) 圈梁和构造柱一起浇筑

图 11-18　构造措施 2

（三）楼梯间的抗震构造要求

楼梯间是砌体结构中受地震作用较大且抗震较为薄弱的部位。在地震中，楼梯间的震害往往比较严重。在抗震设计时，楼梯间不宜布置在房屋端部的第一开间及转角处，不宜开设过大的窗洞。

装配式楼梯段应与平台板的梁可靠连接，8、9 度时不应采用装配式楼梯段，不应采用墙中悬挑式踏步或踏步竖肋插入墙体的楼梯，不应采用无筋砖砌栏板。

突出屋顶的楼、电梯间，构造柱应伸到顶部，并与顶部圈梁连接，所有墙体应沿墙高每隔 500 mm 设 2ϕ6 通长拉结筋和 ϕ4 分布短筋平面内点焊组成的拉结网片或 ϕ4 点焊钢筋网片。

（四）加强结构的连接

对房屋端部大房间的楼板以及 8 度时房屋的屋盖和 9 度时房屋的楼屋盖，应加强钢筋混凝土预制板之间的拉结以及板与梁、墙和圈梁的连接。设防烈度为 6、7 度时长度大于 7.2 m 的大房间，以及 8、9 度时外墙转角及内外墙交接处，应沿墙高每隔 500 mm 配置 2ϕ6 拉结钢筋和 ϕ4 分布短筋平面内点焊组成的拉结网片或 ϕ4 点焊钢筋网片。

楼、屋盖的钢筋混凝土梁或屋架应与墙、柱（包括构造柱）或圈梁可靠连接；不得采用独立砖柱。跨度不小于 6 m 大梁的支承构件应采用组合砌体等加强措施，并满足承载力要求。

房屋端部大开间的楼盖，6 度时房屋的屋盖和 7～9 度时房屋的楼、屋盖，当圈梁设在板底时，钢筋混凝土预制板应相互拉结，并与梁、墙或圈梁拉结。

后砌的非承重隔墙应沿墙高每隔 0.5～0.6 m 配置 2ϕ6 钢筋与承重墙或柱拉结，且每边伸入墙内不少于 0.5 m。8 度和 9 度时长度大于 5 m 的后砌隔墙，墙顶应与楼板或梁拉结，独立墙肢端部及大门洞边宜设钢筋混凝土构造柱。

混凝土小砌块房屋墙体交接处或芯柱与墙体连接处应沿墙高每隔 0.6 m 设置 ϕ4 点焊钢筋网片，并沿墙体通长布置。6、7 度时底部 1/3 楼层，8 度时底部 1/2 楼层，9 度时全部楼层，上述拉结网片沿墙高间距不大于 400 mm。

11.5 案例分析

（一）某砌体建筑设计实例分析

（1）设计对象

某 4 层企业办公楼，平面尺寸为 47.3 m×16.4 m，总高度为 14.85 m，建筑平、立、剖面图如图 11-19 所示，主要功能为办公用房；场地设防烈度为 7 度，设计基本地震加速度为 0.10g；场地土类别为Ⅱ类，设计地震分组为第一组；会议室、办公室活荷载标准值为 2.0 kN/m^2；走廊、楼梯、卫生间活荷载标准值为 2.5 kN/m^2；地基持力层为粉土层，黏粒含量大于 10%，地基土承载力特征值 f_{ak}=140 kPa，地下水最高水位为室外地坪下 2.50 m，地下水对混凝土及混凝土的钢筋无侵蚀性；场地土冻结深度 1.0 m；采用砌体结构，施工质量控制等级为 B 级。

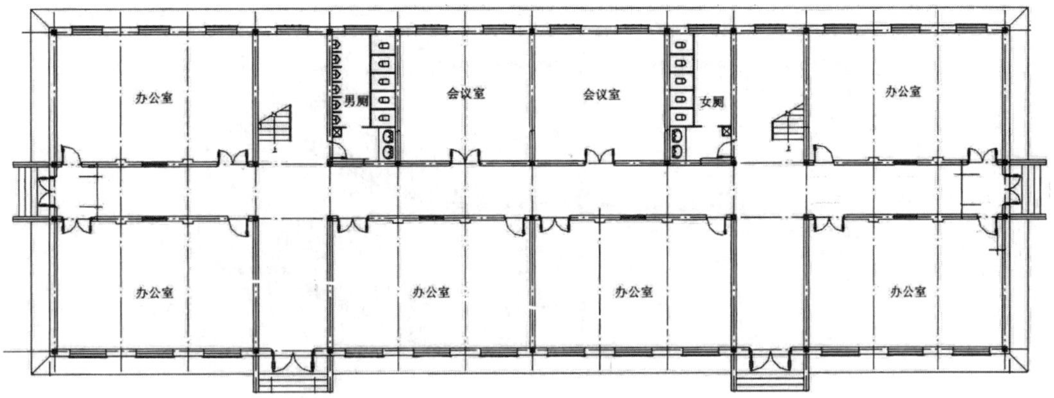

(a) 首层平面图

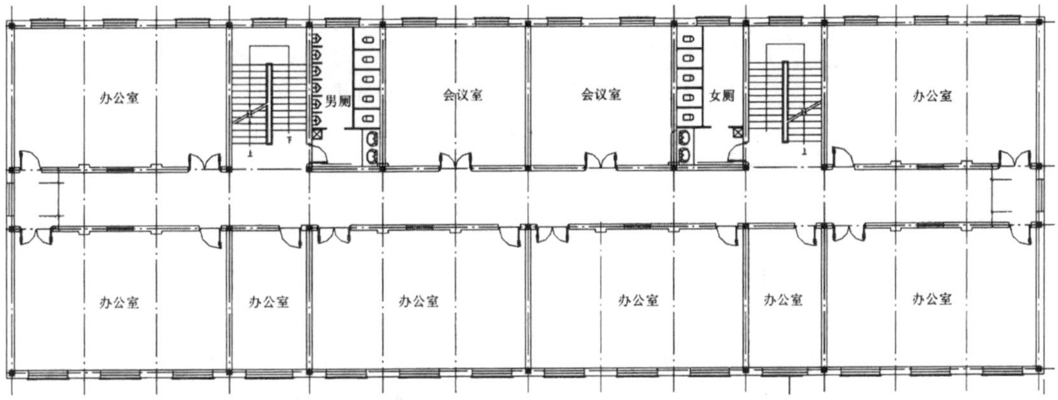

(b) 标准层平面图

(c) 正立面图

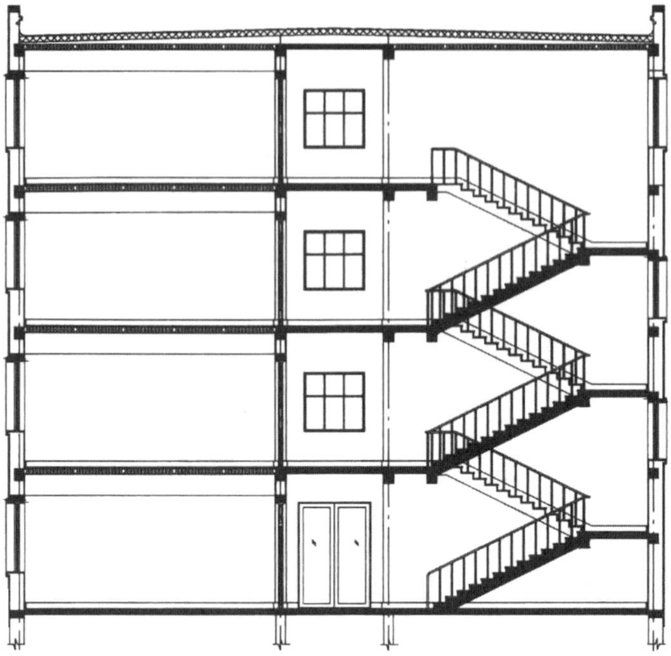

(d) 剖面图

图 11-19　某四层办公楼平、立、剖面图

(2) 结构体系及材料选用

依据建筑物主要功能和重要性分类，该建筑为丙类建筑，抗震设防按场地烈度(7 度，0.10g)进行设防。建筑层数为 4 层，从室外地面到建筑物大屋面的总高度为 14.85 m，层高 3.6 m<4 m；房屋的高宽比 14.85/16.4<1；体型简单，采用砌体结构能满足要求。

建筑物的总长度 46.8 m<50 m，可不设伸缩缝；场地土的土质较均匀，邻近无建筑物，荷载差异不大，根据《建筑抗震设计规范(2016 年版)》(GB 50011—2010)，可不设防震缝。

根据《砌体结构设计规范》(GB 50003—2011)及《建筑抗震设计规范(2016 年版)》(GB 50011—2010)，抗震墙房屋普通砖的强度等级不应低于 MU10，砂浆强度等级不应低于 M5。综合考虑后，首层及 2 层砖的强度等级按 MU20 考虑，砂浆选用 M7.5 混合砂浆；3 层及 4 层砖的强度等级按 MU10 考虑，砂浆选用 M7.5 混合砂浆，地面下墙体采用 MU20 砖、M7.5 水泥砂浆砌筑。主体现浇混凝土构件及条形基础的混凝土选用强度等级 C25 的混凝土；现浇板内受力主筋及分布筋均采用 HPB300 级钢筋，现浇梁梁内受力主筋采用 HRB335 级钢筋，箍筋采用 HPB300 级钢筋。

(3) 结构布置

① 墙体布置

房间大小允许时，优先考虑横墙承重方案，以增强结构的横向刚度；较大开间时，楼、屋面梁支承在内、外纵墙上，为纵墙承重。墙体布置时，尽量在建筑分隔墙体位置处布置承重墙，按平面对称、拉通对齐、竖向连续、减小偏心的原则进行布置；当窗间墙个别不满足规范要求的最小局部尺寸时，可设置构造柱后适当放宽。根据上述分析，采用纵横墙混合承重方案。

由于大开间房间所占数量较多，造成开间不大于 4.2 m 的房间仅占每层总面积 20%以内，而开间大于 4.8 m 的房间占每层总面积的 50%以上。本结构房屋为横墙很少的多层砌体房屋。房屋总高度及层数均应按规定的最高层数限值(7 层)减少 2 层和总高度限值(21 m)减少 6 m 设计。本工程总层数 4 层、总高度 14.85 m，满足总高度和总层数的规定。采用装配式钢筋混凝土楼盖，墙体间距满足规定要求。考虑承重及保温要求，外墙厚度取 370 mm，内墙厚度取 240 mm。局部需要时，再按规范要求进行墙体局部加厚的设置。

② 屋面及楼面板布置

屋面及楼面板布置方案见表 11-9。当办公室纵向跨度较大时，布置楼面梁可将大开间进行分隔，进深梁间距 3.3 m。

表 11-9　屋面及楼面板布置

功能	区域			
	办公室	卫生间	走廊	楼梯
屋盖	预制板	预制板	现浇板	预制板
楼盖	预制板	现浇板	现浇板	现浇板

③ 构造柱设置

根据《建筑抗震设计规范(2016 年版)》(GB 50011—2010)的相关规定，对于抗震设防烈度为 7 度的横墙很少的 4 层砌体结构房屋，应按增加两层后的层数进行构造柱的设置，具体如下：

a. 楼梯间四角、楼梯斜梯段上下端对应的墙体处；

b. 外墙四角和对应转角处；

c. 大房间内外墙交接处；

d. 较大洞口两侧；

e. 内墙与外墙交接处；

f. 内墙的局部较小墙垛处；

g. 内纵墙与横墙交接处。

构造柱的根部锚入基础圈梁，不再另设基础。构造柱在楼面标高上、下端 500 mm 范围内进行箍筋加密，加密箍筋为ϕ6@100。构造柱的做法是将墙先砌成大马牙槎(五皮砖设一槎)，后浇构造柱的混凝土，混凝土强度等级 C25。

(4) 圈梁设置

根据《砌体结构设计规范》(GB 50003—2011)及《建筑抗震设计规范(2016 年版)》(GB 50011—2010)，对于抗震设防烈度为 7 度的 4 层砌体结构丙类建筑，应在屋盖和各层楼盖的外墙、内纵墙设置圈梁；内横墙位置的圈梁，在屋盖处间距不应大于 4.5 m，楼盖处间距不应大于 7.2 m，当上述间距范围内无横墙时，应利用屋面梁或楼面梁替代圈梁与纵墙圈梁可靠连接。由于本砌体结构预制空心板搁置于横墙上，故横墙圈梁在预制空心板板底设置，纵墙圈梁底面与横墙圈梁底面为同一标高，纵墙圈梁的顶面与板面齐平。圈梁应闭合，遇有洞口时应上、下搭接；圈梁可兼洞口过梁，但过梁所需要的钢筋另行计算配置。

(二) 南京高等师范学校附属小学旧址杜威院

南京高等师范学校附属小学旧址杜威院(图 11-20)位于南京市玄武区四牌楼 4 号，2012 年 3 月被南京市人民政府公布为“南京市文物保护单位”，位于现南京师范大学附属小学院内。南京高等师范学校附属小学旧址杜威院(以下简称杜威院)为该旧址主要建筑之一。

杜威院建筑作为民国时期建造的建筑，使用了当时普遍的结构选型——砖木结构，砖、木材料联合起来作为杜威院建筑的主要结构材料。建筑整体结构受力为纵横墙承重体系，青砖和灰浆砌筑的砖墙为竖向受力构件，内外墙墙体厚度为 300 mm；楼面构造为木格栅和木梁组合形式(图 11-21)，木格栅和木檩条为水平受力构件和受弯构件；屋面为双坡屋面形式，采用了屋架和硬山搁檩的方式，构造由下往上依次为木屋架(图 11-22)、木檩条、木望板和屋面瓦。

(a) 东立面　　(b) 北立面

图 11-20　南京高等师范学校附属小学旧址杜威院

图 11-21　楼面木格栅和木梁

图 11-22　木屋架

杜威院建筑的平、立、剖面图如图 11-23 所示。

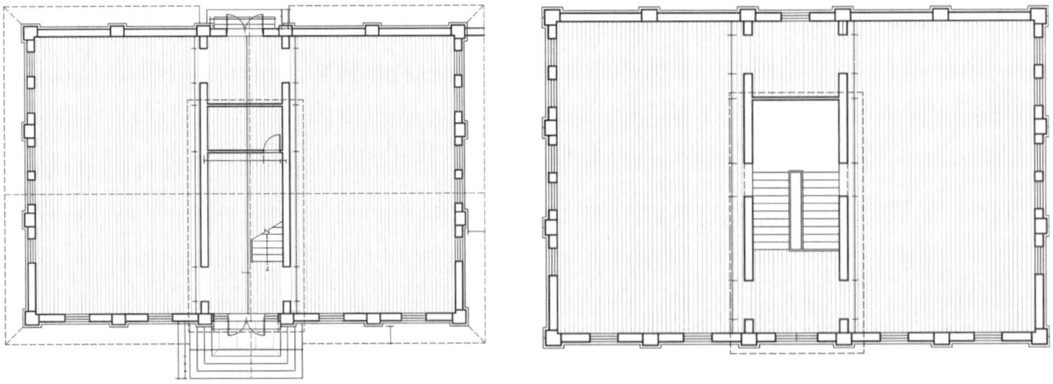

(a) 首层平面图　　(b) 二层平面图

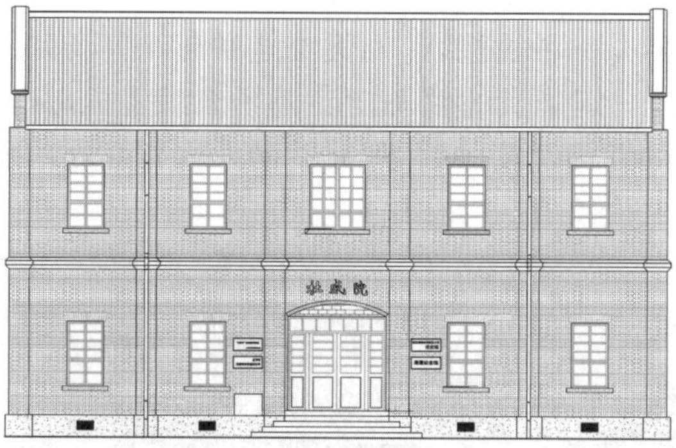

(c) 东立面图

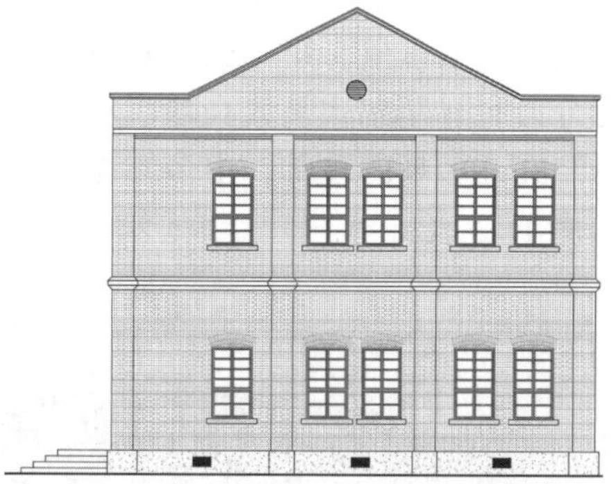

(d) 北立面图

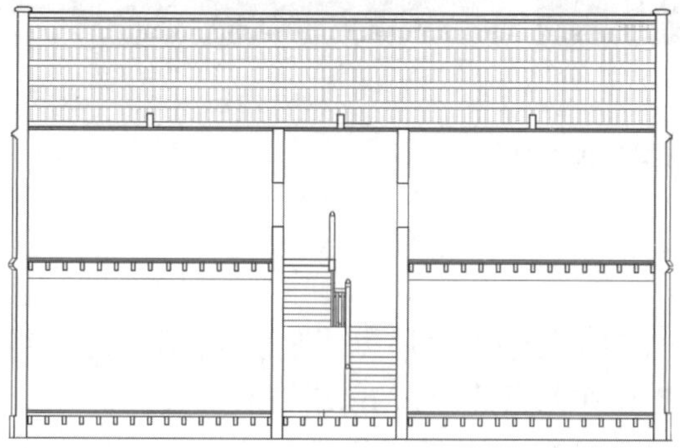

(e) 1—1 剖面图

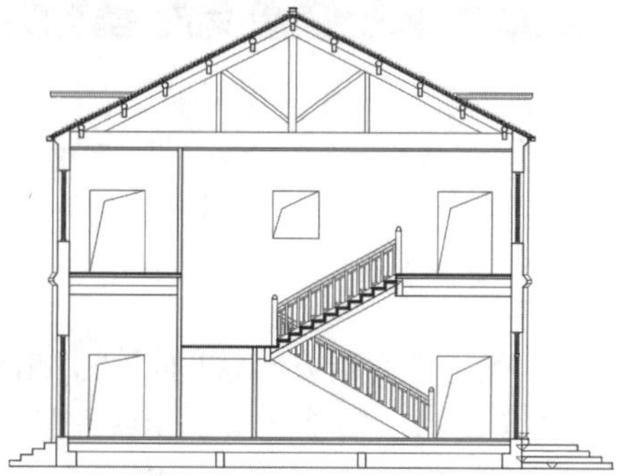

(f) 2—2 剖面图

图 11-23　杜威院平、立、剖面图

此外，为了解决门窗洞口跨度较大的问题，采用了砖砌弧拱过梁的做法(图 11-8)。相比中国传统木构建筑，这种类型砖木结构的建筑虽然砌筑工作量大，但整体结构的刚度大，受振动影响小，使用舒适度较高。

(三) 古罗马大角斗场

古罗马大角斗场(图 11-24)，亦译作罗马斗兽场、罗马竞技场、罗马圆形竞技场、科洛西姆斗兽场、哥罗塞姆，原名弗莱文圆形剧场(Amphitheatrum Flavium)，是古罗马文明的象征。遗址位于意大利首都罗马市中心，它在威尼斯广场的南面，古罗马市场附近。俯瞰时呈椭圆形。占地面积约 2 万 m^2，最大直径为 188 m，最小直径为 156 m，圆周长 527 m，围墙高 57 m，这座庞大的建筑可以容纳近 9 万名观众。古罗马大角斗场以宏伟、独特的造型闻名于世。

从功能、规模、技术和艺术风格各方面来看，古罗马大角斗场是古罗马建筑的代表作之一，是由 4 万名战俘用 8 年时间建造起来的，现仅存遗迹。它的施工速度之快也是一个奇迹。

大角斗场外围使用石拱突出纪念性、装饰性，其间装饰经典的三种罗马柱式，自下而上分别为多立克柱式、爱奥尼柱式和科林斯柱式，上部采用“方石砌”。大角斗场是连接的拱券支撑的，既满足了支撑上部看台的需要，又满足了下部交通和使用的空间需要。在遗址中可以看到砖的各种砌筑方法：清水砖丁顺砌、清水砖拱、装饰砖墙、乱砖砌等。在它的表面，罗马人巧妙地“贴”上了一层古希腊柱式，它在表面虽然只起装饰作用，却好像比拱墩更突出地起着实际支撑的作用。他们将多立克柱式放在最下层，让人感到它们在有力地支撑着上面巨大的重量。第二层的爱奥尼柱式显然是一种过渡，它们优雅地举起斗兽场院的上半部分。科林斯柱式被放在最后一个承重层，它们华贵的仪态使斗兽场充满生机，好像花环盘绕在斗兽场的顶部。由多立克到科林斯的性格过渡的顺序，被罗马人恰到好处地发现和运用了。

(a) 外景

(b) 内景

图 11-24　古罗马大角斗场

（四）大雁塔

大雁塔是砖砌四方形楼阁式塔，如图 11-25(a)所示，由塔基、塔身、塔刹三部分组成。全塔通高 64.7 m，塔基高 4.2 m，南北长约 48.7 m，东西长约 45.7 m；塔身底层边长 25.5 m，呈方锥形；塔刹高 4.87 m。1、2 两层有 9 间，3、4 两层有 7 间，5、6、7、8 层有 5 间，每层四面均有券门。

大雁塔基座皆有石门，门楣门框上均有精美的线刻佛像及砖雕对联。底层南门洞两侧嵌置碑石，西龛是由右向左书写，唐太宗李世民撰文、时任中书令的大书法家褚遂良手书的《大唐三藏圣教序》碑，东龛是由左向右书写，唐高宗李治撰文、褚遂良手书的《大唐皇帝述三藏圣教序记》碑，人称“二圣三绝碑”。

大雁塔塔体呈方形锥体，由下而上按比例递减。塔的内部由数十根木柱和对应的横梁构成筒状结构，木柱的数量随着塔身的增高不断减少。塔的外部由平均厚达 6 m 的内外两层青砖砌筑而成，外层砖结构为后来修缮时增建而成[图 11-25(b)]。为了能让塔身坚固稳定，建造者将中国传统木构建筑的结构元素与砖砌体建筑完美地结合起来，以砖斗拱代替木斗拱。这样既有助于砖结构的稳定，又能起到一定的装饰作用。远看朴实无华，近看精致有别。每层的四面各有一个拱券门洞，可以凭栏远眺。整个建筑气魄宏大，造型简洁稳重，比例协调适度，格调庄严古朴，是保存比较完好的楼阁式砖塔。

（五）南京城墙

南京城墙是世界上现存最长、规模最大、保存原真性最好的古代城垣(图 11-26)，具有极其重要的历史价值、艺术价值、科学价值和社会价值，因此，南京城墙于 1988 年被列为全国重点文物保护单位。

南京城墙始建于元至正二十六年(1366 年)，明洪武二十六年(1393 年)基本建设完成，前后历时 28 年，占地面积达 230 km^2，由四重城垣组成，为明代南京城的标志性建筑。现存基本完好的明代南京城墙为第三重京城城墙，总长度为 35.267 km，其中地面遗存部分(含恢复修建)25.09 km。南京城墙城垣结构复杂，体量巨大，所耗建材不可计数。最主要的建筑材料为城砖，主要来自现在的江苏、安徽、江西、湖南、湖北五省，涉及区域之广、数量之巨，世所罕见。

(a) 外景

(b) 内外层结构示意

图 11-25　大雁塔

(a) 全砖城墙(中华门—光华门段)

(b) 城砖条石混砌墙(玄武门—解放门段)

(c) 条石城墙(中华门段)

图 11-26　南京城墙

南京城墙存世已经超过 630 年，长期暴露于自然环境，历经战火洗礼、自然老化和人为破坏等，使得城墙部分墙体损毁消失，遗存下来的墙体也破损严重，多种病害共存，主要表现为墙体松动、开裂、鼓胀、立面砖石风化、黏合剂老化失效、墙体防排水系统失效、墙体树木杂草滋生等，严重威胁城墙本体的安全。20 世纪 90 年代初，地方政府投入了大量人力、财力、物力对城墙本体进行抢救性维修、加固，同时对城墙周边的环境进行整治、提升绿化景观，修订了《南京城墙保护条例》《南京城墙保护规划》。政府还成立了专门的城墙保护管理机构，开展城墙本体修缮与保养维护工作，实施遗址保护展示工程，在加强文物保护的同时不断推进城墙保护研究工作。

11.6　小结

本章介绍了砌体结构知识以及分析和设计方法。首先介绍了砌体结构的分类、优缺点、受力特点和砌体结构的发展现状。之后，为了保证房屋的安全性，依据砌体规范提出了一些砌体结构的构造要求，包括墙柱高厚比验算、材料的强度等级、墙柱截面尺寸、垫块及壁柱的设置、预制构件的支撑长度、砌块墙体、砌体中留槽洞及埋设管道、夹心墙等。此后介绍了砌体结构中的过梁、墙梁和挑梁三种构件。接着介绍了砌体房屋的震害及其抗震设计和构造措施。最后选取了几个著名的砌体结构案例，各自分析了它们的建筑和结构特点。

通过对本章的学习，我们要掌握砌体结构相关概念和原理，将砌体结构构件、构造和抗震设计的知识运用到设计实践中。

第 11 章习题

1. 砌体结构按照材料分类可以分为哪几类？
2. 简述砌体结构的优缺点。
3. 砌体结构刚性方案、弹性方案、刚弹性方案的划分依据是什么？
4. 什么是墙柱的高厚比 β？受哪些因素影响？
5. 过梁的类型有哪些？
6. 墙梁计算高度时一般要考虑什么？
7. 砌体结构在地震作用下的典型破坏现象有哪些？
8. 为什么砌体结构楼梯间不宜设置在房屋的尽端和转角处？
9. 结构抗震概念设计时，应该如何优化砌体结构的抗震性能？
10. 砌体结构房屋的抗震构造措施有哪些？

第 12 章　木结构

12.1　木结构概述

木结构是以木材作为主要承重构件(如梁和柱)的结构体系。我国木结构建筑历史悠久、独具特色,是中华文明的重要组成部分。如山西省朔州市应县木塔(图 12-1)、天津市蓟州区独乐寺观音阁(图 12-2)及许多中国古典园林,无不体现着我国高超的木结构技艺,令人叹为观止。

现代木结构在房屋建筑、桥梁、道路等方面都有应用。在房屋建筑方面,木结构除大量用于住宅、学校和办公楼等中低层建筑之外,也大量存在于大跨度建筑,如体育场、机场、展览馆、图书馆、会议中心、商场和厂房等。与其他材料建造的结构相比,木结构具有资源再生、绿色环保、保温隔热、轻质、美观、建造方便、抗震和耐久等许多优点。但是木材本身缺点较多,如易燃、易潮、易变形,再加上对天然木材的保护和限制,我国的木结构在城市建筑中较为少见。但在欧美等发达国家,现代木结构建筑已经基本实现了工厂预制、现场装配的工业化流程,加之木建筑与新型技术的不断融合,木结构建筑才能一直长盛不衰,美国和加拿大的木结构住宅占两国住宅面积的 80%以上。处于地震多发地区的日本,新建的住宅房屋中木结构占一半以上。我国现代木结构案例如天府国际会议中心(图 12-3)、苏州胥江桥(图 12-4)等。

图 12-1　应县木塔

图 12-2　独乐寺观音阁

图 12-3　天府国际会议中心

图 12-4　苏州胥江桥

12.1.1 木结构的特点

（一）优点

前面引言中已经提到，与其他材料建造的结构相比，木结构具有资源再生、绿色环保、保温隔热、轻质、美观、建造方便、抗震和耐久等许多优点。

(1) 木材资源再生产容易。木材依靠光合作用而周期性地自然生长，木材生产周期一般为 50～100 年；随着林业、木材加工业的发展，很多速生材也可用于建筑结构中，这样大大缩短了林业资源的再生产周期。

(2) 木材是一种绿色环保材料。对分别以木材、钢材和混凝土为主要结构材料的面积约 200 m^2 的一幢住宅建筑进行比较，结果表明：木结构建筑消耗的能源分别是混凝土和钢结构建筑的 45%和 66%；木结构建筑排放的等效二氧化碳最少，是混凝土建筑的 66%，是钢结构建筑的 81%；木结构建筑的空气污染指数最低，分别是混凝土和钢结构建筑的 46%和 57%；木结构建筑的水污染指数最低，是混凝土建筑的 47%，是钢结构建筑的 29%；木结构建筑的生态资源耗用指数最低，是混凝土建筑的 52%，是钢结构建筑的 88%，林业生产虽损失大片林区，但这一影响只是短暂的，树木再植、森林资源的可持续管理将生态资源影响降低到最低程度；木结构建筑的固体废弃物是混凝土建筑的 76%，但比钢结构建筑略多，为 1.21 倍。因此，综合考虑能耗、等效二氧化碳、空气污染、水污染、生态资源耗用和固体废弃物等因素，木材最为绿色环保。

(3) 木材具有较好的保温隔热性能。由于木材本身构造的特点，细胞内有空腔，形成了天然的中空材料，使得热传导速度慢，保温、隔热性能好，因此木结构有冬暖夏凉之功效。

(4) 木结构建筑重量较轻。木材密度比传统建筑材料都小。木材的强度与荷载作用方式、荷载与木纹的方向等因素有关，但只要设计合理，木材的顺纹抗压、抗弯强度还是比较高的。因此合理设计的木结构建筑总体上重量较轻，且能保证结构受力安全。

(5) 木结构建筑美观。木结构建筑的纹理自然，与人有很强的亲和力。住在木结构的建筑中使人有一种回归自然的感觉。

(6) 木结构建筑建造方便。木材加工容易，可锯切成各种形状。木结构构件相对轻巧，运输和安装都较容易，尤其对于轻型木结构建筑安装无须大型设备，3～4 个月就能完成一幢独立别墅的建造。

(7) 木结构建筑具有较好的抗震性能。结构物上的地震作用与结构质量有关，木结构质量轻，产生的地震作用当然也小；由于木结构质量轻，地震致使房屋倒塌时对人产生的伤害也要比其他建筑材料小。另外，木结构的整体结构体系一般具有较好的塑性、韧性，具有较好的抗震耗能能力，因此在国内外历次强震中木结构都表现出较好的抗震性能。

(8) 木结构具有一定的耐久性。如果木结构设计合理，具有较好的防潮构造、合理的防火措施，则其耐久性也较好。如现存的我国的南禅寺大殿和佛光寺大殿都已有 1 200 年左右的历史。挪威一座建于 12 世纪的木结构教堂，由于其出色的设计和精心的维护，历经 800 多年的风雨依然保存较好。众多北美和欧洲的 19 世纪建造的木结构建筑物，都证明了木结构能够经受得起时间的考验。

（二）缺点

木结构也有一些缺点，这些缺点有时会影响木结构的应用，因此需合理设计，避免其对木材使用的影响。

（1）木材各向异性。树木自然生长，断面上有显示生长周期的年轮；树木沿纵向随其纤维长度的生长而增高。因此从外观上看，木材沿纵向、横向完全不同，而从力学性能上说木材为各向异性体。木材强度按作用力性质、作用力方向与木纹方向的关系一般可分为：顺纹抗压及承压、横纹抗压、斜纹抗压、顺纹抗拉、横纹抗拉、抗弯、顺纹抗剪、横纹抗剪、抗扭等，各种强度差别相当大，其中顺纹抗压、抗拉、抗弯的强度较高。因此木结构设计最好尽可能使构件顺纹受力，要绝对避免横纹受拉。

（2）木材容易腐蚀。木材腐蚀主要是由附着于木材上的木腐菌的生长和传播引起的，但木腐菌生长需要有一定的温度、湿度条件。木腐菌最适宜的生长温度约为 20 ℃，这也是人类生活的舒适温度，因此无法通过控制温度来抑制木腐菌生长，而控制湿度是唯一办法。使用干燥的木材，做好建筑物的通风、防潮，都是避免木材腐蚀的有效措施；当然长期可能受到潮气侵入的地方，如与基础连接的木构件、直接暴露于风雨中的构件等，可采用具有天然防腐性的木材或对木材进行防腐蚀处理。

（3）木材易受虫害侵蚀。侵害木材的虫类很多，如白蚁、甲虫、木蜂等，品种因地而异。切实做好木材防潮是减少或避免虫害的主要措施；在房屋建造前，对建筑场地及四周土壤的树根、腐木进行清理，设置土壤化学屏障等也是预防虫害的一种措施；木结构一旦遭受虫害，需及时用药物处理。

（4）木材易于燃烧。对于房屋的使用者而言，火灾是随时存在的危险，但研究和事实表明：房屋的防火安全性与建筑物使用的结构材料的可燃性之间虽有一定关联，但很大程度上取决于使用者对火灾的防范意识、室内装饰材料的可燃性以及防火措施得当与否。因此，木结构按防火规范做好防火设计很有必要，适当的防火间距、安全疏散通道、烟感报警装置的设置等都是防止火灾的必要措施。

12.1.2　木结构的发展现状

（一）木结构在国外的发展现状

欧美许多国家，木结构因取材方便而得到广泛使用，木结构技术发展十分迅速。现代木结构是集传统的建筑材料和现代先进的加工、建造技术为一体的结构形式。现代木结构材料不仅仅是天然木材，还有许多新型木产品，如结构胶合材、层板胶合木、木“工字形”梁和木桁架等。在亚洲的日本，欧洲的芬兰、瑞典，北美的美国、加拿大等发达国家，在民居建筑中已普遍推广了现代木结构住宅，已形成了三足鼎立之势，无论是建筑风格、结构体系、营造方式均有各自特色，是目前世界木结构建筑的先进代表。

日本近年来在新建住宅中，木结构住宅所占比例基本在一半以上；在北欧的芬兰、瑞典，90%的民居住宅为 1～2 层的木结构建筑；在北美，80%的人居住在木结构住宅里，独立式小住宅占主导地位(图 12-5)。

图 12-5　木结构独立住宅

德国设有生态住宅研究所，专门从事生态材料建造住宅的研究和设计，并已建造了各式各样的建筑群。

日本、美国的加州将木结构建筑作为防震、抗震的重要措施。近几年日本所发生的地震中，轻型木结构住宅几乎没有倒塌的案例。

在这些林业发达国家中，各种新型材料、新技术得到了广泛应用，建筑科技水平已相对成熟，除了建造一些新颖别致的木质别墅外，木结构还向公共建筑、多层和高层混合结构建筑方向发展(图 12-6)。

图 12-6 木结构高层建筑

(二) 木结构在国内的发展现状

我国木结构建筑历史悠久，在 3 500 年前就基本上形成了用榫卯连接梁柱的框架结构体系，到唐代趋于成熟。正是由于掌握了木结构的特点，因此能流传下来历经数百年甚至上千年的古代木结构。

宋代《营造法式》从建筑、结构到施工全面系统地反映了中国古代木结构建筑的体系。正由于木结构建筑既能满足使用功能要求，又具有艺术魅力，木结构在我国大量用于房屋、宫殿及寺院等的建设。

到了 19 世纪末至 20 世纪初，西方科学技术传入中国以后，用材较费的梁柱体系逐渐被砖墙支承木桁架体系所取代。新中国成立后的头两个“五年计划”期间，由于建设速度较快，木材能够就地取材又易于加工，砖木结构在所有建筑中占有相当比重。到 20 世纪 80 年代，因为我国木结构用材采伐殆尽，当时国家又无足够的外汇储备从国际市场进口木材，所以停止使用木结构，导致木结构学科无形中在中国停止发展长达 20 多年。目前我国的建筑结构仍以砖混结构、钢筋混凝土结构以及钢结构等为主，而木结构除了在一些仿古建筑和低层住宅中有所应用外，在其他类型建筑中的应用几乎是一片空白。

木结构建筑在中国沉寂了二十几年后，现在正处于复苏阶段。1998 年，我国实施天然林保护工程后，计划内木材产量逐年递减，而木材消费不断上升。2001 年中国成为世贸组织成员方后，木材进口关税进一步下降，因此进口木材连年不断增加。美国、加拿大两国有关木材贸易和建材机构也大力向我国建筑市场推荐新型木结构房屋，并逐渐得到建设部门以及建筑师和房地产开发商等的支持和认可，迄今已陆续建起数千幢轻型木结构住宅。国家体育总局训练局游泳馆木结构屋面于 2003 年落成，各地也陆续建起了一些木结构或木屋面结构的中小型场馆、桥梁等。国家标准《木结构设计标准》(GB 50005—2017)、《木结构设计手册》等的修编为木结构建设提供了一定的技术保障。

我国木结构建筑复苏的意义深远。首先为人们提供了温馨、自然、安宁、舒适的场所，木材为古老而又年轻的绿色环保材料，木材纹理美观、色泽丰富、吸声、隔音性能良好；其次将极大地促进我国木材工业的发展和技术水平的提高。加快国家速生丰产用材的发展，既利于建材企业原材料的供应，又有益于生态建设的发展，还有助于实现资源培育与加工利用相结合、产业与生态两双赢。

12.2 古代木结构

中国古代建筑中最具特色的就是古代木结构，其明显区别于西方古建筑，具有重要的历史价值、艺术价值、科学价值和社会价值。

中国现已发现的最早的木结构建筑遗址在浙江余姚河姆渡，距今已有 7 000 年。据考古发现，在 300 m^2 的范围内，最少有 3 座干阑式建筑遗迹，其中一座长约 23 m，进深约 8 m。木构件建筑遗物有柱、梁、枋、板等，许多构件上都有榫卯，这是中国古代木结构建筑已发现的最早的遗存。如果我们把河姆渡文化出土的榫卯木结构建筑遗迹当作中国古代木结构建筑的“真正”起点，那么，中国的木结构建筑大约有 7 000 年的历史了。中国古代木结构建筑主要分为抬梁式和穿斗式两种。另外还有井干式，但它不是中国木结构建筑的主要结构形式，只在云南等一些林木资源比较丰富的地方出现，本节不做讨论。

12.2.1　抬梁式和穿斗式木构架

抬梁式木构架是中国古代建筑木结构的主要形式，也是应用最为广泛的一种建筑结构形式。穿斗式木构架用料较少，建造时先在地面上拼装成整榀屋架，然后竖立起来，具有省工、省料、便于施工和比较经济的优点。同时，密列的立柱也便于安装壁板和筑夹泥墙。因此，在中国长江中下游各省，保留了大量明清时期采用穿斗式构架的民居。这些地区有的需要较大空间的建筑，采取将穿斗式木构架与抬梁式木构架相结合的办法：在山墙部分使用穿斗式构架，当中的几间用抬梁式构架，彼此配合，相得益彰。

（一）抬梁式木构架

抬梁式木构架（图 12-7）的特点是：柱上搁置梁头，梁头上搁置檩条，梁上再用矮柱支起较短的梁，如此层叠而上，梁的总数为 3～5 根。当柱上采用斗栱时，则梁头搁置于斗栱上。这种构架的特点是在柱顶或柱网的水平铺作层上，沿房屋进深方向架数层叠架的梁，梁逐层缩短，层间垫短柱或木块，最上层梁中间立小柱或三角撑，形成三角形屋架。相邻屋架间，在各层梁的两端和最上层梁中间小柱（脊瓜柱）上架檩，檩间架椽，构成双坡顶房屋的空间骨架。房屋的屋面重量通过椽、檩、梁、柱传到基础（有铺作时，通过它传到柱上）。

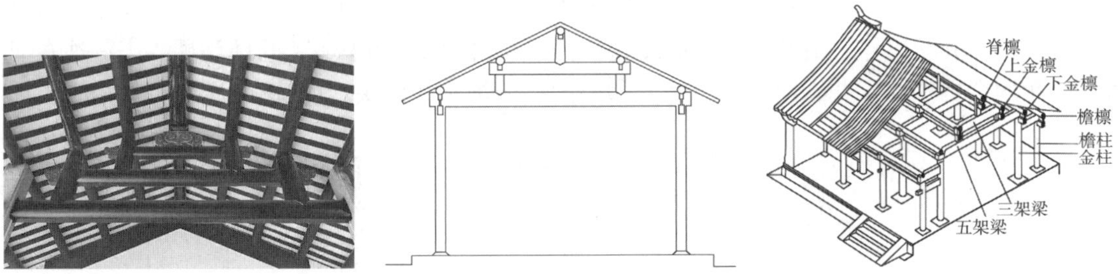

(a)　　(b)　　(c)

图 12-7　抬梁式木构架

抬梁式优点包括可采用跨度较大的梁，以此减少柱子的数量，取得室内较大的空间。所以适用于宫殿、庙宇等建筑。然而其缺点是木材用料大，适应性不强。因此，抬梁式木构架多应用于宫殿、坛庙、寺院等大型建筑物。

（二）穿斗式木构架

穿斗式木构架（图 12-8）的特点是：用穿枋把柱子串联起来，形成一榀榀的房架；檩条直接搁置在柱头上；在沿檩条方向，再用斗枋把柱子串联起来。由此形成了一个整体框架。这种木构架广泛用于江西、湖南、湖北、四川等地区。穿斗式结构通常沿房屋的进深方向按檩数立一排柱，每柱上架一檩，檩上布椽，屋面荷载直接由檩传至柱。每排柱子靠穿透柱身的穿枋横向贯穿起来，成一榀构架。每两榀架构之间使用斗枋和纤子连在一起,形成一间房间的空间构架。

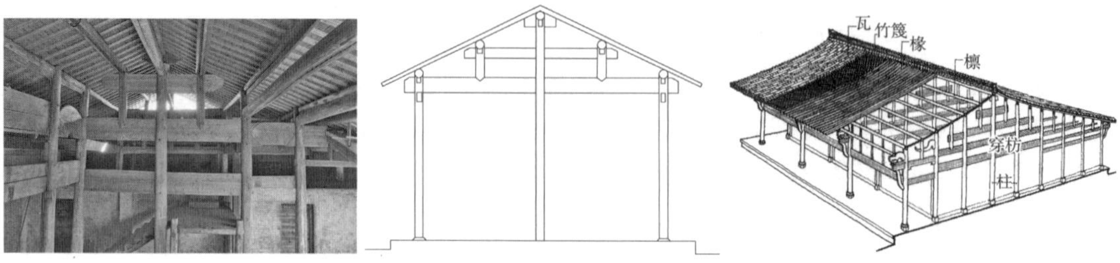

(a)　　(b)　　(c)

图 12-8　穿斗式木构架

穿斗式优点是木构架用料小,整体性强,抗震能力也较强。然而因为柱子排列太密,只有当室内空间尺度不大时(如居室、杂屋)才能使用。因此多应用于民居和较小的建筑物。

此外,南方的一些庙宇、厅堂多混合使用抬梁式和穿斗式木构架。

我国北方地区气候寒冷,为了防寒保温,建筑物的墙体较厚,屋面设保温层(一般用土加石灰构成),再加上对雪荷载的考虑,建筑物的椽、檩、枋的用料粗大,建筑外观也显得浑厚凝重;反之,南方气候炎热,雨量丰沛,房屋应考虑通风、防雨、遮阳等问题,墙体薄(或仅用木板、竹笆墙),屋面轻,出檐大,用料细,建筑外观也显得轻巧。

12.2.2　榫卯节点

榫卯节点是古代木结构的主要连接方式,是建立古代木结构建筑结构秩序的关键元素。榫卯是在两个木构件上所采用的一种凹凸结合的连接方式,如图 12-9 所示。凸出部分叫榫(或榫头);凹进部分叫卯(或榫眼、榫槽),榫和卯咬合,起到连接作用。这是中国古代木构建筑、木制家具及其他木制器械的主要连接方式。榫卯结构是榫和卯的结合,是木件之间多与少、高与低、长与短之间的巧妙组合,可有效地限制木件向各个方向的相互错位和扭动,形成整体共同工作。最基本的榫卯结构由两个构件组成,其中一个的榫头插入另一个的卯眼中,使两个构件连接并固定。榫头伸入卯眼的部分被称为榫头,其余部分则称作榫肩。

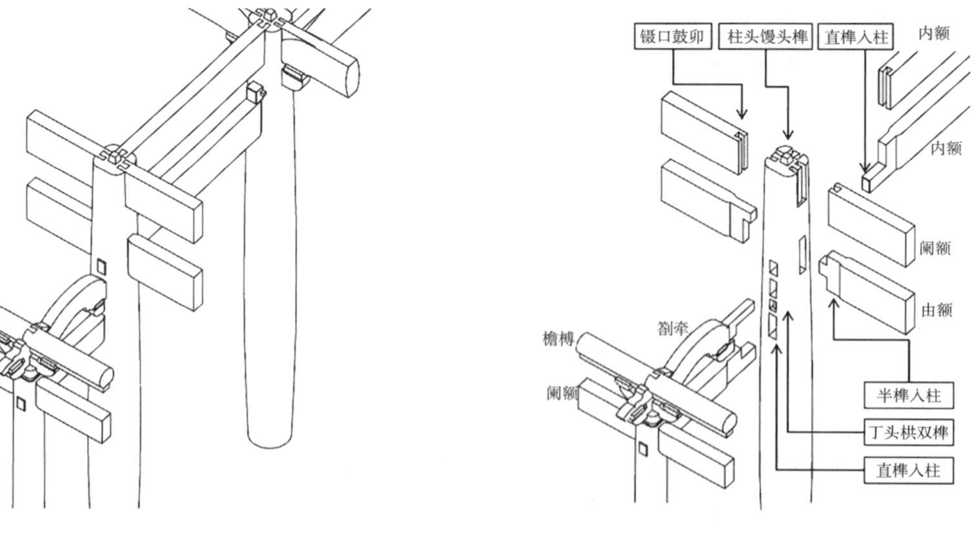

(a) 整体　　(b) 解构

图 12-9　榫卯结构及其各部分构件示例

由于梁架结构的差异，地方做法大木构件的组合与官式做法大木构件的组合是有区别的，北方多受抬梁式木构架的影响，而南方使用穿斗式木构架较多。因此北方的榫卯连接很少完全穿透构件，榫长较短，如燕尾榫、半榫等；南方有专门穿透构件的榫卯类型，如直榫、透榫等。北方木构件粗大，榫卯粗短；而南方构件纤细，榫卯细长，尤其是在民居和穿斗式建筑中，山面柱子和榀架的交点都做成相交的透榫。

南北方榫卯做法也有差异，北方早期阑额（额枋）直榫入柱，而南方早期阑额与柱多用镊口鼓卯或燕尾榫相接等，以镊口鼓卯、带袖肩燕尾榫、直榫、柱头方形馒头榫为代表（图12-9）。

榫卯的安装或汇榫是指木构架的梁、枋、檩条与柱的汇合连接工作，也关系建筑的开间、进深构架的结合质量。结合的好坏与承重大小和受力抗震性能有直接关系。在穿斗式建筑中，由于梁架和檩桁的交点很多，汇榫更是重中之重。

榫卯结构广泛用于中国古代木结构建筑。虽然每个构件都比较单薄，但是它整体上却能承受较大的荷载作用。这种结构不在于个体的强大，而是互相结合，互相支撑。榫卯结构也成了后续建筑的基本模式。

12.2.3　斗栱

斗栱是中国传统木结构建筑特有的结构部件，其作用是在柱子上伸出悬臂梁承托出檐部分的重量，同时兼具美观（图 12-10）。北宋《营造法式》中称为铺作，清工部《工程做法则例》中称斗科，通称为斗栱。古代的殿堂出檐常达三四米，若无斗栱支撑，屋檐将难以保持稳定。它向外出挑，可把最外层的桁檩挑出一定距离，使建筑物出檐更加深远，造型更加优美、壮观。在它成型之后很长一段时间内，被作为构件大小的基本尺度。早期斗栱的结构作用十分明显，孤立地置于柱上和梁枋上，起传递屋面荷载于柱身和支承屋檐重量以增加出檐深度的作用；唐宋时，它同梁、枋结合为一体，成为保持木构架整体性的结构部分。明清以后，斗栱的装饰作用加强，排列较密，用料变小。

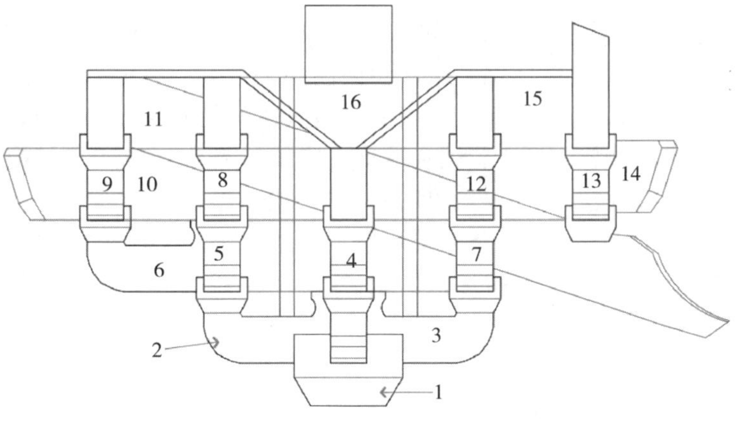

1—栌斗；2—泥道栱；3—单材华栱；4—槾栱；5—瓜子栱；6—华头子里转第二跳华栱；7—瓜子栱；8—槾栱；9—令栱；10—耍头；11—下昂；12—槾栱；13—令栱；14—耍头；15—衬方头；16—昂拴。

图 12-10　宋式补间铺作斗栱侧面图

檐下斗栱因其位置不同，所起作用也有差异：在柱头上的斗栱称为柱头科（宋称柱头铺作），是承托屋檐重量的主体；在两柱之间置于枋子上的斗栱，称为平身科（宋称补间铺作），起辅助支撑作用；在角柱上的斗栱称为角科（宋称转角铺作），起承托角梁及屋角的作用，也是主要结构部件。室内斗栱通常只支撑天花板的重量或作为梁头节点的联系构件，其结构作用显然不及檐下斗栱明显。

斗栱的主要构件是斗、栱、昂。“栱”是短悬臂梁，是斗栱的主干部件；“斗”是栱与昂的支座垫块；“昂”是斜的悬臂梁，和栱的作用相同。还有一些次要的栱和斗只起联系作用而不起承重作用或承重作用较小。

当建筑物非常高大而屋檐伸出相应加大时，斗栱挑出距离也必须增加，其方法是增加栱和昂的叠加层数(即出跳数)，每增加一层栱或昂，斗栱即多出一跳。如果是重檐建筑，一般是上檐斗栱比下檐斗栱多一跳，以增加出檐深度。

斗栱的作用包括承受荷载、出檐深远、装饰和抗震耗能等，是中国古代木结构建筑显著特征之一。

12.2.4 其他特点

中国古代建筑以“间”为单位构成单座建筑，再以单座建筑组成庭院，进而以庭院为单元，组成各种形式的组群。就单体建筑而言，以长方形平面最为普遍。此外，还有圆形、正方形、十字形等几何形状平面。就整体而言，重要建筑大都采用均衡对称的方式，以庭院为单元，沿着纵轴线与横轴线进行设计，借助于建筑群体的有机组合和烘托，使主体建筑显得格外宏伟壮丽。民居及风景园林则采用了“因天时，就地利”的灵活布局方式。

中国木结构古建筑的造型优美，尤以屋顶造型最为突出，主要有庑殿、歇山、悬山、硬山、攒尖、卷棚等形式。在所有的中国古代建筑中都可以找到一个最基本的形式特征——人字形的“大屋顶”。

中国任何类型的建筑都是由民居住宅演变过来，它是以增加重复单位来解决人所要求的尺度和规模。其基本外形都如一个篆书“人”字形，即双面坡的屋顶。通用性成为中国古代建筑构成的基本法则。大屋顶，这个人字形的屋顶是中国古代建筑最明显的特征。不管是殿、堂、厅、轩、馆、楼、阁、榭、亭等称呼的建筑，还是方的、长方的、圆的、角形、扇形、一字、凹字、工字、田字等组成的平面；或是三合院、四合院或像故宫一样的建筑群体；无论是住宅，还是宫殿，或是庙宇；无论是悬山、歇山、硬山或庑殿、卷棚，还是单檐、重檐、丁字脊、十字脊，大屋顶可谓万变不离其宗。站在景山顶向南望去，紫禁城一片金色的屋顶，它虽有大有小，有长有短，有高有低，但总体上形式统一、规整，这就是人字形的“大屋顶”。

中国木结构古建筑的装饰包括彩绘和雕饰。彩绘具有装饰、标志、保护、象征等多方面的作用。油漆颜料为无机颜料，不仅可以防潮、防风化剥蚀，还可以防虫蚁。色彩的使用是有限制的，明清时期规定朱、黄为至尊至贵之色。彩画多出现于内外檐的梁枋、斗栱及室内天花、藻井和柱头上，构图与构件形状密切结合，绘制精巧，色彩丰富。明清的梁枋彩画最为瞩目。清代彩画可分为三类，即和玺彩画、旋子彩画和苏式彩画。雕饰是中国古建筑艺术的重要组成部分，包括墙壁上的砖雕、台基石栏杆上的石雕、金银铜铁等建筑饰物。雕饰的题材内容十分丰富，有动植物花纹、人物形象、戏剧场面及历史传说故事等。

中国是最早应用木结构的国家之一。根据实践经验采用梁、柱式的木构架，通过榫卯节点连接，具有良好的抗震性能；始建于1056年的山西省朔州市应县木塔，充分体现了木结构自重轻、能建造高耸结构的特点。在木结构的细部制作方面，采用干燥的木材制作结构，并使结构的关键部位外露于空气之中，可防潮而免遭腐朽；在木柱下面设置柱础石，既避免木柱与地面接触受潮，又防止白蚁顺木柱上爬危害结构；在木材表面用较厚的油灰打底，然后油漆，除美化环境外，兼有防腐、防虫和防火的功能。

中国的木结构建筑在唐宋时期已形成一套完整的制作方法，如北宋李诫主编的《营造法式》，是中国也是世界上第一部关于木结构房屋建筑的设计、施工、材料以及工料定额的法规。对房屋设计规定“凡构屋之制，皆以材为祖。材有八等，度屋之大小，因而用之”。即将构件截面分为八种，根据跨度的大小选用。与梁柱式的木构架融为一体的中国木结构建筑艺术别具一格，并在宫殿和园林建筑的亭、台、廊、榭中得到进一步发扬，是中华民族灿烂历史文化的重要组成部分。

12.3　现代木结构

现代木结构区别于古代木结构，是运用现代的木材工业产品和结构计算理论支持的木结构建筑。现代木结构建筑的用材根据不同的结构类型分为原木、锯木（方木、板材、规格材）和工程木。工程木是将天然木材通过各种现代工艺手段加工而成的结构材料，这种材料具有性能均匀、容许应力高、强度变异小、尺寸稳定性好、防潮、防腐、阻燃性能良好等特点。现代工程木结构主要包括胶合木（Glued Laminated Timber，Glulam）、单板层积材、刨花木等，如图 12-11 所示，目前国内外运用较多的是胶合木。

(a) 胶合木梁

(b) 单板层积材

(c) 定向刨花木

图 12-11　现代工程木结构的分类

12.3.1　现代木结构的分类和特征

现代木结构按木构件的大小轻重分类主要分为轻型木结构和重型木结构（图 12-12）。轻型木框架结构是一种由楼板和墙体体系组成的空间结构。轻型木框架的结构体系主要为楼板框架和墙体框架。

轻型木结构是一种利用规格木材搭建的平台式木结构体系[图 12-12(a)]。轻型木结构适用于建造中小型的单体或联排低层建筑，多为居民住宅。重型木结构则是使用胶合木作为主要承重构件，一般以梁柱式结构居多，多用于公共建筑，其特点是美观、设计灵活、木材纹理裸露等[图 12-12(b)]。其主要构件材料胶合木（胶合层压木材）是一种将单独的规格材在一定条件下胶结在一起制作而成的结构用材。重型木结构被广泛用于体育馆、图书馆、展览馆、教堂、火车站、桥梁等公共设施。

轻型木结构是利用均匀密布的小构件来承受房屋各种平面和空间作用的受力体系，具有产品、构件工业化程度高等特点，同时具有以下主要特征：

(1) 结构自重轻，木材的重量仅为混凝土重量的 1/5～1/4。相同体量的建筑物，结构自重越小，受到的地震作用也越小，所以轻质木结构受到的地震作用比较小。

(2) 小断面密布的轻型木结构是柔性结构，有很大的结构冗余度以及一定范围内的变形能力。结构可以通过自身的变形来消耗能量，提高整体安全性。当发生地震时，轻型木结构能够体现出良好的抗震性能。

(a) 轻型木结构

(b) 重型木结构

图 12-12　现代木结构的分类

(3) 施工技术简单,施工质量易于控制,现场干法施工、建造速度快,结构整体性好,建筑造型容易实施,建筑效果更加丰富多样,能源利用节约高效,建筑材料生态环保,可回收利用。

重型木结构除具有轻型木结构的部分共同特征外,还因为其外露的木材特性,能充分体现木材天然的色泽和美丽的花纹,被广泛用于一些有高尚、环保追求的建筑中,比如学校、体育馆、展览厅、教堂、火车站、桥梁等。其节能保温、美观舒适,同时作为环保建材具有天然、健康、可更新、经久耐用、抗震、隔音效果佳等特点。

12.3.2　产品工艺和施工要点

在北美超过 95%的低层建筑都采用轻型木结构。轻型木结构一般采用间距较密的规格材[间距为 12 英寸(304.8 mm)、16 英寸(406.4 mm)、24 英寸(609.6 mm)等]形成轻型框架外覆盖结构墙面板(OSB 板、胶合板),共同形成结构受力体系,以承担各种荷载,但考虑防火等原因,需在框架内侧或者外侧铺设防火石膏板,因此无法显露木材的天然纹理材质。

在胶合木生产过程中,木片的端部互相咬合并水平排布成层。采用层压的方法可以有效利用高强度但小尺寸的木材制作各种形状和尺寸的大型结构件。胶合木可用作柱或梁,也可用作承受压弯荷载的弧形构件。竖向层结梁,是由规格材通过钉连接或胶结在一起构成,其构成单片的截面短边。胶合木的生产由经过认证的车间按照规范规定,采用相应等级的木材做端接头,夹胶及表面涂装用来控制产品质量。

重型木结构的防火主要是通过对起承重作用的胶合木梁和木柱在高湿炭化后的有效断面进行验算,确保在消防规范要求的耐火极限下的构件承载力满足要求。同时公共建筑要求必须安装消防喷淋等预防性防火设备。在主动消防方面,要求对建筑的管理和使用单位和个人加强消防知识和意识的培训,在木结构建筑内严禁出现明火。

用于承重结构的用材,分为原木、锯材和胶合材。用于普通木结构的原木、方木和板材的材质等级分为三级;胶合木构件的材质等级分为三级;轻型木结构用规格材的材质等级分为七级。在制作构件时,木材含水率应符合下列要求:

(1) 对于原木或方木结构不应大于 25%。

(2) 对于板材结构及受拉构件的连接板不应大于 18%。

(3) 对于木制连接件不应大于 15%。

(4) 对于胶合木结构不应大于 15%,且同一构件各木板间的含水率差别不应大于 5%。

根据《木结构设计标准》(GB 50005—2017),轻型木结构适用于 3 层及 3 层以下的民用建筑。轻型木结构的防火主要依靠在墙体外安装防火石膏板来达到消防规范要求的阻燃时间。而胶合木通常都是大尺寸，用于重型木结构中，需满足建筑相关标准中最小尺寸及耐火等级的要求。

不同于古代木结构采用的榫卯结构，现代木结构的构件连接件主要包括内嵌式金属连接件、外露式金属连接件和木柱金属基座，如图 12-13 所示。

(a) 内嵌式金属连接件

(b) 外露式金属连接件

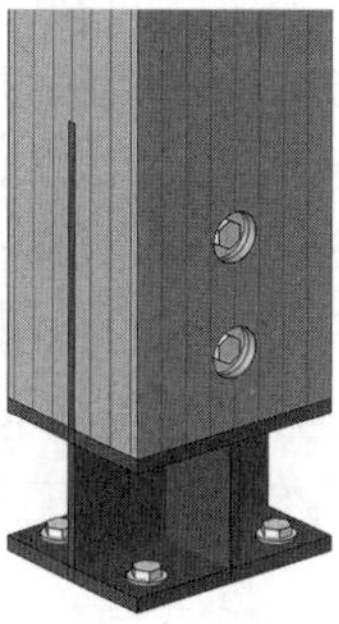

(c) 木柱金属支座

图 12-13 现代木结构连接件

轻型木结构建筑保温性能要远远优于砖混结构，因为木材本身是一种导热系数非常低的材料，而木结构中空墙体内填充了大量的保温材料使其能够以较薄的厚度达到较高的保温性能。木结构房屋的得房率要比混凝土建筑高 7%～8%。通过安装双层石膏板、隔音材料等措施，木结构的隔音性能也能够做到和混凝土建筑一样的标准。

重型木结构的胶合木可制作出各种曲、直造型(图 12-14)，可为建筑设计师提供更大的设计自由度。胶合木工厂里的大型专业设备可以保证大型胶合木的精度符合要求，这在现场是很难做到的。工厂里可以把连接件安装就位，现场只用做少量调校，抛光及填补，染色或上漆都可在工厂完成。如果设计得当，胶合木运到现场无须任何切割即可直接拼装。

(a)

(b)

图 12-14 重型木结构示例

12.4 案例分析

(一) 古代木结构

(1) 应县木塔

应县佛宫寺释迦塔位于山西省朔州市应县城内西北佛宫寺内，俗称应县木塔[图 12-15

(a)],建于辽清宁二年(1056 年),金明昌六年(1195 年)增修完毕。它是我国保存完好的年代最早的木塔,也是世界上现存的唯一木结构楼阁式宝塔。1961 年被国务院列为全国重点文物保护单位。

木塔位于寺南北中轴线上的山门与大殿之间,属于“前塔后殿”的布局。塔建造在 4 m 高的台基上,全高 65.838 m,塔底层总面阔 30.27 m,呈平面八角形,塔身全部用木材建造,各层均设内外两槽。有明层 5 层及明层间设平座层(暗层)4 层,实际上是 9 层高耸木结构建筑。因底层为重檐并有回廊,故塔的外观为 6 层屋檐。各层均用内、外两圈木柱支撑,内外槽均有 8 个弦面,每层外有 24 根柱子,内有 8 根,以柱、柱间叠枋和斗栱形成弦向平面构架,在角柱处相交,木柱之间使用了许多斜撑、梁、枋和短柱,组成不同方向的复梁式木架。在内外槽的径向,以内柱、外柱和梁及斗栱组成空间构架,内槽内供奉佛像,外檐柱内为游人空间。整个木塔共用松木料约 3 000 m^3,重约 2 600 t,整体比例适当,建筑宏伟,艺术精巧,外形稳重庄严。

(a)

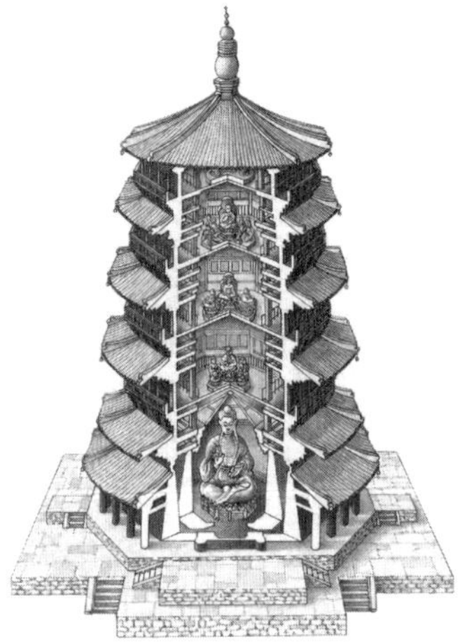

(b)

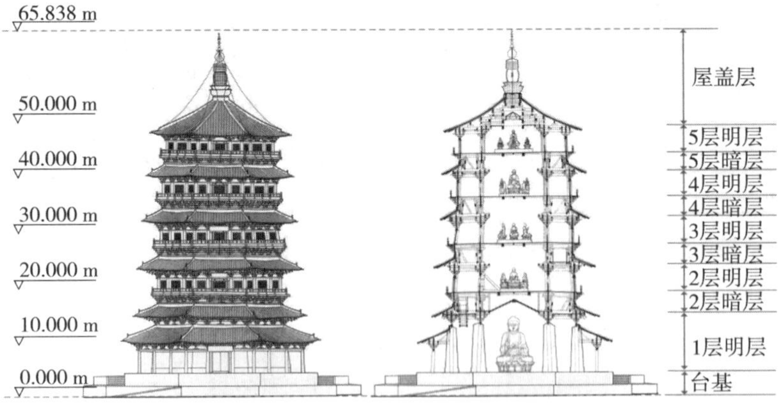

(c)

图 12-15　应县木塔示意图 1

木塔第 2 层以上各层均以斗栱挑出平座并设置栏杆供人登临凭栏远眺,塔身逐层向内递收,上部高超过 10 m 的相轮铁刹耸立,造型优美,轮廓线变化富于韵律感,塔身雄壮巍峨,挺拔向上。

木塔内部结构如图 12-15(b)、(c)所示，该塔底层南北各开一门，第 2 层以上周设平座栏杆，每层装有木质楼梯，游人逐级攀登，可达顶端。2～5 层每层有 4 个门，均设木隔扇，光线充足，出门凭栏远眺。塔内各层均塑佛像。第 1 层为释迦牟尼像，高 11 m，面目端庄，神态怡然，顶部有精美华丽的藻井，内槽墙壁上画有 6 幅如来佛像，门洞两侧壁上也绘有金刚、天王等，壁画色泽鲜艳，人物栩栩如生。第 2 层的坛座为方形，上塑一佛二菩萨和二胁侍。第 3 层坛座为八角形，上塑四方佛。第 4 层塑佛和阿难、迦叶、文殊、普贤像。第 5 层塑毗卢舍那如来佛和人大菩萨。各佛像雕塑精细，各具情态，有极高的艺术价值。塔顶作八角攒尖式，上立铁刹，制作精美，与塔协调，更使木塔宏伟壮观。塔每层檐下装有风铃，微风吹动，叮咚作响，十分悦耳。

从结构上看，一般古塔都采用矩形、六角形或八角形平面。而木塔是采用两个内外相套的八角形，将木塔平面分为内外槽两部分，如图 12-16 所示。内槽供奉佛像，外槽供人员活动。内外槽之间又分别有地栿、阑额、普柏枋和梁、枋等纵向横向相连接，构成了一个刚性很强的双层套桶式空间结构。这样，就大大增强了木塔的抗倒塌性能。木塔的结构非常科学合理，榫卯咬合，刚柔相济，这种刚柔结合的特点有着巨大的耗能作用，这种耗能减震作用，大大提升了木塔抗震性能。

木塔外观为 5 层，而实际为 9 层。每两层之间都设有一个暗层。这个暗层从外看是装饰性很强的斗栱平座结构，从内看却是坚固刚强的结构层，建筑处理极为巧妙。这个结构暗层具有优越的力学性能，提升了木塔的稳定性和安全性。

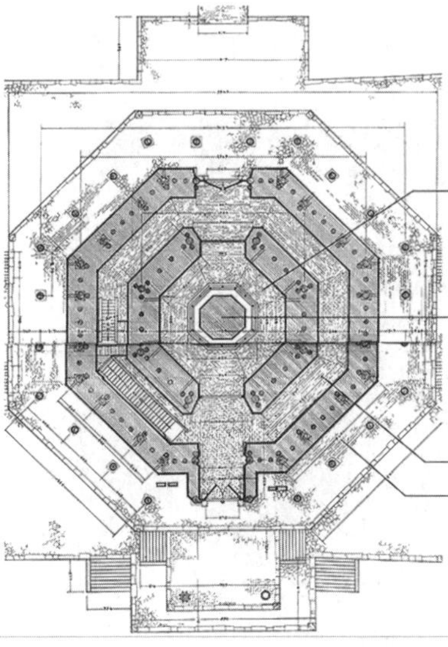

(a) 平面图

(b) 剖面图

图 12-16　应县木塔示意图 2

由于木塔榫卯的斗栱是半刚性连接，因此在受到大风地震等水平力作用时，木构件之间产生一定的位移和摩擦，从而可吸收和损耗部分能量，起到了减小变形的作用。应县木塔设计有近六十种形态各异、功能有别的斗栱，是我国古建筑中使用斗栱种类最多，造型设计最精妙的建筑。

(2) 独乐寺观音阁

独乐寺位于天津市蓟州区内，相传始建于唐，后于辽统和二年(984 年)重建，现存辽代建筑尚有山门及观音阁两处，现存建筑的木构部分为当时所建的原物。

观音阁位于山门以北，重建于辽统和二年，面阔五间（20.23 m），进深四间八椽（14.26 m），是我国现存最早的楼阁式木构建筑。观音阁如其名，为多层建筑，外观为2层，实际上是3层，中间有一暗层[图 12-17(a)、(b)]。屋顶为九脊殿式样。这座建筑的特色是中空，四周设两层围廊，空间构思独特。台基为石构，低矮且前附月台。古建筑中有楼与阁之分，唐宋之际，楼一般建于高台之上，不带平坐；而阁有平坐，通常只有相对低矮的台基。观音阁有两个平坐，一在内（中间的暗层），一在外（上层的走道）。平面为《营造法式》中所说的"殿堂"结构中的"金厢斗底槽"式样[图 12-17(c)、(d)]，并在第2层形成六边形的井口，以容纳高16 m的辽代泥塑十一面观音像。

(a) 外景

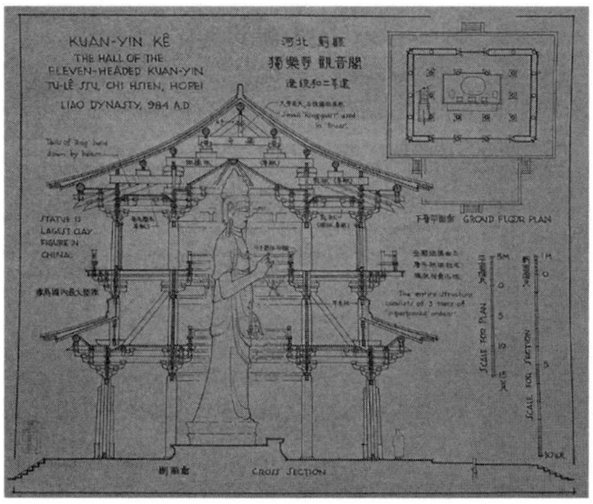

(b) 剖面图(《图像中国建筑史》梁思成手绘)

(c) 内部结构

(d) 平面图

图 12-17　独乐寺观音阁

建筑两层的顶部都有天花，乃小方格式的平暗，观音像的顶部则是斗八藻井。上层屋架的梁架结构藏在天花之上，内外柱之间架乳栿（天花之下为明栿，天花之上为草栿），内柱之间则架四椽栿，再上为平梁、蜀柱与叉手。三个楼层的内柱为同一位置，上层的柱子立于下层柱子顶端的栌斗之上。但中层的外柱并没有与第一层外柱对齐，而是稍往内收，立在梁枋之上。此种做法，造成了楼层的收分之势，在外观上更具美感。为了使结构更为稳固，中层内外柱之间加有斜撑。柱子仅端部有卷杀，并有侧脚。上、下层柱的交接采用叉柱造的构造方式。观音阁经受了千年来多次地震的考验，证明其结构是非常合理的。

观音阁斗栱的种类有24种，或承檐，或承平坐，或承梁枋，或在柱头，或转角，或补间，内外上下，各有不同，条理井然。各攒斗栱，皆可作建筑逻辑之典型(图12-18)。

(a) 下层柱头铺作

(b) 下层外檐柱头铺作

图12-18　下层柱头和下层外檐柱头铺作

独乐寺观音阁是研究唐辽之际建筑过渡形制的绝好实例，外观上也能让人很直观地感受到中国古代木构建筑的雄美。正如梁思成所评价："伟大之斗栱，深远之出檐，屋顶和缓之斜度，稳固庄严，含有无限力量，颇足以表示当时方兴未艾之朝气。"

（二）现代木结构

（1）梼原木桥博物馆

由日本隈研吾建筑事务所设计的梼原木桥博物馆位于日本高知县梼原町。这个方案将日本传统美学与当代建筑元素相结合，力求让建筑与周边自然景观和谐共处。建筑由众多相互交织排列的木梁架组成，所有结构都由建筑底部的一根中心支柱支撑(图12-19)。

(a) 外景

(b) 内景

图12-19　梼原木桥博物馆

博物馆两头设有两部全玻璃升降电梯，这两个透明的玻璃长方体被巧妙地掩藏在背后的植物景观中，突出了全木质结构的建筑主体。

建筑与周边环境相融合。重叠的木梁结构被转化成室内天花板，同时也突出了整个建筑倒三角的形式特点。地面与天花板之间被玻璃板包围起来，为公共大厅和每个展厅提供了向外观景的良好视野。

在这个项目当中，建筑师用小部件组成了结构体系，其灵感来源于日本传统和中国传统的悬臂式结构，并认为这是一个可持续发展的好例子，实现大悬挑，却没有使用任何大型构件。实现传统与现代的对话，将传统木构建筑的精髓打造出一个全新的形式，同时又散发出浓浓的亚洲风味。该建筑采用胶合木建造，体现了胶合木的材料潜力。

通过采用本地红杉木的小构件组成了大体量的新外形，建筑被设计成一个极具雕塑感的三角体量，并对邻近山体和森林表达敬意。整个结构采用 180 mm×300 mm 体量的胶合木构件堆叠，所有结构由底部中心支柱支撑。

(2) 高黎贡手工造纸博物馆

高黎贡手工造纸博物馆(图 12-20)位于云南省腾冲市界头乡新庄村，项目建筑师为迹·建筑事务所(TAO)的华黎，建筑的目的是向来访者展示新庄古老的手工造纸工艺及相关文化产品，建筑内部也设有办公空间、茶室和客房等。当地有很古老的手工造纸技艺传统，造纸原料完全是自然材料——构树皮，制造过程绝大部分为手工过程，造出的纸很有韧性与质感。在新庄，造纸已不仅是门技艺，它还作为一种文化深深植根于村民的心中。手工造纸博物馆将被用于陈列相关器物和展示文献，一则教育村民继承传统，二则向外来访客宣传介绍。建立博物馆的目的是保护手工纸制造的古老工艺和文化，而博物馆建筑的建设本身也将成为这一传统文化及其价值观的组成内容，手工纸和博物馆共同构成地域文化的物质媒介。

(a) 外景

(b) 内景

图 12-20　高黎贡手工造纸博物馆

建筑基地南北长 15 m，东西长 20 m，并有近 1 m 的高差，坐落于龙上寨的村口。周边地势东北高西南低，北侧是进村道路，东侧是村子，西侧是开阔的田野，南侧则是一片树林。云雾缭绕的高黎贡山延绵于场地的北、东两个方向，形成一道独特的景观。

博物馆是由几个大小不同的体量高低错落组成的建筑聚落，如同一个微缩的村庄，整体呈 U 形，中间的院子对着西侧的田野和山景(图 12-21、图 12-22)。博物馆建筑为木框架结构，主体结构构件采用当地的杉木，屋顶的材料使用竹子，连接方式采用传统的榫卯连接。在建构形式上真实反映材料、结构等元素的内在逻辑，以及建造过程的痕迹与特征。这一建筑集合包括 1 个 3 层体量(正房)，1 个 2 层体量(阳台)以及 6 个独立的展厅，这样的拆解使建筑的尺度变小，更好地融入环境。展厅高度、形状各不相同，分别对应着手工造纸的 6 道工序，在空间上形成延续的动线。人在其中穿行的时候，可以看到外面优美的自然景色；室内外之间、人工环境与自然景色之间不断交叉转换的观览体验形成一种提示——手工造纸与当地环境密不可分的关系。建筑的每个体量都不规则并略有角度变化，整体上形成一种轻微自然的转折，这来自场地自身的不规则性以及村落自然生长的形式特征。从整体上看，龙上寨的村落空间连同博物馆又形成一个更大的博物馆，因为每一户人家都可以向来访者展示造纸的工艺；而博物馆又好像浓缩了村庄的空间体验，就像对村子的一个预览。

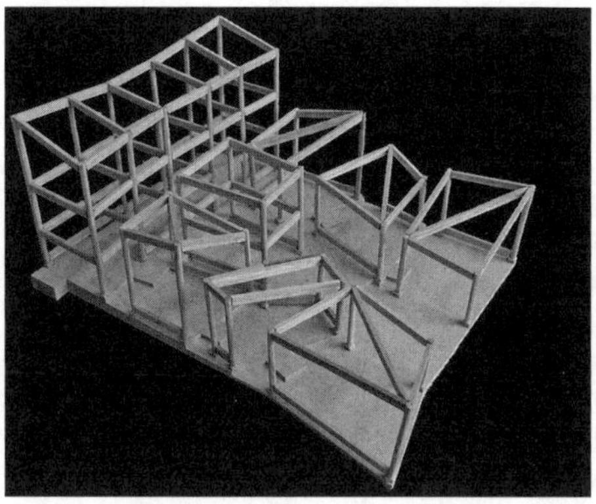

图 12-21　结构模型

图 12-22　建筑模型

入口设在东边正房的东北角，由于建筑与路距离很近，入口台阶侧向对着东边有两棵大树的空地，这里是村庄入口的一块公共空间。建筑虽小，却具有综合的功能。两层高的门厅与书店相连；顺应场地原有的地形，展厅从东向西逐级而下，在穿越中心的院子后，又折返至入口；中间的茶室面向院子，推拉折叠门可以全部打开，一览田野与山景。第 2 层为工作区，经过室外楼梯可到达第 3 层的客房，中间是一个东西通透、上面有玻璃顶遮雨的半室外空间，向东则为面向高黎贡山的取景框——一处看山的绝佳场所，人在西侧的屋顶露台上可看到展厅起伏的屋顶和远处的田野。

设计采用当地的杉木、竹子、手工纸等低能耗、可降解的自然材料来减少对环境的影响。建筑适应当地气候，充分利用当地材料、技术和工艺，结合了传统木结构体系和现代构造做法，全部由当地工匠完成建造，使项目建设本身成为地域传统资源保护和发展的一部分。

12.5　小结

本章介绍了木结构相关的知识和原理。首先给出了木结构的定义，总结了木结构的优缺点及其在国内外的发展现状。针对古代木结构，讨论了抬梁式和穿斗式木构架的构造特点、地域和应用范围；介绍了榫卯节点的原理和组成；给出了斗栱的原理和特点；介绍了古代木结构的造型特点、布局特点、装饰特点、历史沿革等其他特点。围绕基于现代木材工业产品和结构计算理论的现代木结构，介绍了其分类和特征，分别给出了轻型木结构和重型木结构的产品工艺和施工要点。最后分别选取了古代木结构和现代木结构的案例，各自讨论了它们的建筑、结构和材料特点。

通过对本章的学习，我们要掌握木结构相关概念和原理，利用木结构的结构和美学特征为建筑赋予更灵动的生命。

第 12 章习题

1. 简述木结构的特点。
2. 简述古代木结构的主要类型和特点。
3. 简述现代木结构的主要类型和特点。
4. 简述古代木结构中斗栱的定义和特点。
5. 现代木结构的用材主要有哪些类型?
6. 在制作木结构构件时,木材含水率应符合什么要求?
7. 现代木结构构件的连接方式主要有哪几种?
8. 古建筑木结构的屋面造型主要有哪些类型?
9. 举例说说古代和现代木结构的典型建筑,并说出其特点。
10. 简述几种古代木构建筑的榫卯节点类型及其特点。

第 13 章　钢筋混凝土楼屋盖结构

13.1　建筑楼(屋)盖概述

常见建筑结构承重体系可以分为水平结构体系与竖向结构体系，两种体系互相作用、共同承受建筑物上的竖向荷载和水平荷载。通常水平结构体系有楼盖、屋盖，竖向结构体系有承重的砌体、柱、剪力墙、筒体等。水平结构体系往往在建筑结构中起着直接承受竖向荷载[如面层、顶棚层或防水层和保温层、楼(屋)盖上活荷载等]的作用，并将竖向荷载和楼(屋)盖的自重传给竖向结构体系，同时将水平力分配给竖向结构体系。它也是竖向结构体系的支撑和水平联系。

钢筋混凝土梁板结构是土木工程中常见的结构形式，钢筋混凝土楼(屋)盖、楼梯等在建筑结构中应用广泛。楼盖也称楼层，通常由面层、结构层和顶棚组成。屋盖也称屋顶，屋顶通常由结构层、保温层和防水层组成。楼(屋)盖是建筑结构中的重要组成部分，楼(屋)盖结构选型布置，对于建筑结构的安全使用和经济合理有着非常重要的意义。楼(屋)盖在整个房屋的材料用量和造价方面所占的比例是相当大的，因此合理选择楼(屋)盖的形式，正确地进行设计布置，将对整个建筑的技术经济指标具有一定的影响。

13.2　建筑楼(屋)盖的结构类型

钢筋混凝土楼(屋)盖按施工方法分类，可分为现浇式、装配式和整体装配式三种。

(一) 现浇式楼(屋)盖

现浇式楼(屋)盖(图 13-1)整体性好、刚度大、防水性好和抗震性强，并能适应于房间的平面形状、设备管道、荷载或施工条件等比较特殊的情况。其缺点是费工、费模板、工期长、

(a)

(b)

图 13-1　现浇式楼(屋)盖

施工受季节的限制，故对于建筑平面布置不规则的局部楼(屋)面或运输吊装设备不足的楼(屋)面通常采用此形式。

（二）装配式楼(屋)盖

装配式楼(屋)盖采用混凝土预制构件(图 13-2)，便于工业化生产，在多层民用建筑和多层工业厂房中得到广泛应用。但是，这种楼面由于整体性、防水性和抗震性较差，不便于开设孔洞，故对于高层建筑、有抗震设防要求的建筑以及使用上有防水和开设孔洞要求的楼面，均不宜采用。

(a) (b)

图 13-2　装配式楼(屋)盖

（三）装配整体式楼(屋)盖

装配整体式楼(屋)盖(图 13-3)，较装配式楼(屋)盖整体性要好，较现浇式楼(屋)盖节省模板和支撑。但这种楼(屋)盖需要进行混凝土的二次浇筑，有时还需增加焊接工作量，故对施工进度和造价都带来一些不利影响。装配整体式楼(屋)盖兼有现浇式和装配式的某些优点与缺点。因此，这种楼(屋)盖多用于工期要求较短且整体性要求较高的建筑。

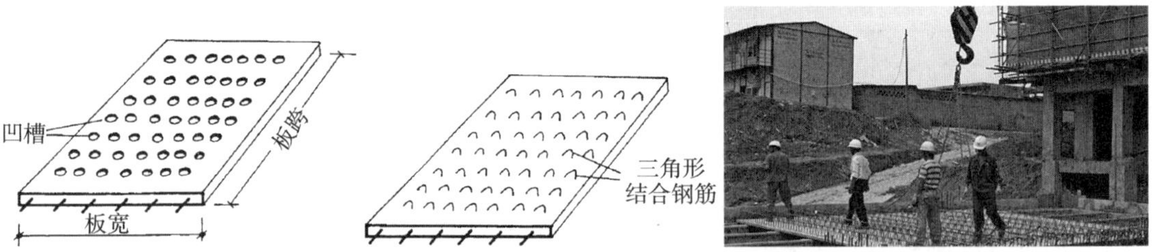

(a) (b) (c)

图 13-3　装配整体式楼(屋)盖

13.3　现浇肋形楼(屋)盖

现浇肋形楼(屋)盖由板、主梁、次梁组成(图 13-4)，肋形楼盖中的“肋”便指的是主梁与次梁，三者整体相连，通常为多跨连续的超静定结构。板承受荷载后将力传递至次梁与主梁，而后由次梁与主梁传递至竖向结构体系。

图 13-4　现浇肋形楼(屋)盖

在竖向荷载作用下,板发生弯曲变形,按照受弯情况可将其分为单向板与双向板。单向板主要在一个方向受弯,双向板在两个方向均受弯,且弯曲程度相近。单向板与双向板除了板的受弯情况不同,荷载的传递方式也不同。单向板的荷载主要沿着一个方向传递,而双向板的荷载向两个方向传递。依据《混凝土结构设计规范(2015 年版)》(GB 50010—2010),对单向板与双向板的计算分类规定如下:

(1) 两对边支承的板,应按单向板计算。

(2) 四边支承的板应按下列规定计算:① 当长边与短边长度之比不大于 2.0 时,两个方向受弯,且相差不大,应视为双向板;② 当长边与短边长度之比大于 2.0,但小于 3.0 时,宜视为双向板;③ 当长边与短边长度之比大于 3.0 时,板主要在短跨方向受弯,而长跨方向的弯矩很小,可忽略不计,宜视为单向板。

13.3.1　单向板肋形楼(屋)盖

钢筋混凝土单向板肋形楼(屋)盖的结构布置主要是主梁、次梁的布置。其中,次梁的间距决定板的跨度,主梁的间距决定次梁的跨度,墙或柱的间距决定主梁的跨度。在实际工程中,单向板、次梁、主梁的常用跨度为:单向板 1.7～2.5 m(一般不宜超过 3 m);次梁 4～6 m;主梁 5～8 m。

(一) 常用的单向板肋形楼(屋)盖结构平面布置方式

在满足建筑使用要求的前提下,主梁的布置方案有三种,分别为:沿房屋横向布置;沿房屋纵向布置;沿房屋纵横向布置。

(1) 主梁横向布置

主梁横向布置如图 13-5 所示,这种布置方法使主梁和柱形成多榀横向平面框架,纵向次梁起连接作用,从而使横向抗侧移刚度大,整体性较好,对采光通风有利,但对建筑物的室内净高有影响。

(2) 主梁纵向布置

主梁纵向布置如图 13-6 所示,这种布置方法横向为次梁。由于次梁高度较小,可获得较高的室内净高,也利于管线穿行,但横向抗侧刚度较差,进深尺寸受限制。

(3) 主梁纵横向布置

主梁以纵横向布置如图 13-7 所示,这种布置方法使两个方向的框架梁均承受楼面荷载,具有较好的整体工作性能,当楼面作用荷载较大时,常采用此种布置方式。

主次梁布置应力求规整,以使板厚和梁截面尺寸尽量统一。柱网宜为正方形或矩形,主次梁应尽可能连续贯通，以加强楼盖整体性，并便于设计和施工。

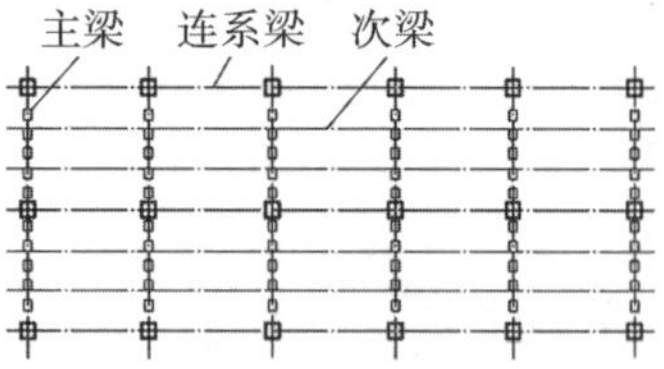

图 13-5　主梁横向布置

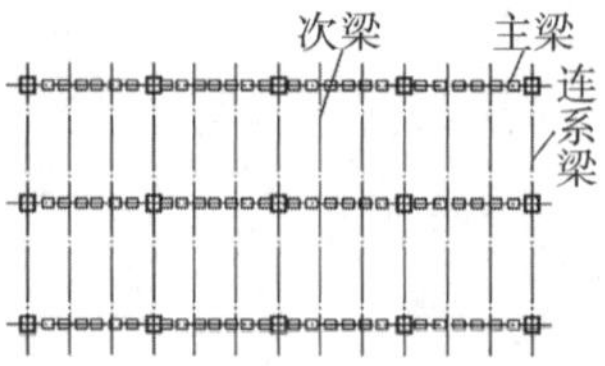

图 13-6　主梁纵向布置

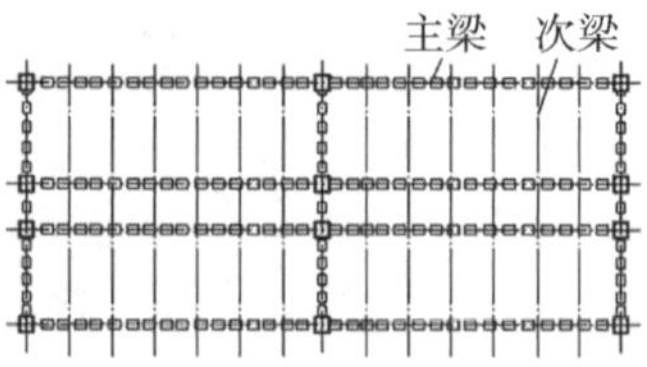

图 13-7　混合布置

（二）单向板肋形楼(屋)盖结构的构造

（1）板的构造

为了保证板结构的刚度，单向板板厚一般取 $l_0/40 \sim l_0/35$，悬臂板可取 $l_0/12 \sim l_0/10$，l_0 为板的计算跨度。

板在受正弯矩时，上侧受压，下侧受拉，故在上下均需要在受拉区布置钢筋以主要承受拉力，在受压区布置钢筋以协助混凝土受压。承受负弯矩时与之相反。故板中受力钢筋有板面承受负弯矩的板面负筋和板底承受正弯矩的板底正筋，常用直径为 6～12 mm。为方便施工，在选择板内正、负钢筋时，一般宜使它们的间距相同而直径不同，但直径不宜多于两种。

（2）次梁的构造

次梁的截面高度一般为跨度的 1/15～1/12，梁宽通常为梁高的 1/3～1/2。

次梁的受力情况与板相似，均存在正弯矩区与负弯矩区。次梁的配筋方式有弯起式与连续式。弯起钢筋是指混凝土结构构件的下部(或上部)按规定的部位和角度弯至构件上部(或下部)的纵向受拉钢筋，是由纵向受力钢筋弯起而成。弯起钢筋在跨中附近和纵向受拉钢筋一样可以承担正弯矩；在支座附近弯起后，其弯起段可以承受弯矩和剪力共同产生的主拉应力；弯起后的水平段有时还可以承受支座处的负弯矩。当梁的跨度相等或相邻跨度相差不超过 20%，且活荷载与恒载之比 $q/g \leqslant 3$ 时，梁中纵向钢筋沿梁长的弯起与截断可参照图 13-8。

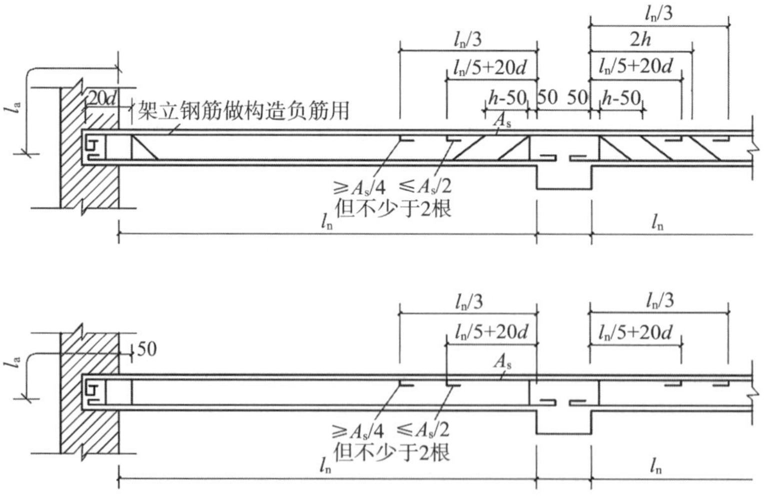

图 13-8　次梁的钢筋布置(上为有弯起钢筋，下为无弯起钢筋)(单位：mm)

（3）主梁的构造

主梁的截面高度一般为跨度的 1/12～1/8，梁宽通常为梁高的 1/3～1/2。

主梁的一般构造要求与次梁相同。主梁内纵向钢筋弯起与截断的位置，需要由相应的力学计算分析(包络图布置)确定。主梁与次梁相交处，次梁传来的集中荷载有可能在主梁上产生斜裂缝而引起局部破坏，所以在主梁与次梁交接的位置应附加设置横向钢筋(附加箍筋、附加吊筋，见图 13-9)。同时，作用在梁下部或梁截面刚度范围内的集中荷载，应全由附加横向钢筋承担。其中应优先采用附加箍筋。

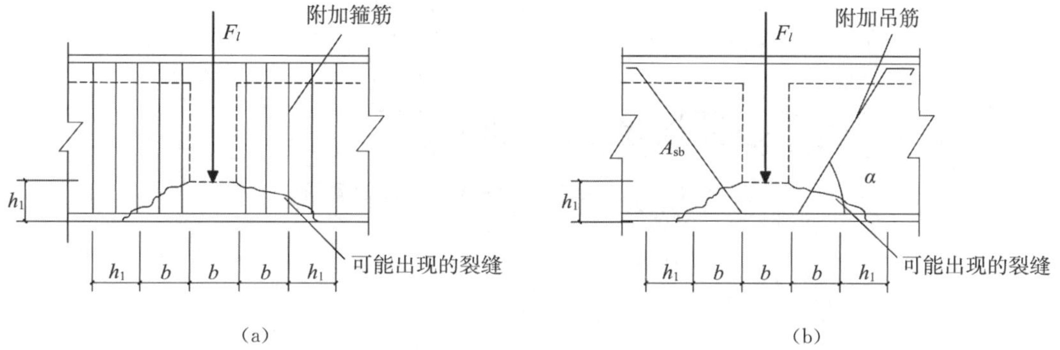

图 13-9　箍筋、吊筋示意图

13.3.2　双向板肋形楼(屋)盖

按照前文对于双向板的定义，双向板沿两个方向弯曲和传递荷载，及两个方向共同受力，所以两个方向均需要配置受力钢筋。

试验表明，当四边简支板承受均布荷载作用时，当荷载逐渐增加，第一条裂缝首先出现在板底中央，板的受力性质由弹性转为塑性，接着裂缝逐渐增加，并沿着对角线成 45°，向四角扩展，如图 13-10(a)、(b)所示。荷载继续增加，当板底接近破坏时，在板顶的四角随即出现垂直于对角线方向大致呈圆形的裂缝，导致板底裂缝进一步扩展，如图 13-10(c)所示。这时板的钢筋应力迅速增大，应变随即增大，直到钢筋屈服而破坏。由于四边简支板的四角有翘起的趋势，因此板上荷载传给四边的压力并不均匀，而是中部较大两端较小。

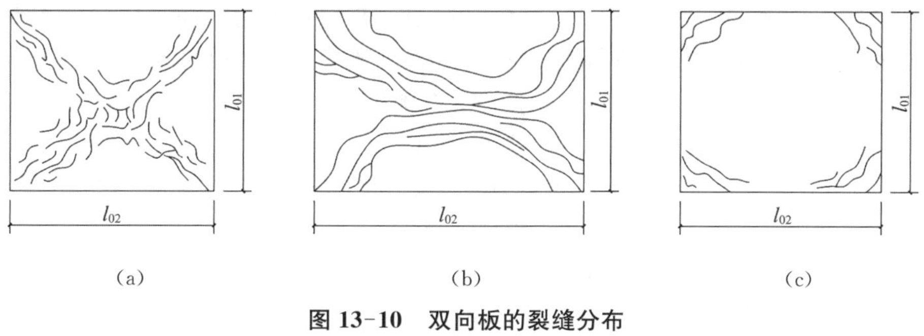

图 13-10　双向板的裂缝分布

双向板沿两个方向传递给支承梁的荷载可以用近似方法确定，即从每一区格板的四角作 45°分角线，将整块板分为四小块，每块面积上的荷载就近传递至其支承梁上，如图 13-11 所示。沿短跨方向的支承梁承受板面传来的三角形荷载，沿长跨方向的支承梁承受板面传来的梯形荷载。

构造上，双向板的板厚度不宜小于 80 mm，为满足板的刚度要求，简支板板厚应不小于 $l_0/40$，连续板应不小于 $l_0/50$，其中 l_0 为短边的计算跨度。

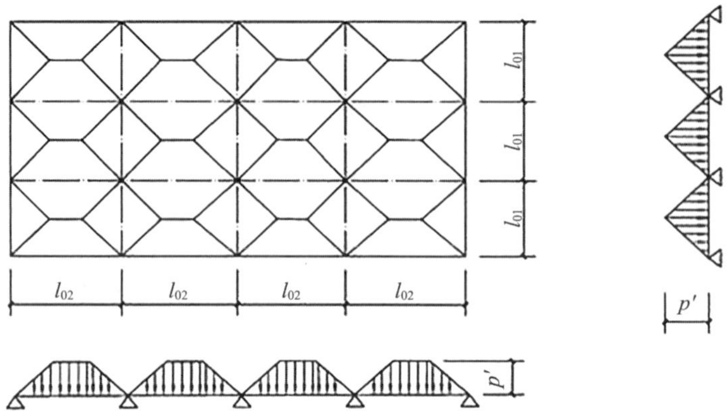

图 13-11　双向板支承梁承受的荷载示意图

13.4　无梁楼(屋)盖

无梁楼(屋)盖是一种不设梁,楼板直接支承在柱上、楼(屋)面荷载直接通过柱子传至基础的板柱结构体系,如图 13-12 所示。无梁楼(屋)盖通常用于多层的工业与民用建筑中,如商场、冷藏库、仓库等。这些建筑因功能的需要,在较大空间内不允许设置梁以增加房间净高,故选择直接将楼板支承在柱上。无梁楼(屋)盖一般分为无柱帽和有柱帽两类,楼(屋)面荷载较大时,必须采用有柱帽的无梁楼(屋)盖,以提高楼(屋)盖承载能力和刚度,避免楼(屋)盖板太厚。

图 13-12　无梁楼(屋)盖

相比于肋形楼(屋)盖,无梁楼(屋)盖传力简洁,增大了房间净高。但由于没有设置主梁与次梁,钢筋混凝土板需要增加厚度以提高截面抗弯能力,故板厚通常不小于 200 mm。当混凝土板厚度较大时,为减轻自重,可在板内预埋空心管,管两端用泡沫塑料塞紧,如图 13-13 所示。筒芯的外径通常可取 100 mm、120 mm、150 mm、180 mm、200 mm、220 mm、250 mm、280 mm、300 mm、350 mm、400 mm、450 mm、500 mm;长度可取 500 mm、1 000 mm、1 500 mm、2 000 mm。

除填充筒芯外,当楼板厚度较大时,也可采用填充箱体的方式来减轻自重,如图 13-14 所示。箱体的底面宜为正方形,其边长可取 400～1 200 mm。当边长大于 600 mm 时,宜在箱体中设置竖向孔洞,箱体的高度可取 150～500 mm。

当内模为筒芯时,现浇混凝土空心楼板截面的尺寸应根据相应的计算确定,并应符合下列构造要求:

(1) 楼板的厚度不宜小于 200 mm;

(2) 筒芯顺筒肋宽与筒芯外径的比值不宜小于 0.2,顺筒肋宽尺寸不应小于 50 mm;

(3) 板顶厚度和板底厚度宜相等且不应小于 40 mm。

图 13-13　筒芯内模

图 13-14　箱体内模

当内模为箱体时，现浇混凝土空心楼板截面的尺寸应根据相应的计算确定，并应符合下列构造要求：

(1) 楼板的厚度不宜小于 250 mm；

(2) 箱体间肋宽与箱体高度的比值不应小于 0.25，肋宽尺寸不应小于 60 mm；

(3) 板顶厚度和板底厚度宜相等且不应小于 50 mm。

13.5　井式楼(屋)盖

当房屋的建筑平面接近方形或柱网两个方向的尺寸接近，常将两个方向的梁做成不分主次、共同承受竖向荷载的等高梁，相互交叉形成井式楼(屋)盖。井式楼盖在梁的交叉处不设柱，可以形成较大的使用空间，建筑较为美观，同时节省材料，造价较低。井式楼(屋)盖与现浇肋形楼(屋)盖的主要区别是，两个方向梁的截面高度通常相等，不分主次梁，共同承受楼板传来荷载。如图 13-15 所示。

(a)

(b)

图 13-15　井式楼盖

两个方向井字梁的间距可以相等，也可以不相等。如果不相等，则要求两个方向的梁间距之比 $a/b=1.0\sim2.0$。应综合考虑建筑和结构受力的要求，在实际设计中应尽量使 a/b 在 $1.0\sim1.5$ 之间为宜，一般格间距在 2～3 m 较为经济，且不超过 3.5 m，比双向板肋形楼(屋)盖中梁的间距小。井式楼(屋)盖常用梁与双向板尺寸如表 13-1 所示。

表 13-1　井式楼(屋)盖常用梁与双向板尺寸

类别	项目	梁高或板厚	常用跨度/m
井格梁楼(屋)盖	梁	$l_0/20 \sim l_0/15$	10～20
	双向板	$l_0/40$ 左右	3～5

注：l_0 为渠的跨度或板的短边跨度。

根据交叉梁系的交角，可以将井式楼(屋)盖分为正交与斜交两种。根据梁轴线与建筑轴线的平行关系，可以分为正放与斜放两种。结合两种设置方式，得到常用的三种组合形式：正交正放、正交斜放以及三向交叉。

(1) 正交正放

正交正放是指交叉梁系 90°正交，且梁轴线平行于建筑轴线的布置方式，如图 13-16 所示。正交正放适用于正方形建筑平面或正方形柱网，也可用于长方形建筑平面，板格可以适当调整为长方形，但长短边之比不宜大于 1.5。

(2) 正交斜放

正交斜放是指交叉梁系 90°正交，但梁轴线与建筑轴线斜交的布置方式，如图 13-17 所示。正交斜放适用于建筑平面的长短边之比为 1.5～2.0 的情况。梁跨度与平面边长无关，四角区域的短梁形成长梁的支座。

(3) 三向交叉

三向交叉是指交叉梁系三向斜交的布置方式，如图 13-18 所示。三向交叉适用于三角形或六角形建筑平面。

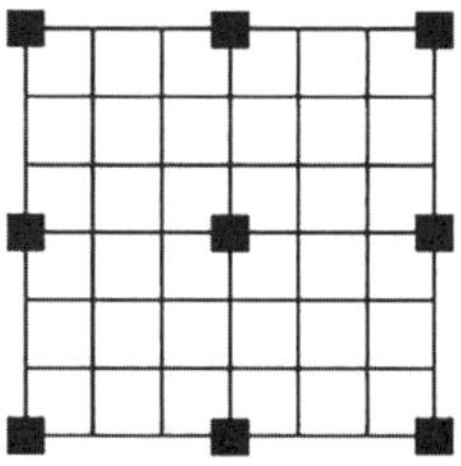

图 13-16　正交正放

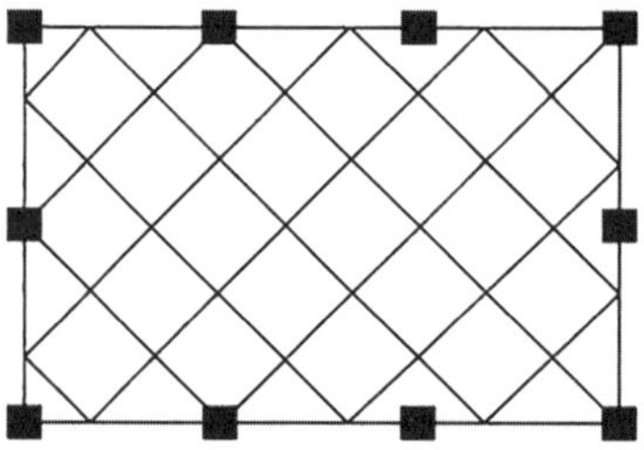

图 13-17　正交斜放

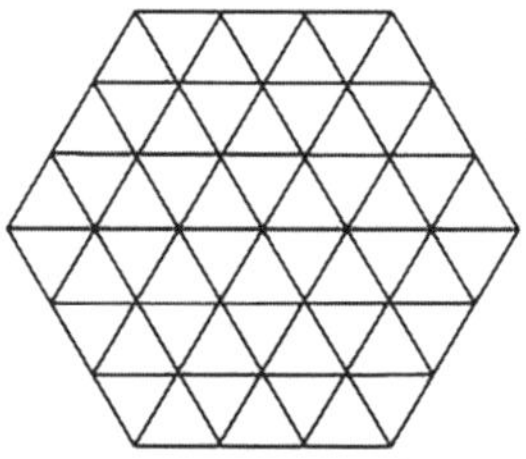

图 13-18　三向交叉

当楼(屋)盖矩形平面长边与短边之比接近或大于 1.5 时，斜放井字梁具有比正放井字梁更明显的经济和结构优势，如图 13-19 所示。

13.6　密肋楼(屋)盖

在单向板肋形楼板的基础上，如若梁肋间距小于 1.5 m 时，可将其视为密肋，这样的楼(屋)盖便称为密肋楼(屋)盖。密肋楼(屋)盖多适用于因跨度较大而梁高受到限制或楼板上的荷载较重的情况，在中大跨度的公共建筑中常常使用。密肋楼(屋)盖适用的跨度不大于 10 m。

根据肋与梁的布置方式以及楼板的受力情况，将密肋楼(屋)盖分为单向密肋楼(屋)盖与双向密肋楼(屋)盖两种类别，如图 13-20 和图 13-21 所示。

(一) 单向密肋楼(屋)盖

单向密肋楼(屋)盖相当于次梁间距小于 1.5 m 的单向肋形楼(屋)盖，其楼板单向受力工作，肋相当于次梁。肋间距较小，布置较密，故每根肋承受的荷载较小，截面尺寸也可相应减小。其传力途径与单向板肋形楼(屋)盖相同，由楼板传至密肋，密肋传至主梁，再由主梁传至柱墙等竖向结构体系。

构造上，单向密肋楼(屋)盖板的厚度不应小于 50 mm，肋间距不宜大于 700 mm，肋宽 60～120 mm，肋高通常为跨度的 1/20 左右。

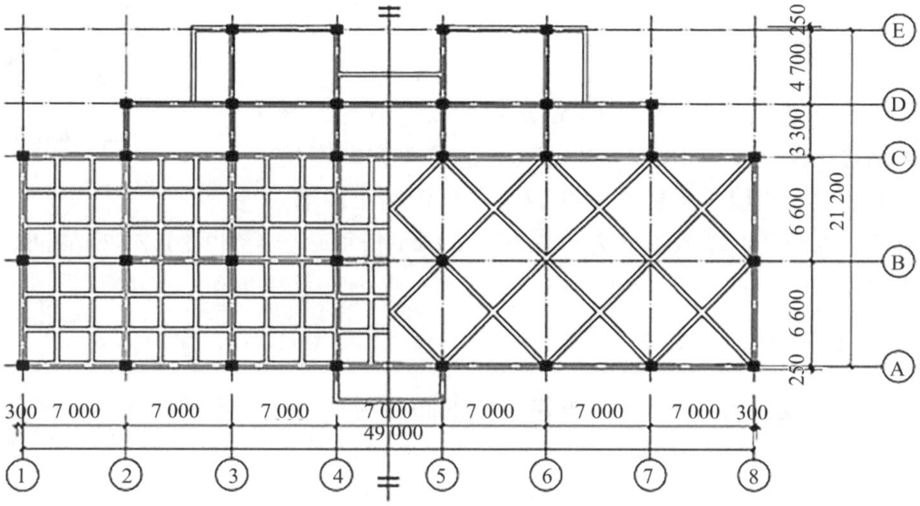

原方案：正交正放井字梁　　　　现方案：正交斜放井字梁

图 13-19　正交斜放与正交正放对比图(单位:mm)

图 13-20　单向密肋楼(屋)盖

图 13-21　双向密肋楼(屋)盖

(二) 双向密肋楼(屋)盖

双向密肋楼(屋)盖工作原理与井式楼(屋)盖的工作原理相似，其双向的梁肋间距都较小，楼板双向受力。同样地，肋的间距小故截面尺寸较小，能留出较大的房屋净高。传力途径由楼板传至密肋，再由密肋直接传递至柱墙等竖向结构体系。

构造上，板的厚度不应小于 50 mm，肋间距 600～1 500 mm，肋宽 60～120 mm，肋高为跨度的 1/20～1/17。

13.7　装配式楼(屋)盖

装配式楼(屋)盖是将各预制梁或板(包括叠合梁、叠合板中的预制部分)，在现场吊装就位后，通过构造措施使各构件形成整体。装配式楼盖、屋盖由预制构件在现场安装连接而成，有节约劳动力，加快施工进度，便于工业化生产和机械化施工等优点，但结构的整体性较现浇式楼(屋)盖而言较差。

13.7.1 装配式楼(屋)盖平面布置类型

根据结构平面布置方案的不同,将装配式楼(屋)盖主要分为横墙承重、纵墙承重、纵横墙承重三种类型。

(一) 横墙承重

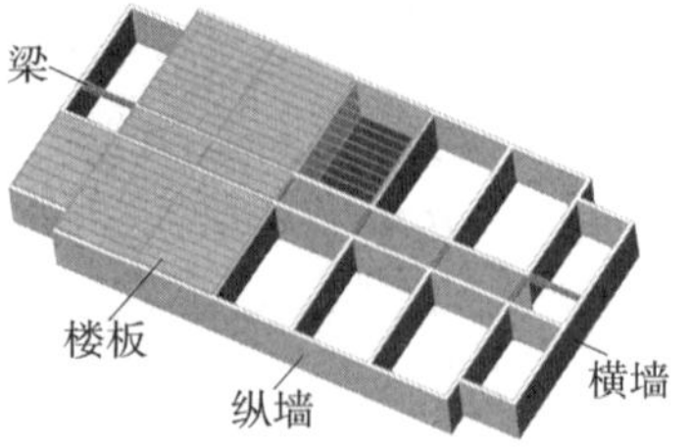

图 13-22 横墙承重

当横墙间距较小时,可以采用横墙承重的布置方法。将楼板直接搁置在横墙上,如图 13-22 所示,这类布置方案楼盖横向刚度较大。横墙承重体系的荷载由楼板传递至横墙,再由横墙传递到基础与地基。这类布置方式多用于住宅宿舍等开间不大,横墙间距较小的建筑形式中。

(二) 纵墙承重

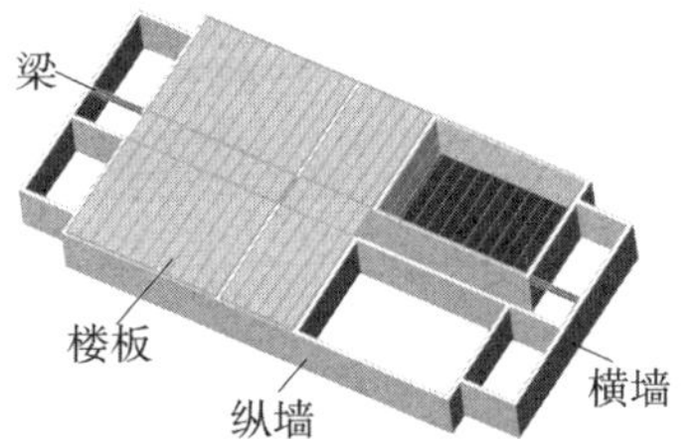

图 13-23 纵墙承重

当横墙间距较大时,便可采用纵墙承重的布置方法,如图 13-23 所示。将楼板直接搁置在纵墙上或将楼板铺设在梁上,这类方案结构平面布置灵活。纵墙承重体系的荷载由楼板传递至梁或屋架,再传递至纵墙,最后由纵墙传递到基础与地基;或者荷载直接由楼板传递至纵墙,最后由纵墙传递到基础与地基。

(三) 纵横墙承重

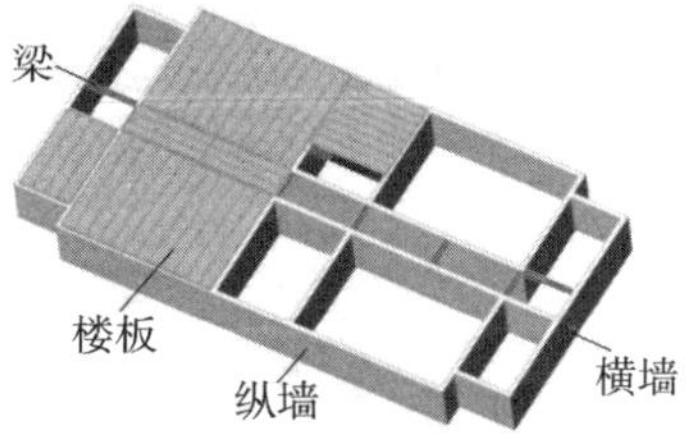

图 13-24 纵横墙承重

如图 13-24 所示,楼板一部分搁置在横墙上,一部分搁置在大梁上,而大梁则搁置在纵墙上;或者楼板一部分搁置在横墙上,一部分搁置在纵墙上。这种布置方式结合了横墙承重与纵墙承重两种方式。荷载由楼板传递至纵横墙,再传递至基础与地基。

13.7.2 装配式楼(屋)盖预制板

常用的预制板有实心板、空心板、槽形板、T 形板、夹心板等,如图 13-25、图 13-26 所示,一般均为本地区通用定型构件,由预制构件厂供应。

实心板上下表面平整,制作简单,适用于荷载及跨度较小的走廊板、楼梯平台板、地沟盖板等。

空心板较实心板的自重轻,节省材料,且刚度大,隔音、隔热效果亦好,但其板面不能任意开洞。空心板的孔洞可为圆形、正方形、长方形、椭圆形等,如图 13-27 所示。

实心板板厚通常为板跨的 1/30,常取 60～80 mm。空心板板厚通常为板跨的 1/35～1/30,常用 120 mm、180 mm、240 mm。板宽常用 500 mm、600 mm、900 mm、1 200 mm,当施工条件允许时,宜用宽板以提高楼(屋)盖整体性。

槽形板有肋向下的正槽形板和肋向上的倒槽形板,如图 13-28 所示。正槽形板可以较好地利用板面混凝土受压,但不能提供平整的天棚,倒槽形板则与之相反。槽形板的板面开洞较自由,在工业建筑中应用较广,但其隔音、隔热效果较差。槽形板板跨通常取 3～7.2 m,板厚通常为 30～35 mm,板宽常取 600～1 200 mm,肋高 150～300 mm。

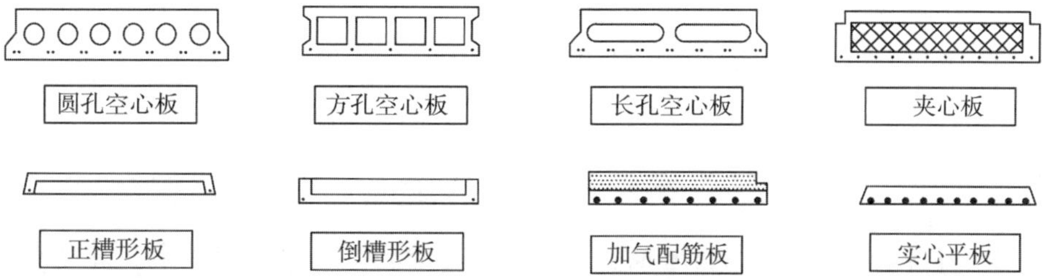

图 13-25　装配式楼(屋)盖预制板常用形式

(a) 圆孔空心板

(b) 长孔空心板

(c) 屋面槽形板

(d) 楼面槽形板

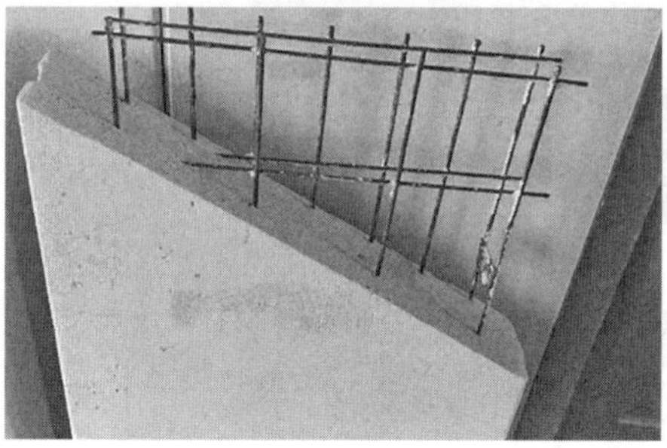

(e) 加气配筋板

(f) 实心平板

图 13-26　装配式楼(屋)盖预制板

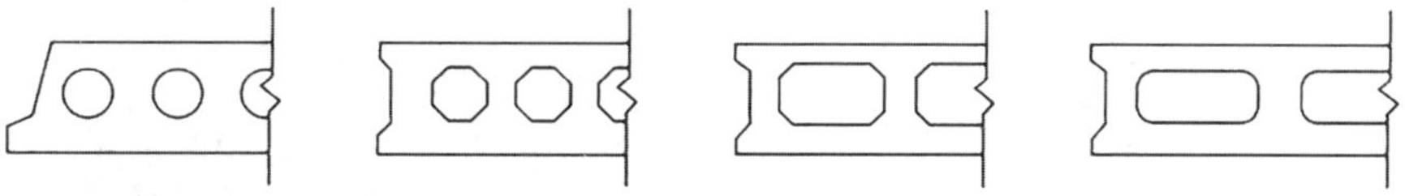

(a)　(b)　(c)　(d)

图 13-27　空心板孔洞形式

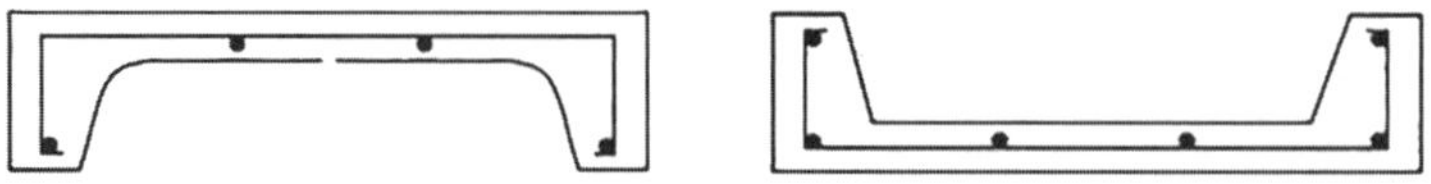

(a)　　　　　　　　　　(b)

图 13-28　槽形板截面形式

夹心板通常做成自防水保温屋面板，在两层混凝土中间填充泡沫混凝土等保温材料，将承重、保温、防水三者结合在一起。

13.7.3　装配式楼(屋)盖预制梁

装配式楼(屋)盖预制梁常有矩形梁、T 形梁、倒 T 形梁、十字形梁与花篮形梁，如图 13-29 所示。

(a) 矩形梁

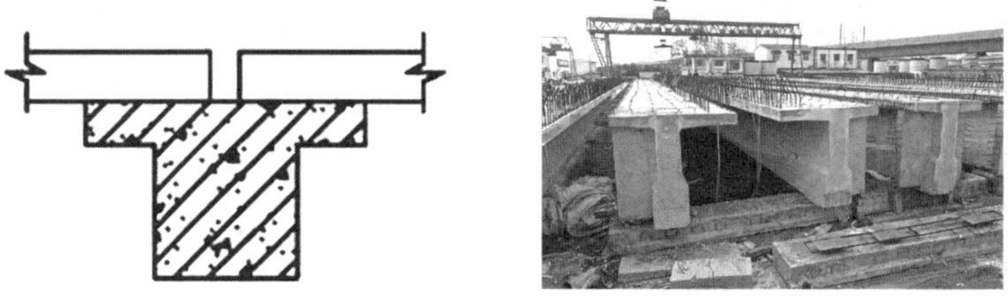

(b) T 形梁

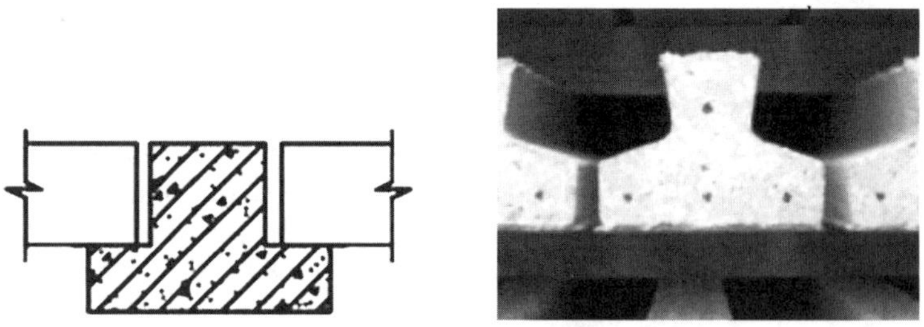

(c) 倒 T 形梁

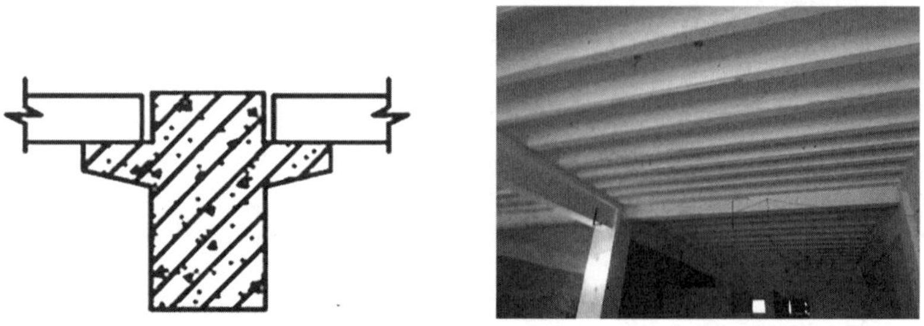

(d) 十字形梁

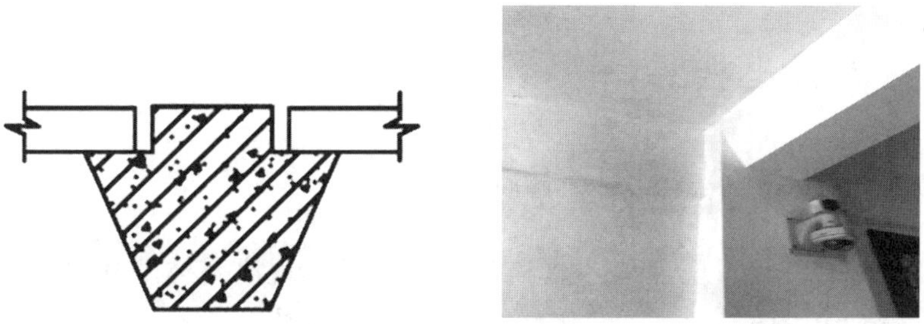

(e) 花篮形梁

图 13-29　预制梁的种类

13.7.4　装配式楼(屋)盖的连接

装配式楼(屋)盖的预制件吊装布置好后，需要在现场进行连接以形成整体。装配式楼(屋)盖的连接包括板与板之间的连接、板与墙或板与梁之间的连接。

（一）板与板之间的连接

板与板的连接，一般应采用不低于 C15 的细石混凝土或 M15 的水泥砂浆灌缝，如图13-30所示。当楼板有振动荷载或不允许开裂以及对楼盖整体性要求较高时，可在板缝内加短钢筋。

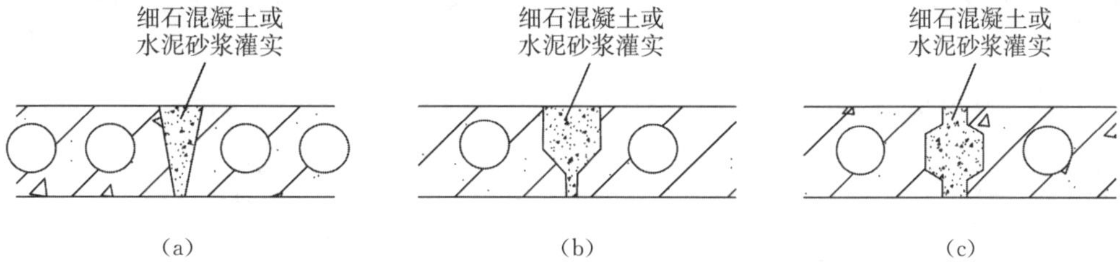

图 13-30　板与板之间的连接

（二）板与墙或板与梁之间的连接

板与支承墙或支承梁的连接可采用在支座上坐浆 10～20 mm 厚，且板在砖墙上的支承长度不应小于 100 mm，在混凝土梁上不应小于 80 mm，如图 13-31 所示。空心板两端的孔洞应用混凝土块或砖块堵实，避免在灌缝或浇筑混凝土面层时漏浆。

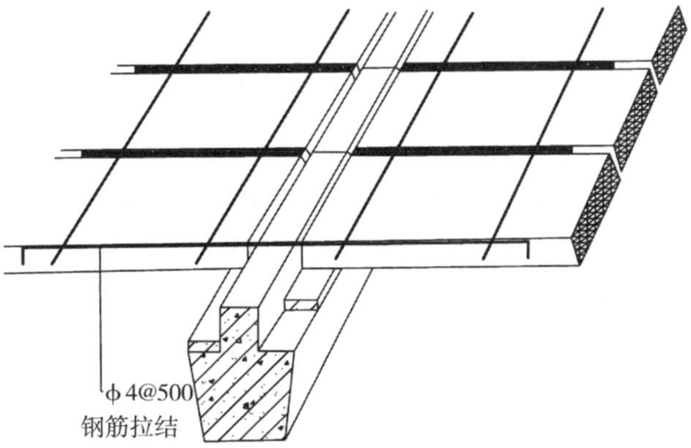

图 13-31　板与梁之间的连接

13.8 钢筋混凝土楼梯

13.8.1 钢筋混凝土楼梯的分类及特点

钢筋混凝土楼梯可分为现浇整体式和装配式两类。现浇整体式楼梯的结构设计较灵活,整体性好;装配式楼梯的制造工业化程度高,施工速度快。

现浇钢筋混凝土楼梯按其结构形式和受力特点可分为板式楼梯、梁式楼梯及一些特种楼梯,如螺旋板式楼梯和悬挑板式楼梯,如图 13-32 所示。

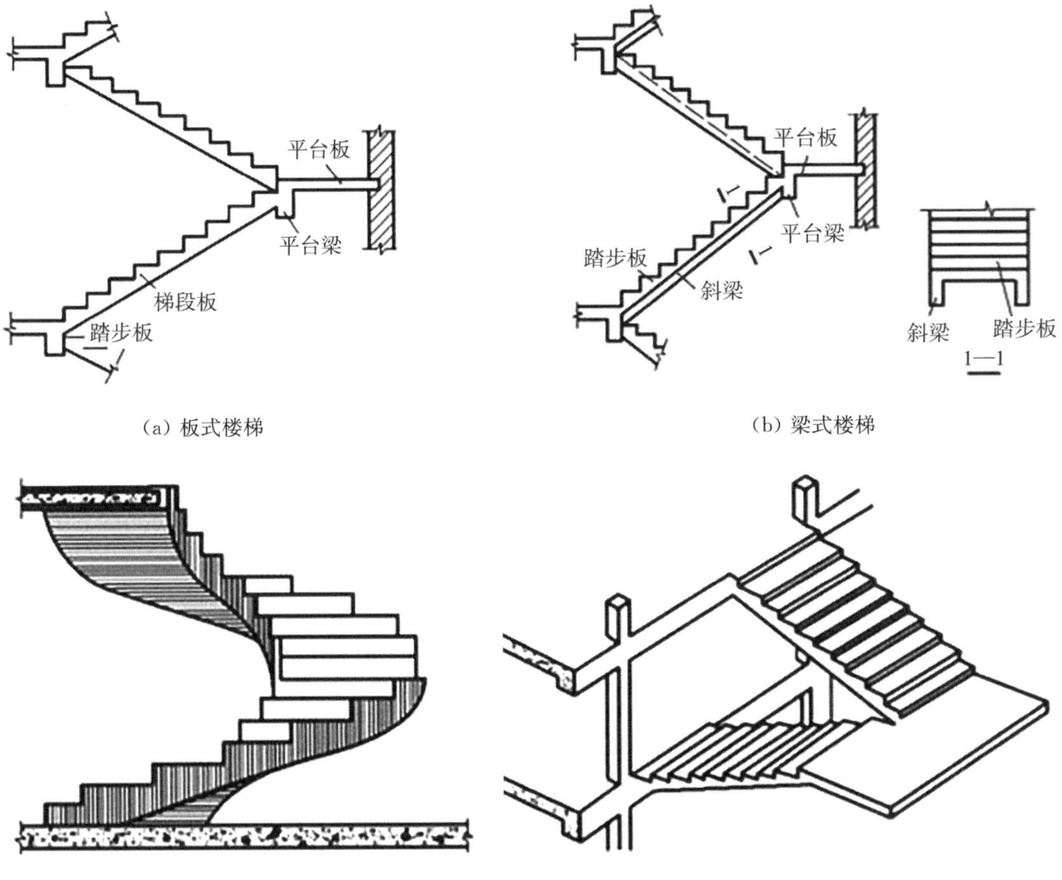

(a) 板式楼梯 (b) 梁式楼梯

(c) 螺旋板式楼梯 (d) 悬挑板式楼梯

图 13-32 现浇楼梯形式

板式楼梯由踏步板、平台板和平台梁组成,如图 13-33 所示,一般用于跨度在 3 m 以内的小跨度楼梯较为经济。板式楼梯的下表面平整,施工支模方便,外观也较轻巧,但斜板较厚(为楼段板长度的 1/30～1/25),当跨度较大时,材料用量较多。

板式楼梯可把梯段踏步板看成一块大的单向板。板式楼梯就是梯段踏步板直接支撑在两端的楼梯梁上。板式楼梯传力路线为楼梯板—两侧梁—墙或柱。

梁式楼梯由在斜板两侧或中间设置的斜梁、踏步板、平台板和平台梁组成,如图 13-34 所示。用于梯段较长时较为经济,但梁式楼梯的支模及施工均较板式楼梯复杂,且外观也显得笨重。

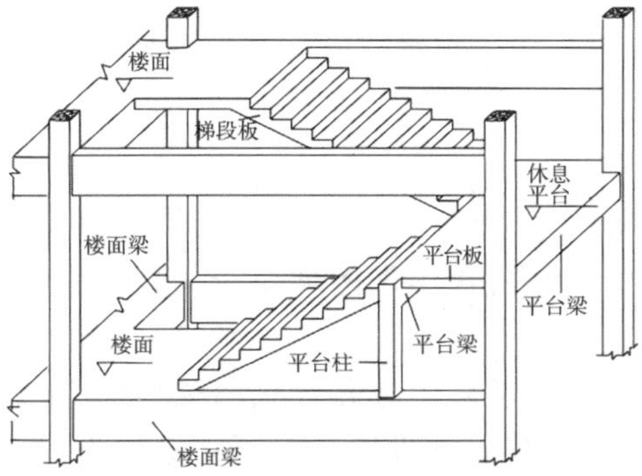

(a)

(b)

图 13-33　板式楼梯

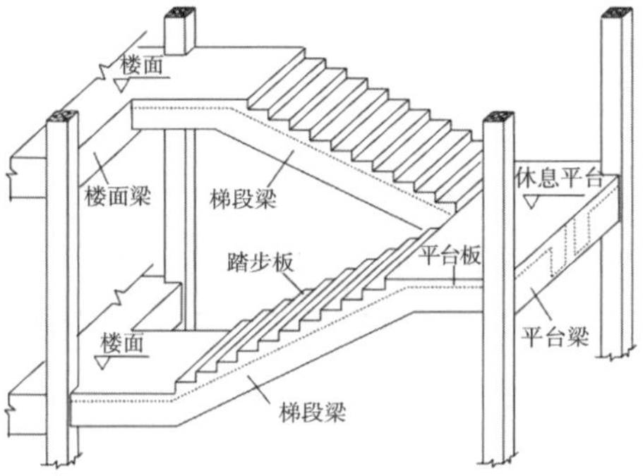

(a)

(b)

图 13-34　梁式楼梯

梁式楼梯是梯段踏步板直接搁置在斜梁上，斜梁搁置在梯段两端的楼梯梁上。梁式楼梯传力路线为踏步板—斜梁—两侧梁—墙或柱。根据踏步板的支承位置，可将其分为明步与暗步两种形式(图 13-35)。明步一般设置两根斜梁，位于踏步板两侧的下部，此时踏步外露。暗步的斜梁位于踏步板两侧的上部，这时踏步被斜梁包在里面。

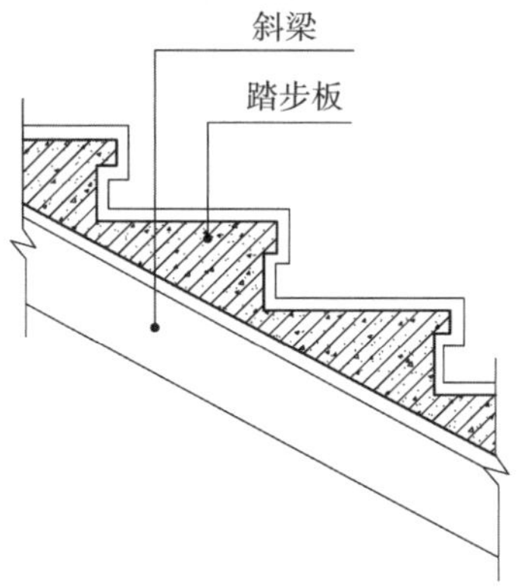

(a) 明步楼梯

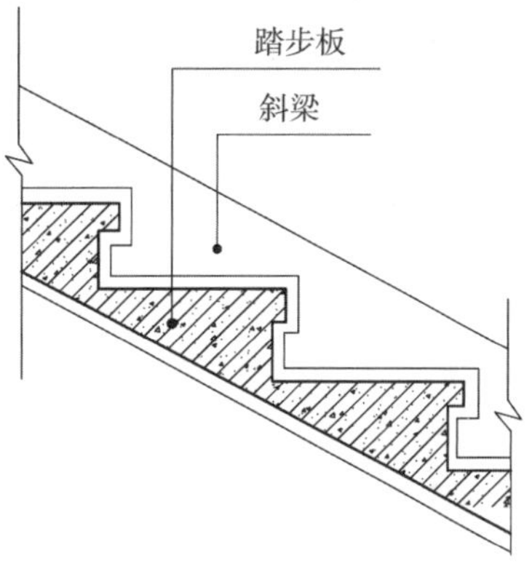

(b) 暗步楼梯

图 13-35　明步楼梯与暗步楼梯

螺旋板式楼梯及悬挑板式楼梯，其造型美观，建筑效果较好，常用于公共建筑中，但其受力较复杂、计算困难、材料用量大、造价高。装配式楼梯由预制的踏步板、斜梁、平台板和平台梁组成。在一般民用建筑中,装配式楼梯能起到加快施工进度和降低造价的作用。

13.8.2 现浇板式楼梯的构造

板式楼梯斜板承受均布面荷载作用,两端支承在平台梁上;平台板承受均布面荷载作用,两端支承在平台梁或墙上;平台梁承受楼梯斜板和平台板传来的均布线荷载作用,并传至墙体或柱,由墙体或柱再传给建筑物的基础。

斜板内设置有受力钢筋与分布钢筋,受力钢筋可有弯起式与分离式两种(图 13-36)。分布钢筋应在受力钢筋的内侧,可采用ϕ6 或ϕ8,并在每踏步下设置不少于 1 根。板式楼梯适用于梯段水平投影长度≤3 000 mm 的楼梯。

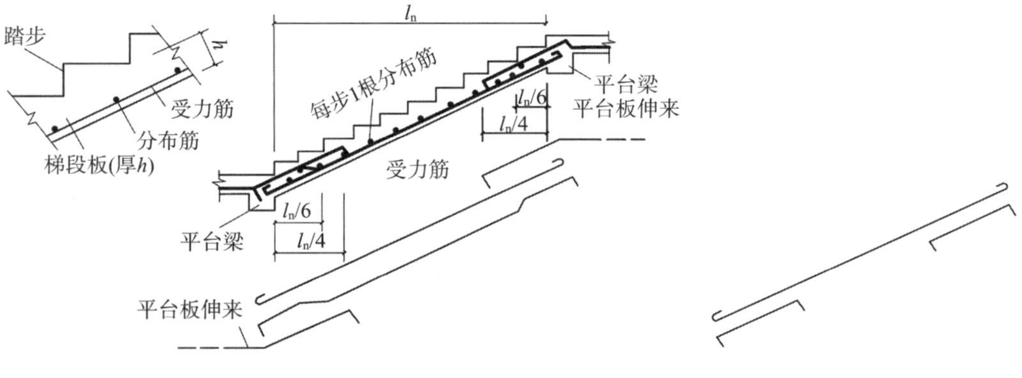

(a) 弯起式　　(b) 分离式

图 13-36　板式楼梯的配筋

13.8.3 现浇梁式楼梯的构造

梁式楼梯的踏步板两端支承在斜梁上,按两端简支的单向板计算。踏步板的厚度一般取 50～100 mm,踏步板每一踏步一般需配置不少于 2ϕ6 的受力钢筋,沿斜向应布置间距不大于 300 mm 的ϕ6 分布钢筋。梁式楼梯的踏步板还应配置负弯矩钢筋,即每两根受力钢筋中应有一根在伸入支座后,再弯向上部,如图 13-37 所示。

梁式楼梯梯段梁的截面高度一般取梯段长度的 1/12～1/10;平台梁的截面尺寸可按一般简支梁的要求确定。梁式楼梯适用于梯段水平投影长度≥3 000 mm 的楼梯。

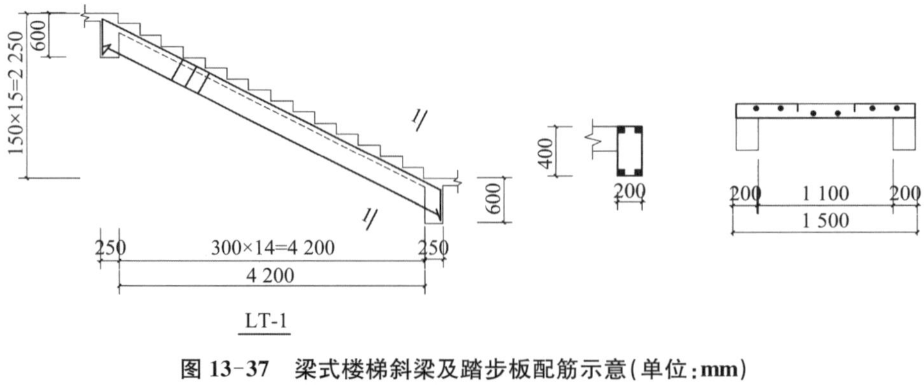

图 13-37　梁式楼梯斜梁及踏步板配筋示意(单位:mm)

13.8.4　装配式楼梯

常用的装配式楼梯有悬臂式楼梯、板式楼梯、小型分件装配式楼梯以及大型整体预制楼梯等。装配式楼梯一般各地均编有通用图，可根据制作、运输、吊装等条件选用。

悬臂式楼梯是将单块预制踏步板的一端砌固在砖墙内，如图 13-38 所示。居住建筑伸入墙内宜≥180 mm，公共建筑宜≥240 mm。但地震区不可采用。

装配式板式楼梯是由预制踏步板和预制平台梁组装而成。为运输方便，可将预制踏步板分成小块，如图 13-39 所示。踏步板在平台梁上至少应搭入 80 mm，且两者应采用焊接连接。

小型分件装配式楼梯是将踏步板、斜梁、平台板、平台梁分别预制，然后在现场进行拼装，如图 13-40 所示。

大型整体预制楼梯是将楼梯段和楼梯平台分别做成整块的大型构件，然后在现场进行安装就位，如图 13-41 所示。预制整体梯段可以是板式，也可以是梁式。大型整体预制楼梯的构件大，安装速度快。

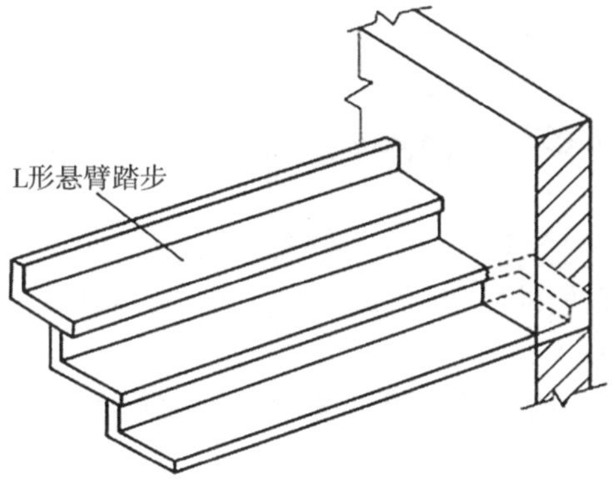

图 13-38　悬臂式楼梯

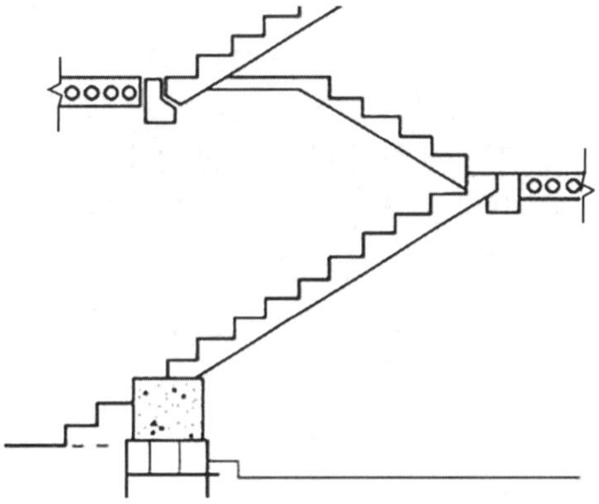

图 13-39　装配式板式楼梯

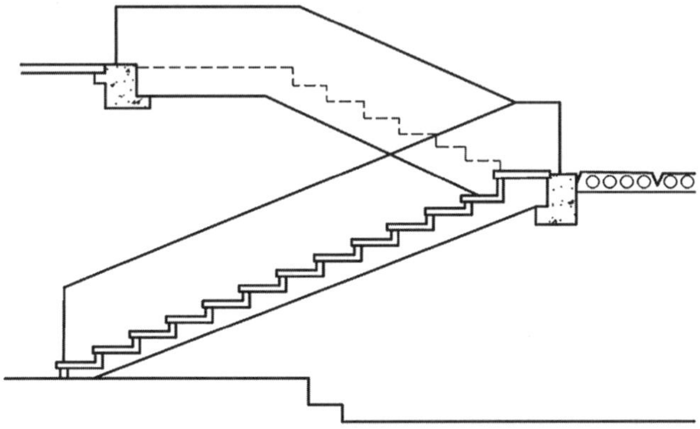

图 13-40　小型分件装配式楼梯

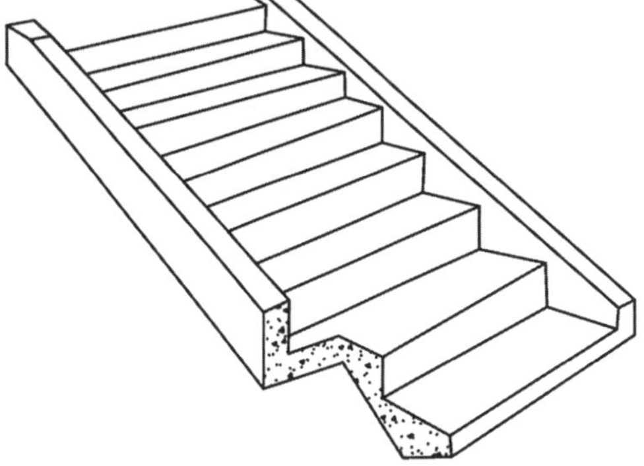

图 13-41　大型整体预制楼梯

13.9 小结

本章主要对钢筋混凝土楼(屋)盖类型以及钢筋混凝土楼梯进行介绍，我们需要了解楼盖与屋盖的基本概念与区别，厘清水平结构体系与竖向结构体系的概念与关系，掌握楼(屋)盖结构类型的分类方式与基本分类。本章对现浇肋形楼(屋)盖、无梁楼(屋)盖、井式楼(屋)盖、密肋楼(屋)盖以及装配式楼(屋)盖进行了介绍，我们需要掌握现浇整体式单向板、双向板楼(屋)盖的区分方法与受力特点，明确其构造要求；掌握无梁楼(屋)盖、井式楼(屋)盖、密肋楼(屋)盖的受力特点与构造要求；了解装配式楼(屋)盖的结构布置、预制梁板的形式、连接及构造要求。最后本章对钢筋混凝土楼梯进行了简单介绍，我们需要理解钢筋混凝土现浇板式楼梯、现浇梁式楼梯的构造要求，认识并能分辨各个概念之间的区别与联系。

第13章习题

1. 建筑结构中的水平结构体系和竖向结构体系分别是什么?
2. 钢筋混凝土楼(屋)盖按施工方法可分为哪几类?
3. 现浇肋形楼(屋)盖的类型有哪些？分别说出它们的特点。
4. 装配式楼(屋)盖平面布置类型有哪些?
5. 简述单向板和双向板的定义。
6. 钢筋混凝土楼梯的类型有哪些？分别说出它们的特点。
7. 常用的单向板肋形楼(屋)盖结构平面布置方式有哪些?
8. 相比于肋形楼(屋)盖，无梁楼(屋)盖的优点是什么？请说出无梁楼盖的受力特点。
9. 简述井式楼(屋)盖的主要组合形式。
10. 简述密肋楼(屋)盖的主要类型及其特点。

第 14 章　大跨度建筑结构

14.1　大跨度建筑结构概述

民用建筑中的影剧院、体育馆、展览馆、大会堂、航空港候机大厅及其他大型公共建筑，以及工业建筑中的大跨度厂房、飞机装配车间和大型仓库等多采用大跨度建筑结构。在我国，大跨度钢筋混凝土框架结构通常是指跨度大于 18 m 的建筑结构，大跨度钢结构是指跨度大于 60 m 的建筑结构。大跨度建筑结构通常需要应用先进的材料、工艺和设计技术，需要较高的工程技术水平和管理能力，因此其建造水平往往能够反映一个国家在材料科学、结构工程、设计技术等方面的综合实力。同时，大跨度建筑结构也是一个国家综合国力的体现之一。建造大跨度建筑结构需要大量的人力、物力和财力投入，需要协调各方面的资源，需要有较高的社会经济发展水平和科技创新能力。因此，一个国家如果能够建造出具有代表性的大跨度建筑结构，不仅可以展示其工程技术水平和设计创新能力，还能够提升其国际影响力和软实力。

从空间维度上来说，结构可分为平面结构和空间结构。平面结构是指结构受力或力的传递主要在一个平面之内，属于二维结构形式，其优点是传力明确、易于计算与分析。例如桁架、梁、门式刚架等结构形式。而空间结构是指在荷载作用下具有三维受力性质并呈现空间工作的结构，例如网架、网壳、穹顶等结构形式。与平面结构相比，空间结构具有空间受力、质轻高强、可以更好地抗横向荷载和不均匀荷载等优点，是大跨度建筑结构最常用的结构类型。

随着人们生活水平的不断提高，工业生产及文化、体育事业不断推进，更大大增加了社会对空间结构特别是大跨度高性能空间结构的需求，同时随着计算机科学技术的不断发展和进步，结构计算的速度和精度得到了显著提高，为大跨度结构工程设计和建造提供了更为可靠和精确的计算结果。

14.2　大跨度建筑结构的基本类型及其特点

大跨度建筑结构按照结构体系形式可以分为刚性结构体系和柔性结构体系；按照材料分类可以分为钢筋混凝土结构、钢结构以及木结构；按照结构与空间的关系可以分为实体结构和杆系结构，钢材和木材通常会制成杆系结构。在体育馆、展览馆、剧院等有大跨度需求的建筑当中，有时需要设计可展屋顶，可展屋顶的结构体系包括折叠结构体系和开合结构体系。

与固定式屋顶相比，折叠结构和开合结构在技术上有很多特殊的问题必须慎重对待。折叠结构是一种用时展开、不用时可折叠收起的结构，雨伞或遮阳伞就是折叠结构，目前折叠结构已走出实验室，应用到生活、军事及航空航天等各个领域，并适用于大跨度结构的可展屋顶当中。开合结构的开合方式包括水平移动、折叠等，开合结构的造价较高、施工难度较大、维护管理费用也很高。

此外，在现代建筑结构当中，单一的结构形式或结构体系可能会在材料效率、结构跨度、抵抗横向荷载和不均匀荷载、空间多样化、建造难度、防火等方面存在劣势，因此结构工程师会倾向于将结构形式、体系或构件组合起来，充分利用各种结构形式的优势，形成更为复杂且安全、高效且经济的结构体系。

14.2.1 刚性结构体系

刚性结构体系的特点是结构构件具有很好的刚度和结构稳定性，在不同荷载模式作用下，能够有效地传递荷载和抵抗变形。刚性结构体系主要包括薄壳结构、折板结构、网架结构以及网壳结构等。

(1) 空间薄壳结构是材料厚度远远小于结构跨度的一种结构形式，主要承受压力，通常由钢筋混凝土材料构成。薄壳结构充分利用钢筋混凝土材料抗压性能好的特点，使材料沿着曲面合理地分布，依靠自身优越的形状来抵抗荷载。薄壳结构目前已在大跨度建筑结构中得到广泛应用，日本丰岛美术馆就是采用钢筋混凝土薄壳结构的案例(图 14-1)。

(2) 折板结构是连续的折叠薄板构成的空间薄壁结构，通常由钢筋混凝土材料构成，结构跨度通常为 18～24 m。这种结构形式广泛应用于中小跨度的建筑当中，例如学校体育馆、展览馆、会议中心、小型剧院等建筑。折板结构通过折皱的方式来增加结构作用高度，增强结构刚度以及抵抗横向荷载的能力。折板结构受到了建筑师的青睐，青岛国际邮轮母港客运中心就采用了这种结构形式(图 14-2)。

图 14-1 日本丰岛美术馆

图 14-2 青岛国际邮轮母港客运中心

(3) 网架结构是通常以钢材、铝材或其他金属材料为主要构件，通过连接组合而成的空间结构。网架结构具有重量较轻、强度较大、刚度较大、结构稳定性好、抗震性能好等优点，适用于跨度大、空间要求高、形式多样的建筑工程之中。上海大舞台(原名“上海体育馆”)(图 14-3)就是采用了网架结构，于 1975 年建成。主场馆呈圆形，直径约 110 m，高 33 m，可容纳观众 18 000 人。网架结构在我国应用广泛，已有大量的建设实例。此外，网架上弦采用带肋钢筋混凝土平板，下弦及腹杆采用钢管结构，即钢-混凝土组合网架结构也有不少建成的工程实例。

(4) 网壳结构是由单个或多个曲面网格形成的一个整体又连续的曲面。网壳结构兼有杆系结构和薄壳结构的特性，主要优点是结构跨度大、整体刚度好、结构受力合理、抗震性能良好、材料利用率高等。网壳结构的设计需要考虑到材料的强度、刚度、稳定性以及变形等因素，同时还需要考虑到荷载的作用和分布，因此需要经过精确的计算和模拟才能得出最优的设计方案。网壳结构的建造通常会运用先进的制造技术和施工工艺，如数控切割等。网壳结构通常用于建造大跨度的展览馆、体育馆、会议中心、机场、车站等公共建筑。日本的名古屋穹顶(图 14-4)采用了单层网壳结构,整个建筑的直径为 229.6 m,支承在看台框架柱顶的网壳结构直径则为 187.2 m,网壳结构由钢管制成,每个节点上都有 6 根钢管相交,节点采用直径为 1.45 m 的加肋圆环,钢管杆件与圆环焊接,成为能承受轴向力和弯矩的刚性节点。

图 14-3　上海大舞台

图 14-4　日本名古屋穹顶

14.2.2　柔性结构体系

柔性结构体系指的是采用受拉构件作为主要受力构件的结构体系,例如采用钢杆、钢索、膜、织物等材料构成的结构体系,包括悬索结构、膜结构和张拉整体结构等。柔性结构体系具有较高的自适应性和可塑性,其受力状态相对简单、材料利用效率高、自重轻,可以根据建筑物的形态和荷载变化而自适应地改变形态和支撑点位置,能够适应不同的环境和使用需求。此外,柔性结构体系还可以与其他建筑技术相结合,如新型材料、太阳能节能技术等,实现建筑的智能化和可持续性,是建筑行业未来的趋势。

(1) 悬索结构以受拉索为主要的承重构件,这些索按一定规律组成各种不同的形式,并悬挂在相应的支承结构上。悬索结构的索一般采用高强度钢丝组成的钢绞线、钢丝绳或钢丝束,也可以采用圆钢筋或带状的薄钢板。悬索结构通过索的轴向拉力来抵抗外部荷载作用,可以最充分地利用钢材的强度,当采用高强度材料时,更可大大减轻结构自重。阿尔瓦罗·西扎设计的 1998 年世博会葡萄牙馆(图 14-5)跨度达到了 70 m,悬索结构之上承托着混凝土屋面,混凝土屋面的重量为悬索结构增加了配重,增加结构的约束,减少结构在外部荷载作用下的变形。悬索结构的形式多种多样,按照受力特点,一般可将悬索结构分为单层悬索结构、双层悬索结构、索网结构等类型。日本代代木国立综合体育馆采用了单层悬索结构(图 14-6)。

图 14-5　1998 年世博会葡萄牙馆

图 14-6　日本代代木国立综合体育馆

（2）膜结构可以分为充气膜结构和张拉膜结构两种形式。充气膜结构是利用空气压力，使膜产生张力来承受外部荷载，充气结构主要包括气承式结构和气囊式结构两种。1970年大阪世博会日本馆就是采用了气囊式结构（图14-7），16根拱形充气囊横向联结在一起，构成了马鞍形的曲面。张拉膜结构包括悬挂式膜结构和骨架式膜结构。前者利用索网将膜绷紧或是利用桅杆或立柱将钢索和膜悬吊起来；后者是以刚性支承（如网架或网壳）为骨架来支撑膜材。中国国家游泳中心就是采用了不规则网架支撑着ETFE充气膜。

（3）张拉整体结构是由一组互相独立的受压杆与一套连续的受拉索构成的自平衡的空间铰接网络结构体系，它的几何形状和刚度与体系内部的预应力大小有关。张拉整体结构可以设计成由尽可能多的受拉索组成，因此可以最大限度地利用材料的特性，以最少的材料跨度实现更大的空间。张拉整体结构是目前国际上在研并逐步推广的一种新型结构体系。澳大利亚的库利尔帕步行桥采用了张拉整体结构（图14-8），主跨度达到了120 m。

图14-7　大阪世博会日本馆模型

图14-8　库利尔帕步行桥

14.2.3　组合结构体系

组合结构是将不同结构类型进行组合进而得到的新型结构体系，它能发挥不同结构类型的优点，起到扬长避短的作用，因此可以更合理、更经济地跨越更大的空间。常见的组合结构体系包括拱支结构、斜拉结构以及弦支穹顶结构等。

（1）拱支结构是指由拱和支撑构成的组合结构体系，拱作为支撑结构，与网壳、悬索、索网等结构相结合。拱结构具有整体刚度大、结构稳定性好的特点，增强了组合结构的整体性能，使之兼具不同结构形式的优点。由SBP公司设计的德国韦尼格罗德体育馆（图14-9）采用了两个斜拱作为主要的支撑结构，屋面板由连接在两个斜拱之间的正交索网支撑，索网平面为双曲的马鞍形平面。

（2）斜拉结构通常由塔架、斜拉索、网架或网壳结构组合而成，是一种形式新颖、集成度高的大跨度组合结构体系。与悬索结构不同，斜拉结构可以采用造价相对较低的钢杆或钢管来代替索，所以在中小型建筑结构当中仍然经济适用。在大跨度建筑结构当中，通常屋面由网架或网壳结构构成，网架或网壳结构由斜拉索以及其他辅助结构来支撑，斜拉索将屋面当中的力传递到塔架上。斜拉结构需要合理设置塔架的形式和位置，并需要对结构的抗侧性能和抗扭性能做详细的研究。浙江黄龙体育中心（图14-10）看台上放的网壳由斜拉索和周边的柱子支撑，斜拉索将力传递到塔架上，两个塔架之间的距离为250 m。

图 14-9　德国韦尼格罗德体育馆

图 14-10　浙江黄龙体育中心

（3）弦支穹顶结构是将索穹顶等张拉整体结构的一些思路应用于单层球面网壳而形成的一种新型组合空间结构体系（图 14-11）。这种体系可充分发挥单层球面网壳张拉结构的优点，避免各自的缺陷。一方面张拉体系改善了单层球面网壳结构的稳定性，使结构能跨越更大的空间；另一方面单层球面网壳具备一定的刚度，弦支穹顶的设计、施工及节点构造与索穹顶这种柔性结构相比得到了极大的简化。同时，由于两种结构体系组合使屋面形成整体来对抗作用于其上的不对称荷载，减少不对称荷载对下部结构的影响，使得下部结构的反力大大降低，有效降低下部结构的材料使用量。

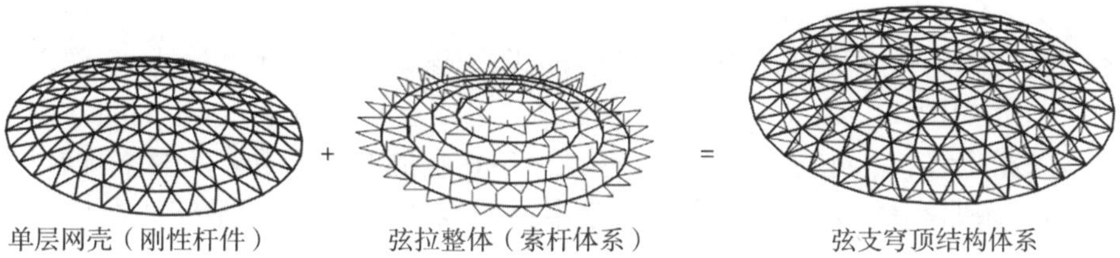

图 14-11　弦支穹顶结构的形式

14.3　空间薄壳结构

14.3.1　概述

自然界当中的动物头骨、贝壳（图 14-12）、龟甲、蛋壳等可以看作是壳体结构，相比于这些形式所覆盖的空间来说，它们的壁厚很薄。我们的祖先根据经验发明了各式各样的壳体结构，例如锅、碗、坛、罐、灯泡、钢盔、木舟等壳体很早就被应用于人们的生产生活当中，但是直到 19 世纪，结构工程才开始针对壳体结构进行研究、分析和试验。第二次世界大战之后，壳体结构得以迅猛发展。空间薄壳结构主要是由实体材料，特别是钢筋混凝土材料构成的薄壳结构。由坎德拉设计的墨西哥霍奇米洛克餐厅（图 14-13），钢筋混凝土空间薄壳结构呈现波浪状起伏，最薄处仅有 50 mm。

钢筋混凝土板可以分为单向板和双向板，在荷载作用下会产生变形。如同梁与拱的关系一样，如果将板向上拱起，形成单曲面壳体或双曲面壳体（图 14-14），曲面壳体通过材料的合理分布来减少内部的弯矩，材料以受压为主，从而具有天然抵抗变形的能力，比平板结构的材料利用率更高。只是由于人类平面活动的特点，平板结构更适用于高效利用空间的层叠建造模式。

图 14-12 贝壳

图 14-13 墨西哥霍奇米洛克餐厅

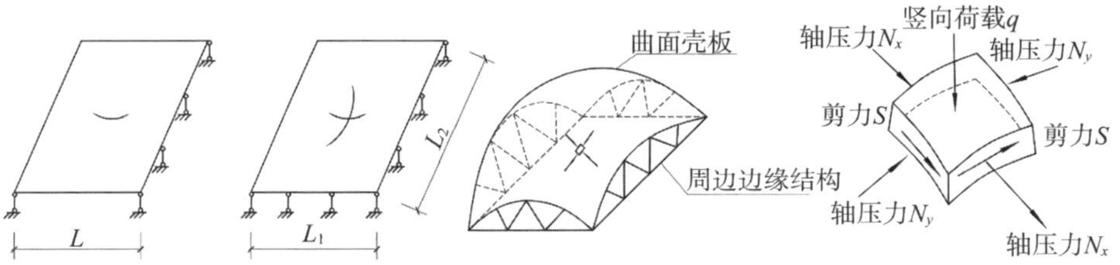

图 14-14 壳体结构与平板结构

壳体结构的曲率可以由高斯曲率来描述，选取壳体结构上的任意一点 m 作垂直于壳体曲面的法线 mn，如图 14-15 所示。包含该法线的平面会有无数个，这些平面与壳体曲面相交会存在多条相交线。在这些相交线中，存在两条垂直的曲线 r 和 t 的曲率具有极值，一条曲率最大，另一条曲率最小，这两条交线曲率半径的倒数的乘积，就是壳体曲面在该点的主曲率，用 k_1、k_2 表示，相应的曲率半径分别为 R_1 和 R_2。曲面任意点 m 上的高斯曲率 K 为 k_1 与 k_2 的乘积，见式(14-1)：

$$K = k_1 \cdot k_2 = \frac{1}{R_1} \cdot \frac{1}{R_2} \tag{14-1}$$

$K>0$ 为正高斯曲率曲面(图 14-16)，例如椭圆抛物面、球面；$K<0$ 为负高斯曲率曲面(图 14-17)，例如双曲抛物面；$K=0$ 为零高斯曲率曲面(图 14-18)，例如圆柱面、圆锥面。

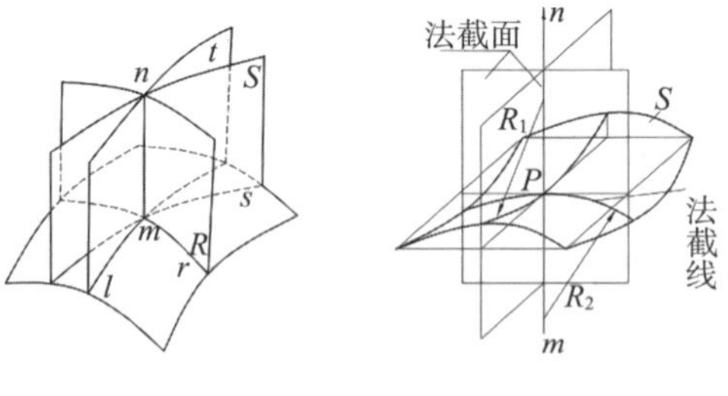

(a) (b)

图 14-15 经过壳体曲面上任意点的法线

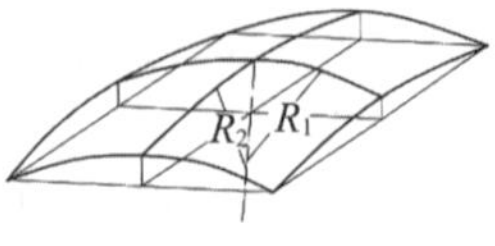

图 14-16 正高斯曲率曲面

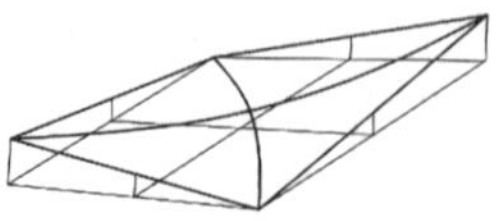

图 14-17 负高斯曲率曲面

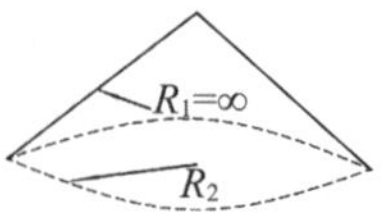

图 14-18 零高斯曲率曲面

薄壳结构就是曲面的薄壁结构，也可以理解为周边支承的曲板，主要依靠曲面内的双向轴力和顺剪力承重。强度和刚度主要依赖于几何形状的合理性，而不是薄壳结构的截面厚度。薄壳结构的空间整体性好、内力分布均匀、结构自重小、结构强度高、刚度大、材料效率高、经济合理等。除此以外，薄壳结构曲面多样，可以根据建筑功能需求而调整，形成丰富的建筑造型。复杂曲面的薄壳结构建造比较困难。现浇钢筋混凝土薄壳结构，需要耗费大量的模板和人工，需要合理规划施工方法来提高模板的利用效率，从而减少模板和人工消耗，进而提高建造的经济性。薄壳结构的截面厚度较小，因此钢筋混凝土板容易因为长期的日晒雨淋而开裂，因此要关注其耐久性设计。须注意某些曲面形态的薄壳结构容易引起室内声音反射和混响，不适用于对声音效果要求高的礼堂、体育馆、影剧院等建筑空间。

14.3.2　薄壳结构的曲面形式

在实际工程当中，薄壳结构的形式丰富多彩、千变万化，但基本曲面形式按其形成方法和几何特点可以分为以下几类。

（一）旋转曲面

旋转曲面是由一条平面曲线作母线，绕该平面内某一给定的直线旋转一周而形成的曲面。由于母线可以有不同的形状，因而可得到用于薄壳结构中的多种不同旋转曲面，如球形曲面、椭球曲面、抛物球曲面、双曲球曲面、锥形曲面等，如图 14-19 所示。布朗克斯动物园大象屋（图 14-20）就是一个球形曲面薄壳结构，薄壳结构上还开有圆形窗，改善了室内的采光。

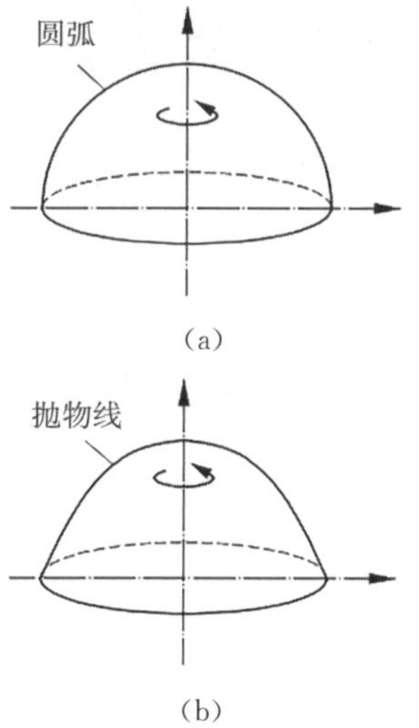

图 14-19　旋转曲面的形成方法

图 14-20　布朗克斯动物园大象屋

（二）平移曲面

平移曲面是由一条母线曲线，沿着导线移动所形成的曲面（图 14-21）。导线可以是直线，也可以是曲线。在实际工程中，常见的单曲拱壳结构和双曲抛物面薄壳结构，都是平移曲面形成的。南京灵谷寺无梁殿内部的砖砌筒拱（图 14-22），就是由半圆形母线沿着直线导线运动形成的。

（三）直纹曲面

直纹曲面是由一条线段（母线）的两端分别沿两条固定曲线（导线）移动所形成的曲面。

直纹曲面可以采用直模板形成，建造时制模容易，脱模方便，因此工程中采用的较多。在实际工程中，常见的直纹曲面有以下几种。

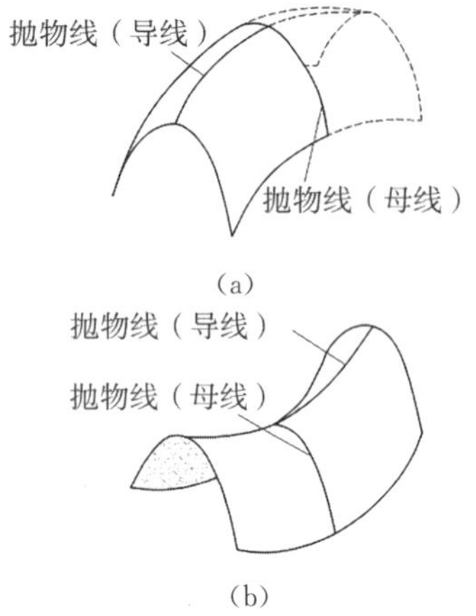

图 14-21　平移曲面的形成方法

图 14-22　南京灵谷寺无梁殿

(1) 柱状面壳

柱状面壳是一条线段(母线)的两端沿两根曲率不同的竖向曲线导线移动，母线始终平行于一个导平面而形成的，如图 14-23 所示。在高迪设计的萨格雷达·法米拉校舍当中(图 14-24)，由线段的两端分别沿着不同的波浪曲线运动，从而形成了直纹曲面壳体结构。

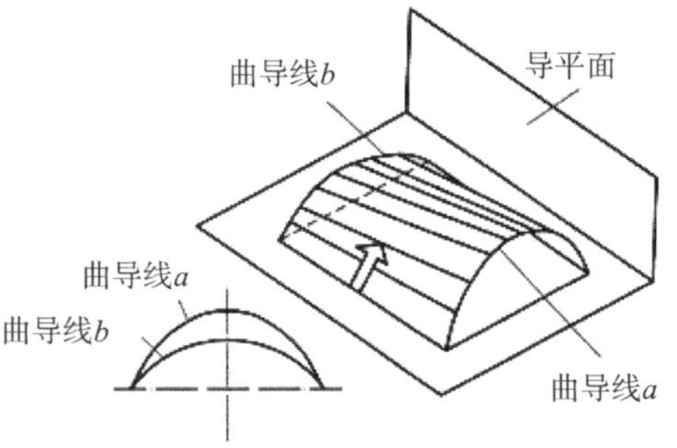

图 14-23　柱状面壳

图 14-24　萨格雷达·法米拉校舍

(2) 马鞍状壳和扭壳

双曲抛物面壳也被称为马鞍状壳，可以由线段构成，如图 14-25(a)所示。扭壳则是由一条母线沿两根相互倾斜且不相交的直导线平行移动而成的曲面，如图 14-25(b)所示。扭壳也可以是从马鞍状壳中沿直纹方向截取的一部分。

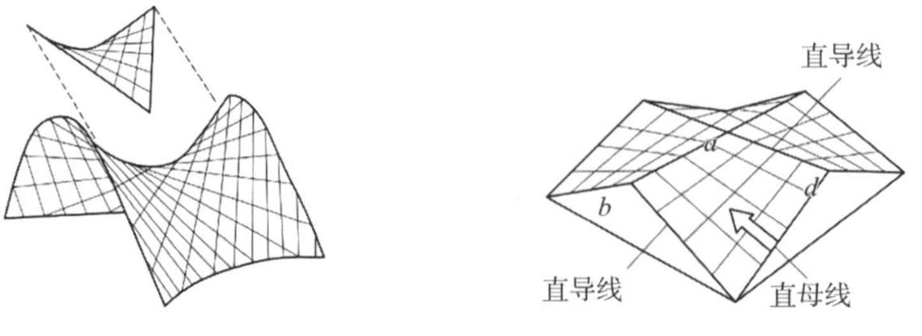

(a) 马鞍状壳　　(b) 扭壳

图 14-25　马鞍状壳和扭壳

(3) 锥状面壳

锥状面壳是由一条线段一端沿一根直线、另一端沿另一根曲线，与一指向平面平行移动而成的曲面，如图 14-26 所示。

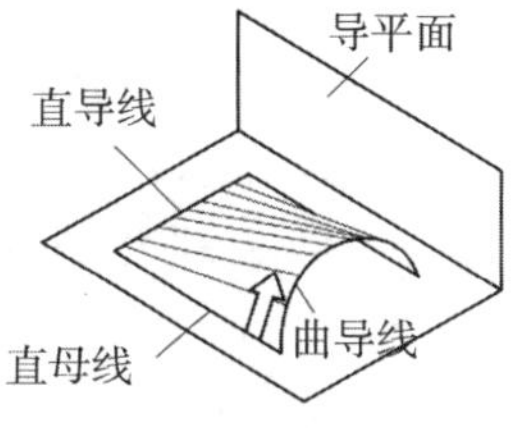

图 14-26　锥状面壳

(四) 复杂曲面

在上述的基本几何曲面上任意切取一部分，或者将曲面进行不同的组合，便可得到各种各样复杂多变的曲面，如图 14-27 所示。

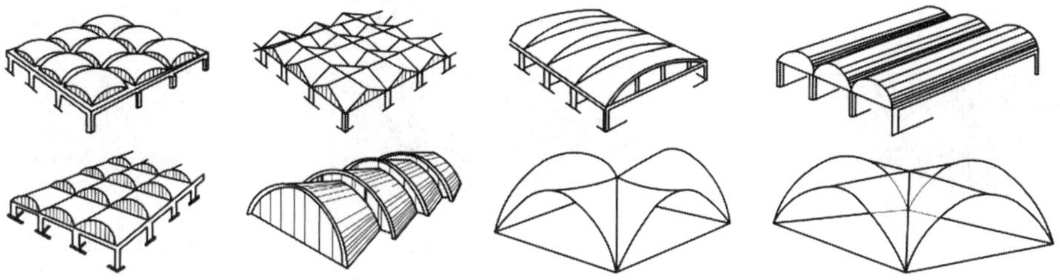

图 14-27　复杂曲面

14.3.3　穹顶结构

穹顶结构是古老且传统的建筑形式之一，我们人类在世界范围内建造了众多优秀的砖石穹顶结构。1921 年沃尔夫采用图解静力学方法对砖石穹顶结构进行了图解分析，使得我们对穹顶结构的受力有了深入的了解。目前采用钢筋混凝土材料建造的穹顶结构仍然有较多的实践应用。

穹顶结构是由旋转形成的曲面，可采用抛物线、圆弧线、椭圆线绕其对称竖轴旋转，进而形成抛物面壳、球面壳、椭球面壳等。穹顶结构性能优越，可以用很薄的材料覆盖较大的空间，适用于剧院、展览馆、天文馆等公共建筑当中。穹顶结构的内力很小，节省材料用量。穹顶上每一个点都存在径向和环向两个方向的荷载路径，由于四周传力的特点，其上可以适当开孔，满足下方空间的功能需求。在砖石穹顶以及钢筋混凝土穹顶当中，钢筋配置以及穹顶自身厚度常由构造要求及稳定验算来确定。新中国成立之后建成的北京天文馆，主要展厅屋顶为直径 25 m 的半球形穹顶结构，钢筋混凝土穹顶厚度只有 60 mm，混凝土采用喷射法施工，每平方米结构自重只有 200 kg 左右。

(一) 穹顶的组成及结构形式

穹顶结构由壳身、支座环和下部支承构件三部分组成，如图 14-28 所示。

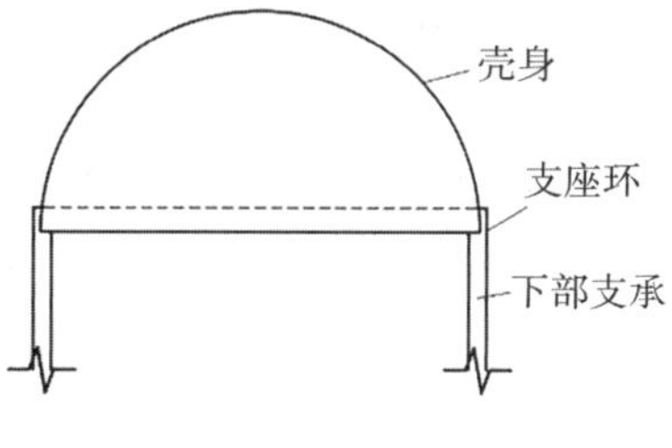

图 14-28　穹顶结构的组成

按构造方法分类，穹顶薄壳结构可以分为平滑穹顶、肋形穹顶和多面穹顶三种，如图14-29 所示。其中平滑穹顶的应用较为广泛。

当建筑平面不是规整的圆形或者内部空间需要进行区域划分时，可以采用带肋的肋形穹顶，类似于带肋板以及密肋板，肋形穹顶由径向或环向肋与壳板组成，肋与壳板整体相连。肋形穹顶的肋所形成的图案效果丰富了室内空间。为了方便，肋形穹顶通常采用预制装配方式施工，如图 14-29(b)所示。

当建筑平面为正多边形时，可采取多面穹顶结构，如图 14-29(c)所示。多面穹顶结构是由数个薄壳相交而成，与平滑穹顶相比，多面穹顶的支座距离较大。与肋形穹顶相比，多面穹顶可节省材料用量且自重较轻。多面穹顶可以根据建筑空间需求把穹顶分割成三、四、五、六、七、八边形，改变穹顶结构相对呆板的造型，使其与周围支撑相结合，从而提升壳体自身的表现力，丰富和活跃建筑的造型。

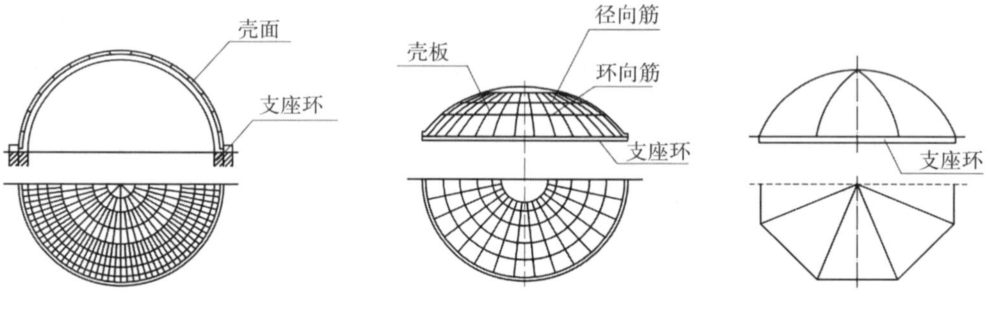

(a) 平滑穹顶　(b) 肋形穹顶　(c) 多面穹顶

图 14-29　三种穹顶结构的构造

壳身结构当有通风采光要求时，一般可在多面穹顶顶部开设圆形孔洞。壳体根据顶部是否开孔，可分为闭口壳和开口壳。

穹顶结构中的支座环对穹顶起到受拉约束的作用，可有效地阻止穹顶在竖向荷载作用下裂开的倾向，保证壳体内部基本上处于受压状态，实现结构的空间平衡。穹顶的支座环搁置在支承构件上。支承构件可以是房屋的竖向构件，如墙、柱等，也可以是斜拱或斜柱。斜拱或斜柱可以按正多边形布置，使得多边形建筑平面与穹顶结构相协调，如图 14-30 和图 14-31 所示。

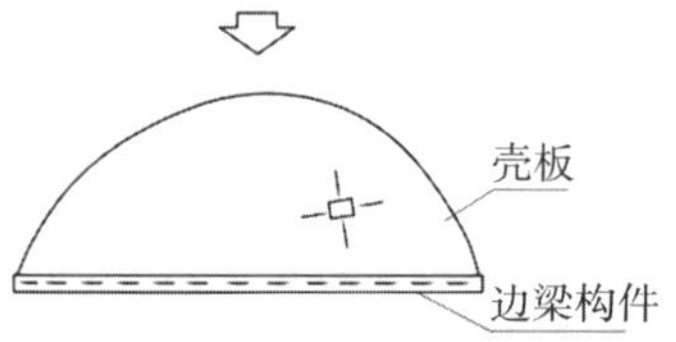

图 14-30　穹顶结构及其边缘构件的受力状况

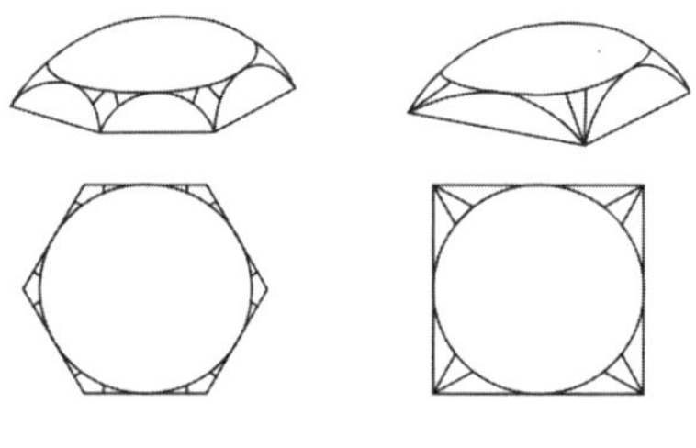

(a) 六角形平面　(b) 方形平面

图 14-31　穹顶结构支承在斜拱上

一般情况下，穹顶径向和环向的弯矩较小，可以忽略，可按无弯矩计算。在轴向(旋转轴)对称荷载作用下，穹顶径向受压，环向上部受压、下部受拉，这是穹顶结构中的主要内力，如图 14-32 所示，穹顶结构可以充分利用材料的强度。

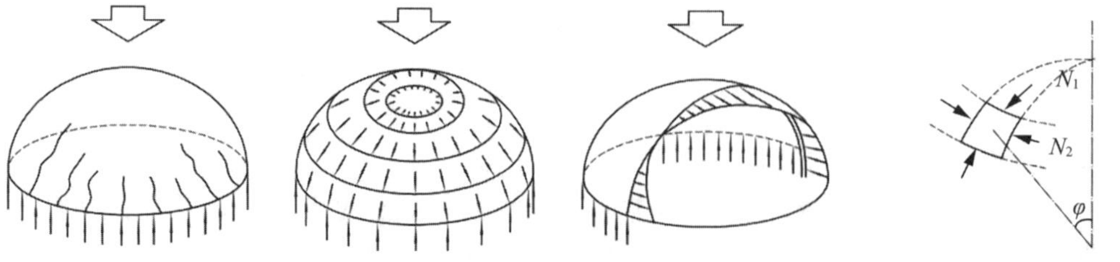

(a) 圆顶受力破坏示意　(b) 径向受力状态　(c) 环向应力状态　(d) 壳面单元体的主要内力

图 14-32　穹顶结构的受力分析

支座环对穹顶边缘起到箍紧的作用，所以支座环主要承受拉力(图 14-33)。由于支座对穹顶边缘变形的约束作用，穹顶的边缘附近会产生径向的局部弯矩。因此穹顶在支座环附近可以适当增厚，并且配置钢筋，以抵抗这些局部的弯矩。对于大跨度结构来说，支座环宜采用预应力钢筋混凝土结构。

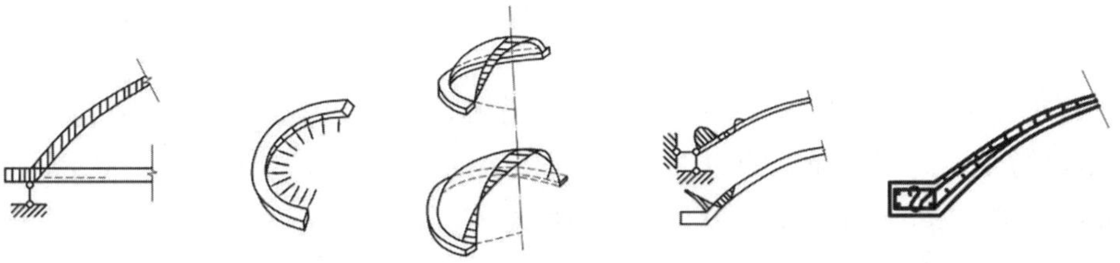

图 14-33　支座环对穹顶内力的影响

（二）穹顶结构的主要尺寸及构造要求

世界上传统的砖石穹顶，跨度可达到 30 m 到 40 m。现代钢筋混凝土穹顶的最大跨度可达到 200 m 左右，较为经济的跨度通常为 100 m，是所有薄壳结构当中跨度最大的。穹顶的矢高一般取跨度的 1/5～1/2，即 $f=(1/5\sim1/2)L$。

穹顶中的内力不大，穹顶厚度一般由构造要求与稳定性确定。穹顶边缘与支座两者变形不一致会使穹顶边缘产生径向弯矩，为此需要采取下列措施：

① 加强穹顶的边缘，对于钢筋混凝土结构来说，增加穹顶边缘的混凝土厚度。

② 采用预应力混凝土支座环，能消减边缘干扰，节约钢材，对大跨度穹顶结构意义更大。支座环应采用径向配筋与环向配筋。

14.3.4　筒壳结构

圆柱形薄壳的曲面为单曲面，因此也可称为“筒壳”。筒壳因其几何形状简单，模板制作容易、施工简单，广泛用于工业与民用建筑屋盖上。

筒壳一般由壳板、边梁和横隔撑三部分组成，如图 14-34 所示，横隔撑一般包括横隔板、横隔梁、横隔桁架等。是否有横隔撑是筒壳结构和筒拱结构的区别，筒壳横向受力与拱类似，壳身产生环向压力；筒壳纵向受力与梁类似，把上部竖向荷载传递给横隔撑或隔墙。两个横隔撑之间的距离 l_1 称为跨度；两个边梁之间的距离 l_2 称为波长。在实际工程中，根据需要，筒壳的跨度 l_1 和波长 l_2 的比例常常是不同的。根据 l_1/l_2 比值可将筒壳分为长壳和短壳。

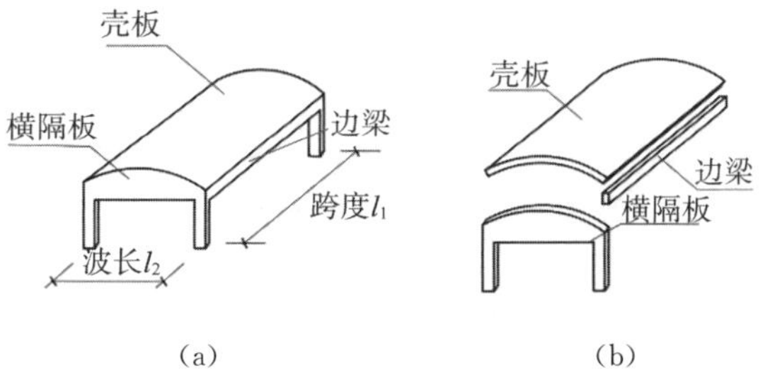

图 14-34　筒壳结构

当 $l_1/l_2\geqslant1$ 时，称为长壳，一般为多波单形，如图 14-35(a)所示。此时由于 l_1/l_2 的比值较大，筒壳的受力情况像曲线截面的梁一样，其计算理论与曲线截面梁相仿。一般长壳

的 l_1/l_2 的比值为 1.5～2.5，最大可达 3～4。长壳的跨长最大可达 30 m。壳体截面的总高度 f 不应小于$(1/15～1/10)l_1$；矢高 f_1 不应小于 $1/8l_2$。壳体的厚度一般为 3～8 cm。

当 $l_1/l_2<1$ 时，称为短壳，通常跨度与波长的比值 $l_1/l_2 \leqslant 0.5$，大多为单波多跨，如图 14-35(b)所示。壳板的矢高 f_1 不应小于 $1/8l_2$。边梁宜采用矩形截面，其高度一般为$(1/15～1/10)l_1$，而不应小于 $1/15l_1$，宽度为高度的 1/5～2/5。横隔撑的间距一般为 6～12 m。

筒壳的曲线可以是圆弧形、椭圆形、抛物线形等，一般采用圆弧形，圆弧为圆形的一部分，施工相对简便。筒壳边缘处的边坡角度(即切线的水平倾角 φ)不宜过大，否则不利于混凝土浇筑，φ 一般取 35°～45°，如图 14-35(c)所示。

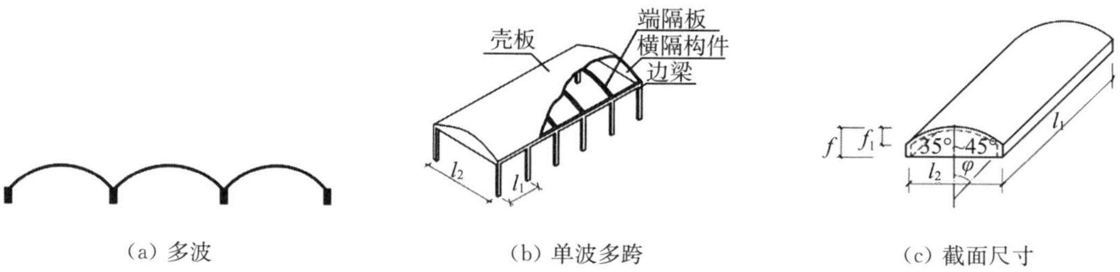

图 14-35　壳面的形式和尺寸

筒壳的厚度一般为 5～8 cm，一般不宜小于 35 mm。壳板与边梁连接处可局部加厚，以抵抗局部的弯矩。

边梁与筒壳共同受力，截面形式对筒壳内力分布有很大影响，并且也是屋面排水的关键之处。常见的边梁形式如图 14-36 所示。

图 14-36(a)所示边梁竖放，增加了筒壳的高度，对筒壳受力有利，是最为经济的一种方式。

图 14-36(b)所示边梁平放，水平方向上结构刚度大，有利于减小筒壳的水平位移，但由于边梁的截面高度小，因此这种形式多用于边梁下有墙或其他支承的情况。

图 14-36(c)所示边梁适用于小型的筒壳。

图 14-36(d)所示边梁可兼作排水天沟。

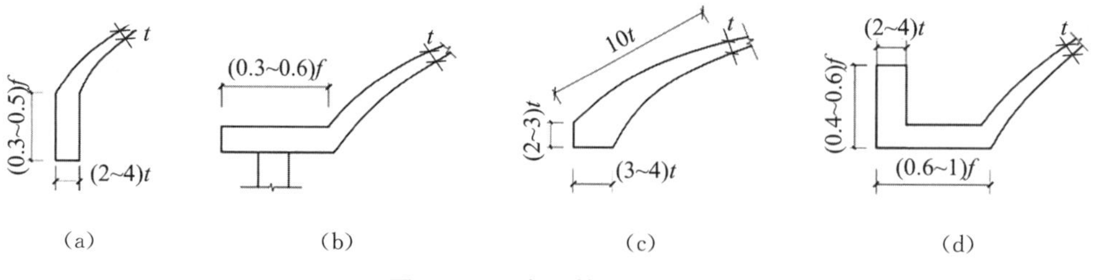

图 14-36　常见的边梁形式

横隔撑是筒壳的横向支承，常见的筒壳横隔撑形式如图 14-37 所示。此外，若有横墙，可利用墙上的曲线圈作为横隔撑。

一般筒壳覆盖较大面积，采光和通风处理的好与坏，直接影响建筑物的使用功能。一般情况下，筒壳的采光可以采用以下几种方法：① 在外墙上开侧窗；② 在筒壳混凝土中直接镶嵌玻璃砖；③ 在筒壳上开设纵向天窗；④ 布置锯齿形屋盖。

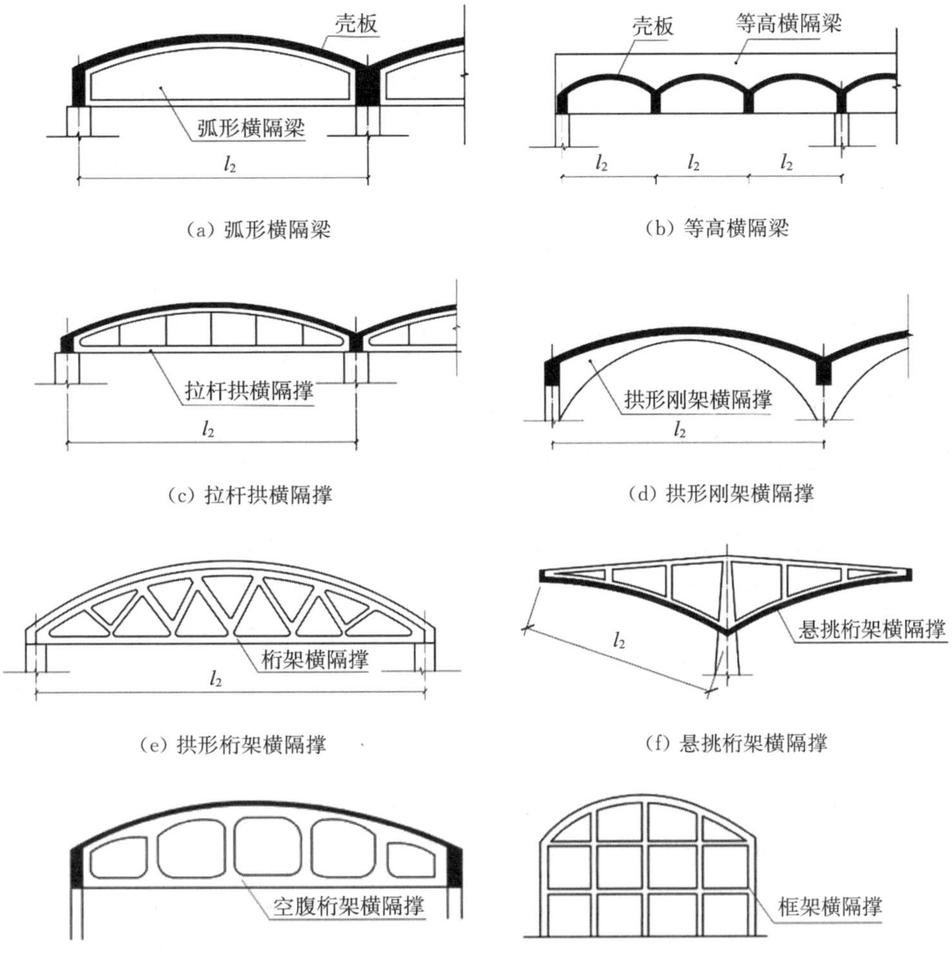

(a) 弧形横隔梁　(b) 等高横隔梁

(c) 拉杆拱横隔撑　(d) 拱形刚架横隔撑

(e) 拱形桁架横隔撑　(f) 悬挑桁架横隔撑

(g) 空腹桁架横隔撑　(h) 框架横隔撑

图 14-37　横隔撑形式

由于筒壳是整体受力，开设在筒壳上的天窗洞口或天窗带会直接影响壳体的受力性能，因此壳体上的洞口开设有严格的规定。筒壳的中央受力最小，故洞口宜在壳顶沿纵向布置。洞口不宜过大，孔洞的四边必须采用边框加强，沿纵向还须每隔 2～3 m 设置横隔撑。

14.3.5　双曲扁壳结构

双曲有利于提高壳体在各个方向上的结构强度与刚度。扁壳是指薄壳的矢高 f 与被其所覆盖的底面短边 a 之间的比值小于 1/5 的壳体（$f/a \leqslant 1/5$）。扁壳的矢高比底面尺寸要小得多，所以扁壳又称微弯平板。

双曲扁壳因为矢高小，结构所占的空间较小，建筑造型美观，所以得到了较广泛的应用。

（一）双曲扁壳的结构组成

双曲扁壳由壳身及周边竖直的边缘构件所组成，如图 14-38 所示。壳身可以是光面的，也可以是带肋的。壳身曲面可分为等曲率与不等曲率两种，一般常采用抛物线平移曲面。

双曲扁壳四周的边缘构件一般是带拉杆的拱或拱形桁架，跨度较小时也可以用等截面或变截面的薄腹梁。当四周为多柱支承或承重墙支承时，也可以用柱上的曲梁或墙上的曲线形圈梁作为边缘构件。四周的边缘构件在四角交接处应有可靠连接的构造措施，使之形成“箍”的作用，以有效地约束壳身的变形。同时，边缘构件在其自身平面内应有足够的刚度，否则壳身内将产生很大的附加内力。

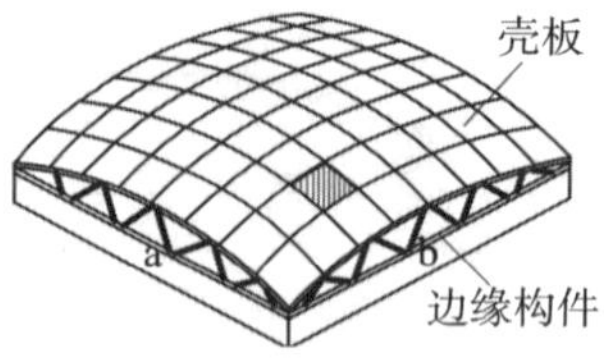

图 14-38　双曲扁壳的结构组成

双曲扁壳既可以是单波的，也可以是双波的。

（二）双曲扁壳的受力特点

双曲扁壳主要通过薄膜内力传递壳面荷载。壳身中部区域双向受压，其中的钢筋是按构造设置的。壳身的边缘附近要考虑局部弯矩作用，其正弯矩影响宽度约为双曲扁壳跨度的 3/25～3/20，为了承受弯矩，应放置相应的钢筋。壳身的顺剪力在周边最大，在四角处达到其最大值，使该区主应力很大，需配置 45°斜筋承受主拉应力。壳体的四边顺剪力很大，边缘构件上的主要荷载是由壳边传来的顺剪力，顺剪力沿周边分布类似筒壳壳身在横隔构件边缘的分布。双曲扁壳的受力分析如图 14-39 所示。

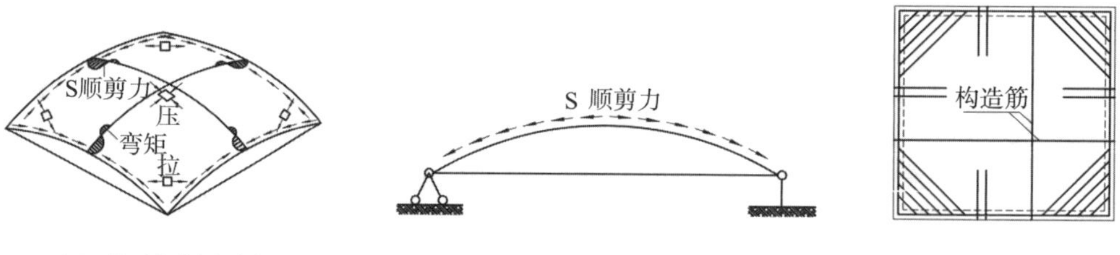

(a) 壳面内力图示意　(b) 横隔计算简图　(c) 壳板配筋示意

图 14-39　双曲扁壳的受力分析

14.4　网架结构

网架结构是由多根杆件按照一定的网格形式通过节点连接而成的空间结构，如图 14-40 所示，具有空间受力好、重量轻、刚度大、抗震性能好等优点。节点一般设计成铰接，杆件主要承受轴力作用，杆件截面尺寸相对较小。这些空间交汇的杆件又互为支撑，将受力杆件与支撑系统有机地结合起来，因而用料经济。由于结构组合有规律，大量的杆和节点的形状、尺寸相同，便于工厂化生产，便于工地安装。网架结构一般是高次超静定结构，具有较高的安全储备，能较好地承受集中荷载、动力荷载和非对称荷载，抗震性能好。网架结构能够适应不同跨度、不同支承条件的公共建筑和工厂厂房的要求，也能适应不同建筑平面及其组合。

网架结构的构件可以是直线段、曲线段、平面或曲面，通过节点连接成空间网格状的结构体系。网架结构的形式多样，可以是球面、圆柱、圆锥、双曲面、抛物面等各种几何形体，也可以是自由曲面、异形曲面等非规则形体。网架结构在建筑领域广泛应用于大型体育馆、展览馆、会议中心、机场候机楼、车站站房等场馆和设施的建设，也被用于建造桥梁、天桥、车棚、停车场、工业厂房等工程领域。网架结构的设计需要考虑结构的强度、稳定性、刚度、自重和荷载分布等因素，同时还需要考虑施工、运输和安装等实际情况。网架结构的制作和加工需要精密的技术和设备，因此只有专业的设计和制造团队才能完成。

(a)

(b)

图 14-40　网架结构

14.4.1　网架结构分类

网架结构根据外形不同，可分为单层、双层和多层板状网架结构。网架结构的杆件分为上弦杆、下弦杆和腹杆，这些杆件以轴向受力为主，主要承受拉力和压力。单层网架的杆件，除承受拉力和压力外，还承受弯矩及剪切力。目前我国的网架结构绝大部分采用双层网架结构。

网架结构按组成形式主要分为三类：第一类是由平面桁架组成，有两向正交正放网架(图 14-41)、两向正交斜放网架、两向斜交斜放网架及三向网架四种形式；第二类是由四角锥体单元组成，有正放四角锥网架、正放抽空四角锥网架、斜放四角锥网架、棋盘形四角锥网架及星形四角锥网架五种形式；第三类是由三角锥体单元组成，有三角锥网架、抽空三角锥网架及蜂窝形三角锥网架三种形式。

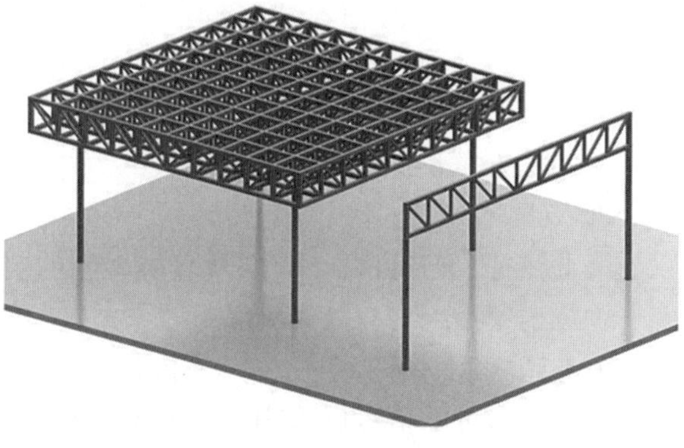

图 14-41　两向正交正放网架

网架结构按所用材料可分为钢、钢筋混凝土以及钢-钢筋混凝土组合网架，其中钢网架应用得较多。

网架结构是高次超静定结构体系。对网架结构进行分析计算时，一般假定节点为铰节点，外部荷载作用在节点上，按空间桁架位移法，即铰接杆系有限元法进行计算。也可采用简化计算法，诸如交叉梁系差分分析法、拟板法等进行内力和位移计算。

14.4.2　网架结构形式及选型

(一) 网架结构的基本单元及几何不变性

(1) 网架结构的基本单元

网架结构是由许多规则的几何体组合而成，这些几何体就是网架结构的基本单元。常用的基本单元有三角锥、四角锥、三棱体、正方棱柱体等，如图 14-42 所示。此外，还有六角锥、八面体、十面体等构成的单元。

(2) 网架结构的几何不变性

网架结构在任何外力作用下必须是几何不变体系,因此,应该对网架结构进行分析。

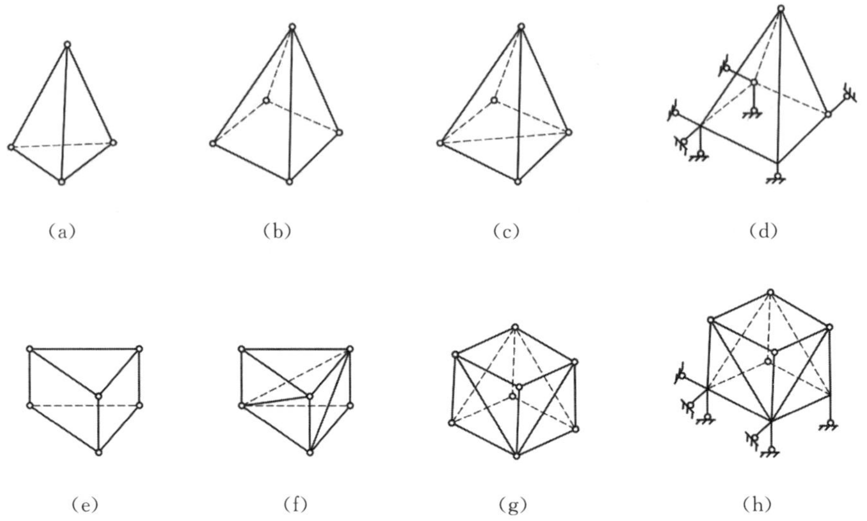

图 14-42　网架结构的基本单元

注:(b)、(e)、(g)几何可变;(a)、(c)、(d)、(f)、(h)几何不变

(二) 网架结构的形式

(1) 按结构组成分类

① 双层网架

由上弦杆、下弦杆两个表层及表层之间的腹杆组成。一般网架多采用双层网架。

② 三层网架

由上弦杆、下弦杆、中弦杆三个弦杆层及三层弦杆之间的腹杆组成。研究表明,当跨度大于 50 m 时,可酌情考虑采用三层网架;当跨度大于 80 m 时,可优先考虑采用三层网架,达到降低用钢量的目的。

③ 组合网架

用钢筋混凝土板取代网架结构的上弦杆,从而形成了由钢筋混凝土板、钢腹杆和钢下弦杆组成的组合结构,这就是组合网架。组合网架的刚度大,适宜于建造活荷载较大的大跨度楼层结构。

(2) 按支承情况分类

① 周边支承网架

当网架结构的所有边界节点都搁置在柱或梁上,即为周边支承网架,如图 14-43(a)所示。此时网架受力均匀,传力直接,因而是目前采用较多的一种形式。

② 点支承网架

点支承网架有四点支承网架和多点支承网架,分别如图 14-43(b)和图 14-43(c)所示。

点支承网架,宜在周边设置适当悬挑,如图 14-43(b)所示,以减小网架跨中杆件的内力和挠度。

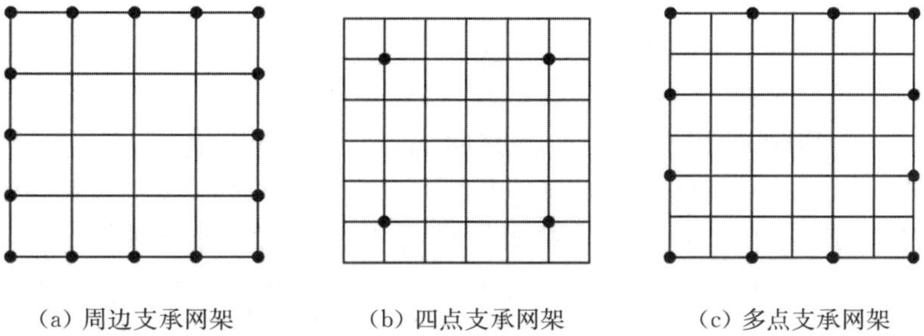

图 14-43　网架的支承种类

③ 周边支承与点支承相结合的网架

有边点混合支承情况，如图 14-44(a)所示；三边支承一边开口情况，如图 14-44(b)所示；两边支承两边开口等情况。

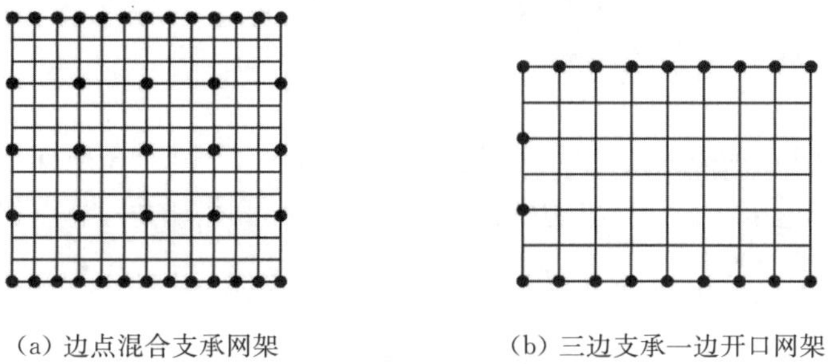

图 14-44　周边支承与点支承组合结构的网架

(3) 按网格形式分类

① 交叉平面桁架体系

这类网架由一些相互交叉的平面桁架所组成，一般应使斜腹杆受拉、竖杆受压。斜腹杆与弦杆间的夹角宜在 40°～60°之间。

a. 两向正交正放网架

两向正交正放网架由两组平面桁架互成 90°交叉组成，弦杆与边界平行或垂直，如图 14-45 和图 14-46 所示。这类网架的上、下弦的网格尺寸相同，同一方向的各平面桁架长度一致，制作、安装较为简便。由于上、下弦为方形网格，属几何可变体系，应适当设置上弦或下弦水平支撑，以保证结构的几何不变，有效地传递水平荷载。

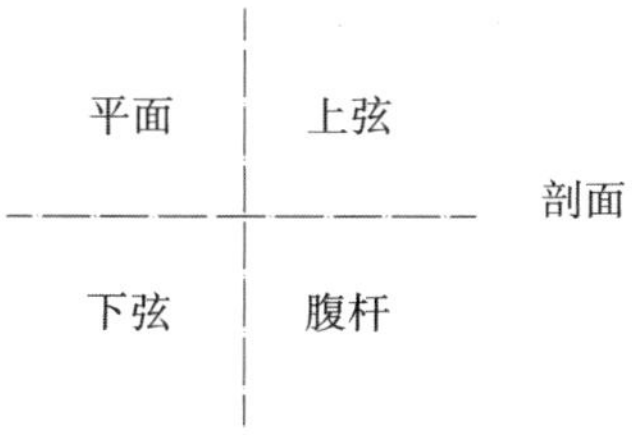

图 14-45　图例

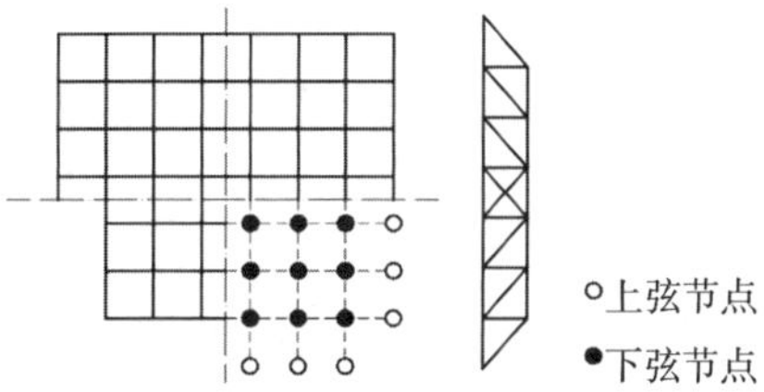

图 14-46　两向正交正放网架

对于周边支承，正方形平面的网架，两个方向的杆件内力差别不大，受力较均匀。但当边长比变大时，单向传力作用渐趋明显，两个方向杆件内力差也变大。对于四点支承的网架，内力分布很不均匀，宜在周边设置悬挑部分，可取得较好的经济效果。两向正交正放网架适用于建筑平面为正方形或接近正方形且跨度较小的情况，如上海市黄浦区体育馆(45 m×45 m)、保定体育馆(55.43 m×68.42 m)等。

b. 两向正交斜放网架

两向正交斜放网架由两组平面桁架相交而成，弦杆与边界成45°角，边界可靠时，为几何不变体系(图 14-47)。各榀桁架长度不同，靠角部的短桁架刚度较大，对与其垂直的长桁架有弹性支承作用，可使长桁架中部的正弯矩减小，因而比正交正放网架经济。不过，由于长桁架两端有负弯矩，四角部支座将产生较大拉力，宜采用图 14-47(b)所示的布置方式，角部拉力由两个支座负担。

这类网架适用于建筑平面为正方形或长方形的情况。若为周边支承情况，它比正交正放网架空间刚度大，用钢省，跨度大时优越性更显著。首都体育馆(99 m×112.2 m)、山东体育馆(62.7 m×74.1 m)等采用了这种网架体系。

c. 两向斜交斜放网架

两向斜交斜放网架由两组平面桁架斜向相交而成，弦杆与边界成一斜角。这类网架构造复杂，受力性能不好，因而很少采用。

d. 三向网架

三向网架由三组互成交角的平面桁架相交而成，如图 14-48 所示。这类网架受力均匀，空间刚度大，但汇交于一个节点的杆件数量多，最多可达13根，节点构造比较复杂，宜采用钢管杆件及球节点。

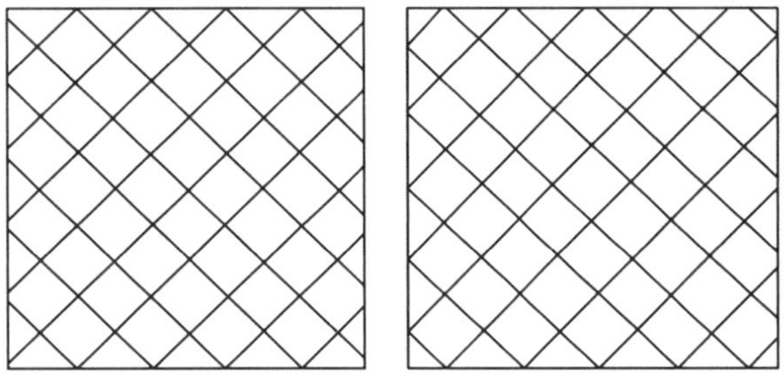

(a)　　(b)

图 14-47　两向正交斜放网架

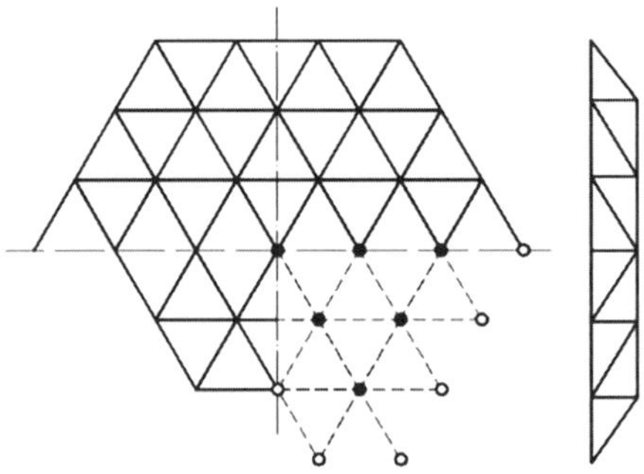

图 14-48　三向网架

三向网架适用于大跨度($L>60$ m)且建筑平面为三角形、六边形、多边形和圆形的情况。

② 四角锥体系

这类网架上、下弦均呈正方形(或接近正方形的矩形)网格，相互错开半格，使下弦网格的角点对准上弦网格的形心，再在上、下弦节点间用腹杆连接起来，即形成四角锥体系网架。

a. 正放四角锥网架

正放四角锥网架如图 14-49 所示，由倒四角锥体组成，锥底的四边为网架的上弦杆，锥棱为腹杆，各锥顶相连即为下弦杆。它的弦杆均与边界成正交，故称为正放四角锥网架。

这类网架杆件受力较均匀，空间刚度比其他类型的四角锥网架及两向网架好，同时，屋面板规格单一，便于起拱，屋面排水较易处理，但杆件数量较多，用钢量略高些。它适用于建筑平面接近正方形的周边支承情况，也适用于屋面荷载较大，大柱距点支承及设有悬挂吊车的工业厂房的情况。上海静安区体育馆(40 m×40 m)、杭州歌剧院(31.5 m×36 m)等采用这类网架体系。

b. 正放抽空四角锥网架

这种网架，是在正放四角锥网架的基础上，除周边网格不动外，适当抽调一些四角锥单元中的腹杆和下弦杆，使下弦网格尺寸扩大一倍，如图 14-50 所示。其杆件数目较少，减少了用钢量，抽空部分可作采光天窗，下弦杆内力较正放四角锥约大一倍，内力均匀性、刚度有所下降，但仍能满足工程要求。

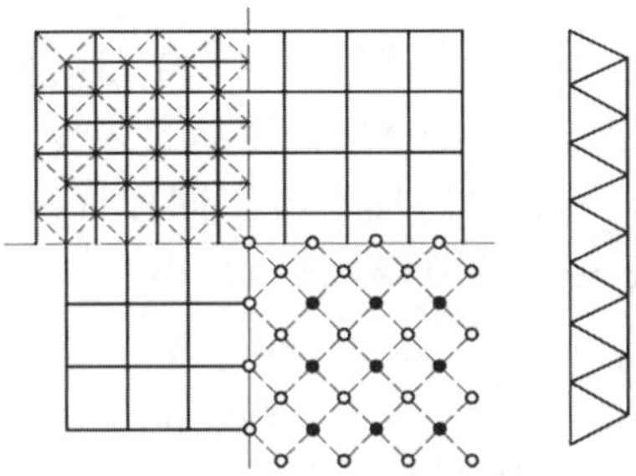

图 14-49　正放四角锥网架

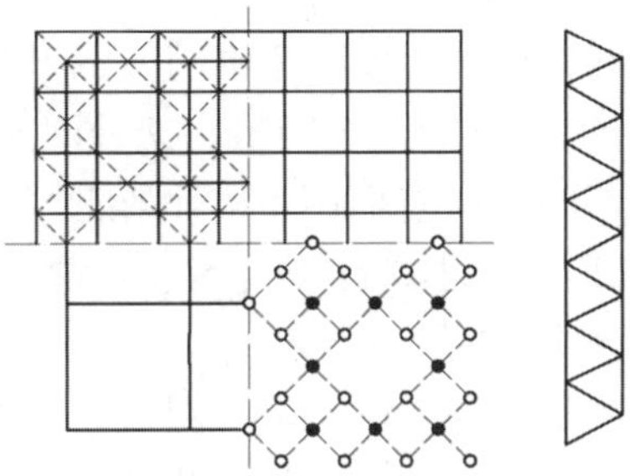

图 14-50　正放抽空四角锥网架

正放抽空四角锥网架适用于屋面荷载较轻的中、小跨度网架。如：石家庄铁路枢纽南站货棚(132 m×132 m，柱网 24 m×24 m，多点支承)、唐山齿轮厂联合厂房(84 m×156.9 m，柱网 12 m×12 m，周边支承与多点支承相结合)等采用了这种网架体系。

c. 斜放四角锥网架

这种网架的上弦杆与边界成 45°角，下弦正放，腹杆与下弦在同一垂直平面内，如图 14-51 所示。在周边支承的情况下，一般为上弦受压，下弦受拉，受力合理。节点处汇交的杆件较少(上弦节点 6 根，下弦节点 8 根)，用钢较省。但因上弦网格正交斜放，故屋面板种类较多，屋面排水坡的形成也较困难。

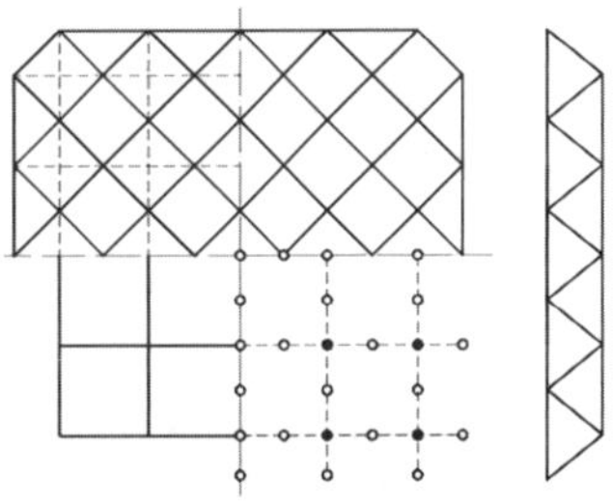

图 14-51　斜放四角锥网架

斜放四角锥网架，当平面长宽比为 1～2.25 时，长跨跨中的下弦内力大于短跨跨中的下弦内力；当平面长宽比大于 2.5 时，则相反。当平面长宽比为 1～1.5 时，上弦杆的最大内力不在跨中，而是在网架 1/4 平面的中部。这些内力分布规律不同于普通简支平板的规律。

周边支承，且周边无刚性联系杆时，会出现四角锥体绕 Z 轴旋转的不稳定情况，因此，必须在网架周边布置刚性边梁。当为点支承时，可在周边布置封闭的边桁架，以保证网架的几何不变。

这类网架适用于中、小跨度周边支承，或周边支承与点支承相结合的方形和矩形平面情况。上海体育馆练习馆(35 m×35 m，周边支承)、北京某机库(48 m×54 m，三边支承一边开口)等采用这类网架。

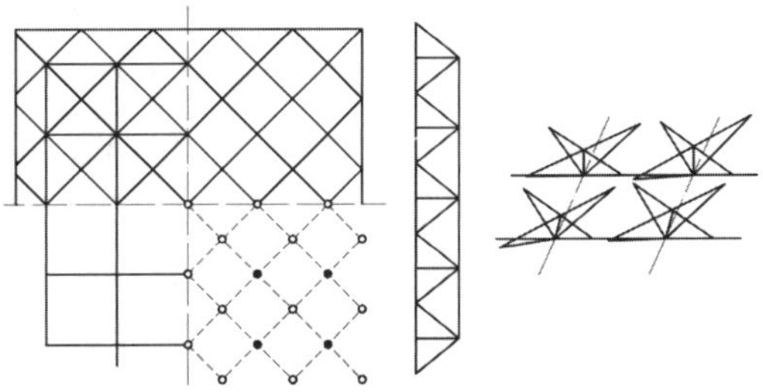

图 14-52　星形四角锥网架

d. 星形四角锥网架

这种网架的单元体形似星体，星体单元由两个倒置的三角形小桁架相互交叉而成，如图 14-52 所示。两个小桁架底边构成网架上弦，它们与边界成45°角。在两个小桁架交汇处设有竖杆，各单元顶点相连即为下弦杆。因此，它的上弦为正交斜放，下弦为正交正放，斜腹杆与上弦杆在同一竖向平面内。

星形网架上弦杆比下弦杆短，受力合理，但在角部上弦杆可能受拉，该处支座可能出现拉力；网架的受力情况接近交叉梁系，刚度稍差于正放四角锥网架，适用于中、小跨度周边支承的网架。杭州起重机械厂食堂(28 m×36 m)、中国计量大学风雨操场(27 m×36 m)等采用了这种网架。

e. 棋盘形四角锥网架

这种网架是在斜放四角锥网架的基础上，将整个网架水平转动45°并加设平行于边界的周边下弦，如图14-53所示。这种网架也具有短压杆、长拉杆的特点，受力合理。由于周边满锥，因此它的空间作用得到保证，受力较均匀。同时杆件较少，屋面板规格单一，用钢指标良好，适用于小跨度周边支承的情况，如大同云冈矿井食堂(24 m×18 m)等。

③ 三角锥体系

这类网架的基本单元是一倒置的三角锥体，如图14-54所示。锥底的正三角形的三边为网架的上弦杆，其棱为网架的腹杆。随着三角锥单元体布置的不同，上、下弦网格可为正三角形或六边形，从而构成不同的三角锥网架。

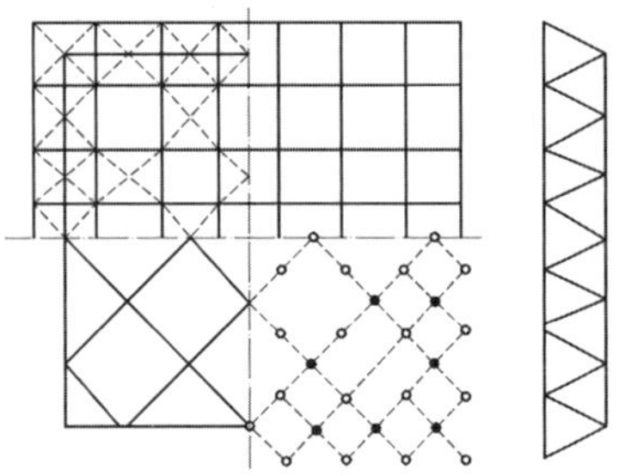

图14-53　棋盘形四角锥网架

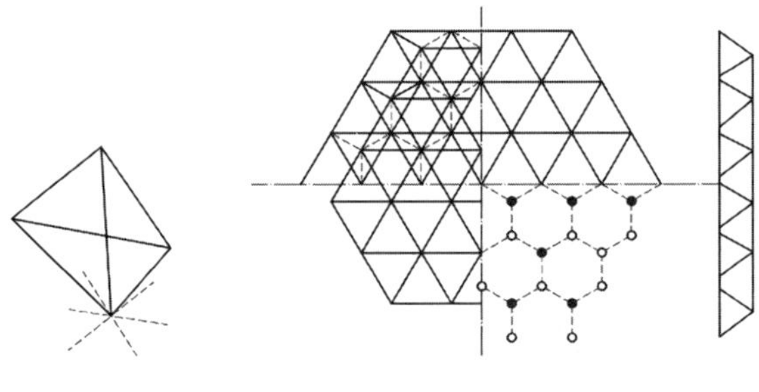

(a)　　(b)

图14-54　三角锥体系

a. 三角锥网架

这种网架的上、下弦平面均为三角形网格，下弦三角形网格的顶点对着上弦三角形网格的形心，如图14-54(b)所示。

三角锥网架杆件受力均匀，整体抗扭、抗弯刚度好，但节点构造较复杂，上、下弦节点汇交杆件数均为9根，适用于建筑平面为三角形、六边形和圆形的情况，如上海市总工会徐汇区工人俱乐部剧场(六边形，外接圆直径24 m)等。

b. 抽空三角锥网架

这种网架是在三角锥网架的基础上，抽去部分三角锥单元的腹杆和下弦杆而形成的。当下弦由三角形和六边形网格组成时称为抽空三角锥网架Ⅰ形，如图14-55(a)所示；当下弦全为六边形网格时称为抽空三角锥网架Ⅱ形，如图14-55(b)所示。

这种网架减少了杆件数量，用钢省，但空间刚度也较三角锥网架小。其上弦网格较密，便于铺设屋面板，下弦网格较疏，以节省钢材。

抽空三角锥网架适用于荷载较小、跨度较小的三角形、六边形和圆形平面的建筑。天津塘沽车站候车室(D=47.18 m，周边支承)就采用了这种网架。

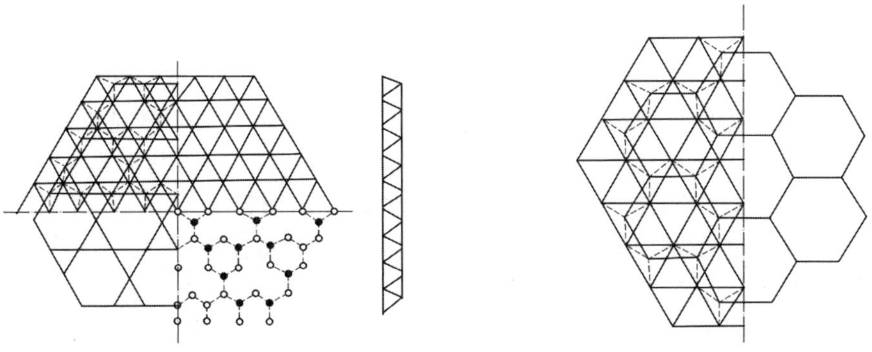

(a)　　(b)

图 14-55　抽空三角锥网架

c. 蜂窝形三角锥网架

这种网架由一系列三角锥组成，上弦平面为正三角形和正六边形网格，下弦平面为正六边形网格，腹杆与下弦杆在同一垂直平面内，如图 14-56 所示。

蜂窝形三角锥网架上弦杆短、下弦杆长，受力合理，每个节点只汇交 6 根杆件。它是常用网架中杆件数和节点数最少的一种。但其上弦平面的六边形网格增加了屋面板布置与屋面找坡的难度。

这种网架适用于中、小跨度周边支承的情况，可用于六边形、圆形或矩形平面。天津石化住宅区影剧院(44.4 m×38.45 m)、开滦林西矿会议室(14.4 m×20.79 m)等采用了这种网架。

④ 单向折线形网架

折线形网架是由正放四角锥网架演变而来的。当建筑平面长宽比大于 2 时，正放四角锥网架单向传力的特点就很明显，此时，网架长跨方向弦杆的内力很小，从强度角度考虑可将长向弦杆(周边网格除外)取消，就得到沿短向支承的折线形网架(图 14-57)。折线形网架适用于狭长矩形平面的建筑。它的内力分析较简单，无论多长的网架，沿长度方向仅需计算 5～7 个节间。

山西大同矿务局机电修配厂下料车间(21 m×78 m)、石家庄市水上运动中心(30 m×120 m)等采用了这种网架。

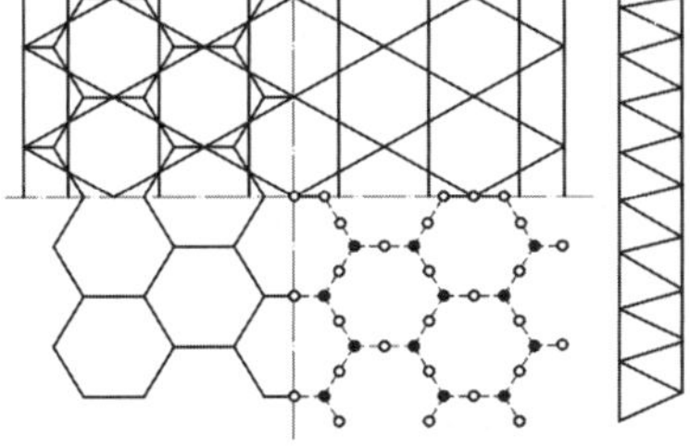

图 14-56　蜂窝形三角锥网架

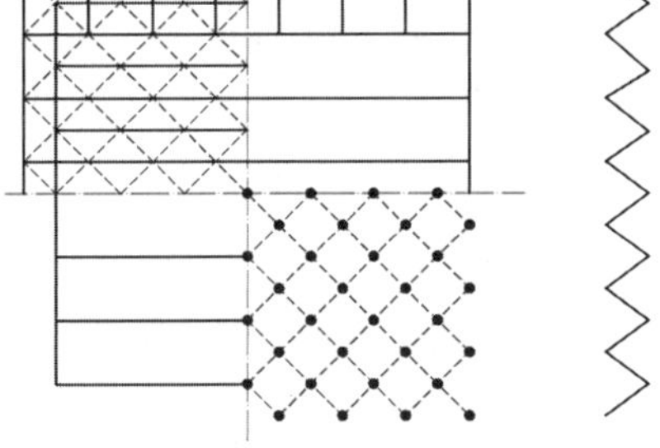

图 14-57　单向折线形网架

（三）网架结构的选型

选择网架结构的形式时，应考虑以下影响因素：建筑的平面形状和尺寸，网架的支承方式、荷载大小、屋面构造、建筑构造与要求、制作安装方法及材料供应情况等。

从用钢量来看，当平面接近正方形时，斜放四角锥网架最经济，其次是正放四角锥网架和两向正交交叉梁系网架（正放或斜放），最耗费的是三向交叉梁系网架。但当跨度及荷载都较大时，三向交叉梁系网架就显得经济合理些，而且刚度也较大。当平面为矩形时，则以两向正交斜放网架和斜放四角锥网架较为经济。

《空间网格结构技术规程》(JGJ 7—2010)推荐了下列选型规定：

(1) 平面形状为矩形的周边支承网架，当其边长比（长边与短边之比）小于或等于 1.5 时，宜选用正放四角锥网架、斜放四角锥网架、棋盘形四角锥网架、正放抽空四角锥网架、两向正交斜放网架、两向正交正放网架。对中、小跨度，也可选用星形四角锥网架和蜂窝形三角锥网架。当建筑要求长宽两个方向支承距离不等时，可选用两向斜交斜放网架。

(2) 平面形状为矩形的周边支承网架，当其边长比大于 1.5 时，宜选用两向正交正放网架、正放四角锥网架或正放抽空四角锥网架。当边长比小于 2 时，也可采用斜放四角锥网架。当平面狭长时，可采用单向折线形网架。

(3) 平面形状为矩形，三边支承一边开口的网架可按上述(1)条进行选型，其开口边可采取增加网架层数或适当增加整个网架高度等办法，网架开口边必须形成竖直的或倾斜的边桁架。

(4) 平面形状为矩形，多点支承网架，可根据具体情况选用正放四角锥网架、正放抽空四角锥网架、两向正交正放网架。对多点支承和周边支承相结合的多跨网架，还可选用两向正交斜放网架或斜放四角锥网架。

(5) 平面形状为圆形、正六边形及接近正六边形且为周边支承的网架，可根据具体情况选用三向网架、三角锥网架或抽空三角锥网架。对中、小跨度，也可选用蜂窝形三角锥网架。

(6) 对跨度不大于 40 m 多层建筑的楼层及跨度不大于 60 m 的屋盖，可采用以钢筋混凝土板代替上弦的组合网架结构。组合网架宜选用正放四角锥网架、正放抽空四角锥网架、两向正交正放网架、斜放四角锥网架和蜂窝形三角锥网架。

从屋面构造来看，正放类网架的屋面板规格通常只有一种，而斜放类网架屋面板规格却有两三种。斜放四角锥网架上弦网格较小，屋面板规格也较小，而正放四角锥网架上弦网格相对较大，屋面板规格也大。

从网架制作和施工来说，交叉平面桁架体系较角锥体系简便，两向比三向简便。而对安装来说，特别是采用分条或分块吊装的方法施工时，选用正放类网架比斜放类网架有利。

总之，应该综合上列各方面的情况和要求，统一考虑，权衡利弊，合理地确定网架形式。

14.4.3 网架的高度与网格尺寸

网架结构的主要尺寸有网格尺寸（指上弦网格尺寸）和网架高度。确定这些尺寸时应考虑跨度大小、柱网尺寸、屋面材料以及构造要求和建筑功能等因素。

（一）网格尺寸

网格尺寸的大小直接影响网架的经济性。确定网格尺寸时，考虑以下条件：

(1) 屋面材料

当屋面采用无檩体系(钢筋混凝土屋面板,钢丝网水泥板)时,网格尺寸一般为 2～4 m。若网格尺寸过大,屋面板重量大,不但增加了网架所受的荷载,还使屋面板的吊装出现困难。当采用钢檩条屋面体系时,檩条长度不宜超过 6 m。网格尺寸应与上述屋面材料相适应。当网格尺寸大于 6 m 时,斜腹杆应再分,此时应注意保证杆件的稳定性。

(2) 斜腹杆与弦杆的夹角

通常应使斜腹杆与弦杆的夹角为 45°～60°,这样节点构造不致出现困难。

(3) 钢材规格

采用合理的钢管做网架杆件时,网格尺寸可以大些;采用角钢杆件或只有较小规格钢材时,网格尺寸应小些。

(4) 管道的尺寸

网格尺寸的确定应考虑通风管道等设备的设置。

对于周边支承的各类网架,可按表 14-1 确定网架沿短跨方向的网格数,进而确定网格尺寸。表 14-1 中,L_2 为网架短向跨度,单位为 m。当跨度在 18 m 以下时,网格数可适当减少。

表 14-1　网架上弦网格数与跨高比

网架形式	钢筋混凝土屋面		钢檩条屋面	
	网格数	高跨比	网格数	高跨比
两向正交正放网架、正放四角锥网架、正放抽空四角锥网架	$(2\sim4)+0.2L_2$	$10\sim14$	$(6\sim8)+0.07L_2$	$(13\sim17)-0.03L_2$
两向正交斜放网架、棋盘形四角锥网架、斜放四角锥网架、星形四角锥网架	$(6\sim8)+0.08L_2$			

(二) 网架高度

网架高度越大,弦杆所受力就越小,弦杆用钢量减少,但此时腹杆长度较长,腹杆用钢量就增加;反之,网架高度越小,腹杆用钢量减少,弦杆用钢量增加。当网架高度适当时,总用钢量会最少,同时还应考虑刚度要求等。合理的网架高度可根据表 14-1 中的跨高比来确定。确定网架高度时主要应考虑以下几个因素:

(1) 建筑要求及刚度要求

当屋面荷载较大时,网架高度应选择得较大,反之可小些。当网架中必须穿行通风管道时,网架高度必须满足此高度。但当跨度较大时,网架高度主要由相对挠度的要求来决定。一般来说,跨度较大时,网架跨高比可选用得大些。

(2) 网架的平面形状

当平面形状为圆形、正方形或接近正方形的矩形时,网架高度可取得小些。当矩形平面网架越狭长时,单向作用就明显,其刚度就越小些,故此时网架高度应取得大些。

(3) 网架的支承条件

周边支承时,网架高度可取得小些;点支承时,网架高度应取得大些。

(4) 节点构造形式

网架的节点构造形式很多,国内常用的有焊接空心球节点和螺栓球节点。二者相比,前者的安装变形小于后者。故采用焊接空心球节点时,网架高度可取得小些;采用螺栓球节点时,网架高度可取得大些。

此外，当有起拱时，网架的高度可取得小些。

14.4.4 网架的整体构造

（一）屋面材料及屋面构造

要使网架结构经济省钢的优点得以实现，选择适当的屋面材料是关键。在网架结构的设计中，应尽量采用轻质、高强，具有良好保温、隔热、防水性能的轻型屋面材料。根据所选用屋面材料性能的不同，网架结构的屋面分为有檩体系屋面和无檩体系屋面。

（1）有檩体系屋面

当采用木板、加筋石棉水泥波形瓦、纤维水泥板等轻型屋面材料时，由于此类屋面材料所要求的最大支点距离较小，故多采用有檩体系屋面构造。

通常的做法是在屋架支托上设钢檩条（如：槽钢、角钢、Z型钢、冷弯槽钢、桁架式檩条等），上面铺设木板作为屋面结构层，上面再做柔性防水层和铝合金板保护层（图14-58）。当需要保温时，可在木板下面做隔热层。这种做法的屋面自重较轻，一般在1.0～1.3 kN/m^2 左右，但防火性能较差。

压型金属板是近年发展出来的新型屋面材料。它是用厚度为0.6～1.6 mm的镀锌钢板、冷轧钢板、彩色钢板或铝板等原料，经辊压冷弯成各种波形的压型板。

压型钢板的钢材一般采用Q215钢或Q235钢，压型铝板一般采用铝锰合金LF21。压型钢板有单层的，也有双层中间夹隔热材料的夹芯板。这种屋面材料具有轻质高强、美观耐用、施工简便、抗震防火的特点，它的加工和安装已经达到标准化、工厂化、装配化水平，但价格较贵。压型钢板可直接铺设在钢檩条上（图14-59）。这种屋面的重量为1.0～1.8 kN/m^2。

（2）无檩体系屋面

当采用带肋钢丝网水泥板、预应力混凝土屋面板等做屋面材料时，由于它们所要求的最大支点距离均较大，故多采用无檩体系屋面（图14-60）。

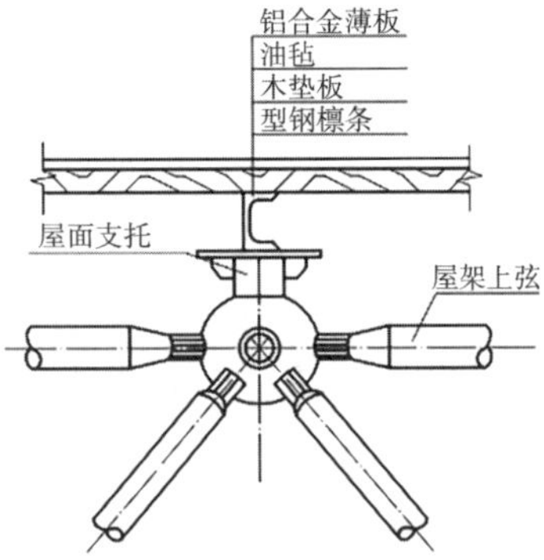

图14-58 水平有檩体系屋面

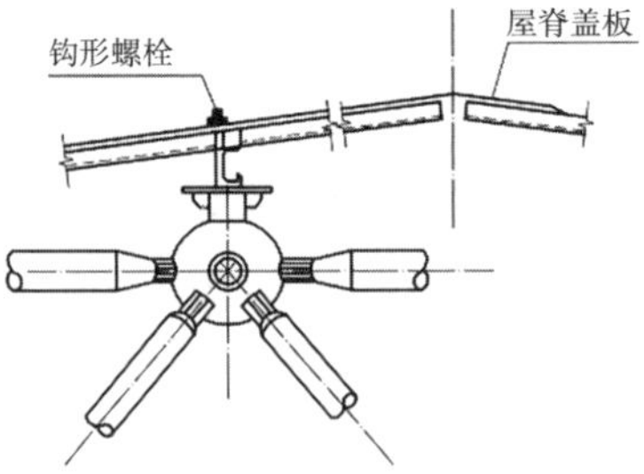

图14-59 斜放有檩体系屋面

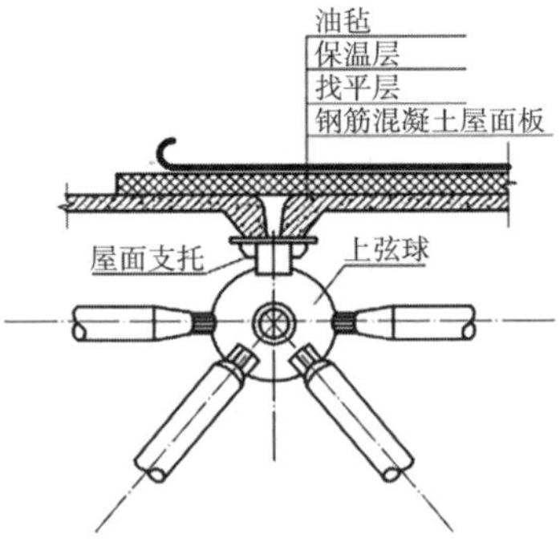

图14-60 无檩体系屋面

通常屋面板的尺寸与网架上弦网格尺寸相同，屋面板直接搁在屋架上弦网格节点的支托上，应保证每块屋面板有三点与网架上弦节点的支托焊牢，再在屋面板上做找平层、保温层及柔性防水层。

无檩体系屋面的特点是施工、安装速度快，零配件少，但屋面重量大，一般自重大于1.5 kN/m^2，屋盖自重大会导致网架用钢量的增大，还会引起柱、基础等下部结构造价增加，对屋盖结构的抗震性能也有较大影响。

（二）网架的起拱和屋面排水

（1）网架的起拱

网架起拱的作用之一是消除网架在使用阶段的挠度影响，称为施工起拱。一般情况下，网架的刚度大，中、小跨度网架不需要起拱。对于大跨度（L_2>60 m）网架或建筑上有起拱要求的网架，起拱高度可取为网架的短向跨度。

网架起拱的方法，按线型分有折线型起拱和弧线型起拱两种，按方向分有单向起拱和双向起拱两种。狭长平面的网架可单向起拱，接近正方形平面的网架应双向起拱。

网架起拱后，会使杆件的种类、节点的种类大为增加，从而会给网架设计、制造和安装带来麻烦。

（2）层面排水坡度

为了屋面排水，网架结构的屋面坡度一般取 1%～4%，多雨地区宜选用大值。当屋面结构采用有檩体系时，还应考虑檩条挠度对泄水的影响。对于荷载、跨度较大的网架结构，还应考虑网架竖向挠度对排水的影响。

屋面坡度的做法有如下几种：

① 上弦节点上加小立柱找坡，如图 14-61(a)所示。当小立柱较高时，应注意小立柱自身的稳定性，此法构造比较简单。

(a)　　　　(b)

图 14-61　层面坡度做法

② 网架变高度。当网架跨度较大时，会造成受压腹杆太长。

③ 支承柱变高。采用点支承方案的网架可用此法找坡。

④ 整个网架起拱，如图 14-61(b)所示。这一般用于大跨度网架。当起拱度小于网架短向跨度的1/150 时，由起拱引起的杆件内力变化一般不超过 10%，因此，仍可按不起拱的网架计算内力。

网架结构的容许挠度不应超过下列数值：用作屋盖时为 $L_2/250$，用作楼盖时为 $L_2/300$，L_2 为网架的短向跨度。

相比于其他结构形式，网架结构应用更加广泛，延安大剧院的屋顶采用了双层网架结构（图 14-62）。与国际水平相比，我国目前网架生产的工艺水平和质量管理水平尚有差距。尤其是在市场需求带动下，大量小型网架企业如雨后春笋般成立起来，因此迫切需要加强行业管理，切实把握网架结构的设计、制作和安装质量，有效促进我国网架结构的健康发展。

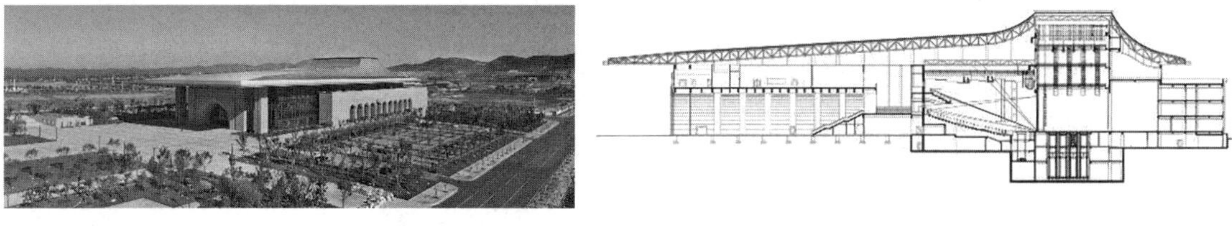

(a)　　　　(b)

图 14-62　延安大剧院

14.5 网壳结构

网壳结构即为网状的壳体结构，是格构化的壳体，或者说是曲面状的网架结构。20世纪初，德国耶拿的蔡司工厂需要一个尽可能准确的半球形天文馆，鲍尔斯费尔德教授提出一个用铁杆组成半球形的网状系统，他用数学精确算出每根杆件的位置与长度，以最小容许误差建成了球网壳结构。

20世纪五六十年代，钢筋混凝土壳体得到了较大的发展，但人们发现，钢筋混凝土壳体结构很大一部分材料是用来承受自重的，只有较少部分的材料用来承担外荷载，并且施工复杂。20世纪60年代，欧美人工费剧增，钢筋混凝土壳体施工需用的模板与脚手架费料、费工，其应用受到了影响。适逢焊接技术更趋完善，高强钢材不断出现，电子计算技术突飞猛进，给网壳结构的大范围应用奠定了必要的物质基础。因网壳结构具有非凡的优越性，故发展迅猛。网壳结构多用于大跨度，现已成为大跨度结构中应用最普遍的形式之一。

单曲面网架为筒网壳，双曲面网架目前只有球网壳与扭网壳两种。筒网壳是以拱式受压或梁式受弯来抗衡并传递外荷载的。球网壳是以壳式受压来抗衡并传递外荷载的。

网壳结构具有以下优点：

① 网壳结构的杆件主要承受轴力，结构内力分布比较均匀，应力峰值较小，因而可以充分发挥材料强度作用。

② 由于它可以采用各种壳体结构的曲面形式，在外观上可以与薄壳结构一样具有丰富的造型。

③ 网壳结构中网格的杆件可以用直杆代替曲杆，即以折面代替曲面，如果杆件布置和构造处理得当，可以具有与薄壳结构相似的良好受力性能。同时，又便于工厂制造和现场安装，在构造和施工方法上具有与平板网架结构一样的优越性。

网壳结构按杆件的布置方式分类，有单层网壳和双层网壳两种形式。一般来说，中、小跨度（一般为40 m以下）时可采用单层网壳，跨度大时采用双层网壳。典型几何曲面网壳包括柱面网壳（筒网壳）、球面网壳、椭圆抛物面网壳（双曲扁网壳）、双曲抛物面网壳（鞍壳和扭壳）等。

（1）柱面网壳

柱面网壳的外形是圆柱面筒形，覆盖的平面为矩形，横向短边为端边（B），纵向长边为侧边（L），单层柱面网壳按照网格的形式划分为单向斜杆正交正放网格型、交叉斜杆正交正放网格型、联方网格型和三向网格型，如图14-63所示。

柱面网壳矢跨比越大，水平推力越小，所围合的建筑空间越大。对于两端支承的圆柱面网壳，矢高可取宽度的1/6～1/3；而沿纵向边缘落地支承的，矢高可取为宽度的1/5～1/2。双层圆柱面网壳的厚度可取为跨度的1/50～1/20。

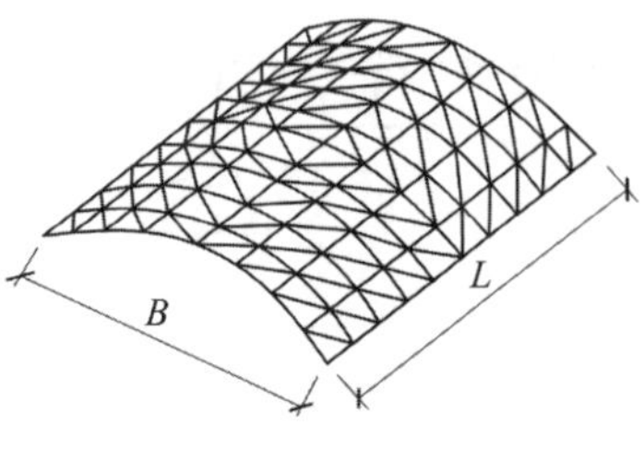

(a) 单向斜杆正交正放网格

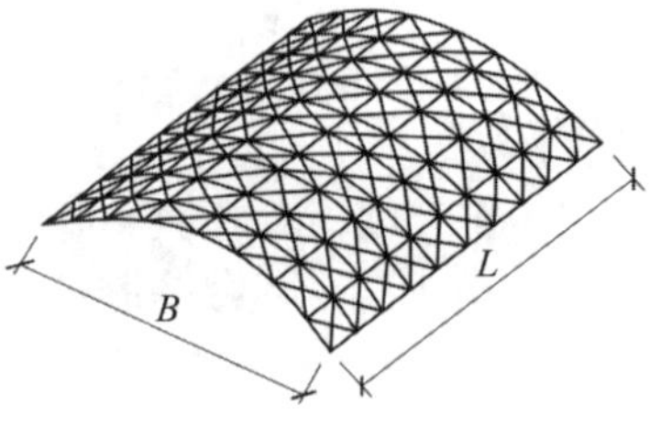

(b) 交叉斜杆正交正放网格

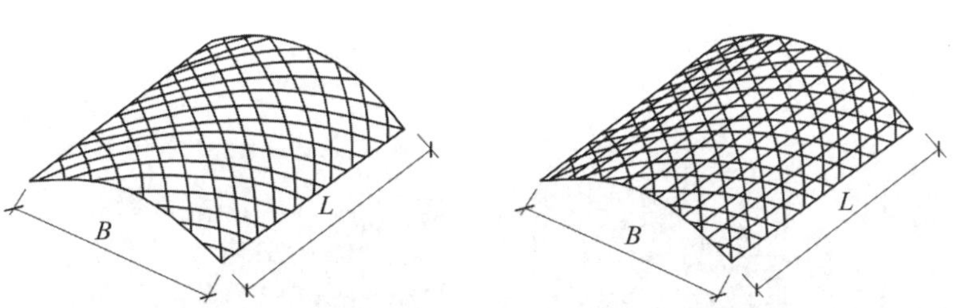

(c) 联方网格　　(d) 三向网格

图 14-63　单层柱面网壳形式

有时为了提高整体稳定性和刚度,可将单层柱面网壳部分区段变为双层柱面网壳。双层柱面网壳主要有交叉桁架体系和角锥体系,如图 14-64 所示。

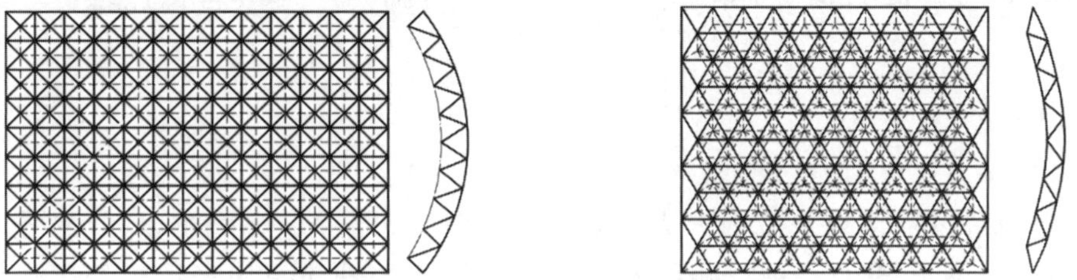

(a) 正放四角锥柱面网壳　　(b) 三角锥柱面网壳

图 14-64　双层柱面网壳形式

圆柱面网壳结构适用于建筑平面为方形或接近方形的矩形平面。对于两端支承的圆柱面网壳,其建筑平面的宽度 B 与跨度 L 之比宜小于 1.0,即 $B/L<1$。对于单层圆柱面网壳,当支承在两端的横隔时,其跨度 L 不宜大于 30 m;当纵向边缘落地支承时,其跨度不宜大于 25 m。

(2) 球面网壳

球面网壳可分单层球面网壳和双层球面网壳两大类。按照网格形式划分,单层球面网壳可以分为肋环型球面网壳、施威德勒型(肋环斜杆型)球面网壳、联方型球面网壳、三向网格型球面网壳、凯威特型球面网壳,如图 14-65 所示。大英博物馆扩建工程的中庭采用了单层三向网格型球面网壳(图 14-66),1967 年蒙特利尔世博会美国馆采用了双层三向网格型球面网壳(图 14-67)。

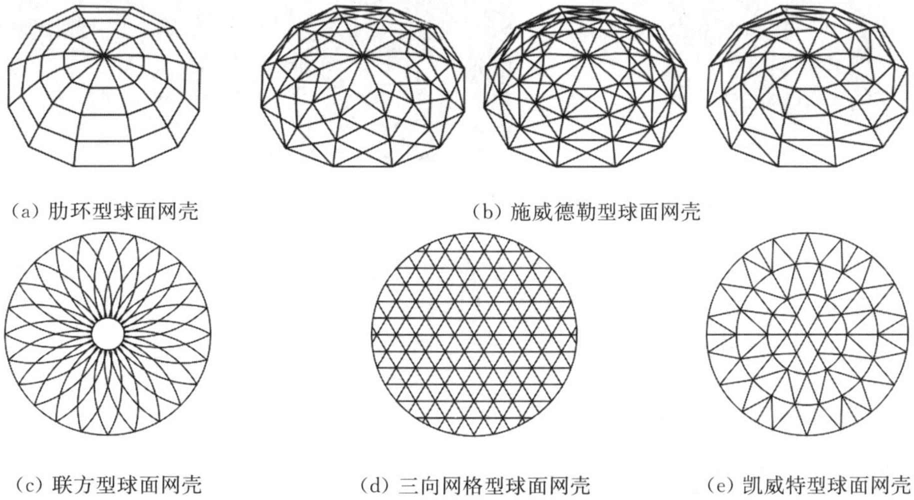

(a) 肋环型球面网壳　　(b) 施威德勒型球面网壳

(c) 联方型球面网壳　　(d) 三向网格型球面网壳　　(e) 凯威特型球面网壳

图 14-65　单层球面网壳分类

图 14-66　大英博物馆扩建的中庭结构

图 14-67　蒙特利尔世博会美国馆

14.6　悬索结构

悬索结构是以一系列受拉钢索为主要承重构件，按照一定规律布置，并悬挂在边缘构件或支承结构上而形成的一种空间结构。它通过钢索的轴向拉伸来抵抗外部作用。钢索多采用高强钢丝组成的钢丝束、钢绞线和钢丝绳，也可采用圆钢筋或带状的薄钢板。边缘构件或支承结构用于锚固钢索，并承受悬索的拉力。根据建筑物的平面和结构类型不同，可采用圈梁、拱、桁架、框架等，也可采用柔性拉索作为边缘构件。1896 年俄罗斯世博会椭圆展馆(图 14-68)采用了索网结构，中间的塔架和周边的柱子之间悬挂索，索与索之间形成索网来承托屋面荷载。石家庄国际会展中心的悬索屋面由横向双层悬索结构和纵向索桁架结构支撑(图 14-69)。

图 14-68　俄罗斯世博会椭圆展馆

图 14-69　石家庄国际会展中心

悬索结构属于柔性结构，优点是便于适应各种建筑平面，能较自由地满足各种建筑功能和建筑造型的要求；缺点是稳定性较差，其边缘构件和下部支撑必须具有一定的刚度和合理的形式以承受巨大的拉力。

14.6.1　悬索结构的分类

悬索结构可以根据几何形状、组成方式、受力特点等因素进行分类。

按钢索的平面布置和索力传递方向可分成单向悬索结构、双向悬索结构和辐射状悬索结构(也称碟形悬索结构)。

按钢索的竖向布置方式可分成单层悬索结构和双层悬索结构。

按几何形态可分成单曲悬索结构、正高斯曲面双曲悬索结构和负高斯曲面双曲悬索结构。

按受力特点分成单层悬索体系、双层悬索体系和索网结构。

(一) 单层悬索体系

由一群单层承重索组成的结构体系,称为单层悬索体系。其又可分为以下几种类型:

(1) 单层单向悬索结构

单层单向悬索结构由一群平行走向的承重索组成,并构成单曲下凹屋面。拉索两端悬挂在稳定的支承结构上,如图 14-70(a)所示;也可设置专门的锚索,如图 14-70(b)所示,端部水平结构如图 14-70(c)所示,来承受悬索的拉力。如美国华盛顿杜勒斯国际机场旅客站屋盖(跨度 61 m),1986 年建成的山东淄博市体育馆(矩形 54 m×38 m),1987 年建成的山东淄博毛纺厂俱乐部(矩形 36 m×27 m)等屋盖结构。

(2) 单层辐射状悬索结构

当屋盖为圆形平面时,悬索一般按辐射状布置,整个屋面形成下凹的旋转曲面,悬索支承在周边构件受压圈梁上,中心宜设置受拉环,如图 14-71(a)所示。当允许在中心设置立柱时,则形成伞形屋面,如图 14-71(b)所示。如美国加利福尼亚州阿拉米达市的圆形大剧场(直径 128 m),1987 年建成的柳州水泥厂熟料库(圆形,半径 40 m)和 1989 年建成的淄博长途汽车站(圆形,半径 25 m)屋盖采用了伞形单层辐射状悬索结构。

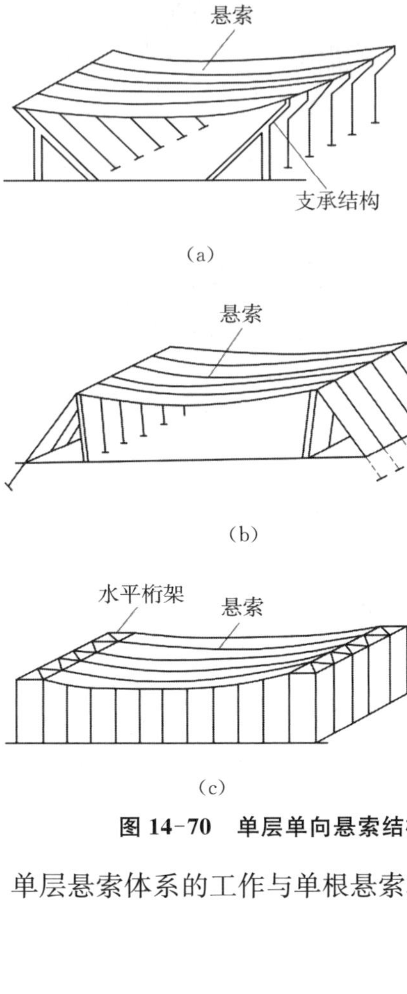

图 14-70　单层单向悬索结构

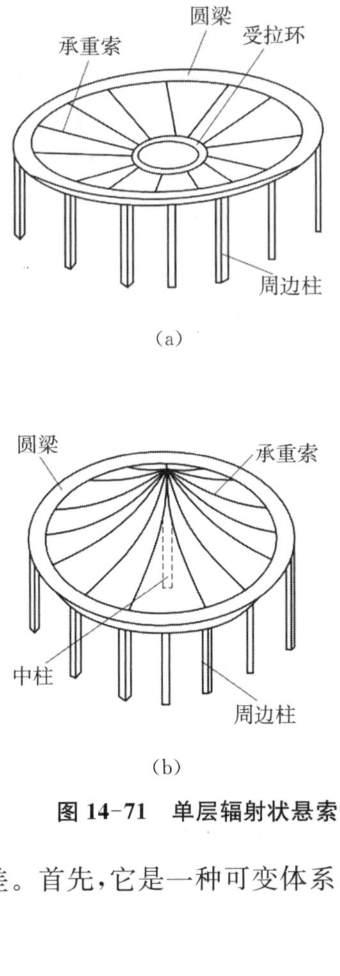

图 14-71　单层辐射状悬索结构

单层悬索体系的工作与单根悬索相似,稳定性较差。首先,它是一种可变体系,平衡形式随荷载分布方式而变,特别在不对称荷载或局部荷载下会产生相当大的位移。悬索抵抗位移的能力,即索的稳定性,与索内初始拉力的大小有关,索内拉力愈大,稳定性愈好。其次,抗风能力差,作用在屋盖上的风力主要是吸力,而且分布不均匀,使其稳定性降低,当屋面较轻时,甚至会被风掀起。

为使单层悬索体系屋盖具有必要的稳定性,一般采用重屋面,如钢筋混凝土屋面板等。

利用较大的均布恒载使悬索始终保持较大的张紧力,提高其稳定性。同时往往通过预加荷载施加预应力。施工时,先将屋面板挂在索上(使索正好位于板缝中),在板上加额外的临时荷载使索伸长,然后在板缝中浇灌细石混凝土,待混凝土达到一定强度后卸去荷载,即形成具有一定预应力的"悬挂薄壳"。

(二) 双层悬索体系

双层悬索体系是由一系列一层承重索和一层曲率与之相反的稳定索组成的结构体系,如图 14-72 和图 14-73 所示。承受屋面荷载的索称为承重索,每对承重索和稳定索一般位于同一竖向平面,二者之间通过受拉钢索或受压撑杆连系,构成犹如屋架形式的平面体系,常称为索桁架。承重索和稳定索的不同组合方式构成下凹形屋面,如图 14-74(a)和(b)所示,上凸形屋面,如图 14-74(c)所示,或凹凸形屋面,如图 14-74(d)所示,承重索和稳定索之间的连系杆可以竖向布置,也可以布置成斜腹杆形式,如图 14-74(a)所示。

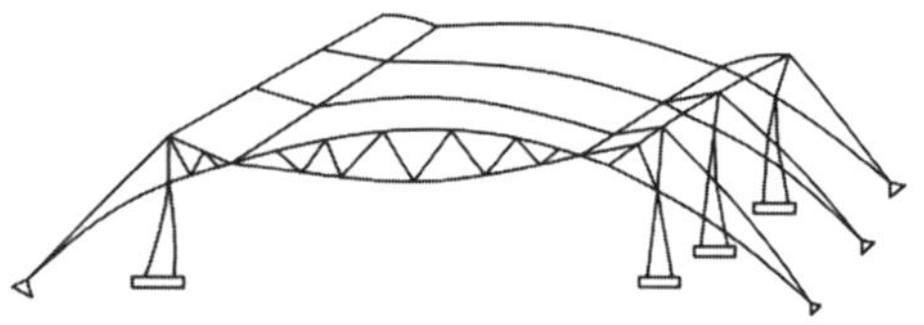

图 14-72　双层单向悬索体系

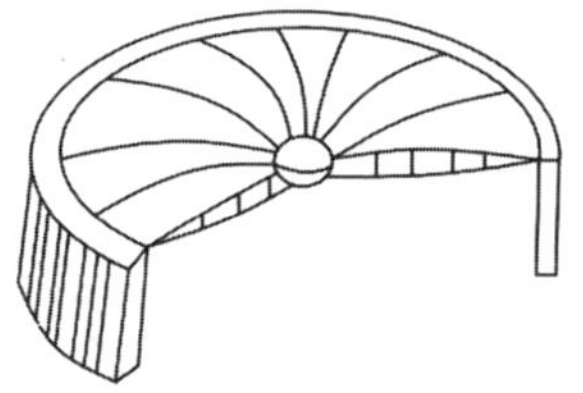

图 14-73　双层辐射状悬索体系

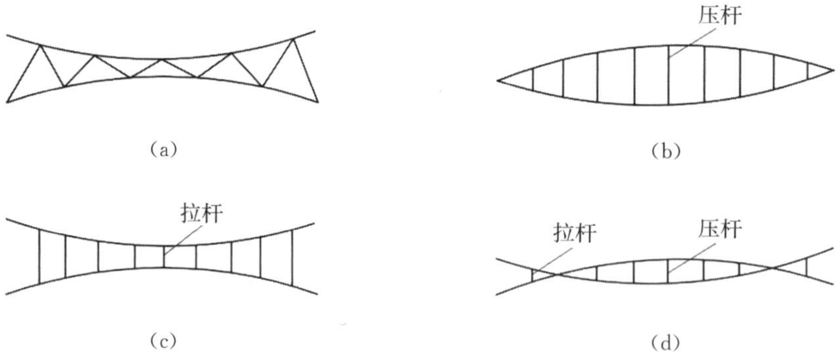

图 14-74　各种形式的索桁架

(1) 双层单向悬索结构

双层单向悬索结构由一群平行走向的索桁架组成,承重索和稳定索也可不在同一竖向平面,而是相互错开布置,构成波形屋面,如 1986 年建成的吉林市冰上运动中心滑冰馆(矩形,59 m×72 m)。

(2) 双层辐射状悬索结构

当平面为圆形时,常将承重索、稳定索沿辐射状布置,周边锚固在受压圈梁上,中心宜设置受拉环(图 14-73)。当跨度不大于 60 m 时,中心也可做成不受拉力的构造环。在双层辐射状悬索结构中,上、下索间可不设连系杆,而是利用中心受拉环作为一集中撑杆,索既是稳定索,又直接承受屋面传来的荷载,上索以支反力的形式将部分荷载传给中心环,下索承受由中心环传来的集中荷载,这种结构形式称为车辐式双层悬索结构。

(3) 双层双向悬索结构

将平面索桁架沿相互正交的两个方向布置形成双层双向悬索结构(图 14-75)。

双层悬索结构由于设置了相反曲率的稳定索和相应的连系杆,可张拉承重索、稳定索或连系杆对体系施加预应力,使索内始终保持足够大的拉紧力,提高体系的刚度和稳定性。双层悬索结构在动荷载作用下,具有较好的抗震性能。

(三) 索网结构

索网结构是由两组相互正交、曲率相反的承重索和稳定索叠交连接组成的结构,如图 14-76 所示。下凹的钢索为承重索,上凸的钢索为稳定索,它们形成负高斯曲率的曲面,例如双曲抛物面,这种体系常称为鞍形索网。沿索网边缘需设置强大的周边构件,以锚固钢索,周边构件可以为闭合圈梁形式,如图 14-76(a)所示,也可做成强大的边拱,将力直接传给基础,如图 14-76(b)和(c)所示。国外的工程实践中还有用柔性拉索作为周边构件,形成"不闭合"索网,如图 14-76(d)所示。

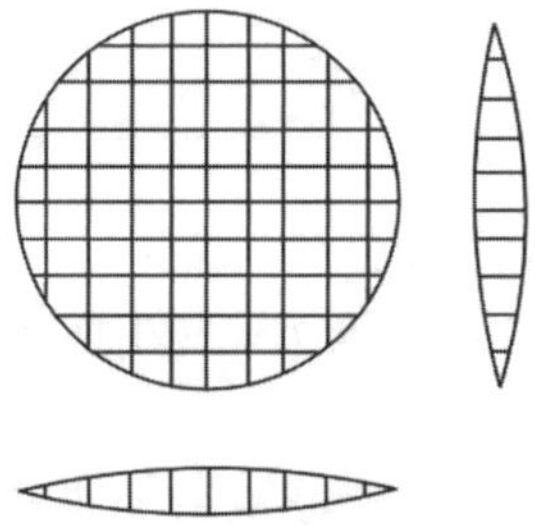

图 14-75　双层双向悬索结构

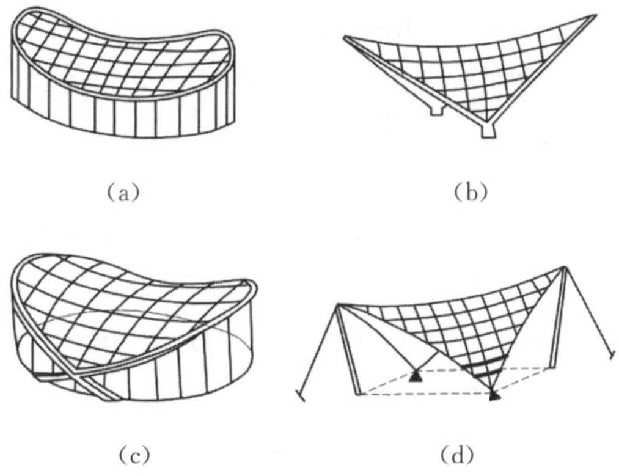

图 14-76　索网结构

对索网结构必须施加预应力,以提高体系的刚度和稳定性。由于存在曲率相反的两组索,对其中任意一组或同时对两组进行张拉,均可实现预应力。

14.6.2　悬索结构的特点

悬索结构与其他结构形式相比,具有如下一些特点:

(1) 受力合理,经济性好。悬索结构依靠索的受拉抵抗外荷载,因此能够充分发挥高强钢索的力学性能,用料省,结构自重轻,可以较经济地跨越很大的跨度。

(2) 施工方便。钢索自重小,屋面构件一般也较轻,施工、安装时不需要大型起重设备也不需要脚手架,因而施工周期短,施工费用相对较低。

(3) 建筑造型美观。悬索结构不仅可以适应各种平面形状和外形轮廓的要求,而且可以让建筑师充分发挥想象力,较自由地满足各种建筑功能和表达形式的要求,实现建筑和结构较完美的结合。

(4) 悬索结构的边缘构件或支承结构受力较大,往往需要强大的截面、耗费较多的材料,而且其刚度对悬索结构的受力影响较大,因此,边缘构件或支承结构的设计极为重要。

(5) 悬索结构的受力属大变位、小应变,非线性强,常规结构分析中的线性叠加原理不能利用,计算复杂。

14.7 膜结构

14.7.1 膜结构概述

膜结构是将张拉状态的高强度薄膜材料覆盖于支撑构件表面形成的一种空间结构形式,因其自重轻、跨度大,目前广泛用于体育场、景观建筑等公共建筑中。

现代膜结构与我们日常用到的帐篷和雨伞较为相似,虽然在规模上差别很大,但可以把它们看作膜结构的雏形。20世纪中期,随着对大跨度建筑需求的日益增长,对轻质覆盖材料的不断探索,现代膜结构才逐渐发展起来成为一种新型的建筑结构形式。1946年,沃尔特·伯德(Walter bird)为美国军方制作了一个球形雷达罩,并将这种充气膜结构申请了专利,现代膜结构才逐渐被人们所知。1970年,在日本大阪世界博览会上,膜结构首次被集中系统地展示,同时一些高强度,具有防水、透光性能,且耐久性较好的新型薄膜材料的出现,促使膜结构进入快速发展期。

与其他建筑结构相比,膜结构呈现出如下特点:

(1) 工程的经济性。作为一种轻质覆盖材料,张拉状态下的薄膜能够极大地减少建筑材料的用量,从而降低工程造价。

(2) 优越的跨越能力。膜材料厚度很小,一般为0.5~1.0 mm,自重很轻,所以具有较大的跨越能力,常作为大跨度结构的屋盖覆盖层。

(3) 造型的美观性。柔性的薄膜材料,在张拉状态下支承于加强构件上,可以形成任意的形态。区别于普通的钢筋混凝土建筑,膜结构的造型往往充满张力、线性优美、形态多变,给人以强烈的艺术感染力。

(4) 施工的便捷性。膜结构的建造,不需要混凝土的浇筑、养护等复杂的工序,施工人员可以在现场完成简单的定位和安装。所以,膜结构具有易建设、易拆除、易更换、易搬迁的特点,充分体现了施工的便捷性。

(5) 绿色环保。膜结构能够充分利用阳光和空气,室内光线明亮而柔和,极大地减少了能源的消耗;能够与自然环境有机融合,创造出较为舒适的室内外环境,体现出膜结构良好的绿色、环保性能。

(6) 良好的耐久性和抗震性能。随着技术的进步,新的薄膜材料不断出现,这些新材料表现出更好的强度、防水性能、透光性能、抗老化性能、防火性能等,使膜结构具有较好的耐久性。柔性的膜结构,具有良好的韧性,发生地震时,更容易吸收地震能以减轻震害。

14.7.2 膜结构材料

用于膜结构的薄膜材料为涂层织物。涂层织物是一种复合材料,由基层和涂层组成。基层主要起到承载的作用,决定膜材抗拉强度、弹性模量等力学特性;涂层是功能层,很大程度上决定了膜材的防水、防火、透光等物理性质。基层和涂层结合在一起,形成具有一定力学强度和使用功能的建筑材料。

(1) 膜材基层

建筑用膜材的基层材质多为玻璃纤维和聚酯纤维。玻璃纤维的主要成分为二氧化硅、氧化铝、氧化钙、氧化硼、氧化钠等，是一种性能优异的无机非金属材料，具有良好的绝缘性、较高的耐热性和抗腐蚀性，弹性模量和强度均较高，不足之处在于玻璃纤维属于脆性材料，且耐磨性较差。聚酯纤维是由有机二元酸和二元醇缩聚而成的聚酯经纺丝所得的合成纤维，具有较好的化学稳定性和耐光性能，缺点是在拉力和紫外线的长期作用下，徐变较大且易起皱。

(2) 膜材涂层

涂层决定了膜材的物理性质，给予膜材各种使用功能。建筑结构长期暴露于自然环境下，用作建筑外围的膜材应具有良好的光学、保温、防水、防火和自洁性能以满足建筑使用的各种需求。所以，涂层的选择，应充分考虑膜材的使用功能。

目前，常用的膜材涂层为聚氯乙烯(PVC)和聚四氟乙烯(PTFE)。

PVC 是应用最早的涂层材料，具有较好的柔韧性且便于与其他构件连接，但耐光性和自洁性较差。在长期阳光照射下，PVC 经紫外线作用容易发生老化，造成灰尘、油渍附着，不易清洗而影响其透光性能，一般用于临时性建筑，可以通过涂抹聚偏氟乙烯的方式改善其性能。用于半永久性和永久性结构的 PTFE 是一种无毒惰性材料，具有良好的稳定性，能够抵抗紫外线的长期照射并且具有较低的渗透性，长期暴露于大气环境中，表面性能保持不变；不溶于强酸、强碱和有机溶剂，具有良好的耐酸碱性能；在高温和低温条件下，能够很好地保持其力学特性，具有良好的耐温性；具有突出的不黏结性能，是很好的防粘材料，用于涂层可使膜材具有良好的自洁性能。PTFE 的缺点是刚度相对较大，施工方便性较差，重复变形下容易出现裂纹从而影响基层的强度和使用寿命。

除上述两种材料外，硅酮和聚氨酯也用于膜材涂层。硅酮是一种比较新的涂层材料，具有良好的防水性能。

(3) 膜材产品

不同的基层与涂层组合，可以形成多种建筑膜材制品，如外涂聚氯乙烯的聚酯纤维膜、外涂聚氯乙烯的玻璃纤维膜、外涂聚四氟乙烯的玻璃纤维膜和外涂硅酮的玻璃纤维膜等。其中聚酯纤维织物涂覆聚氯乙烯膜和玻璃纤维织物涂覆聚四氟乙烯膜较为常用。

聚酯纤维织物外涂聚氯乙烯膜，也称为 PVC 膜材，具有价格低、折叠性能好、加工方便等特点，是我国应用较为广泛的一种建筑膜材。但这种膜材抗紫外线能力较弱易老化且自洁性能相对较差，一般用于临时性建筑，通过表层涂抹化学稳定性更好的附加层，可以改善其性能，使用年限一般在 10～15 年，属于半永久性膜材。

玻璃纤维织物外涂聚四氟乙烯膜，也称为 PTFE 膜材，具有较高的强度和弹性模量，能够有效抵抗紫外线照射，由于表层采用不黏结材料，自洁能力较好，主要用于永久性建筑。这种膜材刚度较大，抗折叠能力较差，对膜材的加工制作和施工工艺要求较高，成本相对较高，我国较少采用，在美国和日本应用较为广泛。

ETFE 膜材，是一种新型的建筑膜材，实际使用始于 20 世纪 90 年代。ETFE 是乙烯和四氟乙烯共聚物的英文简称，它不但保持了 PTFE 材料良好的耐热和化学稳定性，还具有更好的耐辐射性和力学性能，其抗拉强度可以达到 50 MPa，约为 PTFE 材料的 2 倍。ETFE 膜材厚度很小，通常小于 0.20 mm，透光率高达 95%，具有较高的防火等级和自清洁能力。另外，这种膜材还可以循环使用，使用寿命可达 25～35 年。ETFE 膜材因其优越的使用性能，自出现以来，成为透明建筑结构的主要材料。目前 ETFE 膜材主要应用于充气膜结构，2008 年北京奥运会主游泳馆“水立方”使用了这种膜材。

14.7.3 膜的剪裁与连接

膜材属于平面材料，要形成具有张力的空间曲面形态，需要对膜材进行剪裁和连接。

膜结构的设计主要包括初始平衡形状设计、荷载设计、尺寸构件设计、连接设计和剪裁设计等几个环节，其中初始平衡形状设计、尺寸构件设计、剪裁设计都是针对膜材形状和剪裁的设计。由于平面和曲面的差异，膜结构的剪裁和拼接过程总会产生误差，早期膜结构常借助于模型来完成膜结构形态和尺寸设计，往往误差较大。随着计算机技术的发展，目前膜结构形状设计主要借助于计算机和多媒体技术来实现。

膜结构的连接包括膜节点、膜边界、膜角点、膜脊和膜谷等。膜节点是膜与膜的连接节点，可以采用缝合、焊接、黏结、螺栓、束带、拉链等方式进行结合。膜边界是指膜与支撑结构的连接节点，也就是膜的外缘与边缘构件的连接节点，主要起到荷载传递的作用，把膜所承受的荷载传递给支撑结构。膜边界可以分为柔性边界、刚性边界和弹性边界。膜角点是指两个膜边界的交汇点，柔性边界的膜角点可以采用膜带、夹板、滑轮、拉力螺栓等连接方式，刚性边界的膜角点一般采用弧形以避免膜角。膜脊和膜谷分别指膜结构中较高和较低位置的交汇处，需要刚性或柔性结构支撑并连接，可以采用膜套或螺栓进行连接。

14.7.4 膜结构类型

膜结构的类型丰富，分类方法也较多。膜结构主要可分为充气膜结构、张拉膜结构两类。充气膜结构可细分为气承式膜结构和气囊式膜结构。

膜材作为柔性材料，需要保持张拉状态才能承载，需要支撑构件才能形成完整的结构体系，因此，膜结构的区别主要在于形成张力的方法和支撑体系两个方面，所以上述分类方法虽然优异，但其实质是相同的。本节将按照充气膜结构和张拉膜结构对膜结构类型进行论述。

（一）充气膜结构

充气膜结构是将膜材固定于屋顶结构周围，依靠送风系统使室内气压上升并保持一定压力，利用室内外压力差来维持膜曲面形状并且形成刚度的一种膜结构形式。充气膜是膜结构发展初期的结构类型。1917 年，英国人兰彻斯特（W. Lanchester）提出了利用鼓风机吹胀膜布作为野战医院的设想，可以认为是现代膜结构思想的起源。

充气膜结构利用气压支撑曲面形态，无须复杂的梁、柱支撑系统，具有自重轻、安装速度快、造价低而跨越能力好的特点，在膜结构发展前期得到了很好的发展。1975 年，在美国密歇根州建造的“银色穹顶”，椭圆平面尺寸 220 m×150 m，是当时世界上最大跨度的充气膜结构。

虽然充气膜结构实现了大型场馆的封闭化，但也存在很多问题。首先，为了维持一定的气压差以保持膜的形状，往往需要持续不断的送风系统，维护费用相对较高；其次，在室内压力条件下，环境舒适度相对较差；最后，气压控制系统和融雪热风系统的不稳定，可能造成膜局部下瘪或整体坍塌事故多发。由库哈斯设计的 2006 年伦敦蛇形画廊采用了充气膜结构（图 14-77）。

气囊膜结构是由封闭的气囊形成主要承重构件的结构形式，在 2013 年伦敦某展厅的设计当中（图 14-78），连续的气囊构成了类似莫比乌斯环状的受力边缘，气囊之间采用了张紧的透明膜片，构成了受力清晰的小型展厅结构。充气式结构适合用于临时场馆当中。

图 14-77　2006 年伦敦蛇形画廊

图 14-78　2013 年伦敦某展厅

（二）张拉膜结构

张拉膜结构是通过对膜材施加预拉力，使膜维持一定形状并具有抵御外荷载能力的膜结构形式。20 世纪 50 年代，德国建筑师弗雷·奥托(Frei Otto)首先创立了预应力膜结构理论，并于 1955 年为德国联邦园艺博览会设计了一个临时性音乐台，这是第一个现代张拉膜结构。张拉膜结构造型丰富，结构形态富有张力和美感，是目前膜结构采用的主要类型。

区别于充气膜结构，张拉膜结构往往需要钢柱、钢索等支撑体系来维持膜的张拉状态。支撑体系不但为膜材提供拉力支撑，其结构形态也为张拉膜提供了丰富多彩的造型。根据支撑体系的不同，可以将张拉膜结构分为骨架支撑式膜结构、整体张拉膜结构和索系支撑式膜结构三种。

骨架支撑式膜结构的支撑体系为传统的刚性结构或者是柱、索等钢结构，其特点是膜材主要起覆盖及局部受拉的作用，一般仅作为围护构件，不能承重。

整体张拉膜结构利用桅杆、钢柱、拱、梁等刚性构件形成承重骨架并提供吊点，将索和膜悬挂起来，通过张拉索对膜施加预拉力，使膜保持一定形状并具有刚度和稳定性。区别于骨架支撑式的膜材，整体张拉膜起到承载和围护的双重作用。通过悬吊状态的张拉索对膜材张拉，可以形成鞍形、伞形等结构轻盈、曲线优美的几何形态。如图 14-79 所示，沙特阿拉伯法赫德国王体育场的看台由 24 个连在一起的形状相同的单支柱伞形膜结构单元组成。

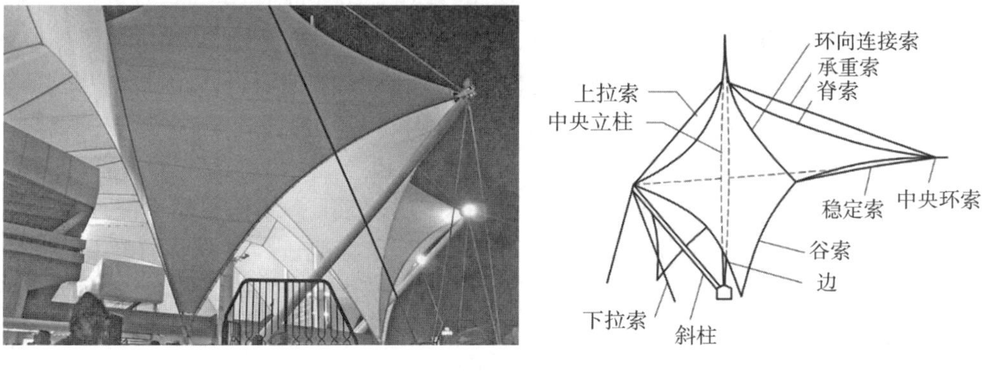

(a) 建筑实景图　　(b) 结构简图

图 14-79　沙特阿拉伯法赫德国王体育场

索系支撑式膜结构也称为张拉索膜结构，它利用空间索系作为主要的承重构件，在索系表面形成的曲面上安装并拉紧膜材形成围护结构。建筑膜材在结构体系中主要起到围护作用，由于采用拉索作为支撑构件，这种膜结构主要适用于大跨度建筑结构。索系支撑式膜结构的典型代表是索穹顶，是由美国结构工程师盖格尔（Geiger）在富勒的整体张拉概念基础上提出的。1986 年，索穹顶结构在韩国汉城奥运会的体操馆和击剑馆中首次应用。索穹顶一般由中心受拉环梁、径向脊索、环向拉索、受压立杆、斜向对角索和外侧受压环梁构成。美国建筑师马蒂斯·莱维（Mathys Levy）对 Geiger 穹顶技术进行了改进，提出了“双曲抛物面张拉整体穹顶”的新型结构体系。1996 年，美国亚特兰大奥运会的佐治亚穹顶首次采用这种结构形式（图 14-80），体育馆呈准椭圆形，轮廓尺寸 241 m×192 m，整个结构由联方形索网、3 道环索、中间长 56 m 的索桁架、斜索及飞杆（共 158 根）组成。

(a) 建筑全景图

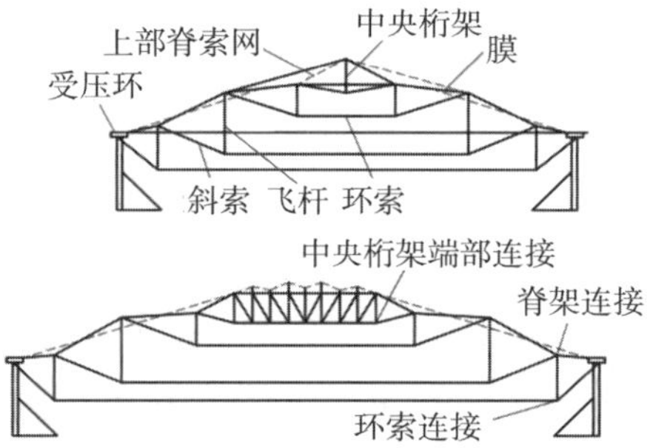

(b) 结构简图

图 14-80 佐治亚穹顶

自 20 世纪末，膜结构在我国的应用也逐渐增多，建造了一批大型的膜结构工程，如上海八万人体育场、青岛颐中体育场、郑州航海体育场、“鸟巢”、“水立方”等。

14.8 索穹顶结构

索穹顶结构是由美国工程师盖格尔（Geiger）根据富勒（Fuller）的张拉整体结构思想开发的。早在 20 世纪 40 年代，富勒就认为宇宙的运行是按照张拉整体的原理进行的，如图 14-81 所示，由此他设想真正高效的结构体系应该是压力与拉力的自平衡体系。1948 年，他的学生——雕塑家斯内尔森（Snelson）完成了第一个张拉整体艺术品，即由一些弦固紧的 3 根相互独立杆组成的结构，这一事件证实了富勒的设想，并被公认为现代张拉整体结构发展的一个起点。富勒由此受到更大的鼓励与启发，发表了张拉集成体系的概念和初步理论。他在 1962 年的专利中较详细地描述了他的结构思想，即在结构中尽可能地减少受压状态而使结构处于连续的张拉状态，从而实现“压杆的孤岛存在于拉杆的海洋中”的设想并第一次提出了张拉整体结构（Tensegrity Structure）这一概念。继富勒的“张拉整体结构”专利后，法国结构工程师埃默里赫（Emmerich）于 1963 年提出了“自应力索网格”专利，美国的斯内尔森（Snelson）于 1965 年提出了“连续拉、间断压”的专利，这些研究进一步推动了张拉整体结构的发展。张拉整体结构的相关案例如图 14-82 所示。

图 14-81　富勒展示球形张拉整体结构

图 14-82　张拉整体结构雕塑

自从张拉整体概念提出以来，各国学者对各种形式的张拉整体结构进行了研究，但很长时间这种结构除了艺术雕塑方面的应用和模型实验研究外，没有功能性建筑出现。1986 年，美国著名工程师盖格尔首次根据富勒的张拉整体结构思想发明了支承于周边受压环梁上的一种索杆预应力张拉整体穹顶，即索穹顶结构，并成功地将其应用于汉城奥运会的体操馆（Gymnastic Arena 圆平面 $D=119.8$ m）和击剑馆（Fencing Arena 圆平面 $D=89.9$ m），自此这一新型结构形式终于出现在建筑历史的舞台。之后，盖格尔和他的公司又相继建成了美国伊利诺伊州立大学的红鸟体育馆和佛罗里达州的太阳海岸穹顶。由美国工程师列维等设计的佐治亚穹顶是 1996 年亚特兰大奥运会主赛馆的屋盖结构（椭圆平面），这个被命名为双曲抛物面型张拉整体索穹顶的耗钢量还不到 30 kg/m^2。继佐治亚穹顶之后，他们还成功设计了圣彼得堡雷声穹顶和沙特国王大学体育馆可开启穹顶等多项大跨度屋盖结构。目前，我国也已建成无锡太湖国际高科技园区科技交流中心索穹顶、中国（太原）煤炭交易中心索穹顶、内蒙古伊金霍洛旗全民健身体育活动中心索穹顶等工程，这些工程进一步展示了索穹顶结构的开发应用前景。

14.9　开合结构

开合结构是指开合屋盖结构，它是一种在较短时间内移动开合部分或全部屋盖的结构形式。这种开合结构使得建筑物在屋顶开启和关闭两种状态下都可以使用，如图 14-83 就是一个例子。开合结构是将一个完整的屋盖结构按一定的规律划分成几个可动和固定单元，使可动单元能按照一定轨迹移动达到屋盖开合的目的的结构体系。开合结构可分为两类：一是柔性开合结构体系，如柔性屋盖的索膜开合结构、充气膜开合结构等；二是刚性开合结构，如空间刚性网格屋盖单元开合结构等。

(a) 开启状态

(b) 关闭状态

图 14-83　华沙国家体育场

开合屋盖建筑实现的难点之一是屋盖系统的开合方式。开合方式决定着建筑功能的实现、建筑室内外效果的表现、屋盖结构的传力方式、结构方案的实现，以及屋盖的移动方式和开启屋盖的行走系统结构等多个方面。根据开合机理，屋盖体系的开合移动方式分为水平移动方式、空间移动方式、绕枢轴转动方式、折叠移动方式、组合移动方式等。

水平移动方式：屋盖单元绕某一竖轴旋转移动，以叠放的形式打开屋盖，如图 14-84 所示的日本喜凯亚“海洋巨蛋”。

空间移动方式：通过沿空间轨道移动，以叠放屋盖单元的形式打开屋盖，如图 14-85 所示的南通会展中心体育场。

绕枢轴转动方式：屋盖单元绕某一水平轴转动打开屋盖，如图 14-86 所示的日本仙台室内体育馆。

折叠移动方式：利用各种形式的折叠或褶皱开合屋盖，如图 14-87 所示的美国西雅图新太平洋西北棒球场。

组合移动方式：以上各种方式的组合。

图 14-84　日本喜凯亚“海洋巨蛋”

图 14-85　南通会展中心体育场

图 14-86　日本仙台室内体育馆

图 14-87　美国西雅图新太平洋西北棒球场

14.10　张弦梁结构

14.10.1　张弦梁结构概述

张弦梁结构是近年来新兴发展起来的一种大跨度空间结构形式，如乌镇“互联网之光”博览中心，如图 14-88 所示。张弦梁结构早期由日本大学斋藤公男(Masao Saitoh)教授于 1984 年明确提出，是一种区别于传统结构的新型屋盖体系。张弦梁结构是由下弦索进行预应力张拉，并且与上弦梁组合而成的一种自平衡式结构形式。张弦梁结构是通过数根中部的受压杆件（即撑杆）将上部的压弯受力构件（包括梁、拱等）和下部的预张拉的受拉构件（钢索）连接在一块，并且同时对索进行预应力张拉，迫使结构在受力前产生一定的反拱的一种预应力空间结构做法，其结构如图 14-89 所示。它是一种由刚性构件上弦、柔性拉索、中间连以撑杆形成的混合结构体系，其结构组成是一种新型自平衡体系，是一种大跨度预应力空间结构体系，也是混合结构体系发展中的一个比较成功的创造。张弦梁结构体系简单，受力明确，结构形式多样，充分发挥了刚柔两种材料的优势，并且制造、运输、施工简捷方便，因此具有良好的应用前景。

图 14-88　乌镇"互联网之光"博览中心

图 14-89　张弦梁结构示意图

14.10.2　张弦梁结构分类

张弦梁结构通过在下弦拉索中施加预应力使得上弦压弯构件产生反挠度，在荷载作用下，降低最终挠度，而撑杆对上弦的压弯构件提供弹性支撑，改善结构的受力性能。

（一）按压弯构件的类型分类

（1）压弯构件为梁

如图 14-90 所示，撑杆是弹性形式的支撑，可减少上部梁的弯矩，这是张弦梁结构最简单的一种形式。这种形式的缺点是不适合大跨度屋盖，而且结构的上部梁并不能充分发挥出材料的强度。

（2）压弯构件为拱

如图 14-91 所示的压弯构件为拱，这种形式传力路线比单纯拱要复杂，上部做成拱以后，对支座产生不小的水平推力，因此需要对张弦梁的下部杆件施加预应力，产生初始内力，由此来消除或者减小水平推力的不利影响。目前我国的张弦梁建造中部分采用这种结构形式，一般跨度不大于 100 m。

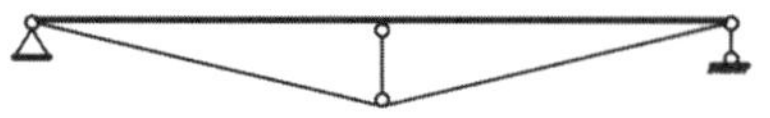

图 14-90　压弯构件为梁的张弦梁

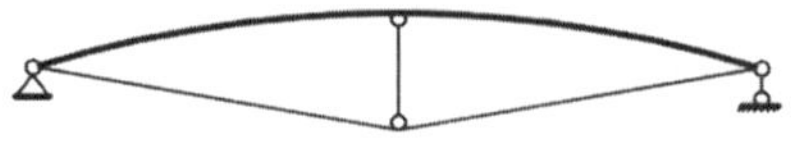

图 14-91　压弯构件为拱的张弦梁

(3) 压弯构件为桁架

如图 14-92 所示的形式,上部杆件为桁架形式的张弦梁的跨度可以建造得更长,适用于跨度大于 100 m 的屋盖。这种类型的张弦梁可以分为平面桁架和空间桁架。图 14-92 中采用的是压弯构件为桁架的张弦梁结构。

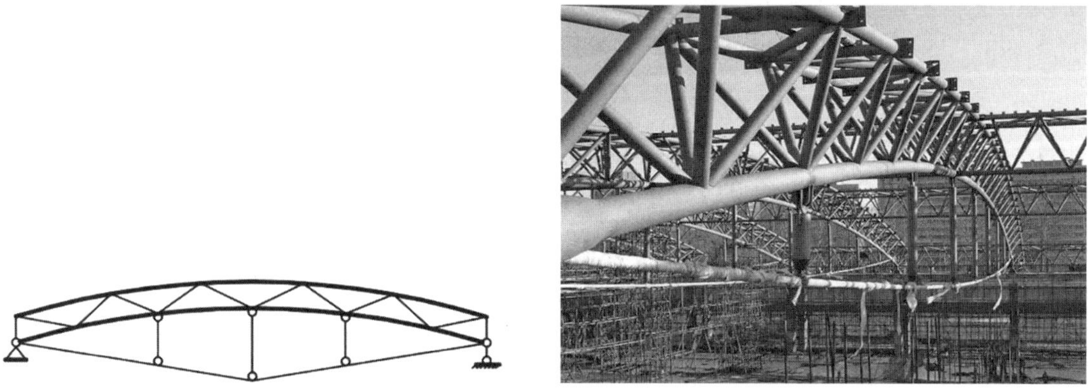

(a)　(b)

图 14-92　压弯构件为桁架的张弦梁

(4) 压弯构件为网架或网壳

类似于压弯构件为桁架的张弦梁结构,这种类型的上弦为网架或网壳结构,并在下弦施加预应力,这样既增加结构整体刚度,增大结构整体跨度,又减小结构的挠度,增大受荷载的能力。

(二) 按布置形式分类

根据布置形式的不同,张弦梁结构可分为平面张弦梁和空间张弦梁两种形式。

平面张弦梁最明显的特点是结构的所有构件都位于同一平面内,因而也可称为单向张弦梁。这种类型的张弦梁的受力以平面内为主。根据张弦梁的平面布置方式不同,又可将其分为单向布置、多向布置、径向布置和综合布置四种形式。

单向布置,即各榀张弦梁平行地布置,较适用于矩形的建筑结构平面,如图 14-93 所示。在设计时可取出一榀张弦梁单独分开计算,大大减少设计工作中的工作量。在结构的平面外,合理布置侧向支撑等构造措施并且利用檩条等措施使结构达到平面外的稳定。这种布置方式的应用比较广泛,如上海浦东国际机场的航站楼及广州国际会展中心均采用这种平面布置方式。

多向布置(图 14-94),张弦梁结构同时在两个及以上方向布置结构,组合成空间一体的受力体系,使各榀张弦梁结构的稳定性得到确凿保证。但不同方向的张弦梁可能通过某一个撑杆的下节点导致这个节点的设计与施工难度大大增加,而且方向愈多,穿过某一个节点的弦就会愈多,给设计和施工带来的困难愈大。北京农业展览馆的屋顶使用的就是双向张弦梁结构。

径向布置,从圆心 360°全方位布置各榀张弦梁,在平面中部设置刚性环,使刚性环上部受压,形成压力环,下部受拉,形成拉力环,各个张弦梁与刚性环相互连接,各榀相对独立,避免了它们相交产生的节点复杂问题,使设计及施工都得到了简化。如图 14-95 所示,该布置方式适用于圆形建筑平面,日本前桥绿色穹顶中的圆形部分屋盖采用的就是径向布置方式。

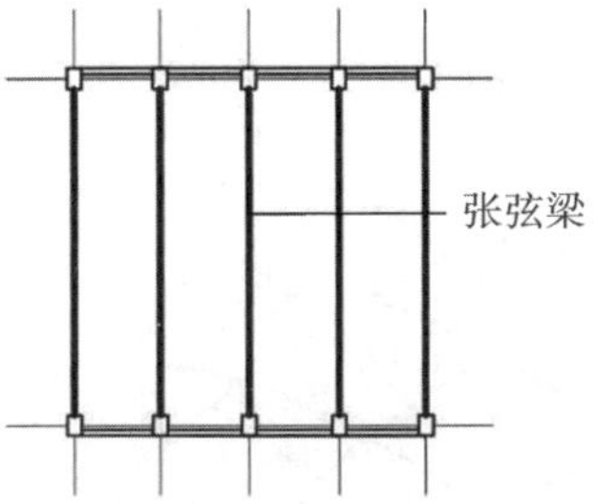

图 14-93　单向布置的张弦梁

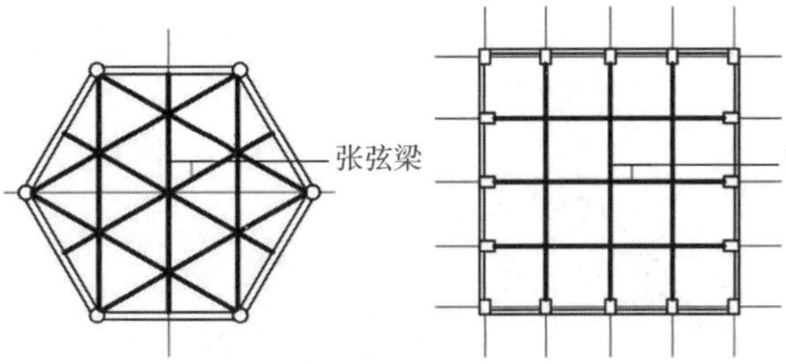

图 14-94　多向布置的张弦梁

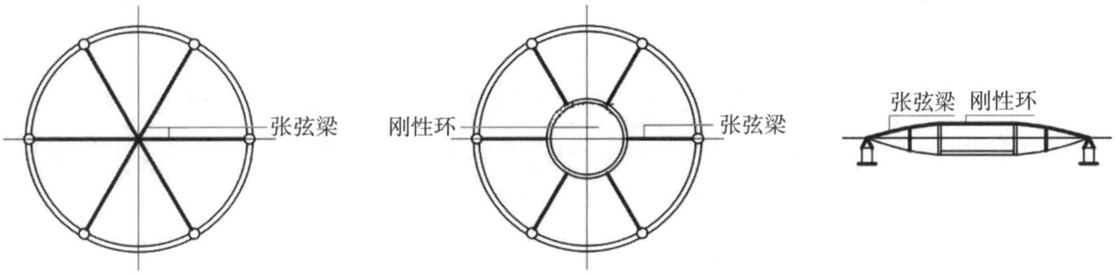

图 14-95　径向布置的张弦梁

综合布置如图 14-96 所示。某些建筑物平面多变且复杂,由不同几何图形拼接组成,联合前面所述的不同布置方式,可以产生良好建筑视觉效果。日本前桥绿色穹顶是径向布置与单向布置相结合而成,是由两个半圆加一个矩形组成的建筑平面。

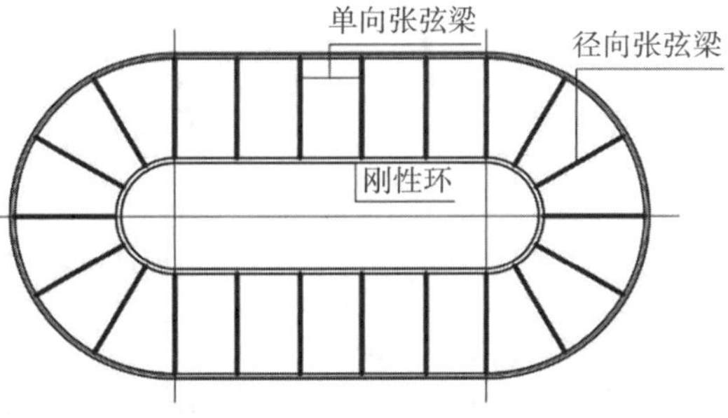

图 14-96　综合布置的张弦梁

平面的张弦梁的面外刚度较小,平面外的稳定性较差。如要保证张弦梁的平面外刚度,可采用两种方法,第一是使用较大刚度的上弦构件来控制其平面外刚度,例如上海浦东国际机场上弦构件采用三根互相平行的钢梁,广州国际会展中心的张弦梁结构上弦构件为空间桁架;第二是采用水平支撑系统,即采用上弦水平交叉支撑。

空间张弦梁,按单榀张弦梁结构的不同布置方式,可分为五种:单向张弦梁结构、双向张弦梁结构、多向张弦梁结构、辐射式张弦梁结构以及张弦穹顶。下面介绍前四种。

(1) 单向张弦梁结构

如图 14-97 所示,平行布置数榀平面张弦梁,在相邻两张弦梁间设置了纵向支撑(如钢索等),可将其归为平面张弦梁范畴。纵向支撑钢索可为平面张弦梁提供弹性支撑,提高了结构的纵向刚度和稳定性,因此也可将其归为空间受力体系。这种结构比较适用于矩形结构的屋面。

（2）双向张弦梁结构

如图14-98所示，双向张弦梁结构是以单向张弦梁结构为基础发展形成的，是由单榀张弦梁结构纵横交错布置而成的结构形式。两个方向张弦梁交互，互相形成弹性支撑，由于撑杆对上部拱梁的支持力，加大了上部拱梁的竖向稳定性。此外，拱与梁的连接，侧向约束相比单向张弦梁明显加强。结构为空间性整体传力体系，属于自平衡空间体系。但相比单向张弦梁结构，双向张弦梁节点处理稍加复杂。这种结构形式比较适用于圆形、椭圆形及矩形的平面屋盖系统。

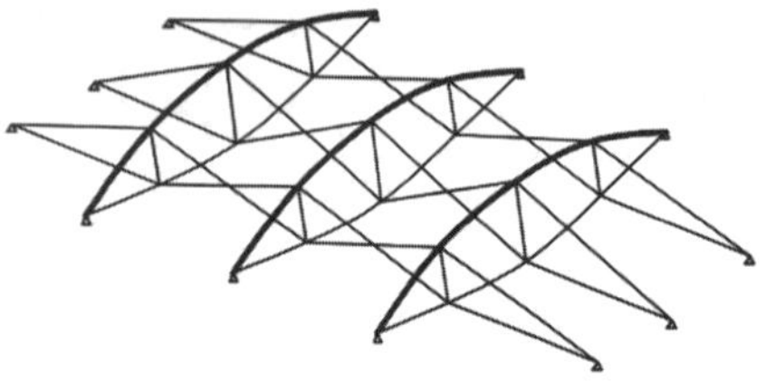

图14-97　单向张弦梁结构

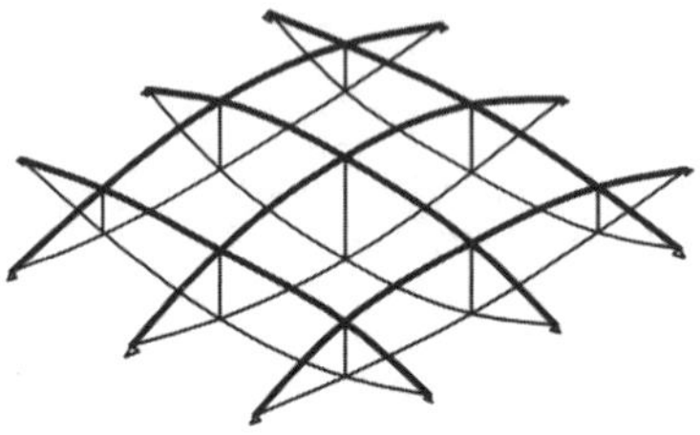

图14-98　双向张弦梁结构

（3）多向张弦梁结构

如图14-99所示，这种结构布置主要是将平面张弦梁结构沿多个方向交叉布置，结构体系更加合理。但节点多而复杂，制作和施工都比较烦琐。这种结构形式适用于多边形平面和圆形平面的屋盖。

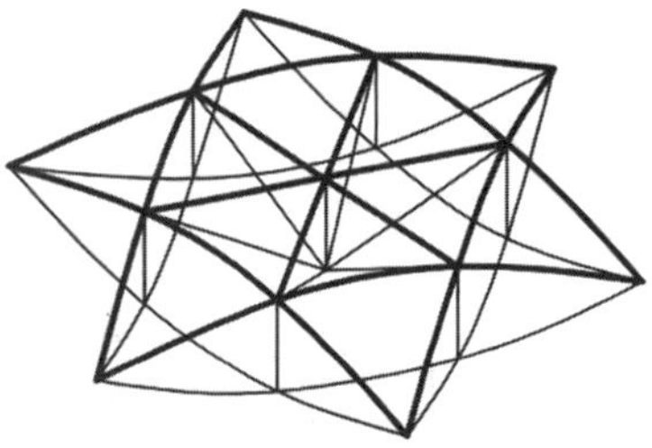

(a)

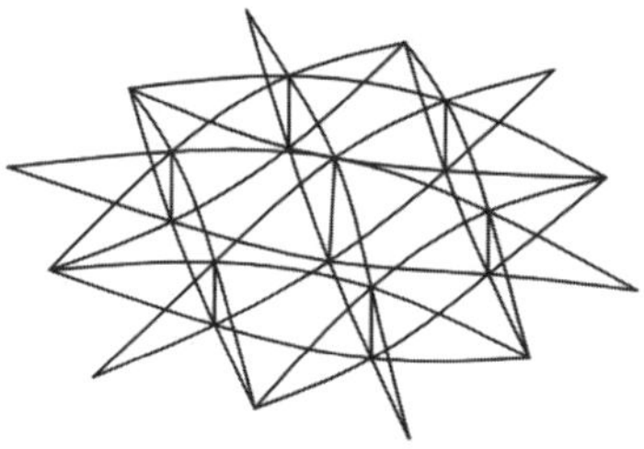

(b)

图14-99　多向张弦梁结构

（4）辐射式张弦梁结构

如图14-100所示，这种结构形式类似于把单榀张弦梁排成环形阵列，中间使用环形钢结构连接各榀张弦梁。这种结构形式可以改善抗压弯构件上的应力分布，提高结构体系的抗屈曲性能，降低对边界条件的要求，降低施工复杂程度。此外，结构刚度较大，适合用于椭圆形或圆形平面的屋盖。

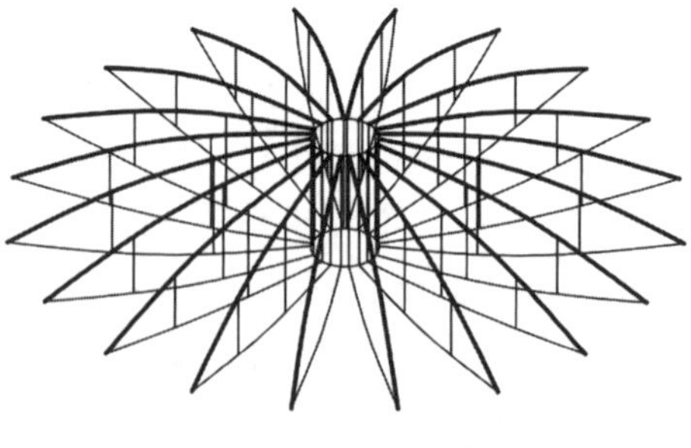

图14-100　辐射式张弦梁结构

14.10.3　张弦梁结构特点

大跨度张弦梁由三种基本构件构成，即可以承受压力和弯矩的上弦刚性构件（通常为桁架、梁或拱）、承受拉力的下弦高强度拉索以及连接二者的撑杆。上部梁作为张弦梁结构的上弦而形成的张弦梁立体结构，其基本构件是压弯构件，张弦梁利用施加在索上的预应力使上部拱产生反挠度，使最终结构在荷载作用下的总挠度减小；撑杆对上部梁提供支承，改善了上部梁的力学受力性能；索承受了上部拱在竖向荷载下产生的水平推力，减轻了结构对端支座产生的水平负担，同时减少了滑动支座的水平位移。总之，张弦梁结构的各种构件受力简洁明确，各个拉压构件协同工作，扬长避短，充分发挥了材料的优势。

从建筑学的角度来说，张弦梁结构适用于不同的平面结构形式和建筑空间尺寸，应用范围广泛，不仅适合于楼盖，同时也可以用于楼层、玻璃幕墙等外装饰的体系。从建筑结构设计的计算分析角度来讲，通过给结构施加预应力，上部梁和中间撑杆、下部钢索形成整体，协同工作，受力性能得到加强；张弦梁结构中，钢索的预应力通过撑杆使结构上弦产生了与荷载加载时相反的挠度，使最终结构在荷载作用下的总挠度减小。张弦梁结构是一种典型的刚柔杂交的结合体系，能较好地发挥各自的优势。

当然，张弦梁结构也有一些缺点。张弦梁对风荷载非常敏感，一般情况下大跨度结构为了减轻屋面荷载都采用轻型屋面系统，屋面自重往往小于风荷载产生的吸力，导致风荷载作用下很容易产生吸力使张弦梁下弦拉索受压而失去作用；另外，单向布置的张弦梁为平面受力体系，整体空间协同作用小，平面外无法保证稳定，所以要增加平面外支撑构件，而这些如高强拉索的支撑构件通常会需要很高的工作面，使预应力张拉难度增大；再者，张弦梁结构中仅仅有竖腹杆，没有桁架等结构的斜杆，随着跨度的增加，会导致以压弯构件为主的上弦构件截面加大，同时竖腹杆受长细比的影响其自身截面也将增大。

14.11　案例分析

在前几节中，我们讨论了大跨度建筑的基本类型、特点，并详细学习了不同大跨度建筑结构。下面结合工程实际案例中的大跨度建筑结构进行分析。

（一）肋拱结构——悉尼歌剧院

肋拱结构中最著名的是澳大利亚悉尼歌剧院（图 14-101），位于澳大利亚新南威尔士州悉尼市区北部的便利朗角，设计师是丹麦建筑师约恩・乌松。

(a)

(b)

图 14-101　澳大利亚悉尼歌剧院

悉尼歌剧院的外形犹如即将乘风出海的白色风帆，与周围环境相映成趣。悉尼歌剧院由 3 组巨大的壳片，耸立在南北长 186 m、东西最宽处为 97 m 的现浇钢筋混凝土结构的基座上。第一组壳片在地段西侧，4 对壳片成串排列，3 对朝北，1 对朝南，内部是大音乐厅。第二组在地段东侧，与第一组大致平行，形式相同但规模略小，内部是歌剧厅。第三组在地段西南方，规模最小，由 2 对壳片组成，里面是餐厅。其他房间都巧妙地布置在基座内。整个建筑群的入口在南端，有宽 97 m 的大台阶。车辆入口和停车场设在大台阶下面。悉尼歌剧院坐落在悉尼港湾，三面临水，环境开阔，以特色的建筑设计闻名于世，它的外形像 3 个三角形翘首于海边，屋顶是白色的犹如贝壳的形状。

歌剧院分为 3 个部分：歌剧厅、音乐厅和贝尼朗餐厅。歌剧厅、音乐厅及休息厅并排而立，建在巨型花岗岩石基座上，各由 4 块巍峨的大壳顶组成。这些“贝壳”依次排列，前三个一个盖着一个，面向海湾依抱，最后一个则背向海湾侍立，看上去很像是两组打开盖倒放着的蚌。高低不一的尖顶壳，外表用白格子釉瓷铺盖，在阳光照映下，远远望去，既像竖立着的贝壳，又像两艘巨型白色帆船，飘扬在蔚蓝色的海面上，故有“船帆屋顶剧院”之称。那贝壳形尖屋顶，是由 2 194 块每块重 15.3 t 的弯曲形混凝土预制件，用钢缆拉紧拼成的，外表覆盖着 105 万块白色瓷砖。

（二）薄壳结构——丰岛美术馆

如图 14-102 所示，位于日本濑户内海丰岛的丰岛美术馆，是建筑师西泽立卫与艺术家内藤礼一起于 2010 年设计完成的，结构工程师为佐佐木睦郎。美术馆远看犹如一滴水，建筑平面尺寸为 40 m×60 m，面积 2 400 m^2，内部没有一根柱子，采用了混凝土薄壳结构形式，壳体的厚度只有 25 cm，建筑最高高度只有 4.5 m，该高度几乎压低到混凝土壳体结构合理受力的极限。壳体采用自由曲面形态，设计师基于手绘自由曲线而非规则的圆弧曲线进行塑形，以更自然地与周边地形等高线协调。

(a)

(b)

图 14-102　日本丰岛美术馆

丰岛美术馆的壳体建造采用了一种反向施工的方法，通常混凝土壳体结构用木模板做曲面浇筑时费用会很高，同时混凝土分期浇筑时的接缝明显，木模板的形状出错时修正也会花很多时间。丰岛美术馆设计师和施工承包商提出的堆土模板方案既能保证高精度，也能满足成本控制要求，首先基础用混凝土浇筑，在基础上面堆土，用重型设备压实以保证强度，然后在堆土表面抹上薄的水泥灰浆形成模板。水泥灰浆层能防止堆土淋到雨水而变形，也能防止浇筑时泥土的颜色粘到混凝土上，之后再在水泥灰浆的模板上扎钢筋。屋顶的混凝土浇筑完成后，模板内的土再挖出来，最后铲除水泥灰浆。在无缝成形的壳体上留有孔洞作为天井，施工阶段可以利用它让工人们进去把泥土掏出来，建造完成后孔洞保留而未用玻璃封闭成天窗。通过开口天井参观者能看到绿树和飞鸟，室内直接吸收周围的风、光、声音和雨水，构成了建筑物与自然的有机呼应。丰岛美术馆结构纤薄，壳体构成的棚顶视线蜿蜒，为参观者塑造了一个梦境般的空间。设计师采用的混凝土壳体具有从材料、形态到空间的一体感与连续性，重构了环境、建筑和人之间的内外关系。

（三）网架结构——上海大舞台（原名“上海体育馆”）

上海体育馆是国内大型的体育馆之一（图 14-103），1975 年建成使用。1999 年 10 月，在保留原体育馆功能的基础上改建成上海大舞台。大舞台分为上、下两层结构，舞台平面呈橄榄型，舞台左右两端最大有效使用距离 60 m，前后最大纵深 32 m，舞台面积约 1 250 m^2。大型文艺演出可容纳观众 8 000～10 000 人，体育比赛可容纳观众 12 000 人。

主馆呈圆形，屋顶采用平板型焊接空心球节点三向钢网架，建筑平面直径 110 m，周边支承于 36 根柱子上，屋盖挑出 7.5 m，网架高度 6 m，网格尺寸为 6.11 m（直径的 1/18），用钢量 47 kg/m^2，屋面采用铝合金板、三防布、望板钢檩体系。

网架的杆件直径为 48～159 mm，壁厚为 14 mm，檐口钢球直径 300 mm，壁厚 10 mm，网架与柱子之间采用双面弧形压力支座，在满足支座转动的前提下，又能使网架有适量的自由伸缩，以适应温度变化引起的变形要求。

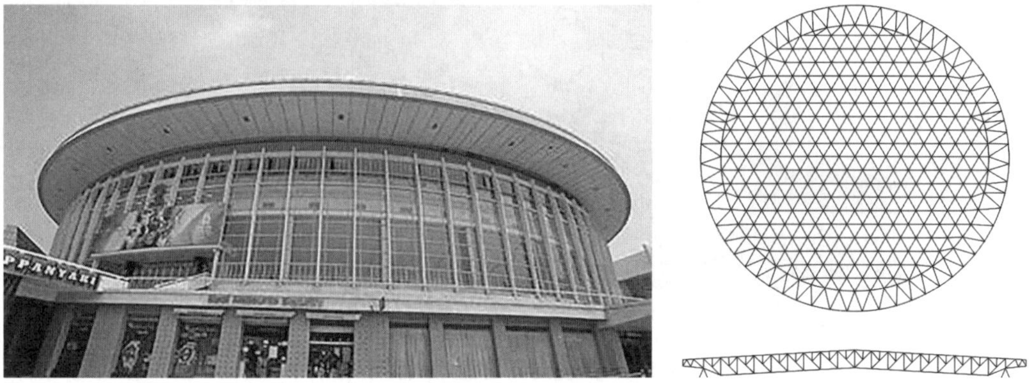

(a) 建筑外景　　　　(b) 结构简图

图 14-103　上海大舞台

（四）网壳结构——巴西爱因斯坦医学教育研究中心

巴西的阿尔伯特·爱因斯坦医学教育研究中心集医药、护理、研究生教育以及医学研究等多种功能于一身，横跨教育、研究及医疗服务等多个领域，由萨夫迪建筑事务所设计。整个建筑围绕中庭展开，中庭上方的 3 800 m^2 的玻璃屋顶是由 3 个巨大的穹顶互相交叠而成的单层轻钢网壳（图 14-104）。

同时，多层玻璃的组合设计，兼具滤光、散热和吸声功能。天窗外层由 1 854 块高透明度玻璃板构成，使用的玻璃材料反射率极小，可以避免反光影响。此外，玻璃板涂有三层银面，能够减少太阳辐射热能，印在其上的半透明陶点还可用于遮阳。天窗内层为透明的 ETFE 薄膜结构，其上设有微型孔洞用于吸收噪声，并印有定制的半透明圆点以辅助遮阳。天窗的穹顶中央几近透明，而靠近东西两端圆点密度逐渐增大，使得充足的自然光可以照向中央花园茂盛的植物，而东西方向的低角度阳光则被有效遮蔽。同时，这些圆点在自然光下形成独特的光线效果——从下方看，层层叠叠的点状图案仿佛斑驳的树影，营造出在巨树下沐浴阳光的独特感受。

(a) 建筑俯瞰图

(b) 建筑内景图

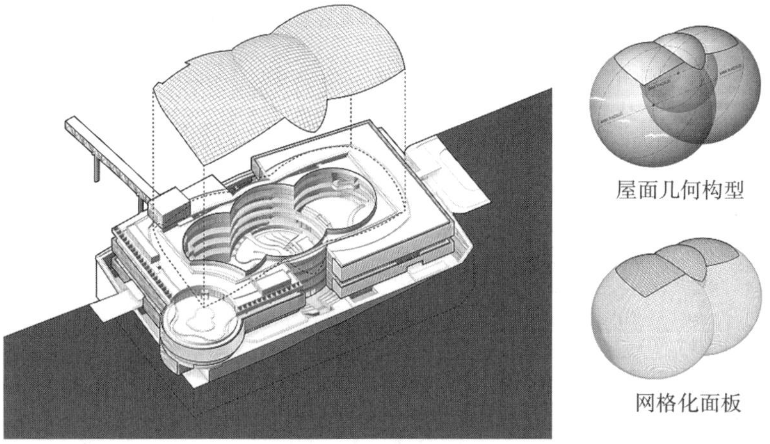

(c) 网壳的生成

图 14-104　巴西爱因斯坦医学教育研究中心

(五) 膜结构——英国千年穹顶

千年穹顶(Millennium Dome)(图 14-105)位于伦敦东部泰晤士河畔的格林尼治半岛上,占地 73 公顷,是英国政府为迎接 21 世纪而兴建的大型综合性展览建筑,其中包括一系列展示与演出的场地以及购物商场、餐厅、酒吧等服务空间,总造价达 12.5 亿美元。千年穹顶的建筑设计者为理查德·罗杰斯(Richard Rogers),其设计目标是将其建设成伦敦的地标性建筑并优化格林尼治半岛的天际线;直刺云天的 12 根 100 m 高的钢桅杆,犹如哥特式建筑高耸入云的塔尖,而在跨度上,借助于新型轻质张力膜材料的应用,也实现了人类历史上从古罗马万神庙开始的对穹顶建筑宏大规模不断挑战过程中的又一次标志性突破。千年穹顶直径 320 m,周长则超过 1 km,中心高度为 50 m,除 12 根高耸钢桅杆外,所用钢缆总长度超过 70 km,屋顶 1 mm 厚的膜材由带 PTFE 涂层的玻纤材料制成,膜面支承在 72 根辐射状的 2×ϕ32 钢索上,钢索则通过间距 25 m 的斜拉吊索与系索为桅杆所支撑,吊索与系索同时对桅杆起稳定作用,另外还设有四圈索桁架将钢索连成网状。为避免雨雪所形成的坑洼,千年穹顶的大部分屋面都比较平坦,因此膜面的找形与承载计算都要特别精确,项目的工程设计公司哈泼德事务所采用了自己开发的膜结构设计软件 Tensyl 程序进行分析,风荷载则先采用现有的数据计算,然后以风洞试验结果校核。千年穹顶的 12 根桅杆为梭形,由纵向的圆钢管与横向的方钢相贯焊接成格构状,桅杆沿直径 200 m 的圆周设置,支承在由四根杆组成的四角锥形底座上。安全起见,结构设计还考虑意外破坏的情况,例如桅杆的四角锥支座考虑有一根杆失效，最不利时只支撑在 3 根杆上，要求整个建筑结构还能保持稳定。千年穹顶建成后曾引发多方争议和不同评价，但从工程设计角度，千年穹顶充分展现了设计师丰富的想象力与创造力，结构优雅，无愧于“工程学上卓越作品”的赞誉。

(a)　　　(b)

图 14-105　英国千年穹顶

（六）索穹顶结构——亚特兰大奥运会的张拉穹顶结构

亚特兰大奥运会的体育馆(图 14-106)于 1990 年 6 月开始施工，1992 年 8 月完工投入使用。平面近似为椭圆形，平面尺寸为 241 m×192 m。其屋盖结构采用了张拉穹顶结构体系，如图 14-106 所示，由联方形索网、3 道环索、中间长 56 m 的索桁架、斜索及飞杆(共 158 根)组成，因此也称为“佐治亚穹顶”，整个结构只有 156 个节点，分别在 78 根压杆的两端。屋盖周边由 4 个弧段组成，端部弧段及中部弧段的半径不等，中央联方形网格形成双曲抛物面。整个屋盖结构的节点采用焊接节点，屋盖铺设玻璃纤维布。

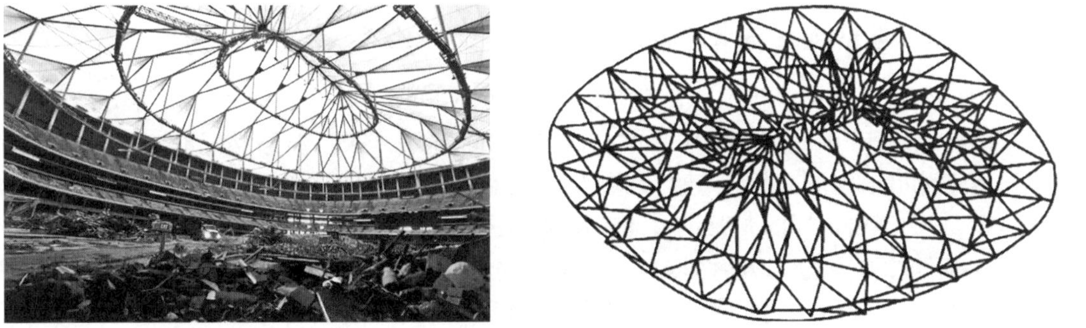

(a) 内部实景　　　(b) 结构简图

图 14-106　亚特兰大奥运会张拉穹顶结构

（七）开合结构——加拿大多伦多天空穹顶体育场

加拿大多伦多天空穹顶(图 14-107)于 1989 年 6 月正式投入使用，它是世界上第一座采用现代驱动技术的大型带有可开启式屋盖的体育场。该体育场占地 4.05 万 m^2，地下 1 层，地上 9 层，主体采用钢筋混凝土结构，屋盖采用钢结构，跨度 205.4 m，覆盖面积 32 374 m^2，比赛场地面积 14 000 m^2，总建筑面积 22 000 m^2。棒球比赛时可容纳 5.2 万人，足球比赛时可容纳 5.4 万人，进行其他比赛时利用移动活动座席，可容纳 1 万～6.5 万人。

天空穹顶是世界上首创规模最大的可开合金属屋盖，开合屋盖的覆盖面积大约为 3.2 公顷，屋盖的最大净跨度为 2 078 m，地面以上的最大高度为 86 m。体育场的设计有效使用

(a) 关闭状态　　(b) 打开状态　　(c) 内部照片

图 14-107　加拿大多伦多天空穹顶体育场

年限至少为 100 年。

该开合屋盖是由 4 块屋盖单元组成的，一块固定(4 号屋盖单元)，两块可水平移动(2、3 号屋盖单元)，一块可旋转 180°(1 号屋盖单元)，4 块总重 6 348 t。3 块可移动屋盖是沿着钢轨移动的，由一系列电动台车带动运转。2、3 号可平行移动的屋盖下各安装了 16 辆台车；1 号可旋转 180°的屋盖下安装了 22 辆台车，总计 54 辆台车。在每辆台车上各设 2～4 个马达。在风速 65 km/h 以下开合时间约为 20 min。

当屋盖开启后，赛场面积开启率可达 100%，座位部分开启率可达 91%，这个开启率是很高的。

(八) 张弦梁结构——上海浦东国际机场 T_1 航站楼

张弦梁结构近年来在我国推广应用且发展甚快。我国采用大跨度的张弦梁要首推上海浦东国际机场 T_1 航站楼(图 14-108)。上海浦东国际机场 T_1 航站楼工程，是国内首次大规模采用张弦梁结构的工程，其进厅、售票大厅、商场和登机廊 4 个单体建筑均采用张弦梁屋盖体系，其中售票大厅的张弦梁屋盖跨度最大，水平投影跨度达 82.6 m，每榀张弦梁纵向间距为 9 m，跨中高度为 11 m，两端分别支承在钢斜柱和混凝土框架上。该张弦梁结构上下弦均为圆弧形，上弦构件由 1 根矩形管和 2 根方管组成(其中主弦为 400 mm×600 mm 焊接矩形钢管，两侧副弦为 300 mm×300 mm 方钢管，主副弦之间以短钢管相连)，腹杆为 325 mm 圆钢管，下弦拉索采用 5 mm×24 平行钢丝束。

(a)　　(b)

图 14-108　上海浦东国际机场 T_1 航站楼

14.12　小结

这一章我们主要介绍了大跨度建筑结构的基本类型及其特点，并详细地介绍了其中常见的几种结构，并结合案例分析理解并掌握不同大跨度结构的分类、特点。

通过学习本章，我们了解了大跨度建筑结构基本类型及其特点、常见几种结构形式的概念及分类；掌握薄壳结构的曲面形式及相关分类及应用；理解、掌握网架结构的形式及选型，确定网架结构尺寸时应注意考虑跨度大小、柱网尺寸、屋面材料以及构造要求和建筑功能等因素；了解并掌握网壳结构、悬索结构、索穹顶结构及开合结构相关内容；了解膜结构和张弦梁结构等结构形式的特点及适用条件范围等。

通常学习本章，我们能够对大跨度建筑结构进行灵活分析，将其运用到大跨度建筑设计和应用选型中。

第 14 章习题

1. 什么是大跨度建筑结构?

2. 大跨度建筑结构可分为哪几种基本类型?

3. 刚性结构体系和柔性结构体系有何异同?

4. 什么是薄壳结构? 薄壳结构可以分为哪几种类型?

5. 什么是网架结构? 网架结构按网格形式可以分为哪几种类型?

6. 什么是网壳结构? 网壳结构一般可以分为哪几种类型?

7. 什么是悬索结构? 悬索结构一般可以分为哪几种类型?

8. 什么是张拉整体结构和索穹顶结构?

9. 什么是膜结构? 膜结构由哪些部分组成? 膜结构一般可以分为哪几种类型?

10. 什么是开合结构? 屋盖的开合方式一般有哪几种类型?

11. 什么是张弦梁结构? 张弦梁结构有何特点? 按布置形式张弦梁结构一般可以分为哪几种类型?

第 15 章　装配式建筑结构

15.1　装配式建筑结构概述

随着我国国民经济的不断发展，以及碳中和目标的提出，传统的生产建造方式已经不能适应时代发展的新趋势和新潮流，必须通过生产方式、过程控制和经济模式的革新，改善和解决诸如人工短缺、生产效率低、能耗高、环境污染、生产事故频发等问题。为了实现可持续发展的目标，实现新基建、新产业和新经济发展需求，建筑产业现代化是大势所趋，也是未来发展的必由之路。装配式建筑是实现建筑产业现代化的最主要途径和方法。装配式建筑主要包含装配式木结构建筑、装配式钢结构建筑和装配式钢筋混凝土结构建筑三种类型。前两种类型由于预制的特点，其本身就是装配式的。因此通常所谓的装配式建筑主要指的是装配式钢筋混凝土结构建筑。本章节所述的装配式建筑结构包含了以上三种主要结构类型。

装配式建筑是指组成建筑的各个构件和部件在工厂预制加工，运输到现场后，通过吊装安装设备将零散的预制构件连接组装成整体的工业化建筑。这种建造方式的特点可以概括为高空作业平面化、现场作业工厂化、手工作业机械化，其优点是建造速度快、受气候条件制约小、节约劳动力成本、现场作业少、现场作业建筑垃圾少、现场作业噪声少以及提升建筑质量等，此外这种建造模式支持建筑构件的反复拆卸和重复利用，有利于建筑全寿命周期的节能减排。装配式建筑的过程主要包括有针对性的建筑分体系协同集成设计、构件部件生产加工以及施工现场的构件组装三个阶段，如图 15-1 所示。建筑分体系协同集成设计这一步骤非常关键，它是装配式建筑的灵魂和顶层设计。装配式建筑结构是指建筑结构构件的装配，分为全装配式、装配与现场作业相结合两种方式，由结构构件的装配率来控制。

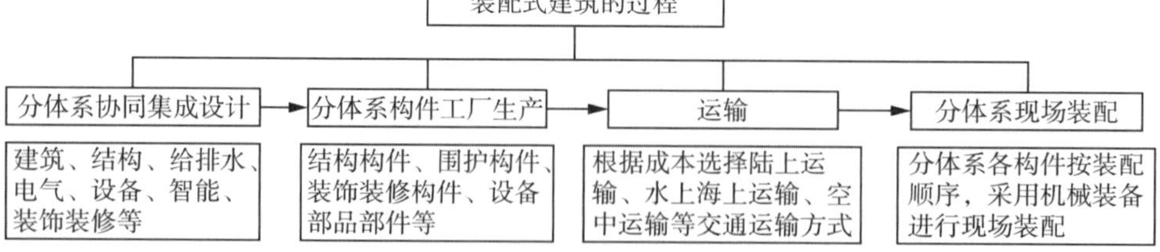

图 15-1　装配式建筑的过程

15.2　装配式建筑结构的发展概况

从历史发展的角度来看，装配式建筑并不是现代社会的发明。在《建筑四要素》当中，森佩尔(Semper)提出了创造建筑形式的四要素:壁炉、屋顶、围墙和墩台,要素用了 element 这个单词,从某种意义上讲,这四要素还可以继续拆解成体积更小的建筑构件(component),而带有尺寸、性能的建筑构件才是建筑建造中主要的构成单元。装配式建筑结构可以追溯到中国传统的木结构建筑,17 世纪欧洲居民向美洲迁徙时期使用轻型木结构拼装房屋,这也是装配式木结构的一种。随着钢铁的大量生产和应用,1851 年在伦敦建成的钢骨架玻璃围护的水晶宫是世界上第一座大型装配式钢结构建筑,具有里程碑的意义。第二次世界大战之后,由于劳动力缺乏,住房紧张,欧洲一些国家、美国以及日本掀起了建筑工业化的潮流。同时为解决人们迫切需要住房的问题,造价相对低廉的装配式钢筋混凝土结构得到了大力发展。20 世纪 90 年代以来,许多应用软件在机械工程学和工程管理学的基础上被开发出来,建筑信息模型(BIM)方法被应用到建设实践中。

相对于标准化的公共建筑来说,住宅建筑量大面广,且面临不同户型的需求,其实施工业化的难度也比较大。因此对于装配式建筑结构来说,其研究的主要建筑类型为住宅建筑。以下所描述的装配式建筑结构的发展也主要是针对住宅建筑的。

15. 2. 1　国外装配式建筑结构的发展

装配式住宅在日本、美国、澳大利亚、法国、德国、瑞典、丹麦、新加坡等发达国家经过了长达几十年甚至上百年发展,从设计、生产到施工都相对成熟和完善。20 世纪 60 年代,日本和德国发明了以高效减水剂为代表的外加剂,其后又发明了混凝土运输和泵送设备,使得混凝土技术及其现浇技术取得了革命性的重大发展。这些率先发展住宅产业现代化的国家由于不同的经济发展阶段、社会需求、住宅产业工业化程度、自然资源和地理环境等因素,它们的住宅产业现代化的实现方式和路径也有所差异。

法国是最早推行建筑工业化的国家之一。日本是最早实现住宅建筑构件的工厂批量化生产的国家,日本受到美国福特主义(将标准化工艺和产品装配流水线扩展到住宅产业)的启发,在 20 世纪 70 年代发展了预制住宅,创造了新的标准化方法,把专用体系向通用体系发展,这些促进了钢筋混凝土现场成型和工厂成型技术系统的发展,以及两者并行的局面,这种情况一直延续到现在。美国着重发展装配式木结构,构建了一个高效的预制装配建造系统,通过建筑构件化生产和有效的市场策略,向消费者提供具有一定经济性以及多样化的标准产品,在住宅产业现代化的同时对住宅的舒适性、多样性、个性化提出了更高的要求。瑞典是目前世界上装配式住宅应用最广泛的国家,其国内 80%的住宅采用了住宅通用体系中的通用部件。丹麦致力于发展完善适用于住宅通用体系的“产品目录设计”,它是最先制定模数规范的国家。

世界各国的建筑工业化发展方向侧重点不同,发展过程和结果也各有殊异。这些国家的经验为我国装配式住宅的发展提供了借鉴。

(一) 法国装配式住宅的发展

第二次世界大战后法国出现住房紧缺的现象,为了解决这一问题,法国大规模建设工业化住宅,规划和建设了很多住宅新区。这些住宅的设计理念是战后功能主义理念的产物,突出最简洁的建筑形式、最实用的平面功能和最经济的建造方式,号召“又多、又快、又省地建设住宅”,主要采用预制大板结构和标准化模板。其特点如下:

(1) 大力发展钢结构住宅产业化。法国在 1949 年之后生产建造了大量钢结构住宅,钢结构住宅具有装配化程度高、结构安全和建造快速等特点,大规模的预制生产也使得成本得以严格的控制。1985 年前后法国政府对那个时期的钢结构住宅进行调研发现，这部分钢结构住宅使用状况良好。

（2）优惠政策鼓励和引导节能环保建筑的发展。法国政府明确表示，对采用可再生能源的住宅减少税收，同时对采用隔热材料以及空调设备的建筑也减少税收。对于那些达到节能环保指标条件的开发商还可以得到适当的财政补贴。

（二）美国装配式住宅的发展

美国装配式住宅的大规模发展始于第二次世界大战结束后，20 世纪 50 年代，大量复员士兵涌入社会导致住房需求猛增，传统住宅建造速度慢且造价高，装配式住宅具有成本低、建设周期短、可大规模生产等特点，切实满足了住房需求，因此得到井喷式发展。1976 年，美国国会通过了《国家工业化住宅建造及安全法案》（*National Manufactured Housing Construction and Safety Act*），同年颁布出台了一系列严格的行业规范标准，这些标准沿用至今。2007 年，美国的装配式住宅生产总值达到 118 亿美元。现在每 16 个人中就有 1 个人居住的是装配式住宅。美国的装配式建筑主要采用钢和 PC 预制板组合结构，这种组合结构除了应用于住宅建筑当中，还广泛应用于如养老院、旅游度假酒店、会所、学校等各类公共建筑中。这种结构方式满足抗震要求，具有绿色低碳等特点。其所有构件可工厂化生产，现场安装方便快捷，比传统建筑施工节约了大约 60%的工时。大部分建筑部件采用了标准化构件，可维修替换。待房屋达到使用寿命之后，90%的材料可以回收利用，避免了二次污染。

美国注重针对住宅的标准化、体系化和预制装配构件产品目录的研究，这些研究使住宅市场更加完善。除工厂生产的可移动房屋和成套供应的木结构预制构件外，其他如混凝土构件与制品、轻质板材、室内外装修构件以及设备部品等产品也十分丰富。近年来厨房、卫生间、空调和电器等设备组件集成度高、生产效率高、造价低，也便于非专业技术工人的安装。

美国已经形成相对完善的住宅标准化体系，不仅在住宅部品方面，而且在构件生产方面都达到了较高的工业化水平。根据开发商提供的产品目录，用户不仅可以自由地选择住宅形式，而且可以委托专业承建商开发建设。美国的装配式住宅有如下特点：

（1）标准化程度高。针对装配式住宅的各个方面，例如设计、施工、节能、防风、采暖制冷以及管道系统等，美国政府都制定了详细的规范和标准。

（2）建筑市场具有完善的体系，同时具有的社会化与专业化程度较高。居民可以根据提供的住宅产品目录，对自家住宅所需的构件与部品进行个性化定制，同时可以委托承建商建造。美国的住宅大多采用装配式木结构或轻钢结构（图 15-2），建造速度快，一般 3～4 层木结构的施工周期仅为两周。

(a)　　　　(b)

图 15-2　美国装配式木结构建筑和装配式轻钢结构建筑

（三）德国装配式住宅的发展

德国建筑工业化起步较早，可以追溯到 20 世纪 20 年代，主要的推动因素包括社会经济和现代建筑发展两个方面。城市化快速发展对于造价低廉和建造快速的住宅、办公和厂房等建筑需求日益增加，而现代建筑革命颠覆了传统的古典建筑美学，现代建筑在真实再现建筑材料和结构、注重建筑技艺、精简建筑形式、优化建筑功能、形式与内容高度匹配等方面具有历史意义。随着建筑界和社会各界对于新理念和新型建筑美学的尝试和接受，大量的具有现代意义的装配式住宅应运而生。同时大规模住区建设也促进了住宅工业化的发展。

德国的装配式住宅主要采用装配式钢筋混凝土结构（图 15-3），采用叠合板、叠合梁以及剪力墙结构体系，具有较好的耐久性。德国是世界上建筑能耗降低幅度最快的国家，近几年还提出大力发展被动式节能建筑和主动式产能建筑。这些节能建筑的主体都是装配式住宅，装配式住宅的节能标准也一直在制定和完善。

(a)

(b)

图 15-3　德国装配式钢筋混凝土结构建筑

图 15-4　柏林施普朗曼居住小区

德国最早的预制混凝土住宅是 1926—1930 年间在柏林建造的战争伤残军人住宅区。该项目如今的名称是施普朗曼居住区，共有 138 套住宅，主要为 2～3 层的建筑（图 15-4）。该项目采用现场预制混凝土多层复合板构件，最大的构件质量达到 7 t。

目前随着建筑产业工业化进程的不断发展以及 BIM 技术的应用，德国装配式住宅的水平也在不断提升，住宅中采用工厂预制、现场安装的建筑构件和部品越来越多，占比也越来越大，各种建筑技术、建筑装备和工具越来越精细化。2015 年 1—7 月开工建设的住宅中，装配式住宅有 8 934 套。其中独栋或双拼式住宅建设总量较 2014 年同期增长 1.8%，装配式住宅数量同比增长 7.5%，可见预制装配式建筑正在逐步受到市场的认可和欢迎。

单层工业厂房通常采用预制钢结构或预制混凝土结构，标准化的构件在降低造价和缩短施工周期方面有明显优势。而商业建筑、集合住宅等，大都根据项目特点因地制宜，选择现浇与预制构件混合建造模式或钢混结构体系建设，并不追求高装配率，而是通过策划、设计、生产、运输、施工等各个环节的精细化优化，寻求每个建筑项目的实际需求、主要问题、经济性、节能等方面的综合平衡。

德国建筑工业的规范标准体系完整且全面。对于装配式建筑首先需要满足建筑规范中的各种技术要求，即无论采用何种装配式技术，其产品必须满足其应具备的相关技术性能，如结构安全性、防火性能、防水、防潮、气密性、透气性、隔音、保温隔热、耐久性、耐候性、耐腐蚀性、材料强度、环保无毒等方面的性能。

（四）日本装配式住宅的发展

日本的住宅工业化始于20世纪60年代初期，通过10余年的探索使住宅产业走向成熟，产生了盒子住宅、大板式单元住宅等工业化住宅形式，90年代采用预制装配方式的住宅已占竣工住宅总数的25%～28%，通过住宅产业化发展形成了住宅通用部品，其中1 418类部件已取得"优良住宅部品认证"。

日本住宅工业化的发展很大程度上得益于住宅产业集团的发展。住宅产业集团是应住宅工业化发展需要而产生出的新型住宅企业组织形式，是专门生产住宅产品，集投资、产品研究开发、设计、构配件部品制造、施工和售后服务于一体的住宅生产企业，是集智力、技术、资金密集型的能够承担全部住宅生产任务的大型企业集团。日本通过立法大力推广建筑产业化，20世纪60年代颁布了《建筑基准法》，在国家层面大力推广住宅产业化。70年代设立了"工业化建筑质量管理优质工厂认定制度"，同时期占总数15%左右的住宅采用产业化方式生产。80年代确定了"工业化建筑性能认定制度"，装配式住宅占总数的20%～25%。经过多年的实践和创新，形成了适应客户不同需求的"中高层装配式住宅生产体系"，同时完成了规模化和产业化的结构调整，提高了建筑工业化水平与生产效率。日本装配式建筑如图15-5所示。

(a)

(b)

图15-5　日本装配式建筑构件生产和施工

在推动住宅产业化上，日本政府做了两个重要引导：一是从产业结构调整角度出发，在政策上引导；二是建立"住宅生产工业化促进补贴制度"和"会计体系生产技术开发补助金制度"，引导生产方式，将住宅产业工业化和技术作为重点。其工业化的特点如下：

（1）扎实的标准化工作。对设备、材料、性能、生产、结构等各类标准进行调查研究与整合的基础上，确定了部品标准与行业标准。

（2）走科研—设计—生产一体化的道路。日本住宅产业绝大部分的载体是大企业集团，它们不仅对科研投入十分重视，同时对家庭结构的演变、消费者的需求与住宅文化也十分注重，而且看中科技对住宅产生的影响，致力于在住宅文化和科技含量上的不断提升。

(3) 实行严格的质量认证制度。对质量进行全面的控制,通过严格执行质量认证制度保障了住宅产业化的良好发展。

(4) 国家层面的五年产业发展计划。五年计划为开发研究住宅产业技术的重点与目标指明了方向。

(五) 新加坡装配式住宅的发展

新加坡于 20 世纪 80 年代引进国外(澳大利亚、法国、日本)先进的装配式建筑技术,并率先在保障房(组屋)领域大规模推广,目前结合本国地域特点,形成了具有本土特色的装配式建筑体系。在达士岭组屋装配式住宅中,预制装配率高达 94%(图 15-6)。

(a) (b)

图 15-6 达士岭组屋装配式住宅

新加坡装配式住宅的特点如下:

(1) 广泛应用新型工业化结构体系:目前主要形成三大结构体系,分别为钢骨混凝土结构、木结构与钢筋混凝土结构。

(2) 标准化:根据国际标准化组织(ISO)颁布的《模数协调》系列标准,对标准进行进一步优化。

(3) 现场施工服务体系:已基本做到分工种、分专业施工,实现家装工业化。

(4) 住宅部品的开发、生产与供应已逐步实现标准化、通用化与系列化,这是住宅产业化形成的核心标志。

(5) 广泛应用节能环保材料与集成技术,实现大批量、大规模定制:定制整体厨房、定制整体卫浴、立体绿化等。

近些年,国外一些国家装配式建筑的大致占比情况见表 15-1。

表 15-1 国外一些国家装配式建筑占比情况

国家	装配式建筑占比/%	备注
瑞典	80	以通用部件为基础的通用体系
法国	85	19 世纪末开始推行,第二次世界大战结束后普及主要采用装配式混凝土框架结构体系
美国	90	盛行于 20 世纪 70 年代,以装配式混凝土和钢结构住宅为主,在小城镇多以轻钢结构、木结构住宅体系为主
日本	90	预制混凝土结构,20 世纪 90 年代普及
新加坡	70	20 世纪 90 年代开始普及,主要为 15～30 层的单元式高层住宅

15.2.2 国内装配式建筑结构的发展

（一）我国建筑工业化的发展历程

我国建筑工业化是在新中国成立以后发展起来的。20 世纪 50—60 年代，全国各行各业都从传统手工业向机械工业化转变，在这个时期，我国主要借鉴苏联的经验，在建筑科学、建筑施工技术等领域均进行了有效的探索，为后面的工业化发展奠定了基础。20 世纪 70—80 年代，我国进行了大规模的建筑工业化实践，在此期间，我国的建筑工业化取得了一定成果，特别是 80 年代末期大板建筑的兴起，以及国家对于“三化一改”的提出，包括建筑设计标准化、施工机械化、构件生产工厂化和墙体改革。受限于当时体制、技术、管理等方面的水平，当时的建筑工业化水平不高，综合效益不明显，劳动生产率和建筑生产效益并未得到大幅度的提高。1986 年后，随着现浇混凝土建造技术的迅速发展，装配式大板建筑盛极而衰，在竞争中逐步退出建筑市场。经过 30 年的发展，以北京为代表的现浇混凝土建筑工业化水平不断提高，现浇混凝土从拌制运输、泵送上楼到浇注入模成型，都实现了机械化，施工作业变得简单易行，施工速度快、质量好。实践证明，现浇混凝土转运、泵送和浇注入模成型技术实现了建筑工业化。20 世纪 90 年代后期，国家取消福利分房政策，住宅建设从供给驱动转向需求驱动，从而对住宅的品质与质量提出了更高层次的要求，在总结和借鉴国内外经验的基础上，我国提出了新型“建筑工业化”，并指明了发展住宅产业和推进住宅产业化的总体思路，并批准建立了多个国家级的住宅产业化试点城市、生产型基地以及以房地产开发商为龙头的企业联盟。

进入 21 世纪，建筑能耗、建筑污染问题、建筑工业化的问题又被重新重视，进而进入了一个全新的发展时期。当前各地都在开展绿色建筑行动，积极推广装配式预制混凝土建筑，但有的地方搞“目标责任制”，加大高层装配式建筑推广力度，追求预制化率，我们应该科学地、全面地看待这个问题。因为历史和现实都证明，装配式混凝土建筑整体性不如现浇混凝土建筑，造价却高出许多。预制化率越高，装配连接的要求越高，造价也越高，安全隐患可能增多。机械化现浇混凝土和装配化预制混凝土是实现混凝土建筑工业化的不同途径，有各自的优势和适用范围，应根据工程实际情况合理选择，也可以扬长避短、优化组合，实行现浇-预制相结合。目前，作为国民经济重要产业的住宅产业，住宅建筑工业化必将是今后的发展方向，我国建筑工业化已经进入持续、健康发展的新时期，如图 15-7 所示。

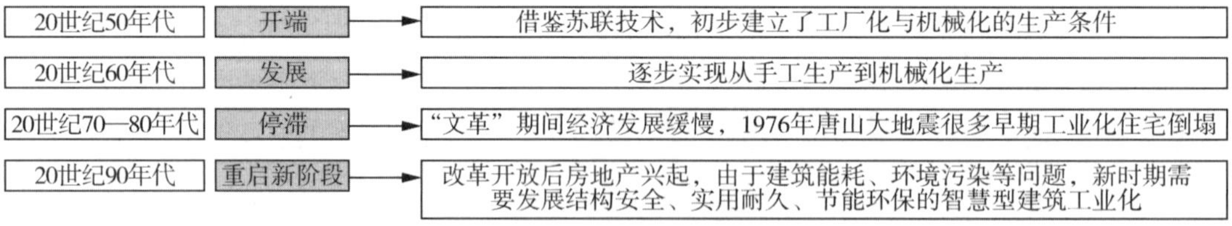

图 15-7 我国建筑工业化的发展阶段

2000 年至今，我国关于住宅产业化的相关政策和措施相继出台。在政策方面，2006 年建设部颁布了《国家住宅产业化基地实施大纲》，2008 年开始探索 SI(Skeleton and Infill)住宅技术研发和“中日技术集成示范工程”。在装修方面，进一步倡导内装工业化。近年来，地方政府关于住宅工业化的政策也相继出台，其中北京、上海、深圳、沈阳等城市也专门制定了相应法规。2013 年 1 月国家发展改革委和住房城乡建设部联合发布了《绿色建筑行动方案》(国办发〔2013〕1 号)，明确将推动建筑工业化作为十大重点任务之一。在大力推动转变经济发展方式，调整产业结构和大力推动节能减排工作的背景下，北京、上海、沈阳、深圳、济南、合肥等城市地方政府以保障性住房建设为抓手，陆续出台支持建筑工业化发展的地方政策并积极建设建筑产业化示范基地。国内的大型房地产开发企业、总承包企业和预制构件生产企业也纷纷行动起来，加大建筑工业化投入。从全国来看，以新型预制混凝土装配式结构快速发展为代表的建筑工业化进入了新一轮的高速发展期。这个时期是我国住宅产业真正进入全面推进的时期，工业化进程也在逐渐加快推进，但是总体来看与发达国家相比差距还很大。

整体来看，我国装配式建筑还处于起步阶段，在全国新建筑中比例不足 5%。根据中投顾问发布的《2017—2021 年中国装配式建筑行业深度调研及投资前景预测报告》显示，2015 年我国装配式建筑规模约 858 亿元，相关配套产业(如清洁能源、一体化装饰、智能家居等)产值规模约 429 亿元，2015 年我国装配式建筑行业总产值约 1 287 亿元。

2016 年中共中央、国务院印发的《关于进一步加强城市规划建设管理工作的若干意见》提出：要大力推广装配式建筑，减少建筑垃圾和扬尘污染，缩短建造工期，提升工程质量；制定装配式建筑设计、施工和验收规范；完善部品部件标准，实现建筑部品部件工厂化生产；鼓励建筑企业装配式施工，现场装配；建设国家级装配式建筑生产基地；提出“建筑八字方针”，即适用、经济、绿色、美观；力争用 10 年左右时间，使装配式建筑占新建建筑的比例达到 30%。通过顶层设计确定了装配式建筑的相关工作目标，并颁布了相关的扶持政策，装配式建筑项目如雨后春笋般在各地开建。蓝图已绘制，奋进正当时，针对装配式建筑出台的指导意见和相关配套措施已在全国各地推广，不少地方更是对装配式建筑的发展提出了明确要求。

另外，我国香港、台湾地区装配式建筑应用比较普遍，香港屋宇署制定了完善的预制建筑设计和施工规范，高层住宅多采用叠合楼板、预制楼梯和预制外墙等方式建造，厂房类建筑一般采用装配式框架结构或钢结构建造。台湾地区装配式结构的节点连接构造和抗震、隔震技术的研究和应用都很成熟，装配框架梁柱、预制外墙挂板等构件应用较广泛，预制建筑专业化施工管理水平较高，装配式建筑质量好、工期短的优势得到了充分体现。

时至今日，建筑工业化的发展体现了现代主义思想和技术美，又避免了现代主义工业产品单一的技术表现形式，它注重技术，注重文化，同时又注重可持续发展。新型工业化道路是我们国家在全面总结国内外工业化经验教训，充分考虑我国基本国情的基础上提出来的，是与发达国家传统工业化模式和我国过去工业化道路有区别的新的工业化模式。概括起来，就是要充分运用最新科学技术，特别是信息技术改造传统产业，加快科技进步，提高经济效益和市场竞争力，充分提高人力资源专业优势，减少环境污染和资源消耗，走可持续发展的道路。

积极发展新型工业化设计与建造技术不仅推进了建筑行业的技术创新和产业升级转型，同时还为区域经济创新带来机遇，满足我国对外开放和产业结构转型的需要，与国家“一带一路”倡议相吻合。

促进建筑产业现代化，必须从推进新型建筑工业化入手。区别于 20 世纪 50—80 年代的工业化，新型工业化应当保障建筑品质，适应大规模建设，有利于资源节约和环境保护，并且实现房屋设计、建造与质量维护相结合。此外，建筑工业化是与信息化深度的融合，新时期的建筑工业化是以信息化带动的。新型建筑工业化需要现代的工程技术加现代的工程管理，因为没有技术就没有产品，没有管理就没有效率。可以说新型建筑工业化在新的时期被赋予新的定义和需求。中国装配式建筑结构的主要形式如图 15-8 所示。

(a) 集装箱结构——
镇江采用模块化钢结构拼装的高层住宅

(b) 钢结构——
赛博思钢结构建筑体系

(c) PC 剪力墙结构——
长江都市建筑设计研究院 PC 剪力墙实验楼

(d) 轻钢结构——
中国国际太阳能十项全能竞赛(SDC2018)湖南大学参赛作品

(e) 钢-预制混凝土组合结构

(f) 木结构

图 15-8 中国装配式建筑结构的主要形式

(二) 我国装配式建筑发展面临的问题

我国的房地产市场起步较晚,发展速度过快,政府宏观政策引导和监管相对滞后,技术法规和标准相对欠缺,国内建筑市场在建设初期稍显混乱,工业化程度始终不高,装配式建筑并不是主流住宅市场的首要选择,少量具有先锋和开拓精神的生产制造厂家引进国外先进的装配式建筑生产体系、生产线、生产工艺等并结合国内市场行情,加强科研开发力量,问题正在逐步地被解决,目前看来存在的问题主要有以下几点:

(1) 装配式建筑技术人才紧缺。2016 年,《国务院办公厅关于大力发展装配式建筑的指导意见》指出:"力争用 10 年左右,使装配式建筑占新建建筑面积的比例达到 30%。"如此庞大的建设量,对施工技术和施工人员都提出了新的要求。

(2) 缺乏行业统一标准。经过数年发展,我国的住宅产业化取得了一定成绩,但与欧美、日本等发达国家相比,仍处于发展阶段,还存在各种各样的问题。首先,行业缺乏统一的标准,房地产企业参与其中的积极性较低,可参考性及可行性较高的现实案例及技术方案较少,住宅产业化在质量监管与追溯等方面也存在较多问题;其次,建筑设计与施工分别招标,建筑业又存在转包与分包的经营管理模式,使产业链上设计、生产、施工等环节脱节;最后,住宅产业化各个环节的标准都不尽完善,行业内企业无章可循,目前迫切需要建立一套符合我国国情的工业化建筑评价体系,解决标准缺失这个住宅产业化发展的瓶颈。

(3) 工业化与精细化程度较低。目前我国建筑施工行业存在的主要问题之一是工业化与精细化程度较低,建筑资源浪费严重。过去的技术无法满足 20 世纪 90 年代开始的大规模建设需求,装配式建筑的各个环节脱钩严重,研发投入和技术成本投入低,整体性能差、使用功能不良,预制构件生产企业数量少,装配式建筑在住宅建设中的比例低并存在行业萎缩的现象,与欧美发达国家的差距较大。

(4) 装配式建筑技术教育欠缺。培养与储备专业技术人才是实现建筑工业化,并使其健康持续发展的重要保障和关键要素。但是据统计,我国建筑产业化工人缺口已近 100 万人,而目前很多高校在建筑工业化所需人才的培养方面是空白的,相关的专业、课程以及教材很少。因此我们必须引导高等院校为应对建筑工业化的发展,循序渐进,依据建筑工业化的内涵及实现方式,以传统培养模式为基础,积极开展教育教学改革,培养符合社会和行业发展需求的专业技术人才,更好地提升学习者的技术技能、就业质量,为全面建成小康社会提供有力的支撑,满足建筑行业转型升级对相关技术人才的需求。

顺应建筑工业化发展的需要,随着国家层面的配套支持政策的相继出台,未来几年具有显著优势的装配式建筑将迎来重大突破,实现井喷式发展。但是建筑行业面临的问题也很多,尤其是人才问题,建筑行业和各大高校科研院所需要积极应对,为支撑国家基础建设培养优质人才。

15.3　装配式建筑结构的类型及特点

建筑按照功能用途可以分为住宅、商业建筑、办公建筑、学校建筑、厂房等;按照建筑高度可以分为低层、多层、中高层、高层和超高层。装配式建筑的建造过程是工厂生产所需要的建筑构件,将构件运输到施工现场进行组装。装配式建筑一般按照结构体系和构件材料来分类。

15.3.1　按建筑结构体系分类

(一) 砌体结构

砌体结构是指主要采用预制块材砌筑而成的墙体承重的建筑。块材主要有混凝土中小型砌块、黏土砖、页岩砖、灰砂砖、粉煤灰砖、淤泥砖、现浇钢筋混凝土及节能多孔砖等。这种结构形式适于建造 3～6 层建筑,如提高砌块强度或配置钢筋,还可适当增加层数。砌体结构需要符合《砌体结构设计规范》(GB 50003—2011),通常对空间的开间和进深、建筑高度、抗震构造措施等有比较多的规定，因为限制较多，所以目前在我国城市大量性建造中应用得较少。但是砌体结构适应性强，生产工艺简单，施工简便，还可利用地方材料和工业废料。因此很多农民自建房仍然采取这种结构形式。砌块有小型、中型、大型之分。小型砌块适于人工搬运和砌筑，工业化程度较低，灵活方便，使用较广；中型砌块可用小型机械吊装，可节省砌筑劳动力；大型砌块现已被预制大型板材所代替。砌块本身就是一种预制构件，随着砌块体积的增大，也就代表着现场的连接越少，同时也越来越依赖机械操作，相应地工业化程度越高。

砌块有实心和空心两类。砌块的接缝是保证砌体强度的重要环节，一般采用水泥砂浆或混合砂浆砌筑。小型砌块还可用套接而不用砂浆的干砌法，可减少施工中的湿作业。有的砌块表面经过处理，可作清水墙。其中图 15-9 是实心墙的砌筑方法，图 15-10 是空斗墙的砌筑方法。

(a) 一顺一丁

(b) 三顺一丁

(c) 梅花丁

(d) 两平一侧

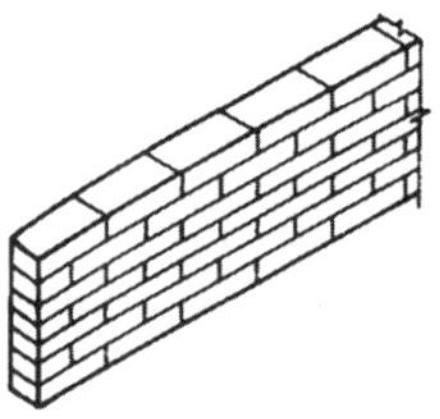

(e) 全顺

图 15-9　实心墙的砌筑方法

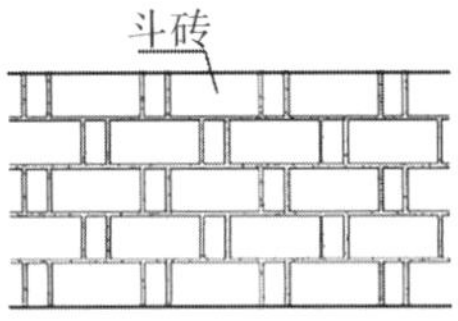

(a) 无眠斗墙

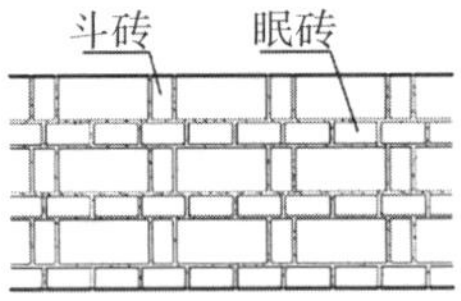

(b) 一眠一斗

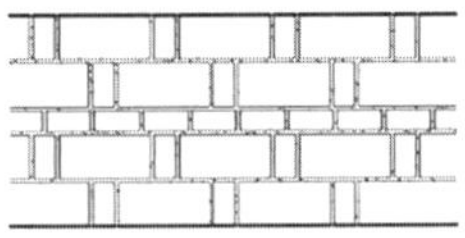

(c) 一眠二斗

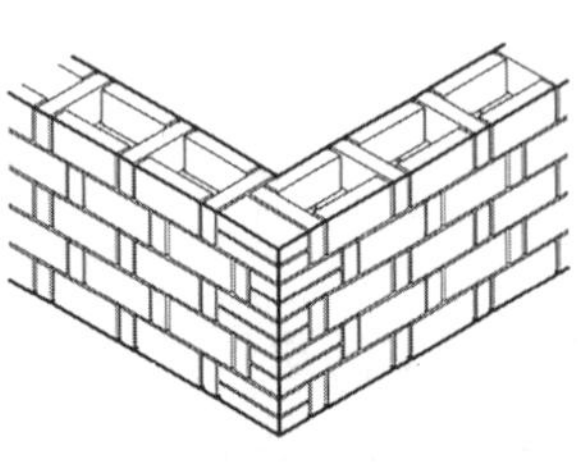

(d) 无眠空斗墙

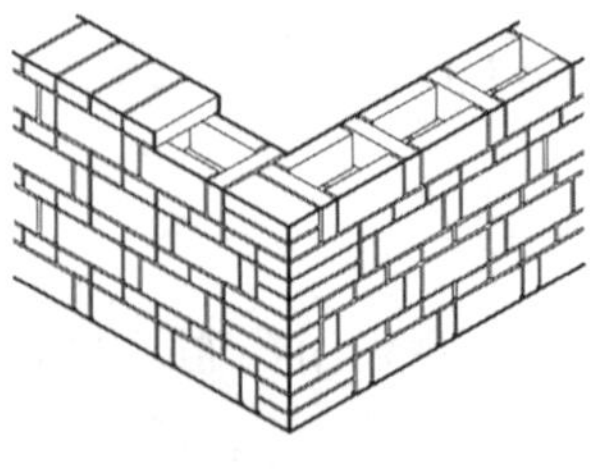

(e) 有眠空斗墙

图 15-10　空斗墙的砌筑方法

（二）板式结构

板式结构是指由工厂预制生产的大型内外墙板、楼板和屋面板等面状板材相互搭接装配而成的建筑，又称大板建筑（图 15-11）。它是全装配式建筑中的一种，工业化程度高，板式结构的开间和进深受到板材自身结构性能的影响，通常相对于砌体结构来说，板式结构的自重更轻，可以获得更大的使用空间，抗震性能也更好，可以建造 3～6 层的多层房屋。通过对墙板、楼板结构性能的提升，板式结构可获得的使用空间会更大。构成板式结构的墙板、楼板、屋面板通常为钢筋混凝土的实心板或空心板，外墙板多为带有保温层的钢筋混凝土复合板，也可用轻集料混凝土、泡沫混凝土或大孔混凝土等制成带有外饰面的墙板。建筑设备常采用集中的室内管道部件或模块化卫浴等，以提高装配化的程度。大板建筑的关键问题在于连接节点设计，以保证板材连接的整体性，连接方法主要有焊接、螺栓连接和后浇混凝土整体连接。我国 20 世纪 50—60 年代建造了较多的大板住宅。这种结构形式的主要问题有对使用空间功能布局制约较大、对建筑形式限制较多，例如采用横墙承重的板式结构就只适用于小开间房间组成的公寓、小型办公等建筑。此外还要处理好外墙板及屋面板等交接处的防水构造和冷桥问题。

（a）　　　　（b）

图 15-11　1965—1966 年南京后大树根的大板住宅建造工地

（三）盒式结构

盒式结构也称为集装箱式建筑（图 15-12），是由模块化单元拼接而成的建筑，这种单元本身结构强度大，相应的盒式结构也比较浪费材料。它比板式结构工业化程度更高，现场安装快速。这种结构形式的集成度很高，不仅在工厂完成盒子结构构件的组装，而且内部分隔、内装、家具和设备也都可以组装完成。运输到现场后进行吊装，吊装完成并接好管线后即可使用。盒式结构的组装形式有：

图 15-12　中国国际太阳能十项竞赛（SDC2018）沈阳建筑大学参赛作品建造现场

（1）全盒式，由模块化的盒子重叠组装而成的建筑。

（2）盒式与板式相结合，将功能性强的厨房、卫生间或楼梯间等做成盒式结构，可以承重，再与墙板和楼板等连接组成建筑。

（3）盒式核心筒，某些功能性强的空间如卫生间、电梯井等采用盒式结构，构成核心筒，四周再用楼板、墙板或骨架连接组成建筑。

（4）轻质盒式与框架结构等其他结构形式相结合，用轻质材料制成的单元或单间式盒子，放在框架结构之间，形成的组合式建筑，这里的盒子单元或并不承重。再如模块化的集成卫浴空间或厨房空间，安放在其他结构形式当中等。

盒式建筑工业化程度较高，但投资大，运输不便，且需用重型吊装设备，因此发展受到限制。

（四）框架结构以及板结构

框架结构通常是由预制的柱、梁承重框架，再搁置楼板和非承重的内外墙板的框架结构体系(图 15-13)。板结构是柱子和楼板承重组合而成的板柱结构体系，内外墙板是非承重的，楼板通常是连续的整体，楼板在承重方面分为双向板和单向板，在形式方面有密肋板、板与板带相结合等。框架结构的主要材料有钢筋混凝土、钢和木，钢框架结构和木框架结构通常用于轻型装配式建筑中，木框架结构由于无法形成类似钢筋混凝土和钢结构那样的刚性连接节点，因此无法形成真正意义上的框架结构。板结构的材料主要是钢筋混凝土，因为只有钢筋混凝土才可以形成造价相对合理的连续的楼板。框架结构和板结构是多层和中高层建筑常用的结构形式，通过精准的构件分解和现场连接设计，也适用于装配式建筑中。这两种结构形式具有结构合理、结构自重较轻、与建筑空间匹配度高、内部空间分隔灵活等优点。

钢筋混凝土框架结构体系的结构构件可以全部预制，也可以现场建造与预制相结合。构件连接处的结构安全可靠是保证框架结构具有足够的刚度和整体性的关键。这些连接包括柱与基础、柱与梁、梁与梁、梁与板等，应根据结构的需要和施工条件，通过计算进行设计。节点连接的方法通常有榫接法、焊接法、牛腿搁置法和留筋现浇成整体的叠合法等。

板结构中的楼板构件通常四角支撑在柱子上，施工方法为在楼板接缝处留槽，穿过柱子的竖向钢筋，然后采用后张法浇筑混凝土(图 15-14)。

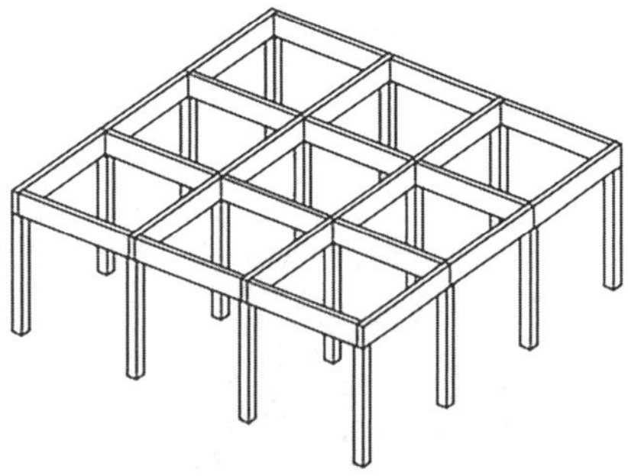

图 15-13　框架结构示意

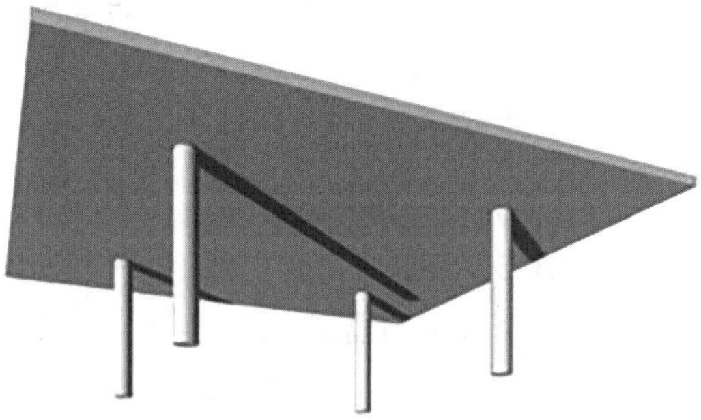

图 15-14　板结构示意

除了以上结构体系之外，人们也发明了新的施工工艺和施工方法来提高生产效率。例如升板建筑，这种建筑的结构体系是由板与柱联合承重，在地面上重复浇筑出各层楼板和屋面板，竖立预制钢筋混凝土柱子，以柱为导杆，用放在柱子上的油压千斤顶把楼板和屋面板提升到设计高度，最后加以固定。外墙可用砖墙、砌块墙、预制外墙板、轻质组合墙板或幕墙等，也可以在提升楼板时提升滑动模板来浇筑外墙。升板建筑施工时大量操作在地面进行，减少了高空作业和垂直运输，节约了模板和脚手架，并可减小施工现场的面积。升板建筑多采用无梁楼板或双向密肋楼板，楼板同柱子连接节点常采用后浇柱帽或采用承重销、剪力块等无柱帽节点。升板建筑一般柱距较大，楼板承载力也较强，多用于商场、仓库、工厂和多层车库等建筑当中。升板建筑可以加快施工速度，比较适用于场地受限制的地方。

装配式建筑中，经过拆解的结构构件通常的表现形式有线性构件、板构件、盒式构件（模块）三种（图 15-15），这些名称并不是标准的称谓，因为还没有一个硬性的、快速的、通用的现行标准来给装配式建筑分类。线性构件、板构件、盒式构件的说法可能会让人迷惑。例如非承重的隔墙板不能与起到结构作用的墙板混淆。从效率的角度来看，为了使现场搭建更快而生产体积更大、质量更大、集成度更高的构件组合。为了减少运输成本以及满足某些大型结构在施工现场进行组装的需求，可以在施工现场搭建简易的工棚用于生产大型组合构件。线性构件、板构件、盒式构件不是互相分离的系统，而是为实现项目功能和美学的目标而被组合在一起的构件。

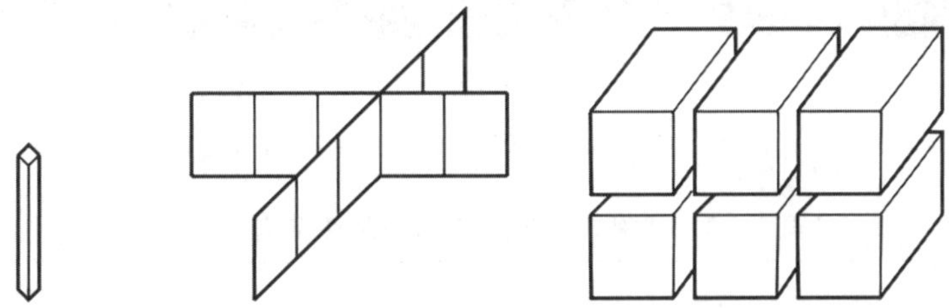

(a) 线性构件　　(b) 板构件　　(c) 盒式构件（模块）

图 15-15　装配式建筑构件的表现形式

15.3.2　按构件材料分类

由于构件材料不同，生产和加工不同材料构件的工厂和生产线也不同，现场组装和连接方法也不同。因此按建筑构件的材料来对装配式建筑进行如下分类：

（一）装配式混凝土结构

装配式混凝土结构通常简称为 PC 结构，是预制钢筋混凝土结构构件的总称。按结构承重方式又分为剪力墙结构和框架结构。

（1）剪力墙结构

剪力墙结构实际上是由承重剪力墙板承担竖向荷载，由楼板承担横向荷载的结构体系。剪力墙由分解好的 PC 构件现场吊装连接完成（图 15-16），对位吊装完成后再处理构件之间的连接构造问题。

图 15-16　PC 剪力墙板

（2）框架结构

框架结构是把柱、梁、板构件分开生产，通过更换模具的方式可以在一条生产线上完成全部构件的生产。单独的柱、梁和板构件施工时进行吊装装配，装配好后再处理构件之间的连接构造问题(图 15-17)。框架结构的分隔墙板可以由另外的生产线生产,可以是非承重的轻质、保温、环保的绿色板材,框架吊装完成后再进行非承重墙板的组装。装配式混凝土结构的两种结构形式的对比如表 15-2 所示。

(a) (b)

图 15-17 中海集团南京保障房项目施工现场

表 15-2 装配式混凝土结构的两种结构形式的对比

装配式混凝土结构形式	连接方法	适用范围
剪力墙结构	墙、板刚接	公寓、住宅、酒店等建筑,不适合大跨度
框架结构	框架柱、框架梁刚接	6～8 m 跨度、6～7 层的住宅建筑以及学校、办公等公共建筑

(二) 装配式钢结构

装配式钢结构也称为 PS 结构,采用钢材作为主要结构材料,外加楼板和墙板及楼梯组装成建筑。装配式钢结构建筑按照建筑规模、构件质量等又可以分为重型钢结构和轻型钢结构。重型钢结构主要采用截面面积比较大的型钢,承载力较大,通常用于高层建筑与大跨度建筑的建造。轻型钢结构以截面面积比较小的型钢作为主要构件,内嵌轻质墙板,一般适用于小型建筑、多层建筑以及单层厂房等。

(1) 重型钢结构

重型钢结构采用的构件截面一般较大,可以有较高的承载力,截面可为 H 型钢、工字钢、L 型或 T 型钢。根据结构设计的设计要求,在特有的生产线上生产,包括柱、梁和楼梯等构件。生产好的构件运到施工工地进行装配。装配时构件的连接主要有焊缝连接(又可分为对接、搭接、T 形、角接)、螺栓连接(又可分为普通螺栓和高强螺栓)以及铆钉连接。重型钢结构最后组装而成的结构形式很多,例如大跨度建筑当中的桁架结构、网架结构、悬索结构、拱结构等。采用重型钢结构的建筑通常是重点项目,建筑师与结构工程师通力合作将技术的合理性与艺术的表现性有机融合在一起。例如 1889 年巴黎世界博览会机械馆主体结构采用了格构式三铰拱钢架,其拱脚落地部分由宽变窄,近支座处收缩为三角形(图 15-18),使得主体结构与点支承基座之间形成合乎逻辑的转换。三铰拱支座的视觉冲击力就在于它以如此渺小的接地点构件支撑起跨度那样巨大的钢铁身躯。这正是当时的建筑师与工程师充分认识了钢材的高强度与钢结构的传力原理而取得的成果。

(a)

(b)

图 15-18 巴黎世界博览会机械馆内景

(2) 轻型钢结构

轻型钢结构与重型钢结构没有明确的分界和设计上的差异。其构件截面尺寸较小、壁厚较薄、自重较轻、基础较节省费用，有利于工厂化、规模化生产，节省工期，减轻劳动强度。新中国成立初期，我国仅在部分工业厂房当中应用钢结构。20 世纪 70 年代，我国钢结构设计规范对圆钢和小角钢的轻型钢结构进行了说明，这对推动轻型钢结构的发展起到了很重要的作用。20 世纪 80 年代，钢结构建筑发展迅猛，主要有门式钢架、轻钢屋架、网架等。目前，轻型钢结构也多应用于低层或多层建筑。由于轻型钢结构施工多采用螺栓连接，施工快工期短，还便于拆卸，目前市场前景较好。图 5-19 就是轻型钢结构应用的例子。

图 15-19 2018 年 SDC 国际太阳能十项全能竞赛湖南大学参赛作品

(三) 装配式木结构

装配式木结构建筑也可以分为轻型木结构和重型木结构两种(图 15-20)。这两者在结构形式上更没有明确的分界，但是在构件尺寸和重量上差异较大，连接方法也不同，轻型木结构通常采用钢钉或齿板进行连接，重型木结构通常采用钢连接板与螺栓进行连接。我国主要的传统建筑都采用的是木结构体系，它以木构梁柱为承重骨架，柱与梁之间多为榫卯结合，而木结构建筑发展至今，已从传统木结构建筑进入现代木结构建筑的新发展阶段。用于建筑领域的工程木材主要包括层板胶合木(GLT)、平行木片胶合木(PSL)、单板层积胶合木(LVL)、层叠木片胶合木(LSL)、正交胶合木(CLT)等。这些工程木材可填补新型建筑材料、节能环保型材料的空缺，对节能减排、对建设行业的可持续发展有重要意义。木结构建筑是生态建筑的重要代表，为节能减排、绿色环保，减轻建筑在建造、使用、拆除的全生命周期内对环境资源的压力，实现材料的循环利用和可持续发展，推广应用木结构已越来越成为全社会的共识。

轻型木结构通常采用间距紧密的规格材部件和覆盖板材，共同组成木框架结构，主要用于1～3层房屋。重型木结构通常采用GLT、LVL、CLT等加工成建筑所需的柱、梁、板、墙、楼梯构件，然后进行装配。木结构装配式建筑具有良好的抗震性能、环保性能，很受使用者的欢迎。对于木材原料产量丰富的国家，例如芬兰、加拿大等国家大量采用装配式木结构建筑。

(a)　　　　(b)

图 15-20　轻型木结构与重型木结构

装配式建筑结构按构件材料分类，总结归纳如图 15-21 所示。

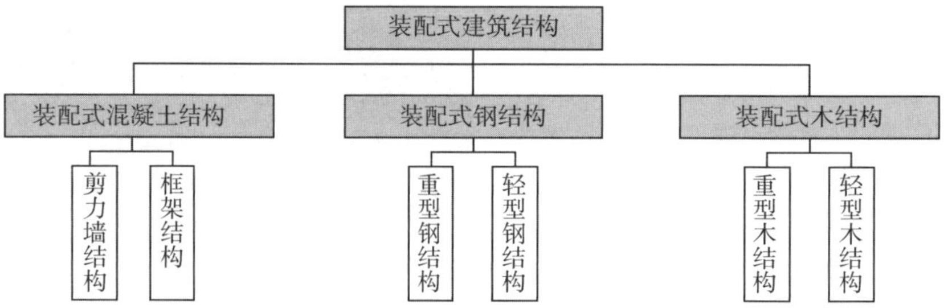

图 15-21　装配式建筑结构的分类

15.3.3　装配式建筑结构的特点

装配式建筑更能符合绿色施工的节地、节能、节材、节水和环境保护等要求，降低对环境的负面影响，包括降低噪声，防止扬尘，减少环境污染，清洁运输，减少场地干扰，节约水、电、材料等资源和能源，遵循可持续发展的原则。总的来说，装配式建筑具有以下特点：

(1) 工厂生产，现场装配，推动建筑工业化、产业化发展。装配式建筑的工厂生产、现场组装的技术可以实现建筑部件化、建筑工业化和产业化。所生产的产品可以根据建筑需要，在工厂加工制作成整体墙板、梁、柱、叠合楼板等构件，并可在构件内预埋好水、电管线、窗户等，还可根据需要在工厂将墙体装饰材料制作完成。部品部件在工厂生产，有固定的模具，使产品精度高，产品更加标准化、规范化、集成化，而且技术标准易于统一，即以模数化构建标准化；由于装配式建筑构件是标准化、工厂化生产，运送到工地就可以装配施工，每道工序可以像设备安装一样进行现场安装，即以标准化推动工业化。

(2) 精确度高，质量好，减少质量通病。装配式建筑是工厂化的作业模式，大量的建筑部件都由工厂流水线生产，工业化生产的部品部件更利于质量控制，并且质量稳定；部件运到现场装配后建筑精确度比传统建筑方式提高 10 倍以上，精确度为毫米级；门窗洞预留尺寸在工厂已完成，尺寸偏差完全可控；以装配化作业取代手工砌筑作业，能大幅减少施工失误和人为错误，保证施工质量；装配式建造方式可有效解决系统性质量通病，减少建筑后期维修维护费用；装配式建筑抗震性能高、耐火性好、隔音效果好。

(3) 环保节能，符合绿色发展理念。装配式建筑是绿色、环保、低碳、节能型建筑。由于构件采用工厂化生产，装配式建筑用干式作业取代了湿式作业，施工现场更加整洁，现场施工污染排放量明显减少，最大限度地减少了对周边环境的污染。装配式建筑的建筑材料选择更加灵活，可以大量运用轻钢以及木质板材等各种节能环保材料。装配式建筑的保温隔热性能非常好，由于装配式建筑保温隔热材料放置在墙体中间，而材料本身也满足建筑围护结构保温隔热的要求，这样使室内采暖能耗大量降低。据统计，相较于传统现浇建筑，装配式建筑可节水约50%，减少砌筑抹灰砂浆约60%，节约木材约80%，降低施工能耗约20%，减少建筑垃圾70%以上，并显著降低施工粉尘和噪声污染。

(4) 缩短工期，提高效率。相较于传统现浇建筑，装配式建筑可缩短施工周期25%～30%。不同于传统建筑那样必须先做完主体才能进行装饰装修，装配式建筑可以将各预制部件的装饰装修部位完成后再进行组装，实现了装饰装修工程与主体工程的同步，减少了建造过程，缩短了整体工期。装配式建筑工厂化生产、现场组装可减少进场的工程机械种类和数量，消除工序衔接的停闲时间，实现立体交叉作业，减少施工人员，提高功效。另外装配式建筑需要的部件一般在工厂车间生产，不受季节限制，有利于冬季施工，解决了北方地区冬期施工难的问题。

(5) 降低劳动强度，节省人力资源。装配式建筑需要的构件一般在工厂车间生产，部件现场组合安装，减少工作量，减少现场湿作业量。部件集中工厂化生产和现场组合安装使现场施工作业量大幅减少，大幅降低操作工人劳动强度，相比于传统建造模式，其极大地节约了人力资源。

(6) 随着装配式建筑大量普及和技术的逐步成熟，部品部件生产形成标准化、通用化和社会化以后，将会实现规模化制造的成本优势。装配式建筑相比传统的建造方式，从成本上来说更节约。

15.4　装配式混凝土结构

装配式混凝土结构是以预制钢筋混凝土构件为主要结构构件，经装配、连接，结合部分现浇而形成的整体结构体系。通俗来讲就是按照统一、标准的建筑部品规格制作房屋单元或构件，然后运至工地现场装配就位而成的建筑。《装配式混凝土结构技术规程》(JGJ 1—2014)对装配式混凝土结构的定义为：由预制混凝土构件通过可靠的连接方式装配而成的混凝土结构，包括装配整体式混凝土结构、全装配混凝土结构等。这个定义给出了装配式混凝土结构的两个基本特征：① 预制混凝土构件；② 可靠的连接方式。

装配整体式混凝土结构是由预制钢筋混凝土构件通过可靠的方式进行连接并与现场后浇混凝土、水泥基灌浆料形成整体的装配式混凝土结构。简而言之，装配整体式混凝土结构的连接以现场湿作业连接为主(图15-22)。装配整体式混凝土结构具有较好的整体性和抗震性。目前大部分多层和所有的高层装配式混凝土建筑均采用装配整体式混凝土结构，有抗震要求的低层装配式混凝土建筑也多采用装配整体式混凝土结构。

全装配混凝土结构是由预制混凝土构件采用如螺栓、焊接等方法进行连接形成整体的结构形式，其连接作业方法基本不用水，因此也被称为干法连接(图15-23)。这种方式多用于装配式钢结构和装配式木结构当中，在装配式混凝土结构中应用较少。通常一些单层厂房、低层建筑或非抗震地区的多层建筑会采用这种结构形式。

图 15-22 预留部分湿作业连接

图 15-23 干法连接(2017 年 SD 竞赛华盛顿大学参赛作品)

15.4.1 装配式混凝土结构体系分类

在技术工艺发展进步后，任何形式的钢筋混凝土现浇结构体系建筑，如框架结构、框架-剪力墙结构、剪力墙结构、部分框支剪力墙结构、板结构等，都可以实现装配式。但是因为抗震等因素，目前国内尚没有实现以上全部结构形式的装配式。装配式混凝土结构体系目前主要包括：装配整体式混凝土框架结构、装配式剪力墙结构体系、装配整体式框架-现浇剪力墙结构、装配整体式部分框支剪力墙结构。

(一) 装配整体式混凝土框架结构

装配整体式混凝土框架结构是全部或部分框架梁、柱采用预制构件建成的装配整体式混凝土结构，简称装配整体式框架结构(图 15-24)。装配整体式混凝土框架结构传力路径明确，装配效率高，现浇湿作业少，是最适合进行预制装配的结构形式。装配整体式混凝土框架结构由多个预制部分组成：预制梁、预制柱、预制楼梯、预制楼板、外挂墙板等。这种结构形式有一定适用范围，在空间灵活分隔或在开敞大空间需求的建筑中比较常见，比如仓库、厂房、停车场、商场、教学楼、办公楼、商务楼、医务楼等，近几年也开始在住宅建筑中采用。

(a)

(b)

图 15-24 装配整体式混凝土框架结构

根据梁柱节点的连接方式不同，装配整体式混凝土框架结构可划分为等同现浇结构与不等同现浇结构。其中，等同现浇结构是节点刚性连接，不等同现浇结构是节点柔性连接。在结构性能和设计方法方面，等同现浇结构和现浇结构基本一样，区别在于前者的节点连接更加复杂，后者则快速简单。但是相比较之下，不等同现浇结构的耗能机制、整体性能和设计方法具有不确定性,需要综合考虑节点的结构性能。

(二) 装配式剪力墙结构体系

按照主要受力构件的预制及连接方式,装配式剪力墙结构可分为:装配整体式剪力墙结构、预制叠合剪力墙结构、装配式多层剪力墙结构等。

(1) 装配整体式剪力墙结构

在装配整体式剪力墙结构中,全部或者部分剪力墙(一般多为外墙)采用预制构件,构件之间拼缝采用湿作业连接,结构性能和现浇结构基本一致,主要按照现浇结构的设计方法进行设计(图 15-25)。结构一般采用预制叠合楼板、预制楼梯、各层楼面和屋面设置水平现浇带或者圈梁。预制墙中的竖向接缝对剪力墙的刚度有一定的影响,安全起见,结构整体适用高度有所降低。

(a)　　　　　　　　　　(b)

图 15-25　装配整体式剪力墙结构

(2) 预制叠合剪力墙结构

预制叠合剪力墙是指采用部分预制、部分现浇工艺生产的钢筋混凝土剪力墙。在工厂制作、养护成型的部分称作预制剪力墙墙板(图 15-26)。预制剪力墙外墙板外侧饰面可根据需要在工厂一体化生产制作。预制剪力墙墙板运送至施工现场,吊装就位后与叠合层整体现浇,此时预制剪力墙墙板可兼做剪力墙的外侧模板使用。施工完成后,预制部分与现浇部分共同参与结构的受力。预制叠合剪力墙结构是典型的引进技术,尚在进一步的改良和研发中。目前,叠合剪力墙结构主要应用于多层建筑或者低烈度区的高层建筑。

(a)　　　　　　　　　　(b)

图 15-26　预制叠合剪力墙墙板

(3) 装配式多层剪力墙结构

装配式多层剪力墙结构技术适用于6层及以下的丙类建筑,3层及以下的建筑甚至可以采用多样化的全装配式剪力墙结构技术体系。装配式多层剪力墙结构体系目前应用较少,但由于其高效简便的特点,在新型城镇化的推进过程中具有很好的应用前景。

(三) 装配整体式框架-现浇剪力墙结构

为充分发挥框架结构平面布置灵活和剪力墙抗侧刚度大的特点,可采用框架和剪力墙共同承重的结构体系,称之为框架-剪力墙结构。将框架结构的部分构件在工厂预制,如柱、梁等,然后在现场进行装配,将框架结构叠合部分与剪力墙在现场浇筑完成,从而形成共同承担水平荷载和竖向荷载的整体结构,这种结构形式称为装配整体式框架-现浇剪力墙结构。这种结构形式中的框架部分采用与预制装配整体式框架结构相同的预制装配技术,使预制装配技术能够在高层建筑中得以应用。由于对各种结构形式的整体受力研究不够充分,目前装配整体式框架-现浇剪力墙结构中的剪力墙基本采用现浇而非预制形式。

(四) 装配整体式部分框支剪力墙结构

剪力墙结构的平面布局具有局限性,为功能需要,有时需将结构下部的几层墙体做成框架,形成框支剪力墙,框支层空间加大,扩大了使用功能。将底部一层或者多层做成部分框支剪力墙的结构形式称之为部分框支剪力墙结构。转换层以上的全部或者部分剪力墙采用预制墙板,称为装配整体式部分框支剪力墙结构。该种结构可用于底部带有商业使用功能的多高层公寓、酒店等。

15.4.2 装配整体式混凝土结构的适用范围

装配整体式混凝土结构适用于抗震设防类别为乙类及乙类以下的建筑,常用的装配整体式混凝土结构体系类型适用建筑类型如表15-3所示。

表15-3 装配整体式混凝土结构体系类型适用建筑类型

序号	结构体系类型	适用建筑类型
1	装配整体式混凝土框架结构	公寓、酒店、办公楼、商业、学校、医院等
2	装配整体式混凝土框架-现浇剪力墙结构	
3	装配整体式混凝土剪力墙结构	住宅、公寓、宿舍、酒店等
4	装配整体式混凝土部分框支剪力墙结构	

根据《装配式混凝土建筑技术标准》(GB/T 51231—2016)的规定,装配整体式混凝土结构房屋的最大适用高度如表15-4所示,最大高宽比如表15-5所示。

表15-4 装配整体式混凝土结构房屋的最大适用高度 单位:m

结构类型	抗震设防烈度			
	6度	7度	8度(0.2g)	8度(0.3g)
装配整体式框架结构	60	50	40	30
装配整体式框架-现浇剪力墙结构	130	120	100	80
装配整体式框架-现浇核心筒结构	150	130	100	90
装配整体式剪力墙结构	130(120)	110(100)	90(80)	70(60)
装配整体式部分框支剪力墙结构	110(100)	90(80)	70(60)	40(30)

注:当预制剪力墙构件底部承担的总剪力大于该层总剪力的80%时,最大适用高度应取表15-4中括号内的数值。

表 15-5　高层装配整体式混凝土结构适用的最大高宽比

结构类型	抗震设防烈度	
	6 度、7 度	8 度
装配整体式框架结构	4	3
装配整体式框架-现浇剪力墙结构	6	5
装配整体式剪力墙结构	6	5
装配整体式框架-现浇核心筒结构	7	6

15.4.3　常用预制构件

预制混凝土构件是指在工厂或现场预先制作的混凝土构件，简称预制构件。常用的预制构件有：预制梁、预制柱、叠合梁、叠合楼板、预制剪力墙、预制外挂墙、预制叠合剪力墙、叠合阳台、预制楼梯、预制空调板等。不同结构体系的常用预制构件如表 15-6 所示。

表 15-6　装配整体式结构的主要预制构件

结构体系	主要预制构件
装配整体式框架结构	叠合梁、预制柱、叠合楼板、预制外挂墙板、叠合阳台、预制楼梯、预制空调板等
装配整体式剪力墙结构	预制剪力墙、预制外挂墙、叠合梁、叠合阳台、预制楼梯、预制空调板等
预制叠合剪力墙结构	预制叠合剪力墙、预制外挂墙板、叠合梁、叠合楼板、叠合阳台、预制楼梯、预制空调板等
装配整体式框架-现浇剪力墙结构	叠合梁、预制柱、叠合楼板、预制外挂墙板、叠合阳台、预制楼梯、预制空调板等

15.5　装配式钢结构

在现代建筑中，钢结构代表了当今世界建筑发展的潮流。随着我国经济建设的迅猛发展，现代建筑钢结构的应用越来越多，已经显示出作为建筑业新的经济增长点的良好势头。与其他建筑结构形式相比，钢结构具有自重轻、抗震性能好、施工周期短、节能、环保、绿色等优势，符合国家节能减排和可持续发展政策，易于实现工厂化生产。钢结构的设计、生产、施工以及安装可通过 BIM 平台实现一体化，进而实现钢结构的装配化、工业化和商品化；钢结构可以实现现场干作业，降低环境污染，材料还可以回收利用，符合国家倡导的环境保护政策，是一种最符合“绿色建筑”概念的结构形式。

装配式钢结构建筑是指按照统一、标准的建筑部品规格与尺寸，在工厂将钢构件加工制作成房屋单元或部件，然后运至施工现场，再通过连接节点将各单元或部件装配成一个结构整体，又称工业化建筑。装配式钢结构易于实现工业化、标准化、部品化的制作，且与之相配的墙体材料可以采用节能、环保的新型材料，可再生重复利用，符合可持续发展战略。装配式钢结构不仅可以改变传统住宅的结构模式，而且可以替代传统建筑材料（砖石、混凝土和木材），真正实现了标准化设计。装配式钢结构建筑具有设计标准化、生产工厂化、施工装配化、装修一体化和管理信息化五大特点。装配式钢结构建筑体系包括主体结构体系、围护体系（三板体系：外墙板、内墙板、楼层板）、部品部件（阳台、楼梯、整体卫浴、厨房等）、设备装修（水电暖、装修装饰）等。钢结构是最适合工业化装配式的结构体系：一是因为钢材具有良好的机械加工性能，适合工厂化生产和加工制作；二是与混凝土相比，钢结构较轻，适合运输、装配；三是钢结构适合于高强螺栓连接，便于装配和拆卸。

装配式钢结构建筑正是由于具备上述特点，近年来其在建筑工业化中应用越来越广泛。当下，装配式钢结构建筑在钢结构住宅建筑和公共建筑中应用广泛，接受程度高。

15.5.1 装配式钢结构体系分类

我国装配式钢结构建筑起步相对较晚，但是发展速度很快。装配式钢结构建筑体系依据建筑高度及层数可以分为多层装配式钢结构体系和中高层装配式钢结构体系两大类，并有诸多不同的结构体系与之对应。其中，多层装配式钢结构体系包括轻钢龙骨结构体系、分层装配式钢结构体系、模块化钢结构体系、无比钢结构体系和多层轻钢框架结构体系等，主要用于别墅、酒店等建筑当中。中高层装配式钢结构体系包括钢框架结构体系、钢框架-支撑结构体系、钢框架-剪力墙结构体系和钢框架-核心筒结构体系、交错钢桁架结构体系等，主要用于住宅、办公楼等项目，相对来说比较符合我国目前发展状况的结构形式是钢框架-支撑结构体系和钢框架-剪力墙结构体系。

在常见体系基础上，新型承重构件截面形式、新型梁柱构造形式节点、新型抗侧力体系和新型围护材料或连接的采用，促使许多新型装配式钢结构体系不断被提出。

（一）多层装配式钢结构体系

（1）轻钢龙骨结构体系

轻钢龙骨结构体系主要是由钢柱、钢梁、顶龙骨、地龙骨、中间稳定支撑以及配套的扣件、加劲件、连接板通过自攻螺钉连接而成，如图 15-27 所示。根据主受力构件的截面形式，轻钢龙骨结构体系大致可分成两类：一类是以冷弯薄壁型钢组成的龙骨体系；另一类是以小型热轧型钢组成的龙骨体系。钢梁与钢柱等构件的截面厚度为 1～3 mm，钢柱的间距为 400～600 mm。此类结构的主要受力机制为：钢柱与顶龙骨、地龙骨、中间支撑或隔板组成受力墙壁，竖向力由楼面梁传至墙壁的顶龙骨，再通过钢柱传至基础；水平力由作为隔板的楼板传至墙壁再传至基础。在结构传力过程中，墙面板承受了一定的剪力，且提供了必要的抗侧刚度，因此墙面板也应满足一定的要求。

(a) (b)

图 15-27 中国国际太阳能十项全能竞赛(SDC2018)湖南大学“真之家”

（2）分层装配式钢结构体系

分层装配式钢结构体系就是钢柱在层与层之间不连续，但是梁柱节点处钢梁通长的结构体系，采用端板螺栓形式实现构件之间的连接，且采用交叉柔性支撑来抵抗水平力。由于楼板处的刚度较大，楼板可以较好地抵抗水平荷载，以及将横向荷载比较均匀地传递到钢柱上，可以建造低层和多层建筑，如图 15-28 所示。

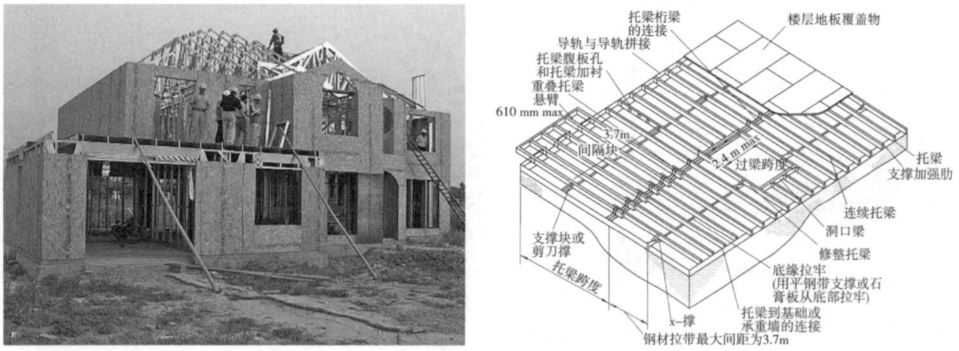

（a）　　　　　　（b）

图 15-28　分层装配式钢结构体系

（3）模块化钢结构体系

模块化钢结构体系分为全模块化建筑结构体系、模块单元与传统框架结构复合体系、模块单元与板体结构复合体系三类。全模块化建筑结构体系是指建筑全部由模块单元装配而成，适用于多层建筑房屋，一般适用层数为 4～8 层。模块单元与传统框架结构复合体系是指以一个框架平台作为上部模块化建筑的基础，并在此平台上部进行模块单元安装。模块单元与板体结构复合体系是指以模块单元堆叠形成一个核心，并在其周围布置预制承重墙板和楼板，一般应用于 4～6 层的建筑。目前，模块化结构体系应用广泛。采用模块化结构体系的房屋集成度高，甚至会将围护结构、设备、装修、家具等做一体化打包，易于拆迁、移动、安装及运输，可重复使用。这种结构体系的优点是集成程度高、施工周期短、绿色环保、湿作业少以及可回收利用。该结构体系主要用于临时用房建筑、办公室、宿舍等，如图 15-29 所示。

（a）　　　　　　（b）　　　　　　（c）

图 15-29　模块化钢结构体系的 EcoMOD 试验性住宅

（4）无比钢结构体系

无比钢结构体系是在冷弯薄壁型钢结构体系的基础上发展与改进而来的。结构体系中最基本单元是小型桥架，主要是由冷弯薄壁方钢管和 V 形连接件通过自攻螺栓连接而成的。空心结构钢不易扭弯。加上三角形桥架连接方式，力的传递分配均匀，荷载传递系统完整，不会像其他轻钢结构那样，为了支撑横向连接和安装管线，对构件的横截面造成破坏，并由此增加抗扭和抗多向荷载以及水平荷载的能力。此外，由于桥架柔韧刚强适当，可以通过变形吸收和消耗大量的外来能量，从而减少了突发外来荷载对建筑物的破坏，提高了材料强度与重量之比，增加了承载能力。无比钢结构体系主要用于中低层住宅结构中，也可用于厂房结构中，如图 15-30、图 15-31 所示。

图 15-30　无比钢结构体系的厂房

图 15-31　无比钢结构体系的住宅

(5) 多层轻钢框架结构体系

多层轻钢框架结构体系是采用截面较大的构件作为钢框架梁柱构件。钢柱截面为高频 H 型钢或方钢管，钢梁截面主要为 H 型钢。多层轻钢框架结构体系主要用于办公楼、住宅建筑中，如图 15-32、图 15-33 所示。

图 15-32　多层轻钢框架结构的办公楼

图 15-33　多层轻钢框架结构的住宅

(二) 中高层装配式钢结构体系

(1) 钢框架结构体系

钢框架结构体系是指在纵、横方向均由钢梁与钢柱构成的，且主要用于承受竖向荷载和水平荷载的结构体系，如图 15-34 所示。钢框架结构体系的主要受力构件是框架梁和框架柱，梁柱共同作用抵抗竖向荷载和水平荷载。钢框架结构体系是一种典型的柔性结构体系，其抗侧刚度仅由框架提供。钢框架梁截面常采用 I 形、H 形和箱形等种类，钢框架柱截面常采用 H 形、圆管形或方矩形等种类。

图 15-34　中高层钢框架结构体系

(2) 钢框架-支撑结构体系

钢框架-支撑结构体系是以钢框架结构为基础，在结构纵、横向的部分框架柱之间设置竖向支撑，进而提高结构的整体抗侧刚度，如图 15-35

所示。钢框架主要承受竖向荷载，钢支撑则承担水平荷载，形成双重抗侧力的结构体系。

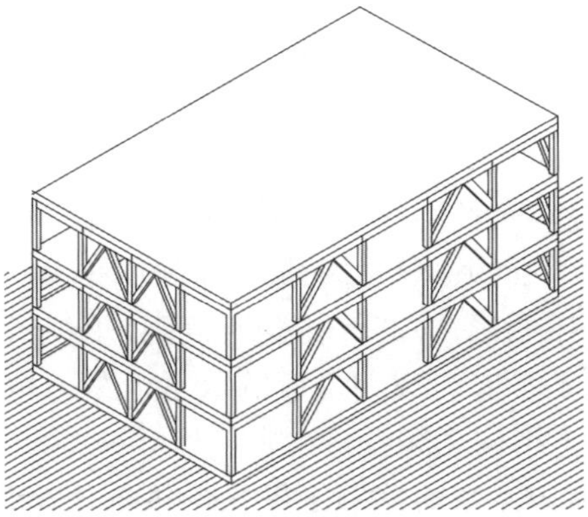

(a)

(b)

图 15-35　有附加支撑的钢框架结构体系

根据支撑部位的不同，钢框架-支撑结构体系分成中心支撑体系和偏心支撑体系。与钢框架结构体系相比，钢框架-中心支撑结构体系具有较大的刚度，弹性变形易于满足规范要求，但在强震作用下支撑易于受压屈曲，导致结构整体承载力和刚度下降。在钢框架-偏心支撑结构体系中，支撑与钢梁、钢柱的轴线不汇交于一点，支撑与支撑间或与梁柱节点间形成一段先于支撑杆件屈服的消能梁段，消能梁段在正常使用或小震作用下处于弹性工作状态，而在强震作用下通过其非弹性变形进行耗能，具有较好的抗震性能。对非抗震设防地区或抗震设防烈度较低(6 度、7 度)地区，宜采用钢框架-中心支撑结构体系；对抗震设防烈度较高(8 度、9 度)地区，宜采用钢框架-偏心支撑结构体系。钢框架-支撑结构体系抗侧刚度较大，适用于多层及高层建筑结构，经济性较好。

(3) 钢框架-剪力墙结构体系

中心支撑与偏心支撑受杆件的长细比限制，截面尺寸较大，受压时易于失稳屈曲。为了解决上述问题，提高结构的侧向刚度，在框架结构中设置部分剪力墙，使框架和剪力墙两者结合起来，取长补短，共同抵抗水平荷载，即形成了钢框架-剪力墙结构体系，如图 15-36 所示。在此结构体系中，由于剪力墙刚度大，剪力墙分担大部分的水平荷载，是抗侧力的主体；钢框架承担竖向荷载和少部分的水平荷载，为结构提供了较大的使用空间。

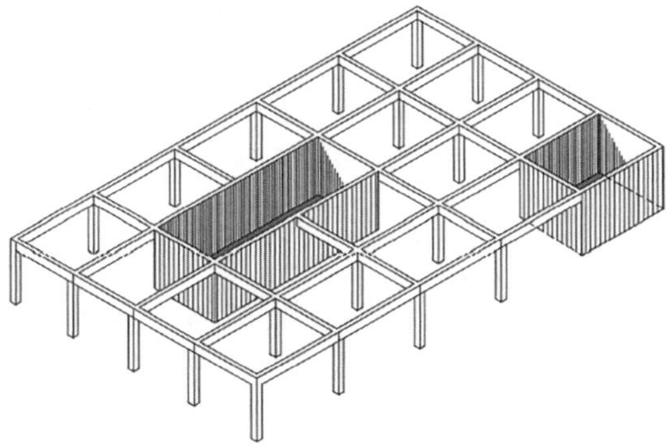

(a)

(b)

图 15-36　钢框架-剪力墙结构体系

与钢框架结构相比，钢框架-剪力墙结构总体受力性能良好，结构刚度和承载力均大大提高，在地震作用下层间变形减小，因而减少了非结构构件（隔墙与外墙）的损坏。但钢框架-剪力墙结构不足之处在于安装比较困难，制作较为复杂。此类结构体系常用于高层建筑结构，应用较为广泛。

（4）钢框架-核心筒结构体系

钢框架-核心筒结构体系是由外侧的钢框架和混凝土核心筒构成的，其中混凝土核心筒由四周封闭的现浇混凝土墙体形成，主要布置在卫生间、楼梯间或电梯间的四周，如图 15-37 所示。在此结构体系中，各组成部分受力分工明确，核心筒抗侧刚度强，承担了绝大部分的水平荷载和大部分的倾覆力矩，钢框架承担了竖向荷载和少量的水平荷载。核心筒可采用滑模施工技术，施工速度介于钢结构和混凝土结构之间。

由于综合受力性能好，且钢框架-混凝土核心筒结构体系的抗侧刚度大于钢框架结构，结构造价介于钢结构和钢筋混凝土结构之间，因此该结构体系目前在我国应用非常广泛，新建的高层和超高层建筑大都采用了钢框架-混凝土核心筒结构体系。

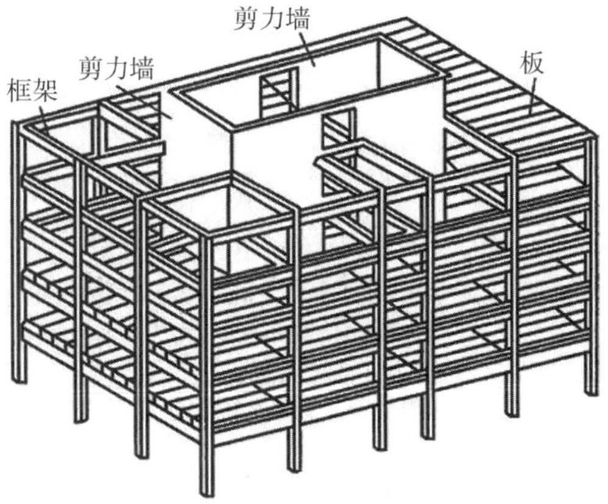

(a)

(b)

图 15-37　钢框架-核心筒结构体系

（5）交错钢桁架结构体系

交错钢桁架结构体系主要是由钢柱与钢桁架组成的，通过钢柱、钢桁架和楼板形成空间结构抗侧力体系，如图 15-38 所示。交错钢桁架结构体系中桁架的杆件全部受轴力作用，杆件的材料能得到充分利用。钢柱仅布置在框架承重结构的外围周边，中间不设置钢柱。钢桁架高度为对应结构楼层的高度、跨度为结构宽度或长度，且钢桁架两端支承在结构周边的纵向钢柱上；钢桁架布置在横向的每列钢柱轴线上，每隔一层设置一个，且相邻钢柱轴线交错布置。在相邻的钢桁架间，楼板一端支承在钢桁架上弦杆，另一端支承在相邻钢桁架下弦杆。

（三）新型装配式钢结构体系

为了适应市场的需求，众多企业在不断完善加工制作工艺和丰富产品的基础上，力求技术创新，提出与开发出形式各异的新型装配式钢结构体系。新型装配式钢结构体系的创新主要集中在以下方面：① 构件截面形式；② 梁柱连接节点形式；③ 抗侧力体系；④ 围护材料。下面仅介绍几种较为成熟的新型装配式钢结构体系。

(a)　　　　　　　　　　　　(b)

图 15-38　交错钢桁架结构体系的苏黎世洛伊申巴赫学校

(1) 方钢管混凝土异型柱结构体系

方钢管混凝土异型柱结构体系由方钢管混凝土柱通过缀件连接组合而成，可布置成 L 形、T 形和十字形，采用分体式外环肋板梁柱节点或一体化外肋环板梁柱节点，如图 15-39 所示。

(a) L 形异型柱　　　　(b) T 形异型柱　　　　(c) 十字形异型柱

图 15-39　方钢管混凝土异型柱结构体系

(2) 高层装配式巨型钢结构体系

高层装配式巨型钢结构体系是将巨型钢结构体系与模块化结构结合为一体，如图 15-40 所示。该结构体系的结构受力合理，工业化程度高，施工周期较短。

(3) 装配式空间钢网格盒式结构体系

装配式空间钢网格盒式结构是由钢-混凝土协同式组合空腹夹层楼盖及钢网格式承重墙组成的，多用于公寓、办公楼等建筑中，如图 15-41 所示。

(4) 装配式斜支撑节点钢框架体系

装配式斜支撑节点钢框架体系由钢柱、集成式组合楼板、节点加强型斜撑构成，在现场通过法兰和高强螺栓将各部分连接拼装，核心是加强型斜撑节点，多用于中高层建筑，如图 15-42 所示。

(a)

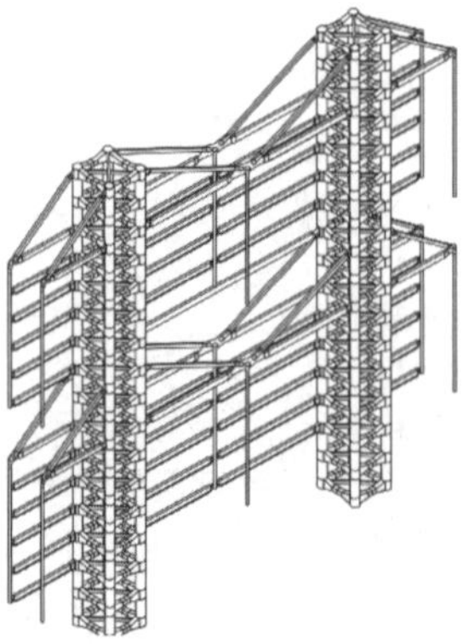

(b)

图 15-40 香港汇丰银行的巨柱结构

图 15-41 装配式空间钢网格盒式结构体系

图 15-42 装配式斜支撑节点钢框架体系

(5) 钢管混凝土束组合结构体系

钢管混凝土束组合结构体系由钢管混凝土束组合墙体与 H 型钢梁或箱形梁连接而成。组合墙体是由 C 型钢连续拼接形成钢管空腔，并在空腔之内浇筑混凝土形成钢管混凝土束组合剪力墙。

(6) 多腔柱钢框架支撑结构体系

多腔柱钢框架支撑结构体系主要由多腔柱、上环下隔式梁柱节点、支撑、预制混凝土墙体大板、钢筋桁架混凝土叠合楼板等组成。此结构体系的优点是容易标准化生产、制作方便、避免室内梁柱凸出。

15.5.2 装配式钢结构的优点

与传统结构形式(钢筋混凝土结构、砌体结构、木结构等)建筑相比，装配式钢结构建筑具有以下优点：

(1) 装配式钢结构重量轻、强度高、抗震性能好

钢结构建筑的骨架由钢柱、钢梁及轻钢龙骨等钢制构件，并和高强、隔热、保温以及轻质的墙体组成。与其他建筑结构相比，钢结构建筑重量仅为同等面积建筑结构的 1/3～1/2，大大减轻了基础的荷载。由于钢材的匀质性和韧性好，可承受较大变形，在动力荷载作用下，有稳定的承载力和良好的抗震性能。相比混凝土等脆性材料，钢结构具有更好的抗震能力，在高烈度地震区域具有更好的应用优势。

(2) 装配式钢结构符合建筑工业化要求

大量的标准化钢构件通常采用机械化作业，可在工厂内部完成，构件的施工质量高、质

量好，符合产业化要求。钢结构建筑更容易实现设计的标准化与系列化、构配件生产的工厂化、现场施工的装配化、完整建筑产品供应的社会化。装配式钢结构将节能、防水、隔热等部品集合在一起，实现综合成套应用，将设计、生产、施工安装一体化，提高住宅的产业化水平。

(3) 装配式钢结构建筑的综合效益较高

装配式钢结构建筑在造价和工期方面，具有一定的优势。由于钢结构柱截面尺寸小，与混凝土柱相比，截面小 50%以上，而且开间尺寸灵活，可增加约 8%的有效使用面积。钢结构承载力高，构件尺寸小，节省材料；结构自重小，降低了基础处理的难度和费用；装配式钢结构建筑部件在工厂流水线生产，减少了人工费用和模板费用等。同时，钢结构构件易于回收利用，可减少建筑废物垃圾，提高了经济效益。

(4) 装配式钢结构的围护结构体系可更换

装配式钢结构设计为 SI(Skeleton and Infill)体系理念，其含义是将建筑分为“支撑体”与“填充体”两大部分。“S”包含了所有梁、柱、楼板及承重墙、共用设备管网等主体结构构件；“I”包含了户内设备管网、室内装修、非承重外墙及分户墙。在使用过程中，由于承重体系和围护体系的使用寿命不同，可在原钢结构承重体系上进行围护结构体系的拆除和更换。新型轻质围护板材，耐久性好且施工简便，管线可暗埋在墙体及楼层结构中。内墙一般可采用轻质板材，增加使用面积，可重新分隔空间改变使用功能。

(5) 装配式钢结构建筑具有绿色环保的优点

装配式钢结构具有生态环保的优点，改建和拆迁容易，材料的回收和再生利用率高；而且采用装配化施工的钢结构建筑，占用的施工现场少，施工噪声小，可减少建造过程中产生的建筑垃圾。同时，在建筑使用寿命到期后，装配式钢结构建筑物拆卸后产生的建筑垃圾仅为钢筋混凝土结构的 1/4，废钢可回炉重新再生，做到资源循环再利用。总之，装配式钢结构建筑基本符合“四节一环保”(节能、节地、节水、节材和环境保护)的要求。

总而言之，相比于其他结构体系，装配式钢结构建筑在环保、节能、高效、工厂化生产等方面具有明显优势。在大型公共建筑中，如上海浦东的金茂大厦、深圳的地王大厦、北京的京广中心等都采用了装配式钢结构体系；在住宅建筑方面，上海、北京和山东等省市已开始对装配式钢结构住宅进行试点。

15.5.3　装配式钢结构建筑存在的问题

针对装配式钢结构建筑，要完全实现其标准化生产、装配化施工，亟待从建筑形态、结构体系、围护体系及配套技术等方面入手，解决装配式钢结构建筑中存在的一系列关键问题。目前，我国装配式钢结构建筑主要存在以下关键问题亟待解决。

(一) 装配式钢结构建筑的抗震设计问题

在地震作用下，装配式钢结构的破坏形式主要包括节点破坏、构件破坏和结构倒塌等。

(1) 节点破坏

在地震作用下，钢结构在节点域出现焊缝撕裂，且破坏具有不可修复性。

装配式钢结构建筑的现场拼接节点形式未能突破传统钢结构连接形式，现场装配效率不高。目前，装配式钢结构建筑中钢柱多选取 H 型钢或钢管，因此新型节点多采用隔板式节点，如图 15-43 所示。常见的隔板式节点可以分为三类：内隔板节点、隔板贯穿节点和外环板节点。

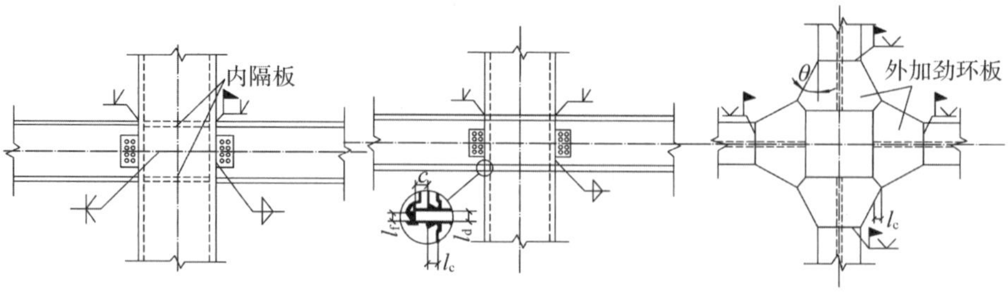

(a) 内隔板节点　　(b) 隔板贯穿节点　　(c) 外环板节点

图 15-43　隔板式节点

上述三种连接节点的破坏集中在节点域区域。针对其特点,新型构造方式的梁柱节点也不断被提出和被改进,如十字形肋环板节点、倒角隔板贯穿节点、盖板加强型节点、上环下隔节点,甚至已出现单面螺栓连接节点、无焊缝全螺栓连接节点。然而,这些新型连接节点的抗震性能研究尚需进一步加强。

(2) 构件破坏

在地震作用下,钢结构构件发生的破坏形式主要包括构件屈曲破坏和构件剪切破坏。

(3) 结构倒塌

结构倒塌是地震中结构最为严重的破坏形式。结构中存在薄弱层是导致结构发生倒塌的主要原因。近年来,随着结构抗震设计水平的不断提高,地震作用下钢结构的倒塌越来越少出现。然而,针对装配式钢结构建筑,随着新型钢结构体系的不断出现,钢结构抗震设计仍需要不断完善。

(二) 装配式钢结构建筑的围护墙板问题

装配式钢结构建筑围护体系目前主要采用预制砌块、预制条板、预制大板等类型。预制砌块包括加气混凝土、石膏等。其优点是制作方便、容易生产、取材方便;缺点是装配化程度较低、现场湿作业多;连接方式可以采用拉筋、角钢卡槽。

预制条板分为水泥类、石膏类、陶粒类和加气类。其优点是运输安装方便,容易标准化制作;缺点是现场后期作业多,拼缝多容易开裂,防水效果差;连接方式可以采用标准件、U形导轨。

预制大板主要包括轻钢龙骨墙体和预制混凝土夹芯板。轻钢龙骨墙体的优点是重量轻、强度较高、耐火性好、通用性强、安装简易;缺点是墙板根部易受潮、耐久性较差;连接方式采用自攻螺钉、角钢卡件。预制混凝土夹芯板的优点是耐久性好、工业化程度高、施工快、更符合居住习惯;缺点是墙板偏重、施工难度较大;连接方式包括端板连接和栓焊连接。

装配式钢结构建筑围护体系存在的问题包括:① 墙板与主体结构的细部处理复杂,时间长久容易开裂、渗漏;② 墙板与主体连接构造种类繁多,通用性较差;③ 墙板安装水平较差,粗放式施工管理;④ 围护墙板体系没有统一的标准或规范,工业化程度较低;⑤ 外墙板的耐久性与保温节能性能依然需要进一步研究。

(三) 装配式钢结构建筑的防火防腐问题

(1) 防火问题

当装配式钢结构建筑受火时,构件受热膨胀,但由于构件端部的不同约束条件,导致构件内部产生附加内力。在高温作用下，钢材的弹性模量和屈服强度随着温度升高而不断降低，且火灾下温度不断变化，造成结构内部产生不均匀的温度场。高温导致楼盖梁与钢柱等构件破坏，进而引起结构内力重分布，最终导致结构整体破坏或垮塌。近年来，火灾引起的工程事故不断增多，工程结构抗火与建筑防火显得更为迫切。

目前，装配式钢结构建筑的防火措施包括采用防火涂料和防火板材。其中，防火涂料分为厚型防火涂料和薄型防火涂料，多用于装配式大跨度钢结构；防火板材可将建筑装饰和结构防火融为一体，安装方便快捷，多用于住宅和高层钢结构建筑。

(2) 防腐问题

钢结构发生腐蚀，会降低材料强度、塑性、韧性等力学性能，影响钢结构的耐久性。当前钢结构防腐措施主要包括镀锌防腐和涂料防腐。对装配式钢结构建筑，钢构件大多数隐匿于墙体中，一方面构件的防腐涂装维修十分困难、成本较高；另一方面，钢构件所处的环境较为密闭，对钢结构耐腐蚀有利。为此，装配式钢结构的防腐问题还有待于进一步研究与完善。

（四）装配式钢结构建筑的规范标准与设计问题

随着装配式钢结构建筑的不断发展与大力推进，配套的规范标准尚需不断完善。虽然国家已经颁布了《装配式钢结构建筑技术标准》(GB/T 51232—2016)、《钢结构住宅设计规范》(CECS 261—2009)等相关规范，同时许多地方也已颁布了地方技术规程，包括上海市《轻型钢结构技术规程》(DG/TJ 08-2089—2012)和《多高层钢结构住宅技术标准》(DG/TJ 08-2029—2021)，以及安徽省《高层钢结构住宅技术规程》(DB 34/T 5001—2019)，但是在其发展过程中，会不断出现新型钢结构体系，其标准或规范还要进一步完善。

在装配式钢结构建筑设计方面，随着新型钢结构体系、新型构件截面、新型梁柱节点的不断出现，以及结构抗震精细化模型的不断发展，传统的钢结构设计概念和设计方法已难以完全适用。在结构设计理念方面，为了方便新型结构形式、新型构件截面以及新型连接节点的分析，钢结构高等分析设计方法正在被提出与完善；在主体结构连接节点方面，为了提高装配式钢结构建筑的装配率，需不断改进连接节点的构造方式或利用新连接元件，提出新型快速装配式梁柱节点，完善装配式梁柱节点；在墙板与主体结构连接节点方面，墙板材料及形式的不同导致其与主体钢结构连接及构造方式也不同，设计中应依据墙板材料，结合建筑要求，利用新型连接件，提出更合理连接节点，既要满足结构安全，也要保证建筑美观。

15.6　装配式木结构

目前世界上装配式木结构总体上可以分成重型木结构和轻型木结构两个部分，其中轻型木结构主要是采用锯材等小截面木材建造的结构，而重型木结构是采用大型胶合木建造的结构。轻型木结构是指主要由木构架墙、木楼盖和木屋盖系统构成的结构体系，适用于 3 层及 3 层以下的民用建筑。轻型木结构建筑是将断面较小的面板和规格材紧密连接组成的，连接方式通常采用金属齿板或钉子，一般选取 40～60 mm 规格的规格材制成骨架，骨架可以是受力构件也可以是支撑构件。

木结构在不同国家有着不同的分类，大致可归纳为原木结构、轻木结构、梁柱结构和木混组合结构四种形式。我国《木结构设计标准》(GB 50005—2017)将木结构建筑分为轻型木结构、胶合木结构和方木原木结构三种体系，其中轻型木结构是我国应用最广的结构形式，在木结构建筑中占比约 70%。原木结构在我国已经很不常见，只少量存在于盛产木材的偏远的山区或是传统建筑的修缮工程当中。现代胶合木结构受到造价等限制目前在国内应用也较少。用于结构的木材主要可以有原木、方木、板材、规格材和胶合材。其中 CLT(正交胶合木)板材,最少要 3 层,不同方向交错胶合在一起。CLT 主要做墙板、楼板构件。胶合木会做成梁、柱构件。

近年来,我国的木结构建筑发展迅速,从房地产开发的木结构别墅受到市场的热捧再到旅游景点、休闲娱乐会所里的木结构景观,人们对木结构建筑的追求从未停止过。在第 21 届联合国气候变化大会上,习近平总书记指出,中国将把生态文明建设作为"十三五"规划的重要组成部分。发展绿色建筑和低碳交通,形成人与自然和谐发展的新格局。

2016 年 2 月,中共中央、国务院印发《关于进一步加强城市规划建设管理工作的若干意见》提出"在具备条件的地方,倡导发展现代木结构建筑""发展新型建造方式,大力推广装配式建筑"。木结构是"天生的"装配式建筑,具有绿色环保、设计灵活、造价更具竞争力的优势,在立足环保,以及大力发展装配式建筑的政策推动下,木结构建筑迎来了发展机遇。

2016 年,国务院办公厅发布了《国务院办公厅关于大力发展装配式建筑的指导意见》(国办发〔2016〕71 号),并提出工作目标:"以京津冀、长三角、珠三角三大城市群为重点推进地区,常住人口超过 300 万的其他城市为积极推进地区,其余城市为鼓励推进地区,因地制宜发展装配式混凝土结构、钢结构和现代木结构等装配式建筑。力争用 10 年左右的时间,使装配式建筑占新建建筑面积的比例达到 30%。同时,逐步完善法律法规、技术标准和监管体系,推动形成一批设计、施工、部品部件规模化生产企业,具有现代装配建造水平的工程总承包企业以及与之相适应的专业化技能队伍。"

15.6.1 轻型木结构

轻型木结构是指主要由木构架墙、木楼盖和木屋盖构成的结构体系,是一种将小尺寸木构件按不大于 600 mm 的中心间距密置而成的结构形式。轻型木结构的承载力、刚度和整体性是通过主要结构构件(骨架构件)和次要结构构件(墙面板、楼面板和屋面板)共同作用得到,如图 15-44 所示。轻型木结构的适用范围如下:

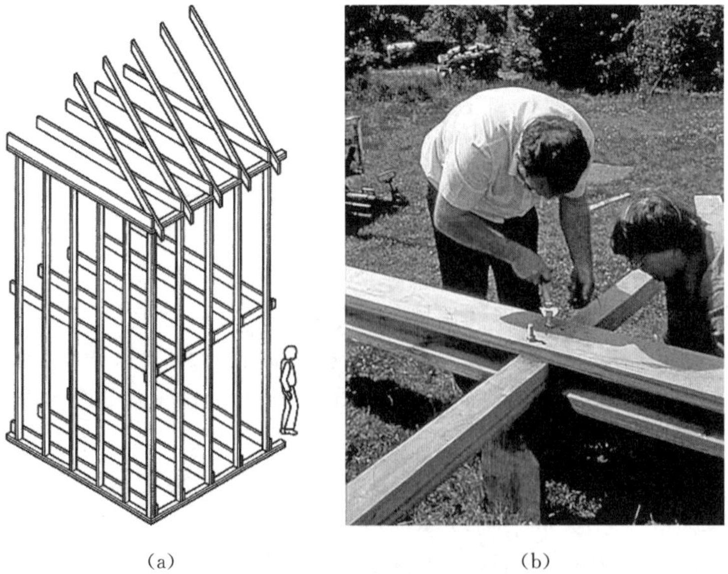

(a) (b)

图 15-44 轻型木结构

(1) 3 层及 3 层以下的住宅。

(2) 不超过 7 层的木结构组合建筑。其中木结构部分不超过 3 层,且应布置在建筑上部。

(3) 多层民用建筑顶层木屋盖系统,含平屋面改坡屋面屋盖系统。

(4) 建筑高度不大于 18 m 的住宅建筑的非承重外墙。

(5) 房间面积不超过 100 m^2,高度为 54 m 以下的普通住宅的房间隔墙。

15.6.2　重型木结构

重型木结构是指利用小尺寸规格木材通过胶合、加压、机械加固来形成更大尺寸构件的工程木产品的总成。和传统轻型木结构主要采用小尺寸规格木材来形成框架体系不同,重型木结构更多的是运用工程木组件(例如 GLT、CLT),并利用特殊设计的复杂金属连接件和精细的数控加工预制来形成的板柱或梁柱结构建筑。

层板胶合木(GLT),是由几层尺寸木材与防潮黏合剂黏合在一起,形成一个大而坚固的结构构件,可用作垂直柱或水平梁,以及弯曲的拱形形状。胶合木是唯一可以生产弯曲形状的工程木制品,提供广泛的设计灵活性,如图 15-45 所示。

正交胶合木(CLT),是一种由木材制成的多功能多层构件。每层板都与相邻层交叉放置,以增加刚度和强度。CLT 可用于大跨度和所有组件,例如地板、墙壁或屋顶,如图 15-46 所示。

图 15-45　层板胶合木

图 15-46　正交胶合木

结构复合胶合木(SCL),主要指两种产品,即单板层积胶合木(LVL)和平行木片胶合木(PSL)。单板层积材是将木材单板平行放置,热压成型。而旋切片胶合木则将单板切成条状,然后采用结构胶沿构件长度方向粘接。结构复合木材被广泛地用在轻型木结构以及重型木结构中。结构复合木材在加工过程中,对原材料的缺陷进行了分离,提高了结构强度。

木基结构板材(Wood-based Structural Panels),一般包括结构胶合板(Plywood)和定向刨花板(OSB)。木基结构板材在轻型木结构和重型木结构中用作楼盖、屋盖和墙体的面板。作为结构构件,面板除了承载竖向重力荷载外,还起到传递和承载由风和地震荷载引起的侧向荷载。

15.7　案例分析

(一) Hemeroscopium 住宅

西班牙马德里的 Hemeroscopium 住宅(图 15-47)是建在了地平线上的建筑,随着时间的变化,它在地平线上呈现着无穷的魅力。这个建筑从内到外都在表达它的重型结构、搭接重力和平衡，看上去更容易联想到桥梁、高架桥等。Hemeroscopium 住宅的关键就是顶上那块重达 20 t，直白地矗立着，用来平衡的花岗岩，有点带有即兴式的画龙点睛的味道，抽象但吸引人。Hemeroscopium 住宅一共有 7 个大的结构部件。这种结构方式使空间显得宽敞、飘逸、透明，内部空间保持着流动性。设计师花了一年的时间进行工程设计，但装配只用了 7 天的时间。设计师们不断地调整空间内容，不断地修改结构。设计师们注重技术开发，建筑取消了所有的装饰，结构成了装饰。

图 15-47　Hemeroscopium 住宅

（二）南京上坊保障性住房

南京上坊北侧经济适用房项目 4 地块 6-01、03、04、05 栋，如图 15-48 所示，位于南京市江宁区东山街道，建筑功能为保障性廉租住房。工程所在地属于夏热冬冷地区。开发建设单位为万科集团下属的南京万晖置业有限公司，设计单位为南京长江都市建筑设计股份有限公司，中国建筑第二工程局有限公司负责施工，预制构件的生产单位是南京大地建设新型建筑材料有限公司，该建筑属于国家装配式混凝土结构的试点工程。

整栋建筑总建筑面积为 10 380.59 m^2，其中地下建筑面积为 655.98 m^2，地上建筑面积为 9 724.61 m^2，项目建筑高度为 45 m。地下一层为自行车库，地上共 15 层，底层为架空层，2～15 层为廉租房，共计 196 套。工程中柱、梁、楼板、外墙、内墙、阳台、女儿墙、楼梯等均采用预制构件，采用精装修并应用整体卫浴，实现了无外模板、无脚手架、无砌筑、无抹灰的绿色施工目标。工程标准层预制率为 65%，整体装配率为 81%。

工程采用装配整体式框架钢支撑结构体系。在国家标准《预制预应力混凝土装配整体式框架结构技术规程》(JGJ 224—2010)的基础上，对预制预应力框架体系(简称世构体系)进行了创新，采用了全新的装配整体式框架钢支撑体系，提高了结构的整体抗震性能，同时提高了建筑的预制装配率，使其成为全国框架结构中预制率最高的工程，同时施工也更加便捷。

(a)　　　　　　　　　　(b)

图 15-48　南京上坊保障房项目

（三）西雅图大学圣依纳爵教堂

斯蒂文·霍尔建筑事务所设计的美国西雅图大学圣依纳爵教堂(图 15-49、图 15-50)，它的外观就是普通钢筋混凝土房屋，但是一进入室内，所有的光都呈现出斑斓的色彩，直接或间接地反射着自然光，近乎完美地体现了霍尔的最初的构想，即“在一个石盒子上放置一个空瓶子”。在特定的空间区域里，每个瓶子以各自的角度，形式与色彩提供两种光源效果。一种是直接穿过瓶子照射在地上与墙上的光，另一种是涂满色彩的墙面，光照后反射出迷离的影子。它们与精心设计的一套人工光源昼夜交替，为我们呈现出空间中光的戏剧性力量。

(a)　　　　　　　　　　(b)

图 15-49　西雅图大学圣依纳爵教堂建成效果

(a)　　　　　　(b)　　　　　　(c)

图 15-50　西雅图大学圣依纳爵教堂预制混凝土外墙板的吊装

该建筑采用了立墙平浇预制混凝土外墙板技术，所谓的立墙平浇就是将墙板平地浇筑，然后吊装到相应的位置。在该项目中，高度达到 18 m 的外墙板在施工现场平地浇筑，浇筑过程中，将外墙板的外墙面朝下，设置下模板，保证建筑外墙面的平整。建筑内墙面朝上，只需要简单的抹平处理。最后室内装修会对外墙板进一步修饰。在墙板内部预埋吊点，吊点的数量和位置经过计算，如果墙板过重，还需要在吊装过程中设置钢支架，钢支架与外墙板相连，吊点设置在钢支架上，这样可以保证吊装过程中构件的整体刚度。预制混凝土外墙板上会开孔，为了保证外墙板的承重以及避免墙板内部应力集中，外墙板上的开孔需要严格计算，尽量避免横向的孔洞。同时外墙板的拆分也需要进行总体设计，减少外墙板的规格，实现标准化和多样化。立墙平浇建筑法是一种常用的建筑技术，常用于单层和多层的建筑当中。

（四）Mecenat 艺术博物馆

日本广岛的 Mecenat 艺术博物馆（图 15-51）的业主是一位艺术爱好者，他为珍藏的绘画作品建造了这个博物馆。这些绘画作品多是关于光的设计，建筑师因此决定将自己的建筑设计也聚焦于自然光线。建筑的顶部光线从白色的缸体周围溢出和反射，墙壁开着小口，上面嵌有细小的放射状开槽，里面填充了玻璃，可以对光线进行反射。整个展览空间没有立柱和横梁，结构主要是墙体。整个建筑就像折纸般，其结构和形状通过计算机模拟分析，安全稳定的同时又能恰到好处地引入自然光线和风。展厅尽可能利用自然元素，光线基本来源于自然光，而非人工照明。博物馆位于没有路灯的宁静村庄，夜晚博物馆变得明亮，成为当地的地标建筑。

(a)

(b)

图 15-51 Mecenat 艺术博物馆建成效果

整个建筑结构采用了钢筋混凝土折板结构，形成了无柱的室内空间，所有的支撑都在建筑的外围，建筑外墙既是主体承重结构同时也是围护结构。室内采用了木结构做楼板和屋顶，相当于在钢筋混凝土上做了二次结构，木构件更轻，同时木材料呈现的质感与人更加亲近。为了实现墙面的装饰印花，建筑师设计了一种专门的预制构件，在现场浇筑外墙板之前，就固定到墙面的相应位置。这些装饰在夜间会透出室内光线，使厚重的混凝土墙面呈现出轻盈的效果，如图 15-52 所示。

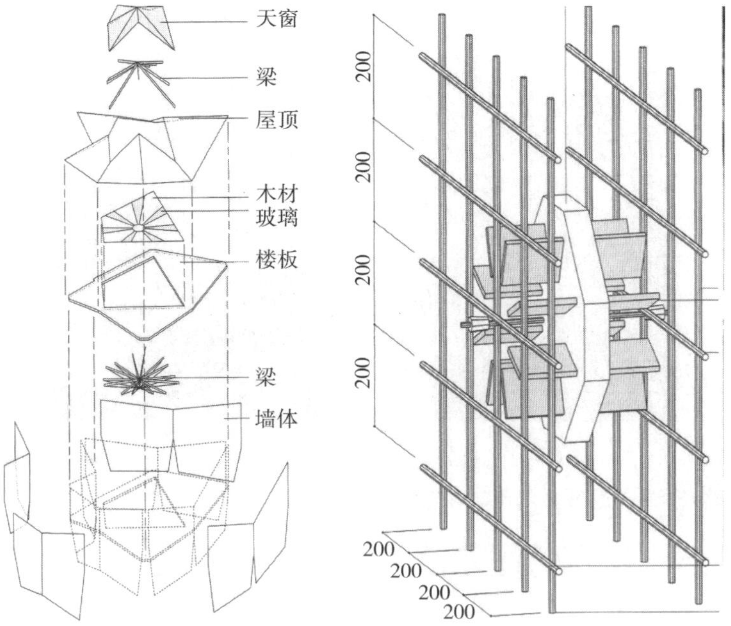

(a) 结构拆解图

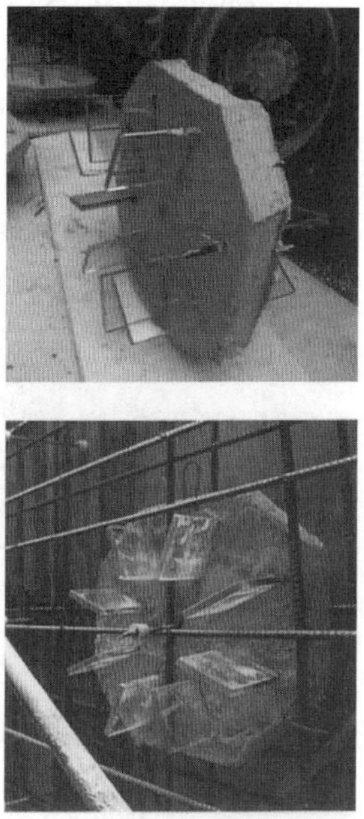

(b) 预制装饰构件

图 15-52 Mecenat 艺术博物馆的细部(单位:mm)

(五) 厄瓜多尔预制住宅

厄瓜多尔预制住宅(图 15-53、图 15-54)位于缓坡之上,基于标准的预制混凝土构件,建立了与空间以及人体尺度相关联的模数系统,实现了结构与空间的一体化设计,建筑的整体是由细部构成的,逻辑关系清晰。光线透过墙体的空腔射入室内,部分的空腔恰好成为家具摆放处,供居住者使用。建筑的模数与人体尺度相互协调,建造的细部节点精美。

(a) 建成效果

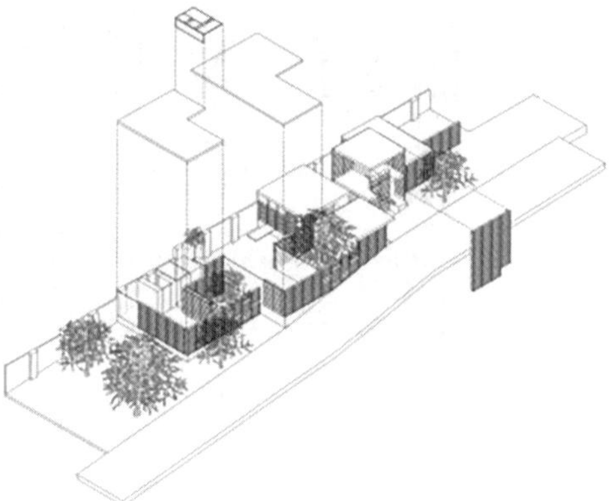

(b) 轴测图

图 15-53 厄瓜多尔预制住宅

(六) 麻省理工学院西蒙斯学生公寓

美国麻省理工学院西蒙斯学生公寓(图 15-55)有 350 个床位,由斯蒂文 · 霍尔建筑事务所设计,这栋校园建筑呈现出类似海绵体“多孔结构”的设计理念,为学生提供了舒适的生活居住空间。建筑采用了预制混凝土框架结构。

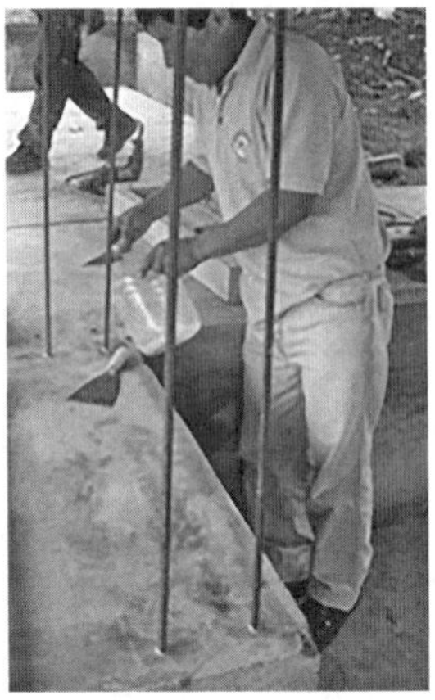

(a)

(b)

(c)

图 15-54　厄瓜多尔预制住宅施工图

(a) 建成效果

(b) 预制构件工厂生产

(c) 预制构件的吊装

图 15-55　麻省理工学院西蒙斯学生公寓

公寓中包含一个 125 座的剧院以及一个午夜咖啡厅。食堂位于公寓的首层，与临街商业一样，设计了特制的遮阳篷，可以摆设室外餐桌。连接各个房间的走廊宽 3.35 m，宽敞且舒适。门厅和室外平台提供了舒适的休息空间。整栋建筑有 5 个大尺寸的洞口，这些洞口连接了主入口、走廊以及主要室外活动平台，同时在建筑内形成了竖向的多孔结构，它们巨大且充满活力，好似建筑的绿肺，把阳光引进来，使空气在建筑的内部流动。公寓的每个房间有 9 个大小超过 0.6 m 见方的可调节的窗户。0.5 m 厚的墙体很自然地遮挡了夏天强烈的太阳辐射，而且冬季低角度的阳光可以照射到室内，有助于提高房间的温度。在窗户凹进去的部位喷涂了不同的色彩，方便学生区分不同的功能区域，也赋予了空间以个性。

（七）美国佛蒙特州伯尔和伯顿学院

伯尔和伯顿学院(图 15-56)的设计与建造理念以开放系统工艺为基础，改进于荷兰建筑师约翰·哈博肯的“开放式建筑”理论，采用分层方法进行设计与建造。伯尔和伯顿学院由美国本森伍德住宅和商业建造公司建造，这家公司在木结构建造方面一直是行业创新者。除了木框架结构现场装配之外，伯尔和伯顿学院在设计与建造之初就强调分系统的概念，并进行高效的施工组织，提高生产效率并且减少了浪费。采用了高性能墙板提高建筑质量。这个体现环保意识的体验式和户外学习大楼被设计成一个生活教室。建筑师确保建筑既融入自然环境，又真正成为学生学习体验的一部分，将科学建筑与艺术抽象相结合。建成后的建筑实现了零能源消耗，以及建筑耐久性和低维护成本的目标。

(a)　　　　(b)

图 15-56　伯尔和伯顿学院

该建筑于 2013 年底完工并获得 LEED(Leadership in Energy and Environmental Design)白金级认证。该建筑使用了多种木材种类。主柱是红橡木原木制作，主梁由黑云杉板胶合而成，跨度 7.5 m 左右，还采用了直径 350～450 mm 的红雪松螺柱，周边立柱由 250 mm×400 mm 雪松支撑，天花板托梁由白松制成，如图 15-57 所示。

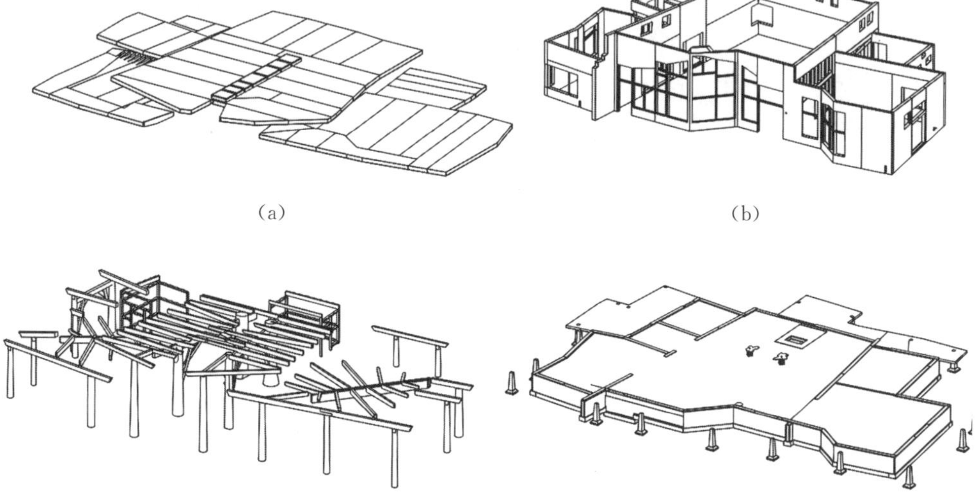

(c)　　　　(d)

图 15-57　伯尔和伯顿学院结构拆解图

15.8 小结

本章内容系统介绍了装配式建筑的国内外发展历程及目前我国装配式建筑的发展情况，并对我国推进装配式建筑遇到的问题进行分析，还介绍了装配式建筑的各种结构体系及特点，并结合工程案例分析理解并掌握装配式建筑结构。

通过学习本章内容，我们了解了装配式建筑的基本内容，以及不同类型的装配式结构体系。工程案例仅是部分结构体系的个别案例，需考虑到装配式建筑技术发展和经济性指标控制的原因，不同工程案例的装配式技术还不尽完美和成熟，有待进一步改进和提高。

通过学习本章内容，我们能够利用所学知识对装配式建筑结构进行灵活分析，将其运用到装配式建筑的设计和施工中。

第 15 章习题

1. 何谓装配式建筑？简要概述装配式建筑的建造过程。
2. 装配式建筑结构可以如何分类？各自又包含哪些结构类型？
3. 装配式建筑与现浇式建筑相比，有何优缺点？
4. 装配式混凝土结构体系可以分为哪几种类型？各自有何特点？
5. 装配式钢结构体系可以分为哪几种类型？各自有何特点？
6. 装配式钢结构在使用中存在哪些问题？这些问题该如何解决？
7. 装配式木结构体系可以分为哪几种类型？各自有何特点？
8. 请选择 3 个装配式建筑结构的实例，试结合实例分析所使用主要结构的组成、受力特点。

第 16 章　建筑结构选型及优化

16.1　建筑结构选型及优化概述

随着人类社会的发展，建筑从采用天然的洞穴巢居，发展为使用各种人工材料例如木材、石材、砖瓦生铁及钢筋混凝土等来建造，与材料科学相伴而生的施工技术及设计理论等都随之发展突破。功能综合化、需求多元化成为现代建筑发展的大趋势。现代建筑尤其是高层建筑，其三维和平面形状更加多样化，内部空间的分布更加复杂化与个性化，此外建筑净高增加也对结构系统提出更新、更高的要求，合理地选择建筑结构显得尤为重要。一幢完美的建筑，它不仅要满足功能需求，体现造型的艺术美，而且要体现结构的合理性。只有建筑和结构的有机结合，才能够避免浪费宝贵的社会资源，实现理性的建造。

建筑结构选型的相关学科有很多(图 16-1)，需要综合考量各方面的因素。建筑结构选型是结构方案设计的重要内容，基本原则如下：

(1) 满足功能要求

满足建筑物的功能要求即适应建筑的功能要求，是一幢建筑设计的根本所在，如观演类建筑的观众厅，其功能是观众在此欣赏表演，因此，在观众厅不应该设立柱子，否则将阻挡观众的视线，在考虑其结构形式时必须强调这一点。

(2) 符合力学原理

结构的安全性建立在力学基础上，结构选型需符合力学原理，充分发挥结构自身的优势。在考虑一个结构方案时，首先要看其是否符合力学原理，应有科学的道理，不可以是凭空想象。结构上有没有可能性？受力是否合理？在使用阶段是否安全可靠？这些都是选择结构形式的关键所在。

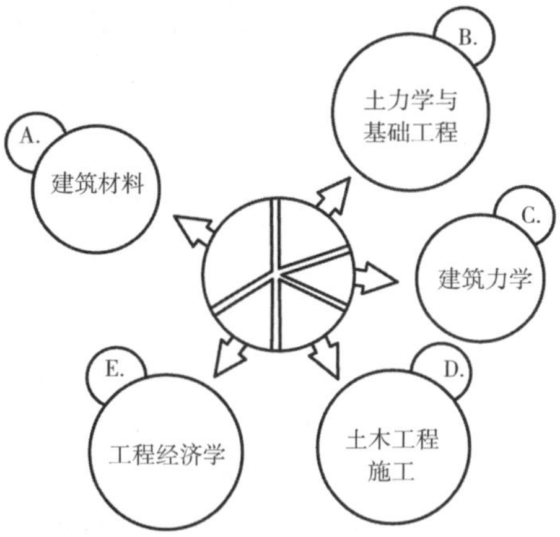

图 16-1　建筑结构选型相关学科

(3) 注意美观

建筑结构选型应注意美观，满足人们对建筑造型审美的需要。美国现代建筑学家托伯特·哈姆林(Talbot Hamlin)提出了现代建筑技术美的十大法则，即统一、均衡、比例、尺度、韵律、布局中的原则、规则和不规则的序列设计、性格、风格、色彩，这也是对建筑美学基本内容的概括。在中国传统建筑中，大部分结构是外露的，庙堂宫殿等不需要额外的铺装来表现内部空间(图 16-2)，梁、柱等外露的结构构件既是建筑的承重骨架，又是装饰构件，是建筑艺术美的象征。

(4) 便于施工

结构应便于施工，需考虑材料和施工条件。如何把一个作品从图纸变为现实，同样需要建筑师加以重视。如上海东方明珠电视塔,塔身建造完后,其顶上的天线如何安装,这比设计一个天线难度要大得多。又如上海万人体育馆,其屋顶为圆形三向网架,直径达 110 m,如何进行安装,其施工方法在方案阶段就已经作了考虑。如果建筑师的方案确定后,却没有切实可行的施工方法予以实施,那么设计方案就会变成一张废纸。

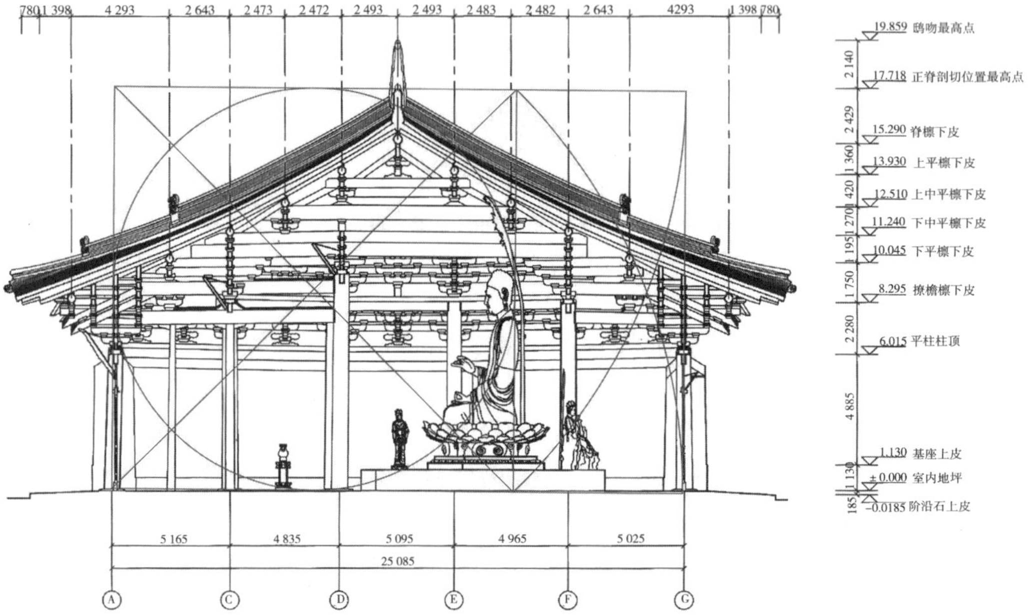

图 16-2　中国传统建筑结构剖面

(注:除标高单位为 m 外,其余尺寸单位均为 mm)

(5) 考虑经济

建筑结构选型需考虑经济,尽可能降低造价。一幢建筑的总造价,其结构部分占的比重相当高,一般结构部分的造价占整幢建筑总造价的 60%左右,高者可达 80%。因此,一幢建筑的结构选型,如何控制总造价是建设工程需要考虑的重要因素。

结构设计的概念源于人们的社会生产实践活动。当一个产品设计或一项工程结构设计未满足人们预先所期望的目标时,设计者往往会根据前人或自己的经验积累,遵循一定的"优化"思想和法则,采用各种各样的方法,不断改变设计模型和设计参数,借以改善产品或结构的性能指标,使设计效果达到最佳。

16.2　建筑物的功能要求对结构选型的影响

建筑物的功能要求是建筑物设计中应考虑的首要因素,功能要求包括使用空间要求、使用要求及美观要求,考虑结构选型时应满足这些功能要求。

16.2.1　使用空间要求

建筑物的三维尺度、体量大小和空间组合关系都应根据业主方对建筑物客观空间环境的要求来加以确定。例如北京工人体育馆设计中,首先根据比赛运动项目确定场地的尺度及所要求的空间高度,然后再根据观众座位数量、视线要求、声学要求、设备布置等条件最后确定出建筑物跨度、长度和高度,如图 16-3 所示。

(a)

(b)

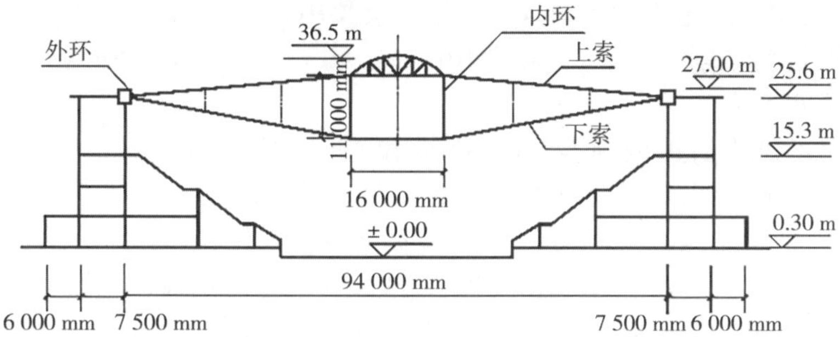

(c)

图 16-3　北京工人体育馆及其结构剖面

工业建筑则应考虑车间的使用性质、工艺流程及工艺设备、垂直及水平运输要求，以及采光通风功能要求初步定出建筑物的跨度、开间及最低高度。比如我国酒泉卫星发射中心的火箭垂直总装测试厂房(图 16-4)是承担“神舟五号”载人飞船发射任务的核心工程，它的总高达 93.75 m，相当于 30 多层的高楼，是亚洲目前最高的单层建筑。这座巨型垂直厂房

(a)

(b)

图 16-4　酒泉卫星发射中心的火箭垂直总装测试厂房

采用的是钢筋混凝土巨型框架-多筒体空间结构体系，是世界上航天发射建筑中的首创。厂房拥有世界最重的箱形屋盖，13 000 t 的屋盖高 15 m，距离地面大于 80 m，跨度大、空间高、自重大。高 74 m，整体质量超过 350 t 的厂房大门堪称亚洲第一大门。垂直总装厂房技术厂房与勤务塔的两项功能合二为一，机房密布，技术设施健全而先进，可容纳千余人同时工作。垂直测试厂房使火箭从检测到运送发射的过程都处于垂直状态，避免了从水平检测再到垂直发射而产生的诸多不利因素，创造了钢筋混凝土结构火箭垂直总装测试厂房世界第一，混凝土箱形屋盖高、大、重世界第一，单层钢筋混凝土厂房高度世界第一，混凝土框架支撑高度世界第一。

建筑结构所覆盖的空间除了为人的活动提供的使用空间外，还包括剩余空间，例如结构体系以及设备体系所占用的空间。当结构所覆盖的空间与建筑物的使用空间接近时，可以提高空间的使用效率、节省围护结构的初始投资费用、减少照明采暖空调负荷、节省维修费用。因此，这是降低建筑物全寿命期费用的一个重要途径。为了达到此目的，在结构选型时要注意以下两点：

(1) 所选择的结构剖面形式应与建筑物使用空间的要求相匹配

例如我国在 20 世纪 60 年代建成的北京工人体育馆，建筑平面为圆形，能容纳 15 000 名观众。比赛大厅直径 94 m，外围为 7.5 m 宽的环形框架结构，共 4 层，为休息廊和附属用房，大厅屋盖采用圆形双层悬索结构，由索网、边缘构件(外环)和内环三部分组成。工人体育馆屋盖选用悬索结构体系，场地两侧看台座位向上升高与屋盖悬索的垂度协调一致，既能满足使用功能要求又能经济有效地利用室内空间，建筑造型也被处理成轻巧新颖的形状。

对于要求建筑物空间中间部分高两边低的房屋，例如仓库、粮仓等，采用拱结构较为适宜。湖南某盐矿 2.5 万 t 散装盐库在结构选型中比较了两种方案，方案Ⅰ为轻钢桁架结构，方案Ⅱ为拱结构，如图 16-5 所示。方案Ⅰ的缺点是大约有 60%的建筑空间不能充分利用，而且盐通过皮带运输机从屋顶天窗卸入仓库时，经常冲击磨损屋架和混凝土支撑结构，对钢筋混凝土支撑结构和轻钢屋架有不利影响。方案Ⅱ采用拱结构，结构落地，通过设计合适的矢高和外形，建筑空间得到了比较充分的利用。这一方案把建筑使用与结构形式较好地结合起来，得到了良好的效果。

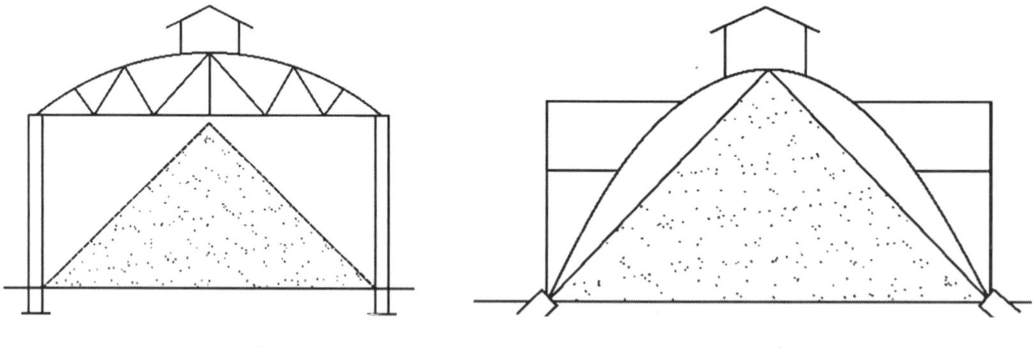

(a) 轻钢桁架结构方案　　　　(b) 拱结构方案

图 16-5　盐库两种结构方案

(2) 尽可能减小结构体系本身所占用的空间高度

例如大跨度平板网架结构是三维空间结构，整体性及稳定性较好，结构刚度及安全储备均较大。因此平板网架结构的构造高度可较一般平面结构降低，从而使室内空间可得到较充分利用。例如，钢桁架构造高度为跨度的 1/12～1/8，而平板网架结构的构造高度仅为跨度的 1/25～1/20。

多层或高层建筑的楼盖采用肋梁结构体系时，梁的高度为跨度的 1/12～1/8。当采用密肋楼盖时由于纵横十字交叉的肋的间距较密而构成刚度较大的楼盖，楼盖高度可取跨度的 1/18～1/15。当柱距为 9 m 时，采用肋梁体系的梁高约为 800 mm，而密肋楼盖的高度约仅为 500 mm，即每层可减少结构高度 300 mm。对于层数为 30 层的高层建筑，则可在得到同样的使用空间的效果下，降低建筑物高度 30×0.3 m 即 9 m，约可降低 3 个楼层的高度，或可在同样建筑物高度条件下增加三层使用面积。这样的经济效益是很明显的。

16.2.2　建筑物的空间使用需求与结构相结合

（一）建筑物声学要求与结构造型

声源停止发声后声音还继续一段时间，这种现象叫作混响，这段时间叫作混响时间。结构选型应注意和善于利用结构几何体形对声学效果的影响。这方面，我国北京天坛回音壁是人们熟悉的实例(图 16-6)。

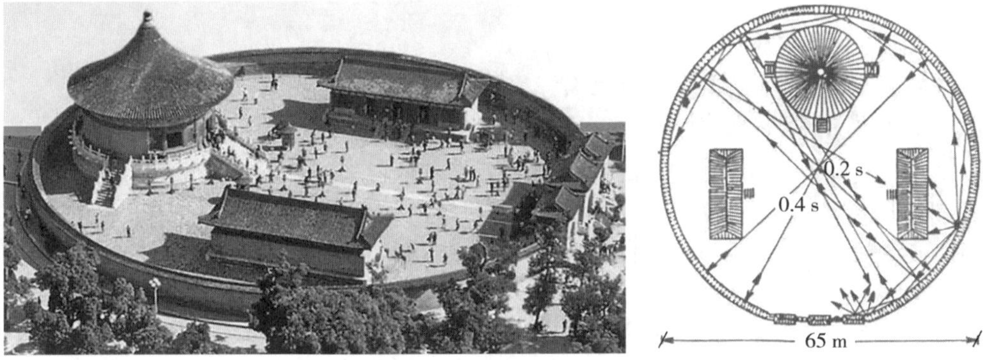

(a)　　(b)

图 16-6　北京天坛回音壁

现代大型厅堂建筑在声学条件上要求有较好的清晰度和丰满度，要求声分布均匀并具有一定的混响时间，还要求在距声源一定距离内有足够的声强。在结构选型设计中应注意到结构的几何体形对于声学效果的影响。例如：

(1) 声聚焦的影响

当天棚为平面时[图 16-7(a)]，由声源 A 处发生的声波经屋顶反射后而分散，声强亦随而衰减。当建筑物长度较大时，有可能产生回声现象。而在曲面顶盖(壳顶、拱顶)中，当发声源 A 在某位置，其反射声可能产生聚焦现象，例如图 16-7(b)中的 B 点。在此点区域内声强将有很大增长，听众将受到较强音响的困扰。当聚焦现象严重时，聚焦声强可以远远大于发声源的直达声强，使听觉混淆不清。曲面屋盖的曲率中心接近人体高度范围时，声聚焦现象的干扰最严重。当曲面屋盖曲率半径 R 值小于屋顶高度 H 的一半时，即 $R<H/2$，声聚焦点将不在人体高度范围内产生，而当 $R>2H$ 时，反射声线接近平行，可避免声聚焦现象，如图 16-7(c)所示。因此为得到良好的声学效果，应尽量选择曲率半径较大的曲面屋顶。此外，下垂的凹曲面屋顶可避免声聚焦，例如倒置的壳体单元[图 16-7(d)]及悬索结构[图 16-7(e)]。

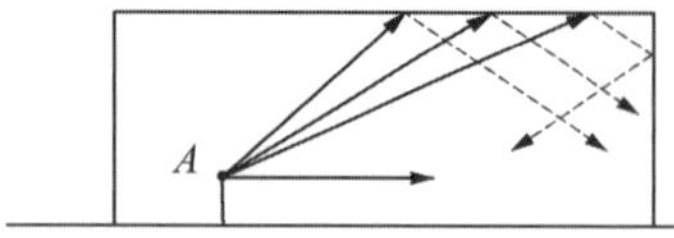

(a) 平面天棚

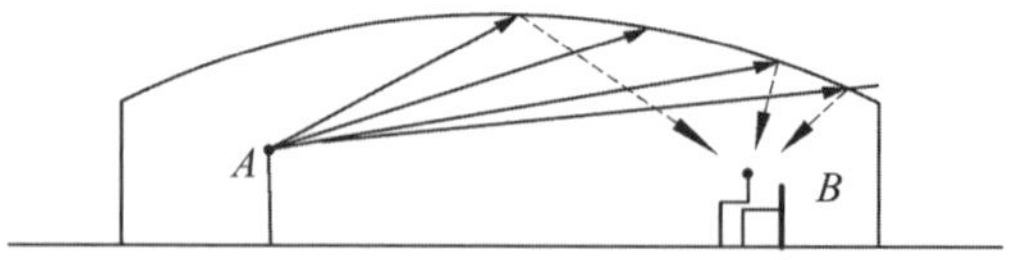

(b) 曲面顶盖

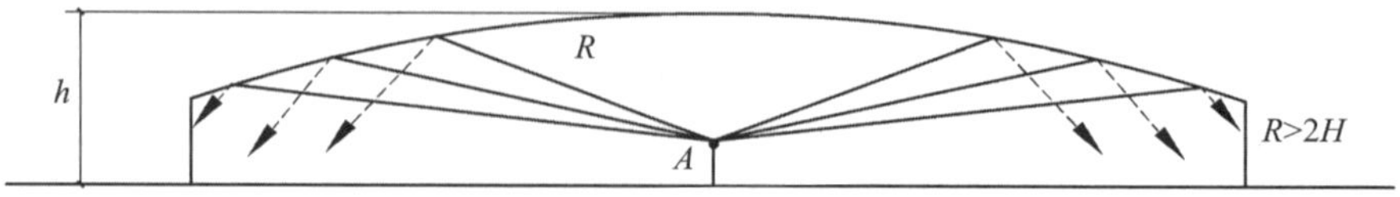

(c) 曲率半径 $R>2H$ 的曲面顶盖

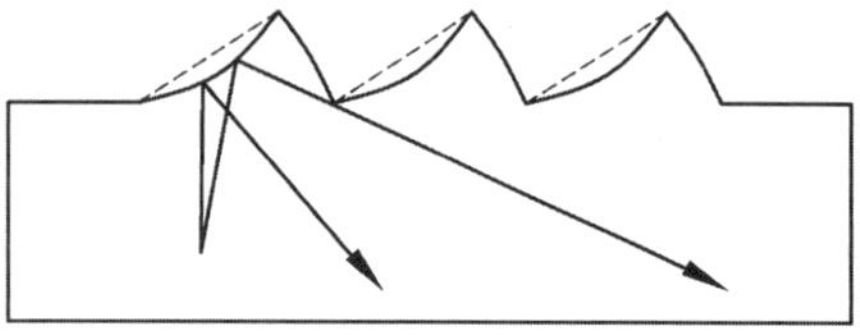

(d) 倒置的壳体单元

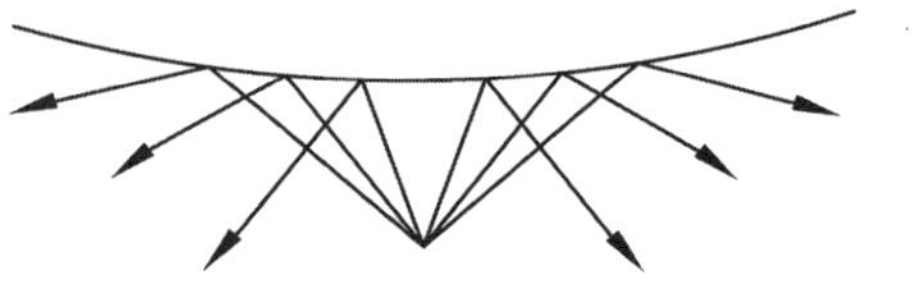

(e) 悬索结构

图 16-7　声焦聚

(2) 建筑平面形式对声学效果的影响

一些薄壳、悬索、网架等结构所具有的圆形或椭圆形平面形式，容易产生声场分布不均匀，出现声聚焦和沿边反射等缺点，如图 16-8 所示。

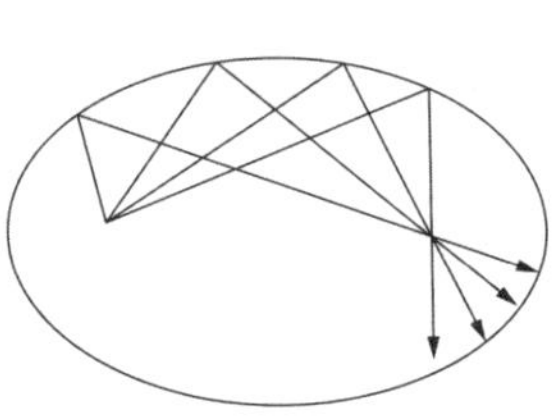

(a) 椭圆形平面对声学效果不利

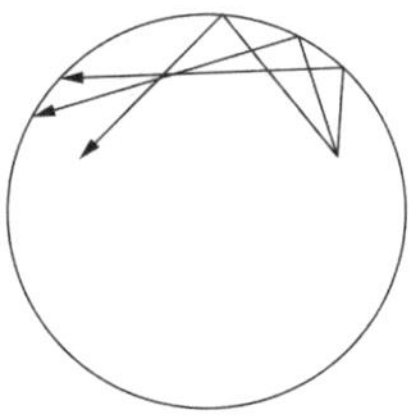

(b) 圆形平面对声学效果不利

图 16-8　平面形状对声学效果的影响

如图 16-6 所示的北京天坛回音壁，下垂的凹曲面屋顶可有效避免聚焦；圆形或者椭圆形平面容易产生声场分布不均匀、聚焦或沿边反射等缺点。回音壁的墙壁是用磨砖对缝砌成的，墙头覆着蓝色琉璃瓦。围墙的弧度十分规则，墙面极其光滑整齐，对声波的折射是十分规则的。只要两个人分别站在东、西配殿后，贴墙而立，一个人靠墙向北说话，声波就会沿着墙壁连续折射前进，传到一二百米的另一端，无论说话声音多小，都可以使对方听得清清楚楚，而且声音悠长，堪称奇趣，所以称之为“回音壁”。回音壁有回音效果的原因是围墙由磨砖对缝砌成，光滑平整，弧度过度柔和，有利于声波的规则折射，加之围墙上端覆盖着琉璃瓦使声波不至于散漫地消失，更造成了回音壁的回音效果。

(二) 采光天窗与大跨度结构

当结构覆盖空间很大时，天然采光是一个影响建筑使用功能的重要问题，在结构选型设计中应充分注意由此带来的影响。目前主要的天窗类型有平天窗、矩形天窗(凸出式天窗)和下沉式天窗。矩形天窗是包括厂房在内的大跨度结构通常采用的解决天然采光问题的方法，然而通过多年的实践及理论分析，人们认识到此种方法具有结构方面的缺陷。首先，矩形天窗屋盖结构传力路径迂回曲折，水平构件跨中弯矩增大。其次，天窗、挡风板凸出屋面使风载作用下，屋盖构件、柱、基础受力增大。凸出屋面的天窗的不足是重心高、刚度差、连接弱、不利于抗震。矩形天窗还使结构所覆盖的非使用空间加大、室内天然采光照度不均匀。而下沉式天窗是利用桁架上、下弦杆之间的空间而设置，在结构受力、空间利用、采光效果方面均较矩形天窗优越，如图 16-9 所示。

(a) 纵向下沉式天窗　　(b) 横向下沉式天窗

图 16-9　天津天拖厂房改造的下沉式天窗

(三) 屋面排水与大跨度结构

结构形式的创新非常难，但是与建筑相结合的结构创新性应用某种程度上也促进了结构的发展。由于建筑问题的复杂性，往往一栋建筑物当中会采用多种结构形式，用最经济的方法来解决问题，达到最大的社会效益和经济效益。在大跨度建筑当中，屋面尺度非常大，要做到迅速地有组织排水，需要根据屋顶形式设计合理的屋面交界线、分水线，选择合理的面层材料、屋脊和天沟的位置，同时大面积屋面宜采用曲面形状，便于排水。从结构的角度出发，曲面网架屋面相比于平板网架屋面，在结构高度、材料、施工技术等条件相同的情况下，可以跨越更大的距离。

网架起拱后常因改变各杆件长度或增大焊缝长度均使制作及拼装工作复杂化，因此不少工程通过在上弦节点上加小立柱方法来找坡。但采用小立柱方案也具有若干缺点。第一，使上弦节点构造复杂化；第二，当小立柱高度较大时应注意立柱自身稳定性；第三，小立柱把檩条屋面板等组成的屋面系统和网架分隔开，因此削弱了屋盖结构的整体刚度。如图 16-10 所示，美国哈特福德市体育馆的屋盖结构为 91.4 m×109.7 m 的网架，于 1978 年整体坍落。事故发生后，专家组对事故原因进行分析，最后认为造成事故的原因是多方面的，

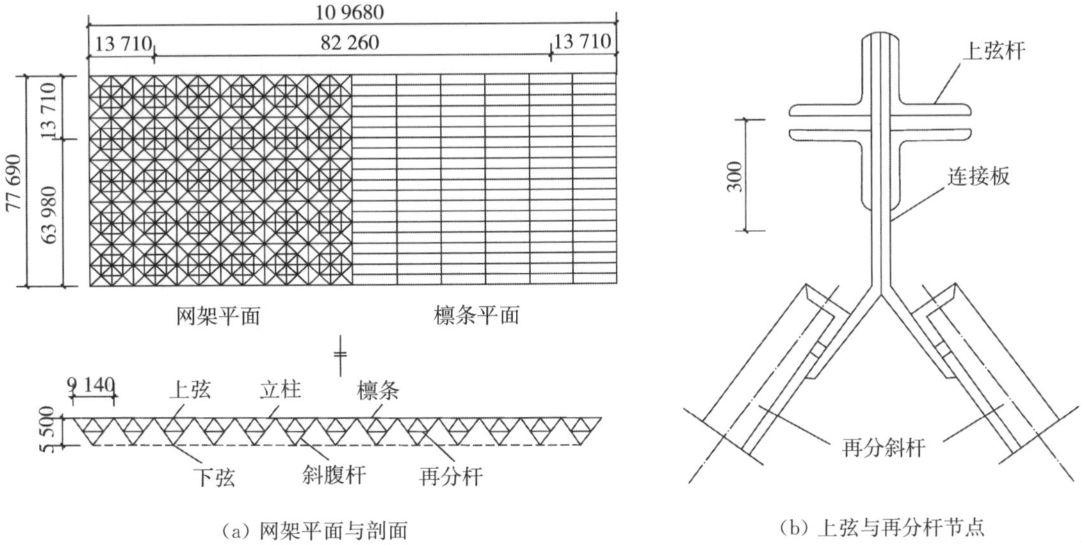

(a) 网架平面与剖面　　(b) 上弦与再分杆节点

图 16-10　哈特福德市体育馆(单位:mm)

包括荷载计算、网架节点构造、施工质量等等。水平面上刚度很大的屋面系统，如设计在网架上弦平面内可对网架起一定支撑作用，哈特福德市体育馆工程中在网架顶上设置的小立柱，将屋面系统和网架分开而削弱了此作用。这也是造成网架整体坍落的原因之一。

16.2.3 美观功能要求

使用功能要求处理好建筑功能和建筑空间的关系，并选择合理的结构体系，就自然形成建筑的外形。建筑师应该在这个基础上，根据建筑构图原理，进行艺术加工，发现建筑结构自身具有美学价值的因素，并利用它来构成艺术形象，就可以使建筑最终达到实用、经济和美观的目的。结构是构成建筑艺术形象的重要因素，结构本身富有美学表现力。为了达到安全与坚固的目的，各种结构体系都是由构件按一定的规律组成的。这种规律性的东西本身就具有装饰效果。建筑师必须注意发挥这种表现力和利用这种装饰效果，自然地显示结构，把结构形式与建筑的空间艺术形象融合起来，使两者成为统一体。在建筑设计中，不求建筑自身形体的美，专靠附贴式装饰，“浓妆艳抹”，堆砌贵重的装修材料，这只能给人以虚假、庸俗的感觉，达不到真实美的效果，既浪费了人力和物力，又不坚固和耐久。

所谓自然地显示结构，不是说结构就是美，而是要袒露具有美学价值的因素，经过建筑师的艺术加工，来达到表现建筑美的目的，而不是简单地表现结构本身。世界上有许多被公认为成功的建筑，通过对结构体系的展现和艺术加工来表现建筑美。

通过对结构体系裸露和艺术加工而表现建筑美的典型例子是意大利建筑师奈尔维设计的意大利佛罗伦萨运动场的大看台，如图 16-11 所示。这是一个钢筋混凝土梁板结构，雨篷的挑梁伸出 17 m，它的弯矩图是二次抛物线，建筑师把挑梁的外形与其弯矩图统一起来。但又不是简单的统一，而是利用混凝土的可塑性对挑梁的外轮廓进行艺术处理，在挑梁支座附近挖了一个带有椭圆弧线的三角形孔，既减轻了结构自重，又获得良好艺术效果。直接显示结构的自然形体进行恰如其分的艺术加工而又不做任何多余的装饰，使结构形式与建筑空间艺术形象高度地融合起来。这个例子说明结构的作用是建筑艺术表现力的重要源泉。

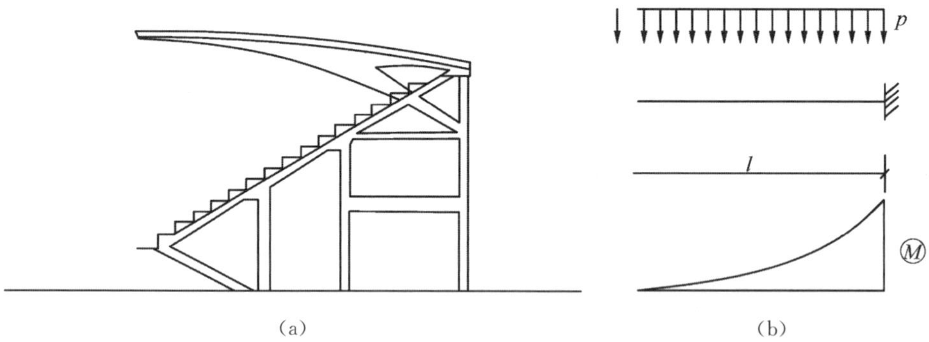

图 16-11 意大利佛罗伦萨运动场的大看台

例如拱结构是大跨度结构中常采用的一种结构体系。合理选择拱轴线可使拱内弯矩达到最小值，主要内力是轴向压力，因此可充分发挥混凝土材料抗压强度高的优越性。但是拱的支座推力大，因此常需设置拉杆而使室内使用空间减小。北京崇文门菜市场采用不带拉杆的拱结构而将其置于具有抗侧推力的框架的顶部(图 16-12)。这样的方案既适应了菜市场对大空间的要求又满足了两侧翼需要较小空间的要求。在中间部分由于跨度较大，采用拱结构不但经济而且使建筑立面较活泼，满足了美观要求。

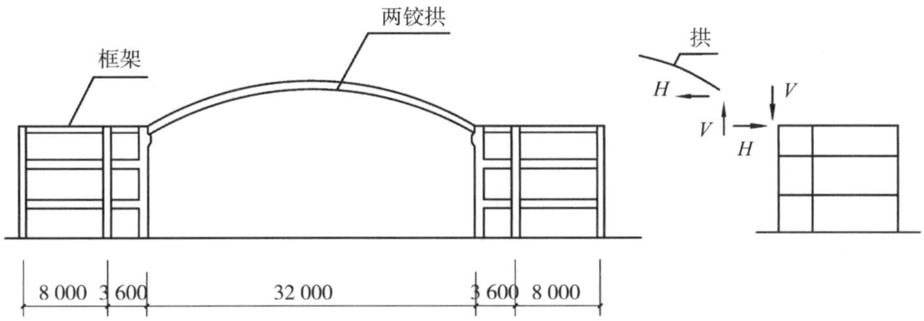

图 16-12　北京崇文门菜市场(单位:mm)

16.3　建筑结构材料性能对结构选型的影响

结构形式很多,如梁、板、拱、刚架、桁架、悬索、薄壳等等。组成结构的材料有钢、木、砖、石、混凝土及钢筋混凝土等。结构的合理性首先表现在材料的强度能不能充分发挥作用。随着工程力学和建筑材料的发展,结构形式也不断发展,人们总是想用最少的材料获得最大的效果。以下两点是我们在确定结构形式时应当遵循的原则:

(1) 选择能充分发挥材料性能的结构形式

由于构件轴心受力比偏心受力或受弯状态更能充分利用材料的强度,因此人们根据力学原理及材料特性创造出了多种形式的结构,使这些结构的构件处于无弯矩的状态或减小弯矩峰值,从而使材料的抗拉和抗压性能得到充分发挥。

从图 16-13 可以看出,轴心受力构件截面上的应力均匀分布在整个截面,材料强度都得到了充分利用。受弯构件截面上的应力分布非常不均匀,除了上下边缘达到强度指标之外,中间部分的材料没有充分发挥作用。因此可以把中间部分的材料减少到最低限度,把它集中到上下边缘处,这样就形成了受力较为合理的工字形截面杆件。承受集中荷载的简支梁,如图 16-14(a)所示,从矩形截面改变为工字形截面,如图 16-14(b)所示,受力就较为合理了。再进一步,还可以把梁腹部的材料挖去,形成三角形的孔洞,于是梁就变成了桁架结构,如图 16-14(c)所示。

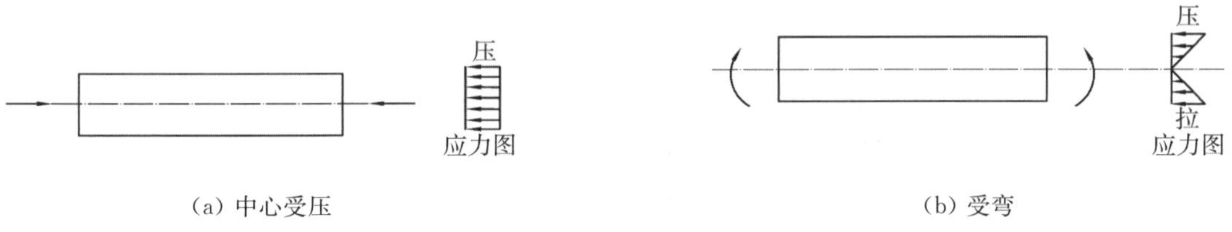

图 16-13　构件受力图

桁架结构,在节点荷载作用下,各杆件处于轴心受力状态,受力较为合理,适用于较大跨度的建筑。桁架的上弦受压,下弦受拉,它们组成力偶来抵抗弯矩;腹杆以所承受轴力的竖向分量来抵抗剪力。从这里可以进一步看出,桁架比工字形截面梁更能发挥材料的力学性能。

从图 16-14(c)还可以看出,梁的弯矩图呈折线形(接近抛物线),跨中最大,两端为零。因此在矩形桁架中各个杆件的内力还是有大有小,还是不能使每一根杆件的材料强度都得到充分利用。于是,再进一步发展,使桁架的外轮廓线与弯矩图的形状一致起来,受力将更加合理，如图 16-14(d)所示。

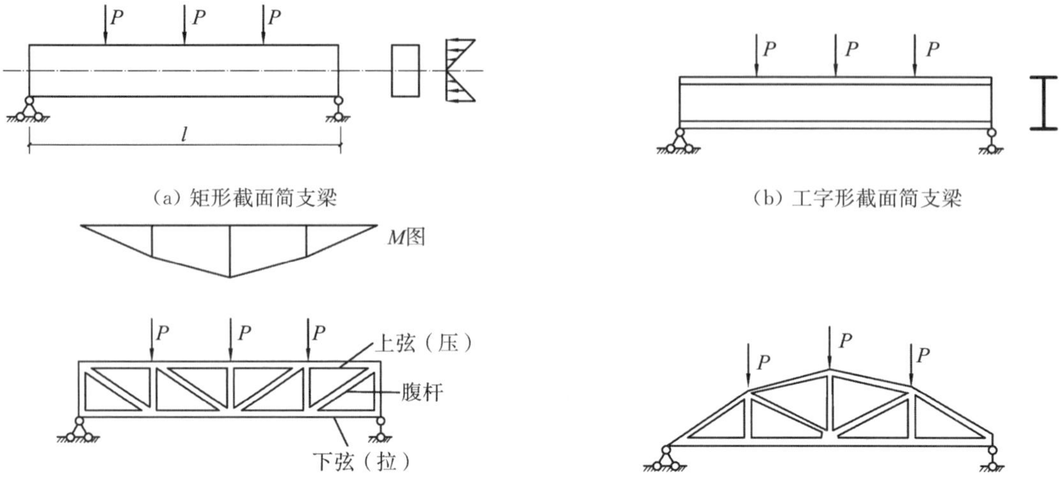

(a) 矩形截面简支梁

(b) 工字形截面简支梁

(c) 平行弦桁架

(d) 拱形桁架

图 16-14　不同构件受力分析

因此，在设计中应该力求使结构形式与内力图一致起来。当然，在这里也必须指出，构件的合理性是相对的，受力合理只是其中的一个方面。矩形截面梁，受力上有不合理的一面，但是它的外形简单，制作方便，又有其合理的一面。在小跨度范围内，矩形截面梁仍是广泛应用的横向跨越构件之一。

拱和悬索结构也属于轴心受力结构。在拱结构中，当其轴线为合理曲线时，可以使全截面受压，见图 16-15(a)。因此，可以利用抗压强度高的砖、石、混凝土等材料建造较大跨度的建筑。悬索结构是轴心受拉结构，它可以利用高强钢丝或钢绞线建造大跨度的建筑，见图 16-15(b)。

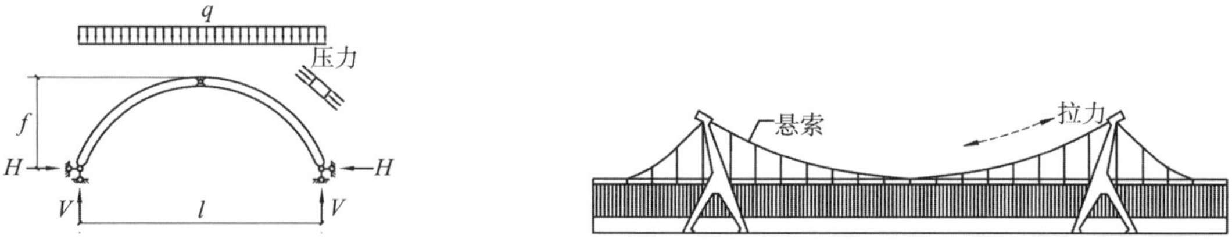

(a) 拱

(b) 悬索

图 16-15　拱与悬索的受力形式

梁、桁架和拱均属杆系结构，薄壁空间结构也是一种受力合理的结构形式。自然界动物的卵壳和蚌壳等，都是利用最少材料获得最好效果的实例。曲面形的薄壁空间结构也主要是轴心受力，因此也能充分发挥材料的力学性能。同时由于它的空间作用，结构刚度也大。几十米的大跨度屋盖，薄壳厚度可做到几厘米，如图 16-16 所示。

除了根据力学原理选择合理的结构形式，使结构处于无弯矩状态，以达到受力合理、节约材料的目的以外，减少结构的弯矩峰值也是使结构受力合理的途径之一，如图 16-17 所示。利用结构的连续性，采用刚架和两端悬臂梁结构，可以使梁的弯矩峰值比同样跨度简支梁的弯矩峰值大大减少，这样也可以达到提高结构承载能力或增加结构跨度的目的。

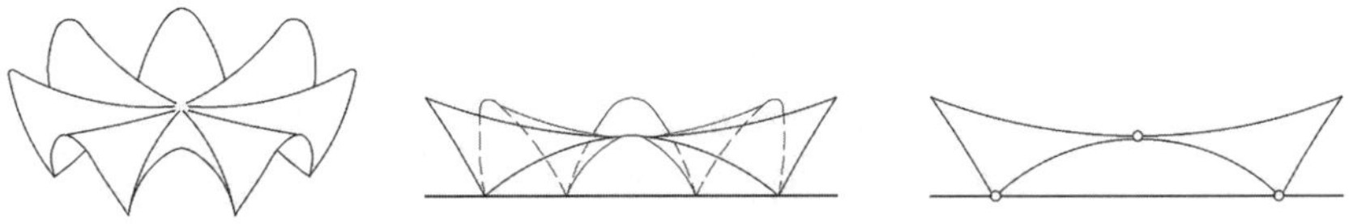

透视　　立面　　剖面

图 16-16　双曲薄壳屋盖

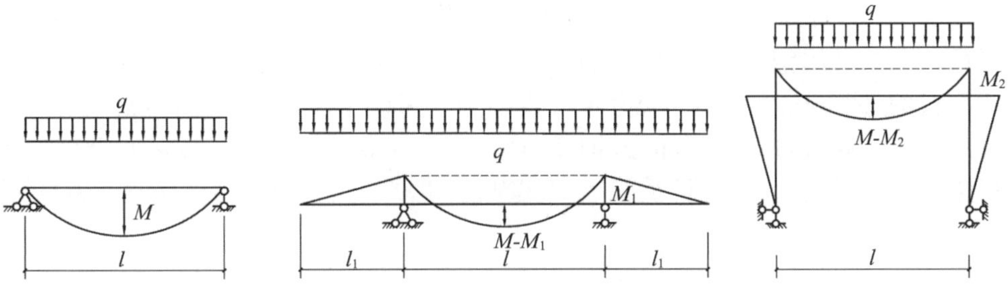

(a) 简支梁在承受均布荷载作用时的弯矩图　　(b) 两端悬臂梁在承受均布荷载作用时的弯矩图　　(c) 刚架在承受均布荷载作用时的弯矩图

图 16-17　不同结构的弯矩图

(2) 合理地选用结构材料

建筑结构材料是形成结构的物质基础。木结构、砖石结构、钢结构，以及钢筋混凝土结构因其材料特性不同而具备各自的独特规律。例如砖石结构抗压强度高但抗弯、抗剪、抗拉强度低，而且脆性大，往往无警告阶段即破坏。钢筋混凝土结构有较大的抗弯、抗剪强度，而且延性优于砖石结构，但仍属于脆性材料，而且自重大。钢结构抗拉强度高，自重轻，但需特别注意当细长比大时在轴向压力作用下的杆件失稳情况。因此选用材料的原则是充分利用它的长处，避免和克服它的短处。对于建筑结构的材料的基本要求是轻质、高强，具有一定的可塑性和便于加工。特别在大跨度和高层建筑中，采用轻质高强材料具有重要的意义。

随着科学技术的发展，新的结构材料的诞生带来新的结构形式并从而促进建筑形式的巨大变革。19 世纪末期，钢材和钢筋混凝土材料的推广引起了建筑结构的革命，出现高层建筑及大跨度建筑的新结构形式，近年来混凝土向高强方向发展。混凝土强度提高后可减少结构断面尺寸、减轻结构自重，提供更大的使用空间。

据俄罗斯资料介绍，用强度为 60 MPa 的混凝土代替强度为 30～40 MPa 的混凝土，可节约混凝土用量 40%，钢材 39%左右。国际预应力混凝土协会下属委员会也曾指出，如果用强度为 100 MPa 的混凝土制成预应力构件，其自重将减轻到相当于钢结构的自重。还有的学者认为如果把混凝土强度提高到 120 MPa 并结合预应力技术，可使混凝土结构代替大部分钢结构，并使 1 kg 混凝土结构达到 1 kg 钢结构的承载能力。但随着混凝土向高强方向发展，其脆性大大增加，这是一个需要解决的问题。

此外，轻集料混凝土在建筑结构中有很好的应用前景。澳大利亚曾应用轻集料混凝土建造了两幢 50 层的建筑，其中一幢为高 184 m，直径 41 m 的塔式建筑，其 7 层以上 90%的楼板和柱子均用钢筋轻集料混凝土制作，使整个建筑物节省 141 万美元。

复合材料是另一个值得重视的发展方向，有关研究部门进行的试验表明，钢管混凝土具有很大优越性。例如混凝土断面的承载能力为 294.2 kN，钢管承载能力为 304.0 kN，组成钢管混凝土柱以后，由于钢管约束混凝土的横向变形而使承载能力提高到 862.99 kN，比两种组成材料的承载能力之和 598.2 kN 提高 44%。近十几年来，钢管混凝土结构在单层、多层工业厂房以及高层建筑中已得到较广泛应用，工程经验表明：承重柱自重可减轻 65%左右，由于柱截面减小而相应增加使用面积，钢材消耗指标与钢筋混凝土结构接近，而工程造价与钢筋混凝土结构相比可降低 15%左右，工程施工工期缩短 1/3，此外钢管混凝土结构显示出良好的塑性和韧性。

另一种有前途的复合材料是钢纤维混凝土，钢纤维体积率为 1.5%～2%的钢纤维混凝土的抗压强度提高很小，但抗拉、抗弯强度大大提高。此外结构的韧性及抗疲劳性能有大幅度提高。国内利用钢纤维混凝土建造的大型结构实例之一是南京五台山体育场的主席台。主席台的悬臂挑檐的挑出长度 14 m，采用薄壁折板结构。为了提高抗裂性，折板采用钢纤维混凝土。靠近柱的 1/3 部分，钢纤维用量为 150 kg/m^3，其余部分用量为 75 kg/m^3，拆模后未见任何微裂缝，在悬臂端部 11 个点测定挠度最大值仅为 17.4 mm，满足结构安全要求。

16.4 建筑施工技术水平对结构选型的影响

建筑施工的生产技术水平及生产手段对建筑结构形式有很大影响。在手工劳动的时代，只能用小型砖石块体来建造墙柱拱，或采用木骨架的结构形式。近代大工业生产出现后，在钢铁工业及机械工业得到很大发展的基础上，大型起重机械及各种建筑机械(例如混凝土泵)相继问世。这样，使得高层建筑及大跨度建筑的各种结构形式成为现实。

16.4.1 施工技术是实现先进结构形式的保障

薄壳结构是一种薄壁空间结构，主要承受曲面内的薄膜内力(或无矩内力)作用，所以材料强度能得到充分利用，同时由于它的空间工作，它具有很高的强度和很大的刚度。因此可以采用很薄的结构厚度来建造大跨度结构，自重轻、材料省。例如 35 m×35 m 双曲扁壳屋盖的壳体厚度仅 8 cm，而 6 m×6 m 的钢筋混凝土双向板的最小厚度约 150 mm。因此 20 世纪 50 年代末至 60 年代中薄壳结构在我国得到很大发展。

但是采用现浇的施工方法来实现薄壳结构有很大局限性，最大困难在于支设曲面模板耗费工料多，施工速度慢。例如纽约环球航空公司候机厅薄壳结构除了 130 幅结构施工图外，还需要绘制 200 张模板及支柱图纸，复杂的模板施工成为开始设想薄壳造型时未曾料到的棘手问题。为了解决此问题，曾一度使用工具式移动模板来进行现浇薄壳施工，但此种施工方法只适用于结构形状及断面尺寸不变的筒壳结构，有很大局限性。

此外，国内外均有采用旋转模板进行薄壳施工的实例，例如美国西雅图金郡体育馆直径 202 m 穹顶采用十字形金属旋转胎模现浇而成，其用意也在于节省模板安装的工料，但此种施工方法只适用于旋转薄壳，也有很大局限性。装配式薄壳施工方法为薄壳结构发展扫平了道路，例如法国玛丽安飞机库由六波薄壳组成屋盖，每波的波宽 9.78 m，跨度 101.5 m，矢高 12.19 m，重达 4 200 t，用顶升法施工升到 18.29 m 标高，可见需要高超的施工技术。苏联在发展装配式薄壳施工方面进行了不少探索。如将薄壳壳体划分为若干块小壳板，分件预制后拼装成一个整体薄壳，因此仅需设置小壳板的模板进行重复浇注而组成很大面积壳顶，从而节省了费用。

1972 年建成的慕尼黑奥林匹克体育场(图 16-18)由弗雷・奥托设计，其薄如蝉翼的张拉索网，也是由于采用了灰棕色丙烯塑料玻璃，采用氟丁橡胶卡将玻璃卡在铝框，轻质的覆面材料大大减轻了结构的自重，而且得益于现场连接的准确和施工工艺的高水准，这座建筑在当时具有典型的创新性。

(a)

(b)

图 16-18　慕尼黑奥林匹克体育场

16.4.2　结构选型要考虑实际施工水平和条件

施工技术条件不具备或结构方案不适应现有技术能力将给工程建设带来困难。显然在结构选型时应考虑这些因素的影响。例如装配式框架结构方案的选用需要认真考虑施工单位的焊接技术力量，否则将给工程质量带来严重影响。设计单位在结构选型时如果考虑不周往往会给施工带来困难。如图 16-19 所示，某工业建筑的第一层为现浇柱梁板结构，第二层结构方案为现浇柱、预制钢筋混凝土屋盖及大型屋面板。原设计选用 18 m 装配式预应力钢筋混凝土薄腹梁，施工单位提出意见：薄腹梁加上吊具总重超过 10 t，该建筑为二层结构，起重机需在跨外吊装，为了满足起重半径及起重高度要求，需采用 75 t 轮胎式起重机。此种起重机在当地只有两台，难以及时租用，且起重机自重大，在软弱地面上开行也将造成困难。经设计单位研究决定变更设计，采用 18 m 普通钢筋混凝土折线形屋架，质量仅 5 t 多，当时已在现场使用的 3～8 t 塔式起重机即可满足需要。

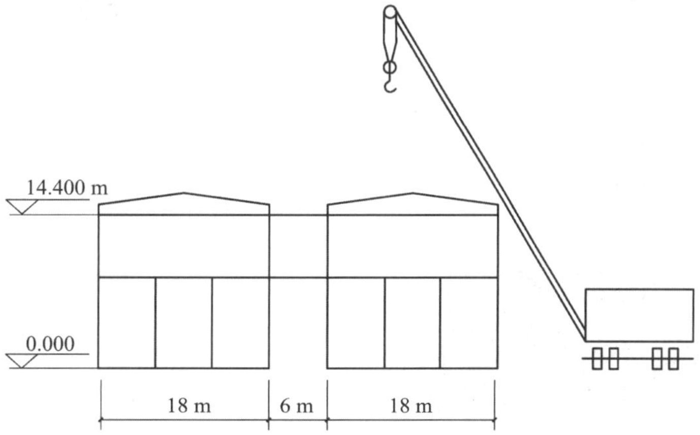

图 16-19　某厂房施工方案

16.5 结构计算分析方法对结构选型的影响

新结构与新材料的不断运用与实践发展了结构理论，使人们提高了结构设计水平。而结构设计理论的发展及计算分析手段的改进，又反过来为解决复杂的结构设计与选型问题提供了有利条件。

16.5.1 计算分析手段的改进

在结构分析方面，随着计算机运算速度的加快和储存量的增大，各种复杂的空间结构的线性与非线性、静力与动力问题的计算迎刃而解。由于计算时间的缩短及计算精度的提高，人们不仅能较方便地采用各种较复杂的结构形式，还可进一步对各种形式的结构进行比较以选取更经济高效的形式。过去由于计算手段上的困难，尽管人们希望在制订结构方案时能进行多方案比较，但常因工作量过大、工时过长而难以实现。人们只能凭经验选出一两个可行的结构方案进行简单的比较，而大量时间都消耗在构件的分析和计算工作上。如今计算手段的改进对于一个大型工程的结构方案的构思必然产生重要影响。计算机正在深入结构工程的各个领域，进而贮存各种专门知识和经验形成所谓“专家系统”和“人工智能决策系统”。

仿真技术在结构工程中的应用更具有重要意义。所谓结构工程中的仿真技术，主要指对工程结构试验的仿真模拟。由于结构工程试验规模大、费劳力和周期较长，因此许多人望洋兴叹，但是仅仅进行理论计算分析而缺少试验依据，在解决工程实际问题的过程中，许多不确定的及考虑不周全的因素的出现，必将在经济性上、可靠度上或耐久性上产生种种不足。为此人们开始探索利用计算机模拟试验过程的可能。如图 16-20 所示，世界文化遗产故宫延禧宫灵沼轩通过仿真技术进行了结构安全评估；如图 16-21 所示，安哥拉司法部大楼借助仿真技术实现加固改造设计。仿真技术的优点在于它不受空间尺寸和时间长短的限制，可以提供完整清晰的数据和图形，省去了大量人力、物力和时间，减少试验量甚至代替一些无法进行的现场试验。结构仿真试验主要依靠：① 有效的数值计算模型；② 正确的材料本构关系和数据；③ 成熟的数值图形显示技术及图像技术。可以说仿真技术的研究贯穿了目前工程结构领域的几个重要方向，使原来分离的方向紧密联系在一起，并使其协同并真正发挥实际作用。

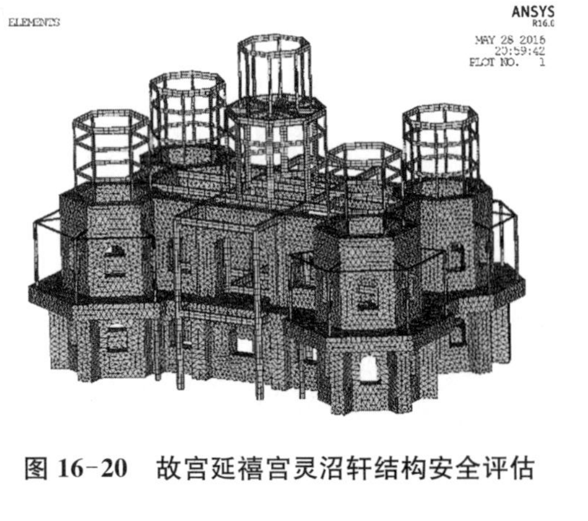

图 16-20 故宫延禧宫灵沼轩结构安全评估

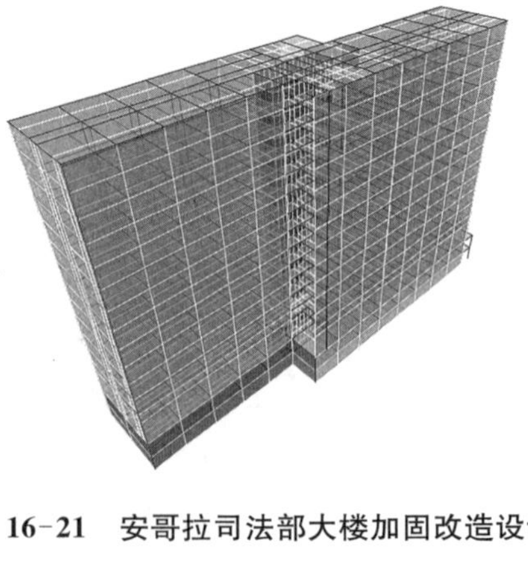

图 16-21 安哥拉司法部大楼加固改造设计

16.5.2　抗震设计理论的发展

由于地震运动的随机性及复杂性，既不可能准确地划定高烈度地震可能发生的地区和范围，又不能在全国范围内普遍按照高烈度标准设防，这势必给结构选型工作带来困难。为了解决上述问题，我国采取“小震不坏、中震可修、大震不倒”的三水准抗震设防要求，即建筑遭受低于本地区抗震设防烈度的多遇地震影响时，主体结构不受损坏或不需修理可继续使用；当遭受相当于本地区抗震设防烈度的设防地震影响时，可能发生损坏，但经一般性修理仍可继续使用；当遭受高于本地区抗震设防烈度的罕遇地震影响时，不致倒塌或发生危及生命的严重破坏。此外，地震运动的上述特点以及结构计算模型的假定与实际情况的差异，使结构设计很难有效地控制结构的抗震性能，因此在近些年中提出的概念设计问题是抗震设计理论的重要发展，人们逐步认识到在抗震设计时不能完全依赖计算，概念设计是结构具备良好的抗震性能的决定因素。所谓抗震概念设计，即进行结构抗震设计时着眼于结构的总体地震反应，按照结构的破坏机制及破坏过程灵活地运用抗震设计准则，合理全面地解决结构设计的基本问题，既注意总体布置上的大问题，又顾及关键部位的细节。概括起来主要包括以下几个原则，这些原则无疑对于结构选型有重要指导作用。

(1) 合理的结构总体布置；

(2) 多道抗震防线概念的应用；

(3) 恰当的结构选型；

(4) 加强结构整体性；

(5) 消除或强化薄弱环节；

(6) 提高结构延性；

(7) 采用轻质材料。

在结构抗震分析方法上，除了广泛采用基于反应谱的底部剪力法和振型组合法等常规方法外，对于重要建筑物和体型复杂的高层建筑还广泛采用直接动力分析方法（时程分析法），直接按照真实的地震记录采取动力学方法较确切地反映地震过程中任一时刻结构的受力和变形状态，因而对重要工程及复杂工程的抗震设计具有重要作用。

16.5.3　结构理论研究的发展

有的学者指出未来高层建筑的发展方向之一是组合超级框架，这种组合结构体系比使用单一材料经济得多，但其发展尚有一些问题值得进一步研究。例如需要运用能体现不同材料实际性能的非线性结构设计方法；需要更好地定义荷载传递机理，包括研究竖向构件中混凝土柱与钢柱间的相对缩短值（由于混凝土存在徐变及收缩）；需要深入研究组合体系中钢与混凝土的连接方法。可见为了实现技术进步，需要综合解决理论、计算、构造、施工等多方面问题。

近十几年来，预应力混凝土的设计概念已从传统的“全预应力”过渡到“部分预应力”。由于部分预应力混凝土采用较低的预应力度，同全预应力相比可节约预应力筋，避免或减少反拱效应，改善结构延性，提高结构抗震性能。所以部分预应力既具有全预应力混凝土与普通钢筋混凝土两者共同的优点，又基本上排除了两者的主要缺点。部分预应力的出现必将给结构选型带来影响。

在抗震设计理论的研究方面，建筑结构减隔震技术的应用异军突起。对于结构的抗震，抗震设计理论着重加强结构本身的强度和刚度来抵抗地震的作用。而对于建筑的隔振，则是在建筑基础、底部或下部结构与上部结构之间设置由叠层橡胶隔震支座组成具有整体复位功能的隔震层，以延长整个结构体系的自振周期，减小输入上部结构的水平地震作用，从而达到预期的防震要求。对于建筑的减震，则是在建筑结构的某些部位（如支撑、剪力墙等）设置耗能装置，通过该装置产生摩擦、弯曲、弹塑性滞回变形来耗散或吸收地震输入结构的能量，以减小主体结构的地震反应，从而避免结构产生破坏或倒塌，达到减震控制的目的。

16.6 案例分析

（一）意大利罗马小体育宫

罗马小体育宫是为 1960 年在罗马举行的奥林匹克运动会修建的练习馆，兼作篮球、网球、拳击等比赛场地，建于 1956—1957 年。可容纳 6 000 名观众，加上活动看台可以容纳 8 000 名观众。设计者为意大利结构工程师奈尔维。这座朴素而优美的体育馆是奈尔维的结构设计代表作之一，在现代建筑史上占有重要地位。

如图 16-22 所示，小体育宫平面为圆形，直径 60 m，屋顶是一球形穹顶，在结构上与看台脱开。穹顶的上部开一小圆洞，底下悬挂天桥，布置照明灯具，洞上再覆盖一小圆盖。就视觉而言，略嫌低小。穹顶宛如一张反扣的荷叶，由沿圆周均匀分布的 36 个 Y 字形斜撑承托，把荷载传到埋在地下的一圈地梁上。斜撑中部有一圈白色的钢筋混凝土“腰带”，是附属用房的屋顶，兼作连系梁。球顶下缘由各支点间均分，向上拱起，避免了不利的弯矩。从建筑效果上看，既可使其轮廓丰富，又可防止因视错觉产生的下陷感。小体育宫的外形比例匀称，小圆盖、球顶、Y 字形支撑、“腰带”等各部分划分得宜。小圆盖下的玻璃窗与球顶下的带形窗遥相呼应，又与屋顶、附属用房形成虚实对比。“腰带”在深深的背景上浮现出来，既丰富了层次，又产生尺度感。Y 字形斜撑完全暴露在外，混凝土表面不加装饰，显得强劲有力，表现出体育所特有的技巧和力量，使建筑获得强烈的个性。结构接近地面处，由于高度不够无法使用，于是将之划在隔墙之外，清晰地显现了结构特点，形象地表现了独具风格的艺术效果。穹隆的檐边，是屋面到 Y 字形支撑的过渡，起承上启下的作用。其波浪起伏的外形，丰富优美而自然。而屋顶的天窗，既满足功能需要，有恰如其分地凸起，在外观上起到提神的作用。

(a)　　(b)

图 16-22　意大利罗马小体育宫

小体育宫优美的球顶天花世界闻名。它是一个建筑设计、结构设计和施工技术巧妙结合的优秀艺术品。球顶由 1 620 块用钢丝网水泥预制的菱形槽板拼装而成，板间布置钢筋现浇成“肋”，上面再浇一层混凝土，形成整体兼作防水层。预制槽板的大小是根据建筑尺度、结构要求和施工机具的起吊能力决定的。板间拱肋交错形成精美图案，如盛开的秋菊，素雅高洁。球顶边缘支点很小，斜撑上部逐渐收细，颜色浅淡，在对应悬挂于球顶上深色吊灯的对比下，球顶好像悬浮在空中，独特意境令人叹为观止。小体育宫整个大厅的尺度处理也很好，穹顶尺度由中心向边缘逐渐加大，与支架相接处的构件尺度最大，最外边变为三个一组的大构件，顺着拱肋走向，将力集中到支点。而它们的轮廓与 Y 字形斜撑上部形成的菱形，又与预制槽板的菱形相似，不过它们是通透的，不显沉重。这种相似形状的有韵律的重复和虚实对比手法，使整个穹顶分外轻盈和谐。装配整体式结构既节省了大量模板，又保证了结构整体性，中央天窗对施工安放起重机非常理想。整体建筑没有任何多余装饰，具有良好的经济效益，达成建筑与结构的完美统一，并且同时兼顾了施工和经济因素。

（二）代代木综合体育馆屋顶

日本建筑大师丹下健三设计的代代木综合体育馆是 20 世纪 60 年代建筑技术进步的象征，如图 16-23 所示。它脱离了传统的结构和造型，被誉为划时代的作品。代代木综合体育馆的整体构成、内部空间以及结构形式，展示出丹下健三杰出的创造力、想象力和对日本文化的独到理解，它是由奥林匹克运动会游泳比赛馆、室内球技馆及其他设施组成的大型综合体育设施。该体育馆包括一座游泳馆和一座球类馆，于 1964 年落成，是为 1964 年东京奥运会而建的。两座会馆建筑都采用悬索结构，游泳馆的平面如两个错置的新月形，球类馆平面如蜗牛形。代代木综合体育馆采用新型结构，然而又被认为具有日本独特的造型风格，因而受到广泛赞誉。代代木综合体育馆屋顶采用高张力缆索为主体的悬索屋顶结构，创造出带有紧张感、力量感的大型内部空间。

（a）　　　　　　（b）

图 16-23　代代木综合体育馆

（三）南京报业文创园内 X 桥

位于南京市光华路南京报业文创园内的 X 桥，主要功能是联系南北楼（图 16-24）。业主为了给两栋建筑在顶楼处添加个联系通道，要求在两栋旧建筑顶部添加一座小型步行桥用于承载跨越。

(a) 周边环境

(b) 立面图

(c) 桥面空间

(d) 施工现场

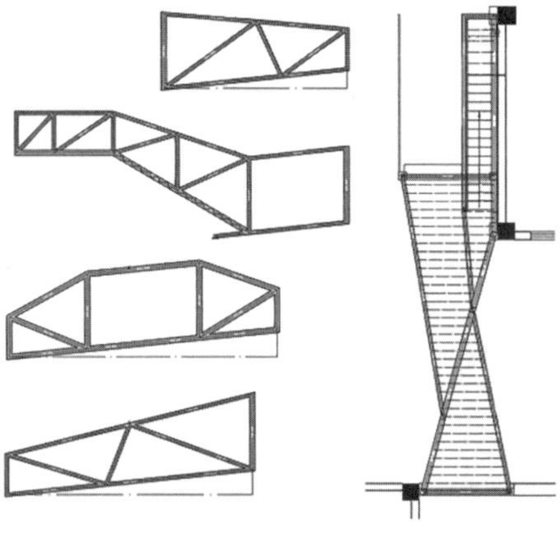

(e) 造型设计

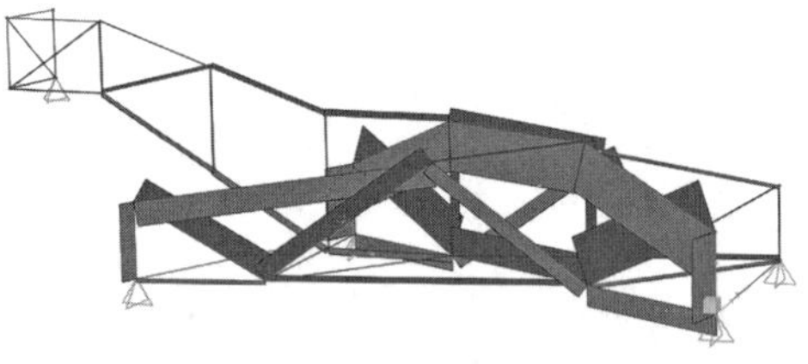

(f) 结构仿真

图 16-24　南京市光华路南京报业文创园内 X 桥

X 桥长仅 9 m 左右，结构体系非常创意地由对角线布置的主桁架与次桁架组成，在空间中呈 X 形，彼此相交，相互支撑，确保了桁架的整体强度和稳定。桥面布置在桁架的下弦以上，桁架还具有围护栏杆的功能；桁架的杆件截面变化依据内力大小而确定，在空间认知中表达出了桁架的内力分布，这些自然力的真实表达隐喻结构对于空间的介入，结构感知与建造逻辑转换为空间认知的重要部分。X 桥的设计体现了结构、空间、界面整合设计创造的无可替代的崭新空间特质。

X 桥在设计上摒弃常规两个梁铺一个板搭一座桥的常见做法，取而代之的是将二维的桁架拓扑为三维桁架体系，用三维桁架去完成跨越，以结构生成空间。空间与结构浑然一体。为了重塑基地的场所体验，摒弃了桥梁先结构后装饰的传统设计方法，而是把空间叙事与结构传力巧妙结合，让一座最小的桥带给人们怦然心动的空间体验。

该方案具有以下的借鉴意义：一方面，结构的设计应该与空间的设计进行整合，使结构的要素除承担受力之外还可以作为空间的界定和引导要素，计入设计的全过程中。另一方面，设计者应打破结构选型的思维，还原至结构本身，将立面、空间、造型、跨越全部集于桁架去实现。

（四）云梯

由土木方建筑工作室张冰设计的云梯位于南京某公司园区总部塔楼与裙房的交接处，主要功能是改善商业动线及丰富建筑组团的院落空间体验。作为典型的交通设施，楼梯的各入口合理地顺应了不同方向的商业人流，交通便捷性的设计考虑自然形成了折线状的平面几何关系，由外而内地确立了楼梯在场地中的秩序，总建筑面积 105 m^2，如图 16-25 所示。

(a) 整体造型

(b) 立面图

(c) 俯视图

(d) 桥面空间

(e) 底部造型

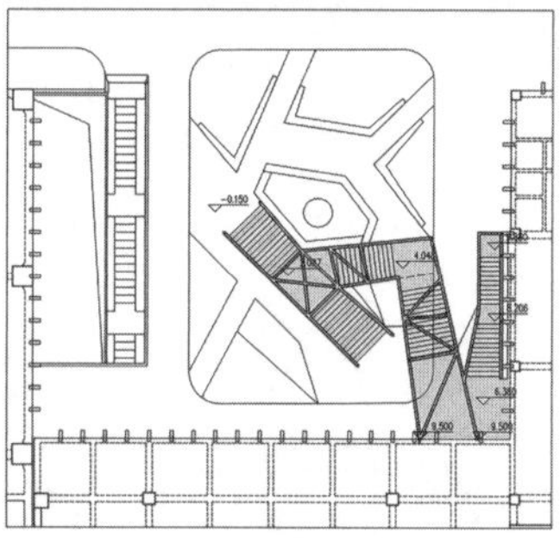

(f) 平面设计图

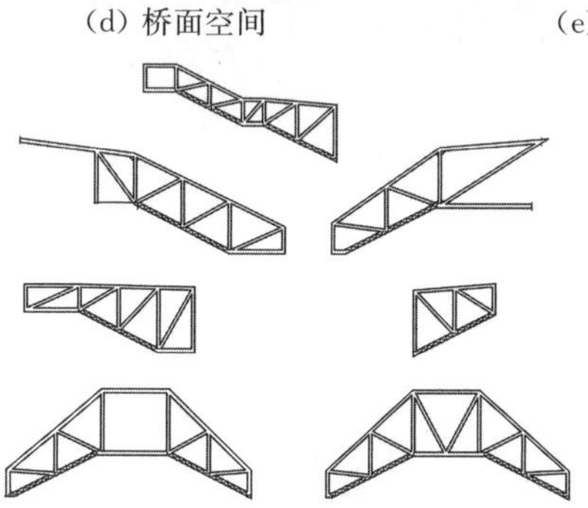

(g) 造型设计

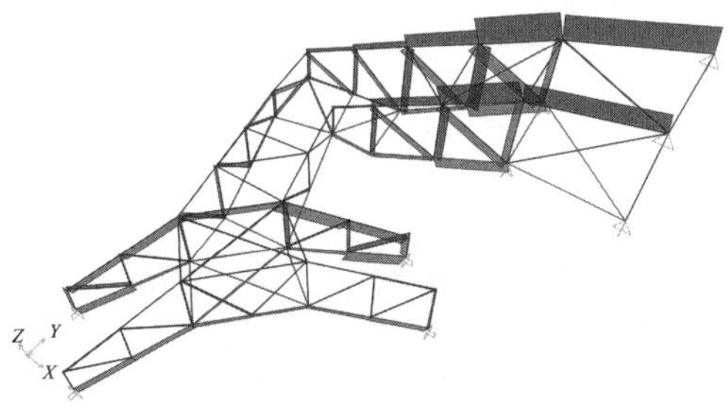

(h) 仿真分析

图 16-25　云梯

云梯由一系列相互交织的桁架结构组成，各构件彼此支撑，共同组成了空间桁架结构，因此具有了良好的结构稳定性。依据细致的设计和精确的计算，不同钢杆件截面的大小均依据内力大小控制，从而使得云梯的结构具有了精确形式和极少主义特征，结构精致诱发的结构感知成为空间体验的重要组成部分。

云梯的独特结构传力路径使其具有了独一无二的结构形态。在结构形式上，整体是由三维桁架组成，但却在桁架的路径上引用了拱作支撑。地面部分两处出口实际上共同形成了一个拱支撑起云梯的上部悬挑结构，云梯的二级中间休息平台底部均不设任何竖向支撑，使结构轻盈地跨越和大尺度悬挑，结构在视觉上仿佛摆脱了重力束缚，漂浮于空中，举重若轻。

云梯表达了结构诗意的攀登，有双重含义：一个是结构设计的独特追求，另一个是空间攀登的诗意体验，二者通过传力路径的设计和结构构件的操控，结合空间属性得以实现。具有以下借鉴意义：其一，精致的结构形态可以成为空间体验的重要组成部分。其二，美的结构形态设计不以结构最优为最终目标，而是综合设计美感的全局最优。

（五）一柱之宅（One Column House）

一柱之宅位于阿根廷南部巴塔哥尼亚湖海岸，建筑面积为 160 m^2，其中有 60 m^2 为一所避暑别墅的扩建部分。原有别墅主要生活空间离湖太远，无法欣赏到美丽景色。因此设计师决定在临湖区域进行扩建，并实现基本的生活起居功能。扩展部分屋顶由混凝土构成，四面是大块的透明玻璃，唯独房间中间的一根扭曲的混凝土柱与屋顶相接，起到支撑作用。宽大的平面屋顶从靠着一边的邻居房屋横跨到另一边，四根大梁倒置于屋顶之上，承担荷载的同时进行视觉消隐，突出室内部分的简洁纯净。

本建筑通过中间两片旋转的异型柱与顶部反梁共同组成特殊的结构体系，设计师将梁隐匿于楼板之上，并意图赋予柱板以建筑功能从而削弱其视觉上的结构特征，给予观者以“结构消失”的幻象。竖向支撑柱由一对混凝土剪力墙旋转而成，将人们的视线引向开敞的景观面，并区分各个功能区，进行空间限定，其创造的隐蔽空间解放了边界，实现了内外环境的交融。在起到结构上竖向支撑与水平抗侧作用的同时，也成为空间中的焦点及精神核心，同时其内设置了壁炉及储藏空间，烟囱直通向屋面，实现结构、空间、功能的高度统一。结构元素可以与空间界定元素相整合，如壁炉、书柜、楼梯等都可以用作竖向和水平荷载的受力载体，从而简化建筑和空间的整体形态，如图 16-26 所示。

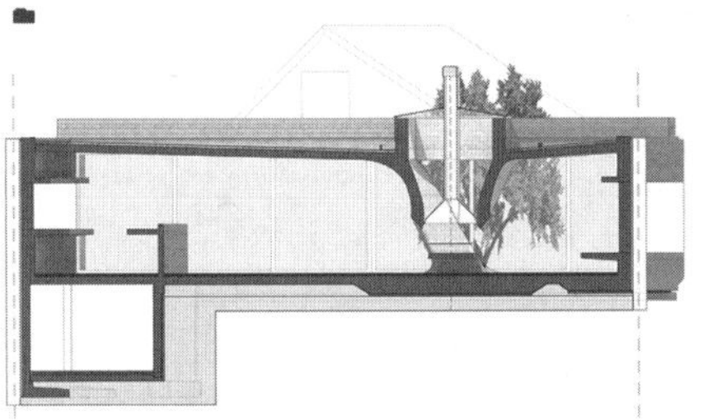

(a) 纵切面

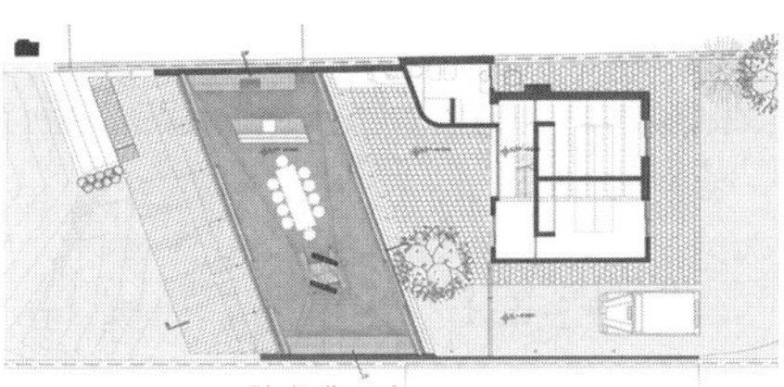

(b) 一楼平面

(c) 外景图

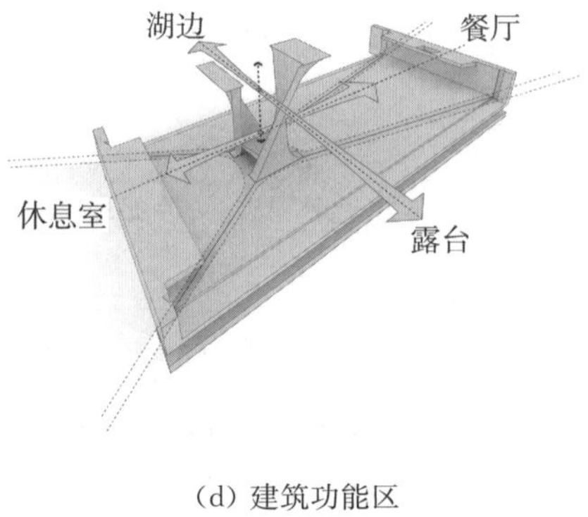

(d) 建筑功能区

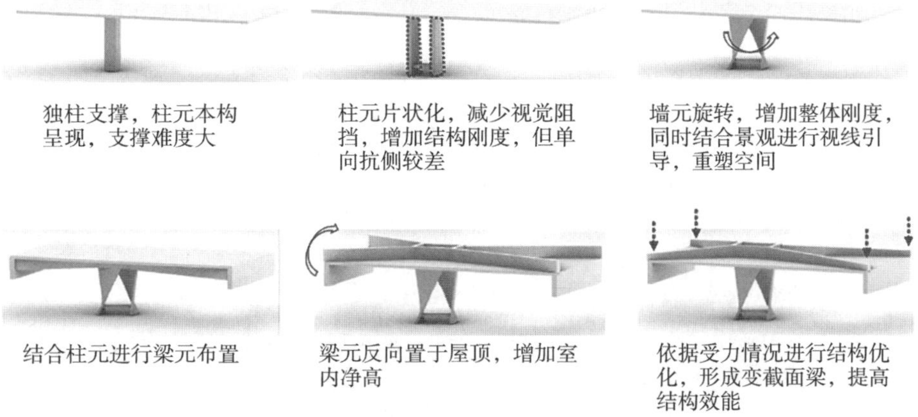

(e) 结构构思下建筑形态形成过程示意图

图 16-26　一柱之宅结构示意图

（六）一墙宅

在克雷兹的一墙宅项目中，面对基地形状及景观视线的限制，建筑呈六边形的形状分布，且窄侧面向湖面。为了使建筑的两户人家均能拥有湖景美色，设计师使用一道墙从纵向将平面一分为二，同时在结构上也成了唯一的竖向支撑系统。两个单元之间采用折线墙的形式，运用图解静力学的方式实现了结构的平面布置及上下楼层之间力的传递，每层墙的形状都不同，上下墙之间通过一定的交错、变形保证了传力的连续性。折线的出现使得一个房间是凹的，另一个房间是凸的，从而形成了一面开阔、一面狭长的空间特点，完美地限定了空间形状及功能。设计师通过对构件极简化的表达实现了内部真正极致的空间。

当竖向支撑由多点变为线式即墙元限定时，空间限定及分隔性更强，分区明显，空间私密度较高，但随之流动性也得到一定程度减弱。在墙元限定中，墙元既是支撑系统，又起到分隔空间的作用。在钢筋混凝土框架结构出现之前，墙承重构成了建筑的主体，空间的灵活性受到极大的限制。而如今随着材料技术的进步，墙元的塑造已突破传统墙体的束缚，呈现出高结构效能的艺术性空间。

该建筑采用承重墙限定空间的设计方法。线性限定分别从隐形的线、视觉的线及实体的线三方面讲述了不同的结构类型下空间限定的差别，从弱限定到强限定，从无方向性到强引导性，从无边界的开放性到墙元限定的强私密性，展现了结构类型对于空间的限定及表现能力，为狭长类空间提供了结构空间解决方案，如图 16-27 所示。

(a) 外景

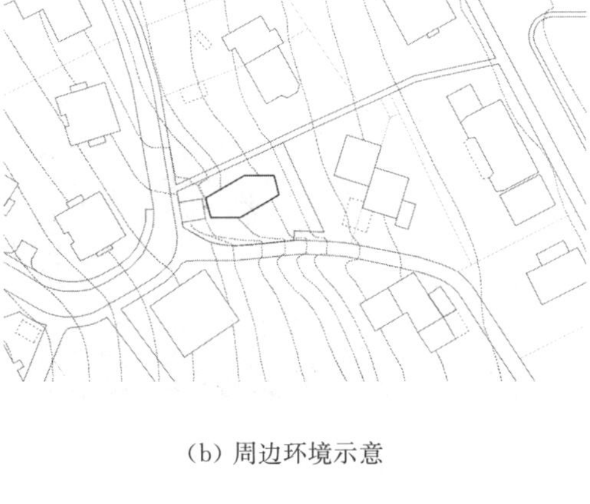

(b) 周边环境示意

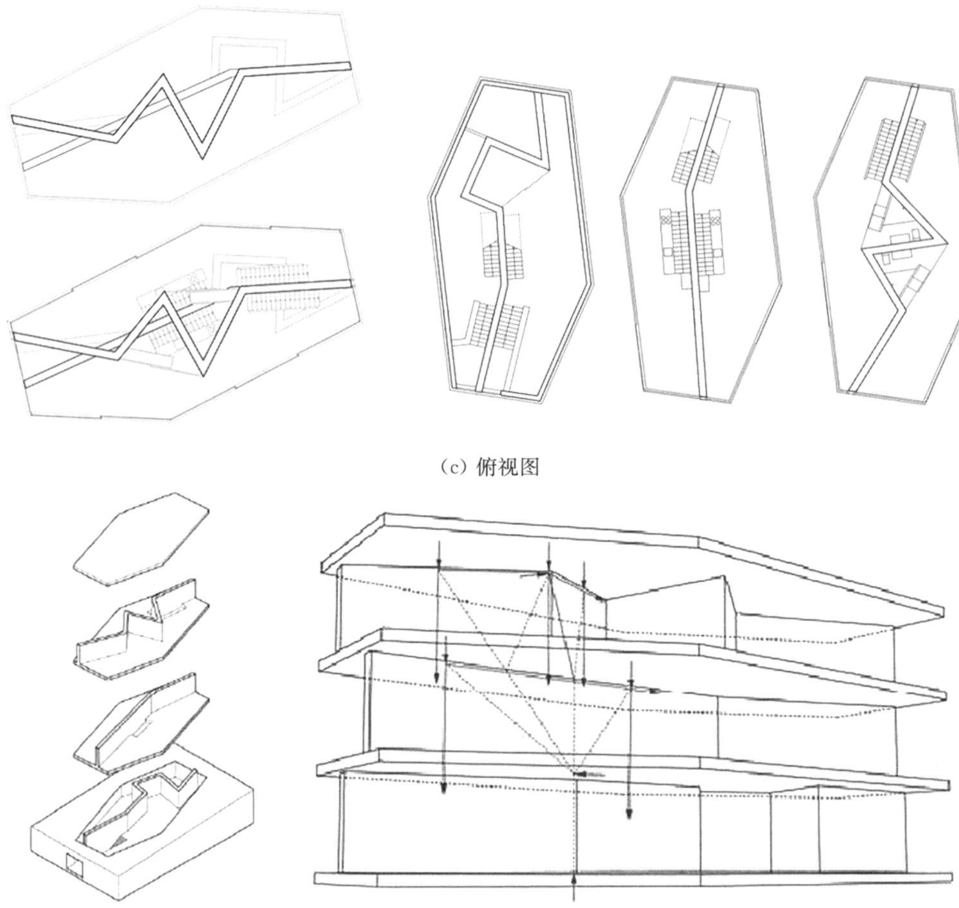

（c）俯视图

（d）建筑分解图 （e）一墙宅局部力流示意

图 16-27 一墙宅示意图

（七）Showroom H 陈列室

Showroom H 建于 2005 年，位于日本新潟县，由平田晃久设计，建筑面积为 824 m²，主体材料为混凝土，建筑内部主要用于陈列小型农业设备。设计师通过将结构网格与建筑外立面呈 45°倾斜，并用倒置的三角形混凝土墙面作为承重单元，模糊墙与柱的截面，形成独特的结构和空间感受，如图 16-28 所示。

（a）Showroom H 外部实景 （b）Showroom H 入口实景

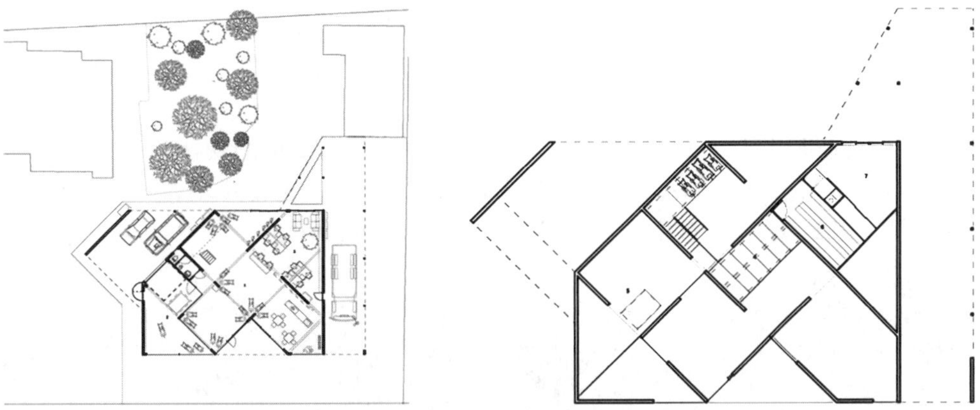

(c) 一层平面　　(d) 二层平面

图 16-28　Showroom H

Showroom H 竖向维度上的三角墙元完美阐释了结构限定与空间营造的关系，随着高度的增加，视觉限定在加强；随着深度的增加，行为限定在加强，视觉与行为的配合充满了趣味性。从柱元到墙元及从线到面的变化带来的是空间限定程度及通达度的改变，面域的出现带来更多视线上的阻挡。但区别于传统空间面系元素结构与围护分离的特点，三角形混凝土板的运用将承重属性与围护属性合二为一，实现了结构与空间内在秩序的统一性，达到了空间的隔而不堵，空间之间的渗透与流通。斜交的操作带来的是几何形式及图案的改变，从线性交叉到斜向面域，斜交这一方式在线、面、体构件上均具有良好表现。打破原有肌理，构建新的空间秩序是其最显著空间特点；同时斜向构件引导力流传递，力的分解使其具有更好的抗侧强度及更高的结构效能。

建筑师将 5 m 宽的混凝土墙切开，变成一片片三角形，在结构上三角墙元扮演了支撑的角色，在设计概念上，三角形混凝土墙串联了空间，但在某个高度刻意地遮掩了人们的视野，有如在森林当中，吸引探险者朝森林深处走去。设计师以对角线的线条挑战传统建筑中对于绝对水平与绝对垂直的要求，操控开放与封闭之间的关系，在三维空间里展现线与面及立体空间的趣味性。设计师此举的目的就在于试图以人工方式创建一个类似于自然环境的地方，邀请人们在没有整体视野的情况下深入了解其连续性，在那里他们可以在每分钟发现不同的事物。

该建筑将几何元素作为结构支撑，将结构元素作为空间表达的元素，完美融合了结构和空间。类似案例还有伊东丰雄设计的多摩美术大学图书馆以及奥加提设计的哈德图姆站车站等。

(八) House S

House S 由日本建筑师唐泽佑介(Yuusuke Karasawa)设计，占地面积约 50 m^2。建筑师采用二分错层的方式，将住宅分成两个部分，每一个部分都采用错层的空间组织法，两个部分的交通在中心部位相邻，塑造出清晰且感官层次丰富的居住空间。建筑由薄钢板与玻璃组成，通过错层的形式将直跑楼梯与另一侧地板相连接，形成水平连续空间，层次丰富且充满趣味。

在结构设计上，设计师打破了常规的水平竖向正交的方式，借助楼梯的倾斜角度形成斜向钢板，利用其水平与垂直方向的分解传递竖向荷载。两大部分的交叉布置，给彼此提供了良好的侧向支撑，保证了整体的稳定性。此种结构是对传统结构体系的打破，形成了创新的结构网络，在空间上斜板同样打破了竖向界限，消解了传统的围合，各部分之间视线互通，使整个空间流动起来。

该建筑在设计时引入了整合思维，建筑的要素可以承担结构的功能。在 House S 项目中，设计师通过墙元的斜交实现了空间的创新，消解了实体。通过设计 X 交叉的楼梯，承载支撑，取消了室内的柱子，仿佛室内没有结构，如图 16-29 所示。

(a) 实景图

(b) 内部空间

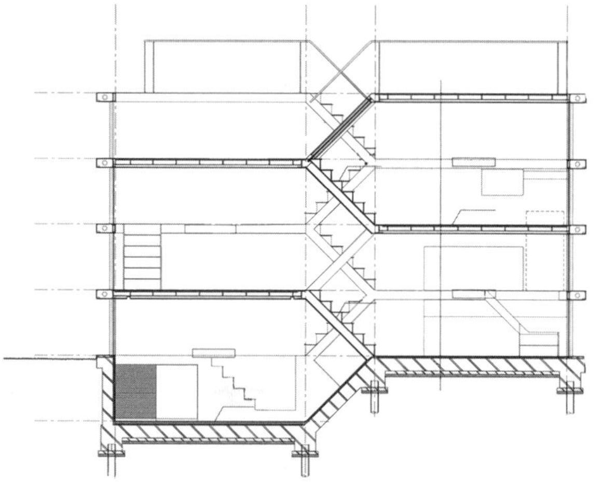

(c) 剖面图

图 16-29 House S

(九) KAIT 工坊

小西泰孝和石上纯也合作设计的神奈川工科大学(KAIT，Kanagawa Institute of Technology)工坊中，小西泰孝通过将不同性能与结构作用的钢柱组合，并削弱外在的视觉差异从而达到了视觉“诱导”的作用，以满足大学提出的“希望能营造提高学生创作欲望的氛围”和“希望建筑物拥有更好的通透性”的要求。

建筑中的 305 根非常细的柱子支撑着屋顶并通过调整柱的位置和类型，区分每个柱子的作用。建筑中并没有墙壁，但却有着比较鲜明的功能分区，绿色区域为走道空间，蓝色区域则为停留性功能空间。305 根柱子高约 5 m，剖面尺寸有两种，分别是 16 mm×145 mm(263 根)和 63 mm×90 mm(42 根)，16 mm 的细柱给了人极强的视觉诱导性，在人们常识里 5 m 长 16 mm 厚的细柱一定极容易发生屈曲或在横向荷载下发生形变。为了让人产生这样的结构意识“错觉”，小西泰孝将地上结构分为 3 个要素：① 钢骨格子架顶棚；② 截面尺寸为 16 mm×145 mm 的 263 根受拉薄柱；③ 42 根竖直受压支撑柱。

建筑采用拉压整合的设计方法，其中结构要素③ 支撑着结构要素① ，且要素② 悬挂于要素① 上，且与地基相连，受拉力作用。所有柱的大小和方向都不同，不同的方向是为了应对各个方向可能出现的横向荷载，图 16-30 中的箭头表示柱方向和强度，箭头指向不同的方向，但任何方向上的水平刚度相同。

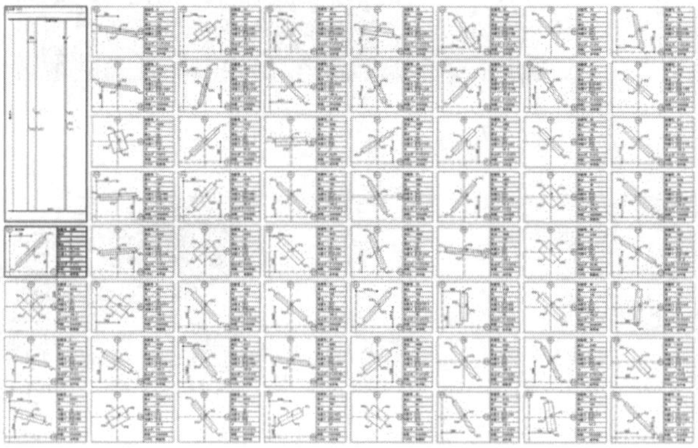

(a) KAIT 工坊中柱子的截面尺寸与方向

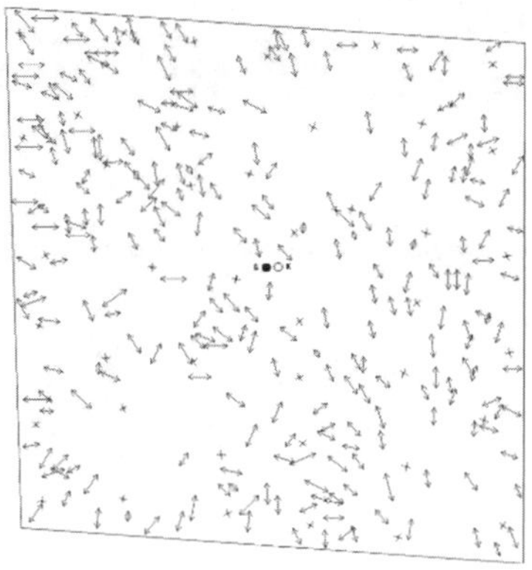

(b) “受拉柱”和“受压柱”水平刚度分布图

图 16-30　KAIT 工坊结构特点

在施工方式上，为了发挥该建筑物的结构性能，建造顺序也非常重要。因为受拉杆件非常细薄，一旦施工中不注意就会产生屈曲和结构破坏。施工主要分四步进行：

第一步：先装好受压柱后再安装屋顶的钢结构梁架。

第二步：梁上悬挂受拉柱并在屋顶上放置重物，以施加 900 N/m^2 的临时荷载来使梁弯曲变形以固定在地面上。

第三步：固定受拉柱的脚，然后移除施加在屋顶的荷载。原先弯曲变形的梁会返回到其原来的位置从而给受拉柱上施加了预应力拉力。

小西泰孝和其合作的建筑师通过诱导人混淆拉柱和压柱不同的结构性能，给人以一种 16 mm 厚的柱子支撑整个结构的“错觉”，整个作品在日本这种强震国家制造了一种轻盈的悬浮感，实属不易。

该方案具有以下借鉴意义：其一，拉力的介入可打破人们对柱子的传统认知；其二，打破规则柱网有利于形成多样性的空间，如图 16-31 所示。

（十）浓汤娃娃工作室

浓汤娃娃工作室（Atelier-Bisque Doll）是由 UID Architects 设计事务所设计的一处给从事洋娃娃设计的艺术家的工作室，同时也是这对艺术家夫妇的住所，位于日本箕面市。这个方案的要求是设计一个可以同时用作画廊和娃娃制作的工作室。此外，亦应该是一个适合邀约主人的朋友们欢聚的地方。在住宅环境中，艺术家们希望工作室和房子都保持开放的状态，但同时保留与邻居间的隐私。场地面积 328.16 m^2，总建筑面积 151.76 m^2。

(a) 工坊内景

(b) 工坊外景

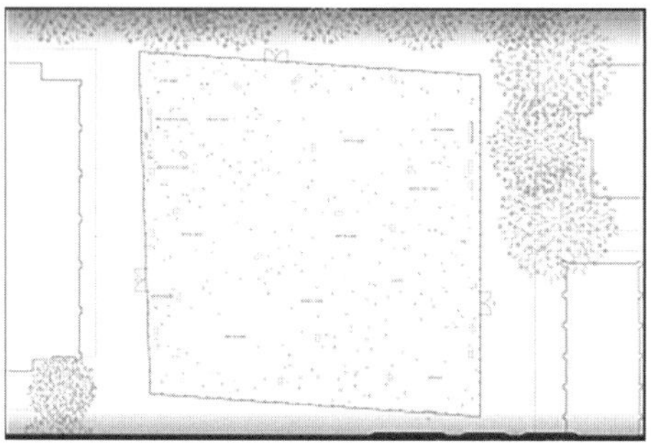

(c) 工坊平面示意图

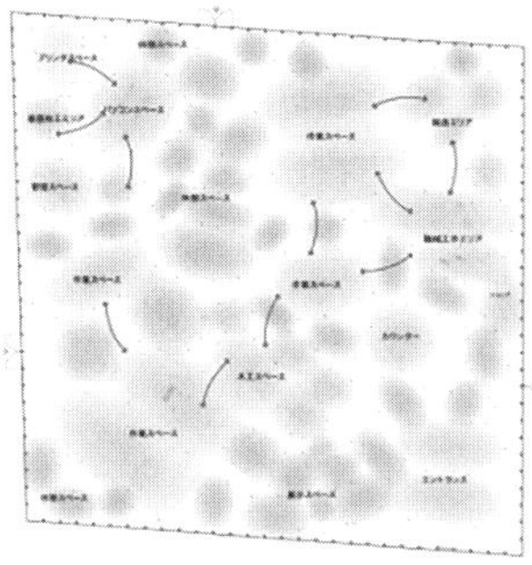

(d) 工坊中的功能分区

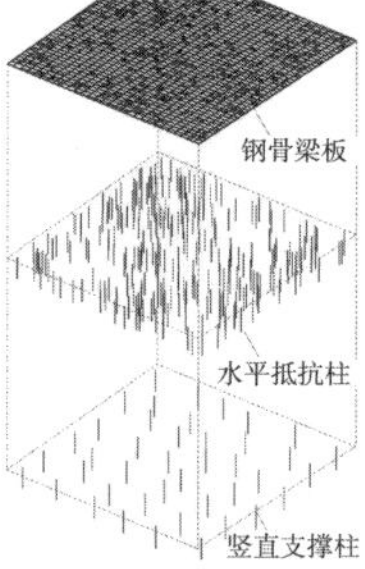

(e) 结构要素拆解图

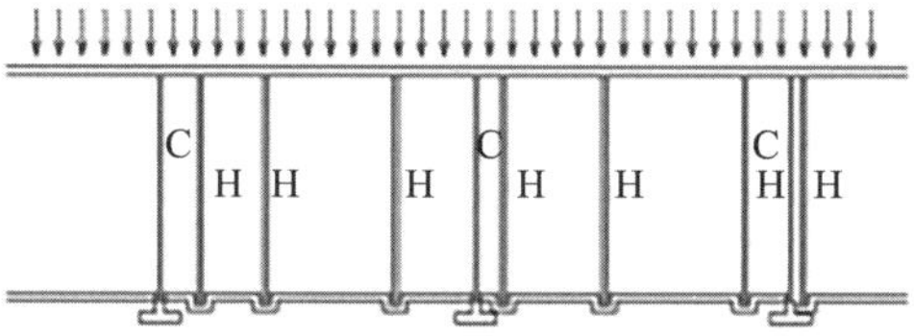

(f) 施工步骤示意图一(C 柱为受压柱,H 柱为受拉柱)

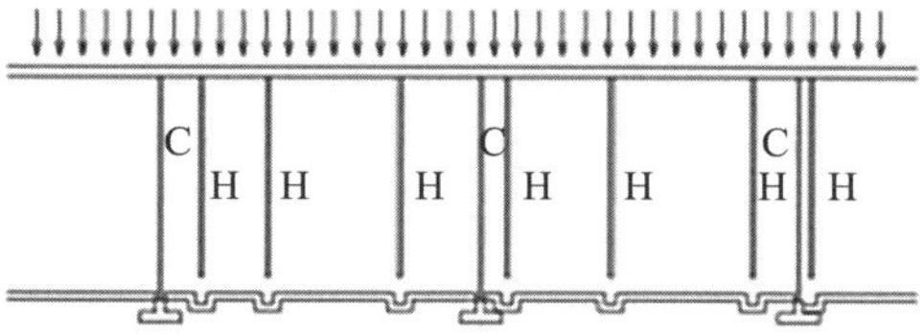

(g) 施工步骤示意图二(C 柱为受压柱,H 柱为受拉柱)

(h) 受拉柱上红色装置提供预加荷载,拉杆固定于地面后再移除

图 16-31 神奈川工科大学工坊

由小西泰孝和 UID 前田圭介一起设计的浓汤娃娃工作室,则是通过整个结构体系的组合来达到人的视觉诱导的目的。大面积的悬挑达到了视线的通透,给空间赋予了暧昧的属性。

小西泰孝在设计中体现了平衡的艺术,设计的这个结构形态最大的特征在于长度超过

10 m 的带状墙完全悬浮在空中，结构主要由三部分组成：(1) 钢桁架主体结构；(2) 支撑主体结构的剪力墙；(3) 漂浮的夹层板(图 16-32)。

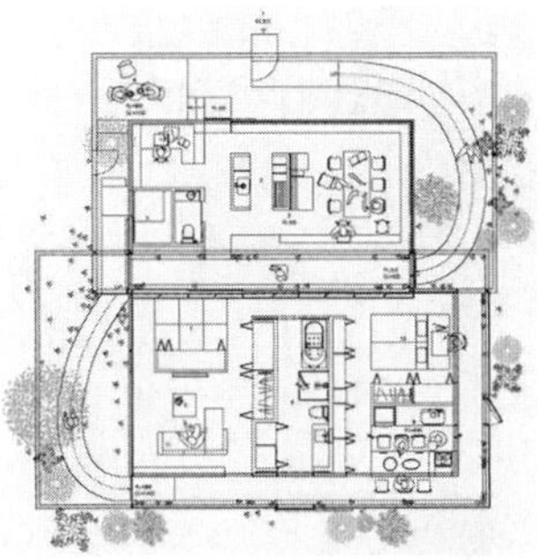

(a) 平面图

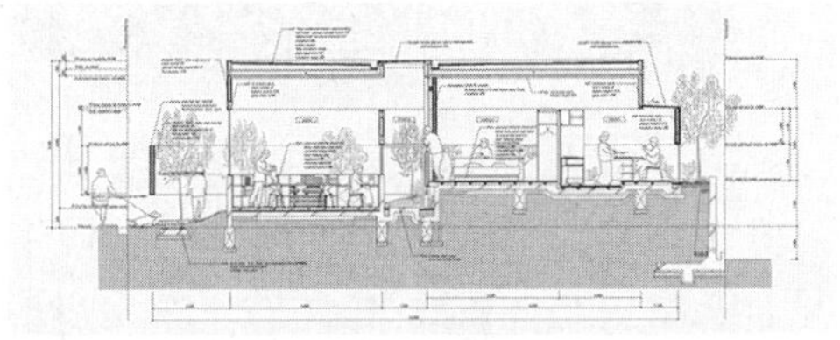

(b) 立面图

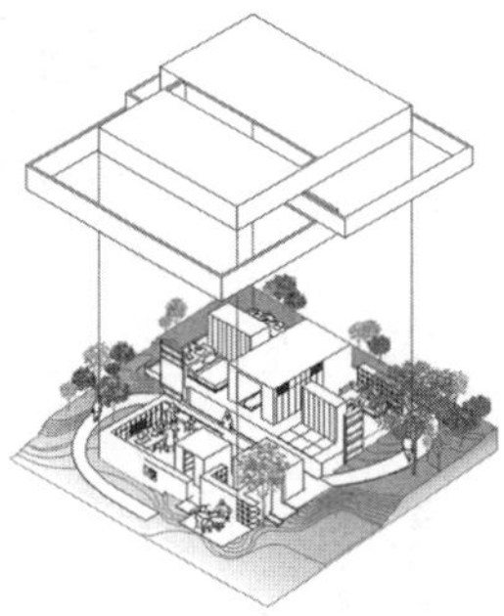

(c) 整体造型

(d) 外观

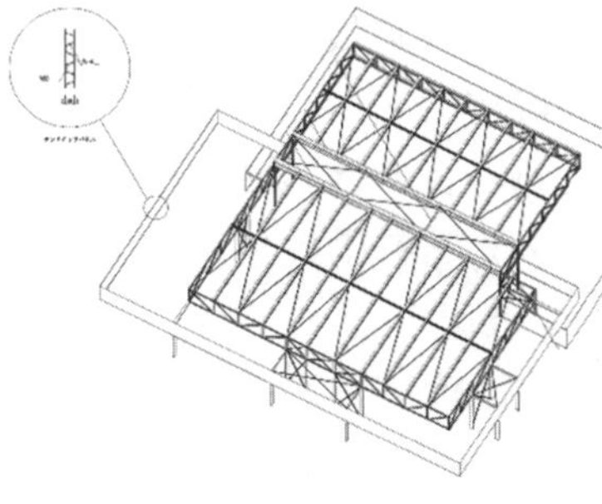

(e) 钢桁架图

(f) 结构实体图

图 16-32　浓汤娃娃工作室

在结构形态设计的概念阶段，设计团队通过将三本书的错位排放来摸索出可以使墙壁浮起的可能性。小西泰孝通过体系整体化操作来达到结构形态的悬挑效果的视觉诱导。悬挑墙的高度为 1 m，厚度为 6 cm，墙体本身为夹芯钢板且不承受其他荷载，所以悬挑并没有太大的难度。互相交叠并悬挑的结构形态给了建筑更多的空间可能，在空间的领域主张上也由原先的边界分明的私域和公共二元属性变得更为模糊，给业主提供了各种场所中不同的内外关系组合。浓汤娃娃工作室的结构形态设计如图 16-33 所示。

该建筑通过打破传统结构布局与结构要素之间的隔阂，创造了更多的艺术可能性。力不是建筑和空间的负担，也可以是表现的艺术。结构不应该只追求性能，也可以成为表达。

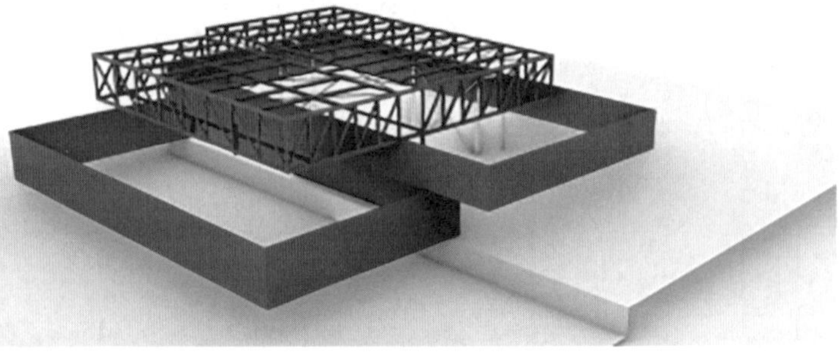

(a) 结构体系模型

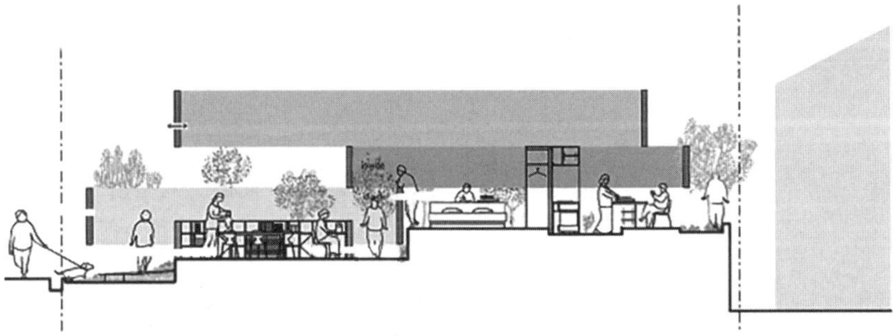

(b) 通过结构形态的空间营造给业主提供了多种空间属性与内外关系组合

图 16-33　浓汤娃娃工作室结构形态设计

（十一）蛇形画廊

在巴尔蒙德与伊东丰雄合作设计的位于英国伦敦的蛇形画廊中，巴尔蒙德通过几何与数字逻辑生成的方式，在正方形的相邻两边中，从一边的中点向邻边的 1/3 处连线，按照此 1/3～1/2 法则，得到了在原正方形内部互不相交的 4 条直线。选择每边的中点，则得到一个在原正方形内围合的封闭图形。其中某些线段将作为主要承重结构构件，某些将作为次级承重构件，而其余的将作为某种立体形态表面的随机线性母题的表现因素。巴尔蒙德成功地将一个简单的井字形框架原型，通过几何与数字逻辑生成的方式，变成一个极具结构表现力的新的结构形态。建筑占地一层，总建筑面积 309.76 m^2。

通过 ABAQUS 有限元软件将蛇形画廊模型与传统的九宫格结构原型进行对比分析。整个模型采用壳单元，钢材选用 Q345，泊松比为 0.3，钢材的厚度选用 24 mm。边界条件为底部固接，钢板之间的接触采用共节点的方式，荷载仅考虑自重影响。

无论是最大应力还是最大位移，异规后的蛇形画廊都要劣于九宫格的结构原型，但比起九宫格，蛇形画廊的受力更为均匀。由于巴尔蒙德与伊东丰雄所有异规操作的背后追求都是去中心性，追求“盒子被最大限度地弱化”，因此很明显，九宫格的简单覆盖根本无法满足蛇形画廊作为艺术品展示给全世界的建筑爱好者。

在横向钢板与竖向钢板的连接处的建造问题上，巴尔蒙德也做了精心的设计，他并没有像传统的结构设计中所惯用的那样利用一圈封口梁将所有的建造细节全部掩盖掉，同时还能加强结构的刚度，取而代之的是将横向钢板与竖向钢板柱通过垂直的钢板设计进行过渡，更好地将建造展现在人们面前，也体现了结构的形态设计思维中，结构次优的设计理念。

从该建筑的设计中可以看出，结构形态设计无须追求最优，美学观念的置入、结构元素的重复可以赋予结构更美的形态。该建筑采用高级几何塑形的设计方法。巴尔蒙德与伊东丰雄通过两步异规操作后得到的建筑模型效果图(图 16-34)如下：

(a) 外景图

(b) 内景图

(c) 细部图

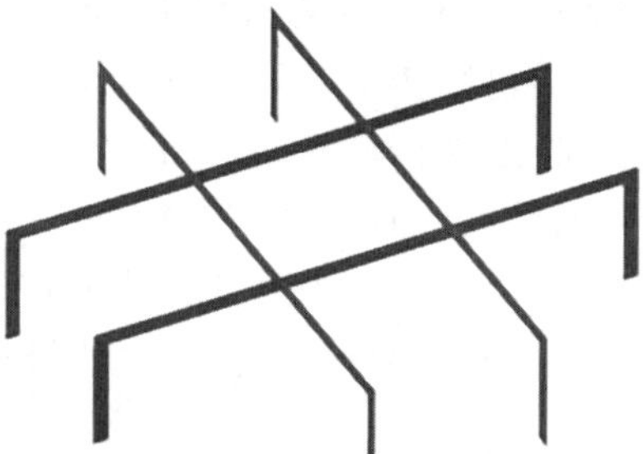
(d) 井字形结构

(e) 横竖钢板交界处的建造过程

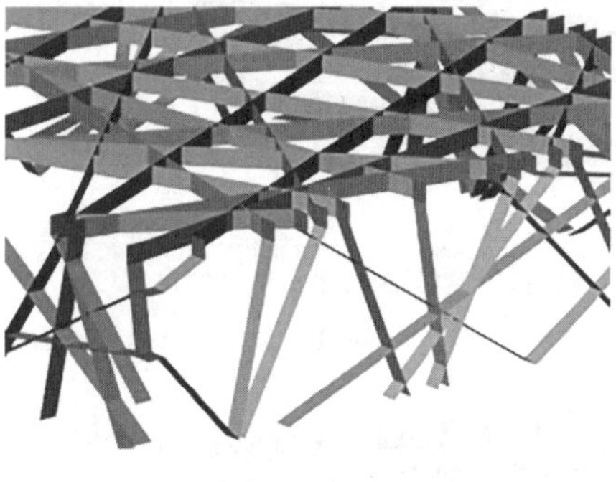
(f) 通过竖向板进行交接过渡

(g) 建筑模型渲染图

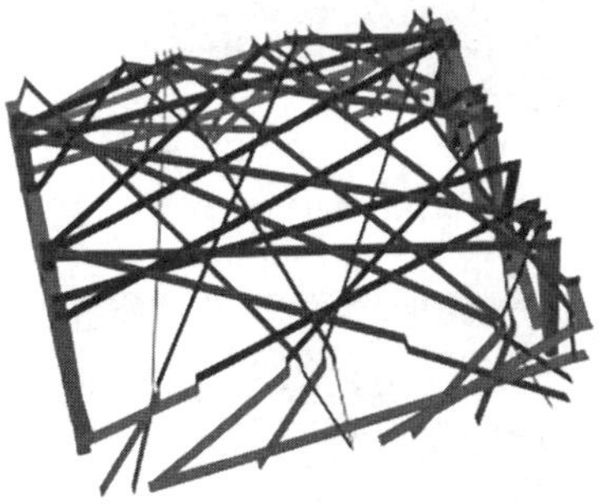
(h) 结构模型渲染图

图 16-34　蛇形画廊

（十二）Active Energy Building

位于瓦杜兹的住宅 Active Energy Building 由建筑师福柯埃斯（Falkeis）和工程师布林格-格罗曼（Bollinger-Grohmann）的结构事务所设计，为住宅单元引入了一种高效、经济，但在建筑上引人入胜的轴承结构的新颖系统。该结构是用钢筋混凝土设计的。钢筋混凝土地板设计为跨度在 6～12 m 之间的平板。建筑物的中间区域由一楼的预制钢柱支撑。在遗传算法的帮助下，开发了一种由 4 种不同类型的柱子（2×V 形和 2×A 形）组成的结构。这些柱子的位置和方向导致外观不规则，具有优化的结构承载性能，同时最大限度地减少了材料用量。

该建筑采用模数化建造，造价成本低，运用多目标遗传算法，确保结构性能在同类里相对最优。建筑采用多目标优化的设计方法，与传统的基于直柱网格的传统方法不同，斜柱被引入穿过建筑体量，构成功能和建筑参数的共生关系。为此，建立了两步优化过程（图 16-35）。

第一步：通过结构增长类比进行拓扑优化；

第二步：通过遗传算法进行几何优化（给定第一步“BESO”中列配置的拓扑结构，“列树”的旋转调整，其中基因＝旋转）。

从该建筑的设计过程中可以发现，在确定结构范围和大致形状后可以借助遗传算法来寻找最优可能，通过优化参数和优化目标的设计可以调整最后想要的成果目标，如图 16-36 所示。

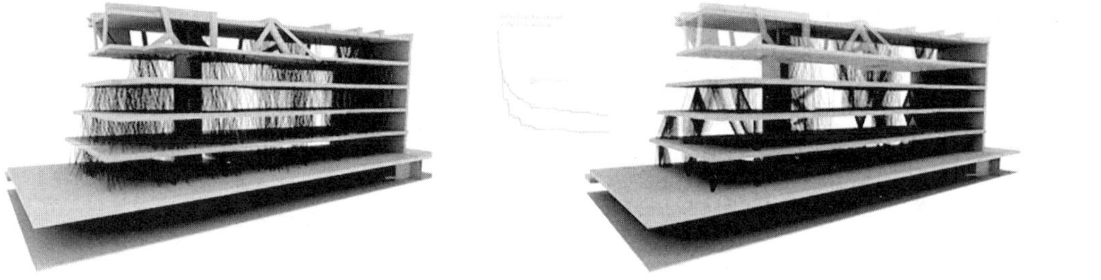

(a) 第一步：通过结构增长类比进行拓扑优化　　(b) 第二步：通过遗传算法进行几何优化

图 16-35　Active Energy Building 设计方法

(a) 垂直和水平荷载下的 Karamba 模型

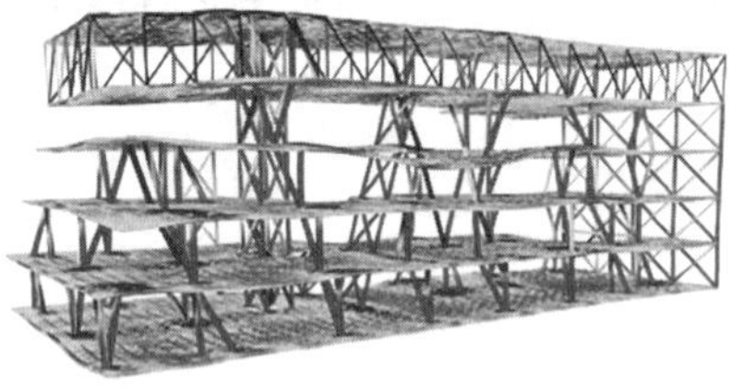

(b) 变形 Karamba 模型中的应力

(c) 建筑构件工厂生产

(d) 建筑构件现场组装

(e) 建筑施工现场

(f) 建成效果

图 16-36　Active Energy Building 调整后的成果

(十三) Skylink

建筑师伦非尔德(Lengfeld)和威利施(Wilisch)及工程师布林格-格罗曼(Bollinger-Grohmann)结构事务所在奥地利维也纳的法兰克福机场的"广场"建筑和 300 m 远的停车场之间完成了一座新的"天桥",名为"Skylink"。在这座桥上,缆车将运送行人往返停车场。这座桥位于街道上方,街道是通往法兰克福机场 1 号航站楼的主要通道,此外,从一条经过 ICE 轨道和 A3 高速公路的四车道公路可以看到它。由于这个突出的位置,必须找到具有非常高美学质量的建筑。

该项目的设计方法创建了一个结构,它满足静力学的要求,但看起来仍然是随机创建的。由于从上方和下方都可以看到这座桥,因此下方和上方的对角线与两侧的对角线相交。这些对角线放置在不同的层中,以避免对角线在两侧交叉的复杂节点。与顶部对角线相交的侧面对角线放置在外侧,在下方与对角线相交的对角线放置在内侧,如图 16-37 所示。

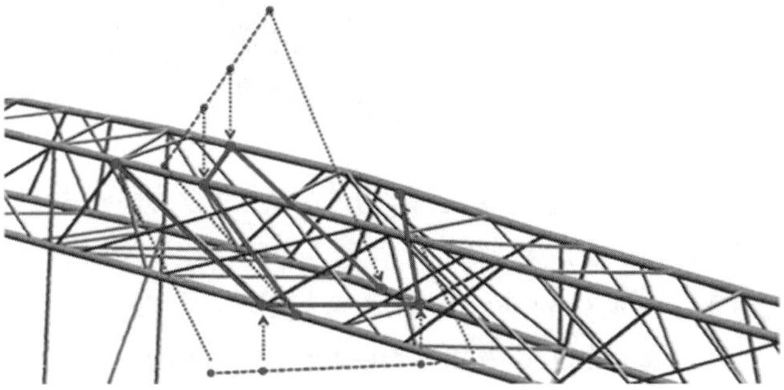

(a) 结构系统

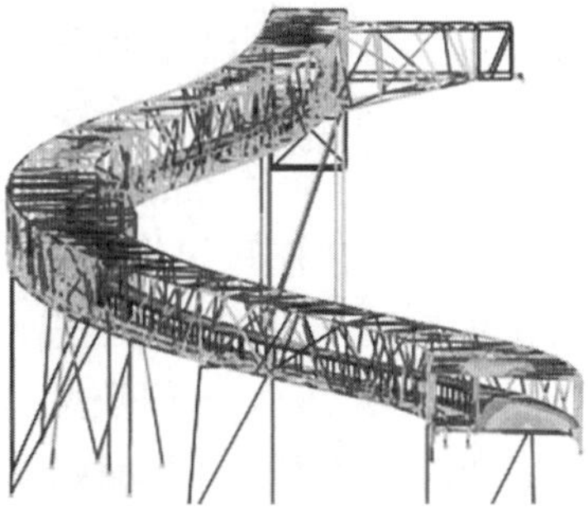

(b) 结构分析

图 16-37　Skylink 结构

为了满足要求,设计了一座桁架钢桥,并通过计算机算法放置了对角线。对角线随机放置在一组结构中并计算结构。对挠度较大的结构进行分类,将无荷载的对角线取出或替换为进化算法。由于疲劳荷载,必须仔细设计对角线连接到弦的节点。使用 IIW 指南"焊接接头和部件的疲劳设计"通过有限元方法计算的典型节点和特殊节点。Skylink 的建成效果如图 16-38 所示。

(十四) CIAB Pavilion

CIAB Pavilion 是由扎哈·哈迪德建筑事务所与布林格-格罗曼结构事务所在北京设计的展馆,该展馆是为中国国际建筑双年展合作而设计。它用互补的 hypar 贝壳重新诠释了 Felix Candela 的作品,这些贝壳具有高度的结构性和雕塑感,如图 16-39 所示。

(a) (b) (c)

图 16-38 Skylink 建成效果

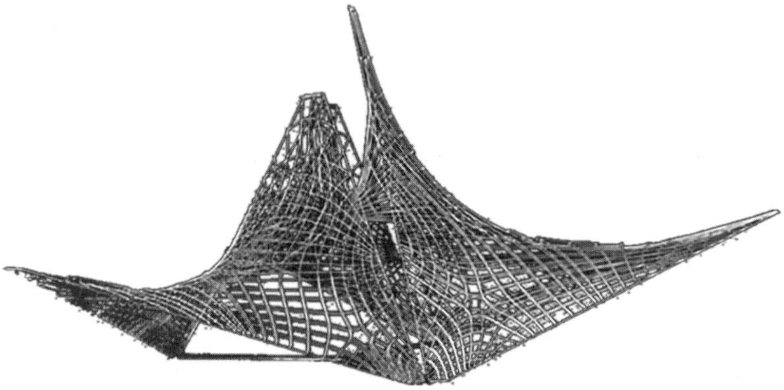

图 16-39 CIAB Pavilion 模型

作为与原作对比的概念，该作品的三个部分通过其表面中部的连接，打破了传统的结构逻辑。引入的扰动由网格-壳模式表示和解释为次要构造逻辑。现代数字工具允许快速迭代设计替代方案，以优化美学和结构效率。使用 Karamba 进行参数有限元分析既可用作设计工具，也可根据规范检查展馆的完整性。建筑师与工程师之间形成了紧密的工作机制，有助于在几周内完成概念、形状、图案和细节设计。

该形状被建模和优化为一个外壳，使用多目标进化算法作为决策辅助。网格-壳模式源自重力作用下主应力的轨迹，有助于消除剪切力。剩余的内部应力被转化为多层管道系统，这些管道系统区分了网格壳的厚度、铰接和应对额外外部荷载施加的不规则性。

该方案具有以下借鉴意义：可以将应力线、双曲抛物面等结构元素作为表达形式的要素，如图 16-40 所示。

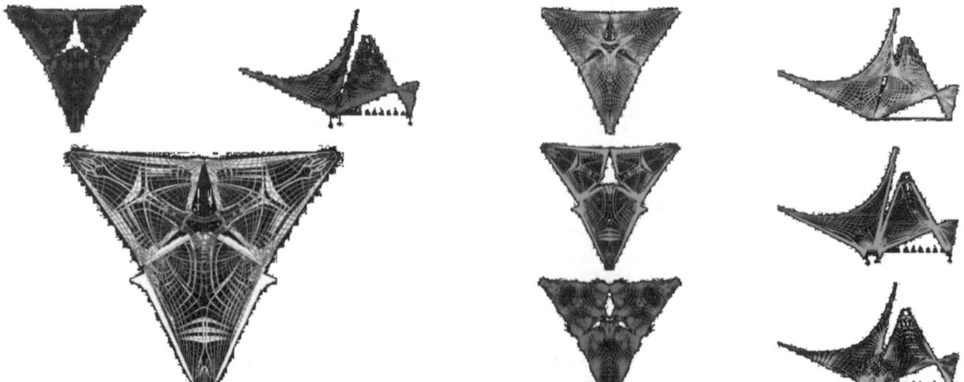

(a) 显示各种弯矩和法向截面力的分析

(b) 施工过程

(c) 建成效果

图 16-40　CIAB Pavilion 设计方法

16.7　小结

本章主要介绍建筑结构选型及优化设计的内容，首先说明了结构选型与优化设计的概念及意义；其次说明了建筑物的功能要求如使用空间要求、使用要求及美观要求等对结构选型的影响，施工技术水平对结构选型的影响以及结构计算分析方法对结构选型的影响等；最后结合工程案例深化对本章节知识内容的理解。掌握结构选型及优化设计内容在建筑设计中是极其重要的，要求学生在学习本章内容时及时复习之前所学习的结构体系的知识，思考其他结构体系的相关建筑结构选型及优化设计的相关案例，深化对本章节知识内容的理解。

第 16 章习题

1. 结构选型的基本原则是什么？

2. 列举两个优秀的建筑结构选型案例，从建筑功能、结构材料、施工技术等方面说明其优秀之处。

3. 结构选型过程中,如何考虑使用空间的要求?
4. 结构选型过程中,如何考虑声学效果的要求?
5. 结构选型过程中,如何考虑屋面天然采光效果的要求?
6. 简述建筑结构材料性能对结构选型的影响。
7. 简述建筑施工技术水平对结构选型的影响。
8. 简述结构计算分析方法对结构选型的影响。
9. 什么是抗震概念设计?
10. 什么是建筑的减隔震技术?

第 17 章　建筑结构设计实例分析

建筑结构类型丰富多样、各具特色，按照建筑物主要承重构件所用的材料进行分类，可分为：木结构、砌体结构、钢筋混凝土结构、钢结构等；按照建筑结构的平面布置情况进行分类，又可分为：框架结构、剪力墙结构、框架-剪力墙结构、筒体结构等。依据不同的分类标准，可以将庞杂的建筑结构体系进行划分，以更好地理解从设计到建造过程中，建筑结构的独特属性。本章从用材标准下的建筑结构分类方法出发，结合笔者曾经参与设计、建造、修缮的若干建筑实例以及东南大学建筑设计研究院有限公司部分建成建筑作品的介绍，对不同类型的建筑结构进行设计方法的简析。

17.1　木结构设计实例

木结构建筑的主要承重构件由木材制成，由于木材取材方便、加工简易，从古代开始，我国便掀起木结构建筑建造的热潮。木材具有容重小、施工周期短、抗震性能好等优点，但也因其为自然材料而存在易腐朽、易虫蛀、耐火性差等缺点。我国现存最早的木结构建筑为山西省忻州市五台县南禅寺大殿（重建于 782 年）、我国现存最早最高的木结构塔式建筑为山西省朔州市应县佛宫寺释迦塔（始建于 1056 年）。这些古老的木结构建筑历经千百年的风雨，依旧屹立于世，充分展现了古代匠人们的智慧，也进一步凸显出木结构作为我国传统建筑结构类型的魅力所在。

传统木结构大致可分为三个部分：屋面、柱架、台基，其中屋面主要由木椽、望板/望砖、灰背和瓦片组成，柱架为木结构的主要承重部分，由木檩条、木梁、木柱等组成（有时会增加斗栱形成的铺作层），台基则主要由砖石砌筑而成。传统木结构建筑最常见的两类结构类型为抬梁式与穿斗式，有时也会将井干式、混合式包含其中。抬梁式木结构是在立柱之上架设梁，梁上通过短柱再架梁，以此层层累叠，主要用于宫殿、庙宇等大型建筑中，北方官式建筑较多采用该结构形式。穿斗式木结构是以木柱直接承托檩条，不设梁，柱与柱之间采用木枋穿联，主要用于民居等小型建筑中，南方传统民居建筑较多采用该结构形式。

随着材料加工、施工技术等方面的提升，传统木结构建筑中所使用的木材采用自然风干的方式进行预处理，难免会出现开裂、变形、腐朽、虫蛀等残损病害。为此，现代木结构中采用了多种现代加工技术处理木材形成工程木材，其与原木在本质上有一定区别，工程木材不仅可保持原木的质感，同时又可解决易开裂、变形等结构问题，增强建筑的耐久性并减少后期维护成本。相较于传统木结构，现代木结构的构件连接方式多样，多使用金属连接件进行连接，如外露式钢板螺栓连接件、隐藏式钢板螺栓连接件等。常用的现代木结构材料如规格材、胶合木材、OSB 结构板材（定向刨花板）等。

17.1.1 大仓讲习所结构设计案例

（一）项目背景

大仓村位于江西省井冈山市龙市镇，是当年工农革命军在井冈山革命根据地踏出的第一个脚印。1927年在这个偏僻山村发生的“大仓会见”，对20世纪中国的历史进程产生了不可忽略的影响。正是在大仓村，毛泽东与当地武装会面，袁文才和王佐打开山门，迎纳起义部队进入井冈山，它是井冈星火最早燃起的地方，在中国共产党革命史上具有极其重要的意义。

大仓村现有七八十户农户，生产方式单一，年轻人流失严重，大仓村面临着凋敝的窘境，村内历史建筑和基础设施空置损毁，被遗忘的山村亟待振兴。基于对其传统建构体系的调研，我们在村庄中发现了流传下来普遍存在的土木营造的痕迹——构架完整的穿斗式木结构祠堂(图17-1)，以及传统民居中历经百年而不倒的干打垒夯土墙(图17-2)。大仓营造的设计以湘赣边区传统乡土建构体系为依托，对其中特征性做法通过改性优化用于项目建造，保持设计语汇的地域认同感。乡村公共空间的重建以“大仓会见”的历史路线为脉络展开，包括修复村口横江古桥，并新建风荷廊桥，恢复当年袁毛会见之路；修缮损毁的林氏积庆堂，作为大仓会见纪念馆，原址原貌呈现当年会见历史，同时恢复村庄家族祭祀庆典的功能；在祠堂通往林凤和宅的路径中段新建大仓讲习所，作为讲述大仓历史故事，开展党史学习的生动课堂，亦作为山村日常议事的会场；对林凤和宅进行部分复原，为来参观学习者提供民宿、餐饮服务。当地政府通过对历史建筑的修缮和公共设施的新建，复兴乡村公共生活，再塑乡村社区精神，促进乡村经济社会的良性发展。本案例主要介绍其中的大仓讲习所的设计。

图17-1 大仓林氏积庆堂

图17-2 干打垒夯土墙民居

（二）建筑设计依据

(1) 建筑设计的相关规范

①《民用建筑设计通则》。

②《建筑设计防火规范》。

③《井冈山市城市总体规划》等井冈山相关规划文件。

④ 国家相关行业的其他法规、条例、规定等。

(2) 材料与工法调研

乡土建构的研究离不开对材料、建造工艺和构造细部的观察和理解，其材料的选择是从长期反复试验与积累下来的经验中，获取与当地气候、建造习俗、经济水平相适应的最优解。因此在乡土建构体系的调研过程中，以采集、整理当地传统建造工法和材料工艺为基础，将带有地区特征的构架、屋面、墙体、门窗、地坪、构造细部等乡土建筑的独立元素与材料对应分类，对当地材料与建筑构件之间的地区性组织方式和内在联系进行总结归纳，建立湘赣边地区乡土建构的材料和做法谱系。

（三）建筑设计理念

在被大仓村独有的历史脉搏所触动的同时，我们找到了大仓讲习所设计的支点——对湘赣边地区的乡土建构体系展开研究，梳理与当地自然资源、气候环境、复杂地形、生产与生活方式及文化特征相适应的空间形制和稳定的建造特征，为大仓乃至井冈山市域的乡村建设提供参考和依据，同时吸引特色参观学习，带动乡村经济社会的良性发展。

设计团队尝试将当地的土造工艺与预制装配的现代木结构相结合，在设计之初就根据材料与施工条件的需要，将设计分为"土"与"木"两大系统。以土造墙、以木构顶，营造出自由贯通的室内外空间。土造的运用意图唤醒客家传统的干打垒夯土墙技艺，全部墙体由当地村民夯筑，与室内改性三合土地面共同组成建筑的土造系统。木构则使用现代胶合木，这一新型结构的设计、生产和加工均在江苏，并由工人在现场安装完成，实现了快速装配。木结构在现场的快速装配成为远近知晓的事件，建造本身将这个被人们几近遗忘的山村重新推到了世人面前，而村民的土造参与使得传统建造工艺在当代建筑中得以延续。

（四）建筑设计方案

(1) 材料组织与空间营造

讲习所的室内外空间依循地形展开，主要空间是一个可容纳 120 人的室内讲堂和一个同等规模的室外讲坛。室外讲坛与建筑唇齿相依，石砌台阶沿山形逐级而上，为人们提供了座位与看台。位于几何中心的讲台背依场地中现存的一棵连理枝(图 17-3)，同一株树干上奇异地长出两种树叶，仿佛当年两支革命队伍在大仓的会合。建筑内的一株楠木穿出小青瓦屋面，土墙围合的天井为讲堂室内送来阳光与清风(图 17-4)。

图 17-3　入口处的连理枝

图 17-4　大仓讲习所室内讲堂侧天井

中国传统建筑一直用理性而清晰的材料系统进行空间组织、木材支撑、生土围护，建构着空间的秩序。讲习所也沿用了客家人造屋最熟悉的两种材料——土和木。土造筑墙，木作构顶，两套独立体系组合交融，在山形地势之间搭建起一个形态丰富的空间。

聚焦构成主体结构的木材，材料的纤维属性使得线性杆件成为对木材材性最坦诚的表达。而由杆件连接的木框架结构，决定了其内部空间呈现着模块化的特性，这种在东亚木构文化中被称作“间”的模块，指向了一种开放、流动和水平蔓延的空间特性。

在讲习所中，单元式的结构框架被沿用并简化。随着地形的升起，每榀框架在基本原型之上每间隔 2.2 m 抬高 150 mm，同时旋转微小角度，这样的 10 榀框架支撑起一片较低的双曲屋面，覆盖着内部的辅助功能空间（图 17-5）。通过木框架的高度与杆件角度的控制，上下两片屋面之间形成开合，材料的组织使得光和空气得以在内外空间中自由流通。

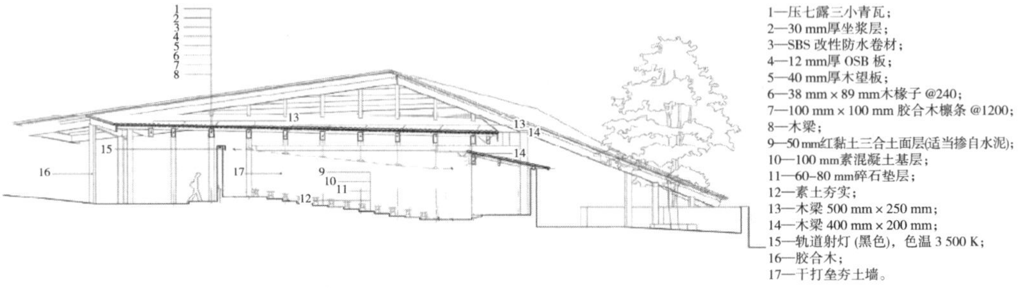

(a)

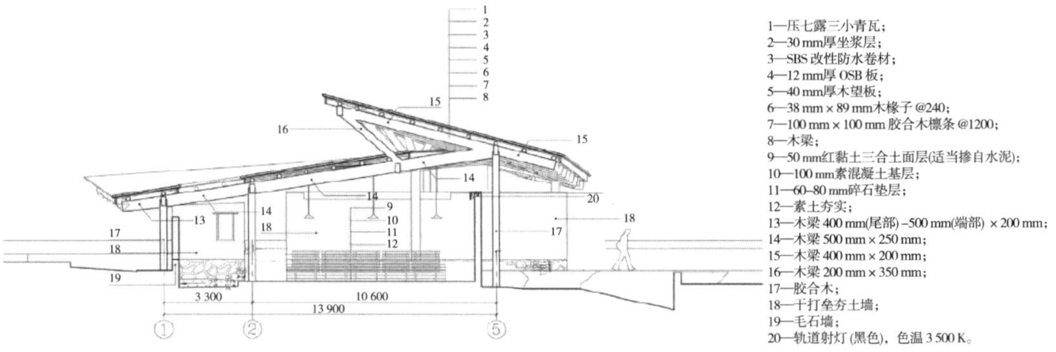

(b)

图 17-5　大仓讲习所剖面图

（注：除标高单位为 m 外，其余尺寸单位均为 mm）

（2）现代木结构与节点优化

讲习所主体木结构采用强度等级为 TCT21 的加拿大进口云杉胶合而成，屋面檩条以及望板采用加拿大云杉 J 级，这些木材容易干燥，稳定性强，具有极佳的加工性能与均匀的纤维纹理。结构杆件的含水率不超过 18%，具有更强的耐久性能。胶合木材突破了原木截面尺寸与长度的限制，使得讲习所实现了超过 10 m 的空间跨越。

在现代木构体系中，木构件之间的连接节点通过新材料的应用得以优化（图 17-6）。传统榫卯虽然体现着传统营造的智慧，但木材之间的穿插使得连接处材料被削弱，降低了构件的力学性能并造成材料浪费，而榫卯复杂的工艺也使其不能满足当今批量生产的需求。在讲习所中，木构件之间通过插入钢板，再以螺栓对拉的方式连接。钢板的位置可以随节点的力学需求而改变，在增加了节点强度的同时结构形态呈现出更多样的可

图 17-6　梁柱节点优化

能性，形成的空间也随之更加丰富。虽然使用现代集成木材，但讲习所的木结构却依然遵循着传统的力学传递路径，从面层到梁柱，结构体系层级清晰，反映了真实的建造逻辑。

（五）结构设计方案

（1）结构选型

该建筑为单层，整体采用现代胶合木结构，结构设计主要依据下列原则：

① 空间功能：适应建筑功能的要求。

② 建筑造型：满足建筑造型的需要。

③ 结构特点：充分发挥结构自身的优势。

④ 工程技术：考虑材料和施工的条件。

⑤ 工程经济：尽可能降低造价。

（2）结构概况

① 本项目工程为单层；室外地面到主屋面高度为 8.8 m。

② 结构设计使用年限 50 年，建筑主体结构的安全等级为 2 级；对应的结构设计重要性系数 $\gamma_0=1.0$；其中部分装饰构架安全等级按 3 级，$\gamma_0=0.9$。

③ 建筑构件的耐火等级为 2 级。

④ 建筑所在地抗震设防烈度为 6 度；设计基本地震加速度为 $0.05g$；设计地震分组为第一组。

⑤ 建筑的抗震设防类别为乙类。

（3）结构设计依据

大仓讲习所工程所采用的国家标准如表 17-1 所示。

表 17-1　大仓讲习所工程所采用的国家标准

序号	标准编号	标准名称
1	GB 50007	《建筑地基基础设计规范》
2	GB 50009	《建筑结构荷载规范》
3	GB 50005	《木结构设计标准》
4	GB 50011	《建筑抗震设计规范(2016 年版)》
5	GB 50068	《建筑结构可靠性设计统一标准》
6	GB 50300	《建筑工程施工质量验收统一标准》
7	GB 50202	《建筑地基基础工程施工质量验收标准》
8	GB 50223	《建筑工程抗震设防分类标准》
9	GB/T 50708	《胶合木结构技术规范》

（4）荷载

① 风荷载，建筑场地 50 年一遇的基本风压 $W_0=0.30\ \mathrm{kN/m^2}$。

② 雪荷载，建筑场地 50 年一遇的基本雪压 $S_0=0.45\ \mathrm{kN/m^2}$。

③ 屋面荷载：屋面恒载 $2.4\ \mathrm{kN/m^2}$；屋面活载 $0.7\ \mathrm{kN/m^2}$。

（5）地基基础与地下工程

① 地质勘查

② 地基基础设计

a. 地基基础设计等级：丙级。

b. 结构设计安全等级：二级。

c. 地下水:按照建筑场地的岩土工程勘察报告,历史最高水位－1.10 m。

d. 基础选型:本工程木柱下采用独立基础,夯土墙下采用条形基础,基础埋深 1.2 m,结构布置如图 17-7 所示。基础混凝土为 C30,钢筋采用 HRB400,钢筋笼主筋采用焊接接头,单面 10d,双面焊 5d。保护层厚度 50 mm。独立基础和条形基础下做 100 mm 厚 C15 素混凝土垫层。

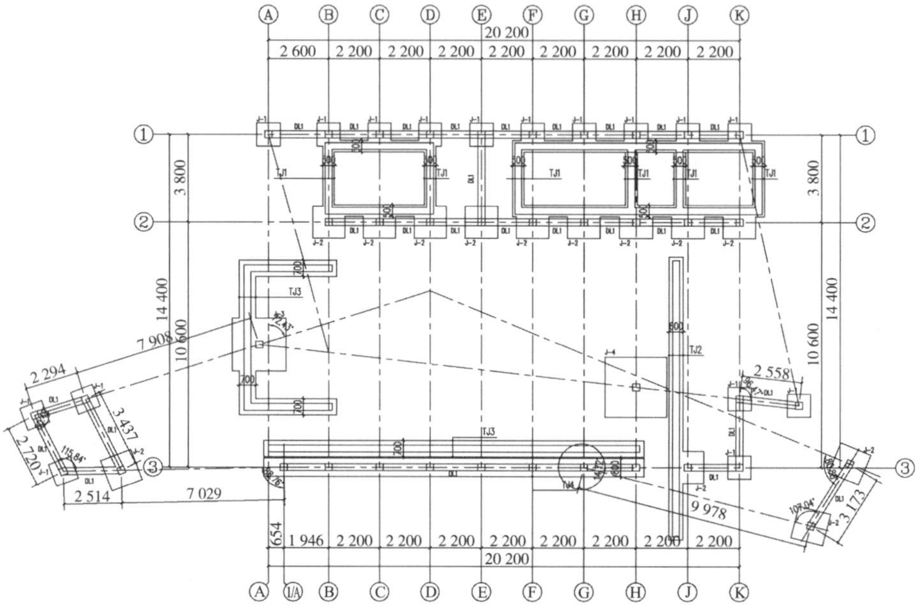

图 17-7　大仓讲习所基础结构布置图(单位:mm)

(6) 上部结构设计

① 上部结构选型

本项目为单层现代木结构,结构类型为框架结构,图 17-8 为大仓讲习所的木结构模型图。

② 主要承重结构材料

上部结构除直接暴露在室外的墙、柱、梁、悬板等构件环境类别为二 a 类外,其他均为一类。檩条、梁、柱的胶合木采用 TCT21;钢材埋件采用 Q345B。

③ 结构计算分析

结构分析采用 SAP2000 软件,图 17-9 为大仓讲习所上部结构计算模型。

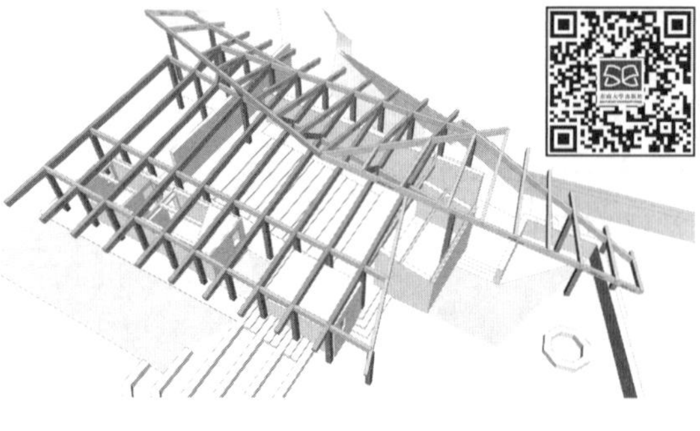

图 17-8　大仓讲习所的木结构模型图

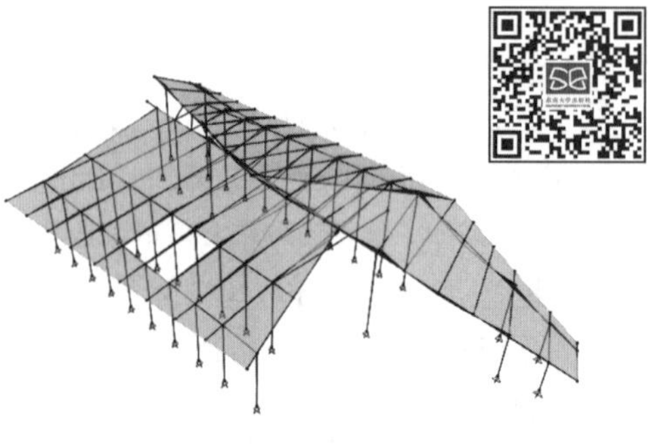

图 17-9　大仓讲习所上部结构 SAP2000 计算模型

④ 结构计算分析结果

大仓讲习所的结构计算分析结果如图 17-10、图 17-11 所示。

计算结果表明：该结构体系设计可以承受纵横两个方向的地震作用或风荷载。该结构体系具有必要的承载力、刚度、稳定性、延性及耗能等性能，满足相应规范要求。

图 17-10　大仓讲习所竖向荷载下结构变形云图

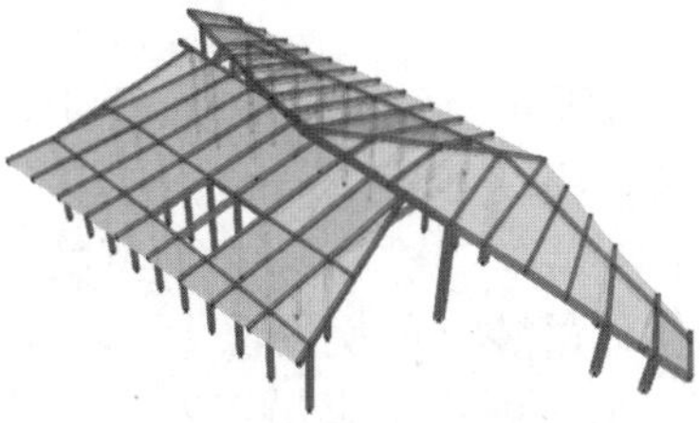

图 17-11　大仓讲习所竖向荷载下结构弯矩图

⑤ 结构设计

大仓讲习所的结构设计以支撑两片屋面为整体形式，以木结构榀架为单元。每榀框架在基本原型之上递进式地旋转微小角度，这样的 10 榀框架支撑起一片较低的双曲屋面，覆盖着内部的空间。图 17-12～图 17-14 为大仓讲习所的结构设计图纸。

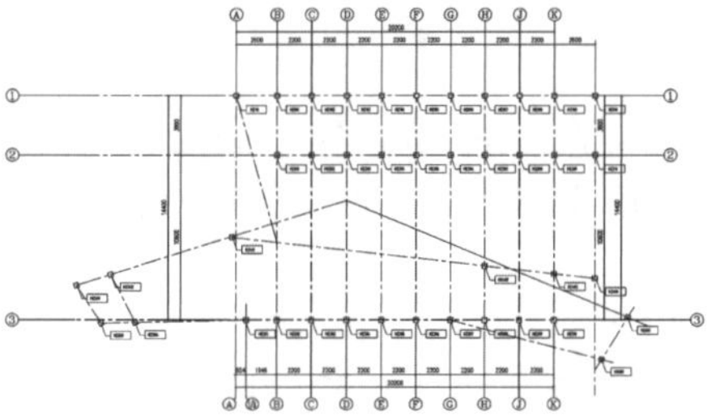

(a)

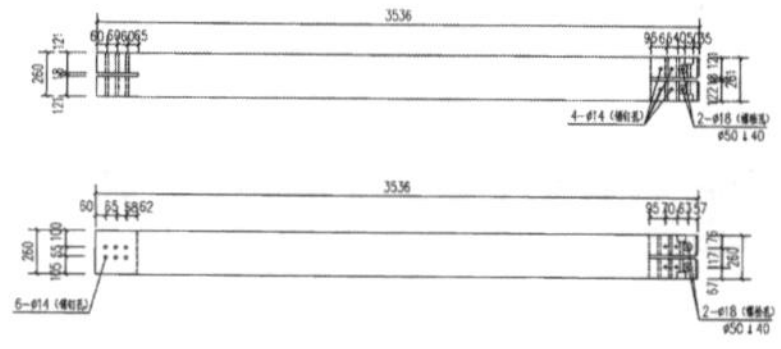

(b)

图 17-12　大仓讲习所的柱平面布置图及大样图（单位：mm）

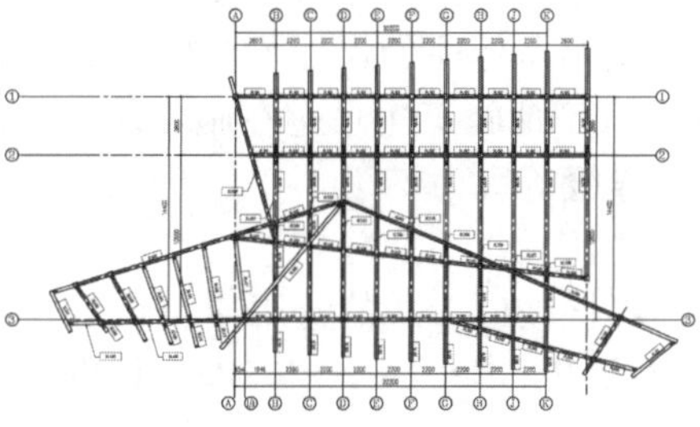

(a)

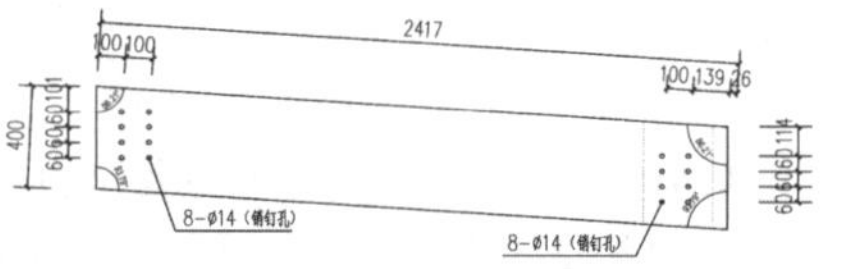

(b)

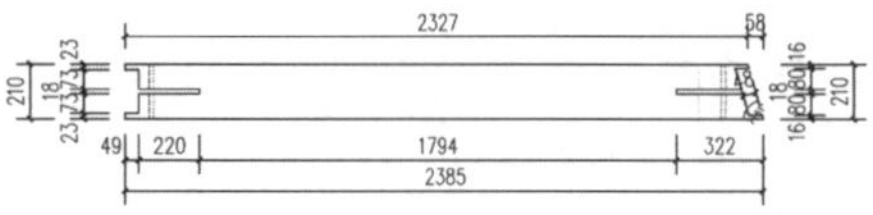

(c)

图 17-13　大仓讲习所的木梁布置图及大样图（单位：mm）

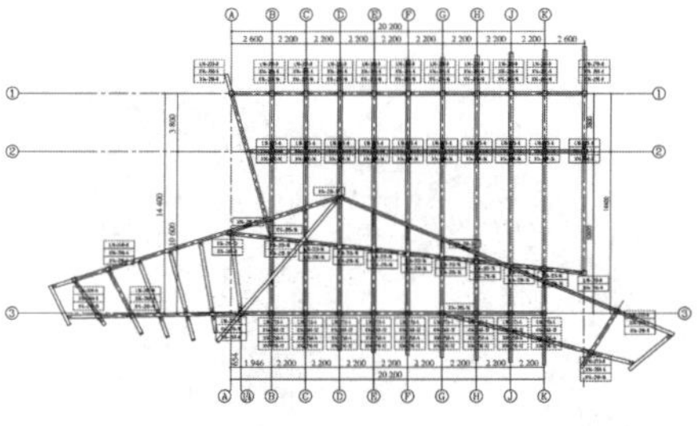

(a)

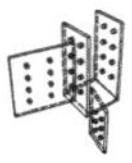

(b)

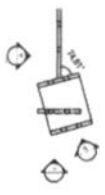

(c)

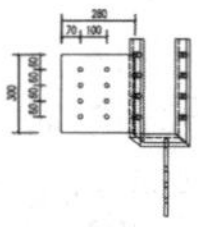

(d)

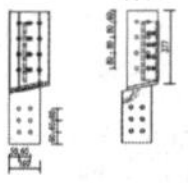

(e)

图 17-14　大仓讲习所的五金件螺栓销钉统计图及大样图(单位：mm)

木结构制作、安装要求：

a. 胶合木构件全部采用机械设备刨光、开榫、粘接、切割、叠层胶合，除最终表面修饰外，不允许人工刨光、开榫、粘接。

b. 弯曲的木构件必须在设备上依图纸在胶合固化前弯曲定位，不允许胶黏剂固化后再强制弯曲。

c. 木结构所选用木材要求烘干脱脂处理，胶合木构件制作时，层板在胶合前含水率不应大于15%，且相邻层板间含水率相差不应大于5%；胶合木构件采用同等组坯工艺，并且构件截面一次加压成型，不允许二次加压。截面宽度大于200 mm时，构件表面应做刻槽处理。

d. 木构件吊装全部使用至少500 mm宽布吊带或其他柔性材料，不允许使用圆绳或钢绳直接吊装，必要时在捆绑吊点处应设垫板，防止构件局部损伤。

e. 木构件在未安装前必须防止雨水淋湿。

f. 构件应存放在通风良好的仓库或敞棚内，应分层分隔堆放，各层垫条厚度应相等，上、下各层垫条应在同一垂线上，防止构件变形和翘曲。

g. 现场依编号、按图纸位置安装，严禁错号安装。

五金件技术要求：

a. 五金构件材质为Q345B。

b. 图中所标注的尺寸均为体系温度（20 ℃）时的尺寸，且单位为mm，工厂下料时均要考虑温差，工地施工用尺应在施工前与工厂用尺互相校对。

c. 焊缝等级为二级。

d. 连接板焊后应除渣。

e. 焊接坡口形式的选用应符合《气焊、焊条电弧焊、气体保护焊和高能束焊的推荐坡口》（GB/T 985.1—2008）和《埋弧焊的推荐坡口》（GB/T 985.2—2008）中的要求，在正式加工前应按照有关规定的要求进行工艺试验评定。

f. 连接板焊接及表面处理的变形不能影响装配。

g. 焊接方法及材料：Q345B钢材采用E50XX型焊条和ER50系列焊丝。

h. 角焊缝质量等级均按照二级检测，焊接质量检查分别按《建筑钢结构焊接技术规程》（JGJ 81）、《钢筋焊接及验收规程》（JGJ 18—2012）要求。

i. 涂装要求：热浸镀锌（85 μm厚）防腐。

j. 其他有关制造要求，除设计图中特殊要求外，均按《钢结构设计标准》（GB 50017—2017）和《木结构设计标准》（GB 50005—2017）执行。

k. 在钢构件镀锌前对钢构件进行钢印编号。

（六）竣工效果

大仓讲习所竣工后的照片如图17-15所示。

(a) 内部空间效果

(b) 北立面效果

(c) 西立面效果

图 17-15　大仓讲习所竣工后的照片

17.1.2　大仓风荷廊桥结构设计案例

(一) 项目背景

老横江桥是大仓会见历史事件的场所之一，也是进入大仓村的起点。时过境迁，这座古桥却埋没在淤泥荒草中(图 17-16)。在大仓公共空间规划体系中，在老桥一侧，延续进村山径，建造一座新的廊桥，使其不仅作为村口的标志性景观，而且成为村庄的一个重要公共场所。新建风荷廊桥适当退后老桥，形成观景平台，既为保护历史遗存留出缓冲空间，也使得人们在休憩、赏景的同时，通过设置的纪念物，了解和缅怀这个偏僻山村在 20 世纪历史中的传奇事件和特殊地位。同时，大仓村将部分农田(图 17-17)变为荷塘，计划发展荷花旅游和荷花经济，新建廊桥成为亲近荷塘的重要空间。

图 17-16　荒草丛生的横江古桥

图 17-17　大仓村农田鸟瞰图

廊桥主体为胶合木结构，下部为混凝土桥基，以青石板铺设桥面，以小青瓦作屋面。现代胶合木结构体现出较传统木结构更为优良的性能，构成了廊桥自由舒展的空间形态，并利用线性空间的转折，在两段桥体相交处形成宽敞的公共空间，供人们聚会交流，观赏山谷荷塘的景观。从风荷廊桥通往村内的山径沿线也进行了景观改造，进入村子的道路除原有的公路以外，恢复了 90 多年前那条山水相依的叙事性路径。

以风荷廊桥为代表的大仓营造印证了一种乡村实践的可能与探索。大仓村在自身的脉境中找寻到乡村振兴的内生力量，正在显现出经济社会良性发展的趋势。通过两年多的实践，我们认识到作为专业实践者，应撇除他者的隔离，身体力行，认识和理解乡村社会的问题与需要，以专业所学服务当地，树立示范，开化风气，在与当地村民的共同实践中，影响和激励自下而上的自发建设与更新改造。如此，乡建才不是他者的采风，设计成为一种唤醒乡村的力量，使乡村在自身的根脉中获得新生。本案例主要介绍大仓村中的风荷廊桥设计。

（二）建筑设计依据

（1）建筑设计的相关规范

风荷廊桥设计中采用的相关规范与大仓讲习所一样。

（2）材料与工法调研

风荷廊桥所使用的材料与工法调研同大仓讲习所一样。这个研究过程是乡土建筑结合现代技术，运用于大仓村风荷廊桥的营造项目中。

（三）建筑设计理念

廊桥作为一种通过式空间，是农村中较为常见的一种空间类型，一般位于交通的主要流线上，是一个村庄的重要标志物，也暗示着村庄的边界。同时，它的位置与功能也使其往往成为一种重要的公共空间。在历史上，场地上原本的横江古桥，在大仓的历史上具有重要的意义，当年袁文才就是在这里迎接毛主席进入大仓。但横江桥现已被埋没在荒藤野草中，淹没在历史的长河里。所以如何唤醒历史记忆，通过廊桥组织重新体验革命路线，也是我们着重思考的一环。

我们选择在老横江桥旁新建廊桥，使得被遗忘的老桥再次成为必经之路。通行的顺序是从横江古桥上穿过，首先在老桥下面恢复水渠，将对面的水引入老桥，恢复生机。

在新桥与老桥之间，我们设置了一个近 12 m 的平台，新建筑适当退后，为老桥留下应有的尊重，在平台上人们可以休憩、赏景，在平台上可布置一些纪念性设施，带领人们回忆大仓故事（图 17-18）。设计从老桥到新桥的顺序，是为了随时向游览者展示大仓村的过往和未来；而老桥到新桥的连接，也象征着新时代大仓村重新焕发出活力。

图 17-18　入口平台

（四）建筑设计方案

（1）功能设计

① 通行

除了对老桥的激活外，不同于简单的直线式通行，我们选择两条桥段交会的方式，桥段之间的转向使得游览者在穿行的途中能更加全面地领略到大仓村的风光（图 17-19）。

② 汇聚

除了在平面上方向的转折形成交会，在竖向空间上，我们利用两层屋面包围环绕的不同逻辑营造出中央的大空间。加之中心岛和亲水平台的设计，中心空间氛围更加浓厚，人们也得以与荷塘有更近距离的接触。荷花盛开的时节，廊桥还可以作为重要的公共空间承担荷花宴、小组讨论等活动（图 17-20）。

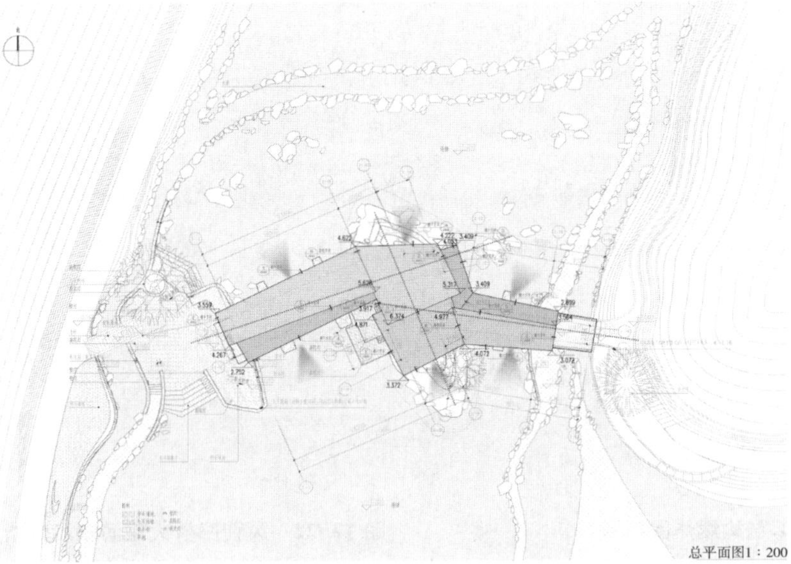

图 17-19　风荷廊桥通行路线

(a)　(b)

图 17-20　风荷廊桥内部大空间的汇聚功能

(2) 形式与结构

廊桥主体结构由下部混凝土桥面与上部木结构桥体两部分组成，而双层小青瓦屋面的层叠与围合关系形成了中部大空间，结合平台与景观岛，完成了空间营造，下部为混凝土桥面结构铺青石板桥面，桥墩为毛石桥墩(图 17-21、图 17-22)。

作为大仓村的标志性建筑，风荷廊桥本身属于新型木结构建筑，是大仓形象的对外展示。

(3) 现代木结构与节点优化

与大仓讲习所相同，现代胶合木结构可以实现相较于传统木结构更优良的性能，保证空间形态相对自由。风荷廊桥主体木结构依然采用强度等级为 TCT21 的加拿大进口云杉胶合而成，屋面檩条以及望板采用加拿大云杉 J 级，这些木材容易干燥，稳定性强，具有极佳的加工性能与均匀的纤维纹理。木构件的含水率不超过 18%，具有更强的耐久性能。风荷廊桥通过现代木结构剖面的推敲与变化，形成木结构独特的韵律，木构件之间通过插入钢板，再以螺栓对拉的方式连接，增加了节点强度的同时结构形态呈现出更多样的可能性，形成的空间也随之更加丰富(图 17-23、图 17-24)。

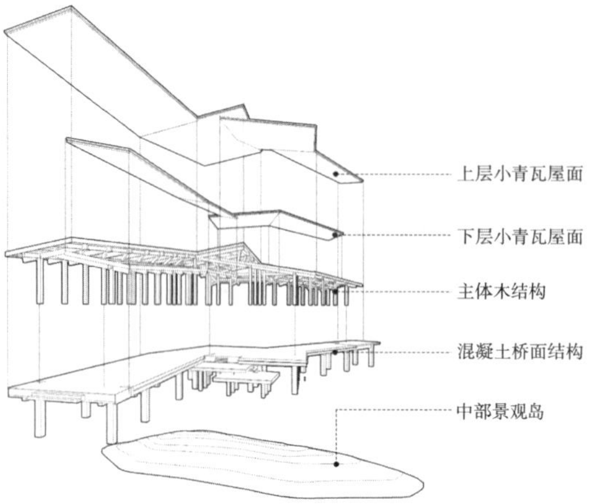

图 17-21　风荷廊桥结构爆炸图

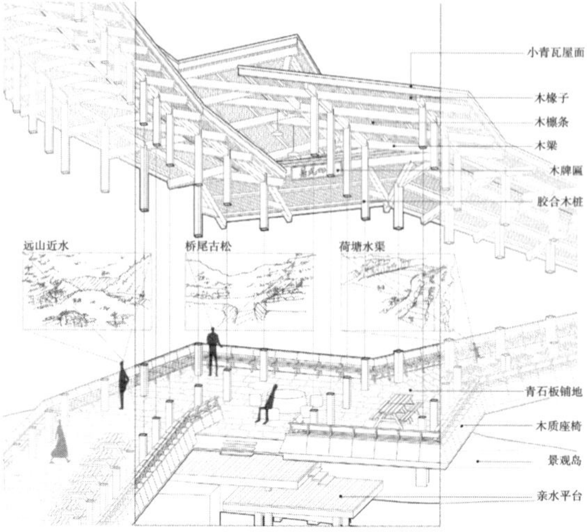

图 17-22　风荷廊桥大空间轴测分析

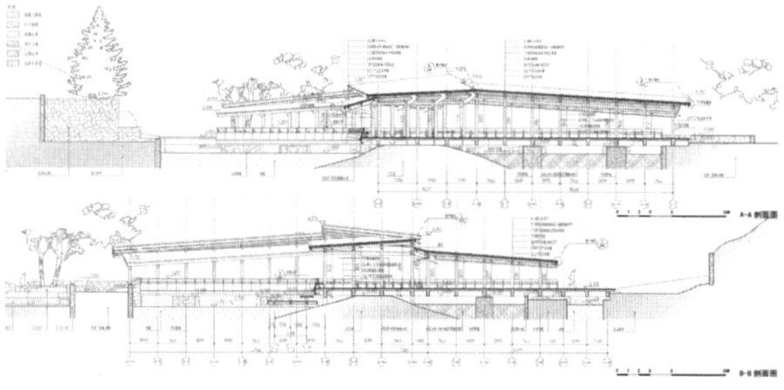

图 17-23　风荷廊桥剖面图

图 17-24　风荷廊桥内部木结构节点

（五）结构设计方案

(1) 结构选型

风荷廊桥的结构选型同大仓讲习所一样。

(2) 结构概况

① 本项目工程为单层；桥头台面到桥身最高点（最高屋脊点）高度为 5.9 m。

② 结构设计使用年限 50 年，建筑主体结构的安全等级为 2 级；对应的结构设计重要性系数 $\gamma_0=1.0$。

③ 建筑构件的耐火等级为 4 级。

④ 结构所在地抗震设防烈度为 6 度；设计基本地震加速度为 $0.05g$；设计地震分组为第一组。

⑤ 建筑的抗震设防类别为乙类。

(3) 结构设计依据

风荷廊桥工程所采用的国家标准同大仓讲习所一样，见表 17-1。

(4) 荷载

① 风荷载，建筑场地 50 年一遇的基本风压 $W_0=0.30\ \text{kN/m}^2$。

② 雪荷载，建筑场地 50 年一遇的基本雪压 $S_0=0.45\ \text{kN/m}^2$。

③ 屋面荷载：屋面恒载 1.8 kN/m^2；屋面活载 0.7 kN/m^2。

（5）地基基础与地下工程

① 地质勘查

② 地基基础设计

a. 地基基础设计等级：丙级。

b. 结构设计安全等级：二级。

c. 基础选型：本项目的基础包括柱下独立基础、柱下条形基础和柱下筏板基础，其中混凝土柱顶与混凝土桥面板平齐，上部木结构与混凝土桥面可靠连接，结构布置如图 17-25 所示。下部桥面结构采用钢筋混凝土框架结构，混凝土强度等级为 C30，钢筋全部采用 HRB400，桥面采用 50 mm 厚石板拼贴，桥头台面采用卵石铺地，以红黏土掺杂适量 901 胶粘贴卵石。毛石墩台、毛石挡土墙采用 MU30 强度毛石、M10 强度水泥砂浆砌筑。

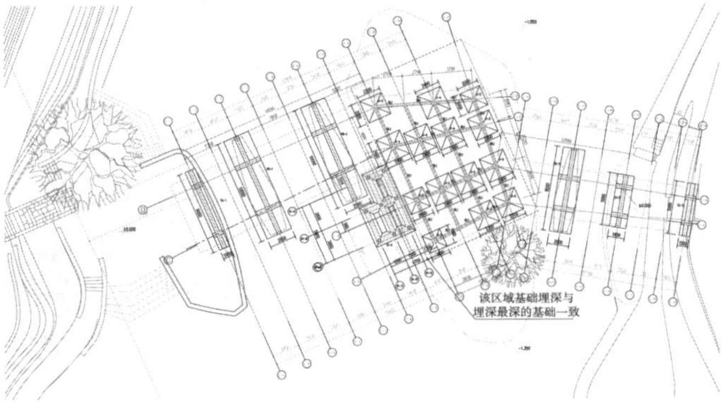

图 17-25　风荷廊桥基础结构布置图

（6）上部结构设计

① 上部结构选型

本项目为单层现代木结构，结构类型为框架结构，图 17-26 为风荷廊桥的木结构模型图。

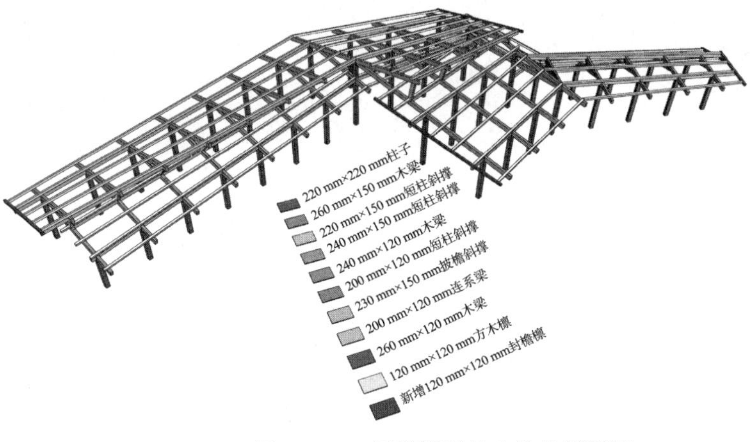

图 17-26　风荷廊桥的木结构模型图

② 主要承重结构材料

上部结构檩条、梁、柱的胶合木采用 TCT21；钢材埋件采用 Q345B。

③ 结构计算分析

结构分析采用 SAP2000 软件，图 17-27 为风荷廊桥上部结构计算模型。

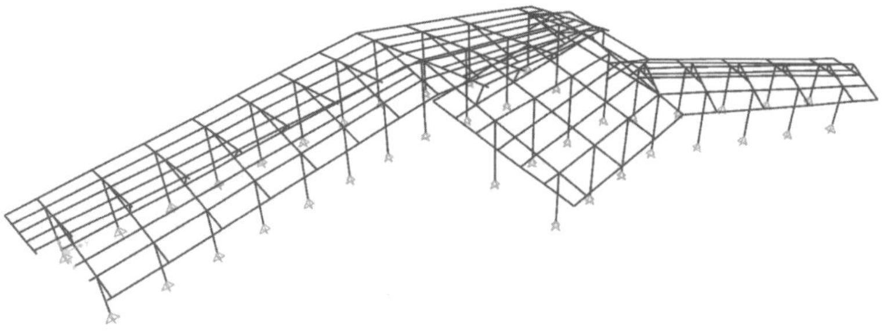

图 17-27 风荷廊桥上部结构 SAP2000 计算模型

④ 结构计算分析结果

风荷廊桥的结构计算分析结果如图 17-28、图 17-29 所示。

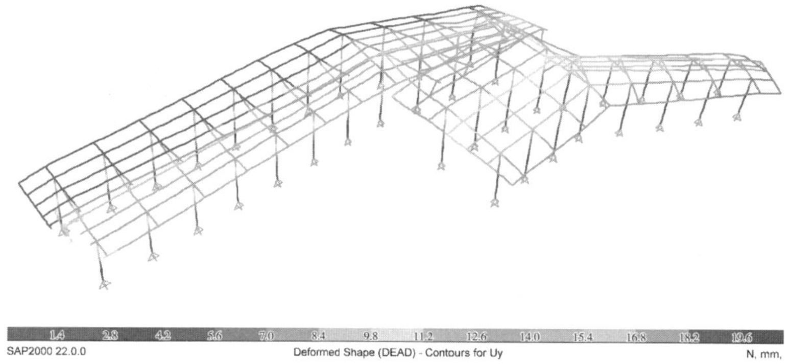

图 17-28 风荷廊桥竖向荷载下结构变形云图

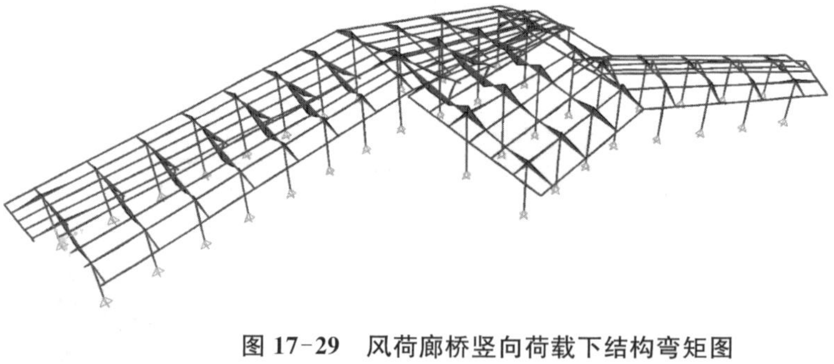

图 17-29 风荷廊桥竖向荷载下结构弯矩图

计算结果表明：该结构体系设计可以承受纵横两个方向的地震作用或风荷载。该结构体系具有必要的承载力、刚度、稳定性、延性及耗能等性能，满足相应规范要求。

⑤ 结构设计

风荷廊桥的结构设计以支撑两层屋面为整体形式，以木结构榀架为单元。框架平行排布形成两列线性空间，并在中部转折形成宽敞的公共空间，构成廊桥自由舒展的空间形态。图 17-30～图 17-32 为风荷廊桥的结构设计图纸。

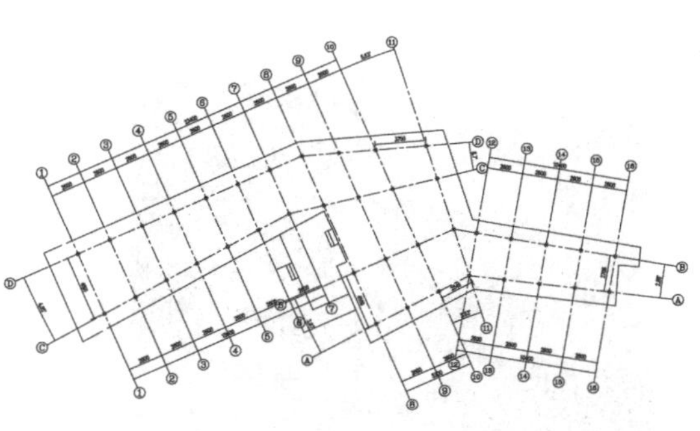

图 17-30　风荷廊桥的柱平面布置图

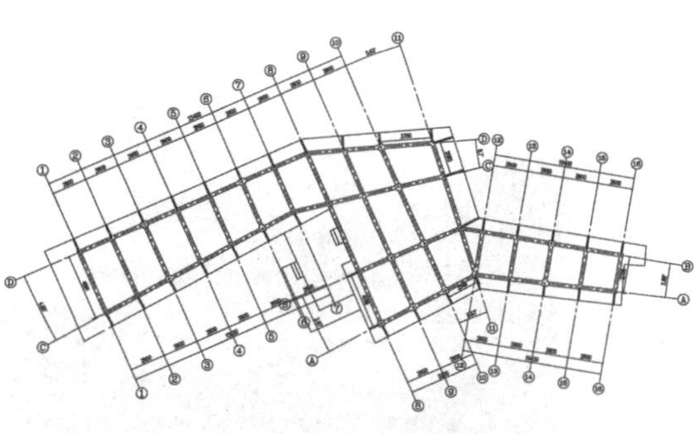

图 17-31　风荷廊桥的木梁布置图

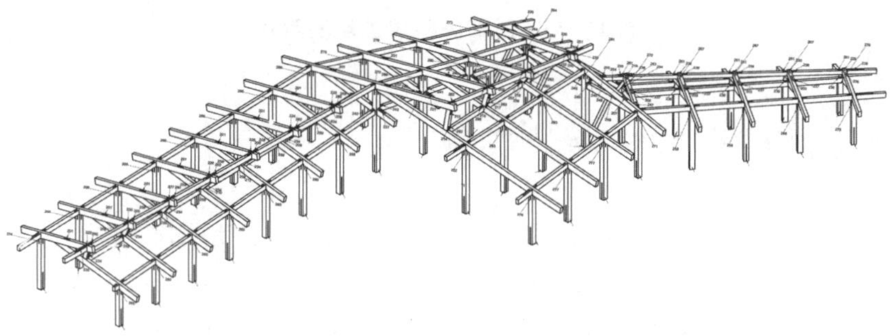

(a)

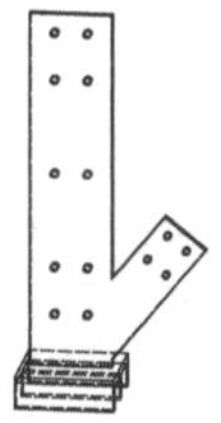

(b)

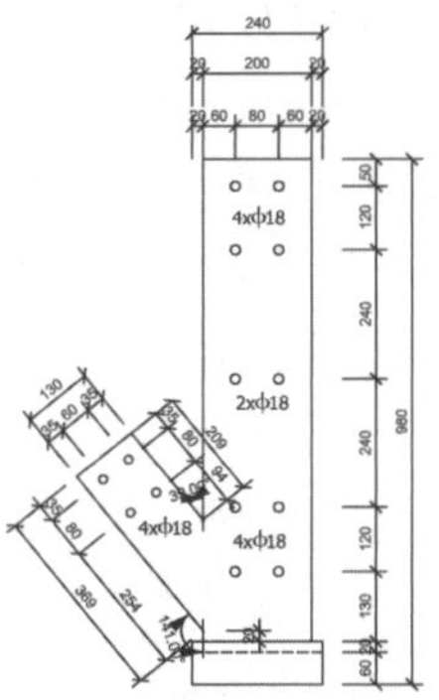

(c)

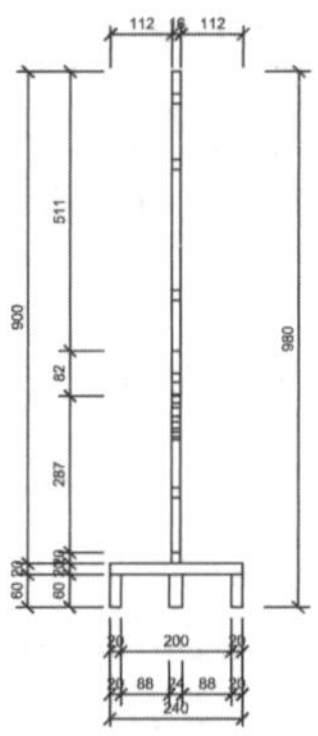

(d)

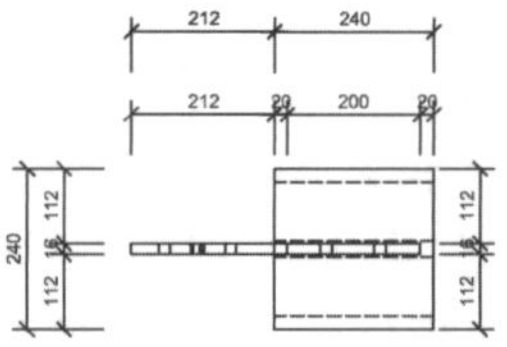

(e)

图 17-32　风荷廊桥的五金件螺栓销钉统计图及大样图(单位:mm)

风荷廊桥的木结构制作、安装要求和五金件技术要求，同大仓讲习所一样。

(六) 竣工效果

大仓风荷廊桥竣工后的照片如图 17-33 所示。

(a) 内部空间效果

(b) 北立面效果

(c) 南立面效果

图 17-33　风荷廊桥竣工后的照片

17.2　钢筋混凝土结构设计实例

采用配有钢筋增强的混凝土制成的结构，承重的主要构件是钢筋混凝土建造的建筑结构称为钢筋混凝土结构。混凝土是由胶凝材料水泥、砂、石子和水按照一定比例拌和而成，有时还会加入其他掺合料或外加剂，混凝土受压能力强，但受拉能力弱，为充分发挥混凝土的受压能力，在混凝土受拉区域内增加一定数量的钢筋，使得二者黏结成为整体，共同受力，形成钢筋混凝土。这种建筑结构具有就地取材、坚固耐久、防火性好、整体性好、节约钢材等优点，同时存在自重大、施工周期长、施工受季节影响较大等缺点。

此类建筑结构还可分为如下几类：① 框架结构，即利用钢筋混凝土梁、柱浇筑而成的纵、横向框架，承受竖向及水平向荷载的结构。② 剪力墙结构，利用建筑物的纵、横墙体承受竖向及水平向荷载的结构，具有抗侧刚度大、在水平荷载作用下侧移小的特点。③ 框架-剪力墙结构，将框架与剪力墙结构相结合，发挥各自优势，剪力墙主要承受水平向荷载，框架主要承受竖向荷载，一般用于多、高层建筑结构。④ 筒体结构，又可分为框架-核心筒结构、多重筒结构、成束筒结构等，此类结构体系的刚度与承载力均较大，一般用于高层建筑结构。根据建筑功能、建筑体量等方面的不同而选取适宜的钢筋混凝土结构类型。

17.2.1　南京市不动产档案馆

（一）项目背景

南京市不动产档案馆工程项目（图 17-34～图 17-36）选址于南部新城核心区域，北至机场二路（40 m 宽），东北角隔街为三角形城市共享绿地，南至规划商住混合用地，西至夹岗四路（24 m 宽），东至夹岗五路（40 m 宽），毗邻规划地铁 6 号线，占地约 1.19 hm^2。项目北侧为新规划的大校场跑道城市公园，南侧为南京南站片区。项目位于城市两轴交会之地；两面临接城市次干道，交通顺畅；邻近两条地铁线，出行便利。

（二）建筑设计依据

(1) 政府主管部门对本工程方案设计有关的批准文件

(2) 宁发改投资字〔2018〕462 号《关于南京市不动产档案馆项目可行性研究报告的批复》、本项目工程建设规划条件（宁规条件〔2019〕00260 号）

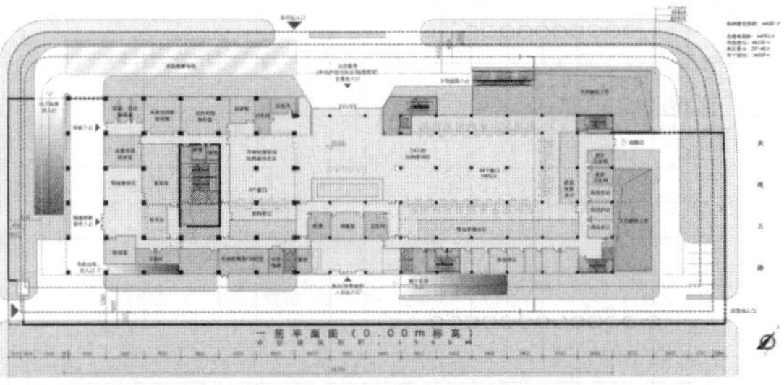

图 17-34　南京市不动产档案馆总设计平面图

图 17-35　南京市不动产档案馆建筑设计方案效果图

(a) 立面效果图 1　　　(b) 立面效果图 2

图 17-36　南京市不动产档案馆建筑立面图

(3)《民用建筑设计通则》

(4)《建筑设计防火规范》

(5)《城市道路和建筑物无障碍设计规范》

(6)《南京市规划局建设工程规划设计要点》

(7)《南京市城市规划条例实施细则》

(8)《南京市建筑物配建停车设施设置标准与准则》

(9) 国家相关行业的其他法规、条例、规定

(10) 现场踏勘和相关调研成果等

(三) 建筑设计理念

南部新城是南京城市总体规划中确立的与新街口商圈、河西新城三足鼎立的城市中心区。

道路关系:北侧为城市次干道机场二路,东侧为城市次干道夹岗五路,西侧为城市支路夹岗四路,南侧为机场河。

轨道交通:基地紧邻规划中的地铁 6 号、10 号线,西南侧为规划中的大校场机场专用有轨电车线路,交通便捷。

城市轴线:场地位于明故宫视觉走廊轴线与大校场机场跑道公园轴线交会处南侧,位置显要。

周边用地:基地西北与东北侧为商业用地,西侧为学校,南侧为住宅用地,正北侧朝向城市绿地。

项目方案立意为“城市记忆之盒”,即不动产档案馆、城建档案馆记录城市物质变迁,记录城市建设进程,承载城市记忆。

项目基地狭长,用地局促,呈狭长的长方形。建筑方案通过科学分析,综合多种布局优点，加以整合。建筑合理分区，紧凑布局。使 64 000 m^2 的多种功能在超过 11 000 m^2 的狭长用地中各得其所，各种流线顺畅不交叉。此外，设计结合平面，建筑采用平板加塔楼式布局模式，通过精心推敲建筑物外部体量和表皮，使建筑形象独特而富有个性。

（四）建筑设计方案

（1）整体设计

南京市不动产档案馆总建筑面积 64 558.05 m^2，其中地上建筑面积 47 796 m^2，地下建筑面积 16 762.05 m^2。建筑高度 72 m(室外地坪至建筑最高点)，层数为地上 15 层、地下 2 层，建筑工程设计等级为 1 级。建筑属于一类高层建筑，耐火等级为 1 级，抗震设防烈度为 7 度，地下防水等级 1 级。人防工程设计建造标准为防核武器抗力级别为 6 级，防常规武器抗力级别为 6 级，防化级别为丁级。

（2）建筑平面设计

不动产档案馆功能布局着眼于不动产档案业务流程的需要，满足收集、整理、保管和提供利用不动产、房产等相关档案的功能要求，同时具备对外登记办证服务的功能。它也是政府公共信息综合服务的窗口，不动产档案馆是人文历史和现代文明展示的场所，具备先进的现代信息技术传播交流的设施，可以为社会公众提供一个多功能的文化休闲平台。不动产档案馆包含档案库房、对外服务用房、不动产登记服务大厅、城建档案接收用房、档案业务和技术用房、档案管理用房和附属用房，按照省级一类档案馆标准进行设计，属于甲级档案馆。对外服务用房主要位于建筑的地下 1 层至地上第 1 层，包含不动产登记服务大厅、专题展厅、多功能厅、开放档案阅览区等，设有自动扶梯、电梯上下相通。从地面第 2 层至地下 2 层是整个建筑开放性最强的部分，通过上下相连的自动扶梯以及不同的层次的通高空间弱化楼层间的隔离，营造开放共享的城市空间意向，为新时代的档案建筑赋予新的内涵。

档案馆库区用房主要集中于 5～15 层，档案库区接收口位于建筑第 1 层的西南侧，库区有专用的监控电梯，通过缓冲间进入库区。档案馆业务技术用房设于 2～4 层，与库房层之间通过监控电梯相联系。档案馆管理办公区设于裙房 3～5 层。同时以档案保密程度作为功能分区和流线设置的依据，将档案馆分为 3 个区：

保密区：档案库房集中设在主体建筑 5～15 层，自成一体。库房区货物入口保密性较强，设置于较为隐秘的西南角。

一级监控区：设于第 1 层的阅览查阅区。建筑主入口设置于用地北侧机场二路一侧，外来查阅人员可进入查阅区。

二级监控区：设于第 1 层的主门厅和地下 1 层的会议区、展览区，可由北侧道路与地铁相连的下沉广场直接进入。

建筑地下 1 层局部设有非机动车停车库，可满足非机动车停车 200 辆，地下 2 层平时为小汽车停车库和设备用房，可满足小汽车停车 170 辆。

建筑平面图如图 17-37 所示。

（3）垂直交通设施

建筑内部设置了 6 部客梯(兼消防电梯和无障碍电梯)、2 部客货两用梯和 12 部楼梯，在地下 1 层下沉广场设有一部自动扶梯通至地面第 1 层，便于市民快速使用。客梯设计参数为载重量 1.050 t，速度 1.5 m/s；客货梯设计参数为载重量 1.275 t，速度 1.7 m/s；自动扶梯倾斜角度为 30°，速度 0.5 m/s。

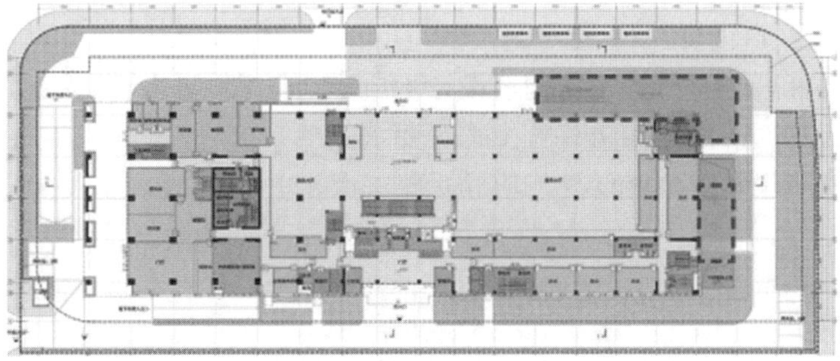

(a) 地下 1 层平面图

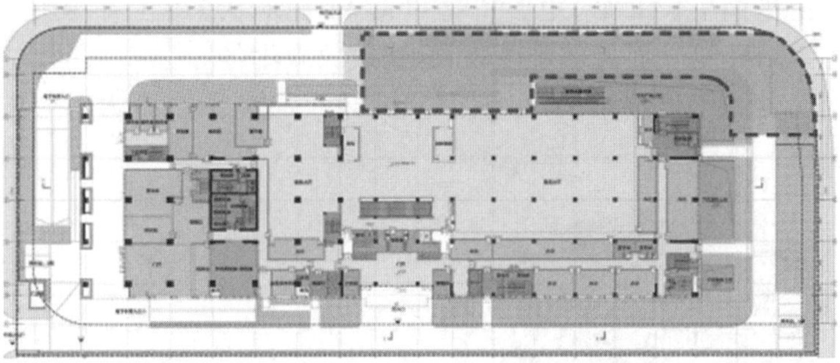

(b) 第 1 层平面图

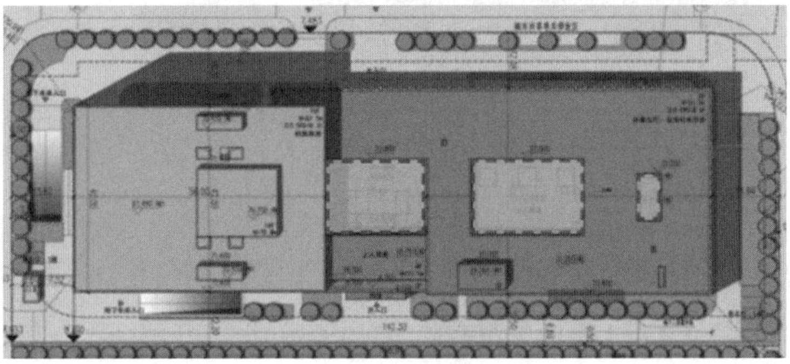

(c) 3、4 层平面图

图 17-37　南京市不动产档案馆建筑平面图

(4) 造型设计

建筑形体简洁有力，虚实相间。厚重的档案库体量，呼应其内部功能，坚实稳重，立面清灰色石材自上而下错落有致，汲取南京城墙文化，代表了对重要档案的守护职责。裙房采用大面幅铜色金属板如南京城金秋的梧桐，璀璨大气。百叶和通风开启扇结合设置，立面整洁现代。服务大厅采用通透的玻璃幕墙界面，外侧环绕景观浅水面，相映成趣，通透开放，如玄武湖的碧波。

(5) 剖面设计

本工程建设场地平整，相对标高 ±0.000 相当于高程 8.300 m(暂定，根据现场实际情况调整)，室内外高差 0.5 m。建筑地上总高度 68 m(室外地坪至屋面)，第 1 层和第 14 层层高 4.5 m，第 15 层层高 8.1 m，其余各层层高均为 4.2 m。地下 1 层层高 6.0 m，地下 2 层层高 3.9 m。

(6) 档案防护构造设计

根据档案馆特殊使用要求，库房构造设计均应满足防潮、防水、防火、防盗、防阳光紫外线照射、防高温、防尘、防污染和防有害生物等要求。

消防设计、人防设计及节能设计均应满足相关要求。

（五）结构设计方案

(1) 结构选型

本工程为档案储存类建筑，根据其建筑布局、高度和荷载较大的特点，选择了刚度和延性较好的框架-剪力墙结构体系，如图 17-38 所示。裙房和主塔楼未设抗震缝，原因如下：

① 设缝后裙房平面呈长 L 形、矩形和双 U 形，平面形状多变且不规则，抗震性能较差；

② 设缝后主入口建筑立面处理难度较大，建筑效果不佳；

③ 设缝后裙房若采用框架结构，东侧大悬挑导致的水平拉压力对竖向框架柱构件较不利。

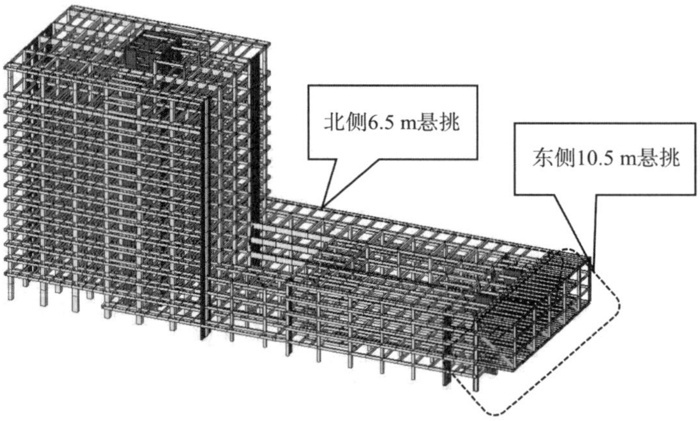

图 17-38　结构整体示意图

(2) 端部悬挑竖向承重体系

裙房东侧及北侧在地下 1 层为下沉庭院，首层开敞、楼板开洞，配合建筑造型效果要求，17 轴东侧和 G 轴北侧在 1～2 层范围内不允许布置竖向构件，故东侧 3～6 层楼面形成 10.5 m 悬挑、北侧 3～6 层楼面形成 6.5 m 悬挑。北侧悬挑相对较小，采用加密混凝土梁悬挑即可实现，故不做赘述。东侧采用钢框架＋斜拉杆实现悬挑，三维体系如图 17-39 所示。

结构体系经历了如图 17-40 所示由(a)向(b)转化的优化过程。经过比选分析，方案(a) 3～5 层均设斜拉杆，但拉杆与水平方向倾角较小，拉杆效率低，且产生的较大水平分力在 4 层楼面由于相邻楼板的缺失而不能有效转递；方案(b)仅 3、4 两层设斜拉杆，但较好地解决了方案(a)存在的两个问题，为最终确定方案。

(3) 结构概况

塔楼地上 15 层，带 5 层裙房(未设逢)，结构主屋面标高 67.50 m，裙房屋面标高 21.25 m。塔楼主要功能为档案库房，裙房主要功能含不动产登记办证大厅和档案管理区等。地下室 2 层，主要为设备用房和停车库。

首层和 14 层层高 4.5 m，顶层层高 8.1 m，其余各层层高均为 4.2 m。裙房结构平面尺寸约为 141.9 m×45.5 m，塔楼平面尺寸约为 55.6 m×41.6 m。

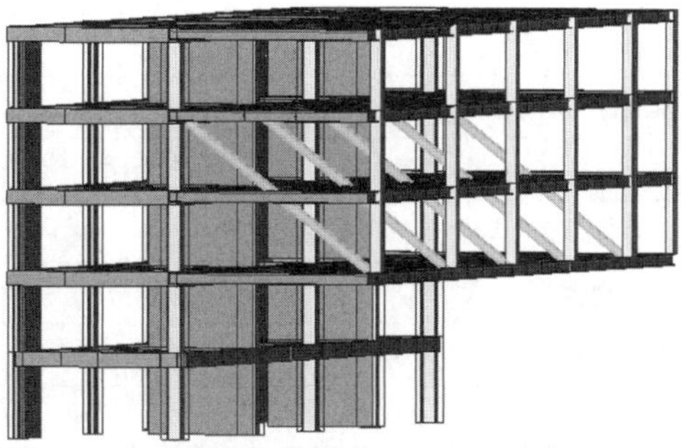

图 17-39　东侧悬挑结构体系三维图示

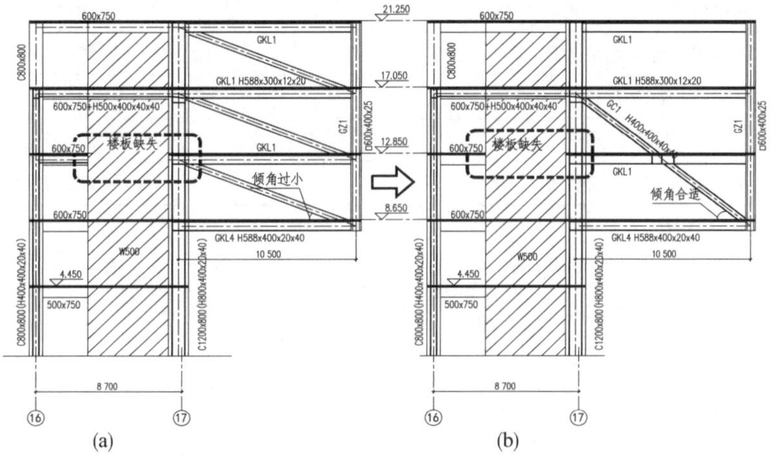

图 17-40　东侧悬挑体系剖面示意

（注：除标高单位为 m 外，其余尺寸单位为 mm）

本工程所采用的整体控制参数如表 17-2 所示。

表 17-2　本工程所采用的整体控制参数

结构设计使用年限	50 年
耐久年限	100 年
建筑结构安全等级	一级
结构重要性系数 γ_0	1.1
建筑抗震设防分类	重点设防类(乙类)
地基基础设计等级	甲级
桩基设计等级	甲级
抗震设防标准	7 度 0.10g

（4）结构设计依据

本工程所采用国家标准如表 17-3 所示。

表 17-3　本工程所采用的国家标准和规范、规程

《建筑结构可靠性设计统一标准》	GB 50068
《建筑工程抗震设防分类标准》	GB 50223

续表

《建筑结构荷载规范》	GB 50009
《建筑抗震设计规范(2016 年版)》	GB 50011
《混凝土结构设计规范(2015 年版)》	GB 50010
《钢结构设计标准》	GB 50017
《钢结构焊接规范》	GB 50661
《建筑设计防火规范(2018 年版)》	GB 50016
《建筑地基基础设计规范》	GB 50007
《人民防空地下室设计规范》	GB 50038
《地下工程防水技术规范》	GB 50108
《高层建筑混凝土结构技术规程》	JGJ 3
《高层民用建筑钢结构技术规程》	JGJ 99
《组合结构设计规范》	JGJ 138
《建筑桩基技术规范》	JGJ 94
《建筑工程抗震性态设计通则(试用)》	CECS 160

(5) 荷载

① 风荷载

建筑场地 50 年一遇的基本风压 $W_0=0.40\ \mathrm{kN/m^2}$。

② 雪荷载

建筑场地 50 年一遇的基本雪压 $S_0=0.65\ \mathrm{kN/m^2}$。

③ 主要建筑材料容重

钢筋混凝土:25 $\mathrm{kN/m^3}$

钢:78 $\mathrm{kN/m^3}$

水泥砂浆:20 $\mathrm{kN/m^3}$

水泥实心砖:24 $\mathrm{kN/m^3}$

加气混凝土砌块:5 $\mathrm{kN/m^3}$

④ 楼面活荷载

a. 楼面活载:

展览厅:3.5 $\mathrm{kN/m^2}$

一般办公、会议室:2.0 $\mathrm{kN/m^2}$

走道、门厅:2.5 $\mathrm{kN/m^2}$

疏散楼梯:3.5 $\mathrm{kN/m^2}$

其他:见《建筑结构荷载规范》(GB 50009)。

b. 屋面荷载:

上人屋面:2.0 $\mathrm{kN/m^2}$

不上人屋面:0.5 $\mathrm{kN/m^2}$

(6) 地基基础与地下工程

① 场地情况

拟建场地隶属于岗地地貌单元,局部发育坳沟。由于施工开挖,场地地势高低不平,勘察期间,孔口高程 7.48～13.51 m,最大相对高差 6.03 m,本项目±0.000 相当于 1985 国家高程 8.300 m。根据工勘报告中的地质剖面，拟建场地各土层自上而下的分布状况与特征指标如表 17-4 所示。

表 17-4　工程地质层分布与特征指标一览表

层号	地层名称	特征描述	分布状况	层顶标高/m（最小～最大）	厚度/m（最小～最大）
1-1	杂填土	杂色，松散，由粉质黏土、石子、砖块等建筑垃圾组成，局部存在大块混凝土块、生活垃圾，不均质，堆填时间大于 5 年	普遍分布	7.48～13.51	0.70～7.80
1-2	素填土	黄灰—灰色，以软—可塑粉质黏土为主，间夹砖屑、石子、植物根茎等物，局部含少量腐殖物，不均质，堆填时间大于 10 年	局部分布	6.13～11.11	0.50～5.40
2-1	粉质黏土	黄灰色为主，可塑，局部软塑，见少量铁锰质侵染，局部夹粉土，切面稍有光泽，干强度中等，韧性中等	局部分布	3.49～6.98	0.80～4.40
2-2	（淤泥质）粉质黏土	灰色—黄灰色，软—流塑，局部可塑，局部夹粉土，切面稍有光泽，干强度中低，韧性低	局部分布	1.30～5.48	0.60～22.90
2-3	粉质黏土	灰绿色—青灰色，可塑，局部硬塑，切面稍有光泽，干强度中等，韧性中等	局部分布	−20.81～2.68	0.60～4.50
3-1	黏土	黄褐色，可塑—硬塑，含铁锰质结核，切面有光泽，干强度中高，韧性中高	局部分布	4.45～7.32	0.70～7.80
3-2	粉质黏土	灰黄色—黄褐色，可塑，切面稍有光泽，干强度中等，韧性中等	局部缺失	−4.32～5.35	0.80～12.30
3-3	黏土	黄褐色，硬塑，含铁锰质结核，切面有光泽，干强度高，韧性高，局部底部夹风化岩屑	局部缺失	−21.91～−1.51	0.50～12.50
3-4	粉质黏土	灰黄色—黄褐色，可塑，局部硬塑，切面稍有光泽，干强度中等，韧性中等，局部夹粉土、风化岩屑，偶夹卵砾石	局部分布	−27.81～−4.49	0.40～10.10
4	含卵砾石粉质黏土	杂色，可塑—硬塑，不均质，含少量石英质卵砾石，粒径一般为 1.0～6.0 cm，以亚圆形、次棱角状为主，含量为 5%～20%，局部夹中粗砂、风化岩屑	局部分布	−19.50～−10.01	0.30～5.10
5-1	泥质砂岩（强风化）	紫红色，局部黄褐色，原岩经强烈风化后呈砂土状，局部夹硬块，遇水易软化，手捏易散，岩体基本质量等级为Ⅴ级	普遍分布	−29.31～−4.96	0.10～4.80
5-2P	破碎状泥质砂岩（中风化）	紫红色，该层风化较强烈，岩芯呈“碎块夹短柱”状，局部夹硬质岩块，敲击声哑，局部夹软夹层，岩石强度属软岩—较软岩，岩体完整性属破碎，钻进困难，返浆正常，岩体基本质量等级为Ⅴ级	普遍分布	−22.30～−8.79	0.70～5.50
5-2	泥质砂岩（中风化）	紫红色，岩体呈砂质结构，块状构造，岩芯多呈柱状、长柱状，局部短柱状，敲击声哑，局部岩石强度较高。钻孔返浆正常，施工钻进比较平稳。属软岩—较软岩，岩体较完整，岩体基本质量等级为Ⅳ级	普遍分布	−22.90～−6.39	最大揭示厚度 12.40

② 桩基基础设计

本工程采用桩基础，基础桩型采用 900 mm 直径钻孔灌注桩，桩身混凝土强度等级为 C40，桩端持力层 5－2 泥质砂岩（中风化）。基础底板厚度暂定为 700～800 mm，在柱下及剪力墙下设置承台，底板与承台混凝土强度等级均为 C40。桩基布置情况如下：

主楼下采用 900 mm 直径抗压桩，桩端进入持力层≥2.5 m，有效桩长 14～25 m，单桩竖向抗压承载力特征值 6 800 kN。

裙房和纯地库竖向荷载较小，采用 900 mm 直径抗压兼抗拔桩，桩端进入持力层≥1.5 m，有效桩长 6～20 m，单桩竖向抗压承载力特征值 5 700 kN，抗拔承载力特征值 1 700 kN。

图 17-41 为主塔楼范围基础沉降等值线图，主楼最大沉降约为 14 mm。

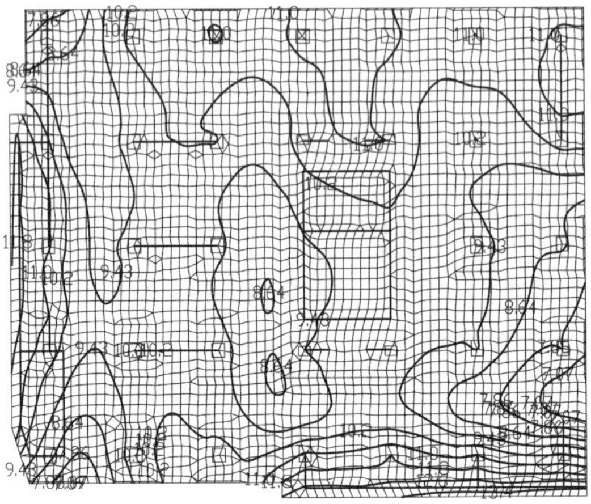

图 17-41　主塔楼范围基础沉降等值线图(单位:mm)

③ 地下室工程设计

本工程地上 1 层层高为 4.5 m，地下 1 层层高为 6.0 m。地下室外轮廓均不大于地上结构外扩三跨，考虑到地下室顶板局部有大开洞，故未将整个地下室均作为地上结构的相关范围，所取相关范围详见图 17-42。

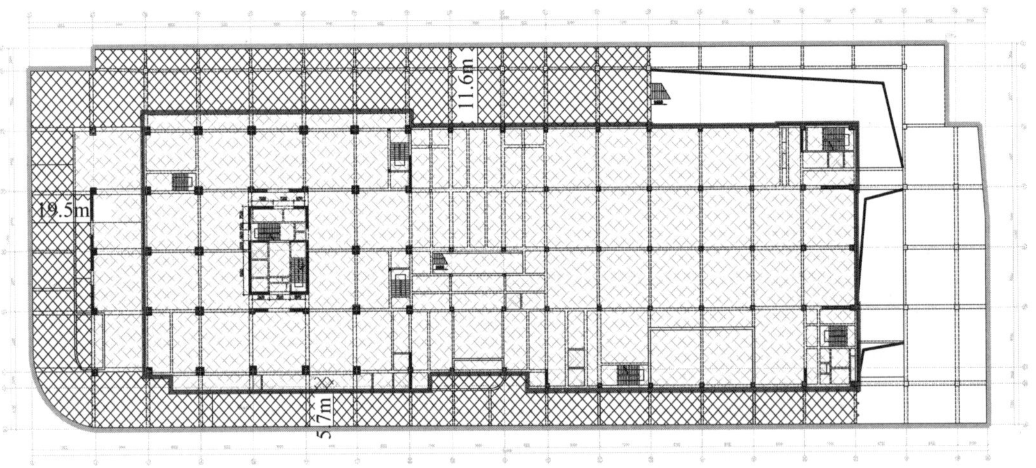

图 17-42　地下室相关范围示意图

(注:红色线为结构地上范围，绿色线为结构地下范围，阴影区为嵌固端计算的地下室范围)

采用带地下室的计算模型，得出的层刚度如表 17-5 所示。

表 17-5　楼层侧向剪切刚度及刚度比

	X 向	Y 向
地上一层层刚度	$8.840\,5\times10^{7}$ kN/m	$9.431\,4\times10^{7}$ kN/m
地下一层层刚度	$4.047\,5\times10^{8}$ kN/m	$2.360\,8\times10^{8}$ kN/m
层刚度比(地下一层/地上一层)	4.58	2.50

由表 17-5 可知，地下室顶板可以作为上部结构的嵌固端。

（7）上部结构设计

① 结构布置

本项目建筑功能单一，主要为档案储存，结构平面柱网较均匀。由于活荷载超常规较多，框架梁截面主要受恒载控制，故自下而上截面较为统一。塔楼区域主要梁截面为 600 mm×750 mm、600 mm×1 050 mm 和 300 mm×750 mm；裙房区域主要梁截面为 600 mm×750 mm、500 mm×900 mm、500 mm×750 mm 和 400 mm×750 mm。

② 抗震等级

按照《高层建筑混凝土结构技术规程》(JGJ 3—2010)及《建筑抗震设计规范(2016 年版)》(GB 50011—2010)有关规定，确定本工程各部分的抗震等级如表 17-6 所示。

表 17-6　构件抗震等级

结构部位		混凝土框架	剪力墙	钢框架
塔楼、裙房		一级	一级	二级
地下室	地下 1 层	一级	一级	—
	地下 2 层	二级	二级	—

③ 超限判定

本工程结构不规则性判定列表如表 17-7 所示。

表 17-7　结构不规则性判定列表 1

序号	不规则类型	简要含义	本工程情况
1a	扭转不规则	考虑偶然偏心的扭转位移比大于 1.2，大于 1.4 为严重不规则	有
1b	偏心布置	偏心率大于 0.15 或相邻层质心相差大于相应边长 15%	有
2a	凹凸不规则	平面凹凸尺寸大于相应边长 30%等	无
2b	组合平面	细腰形或角部重叠形	无
3	楼板不连续	有效宽度小于 50%，开洞面积大于 30%，错层大于梁高	有
4a	刚度突变	相邻层刚度变化大于 70%(按高规考虑层高修正时，数值相应调整)或连续 3 层变化大于 80%	无
4b	尺寸突变	竖向构件收进位置高于结构高度 20%且收进大于 25%，或外挑大于 10%和 4 m，多塔	有
5	构件间断	上下墙、柱、支撑不连续，含加强层、连体类	无
6	承载力突变	相邻层受剪承载力变化大于 80%	无
7	其他不规则	如局部的穿层柱、斜柱、夹层、个别构件错层或转换，或个别楼层扭转位移比略大于 1.2 等	有

综上所述，本塔楼主要是扭转不规则、偏心布置、楼板不连续、竖向收进及悬挑导致的尺寸突变、局部夹层导致的其他不规则共计五项不规则项，属于不规则项超限的高层建筑工程，按照《中华人民共和国行政许可法》和原建设部(现为住房和城乡建设部)《超限高层建筑工程抗震设防管理规定》(建设部令第 111 号)的要求，应在初步设计阶段进行超限高层建筑抗震设防专项审查。

④ 结构超限应对措施

a. 为确保主体结构能实现预期抗震性能，采用两套软件进行了水平和竖向荷载作用的分析，结构在设防烈度和罕遇烈度地震作用下的性能也通过计算机软件模拟进行了详尽的受力过程。

b. 针对楼板不连续，进行了设防烈度地震作用下的楼板应力分析，并根据分析结果双层双向加强配筋。

c. 针对结构超长，进行了楼板温度应力分析，确保楼板温度应力可控，并采取有效的加强措施和技术应对措施。

d. 针对楼板缺失，剪力墙底部加强部位上提一层，由底部两层提升为底部三层，楼板缺失导致的穿层墙，适当加大其截面，提高配筋率，并补充稳定验算。

e. 针对竖向构件收进，参考《高层建筑混凝土结构技术规程》(JGJ 3—2010)，在裙房的角部加强抗侧力构件的布置，设置剪力墙以控制扭转位移比，同时分别验算整体结构和单塔模型的扭转周期比；确保上部收进结构的底部楼层层间位移角不大于相邻下部区段最大层间位移角的 1.15 倍；对收进部位上、下各两层塔楼周边竖向构件和裙房周边竖向构件的配筋构造措施进行加强，抗震构造措施提高一级采用；塔楼与裙房相连的外围柱、剪力墙，从地面直至裙房屋面上两层的高度范围内，配筋加强，柱箍筋在裙楼屋面上、下各两层的范围内全高加密；收进位置即裙房屋面层的楼板，楼板厚度加强为 150 mm，并按最小配筋率 0.25%双层双向加强配筋，同时对收进部位上、下层的楼板也采取加强构造措施。

f. 针对大悬挑，考虑竖向地震作用，严格控制悬挑部位相关构件无楼板下的应力，并对斜拉杆水平分力传力相关范围的楼板进行加强，确保力流路径的完整性。

g. 针对局部夹层，采取夹层按层建模和并层模型包络设计，同时校核并层模型的位移角。

(8) 计算分析

① 分析软件

中国建筑科学研究院建筑工程软件研究所开发的 PKPM 结构设计软件，由 SATWE 模块计算。图 17-43 为南京市不动产档案馆(上部结构和地下室结构)结构 PKPM 计算模型。

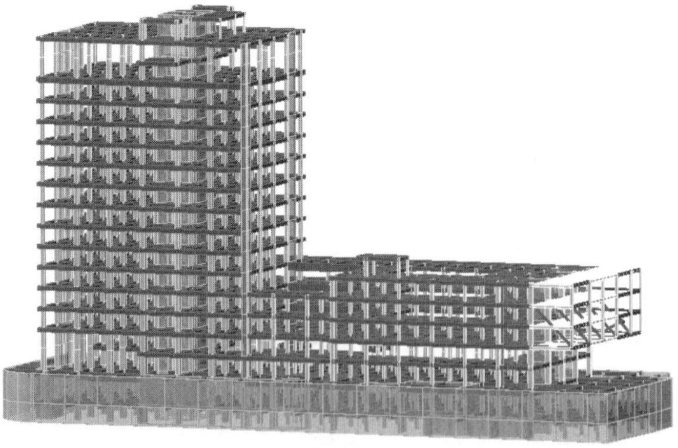

图 17-43 南京市不动产档案馆结构 PKPM 计算模型

② 结构计算分析结果

南京市不动产档案馆计算分析结果汇总如表 17-8～表 17-11 所示。

a. 周期、振型(表 17-8)。

表 17-8　南京市不动产档案馆结构自振特性(主塔楼单塔模型)

模态编号	SATWE 计算结果			
	T	UX	UY	RZ
1	2.250 8	1.00	0.00	0.00
2	1.917 7	0.00	0.68	0.32
3	1.553 6	0.00	0.33	0.67

b. 地震作用下位移(表 17-9、表 17-10)。

表 17-9　南京市不动产档案馆水平荷载作用下楼层侧移

水平荷载作用	楼层侧移	SATWE 分析结果
风载	X 向风载作用下最大层间位移角	1/7 092(9 层)
	Y 向风载作用下最大层间位移角	1/6 728(9 层)
X 向地震	X 向地震作用最大层间位移角	1/1 136(9 层)
	X 向地震作用最大扭转位移比(规定水平力)	1.01(1 层)
	X 向偏心地震作用最大扭转位移比(规定水平力)	1.07(15 层)
Y 向地震	Y 向地震作用最大层间位移角	1/1 126(10 层)
	Y 向地震作用最大扭转位移比(规定水平力)	1.16(15 层)
	Y 向偏心地震作用最大扭转位移比(规定水平力)	1.31(5 层)

表 17-10　南京市不动产档案馆最大层间位移与平均层间位移的比值

方向	最大层间位移与平均层间位移的比值
X 方向	1.13
Y 方向	1.05

c. 最大轴压比(表 17-11)。

表 17-11　南京市不动产档案馆框架柱的最大轴压比

建筑名称	最大轴压比
南京市不动产档案馆	0.75

17.2.2　人民日报社报刊综合业务楼

(一) 项目背景

人民日报社报刊综合业务楼是中国级别最高、影响力最大的报社媒体单位(图 17-44),人民日报社总部大楼位于北京中央商务区(CBD)核心区,周边有众多国际知名建筑师的重要作品。东南大学建筑设计研究院于 2009 年参与并赢得了该项目的方案投标,于 2010 年完成施工图设计,同年大楼开始建造,并于 2015 年建造完成。在该项目中,设计师尝试实现一种当代视野下富有创造性和现代感,同

图 17-44　建成的人民日报社报刊综合业务楼

时又能反映出本土文化和传统的设计思想，完成了从建筑到室内，再到景观和夜景照明一整套的方案设计工作，使得作品能够最大限度体现设计思路及意图。该建筑节能高效、环境友好，建成后获得众多奖项，包括中国勘察设计协会优秀公共建筑设计一等奖、教育部优秀工程勘察设计奖一等奖以及米兰国际设计奖建筑类金奖。

（二）建筑设计依据

(1) 政府主管部门对本工程方案设计有关的批准文件

(2)《民用建筑设计通则》

(3)《建筑设计防火规范》

(4)《城市道路和建筑物无障碍设计规范》

(5) 国家相关行业的其他法规、条例、规定

（三）建筑设计理念

本设计方案以“人文”与“和谐”为主题，凭借象征的手法，充满动感的形式，表达出建筑的标志性与现代感，同时通过对北京城市的历史环境和中国传统文化的提炼与吸收，最终利用现代建筑的语言来体现鲜明的时代特色和深厚的文化内涵。

(1) 总体构思

人民日报社报刊综合业务楼设计构思重点包括以下三个方面：

① 以人为本的设计思想。以人字形的平面切合人民日报社的主题，创造尺度宜人的空间关系、自然柔和的曲线造型，形成良好的视觉效果。

② 与自然环境和谐统一。对自然环境进行最小的干预，保留基地良好的植被条件，对道路作出退让的处理，使高层建筑形体在视觉上弱化，减小对周边建筑的压迫感。

③ 对时代精神积极回应。以独特的建筑造型理性表达结构的受力逻辑，外部结构以稳定的三角形进行布置，并在其中寻求视觉上的动态感，利用曲线营造奔腾的动势反映出发展与进步的观念。

人民日报社报刊综合业务楼设计方案的生成以整个北京的历史文化环境为背景。北京城市的轴线依南北与东西两个方向展开。在南北方向，以故宫为中心，展现的是北京深厚的历史沉淀和丰富的人文资源；在东西方向，以长安街为主线，遍布着新中国成立以来的许多重要建筑，是北京与时俱进，向前发展的有力证明。因此，“传承历史，走向未来”也是设计构思的重要出发点之一。通过对现有条件的分析，基地的区位、交通、周边建筑、空间关系以及场地肌理等多重条件在设计中得到综合的考虑。

(2) 周边场地

人民日报社报刊综合业务楼建设用地(图 17-45)位于朝阳区金台西路 2 号地，周边建筑现状以多层为主，位于西南方向的以方形为基本几何形式来源的 CCTV 大楼是目前该地块最重要的建筑，建成后的人民日报社报刊综合业务楼以圆形为基础变化而成。相对于方形来说，圆形在中国传统“天圆地方”的哲学思想中，处于更主要的统摄地位，同时易于形成视觉和心理上的中心感。因此，人民日报社报刊业务综合楼建成以后，将会成为新的区域中心，与

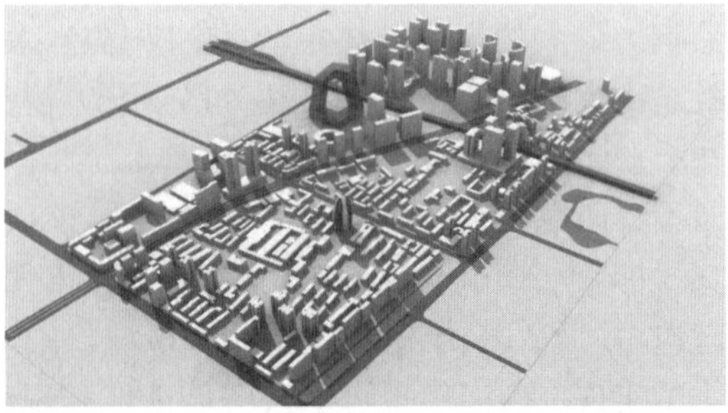

图 17-45　人民日报社大楼周边场地示意图

远处的 CCTV 大楼遥相呼应。它们共同成为该地段的标志，塑造起城市的天际线。

(3) 规划设计

人民日报社报刊综合业务楼建设用地位于人民日报社西入口，被现有道路分为南北两块。报刊业务综合楼布置在马路的南侧，图书馆及学术交流中心布置在马路的北侧。

在场地规划中，人民日报社的入口处设置集散广场，在人车分流的基础上通过集散广场对原有的空间关系进行整合。报刊业务综合楼设置内外两个出入口，其中对外出口利用地层架空形成前广场，在主楼东侧形成对内的后广场。曲线建筑造型同时形成富有变化的界面，沿道路推进的轴线关系在空间上具有了开阖收放的效果。一层平面的门厅部分通过局部挑高的处理与前广场进行对接，360°的玻璃幕墙获得了开敞通透的视觉效果。设计对场地原有的绿化和树木进行保留，在一层大厅中可以直接感受到室外的绿色，营造出自然生态的整体气氛。

(四) 建筑设计方案

人民日报社报刊综合业务楼工程是一栋集国际会议中心、图书馆、报业大厦等为一体的综合性建筑，总建筑面积 135 797 m^2，其中地上建筑面积 96 828 m^2，地下建筑面积 38 969 m^2。

人民日报社主楼平面呈三角形，向上升起的 3 条巨型结构与中央的核心筒构成了坚固的空间结构，有利于抗震和抗风，也体现了建筑造型的匹配和谐。外观采用琉璃陶棒材料，既有现代科技含量又融合了中国传统建筑文化的精髓，放眼望去，宛如一尊巨大的青花瓷雕塑。4 层的裙楼国际会议中心和图书馆呈水平舒展布置，沿东西方向展开，与塔楼的竖向升腾既强烈对比又相互协调，其波浪形屋面和两侧的遮阳板衬托了塔楼的动感与雄伟。从空中鸟瞰塔楼，宛如一个隶书的“人”字。

(1) 造型和结构

人民日报社主楼以 180 m 的高度拔地而起，流线造型突出向上，楼板以双曲面的方式渐变，在基于几何圆形的基础上塑造出特色鲜明的视觉效果。

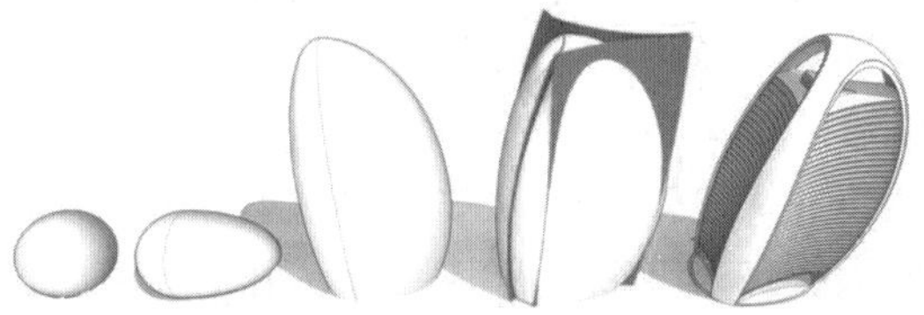

图 17-46　人民日报社报刊综合业务楼造型生成

大楼在三维上呈现出有机而动态的完美形状，不存在任何直角，而这一有机的曲线造型是由规则的几何形体变化得出的(图 17-46)。中国有古语“天圆地方”，是古人对宇宙朴素的认识。“天圆”指心性上要圆融才能通达，“地方”指命事上要严谨才成规矩。

大楼以圆润的造型与周边环境友好相处，同时圆润的造型又是有规可循，有法可依的几何对称形体。同时北京处于地震多发地带，利用大楼三足鼎立的巨型框架结构结合核心筒，共同抵抗地震作用，从而增加大楼的抗震能力。

建筑造型以圆形为初始题材，根据场地固有条件变形生成。根据狭长的用地条件在水平方向拉伸，因为交通压力和使用要求在三个方向进行退让，在此基础上形成人字形平面，同时在升起的过程中，沿道路方向向后退让，弱化高层建筑对周边环境的压迫感，最终得出了曲线状的建筑造型。

(2) 垂直设计

在垂直方向上根据面积的变化可以实现使用功能的灵活布置，底层为入口大厅，在中间部分布置办公、会议、采编等综合服务功能，顶层根据面积需要布置 360°全视野的办公用房，实现使用效率的最大化。基于圆形生成的平面形式不但在视觉上取得完整纯净的效果，同时最有效地利用了南、北、东三个朝向，取得良好的通风和采光，并为灵活分割使用空间提供了条件。

(3) 空间和效率

大楼内部，设计了一圈围绕核心筒的公共交通空间将各个功能空间联系起来，曲线的形态使得行走其中不会感觉乏味(图17-47)。大楼采用大面积开敞式的办公空间设计，使用效率高达 73%，而在北京，同类办公楼的面积利用率只有 53%。

图 17-47 人民日报社报刊综合业务楼内部空间

(4) 幕墙设计

本工程内侧为铝板保温幕墙，外侧为拉索陶棍点幕墙(图 17-48)。外侧采用长短不一的釉面陶棍结合氟碳喷涂铝板覆盖大楼三足鼎立的实体部分。氟碳喷涂金色铝板在里，起到防水、保温、隔热等作用，白色釉面陶棍在外，形成流畅圆滑的曲面造型。

图 17-48 复杂异形曲面幕墙

148.5 m 以下部分陶棍系统采用 Ø16 不锈钢拉索作为结构受力构件，即索支撑结构陶棍系统(图 17-49)，陶棍通过张拉过的柔性钢索固定在主体结构伸出的支撑结构上，减轻了幕墙的结构自重，同时具有很强的抗变形能力。陶棍的釉面材质在雨水的冲刷下可以自行清洁，减少了清洁的费用。

(5) 可持续性

大量的预制钢结构使得大楼 80%的钢材可在其寿命完结后进行回收再利用。所有的玻璃幕墙均为双层夹胶玻璃，在每层玻璃幕墙的下方都有可开启扇，使得通风所用的能耗大幅度降低。双层幕墙间的马道间设有水槽，可将雨水收集后用于灌溉。高层建筑玻璃幕墙基本上都存在光污染的问题，而大楼玻璃双曲面幕墙可将太阳光发散式反射，避免了阳光聚焦对行人、司机和周边建筑的光污染。

图 17-49 拉索陶棍

(6) 夜间照明

对于大楼的实体部分，在两层幕墙间设置 LED 灯带，将灯光投射到金色的铝板上，然后反射出陶棍来，形成特别的灯笼式的视觉效果。LED 灯光由电脑控制，可变换颜色，根据不同的时节，呈现不同的效果，最常见的颜色为白色。软件可对 LED 灯光进行渐变式控制，形成特别的夜景效果(图 17-50)。另外，大楼的四周布置有金卤投射灯，对大楼的实体部分进行重点渲染。釉面材质的高反射度和金属质感使得大楼在灯光的照射下显得亮丽而现代感十足。对于夜景照明，设计师做了长时间的考虑和实验，力求使大楼成为北京 CBD 夜幕降临后一颗璀璨的明珠。另外，设计还涵盖了大楼内部的装修和外部的景观。内部装修力图表现报社庄严朴实、开放透明的特质。通过一体化的设计理念，打造一个纯粹而简约的内部环境。同时与灯光、音响等专业工程师们紧密配合，使得大楼成为一座功能完善、高效现代的媒体办公大厦。

图 17-50　人民日报社报刊综合业务楼夜景图

（五）结构设计方案

(1) 建筑形体特征和结构设计理念

大楼的造型(图 17-51)来源于中文的“人”字，与人民日报社的标题相呼应。从平面上看(图 17-52)，三角形的平面来源于“人”字的变形；从立体上看，具有流线动感的造型，由三个双曲面切割椭球体得到，形成三足鼎立的稳定结构(图 17-53)。

图 17-51　人民日报社报刊综合业务楼造型

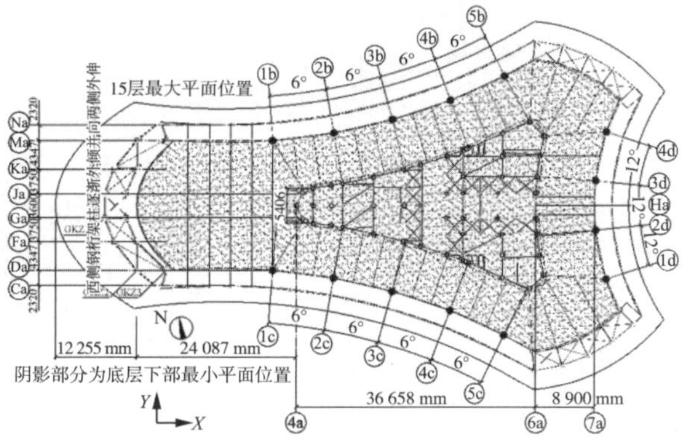

图 17-52　结构平面布置图

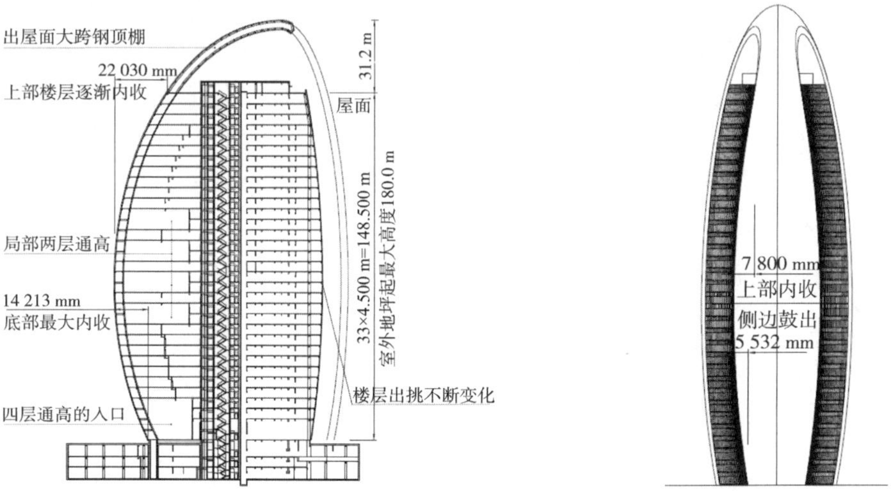

(a) 东西方向剖面图　　(b) 西侧立面图

图 17-53　结构剖立面图

本工程的各层建筑平面均在变化，下部楼层是由小变大，上部楼层是由大变小，主楼楼层围绕垂直筒体均以办公用途为主，为满足人民日报社的需求，主楼内设有多个演播室，分别布置于主楼不同楼层。和普通高层建筑相比，有以下一些问题在设计过程中做了重点研究和分析：

① 斜立的竖向构件形式。为便于加工制作和施工过程控制，斜柱均保证有一个方向在铅垂面内两两形成平面桁架；尽可能地多设直接落地的柱，侧边的鼓出另增设斜柱。

② 斜立的桁架柱在竖向荷载下的水平向分力必须通过框架梁或楼板可靠传递。

③ 尽可能地减小结构刚心和质心的不一致，有效抑制结构的扭转。

④ 桁架柱布置形式的优化。尽可能使力的传递更加直接，且便于制作和安装。

⑤ 复杂的空间形体和内部空间的变化(图 17-54、图 17-55)，给结构设计带来了较大的难度。如何有效地组织结构的竖向构件，同时有效地形成高效的抗侧力系统，在结构方案设计阶段也做了一些比较和分析。

图 17-54　复杂空间形体结构

图 17-55　复杂空间格构组合柱

(2) 结构体系的选择

如采用钢筋混凝土核心筒＋钢框架方案，结构的刚度中心变化较小，结构的扭转效应较明显。由于钢筋混凝土核心筒在结构中部的有效宽度较小，仅为 6.0～12.0 m，最大高宽比为 12.5～25，有效抗侧刚度明显不足。在结构方案阶段的结构分析结果表明，为满足钢筋混凝土结构的层间位移比要求，中间部位的芯筒必须增设伸臂桁架和外框钢管混凝土柱协同工作；边缘的巨型桁架钢柱也必须采用环桁架和芯筒伸臂协同工作，才可能使结构的抗侧刚度满足规范要求。同时，尽管位移限值满足了规范要求，芯筒部位的剪力墙抗剪承载力也不足。芯筒采用钢筋混凝土结构的不足可归纳为以下几点：

① 结构刚度中心变化不大，而质量中心变化较大，导致质量中心和刚度中心的偏心距较大，结构的扭转效应较明显，且双向抗侧刚度差异较大。

② 由于结构芯筒呈葫芦形的平面，结构抗侧刚度不均匀，中心部位严重不足。

③ 由于混凝土芯筒中心部位抗侧能力不足，需外框和角部巨型钢格构柱协同抵抗地震作用，否则无法抑制结构的扭转效应。

④ 采用混凝土核心筒＋格构柱和伸臂的结构方案，结构抗侧力体系混乱，采用了多种形式和材料，且结构层间竖向抗侧刚度也不规则。

⑤ 混凝土核心筒中部剪力墙的抗剪承载能力不足，给超限结构的性能化设计也带来困难。

综合以上几点，最终未采用钢筋混凝土核心筒外加钢框架的结构方案，而是采用了带支撑的全钢框架结构方案。

由《建筑抗震设计规范》可知，8 度以上抗震设防区宜采用偏心支撑钢框架结构。偏心支撑框架是一种比较理想的多、高层钢结构抗侧力体系。本工程由于平面和空间关系复杂，无法确定合适的抗侧主轴，因此无法预先设置偏心支撑的位置。采用中心支撑框架结构相对于偏心支撑框架，依靠支撑屈曲耗能，延性稍差。综合以上原因，本工程采用了屈曲约束支撑(BRB)取代了部分在设防烈度或罕遇地震下有可能发生屈曲的中心支撑，通过屈曲约束支撑良好的耗能能力，有效地提高了结构的抗震能力。

通过初步的结构分析，采用带屈曲约束支撑(BRB)的钢框架结构可以完全满足结构的抗风、抗震性能要求。框架和支撑组成共同的抗侧力体系，且 BRB 耗能支撑只要屈服，即可耗散大量的能量，明确具备了多道防线的要求。而普通支撑按《高层民用建筑钢结构技术规程》的规定，在多遇地震效应组合作用下，人字形支撑和 V 形支撑的斜杆内力应乘增大系数 1.5，十字交叉支撑和单斜杆支撑的斜杆内力应乘增大系数 1.3，确保其不先于框架柱损坏。

(3) 结构设计依据

本工程适用的国家标准如表 17-12 所示。

表 17-12　工程适用的国家标准和规范、规程

《建筑地基基础设计规范》	GB 50007
《建筑结构荷载规范》	GB 50009
《混凝土结构设计规范》	GB 50010
《建筑抗震设计规范》	GB 50011
《钢结构设计标准》	GB 50017
《建筑结构可靠性统一标准》	GB 50068
《地下工程防水技术规范》	GB 50108
《建筑工程抗震设防分类标准》	GB 50223
《高层建筑混凝土结构技术规程》	JGJ 3
《高层民用建筑钢结构技术规程》	JGJ 99
《建筑地基处理技术规范》	JGJ 79
《建筑桩基技术规范》	JGJ 94
《组合结构设计规范》	JGJ 138
《建筑工程抗震性态设计通则(试用)》	CECS 160
《高层建筑钢结构设计规程》	DG/TJ 08-32

(4) 荷载

① 风荷载

建筑场地 50 年一遇的基本风压 $W_0=0.45\ \mathrm{kN/m^2}$。

② 雪荷载

建筑场地 50 年一遇的基本雪压 $S_0=0.50\ kN/m^2$。

③ 主要建筑材料容重

钢筋混凝土：25 kN/m^3

钢材：78 kN/m^3

花岗石：28 kN/m^3

水泥空心砖：12 kN/m^3

加气混凝土：6.0 kN/m^3

④ 楼面活荷载

屋面：2.0 kN/m^2（考虑可能的设备荷载取 3.0 kN/m^2）

办公室：2.0 kN/m^2

信息中心：5.0 kN/m^2（按档案库、储藏室取用）

演播室：4.0 kN/m^2（按演出舞台考虑）

消防疏散楼梯：3.5 kN/m^2

机房设备间：7.0 kN/m^2（不少于 7.0 kN/m^2 或实际重量）

避难层：5.0 kN/m^2

幕墙：1.5 kN/m^2（考虑可能的呼吸幕墙方案，荷载稍大并按恒载输入）

地面绿化区：4.0 kN/m^2（覆土荷载按实考虑并按恒载输入）

消防车道/大型车道：20 kN/m^2

小汽车停车库：4.0 kN/m^2

(5) 地基基础与地下工程

① 场地情况

工程建设场地的勘察由北京市勘察设计研究院有限公司完成，场地土勘察报告完成时间为 2010 年 5 月 14 日。

本工程所在的北京市区位于华北大平原的西北缘，西、北及东北方向三面环山，东、南及东南面为广阔的平原区（北京平原）。地貌单元自西部山前向东部平原区，由冲、洪积扇过渡为冲积平原区，第四纪以来由于受新构造运动的影响，山区不断抬升，平原强烈下降，积聚了大量河流沉积物，第四纪沉积层厚度由西向东逐渐增大，市区中心区范围内厚度一般为 40～120 m。第四纪地层的岩相自西部山麓向东部平原逐渐变化：在西部的各大河流冲、洪积扇顶部以厚层砂土和卵、砾石地层为主；向东于城市中心区大部分范围内，地层过渡为黏性土、粉土与砂土、卵砾石土交互土层；再向东北，在东郊及北郊地区，则以厚层黏性土、粉土的交互土层为主。

本工程拟建场区位于永定河冲、洪积扇的中下部，场地地形较平坦，自然地面标高在＋38.00 m 左右。根据北勘公司于场区周边揭示基岩的深层地质资料，拟建场区的覆盖层厚度（相当于第三纪基岩埋深）在 160 m 左右。地面以下至基岩顶板之间的土层岩性以黏性土、粉土与砂土、碎石土交互沉积土层为主，在垂直方向上形成多次沉积韵律。

场区地层分布情况：按地层沉积年代、成因类型，将拟建场地地面以下 103.00 m 深度范围内的地层划分为人工堆积层及第四纪沉积层两大类，并按地层岩性及其物理力学性质指标进一步划分为 15 个大层。各土层的基本岩性特征参见表 17-13。

表 17-13　基地土层分布

编号	土层	层顶标高/m	颜色	湿度	稠度	压塑性
1	房渣土、碎石填土	37.76～38.32	杂	稍湿		
1-1	黏质粉土填土		黄褐	湿	硬塑	
2	粉质黏土、黏质粉土	35.02～37.25	褐黄	湿—很湿	硬塑—可塑	中高—中
2-1	黏质粉土、砂质粉土		褐黄	稍湿		中低—中
2-2	黏质粉土、砂质粉土		褐黄	稍湿—湿		低—中低
3	粉质黏土、重粉质黏土	30.02～31.77	褐黄	很湿—湿	可塑，局部软塑	中高—中
3-1	粉质黏土、黏质粉土		褐黄	很湿—湿	可塑—硬塑	中低—中
4	卵石、圆砾	26.26～28.73	杂	湿—饱和		低
4-1	细砂、中砂		褐黄	湿—饱和		低
4-2	粉质黏土、重粉质黏土		褐黄	很湿	硬塑—可塑	中—中低
5	粉质黏土、黏质粉土	17.19～19.55	褐黄	湿—很湿	可塑—硬塑	中—中低
5-1	黏土、重粉质黏土		褐黄	很湿	可塑	中—中低
5-2	黏质粉土、砂质粉土		褐黄	稍湿—湿		低—中低
6	卵石	12.26～14.62	杂	饱和		低
6-1	细砂、中砂		褐黄	饱和		低
7	有机质黏土、有机质重粉质黏土	0.98～5.25	灰—黄灰	湿—很湿	可塑—硬塑	中高—中
7-1	粉质黏土、黏质粉土		黄灰—灰黄	湿—很湿	可塑—硬塑	中高—中
7-2	细砂、粉砂		褐黄—灰黄	饱和		低
7-3	黏质粉土、砂质粉土		黄灰—灰黄	湿—很湿		低
8	卵石	—5.73～—0.92	杂	饱和		低
8-1	细砂、中砂		褐黄	饱和		低
9	粉质黏土、重粉质黏土	—12.46～—9.50	灰黄—黄灰	很湿	可塑—硬塑	中低—低
9-1	黏质粉土、砂质粉土		灰黄—黄灰	稍湿—湿		低
9-2	细砂、中砂		褐黄	饱和		低
10	粉质黏土、黏质粉土	—19.89～—15.93	褐黄	湿—很湿	可塑—硬塑	低
10-1	黏质粉土、砂质粉土		褐黄	湿—稍湿		低
10-2	黏土、重粉质黏土		褐黄	很湿	可塑—硬塑	中低—低
10-3	细砂、中砂		褐黄	饱和		低
11	细砂、中砂	—27.28～—24.50	褐黄	饱和		低
11-1	重粉质黏土、粉质黏土		褐黄	很湿	可塑	低
12	粉质黏土、重粉质黏土	—31.87～—29.45	褐黄	很湿	硬塑—可塑	低
12-1	黏土、重粉质黏土		褐黄	湿—很湿	可塑—硬塑	低
13	卵石、圆砾	—36.74～—34.07	杂	饱和		低
13-1	中砂、细砂		褐黄	饱和		低
14	粉质黏土、重粉质黏土	—44.07～—42.86	褐黄	很湿—湿	硬塑—可塑	中低—低
14-1	细砂、中砂		褐黄	饱和		低
14-2	砂质粉土、黏质粉土		褐黄	稍湿—湿		低
14-3	黏土、重粉质黏土		褐黄	很湿		中低—低

续表

编号	土层	层顶标高/m	颜色	湿度	稠度	压塑性
15	中砂、细砂	−54.67～−51.86	褐黄	饱和		低
15-1	粉质黏土、重粉质黏土		褐黄	很湿	硬塑	低

本场区深度 25 m 范围内的土对混凝土结构及钢筋混凝土结构中的钢筋均无腐蚀性。在本工程拟建场地范围内，不存在影响拟建场地整体稳定性的不良地质作用。

② 桩基础设计

主楼由于框架柱底轴力较大，采用后压浆钻孔灌注桩。桩基持力层为第 8 层卵石层，桩径为 1 m，单桩承载力由桩身强度控制。不出地面地下室部分布置抗拔桩，裙房部分采用天然地基。桩基承载力是根据北京市勘察设计研究院提供的桩的极限侧阻力标准值和极限端阻力标准值确定的。

③ 抗浮设计

根据勘察报告设计抗浮水位为＋33 m，地下承压水的压力基本随深度呈线性变化。抗拔桩的设置按《建筑桩基技术规范》(JGJ 94—2008)第 5.4.5 条执行，即：

$$N_{k} \leqslant T_{uk}/2 + G_{p}$$

式中：N_k 为按荷载效应标准组合计算的基桩拔力；T_{uk} 为群桩呈非整体破坏时基桩的抗拔极限承载力标准值；G_p 为基桩自重。未设置抗拔桩部分的抗浮设计的重力荷载取全部恒载，安全系数取 1.05，即满足下式：

$$\frac{1.0 \times S_{GK}}{F_{float}^{k}} \geqslant 1.05$$

式中：S_{GK} 为建筑物自重及压重之和；F_{float}^{k} 为浮力作用值。

④ 地基变形验算(沉降分析)

本工程的地基变形容许值按《建筑桩基技术规范》(JGJ 94—2008)第 5.5.4 条执行：建筑的整体倾斜容许值为 0.002，局部(任意两点间的)倾斜容许值为 0.002。整个建筑的最大沉降量不应超过200 mm。现阶段进行了本工程初步的沉降分析。通过设置后浇带，主楼部分的最大沉降量均小于20 mm，且沉降差均小于规范限值要求(图 17-56)。

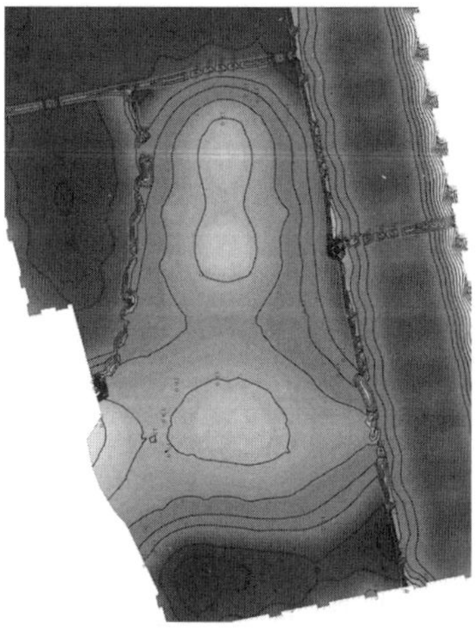

图 17-56　主楼及周边沉降分析结果示意图

(6) 上部结构超限判定

本工程结构不规则性判定列表如表 17-14 所示。

表 17-14　结构不规则性判定列表 2

序号	不规则类型	简要含义	本工程情况
1a	扭转不规则	考虑偶然偏心的扭转位移比大于 1.2，大于 1.4 为严重不规则	不规则
1b	偏心布置	偏心率大于 0.15 或相邻层质心相差大于相应边长 15%	不规则
2a	凹凸不规则	平面凹凸尺寸大于相应边长 30%等	无

续表

序号	不规则类型	简要含义	本工程情况
2b	组合平面	细腰形或角部重叠形	无
3	楼板不连续	有效宽度小于 50%，开洞面积大于 30%，错层大于梁高	局部缺失，不规则
4a	刚度突变	相邻层刚度变化大于 70%或连续 3 层变化大于 80%	无
4b	尺寸突变	竖向构件位置缩进大于 25%，或外挑大于 10%和 4 m，多塔	无
5	构件间断	上下墙、柱、支撑不连续，含加强层、连体类	无
6	承载力突变	相邻层受剪承载力变化大于 80%	无
7	其他不规则	如局部的穿层柱、斜柱、夹层、个别构件错层或转换	较多斜柱

综上所述，采用全钢框架＋支撑结构体系后，本工程同时具有扭转不规则、偏心布置、楼板不连续等三项不规则。本建筑属于需进行超限高层建筑工程抗震设防专项审查的项目，但结构超限的范围尚可控，结构的不规则性尚不严重。

针对结构具体的超限情况，拟采用如下的措施确保结构安全：

① 采用两套结构分析软件进行分析设计。

② 采用性能化的设计方法，通过结构弹塑性分析，对结构进行性能化评估，并对各重点部位进行性能化要求的提高。

③ 对斜立的桁架柱以及楼板缺失的部位进行重点考察，对其稳定问题及水平力的传递进行复核。

④ 对重点构件的材质提出更高的要求。

(7) 结构性能化设计

人民日报社为国家重要的媒体和宣传部门，该办公大楼建成后，人民日报社相关 20 多个部门将入驻，人民网等新媒体部门也是大楼的主要使用者。因此，人民日报社新的综合业务楼应该在经济条件允许的情况下，尽可能地就本工程的抗震设计提出恰当的性能目标，这也是解决人民日报社报刊综合业务楼复杂高层建筑结构设计问题的有效手段。

表 17-15 中的性能水准对应的是整体结构，目标分别对应为：特别的重要建筑、重要建筑、人员密集的一般建筑、满足基本安全目标的建筑。本工程预设的抗震性能目标为不低于性能 4，即在设防地震作用下，结构轻微到中等破坏，对应的弹性/弹塑性层间位移角在1/200～1/100；在罕遇地震作用下处于中等破坏和接近严重破坏之间，相应的弹塑性层间位移角在1/100～1/55。

表 17-15　整体结构抗震性能目标

地震水准	性能 1	性能 2	性能 3	性能 4
多遇地震作用	完好	完好	完好	完好
设防地震作用	完好，正常使用	基本完好，检修后继续使用	轻微损坏，简单修理后继续使用	轻微至接近中等损坏，变形 $< 3[\Delta u_e]$
罕遇地震作用	基本完好，检修后继续使用	轻微至中等破坏，修复后继续使用	其破坏需加固后继续使用	接近严重破坏，大修后继续使用

注：$[\Delta u_e]$ 为多遇地震作用下的位移角限值。

如表 17-16 所示，考虑到钢材料良好的拉、压、剪的延性性能及较高的强屈比，钢框架支撑结构在屈服后仍然有良好的变形能力和承载能力，为节省工程建设造价，在设防烈度下并未采用更高的性能要求(如中震弹性)等。钢结构只要未屈服，而有些轻微的残余变形，则无须修复。对于角部的钢桁架柱，由于空间定位等，修复较困难，因此在此部位不采用耗能支撑，而对其内的普通支撑进行加强。

表 17-16　本工程性能化设计具体目标

	项目	多遇地震	设防烈度	罕遇地震
变形和延性指标	允许层间位移	$h/300$	$h/150$	$h/70$
	层间延性	<1	<2	<4
关键竖向构件	钢管混凝土柱性能	弹性	不屈服	个别(5%以下)屈服
	钢框柱性能	弹性	不屈服	个别(5%以下)屈服
	角部斜桁架柱及支撑	弹性	不屈服 西侧底部 10 层中震弹性	个别(5%以下)屈服
耗能构件	BRB 支撑性能	弹性	部分(30%以下)屈服	多数(50%以上)屈服
其他承重构件	普通支撑性能	弹性	不屈曲或屈服	个别(5%以下)屈服
	框架梁性能	弹性	部分(30%以下)屈服	多数(50%以上)屈服
	组合楼板	弹性	不屈服	

注：h 为层高。

中震弹性和中震不屈服，相对于一般钢框架梁柱，即表现为材料设计强度和实际屈服强度的差异(抗震组合系数 1.3×承载力抗震调整系数 0.75=0.975)。如果采用中震弹性的性能目标，如地震内力在控制内力组合中占 20%～30%，则中震弹性要求的构件截面厚度将增加 40%～60%。过高的性能目标要求，将导致结构的用钢量上升较快。因此本工程未就关键的竖向构件提出更高的性能目标要求，以节省工程造价。尽管如此，关键竖向构件的安全性也通过了后续中震弹塑性动力时程的分析检验，可满足整体结构的抗震性能要求。

(8) 弹性计算分析

① 分析软件

结构弹性分析软件主要采用美国加州大学 CSI 公司和金土木公司联合开发的 ETABS V9.70 版(图 17-57)，同时采用北京迈达斯软件公司开发的 MIDAS GenV7.3.0 版软件进行复核。结构弹塑性及性能化评估采用美国加州大学 CSI 公司开发的 Perform-3D V4.0 版软件。

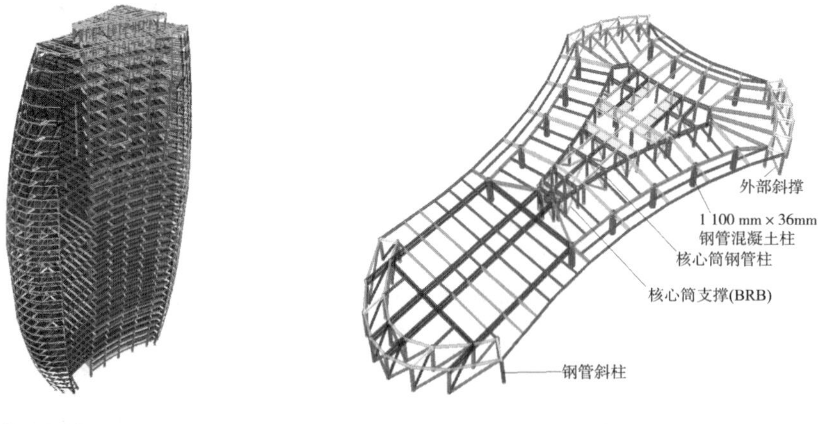

(a) 结构分析模型图　　　　(b) 标准楼层透视图

图 17-57　结构 ETABS 计算模型

② 弹性结构计算分析结果

人民日报社报刊综合业务楼结构计算分析结果汇总如表 17-17～表 17-20 所示。

a. 结构动力特性(表 17-17)

结构第一扭转振型与第一平动振型的周期之值均低于规范 0.85 的限值。考虑前 48 阶振型后，水平向的质量参与系数已超过 99%，竖向的质量参与系数超过 97%。结构的前三阶主要振型详见图 17-58。

表 17-17　人民日报社报刊综合业务楼结构动力特性

振型	周期/s
第一振型	4.813
第二振型	4.212
第三振型	3.452

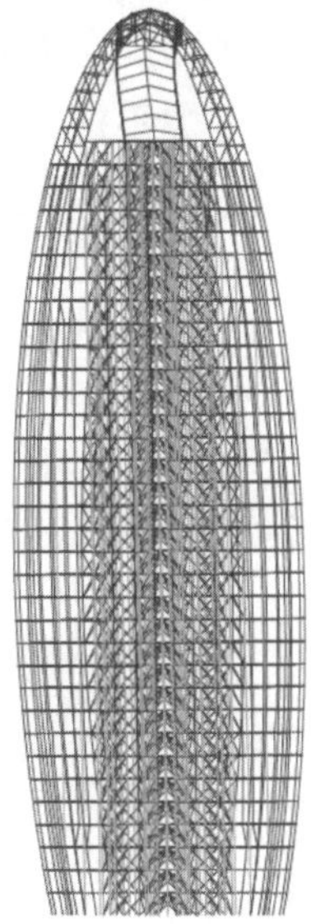

(a) 第一阶平动振型

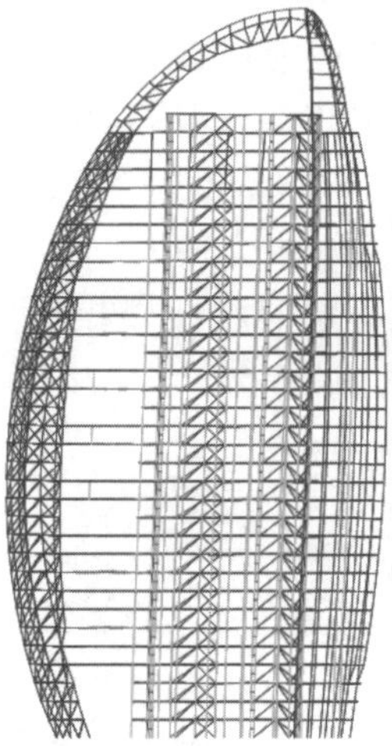

(b) 第二阶平动振型

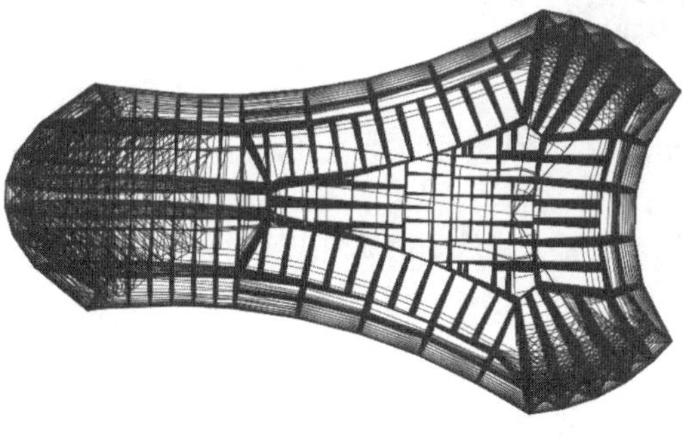

(c) 第三阶扭转振型

图 17-58　结构前三阶振型图

b. 地震作用下位移(表 17-18、表 17-19)

表 17-18　人民日报社报刊综合业务楼结构地震作用下最大层间位移角

方向	最大层间位移角
X 方向	1/486(13 层)
Y 方向	1/443(13 层)

表 17-19　人民日报社社报刊综合业务楼结构最大层间位移与平均层间位移的比值

方向	最大层间位移与平均层间位移的比值
X 方向	1.045(夹层)
Y 方向	1.087(夹层)

c. 最大轴压比(表 17-20)

表 17-20　人民日报社社报刊综合业务楼结构框架柱的最大轴压比

建筑名称	最大轴压比
人民日报社社报刊综合业务楼结构	0.80

③ 楼板计算

由于本工程的角部均为倾斜的钢桁架柱，在竖向荷载作用下，在楼层位置就有一定的拉、压应力存在，这些拉、压应力将分布在框架梁和板中。在结构分析中不能采用楼板刚性假定，需对楼板中实际的应力状态进行分析，同时必须对此部分框架梁板进行足够的加强。此外，由于角部的钢桁架柱参与水平荷载的抵抗工作，在水平荷载作用下，楼板也会引起一定的拉、压应力分布。主楼角部的各桁架柱，因为设备通风管道的原因，在楼板平面内设置水平交叉支撑，支撑的设计轴力按大震下确保桁架外侧柱在楼层平面内刚度进行验算。

在竖向荷载作用下，取消刚性楼板假定，采用膜单元模拟楼板，框架梁内轴力有所增加，强度验证时必须考虑此部分轴力。部分楼层的楼板内主应力分布图如图 17-59 所示。

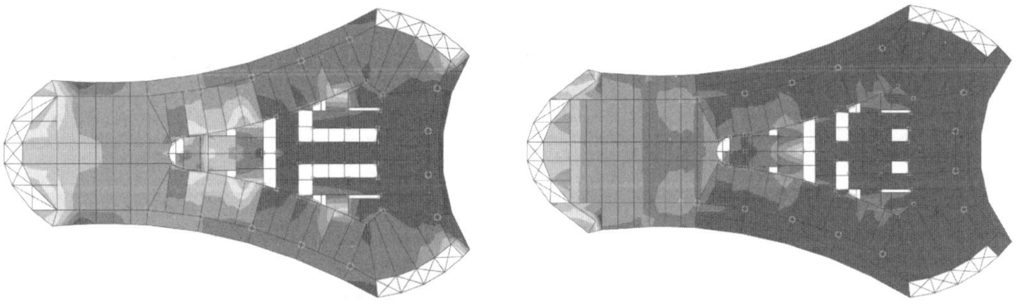

(a)
4 层楼面，对应底部开大洞入口上方的第一层，角部绿色部位的最大拉应力为 4.2～4.9 MPa

(b)
16 层楼面，下层楼面西侧开大洞，楼板内的应力大多已转变为压应力，局部最大应力为 1.08～1.26 MPa

图 17-59　部分楼层的楼板内主应力分布图

④ 出屋面塔楼

本工程出屋面的塔楼高度较高，最高处达 30 m，最大跨度 60 m。现采用空间桁架结构形式(图 17-60)，一是可以提供足够的刚度和强度抵抗在屋顶风荷载作用下复杂的受力状态；二是根据吊装能力，可分段吊装，提高其可实施性。经过整体计算分析，出屋面塔楼的自振模态在结构主体的 10 阶模态之后，对主体结构的抗震性能影响不大。

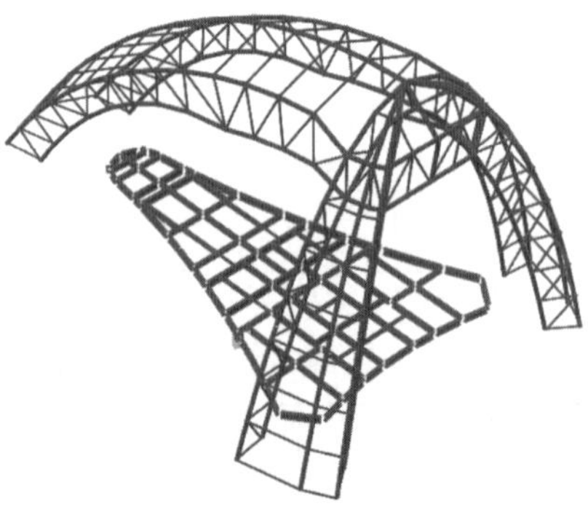

图 17-60　出屋面塔楼结构模型

(9) 弹塑性计算分析

① 分析模型及计算参数

用三维非线性分析与性能评估软件 PERFORM-3D

进行结构模型的非线性分析。PERFORM-3D 软件主要用于复杂和超高层建筑抗震设计的弹塑性分析。通过使用以变形为基础或者以强度为基础的极限状态来对复杂结构进行非线性分析。

在建立非线性模型之前，采用 ETABS 软件进行了线弹性分析。在 ETABS 中通过截面等效的方法将核心筒内的部分普通支撑替换为 BRB，其他支撑不变。

a. 构件的模拟及性能评估

PERFORM-3D 软件提供了：单拉压杆单元、梁单元、柱单元、墙单元、剪切连接单元和节点区单元、断裂连接单元、黏滞阻尼器单元、BRB 单元等。本书中对于普通支撑，除交叉支撑采用 Brace 单元柱组件模拟外，其余单斜支撑全部采用 Bar 单元模拟，普通支撑材料为考虑钢屈曲效应的非线性钢材。钢管混凝土柱采用纤维模型模拟，组件按柱全长分为五个纤维段，截面按钢管与混凝土分别划分纤维。钢管柱全部采用塑性铰模型模拟，在构件端部设轴力和弯矩耦合的 P-M-M 弯矩曲率铰模拟。主梁采用塑性铰模型模拟，在构件端部设弯矩曲率铰，次梁按弹性构件模拟。BRB 杆件采用 PERFORM-3D 中默认的 BRB 模型模拟。

b. 钢管混凝土柱纤维模型的建立

钢材应力-应变关系选用双线性模型，不考虑强度损失，即为理想弹塑性应力-应变关系。钢管混凝土柱核心混凝土的应力-应变关系参考适用于高强混凝土的钢管混凝土模型，修正后的 mander 约束混凝土应力-应变关系模型简化为 5 折线模型，考虑混凝土的强度损失。钢管混凝土柱组件分别按 1/5 的实际柱长的纤维段组成有限元模型。

c. 钢管柱和钢梁塑性铰模型的建立

采用基于材料本构的构件弹塑性分析程序 XTRACT 进行构件弯矩-曲率关系计算，根据所得的弯矩-曲率关系建立广义的骨架曲线关系，从而定义 P-M 弯矩曲率铰和 P-M-M 弯矩曲率铰。构件的塑性发展由弯矩-曲率塑性铰来考虑，选用 $0.5D$（D 为构件的截面高度）的辅助长度。弯矩-曲率塑性铰主要布置在构件曲率变化较大的部位，如梁、柱端部。对于其他部位曲率变化较小，按弹性构件段考虑。根据 ETABS 计算的结果，对一些不能忽略剪力影响的构件，在构件剪力较大处设置刚塑性剪切铰。

② 弹塑性结构计算分析结果

a. ETABS、PERFORM-3D 的整体自振特性分析结果详见表 17-21。

表 17-21　整体自振特性计算结果表

振型	周期/s		备注
	ETABS	PERFORM-3D	
1	4.633	4.541	X 向平动振型
2	4.047	3.949	Y 向平动振型
3	2.957	2.95	扭转振型
4	1.305	1.279	X 向平动振型
5	1.132	1.109	Y 向平动振型
6	0.888	0.908	扭转振型

从表 17-21 的比较可以看出，两个软件计算的结构周期比较接近，第一周期都为 X 向

(短方向)平动周期,第三周期都为扭转周期,第一扭平比均小于 0.85,满足规范要求。

b. 罕遇地震作用下结构的反应

在分析过程中,选择天然波 Elcentro 波作为罕遇地震输入,计算持时取 25 s,峰值加速度取 400 gal,为简化分析,取单向地震波输入。地震波按 X 向单方向输入。在罕遇地震作用下,计算各楼层最大位移。

根据计算结果,在罕遇地震作用下,结构层间位移角都为 1/167,满足《建筑抗震设计规范(2016 年版)》和《高层民用建筑钢结构技术规程》关于层间弹塑性位移角限值不超过 1/50 的要求。

在罕遇地震作用下,结构的整体能量耗散情况和各构件塑性耗能比例见图 17-61。由图 17-61(a)可知:大约在 2.1 s 时结构部分构件进入塑性发展阶段,构件开始非线性耗能,非线性耗能约占总能量耗散的 12%。由非线性能量与模态耗能的比例可知,结构处于弱非线性阶段。同时根据图 17-61(b)所示,BRB 构件在非线性耗能中占有比例达 81%,在大震作用下较梁、柱而言,多数 BRB 构件率先进入屈服,并开始耗能,在整个结构体系中较好地起到了第一道抗震设防的作用。

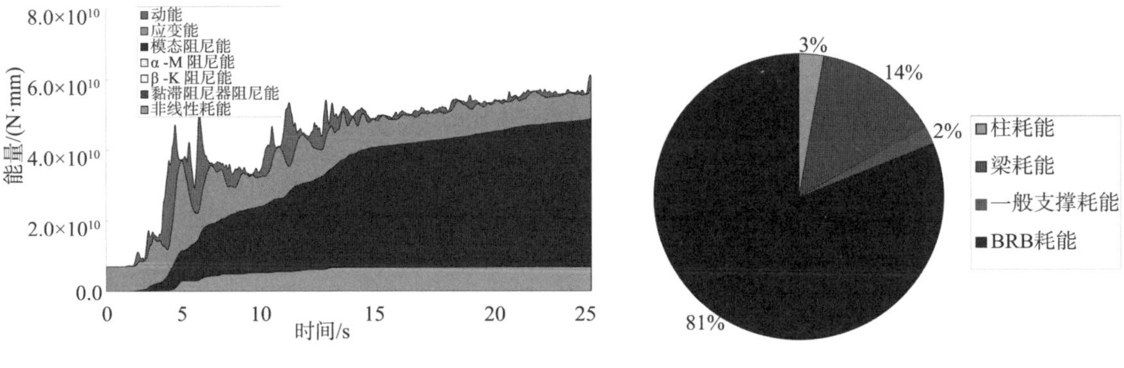

(a) 大震下结构的整体能量耗散　　(b) 大震下各构件塑性耗能比例

图 17-61　大震下结构耗能情况

在 LS(生命安全)极限状态下,极少数普通支撑达到极限状态,其他大部分都是 BRB 在进行耗能,而梁、柱都未达到这一极限状态。图 17-62 表明进入屈服的梁、柱只是达到了 IO(立即使用)极限状态,并未达到 LS 极限状态,满足目标性能要求,而对于少数达到 LS 极限状态的一般支撑,只需要做适当加强即可。

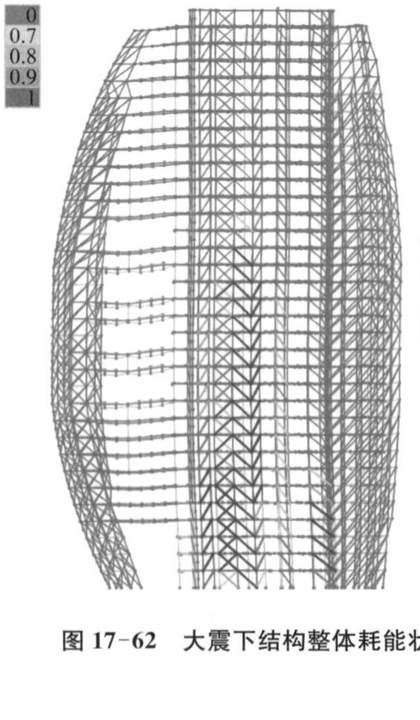

图 17-62　大震下结构整体耗能状态

③ 屈曲约束支撑技术

屈曲约束支撑作为新型减震构件(图 17-63)在人民日报社报刊综合业务楼建设工程中得到创新性应用。本工程屈曲约束支撑主要采用焊接连接节点,通过采用数值模拟→实验验证→修正数值模型→参数分析→得出最优施工方法的技术路线,进行了大量理论分析与实验研究。在实验检测的基础上，运用 ANSYS 有限元程序模拟屈曲约束支撑节点，通过对焊接残余应力的实验检测和有限元分析，得出了最优焊接顺序：加强板与节点板焊接—加强板与弹性头焊接—节点板与弹性头焊接，能更好地保证屈曲约束支撑的受力性能。

为提高安装精度和工效，对屈曲约束支撑在超高层中运用销轴和螺栓连接节点也进行了探索性研究。通过对销轴连接(图 17-64)的研究，销轴连接精度由 2～2.2 mm 提升至 0.3～0.5 mm。同时，进行了实验验证，在相同位移条件下，BRB 总耗能有显著提高。

图 17-63　BRB 约束支撑

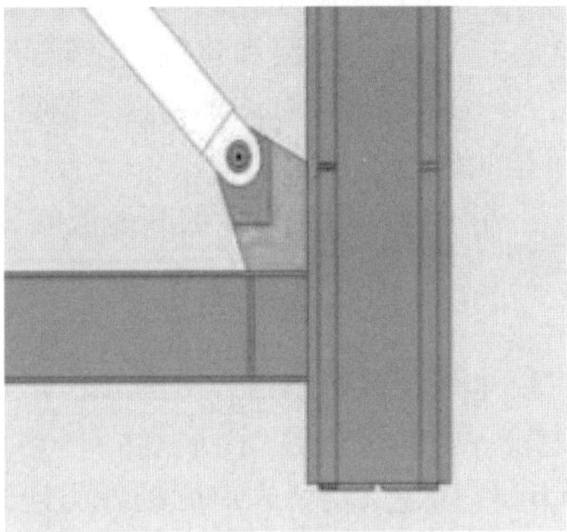

图 17-64　约束支撑销轴连接

17.2.3　中国漕运博物馆结构设计案例

（一）项目背景

位于淮安市楚州区的淮安漕运总督署遗址是我国 2002 年的重大考古发现之一，现已被列为江苏省文物保护单位。2004 年 4 月，东南大学建筑学院进行了漕运总督署遗址保护规划的研究论证，在《关于淮安漕运总督府遗址保护规划再讨论的意见》(以下简称《再讨论意见》)报告中提出了 4 种修复保护方案，该报告经淮安市楚州区同意后上报江苏省文化厅。2004 年 6 月江苏省文化厅苏文物〔2004〕95 号批复原则同意了《再讨论意见》中的第二个方案，并要求“在大观楼遗址后建设漕运博物馆，对大堂、二堂等遗址主体进行现状保护。新建漕运博物馆可适当后移，其建筑高度不得超过镇淮楼，色调要与周边环境相协调，式样可采用清式楼阁”。

漕运曾经是中国国内交通运输、物资流通和经济往来的主要方式，是明清时期全国的经济命脉，而淮安漕运总督署则是明清时期管理全国漕运的最高机构。占地超过 3 万 m^2 的漕运总督府遗址是中国经济兴衰的历史见证，是反映“运河之都”历史地位的重要的遗存之一，此外，楚州区现有大量与漕运文化有关的文物，能作为漕运博物馆馆藏的历史遗存比较多。

因此，漕运博物馆建设选址位于漕运总督府遗址中轴线上，处于大观楼遗址之北，不仅可以将其与漕运总督署遗址相整合，还可以使两者相互印证，向世人完整地展现漕运古迹和历史。

根据淮安市规划局淮规发〔2007〕29 号文件《关于漕运历史博物馆项目的选址意见》，同意将本漕运博物馆选址于楚州区漕运广场地下停车场南侧，用地面积约 3 150 m^2。地面建筑退离东、南、西侧用地红线各不得少于 8 m，退离北侧用地红线不得少于 10 m。地下建筑根据博物馆功能需求可适当外扩。

（二）建筑设计依据

(1) 甲方提供的建设用地现状图、遗址发掘平面图等。

(2)《中华人民共和国文物保护法》《中国文物古迹保护准则》等文物、历史名城保护相关法规和规范。

(3)《民用建筑设计通则》

(4)《建筑设计防火规范》

(5)《城市道路和建筑物无障碍设计规范》

(6)《楚州区总体规划》《楚州区历史文化名城保护规划》《围墙巷地区修建性详细规划》等楚州区相关规划文件。

(7) 国家相关行业的其他法规、条例、规定。

（三）建筑设计理念

本设计范围东西各为围墙巷商业步行街，南至大观楼遗址，北至遗址公园停车场，基地为较规则的长方形，东西宽约 56 m，南北长约 57 m，用地面积 3 150 m^2。用地所在的遗址公园已经修建大门及入口广场各类建筑设施，遗址周边围护栏杆，地面铺装、绿化、环境小品等均已基本齐备，基地现状为一个初具规模的城市历史文化休闲广场。广场内市民休闲活动使用情况良好，人气较旺。预留博物馆用地部分位置采用了临时性的地面铺装和绿化植被。图 17-65 为漕运博物馆地块总设计平面图，图 17-66 为漕运博物馆建筑设计方案效果图，图 17-67 为漕运博物馆建筑立面图。

博物馆选址位于漕运总督府遗址公园附近，用地比较紧张，且目前有大量的市民在广场上活动，根据这一实际情况，方案采取如下的设计理念作为基本原则：

(1) 将大部分建筑隐于地下，尊重遗址本体和现存环境，淡化和隐藏建筑物主体，减少对遗址区的视觉干扰

由贝聿铭设计的卢浮宫扩建工程（法国）、崔愷等设计的殷墟博物馆（中国河南）以及凯文·罗奇设计的奥克兰市立博物馆（美国）均属此类。

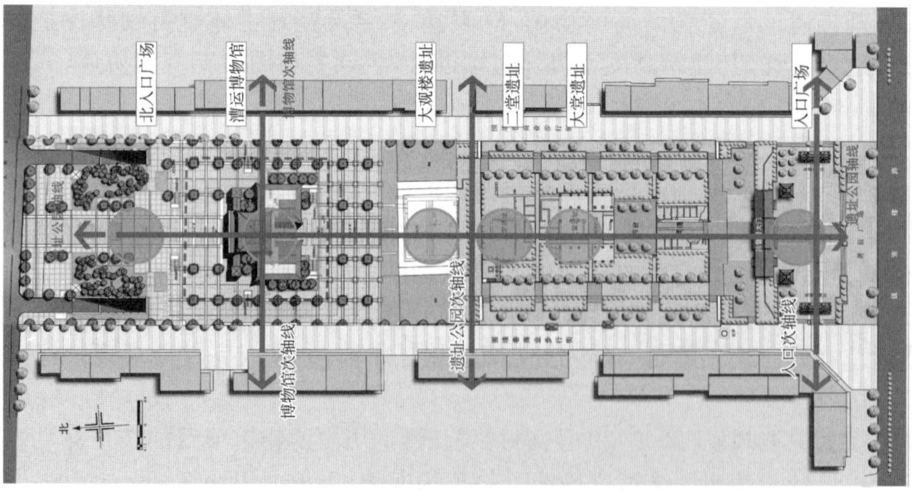

图 17-65　漕运博物馆地块总设计平面图

图 17-66　漕运博物馆建筑设计方案效果图

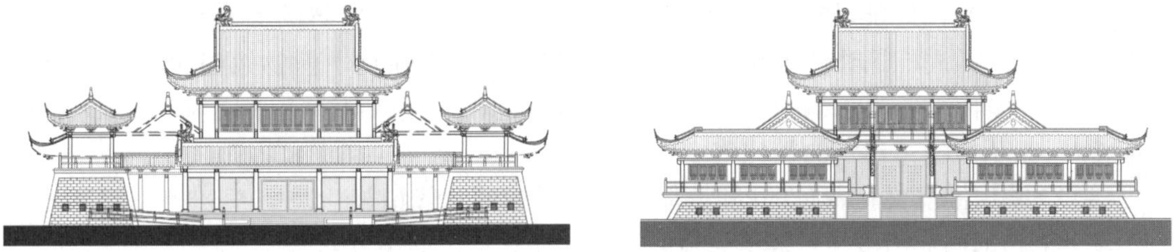

(a) 北立面　　　(b) 南立面

图 17-67　漕运博物馆建筑立面图

由于卢浮宫周围布满了建筑，设计师将大部分扩建工程隐于地下，克服了场地狭窄的困难，缓解了新旧建筑矛盾的冲突(图 17-68)，减少了扩建部分对原有建筑的干扰，完好地维护了卢浮宫自身的形象。

图 17-68　法国卢浮宫新入口

为了保证参观流线组织，殷墟博物馆选址比较靠近殷墟遗址。因为靠近遗址，所以对建筑体量的限制比较苛刻。设计者采取的策略是尽量淡化建筑主体，具体是：采用全埋入地下的格局，利用坡道将游客引入地下，地表用植被覆盖，使建筑与周围环境浑然一体，最大限度地维持了殷墟遗址原貌。在规整方正的中央庭院敞口向天，改变了过于压抑沉闷的氛围。

相对而言，博物馆建筑对采光要求较低，对于地下空间具有良好的适应性，是多数其他类别的建筑所不能相比的。凯文・罗奇设计的奥克兰市立博物馆则是利用地下空间，将地面主动让出以缓解城市空间的紧张状态，将建筑大部分体量埋入地下，而且在阶梯状的屋顶平台上种植植物，为城市提供了良好的景观。

综上，将主体建筑隐于地下的做法，在很大程度上保证了遗址区的原始风貌，减少了新建建筑对遗址区的干扰，因此本方案采取这种设计手法。

(2) 尽可能为市民提供更大的活动场地

漕运博物馆基地东西为人气较旺盛的商业步行街，南为漕运总督署遗址公园，且目前该处作为正在使用的市民广场，因此，新建博物馆建筑应充分考虑市民的活动。本方案正是充分考虑这些情况后得出的。将博物馆建筑的地面主体部分尽最大可能地集中在一起，将周边的多数场地以绿化或硬铺地的形式还给市民，保证了市民的公共活动受到较少的影响。

(3) 采用隐喻手法再现古代衙署的意味

漕运曾是中国国内交通运输、物资流通和经济往来的主要方式，是明清时期全国的经济命脉，而位于淮安的漕运总督署则是明清时期管理全国漕运的最高机构。因此，当代的中国漕运博物馆建筑本身对于漕运总督署的地位应该有所体现。在四面对称的现代建筑体量上如何再现漕运总督署在中国的历史地位，也是本方案要考虑的重点之一。设计上采用现代建筑中镶嵌古建筑的手法，既不照搬古建筑风格，又能在一定程度体现古代衙署的韵味，还区别于当代建筑，能给人以深刻印象，展示博物馆建筑独特的面貌。博物馆建筑地面部分比较集中，周围退让出大块的广场用地，在体量上也强化了博物馆建筑的大气，加上入口空间的楼梯序列，提示出古代衙署应该有的风范和气度。材质上采用琉璃瓦和金黄色合金材料，暗示博物馆建筑的衙门气息。

(4) 反映出淮安文化特色的同时，体现出新时期的时代精神

基地周边的商业街多是古建筑风格而形成的独具特色的淮安建筑文化特点，本建筑方案设计中采用了部分建筑元素与之呼应，如建筑中镶嵌的古代建筑屋顶；同时，本方案也肩负着体现新时期时代精神的重任，因此建筑材料中大量运用玻璃、金属材料等“轻、光、挺、薄”的现代建筑材料，结合大面积石材和弧形墙面，传递出博物馆所在的城市是一个现代化城市。

(四) 建筑设计方案

(1) 总体布局

本建筑方案地面建筑采取现代建筑风格，建筑面积 4 678 m^2，地面主体部分呈 28.3 m 的正方形，地下呈 62 m 的正方形。地面建筑总体为正字形布局，一层为库房，二层为办公；主入口位于地下一层的中央庭院，可以通过南部的踏步进入。临时展厅和报告厅分别位于踏步的左、右两侧，均有相对独立的出口。建筑平面图如图 17-69 所示。

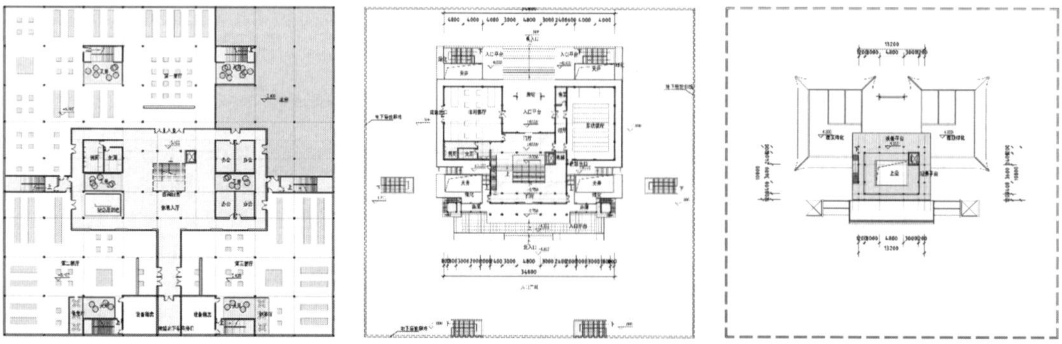

(a) 地下一层平面图　　(b) 一层平面图　　(c) 二层平面图

图 17-69　漕运博物馆建筑平面图

（2）交通

博物馆建筑方案仅在南部设置有主要出入口，处于漕运总督府遗址公园游览流线的末端，主体建筑退离大观楼遗址约 42 m，此间能形成南集散广场，游客比较便捷地经过此集散广场，从此入口由踏步进入博物馆；博物馆北部退后东门大街约 78 m 形成的北集散广场，来自北部的游客和市民均可在此活动。博物馆的地下一层预留有与原有地下车库驳接的出入口，可以从地下车库直接进入博物馆。

（3）功能布局

方案功能主要包括以下几个部分：门厅及配套用房、主要展厅、临时展厅、多功能报告厅（可兼作视听展览用房）、办公及配套用房和文物库房。

主要展览部分位于地下，没有将各个展厅彼此孤立开来，而是采用单方向的串接展线，从入馆到出馆时间不宜超过一个小时，其简明流畅的展线有利于博物馆作为整个遗址公园的一个节点。临时展厅位于博物馆地下一层的西侧，其两个出入口分别通往室外和固定展厅，方便其临时布展，具有相对独立开放的能力，且能保证人流快速集散。多功能报告厅位于博物馆一层的东侧，处于与临时展厅对称的位置，其同样具有两个出入口，一个通往博物馆固定展厅，另一个则通往室外，具备独立开放的能力。多功能报告厅在使用上既可以为正在参观的游客提供影视介绍，也可以单独开放举办学术会议。办公及配套用房位于地上二层，右侧的门进入后，通过楼梯直接到达，避免了流线的交叉。由于办公室处于地上，故能保证良好的通风和采光条件。文物库房位于地上一层，展品可通过坡道直接运至一层库房，或者也可从地下车库驳接的通道进入博物馆，再通过垂直电梯进入库房存放。展品在库房和展厅之间的交换也可由电梯运送。

（4）流线组织

主要参观流线依据建筑的平面布局方式设计为单方向的串接展线。参观者从广场可由南入口进入博物馆，通过大楼梯下至中央庭院，然后进入门厅即可到达展厅，开始单方向的串接参观。展厅设有两部楼梯通往一层地面，也有若干出入口通往中央庭院。当人们参观完所有展览后，可以到达大楼梯西侧的纪念品销售厅，最后到达室外。临时展厅和多功能报告厅具有独立开放的能力，因此其流线组织与主要参观流线有一定的区分，人们可以从室外直接进入临时展厅和多功能报告厅，也能通过固定展厅到达这两个空间。

（五）结构设计方案

（1）结构选型

建筑设计方案和空间布局划分确定后，该建筑为地上 2 层，地下 1 层；建筑整体风格为仿中国古代传统木构建筑。地下室结构采用钢筋混凝土框架结构，四周采用钢筋混凝土剪力墙，起到挡土和防水作用。

上部仿古建筑结构的选型主要依据下列原则：

① 空间功能：适应建筑功能的要求。

② 建筑造型：满足建筑造型的需要。

③ 结构特点：充分发挥结构自身的优势。

④ 工程技术：考虑材料和施工的条件。

⑤ 工程经济：尽可能降低造价。

仿古建筑常采用钢筋混凝土结构、木构或钢结构，本项目针对建筑方案、基于以上原则的权衡，采用钢筋混凝土框架结构。

(2) 结构概况

① 本项目工程地上 2 层,地下 1 层;室外地面到主屋面高度为 14.34 m。

② 结构设计使用年限 50 年,建筑主体结构的安全等级为 2 级;对应的结构设计重要性系数 $\gamma_0=1.0$;其中部分装饰构架安全等级按 3 级,$\gamma_0=0.9$。

③ 建筑构件的耐火等级为 2 级。

④ 项目所在地抗震设防烈度为 6 度;设计基本地震加速度为 0.05g;设计地震分组为第三组。

⑤ 建筑的抗震设防类别为乙类。

⑥ 按本工程《岩土工程勘察报告》揭示所选的建筑场地土对抗震为一般场地,场地类别为Ⅲ类,拟建场地下无液化土层分布。

(3) 结构设计依据

① 建筑岩土勘察报告:淮安市现代建筑设计研究院有限公司提供的漕运博物馆岩土工程勘察报告。

② 工程建设国家标准、行业标准和设计图集。

该项目工程建设国家标准、行业标准和设计图集如表 17-22～表 17-24 所示。

a. 国家标准(表 17-22)

表 17-22　工程适用的国家标准

序号	标准编号	标准名称
1	GB 50007	《建筑地基基础设计规范》
2	GB 50009	《建筑结构荷载规范》
3	GB 50003	《砌体结构设计规范》
4	GB 50010	《混凝土结构设计规范(2015 年版)》
5	GB 50011	《建筑抗震设计规范(2016 年版)》
6	GB 50068	《建筑结构可靠性设计统一标准》
7	GB 50300	《建筑工程施工质量验收统一标准》
8	GB 50202	《建筑地基基础工程施工质量验收标准》
9	GB 50203	《砌体结构工程施工质量验收规范》
10	GB 50204	《混凝土结构工程施工质量验收规范》
11	GB 50205	《钢结构工程施工质量验收标准》
12	GB 50017	《钢结构设计标准》
13	GB 50223	《建筑工程抗震设防分类标准》

b. 行业标准(表 17-23)

表 17-23　工程适用的行业标准

序号	标准编号	标准名称
1	JGJ 3	《高层建筑混凝土结构技术规程》
2	JGJ 107	《钢筋机械连接技术规程》
3	JGJ 18	《钢筋焊接及验收规程》

c. 国家建筑标准设计图集(表 17-24)

表 17-24　工程适用的国家建筑标准设计图集

序号	标准编号	标准名称
1	22G101-1	《混凝土结构施工图平面整体表示方法制图规则和构造详图(现浇混凝土框架、剪力墙、梁、板)》
2	22G101-2	《混凝土结构施工图平面整体表示方法制图规则和构造详图(现浇混凝土板式楼梯)》
3	22G101-3	《混凝土结构施工图平面整体表示方法制图规则和构造详图(独立基础、条形基础、筏形基础、柱基础)》
4	16G362	《钢筋混凝土结构预埋件》
5	苏 G01	《建筑结构常用节点图集》
6	苏 G02	《建筑物抗震构造详图》

(4) 荷载

① 风荷载

建筑场地 50 年一遇的基本风压 $W_0=0.40\ \mathrm{kN/m^2}$。

② 雪荷载

建筑场地 50 年一遇的基本雪压 $S_0=0.40\ \mathrm{kN/m^2}$。

③ 主要建筑材料容重

钢筋混凝土:25 $\mathrm{kN/m^3}$

钢:78 $\mathrm{kN/m^3}$

水泥砂浆:20 $\mathrm{kN/m^3}$

水泥实心砖:24 $\mathrm{kN/m^3}$

加气混凝土砌块:5 $\mathrm{kN/m^3}$

④ 楼面活荷载

a. 楼面活载

展览厅:3.5 $\mathrm{kN/m^2}$

一般办公室、会议室:2.0 $\mathrm{kN/m^2}$

走道、门厅:2.5 $\mathrm{kN/m^2}$

疏散楼梯:3.5 $\mathrm{kN/m^2}$

其他:见《建筑结构荷载规范》(GB 50009)

b. 屋面荷载

上人屋面:2.0 $\mathrm{kN/m^2}$

不上人屋面:0.5 $\mathrm{kN/m^2}$

(5) 地基基础与地下工程

① 场地情况

拟建工程场地位于楚州区漕运广场,南侧为漕运总督府遗址,北靠地下停车场,场区地形大致平坦,地面标高最大值−0.01 m,最小值−0.20 m,地表相对高差 0.19 m。场地所处地貌类型为黄淮冲积平原。

经勘察了解,拟建场区地层结构复杂,土质一般;场区上部主要为城市杂填土,均匀性差,北半部分原为地下人防工程,已开挖,因规模缩小而被重新填平,但大部分砂石垫层已做;下部主要为呈可塑—硬塑状态的黏性土及粉土夹粉质黏土,根据场区土质情况及拟建物结构特点，建议采用筏形基础，以③层土作为地基持力层，对于缺失③层土的暗沟部分应采取一定的地基处理措施，将②层土清除干净，根据需要采用一定的建筑材料换填至基础设计标高。

本工程为地下一层，基坑开挖范围内，主要为城市杂填土，由于地下水位较高，基坑开挖较深，施工时，应做好降排水工作；结合北侧地下人防工程基坑施工情况，基坑开挖采取一定的放坡和一般的围护即可。

如采用桩基，桩基参数参考见表 17-25。

表 17-25　混凝土预制桩、沉管灌注桩、钻孔灌注桩的桩基参数　单位：kPa

层号	混凝土预制桩		沉管灌注桩		钻孔灌注桩	
	q_{sia}	q_{pa}	q_{sia}	q_{pa}	q_{sia}	q_{pa}
2-1	10		8		9	
3	35		26		32	
4	22		18		20	
5	25		20		24	
6	42	2 100	32	2 000	39	400

注：q_{sia} 为桩身侧阻力特征值，q_{pa} 为桩端阻力特征值。

② 地基基础设计

a. 地基基础设计等级：丙级；结构设计安全等级：二级。

b. 地下水：按照建筑场地的岩土工程勘察报告，历史最高水位－1.10 m。

c. 地下混凝土构件的环境类别为二 a 类。地面以下部分，自承重隔墙基础和底层隔墙的地下与土接触部分的墙体材料采用：水泥实心砖，M10 水泥砂浆砌筑。施工质量按《砌体结构工程施工质量验收规范》(GB 50203)验收达到 B 级要求。

d. 基础选型：本工程采用钢筋混凝土钻孔灌注桩，桩径为 600 mm，桩端持力层为 6 层黏土层。具体桩基结构布置如图 17-70 所示。

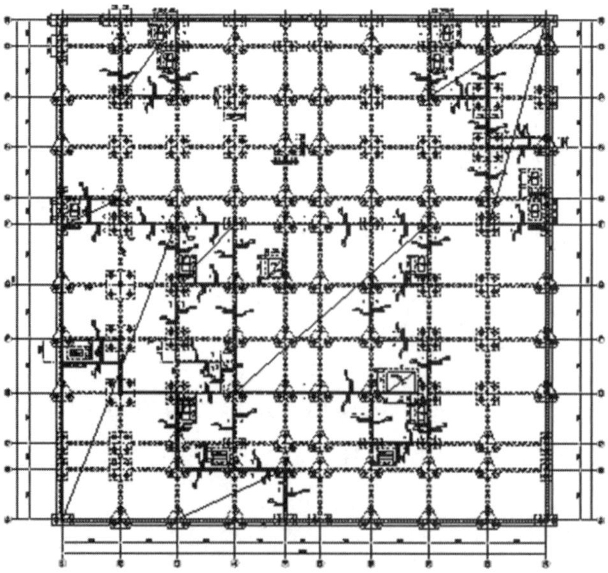

图 17-70　漕运博物馆桩基结构布置图

桩长 14 m，桩端进入持力层深度不小于 5 m，单桩抗压承载力特征值预估为 770 kN，单桩抗拔承载力特征值预估为 460 kN。桩长 16 m，桩端进入持力层深度不小于 6 m，单桩抗压承载力特征值预估为 910 kN，单桩抗拔承载力特征值预估为 560 kN。

工程桩施工前应根据结构设计要求先做试桩 4 根，16 m 长桩 2 根，14 m 长桩 2 根。设计人员根据试桩结果调整桩位后，工程桩方可施工。

桩身材料：混凝土为 C30，采用 HPB235 作为箍筋、HRB335 作为受力筋，钢筋笼主筋采用焊接接头，单面 $10d$，双面焊 $5d$。保护层厚度 50 mm。

③ 地下室工程设计

a. 本组工程有 1 层地下室。

b. 防水设计。地下室中有地下变电所、配电间，为一级防水等级，即不允许渗水，围护结构无湿渍。除前述结构间外，地下室其他部分防水等级为二级，也不允许渗水，围护结构可有少量渗水，即偶见的湿渍。

c. 防水混凝土。地下水以下混凝土结构的强度等级为 C30，地下室底板厚度为 400 mm，底板、内外墙均采用抗渗混凝土，抗渗等级为 S8。混凝土中应采用施工用补偿收缩混凝土，其性能应满足《混凝土外加剂应用技术规范》(GB 50119)规范中的要求。外墙宜添加聚丙烯纤维，掺量为 0.6～0.8 kg/m^3。

底板、承台、基础梁下均做 100 mm 厚 C15 素混凝土垫层。

(6) 上部结构设计

① 建筑规则性评述

本组工程结构单元的平面凹凸、开洞与质量分布都满足抗震规范规则的要求。

结构单元的竖向结构布置中侧向刚度上、下变化，竖向抗侧力构件的连续性与楼层抗剪承载力的竖向分布满足抗震规范规则的要求。

② 上部结构选型

结构类型：本项目为多层钢筋混凝土房屋；结构类型为框架结构，其抗震等级为 3 级。风荷载的体型系数取值，参照《建筑结构荷载规范》(GB 50009)正压为 0.8，负压为 −0.5。图 17-71 为漕运博物馆上部结构 PKPM 计算模型，图 17-72 为建筑施工现场图。

③ 主要承重结构材料

上部结构为钢筋混凝土框架结构。

上部结构除雨篷、女儿墙、水池(箱)和直接暴露在室外的墙、柱、梁、悬板等构件环境类别为二 a 类外，其他均为一类。

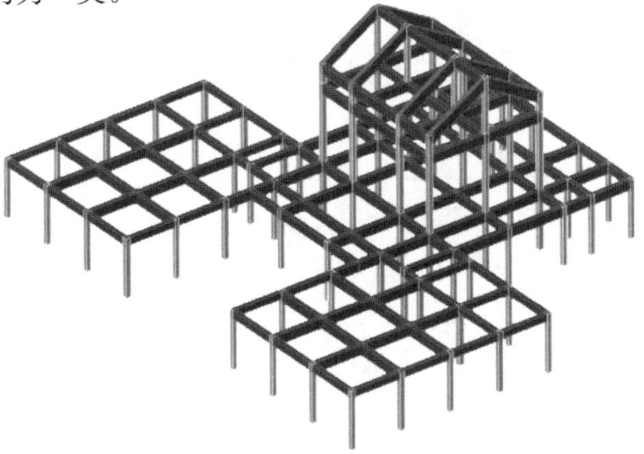

图 17-71　漕运博物馆上部结构 PKPM 计算模型

（a）内部钢筋混凝土框架结构施工

（b）外部仿古建筑施工

图 17-72　建筑施工现场图

梁、柱和楼板的混凝土强度等级为 C30；钢筋根据结构设计图纸，箍筋采用 HPB235，受力筋采用 HRB335 和 HRB400；钢材埋件采用 Q235B，承重构件采用 Q345B。

（7）计算分析

① 分析软件

中国建筑科学研究院建筑工程软件研究所开发的 PKPM 结构设计软件，由 SATWE 模块计算。图 17-73 为漕运博物馆（上部结构和地下室结构）结构 PKPM 计算模型。

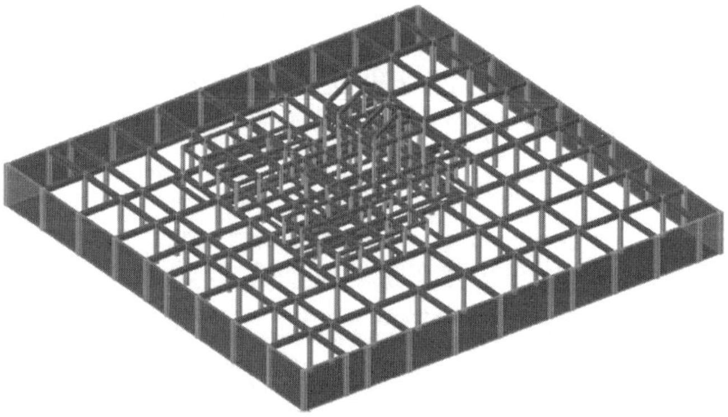

图 17-73　漕运博物馆结构 PKPM 计算模型

② 结构计算分析结果

漕运博物馆结构计算分析结果汇总如表 17-26～表 17-29 所示。

a. 周期、振型（表 17-26）

表 17-26　漕运博物馆周期、振型

振型	周期/s
第一振型	0.856 5
第二振型	0.853 7
第三振型	0.662 3

b. 地震作用下位移(表 17-27、表 17-28)

表 17-27　漕运博物馆最大层间位移角

方向	最大层间位移角
X 方向	1/688
Y 方向	1/678

表 17-28　漕运博物馆最大层间位移与平均层间位移的比值

方向	最大层间位移与平均层间位移的比值
X 方向	1.15
Y 方向	1.00

c. 框架柱的最大轴压比(表 17-29)

表 17-29　漕运博物馆框架柱的最大轴压比

建筑名称	最大轴压比
漕运博物馆	0.79

漕运博物馆结构计算分析结果表明:该结构体系设计成双向梁柱刚架体系,可以承受、纵、横两个方向的地震作用或风荷载。该结构体系具有必要的承载力、刚度、稳定性、延性及耗能等性能,满足相应规范要求。结构设计中合理地布置抗侧力构件,减少地震作用下的扭转效应;整体结构平面布置规则、对称,具有良好的整体性。

(六) 竣工效果

漕运博物馆竣工后效果如图 17-74 所示。

(a) 北立面

(b) 南立面

图 17-74　漕运博物馆竣工后照片

17.2.4　常州港华燃气调度服务中心

(一) 项目背景

常州港华燃气调度服务中心,位于常州市钟楼区长江东路西侧,场地东侧为城市绿地,建成后作为燃气综合业务服务中心。本工程建筑高度为 49.15 m,地下 2 层,地上 11 层。建筑在布局上呈一个 U 字形围合,通过东侧连廊及索网幕墙的联系,使得建筑在外观形态上成为一个不规则立方体。在“立方体”空间内，除了首层大堂的绿色中庭外，还分别在南侧 3～5 层、北侧 6～8 层设置内外贯穿、上下贯通的绿色花园空间，谓之“立方花园”。常州港华燃气调度服务中心实景图如图 17-75 所示。

(a)

(b)

图 17-75　常州港华燃气调度服务中心实景图

（二）结构设计方案

结构竖向规则，地面以上平面不规则。2 层以上结构平面呈现 U 形，每隔 3 层通过宽度为 3.4 m 的连接桥相连，平面呈回字形。2 层以上西南部结构削角，结构楼板最小连接宽度为 6 m。经综合考虑建筑物的抗震设防分类、所处地区的设防烈度、结构高度、建筑平面布置要求等，本工程结构采用框架-剪力墙结构，利用楼、电梯部位设置剪力墙，将剪力墙作为第一道防线，框架作为第二道防线，以减小地震作用下 U 形平面及结构削角造成的不利影响。对于第 5 层、第 8 层的连廊结构及第 10 层的大空间结构，存在类似连体及大跨度的性质，本工程采用钢骨混凝土框架，并向内延伸一跨。结构东面 2～10 层设计拉索幕墙，主索为竖向索，分别作用于 10 层楼面梁及 2 层室外屋面梁上。水平索作用于框架梁上。承受拉索幕墙水平拉力的结构部位设置剪力墙，框架柱为钢骨混凝土柱。增加框架柱的抗弯能力，拉索产生的水平拉力由剪力墙承担。本工程结构体系具有较好的承载能力和抗震性能。常州港华燃气调度服务中心结构计算模型如图 17-76 所示。

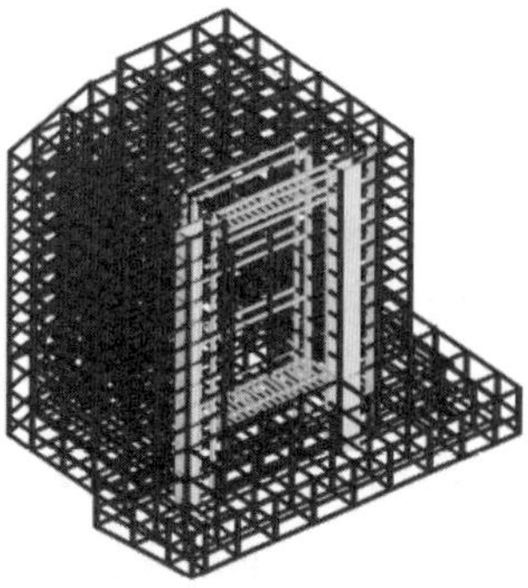

(a)

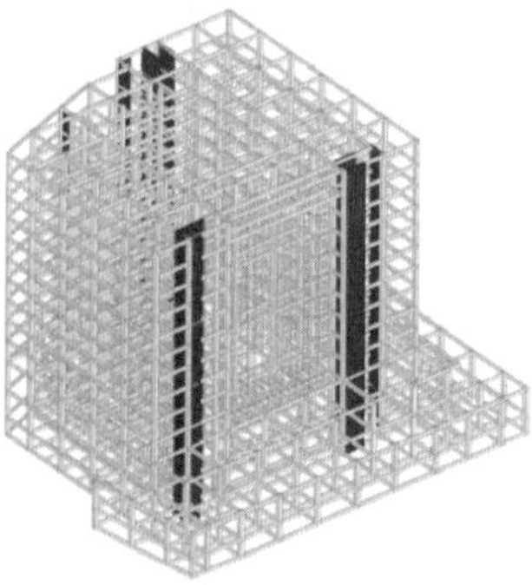

(b)

图 17-76　常州港华燃气调度服务中心结构计算模型

17.2.5　南京市中花岗社区服务中心

（一）项目背景

中花岗社区服务中心位于南京市栖霞区中花岗片区，图 17-77 所示为中花岗片区公共配套设施。本工程建筑功能为社区服务，地下 1 层，战时人防，平时主要为机动车库及设备用房。地上部分分为 3 个单体，分别为社区商业、派出所、社区卫生服务中心，社区商业室外地面到主要屋面高度为 20.100 m，派出所室外地面到主要屋面高度为 15.850 m，社区卫生服务中心室外地面到主要屋面高度为 23.700 m。结构设计使用年限 50 年，建筑主体结构的安全等级为 2 级，对应的结构设计重要性系数 $\gamma_0=1.0$。所在地抗震设防烈度为 7 度，设计基本地震加速度为 $0.10g$，设计地震分组为第一组。建筑的抗震设防类别为：社区商业、社区卫生服务中心属于重点设防类，派出所属于标准设防类。

(a)

(b)

图 17-77　南京市中花岗社区服务中心效果图

（二）结构设计方案

根据建筑物的使用要求，以及建筑物的总高度、层高和结构跨度等情况，3 栋单体均采用混凝土框架结构体系，楼(屋)盖均采用钢筋混凝土现浇梁板体系，社区商业入口及中庭部位设置玻璃顶屋面，钢结构与混凝土柱顶铰接，如图 17-78 所示。通过次梁将玻璃顶屋面划分为 2.1 m×2.8 m 的单元格。玻璃顶屋面给入口空间和中庭空间遮风挡雨的同时，让公共空间更加明亮，充满活力。

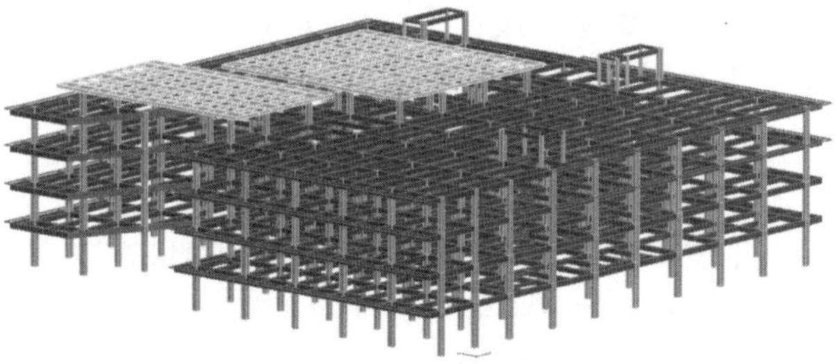

图 17-78　南京市中花岗社区服务中心结构计算模型

17.3　钢结构设计实例

由钢材建造而成的结构称为钢结构，主要由型钢和钢板等制成的钢梁、钢柱、钢桁架等构件组成，并对钢构件进行除锈防锈处理以提升建筑结构整体耐久性。构件之间的连接方式可分为：焊接、螺栓连接、铆钉连接。钢结构具有自重轻、施工简便等特点，但不耐火、耐腐蚀性差，广泛应用于大型厂房、场馆、超高层等建筑之中。

17.3.1 绍兴柯桥客运枢纽工程——站房钢结构屋盖

（一）项目背景

绍兴柯桥综合客运枢纽工程位于瓜渚湖直江以东、兴华路以南、绸缎路以北、双渎路以西地块。按一级站标准建设，规划总用地面积 90 150 m^2，总建筑面积 36 955 m^2。地块方整，交通方便。绍兴柯桥综合客运枢纽工程由长途客运站、综合楼、出租车服务中心、附属服务用房、变电所、公交维修间组成。

绍兴柯桥客运枢纽工程将集长途客运站、公交枢纽站及出租车服务中心于一体。项目的目标定位是具有一定规模、设施先进、功能齐全的人性化、生态型客运站。

（二）建筑设计依据

(1) 原绍兴市发展和改革局（现为绍兴市发展和改革委员会）：《关于绍兴柯桥综合客运枢纽工程项目建议书的批复》。

(2) 原绍兴市国土资源局（现为绍兴市自然资源和规划局）：《关于绍兴柯桥客运中心有限公司绍兴柯桥综合客运枢纽工程项目用地的预审意见》。

(3) 原绍兴市规划局（现为绍兴市自然资源和规划局）：建设项目选址意见书。

(4) 东南大学建筑设计研究院的《绍兴柯桥综合客运枢纽工程建筑设计方案》。

(5) 国家现行有关法律、法规和规范。

(6) 执行技术规范

a.《交通客运站建筑设计规范》(JGJ/T 60)

b.《建筑设计防火规范(2018 年版)》(GB 50016)

c.《汽车库、修车库、停车场设计防火规范》(GB 50067)

d.《车库建筑设计规范》(JGJ 100)

e.《民用建筑设计统一标准》(GB 50352)

f.《无障碍设计规范》(GB 50763)

g. 浙江省《公共建筑节能设计标准》(DB 33—1038)

h.《公共建筑节能设计标准》(GB 50189)

i.《人民防空地下室设计规范》(GB 50038)

j.《人民防空工程设计防火规范》(GB 50098)

k.《办公建筑设计标准》(JGJ/T 67)

l. 国家及地方有关技术规范及规定

（三）建筑设计理念

(1) 关注功能流线——零换乘

综合客运枢纽工程为典型交通建筑，而交通建筑设计的核心矛盾是人、车、货等多种流线的组织，方案通过科学合理的设计，使各种流线流畅便捷，高效快速，并应避免流线的迂回与交叉。柯桥综合客运枢纽工程作为一个新建的现代化大型综合客运枢纽工程，除了长途客运功能外，还整合了城市公交枢纽站、出租车服务中心。综合客运枢纽工程除了解决好三个功能区各自内部的功能流线，还需处理好三者之间的相互关系，使三者相互独立，又紧密相连，通过有效的整合设计，最终实现旅客中转的“零换乘”，即三者之间实现最便捷、最优化的换乘。

(2) 关注城市空间——城市综合体

长途综合客运枢纽工程作为交通类公共建筑，是城市功能中重要的组成部分，因此无论是项目选址还是项目规划设计都必须在整体城市的大架构下。现代城市空间已日益由单一趋向复合，现代城市功能区强调多种功能的融合和叠加，从而提高城市的地块效益和激发城市活力。另外，从综合客运枢纽工程本体角度来看，也希望设计出功能完备、设施完善的客运建筑，而且建筑应复合有餐饮、宾馆、娱乐、商业、办公等多种功能内容，从而达到“以站养站”的目的。因此，在设计中应积极与城市相衔接，基地内部建筑空间与城市空间充分互动，基地内部应适当设置城市开放空间，将城市景观和人流引入基地，从而更好地提升地块商业价值。

(3) 关注地块特质——发展潜力

项目用地是综合客运枢纽工程的空间载体。对于地块的分析与解读是建筑方案设计的第一步。就本基地而言，场地开阔平坦，用地较为方正，周边三面临路，一面临河，适宜项目性质。此外，基地有两个突出“特质”：一个是“水景”，即基地为典型江南水网地带，基地西侧紧邻瓜渚湖直江，南侧与新三江间西干江隔路相望；另一个便是“高压线”，基地东侧有一条南北向高压电线穿越地块，高压走廊占地约 1 万 m^2。对于水景特质应充分利用，为综合客运枢纽工程营造出优美的景观环境。对于第二特质应将近期实施与远期发展统筹考虑，在现有高压线存在条件下，既要合理安排各项功能，又要为远期高压线移除后的开发预留余地和可能性。

（四）建筑设计方案

(1) 总体布局

场地合理、高效，换乘便捷、流畅，整个场地以长途客运站为中心，以公交枢纽站、出租车服务中心为辅助。基地停车设计更为优化，更为紧凑，从而节省了土地，增加了公共空间。随着西南角换乘广场的设置，整个基地面向绸缎路一侧，均为城市开放空间。而且西侧水系的景观资源也被引入基地，使基地南侧主要景观带拥有良好的自然景观，为乘客营造出人性化、充满绿色的换乘环境。高压铁塔附近为单一停车空间，远期高压铁塔移动后为一完整场地，若将停车功能置换到地下，可以有多种开发可能性。

(2) 交通

基地东侧双渎路设两个机动车出入口，一个人行出入口，北端开口为长途客车出站口，中部开口为行包车辆及社会车辆出入口，南部为汽车站人流入口。北侧兴华路设置两个机动车出入口，分别为公交车出站口和出租车服务中心出入口。南侧绸缎路设置一个机动车出入口，一个人行出入口，机动车出入口为长途车进站口和公交车进站口。两个长途客车出入口分散在南侧和东侧的两条城市道路上，满足一类客运站设置要求。人行出入口则大部分安排在南面绸缎路，少部分安排在东面的双渎路，建筑在南侧和转角形成一大型沿街广场，最大进深 90 m，有利于分段设置不同功能性质的广场来组织人流和集散人流。广场布局与城市公共交通等关系良好，公交、出租站点位于广场南侧，靠近售票厅及进站口，交通便捷。站前广场为人行广场，实现人车分流，与城市道路接平，有利于人流疏散，体现人性化设计。

综合客运枢纽工程的交通组织较为复杂，也是设计的关键。整个场地内需要合理组织长途车交通流线、公交车交通流线、出租车交通流线、行包车辆交通流线、社会车辆交通流线、自行车交通流线、消防车交通流线以及人行交通流线。每个流线面对不同的使用主体，具有各自不同的使用要求，各种交通流线之间相互影响和制约。进站人流主要从南侧绸缎路方向进入基地，所以客流进站入口设计在地块南侧，南侧同时设置有出租车下客区和港湾式公交停靠站。售票厅也面向南侧，使旅客很方便地完成买票—候车—乘车这一流程，真正体现人性化服务。长途客车从南侧城市道路，途经西侧辅路进站，进站后即为下客区，停车、下客，再行至发车区上客，最后在东侧的城市道路上出站。旅客到站后可以经由换乘广场直接到出租车、公交车等停靠点，实现交通转换。

(3) 功能布局

近几年，长途汽车站的职能发生了引人注目的变化，许多城市中的汽车站已由单一的客运功能向多元化的方向发展。汽车站的职能已转化成了具有交通服务、文化娱乐和信息交流等多种功能的“窗口”。因此，将综合客运枢纽工程设计成一座以公路客货运服务为主，集停车、维修、商贸、餐饮、娱乐、住宿、办公、汽配等综合服务为一体的综合性建筑。

长途客运站布置在地块南侧。其地块内北侧布置长途客运车停车场，停车场西北侧布置有洗车、车辆维修等附属用房。东端广场布置社会车辆及行包车辆停靠站，东南角布置长途客运站房。旅客进站广场及入口大厅面向地块东南侧绸缎路与双渎路布置。从入口进入车站大厅，大厅左侧为售票厅、客运办公，右侧为小件寄存、行包托运等服务用房。入口大厅后面为候车厅，从入站买票到候车，流线十分顺畅且简短，且售票厅和候车厅功能独立，又使用方便。在售票大厅东西两侧布置配套服务用房。基地南侧设置综合服务楼，该楼还提供住宿和餐饮服务，能很好地满足站内旅客的需要。出站大厅位于基地西侧，紧邻公交车、出租车换乘广场，使得人流疏散迅速、便捷，旅客换乘方便。

公交枢纽站位于基地西侧，在公交车停车场南侧布置公交办公、车辆维修，北侧设加油等附属用房。加油站为内部使用，由专业设计单位深化设计，本设计已将其面积计入总指标，概算亦已包括该项内容。

出租车服务中心位于基地北侧，其地块内南侧布置出租车停车场，北侧布置出租车服务中心服务用房及附属用房。出租车服务中心内设食堂、会议室、培训教室、运管用房、出租汽车公司管理用房、驾驶员活动室、出租车停车位等。

图 17-79 为绍兴柯桥综合客运枢纽工程总平面图，图 17-80 为绍兴柯桥客运中心——站房钢屋盖效果图，图 17-81 为绍兴柯桥客运中心——站房一层平面图，图 17-82 为绍兴柯桥客运中心——站房钢结构屋盖平面图，图 17-83 为绍兴柯桥客运中心——站房钢屋盖立面图，图 17-84 为绍兴柯桥客运中心——站房钢屋盖剖面图。

（五）结构设计方案

(1) 结构概况

本工程站房建筑高度 19.95 m，建筑层数 3 层；出站厅建筑高度 6.4 m，建筑层数 1 层；公交枢纽建筑高度 14.3 m，建筑层数 3 层；出租车服务中心建筑高度 9.7 m，建筑层数 2 层；附属服务用房建筑高度 9.7 m，建筑层数 2 层。

结构设计使用年限 50 年，建筑主体结构的安全等级为 2 级；对应的结构设计重要性系数 $\gamma_0=1.0$。抗震设防烈度 6 度，场地土类别Ⅲ类。地基基础设计等级为丙级。本工程采用桩基，除综合楼采用钻孔灌注桩外，其他各栋采用预应力管桩，以(8)层中砂为桩端持力层。平均有效桩长 45 m，单桩承载力特征值为 1 800 kN/根，单桩竖向静载试验数量每栋为 3 根。

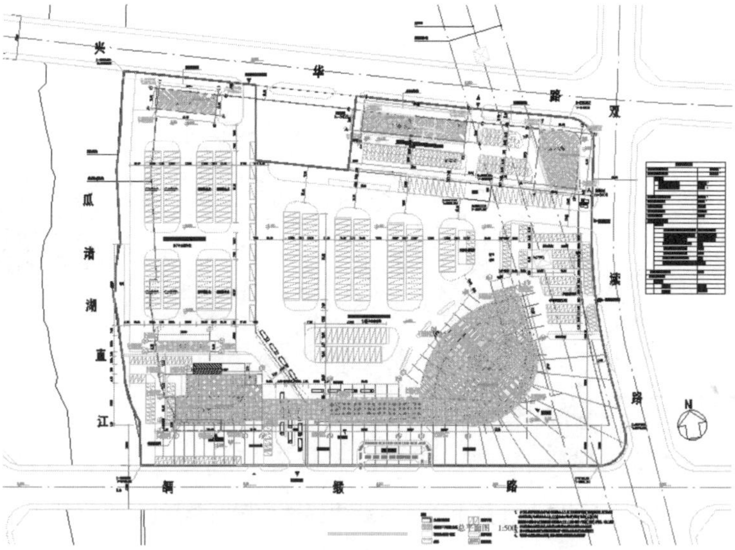

图 17-79　绍兴柯桥综合客运枢纽工程总平面图

(a)　　(b)

图 17-80　绍兴柯桥客运中心——站房钢屋盖效果图

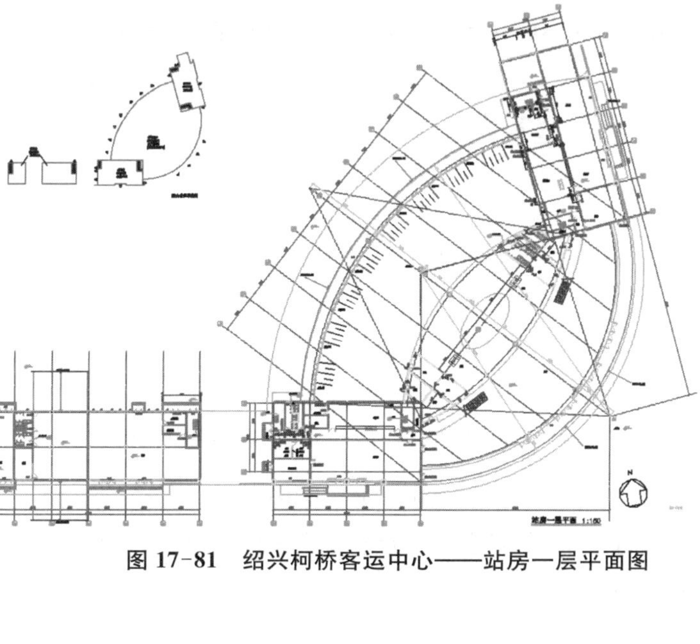

图 17-81　绍兴柯桥客运中心——站房一层平面图

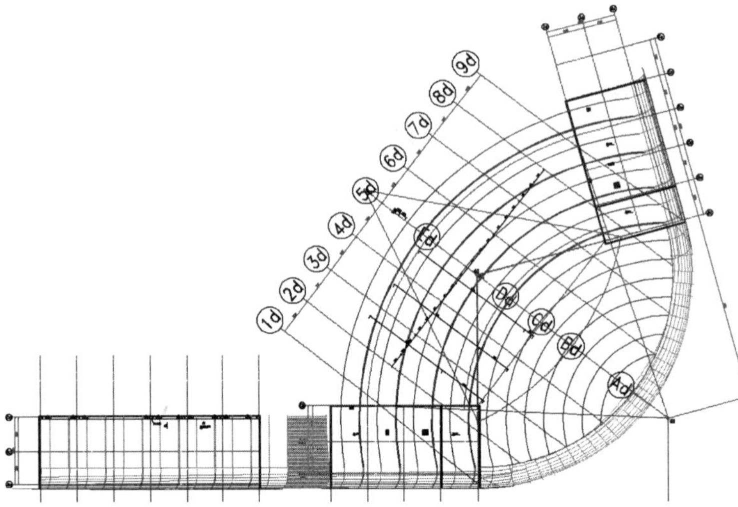

图 17-82　绍兴柯桥客运中心——站房钢结构屋盖平面图

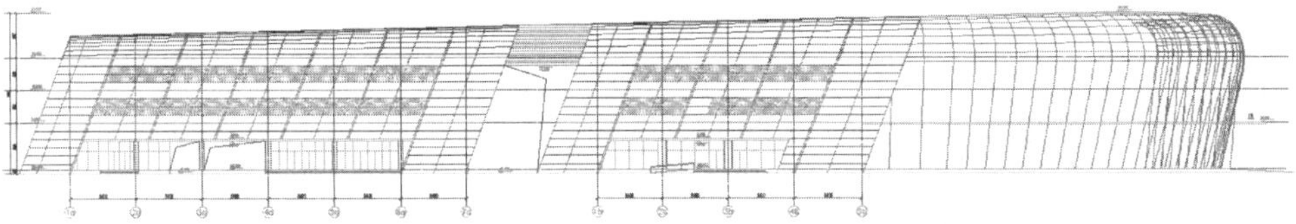

(a) 南立面

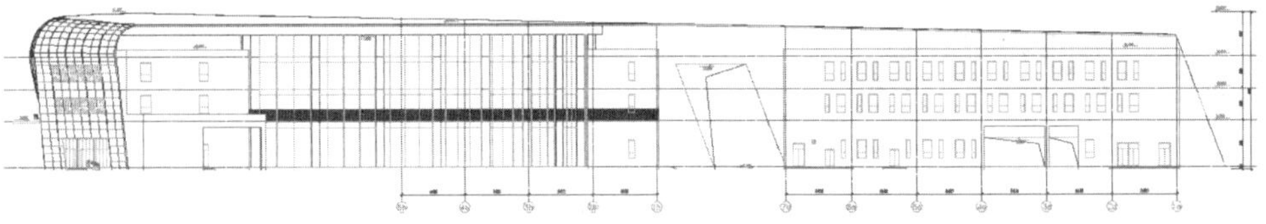

(b) 北立面

图 17-83　绍兴柯桥客运中心——站房钢屋盖立面图

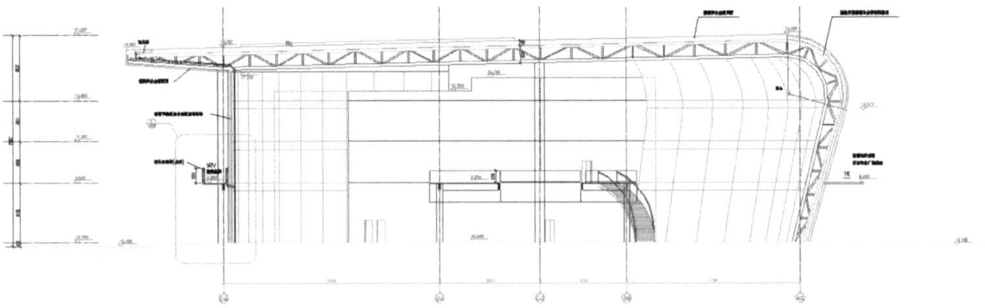

A—A剖面 1 : 100

图 17-84　绍兴柯桥客运中心——站房钢屋盖剖面图

屋盖及围护结构与钢筋混凝土结构分开，独立设置，屋盖最高点为 19.5 m。承重柱采用直径 400～550 mm 的钢管柱，屋盖采用平面桁架结构，桁架最大跨度 32 m，桁架高度为 1.5 m，结构模型见图 17-85。

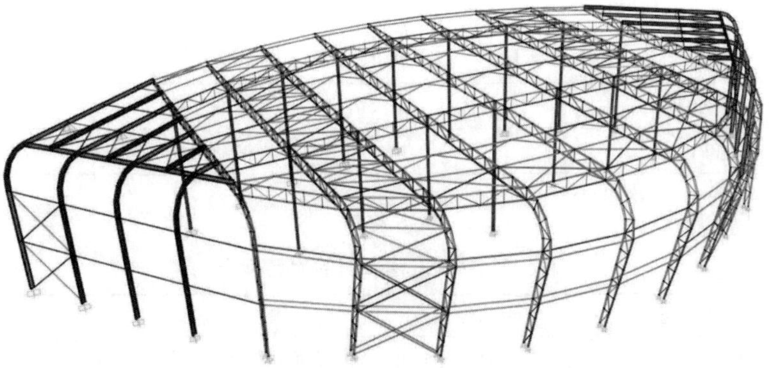

图17-85　绍兴柯桥客运枢纽工程——站房钢屋盖结构模型

(2) 结构设计依据

该项目设计依据标准如表17-30～表17-32所示。

① 国家标准(表17-30)

表17-30　工程适用的国家标准

序号	标准编号	标准名称
1	GB 50011	《建筑抗震设计规范(2016年版)》
2	GB 50205	《钢结构工程施工质量验收标准》
3	GB 50009	《建筑结构荷载规范》
4	GB 50068	《建筑结构可靠性设计统一标准》
5	GB 50017	《钢结构设计标准》
6	GB 50018	《冷弯薄壁型钢结构技术规范》
7	GB 50223	《建筑工程抗震设防分类标准》
8	GB 50010	《混凝土结构设计规范(2015年版)》
9	GB/T 700	《碳素结构钢》
10	GB/T 1591	《低合金高强度结构钢》
11	GB/T 5780	《六角头螺栓　C级》
12	GB/T 5118	《热强钢焊条》
13	GB/T 3632	《钢结构用扭剪型高强度螺栓连接副》
14	GB/T 10433	《电弧螺柱焊用圆柱头焊钉》
15	GB/T 8923.1	《涂覆涂料前钢材表面处理　表面清洁度的目视评定　第1部分:未涂覆过的钢材表面和全面清除原有涂层后的钢材表面的锈蚀等级和处理等级》
16	GB/T 8923.2	《涂覆涂料前钢材表面处理　表面清洁度的目视评定　第2部分:已涂覆过的钢材表面局部清除原有涂层后的处理等级》
17	GB/T 8923.3	《涂覆涂料前钢材表面处理　表面清洁度的目视评定　第3部分:焊缝、边缘和其他区域的表面缺陷的处理等级》
18	GB/T 8923.4	《涂覆涂料前钢材表面处理　表面清洁度的目视评定　第4部分:与高压水喷射处理有关的初始表面状态、处理等级和闪锈等级》
19	GB/T 14957	《熔化焊用钢丝》
20	GB/T 1231	《钢结构用高强度大六角头螺栓、大六角螺母、垫圈技术条件》
21	GB 50016	《建筑设计防火规范(2018年版)》
22	GB 50661	《钢结构焊接规范》

② 行业标准(表 17-31)

表 17-31 工程适用的行业标准

序号	标准编号	标准名称
1	JGJ 7	《空间网格结构技术规程》

③ 协会标准(表 17-32)

表 17-32 工程适用的协会标准

序号	标准编号	标准名称
1	CECS 200	《建筑钢结构防火技术规范》
2	CECS 280	《钢管结构技术规程》

(3) 荷载

根据《建筑结构荷载规范》(GB 50009),该结构主要应考虑以下荷载和作用:

① 永久荷载

结构自重:按钢材重度为 78.5 kN/m^3、混凝土重度为 25 kN/m^3 计算;

屋盖上弦恒载(含所有主结构上覆盖层):0.6 kN/m^2;

屋盖下弦吊挂荷载(含风管、水管和灯具):0.2 kN/m^2。

② 可变荷载

屋面活荷载:0.5 kN/m^2;

雪荷载,基本雪压(按 50 年一遇):0.5 kN/m^2;

风荷载,基本风压(按 50 年一遇):0.45 kN/m^2。

(4) 结构体系

钢结构屋盖为一空间平面管桁架结构,该钢屋盖在图 17-82 中 1d 轴与 9d 轴之间为平面管桁架结构,共 9 榀主桁架,管桁架轴线之间高度为 1.5 m,在 Ed 轴线和 Cd 轴线支承于钢管柱上,在 Ad 轴线外支承于地面。整个钢屋盖关于 5d 轴线对称,最大一榀主桁架跨度约为 32 m。管桁架前端悬挑高度为 0.6 m,后端落地高度为 0.9 m。主桁架之间采用次桁架联系,在主、次桁架之间的区格设置了交叉支撑体系,使整个结构形成空间几何不变的稳定体系。1d 轴线和 9d 轴线以外采用 H 型钢一端铰接于主桁架的上弦杆,另一端直接刚接于地面。主桁架在 Ed 轴线上与柱顶刚接,Ed 轴线上钢管柱刚接于承台顶面;主桁架在 Cd 轴线上与柱顶刚接,Cd 轴线上,除与 5d 轴线交叉点处柱下端刚接于承台顶面,其他柱均铰接于站房混凝土结构顶面。另外,主桁架弯折落地处的弦杆通过销节点与承台顶面上的混凝土短柱铰接。图 17-86~图 17-89 给出了 1d、5d、Cd 和 Ed 轴线上的桁架布置。

该结构主体结构和檩条均采用 Q345B 钢材,应符合《低合金高强度结构钢》(GB/T 1591)的规定,应具有屈服强度、抗拉极限强度、伸长率、冲击试验、冷弯试验和 C、S、P 含量的合格保证。钢结构屋盖的主要构件见表 17-33。

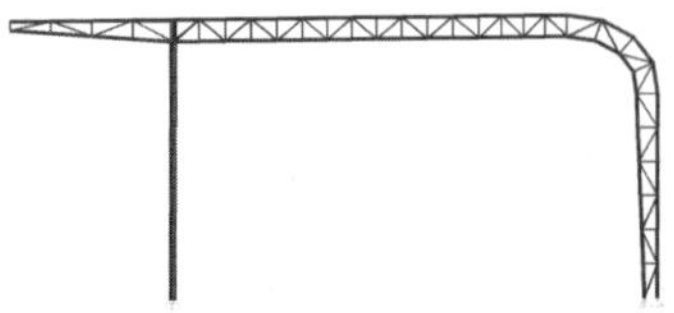

图 17-86 钢屋盖管桁架(1d 轴线)

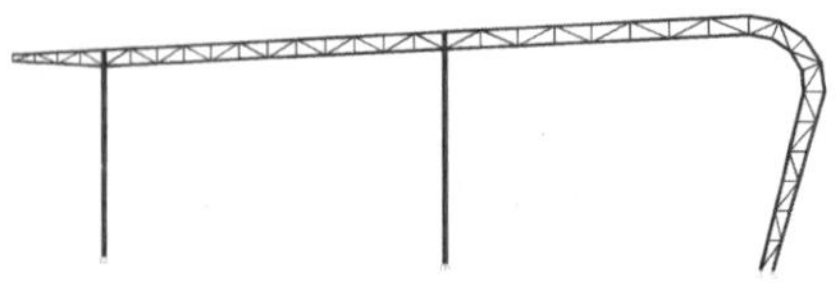

图 17-87 钢屋盖管桁架(5d 轴线)

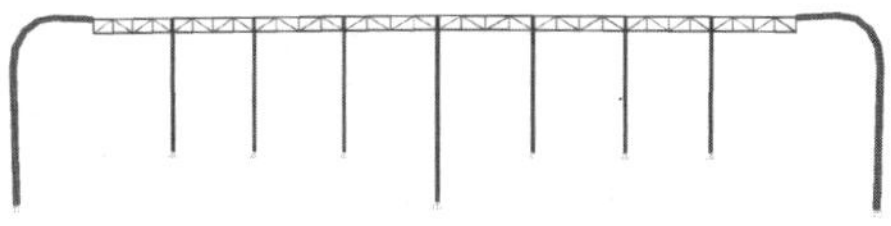

图 17-88　钢屋盖管桁架(Cd 轴线)

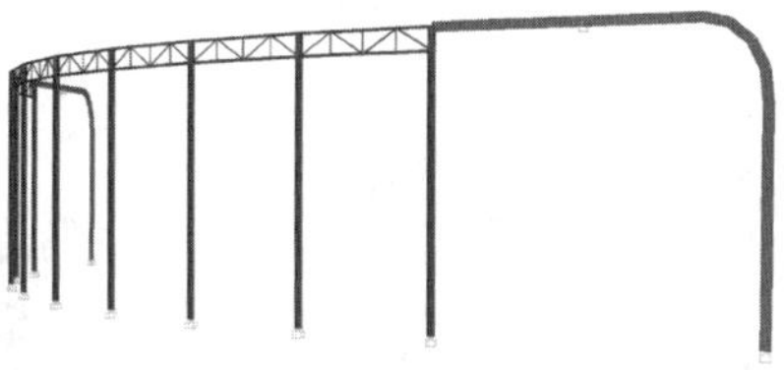

图 17-89　钢屋盖管桁架(Ed 轴线)

表 17-33　钢结构屋盖的主要构件列表

编号	截面类型	截面尺寸/mm	材质
GZ-01	热轧无缝圆钢管	ϕ402×16	Q345B
GZ-02	热轧无缝圆钢管	ϕ550×24	Q345B
GZ-03	焊接 H 型钢	H600×250×16×24	Q345B
ZXG-01	热轧无缝圆钢管	ϕ273×10	Q345B
CXG-01	热轧无缝圆钢管	ϕ203×8	Q345B
ZFG-01	热轧无缝圆钢管	ϕ133×6	Q345B
ZFG-02	热轧无缝圆钢管	ϕ168×8	Q345B
CFG-01	热轧无缝圆钢管	ϕ102×4	Q345B
GL-01	焊接 H 型钢	H600×250×16×24	Q345B
GL-02	焊接 H 型钢	H600×250×16×24	Q345B
HL-01	焊接 H 型钢	H600×250×16×24	Q345B
CG-01	热轧无缝圆钢管	ϕ102×4	Q345B
CG-02	热轧无缝圆钢管	ϕ180×6	Q345B
ZC-01	热轧无缝圆钢管	ϕ133×6	Q345B
ZC-02	热轧无缝圆钢管	ϕ180×6	Q345B
ZC-03	圆钢棒	ϕ32	Q345B
LT-01	冷弯薄壁 Z 型钢	Z250×75×20×2.2	Q345B
LT-02	冷弯薄壁 Z 型钢	Z250×75×20×2.0	Q345B
T-1	圆钢筋+圆钢管	ϕ12+ϕ30	—
T-2	圆钢筋	ϕ12	—

注:主体结构总用钢量约为 320 t(不包含镁条和墙面构件)。

(5) 计算分析

① 分析软件

本工程采用的计算程序为结构有限元软件 SAP2000,在 AutoCAD2004 中建立了结构的三维模型,然后导入 SAP2000 中进行结构的整体计算分析。结构模型中所采用的单元主要有梁单元、柱单元、杆单元,各种杆件形式采用不同的单元形式,具体如表 17-34 所示。

表 17-34　杆件所采用的单元形式

杆件形式	单元形式
钢管柱	柱单元
桁架的弦杆、屋盖钢梁	梁单元
桁架的腹杆、支撑杆件	杆单元

在 SAP2000 中建立的结构有限元模型如图 17-90～图 17-92 所示。

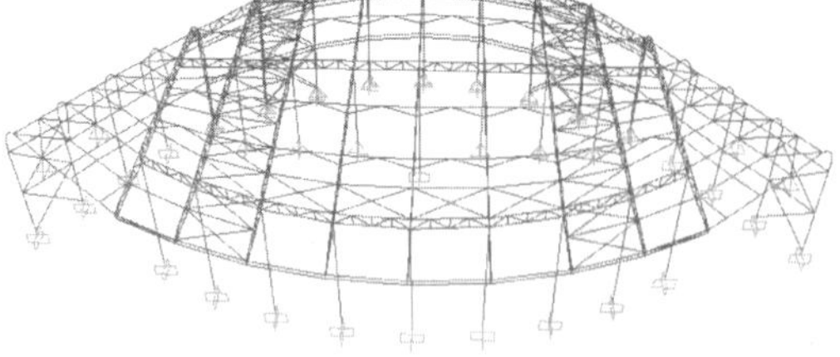

图 17-90　整体模型三维示意图

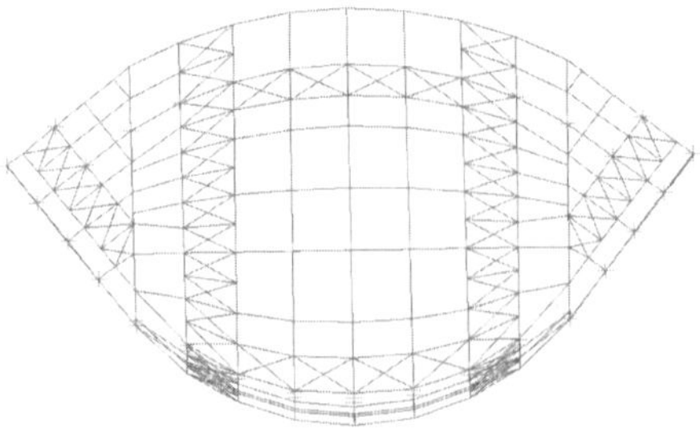

图 17-91　钢屋盖俯视图

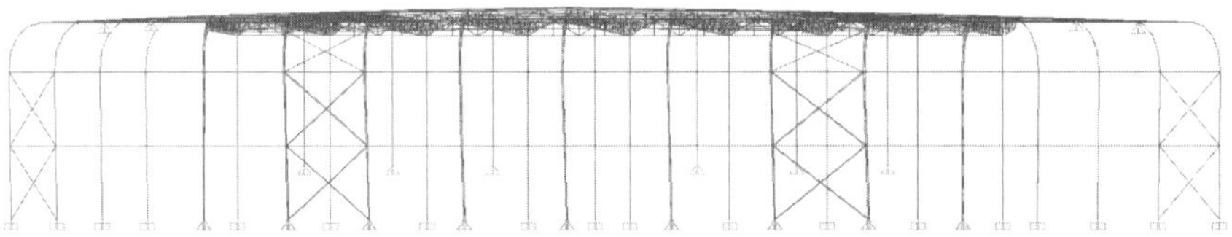

图 17-92　钢屋盖侧视图

② 结构计算分析结果

绍兴柯桥客运中心——站房钢结构屋盖结构计算分析结果汇总如下：

a. 屋盖主要控制节点位移

钢屋盖在标准组合下变形图如图 17-93 所示。

在标准组合下，最大挠度 70 mm，位于 1d 和 9d 轴线外侧的 H 型钢梁区域，该区域最大跨度约为 18 m，挠跨比 1/257，满足规范 1/250 的要求；活荷载下最大挠度 20 mm，挠跨比 1/900，满足规范 1/500 的要求。跨度最大主桁架跨中位置在恒载和活荷载的标准组合下为 51 mm，主桁架跨度为 32 m，挠跨比 1/627，活荷载作用下挠度为 27 mm，挠跨比1/1 185，均满足规范要求。

b. 屋盖主要杆件内力

以 sLCB2 工况(1.2 恒+1.4 活)为例，图 17-94～图 17-96 为屋盖主要杆件在该工况下的轴力、剪力和弯矩的示意图。

c. 屋盖主要杆件应力比

在 SAP2000 中计算得到各个杆件的内力，根据《钢结构设计标准》(GB 50017)的规定，对杆件进行承载力极限状态的验算。图 17-97 为钢屋盖主要杆件应力比，验算结果表明，模型中所有的杆件均满足承载力极限状态的要求。

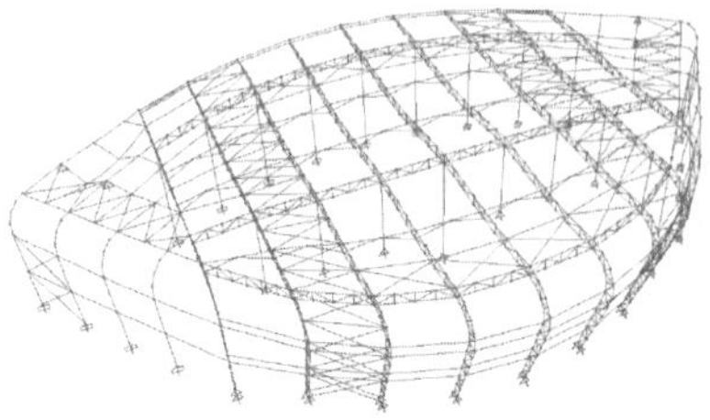

图 17-93　钢屋盖在标准组合下变形图

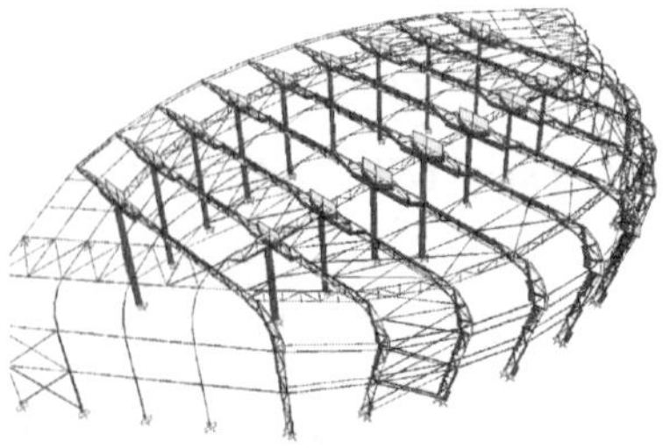

图 17-94　钢屋盖在 sLCB2 工况下杆件轴力示意图(最大轴力约 1 050 kN，位于跨度最大的主桁架上弦)

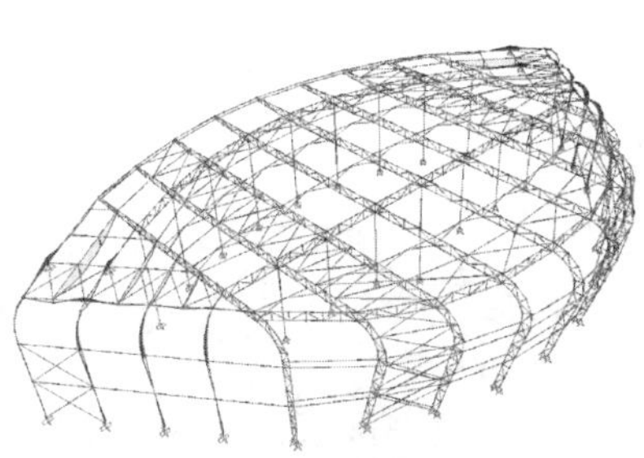

图 17-95　钢屋盖在 sLCB2 工况下杆件弯矩示意图(最大弯矩约 450 kN·m，位于 H 型钢梁跨度较大处)

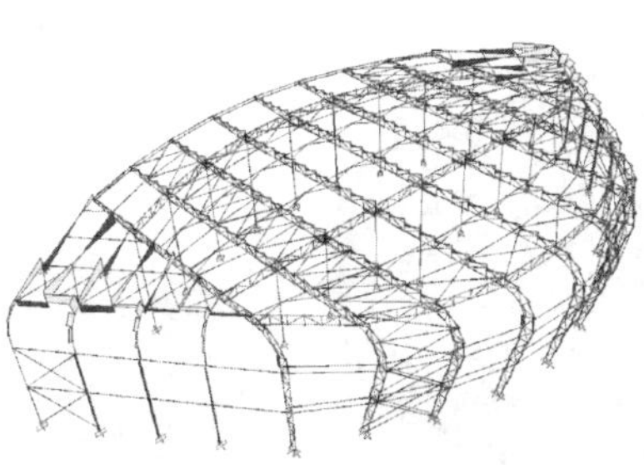

图 17-96　钢屋盖在 sLCB2 工况下杆件剪力示意图(最大剪力约 84 kN，位于 H 型钢梁支撑位置)

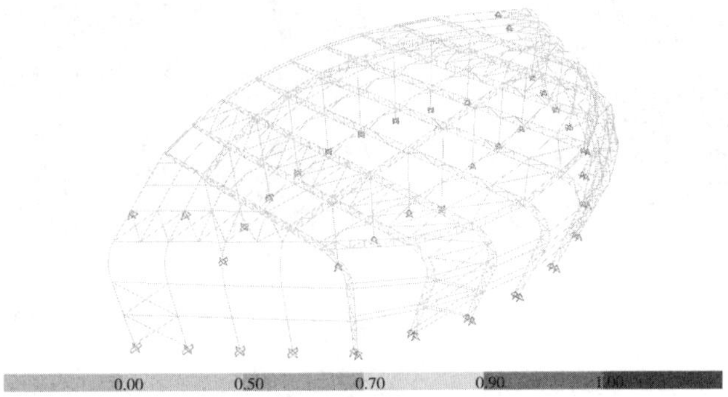

图 17-97　钢屋盖主要杆件应力比

d. 动力分析主要结果

针对该结构，计算了 100 阶模态，使 X 方向和 Y 方向的振型质量参与系数大于 0.9。表 17-35 中给出了结构前 5 阶模态的周期和振型质量参与系数。图 17-98～图 17-100 给出了前三阶模态图。

表 17-35　结构振型周期和质量参与系数列表

模态编号	周期/s	质量参与系数 X 方向	质量参与系数 Y 方向	质量参与系数 Z 方向
1	0.396	0.027	0.000	0.000
2	0.313	0.001	0.000	0.005
3	0.290	0.005	0.000	0.002
4	0.259	0.227	0.041	0.000
5	0.256	0.183	0.165	0.001

采用振型分解反应谱法计算了结构的地震作用，本工程位于浙江绍兴地区，设防烈度为 6 度，设计基本地震加速度为 0.05g，设计地震分组为第一组，场地类别为Ⅲ类场地土。根据《建筑抗震设计规范(2016 年版)》(GB 50011)中的地震影响系数曲线进行整体反应谱计算分析。

根据规范的规定，大跨度结构在 8、9 度区时，应计算竖向地震作用。考虑到本工程该结构的重要性，在反应谱分析中计算了竖向地震作用。计算结果均符合规范要求。

图 17-101 为绍兴柯桥客运枢纽工程——站房钢结构屋盖竣工后照片，图 17-102 展示了内部桁架布置。

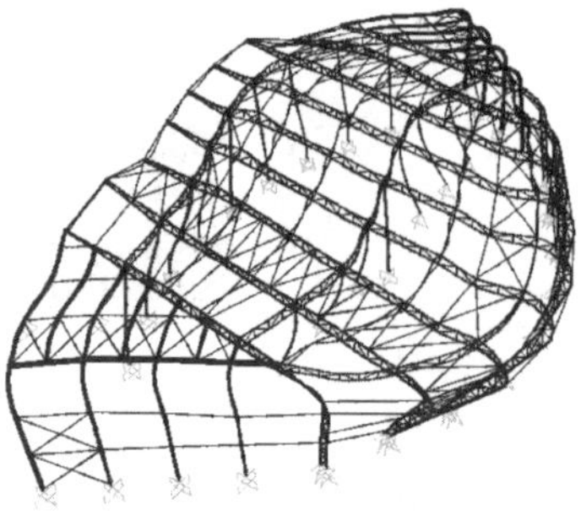

图 17-98　一阶模态

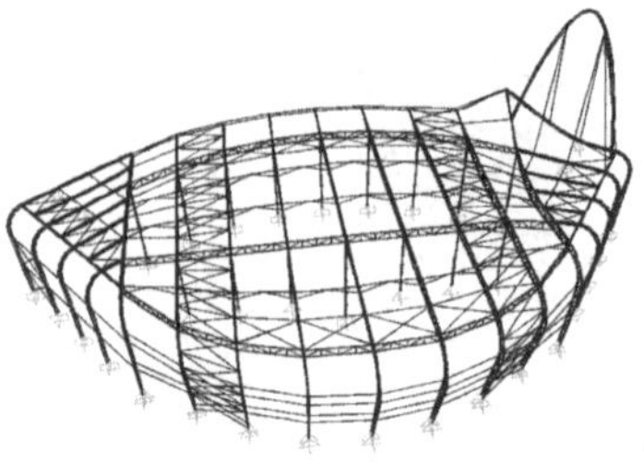

图 17-99　二阶模态

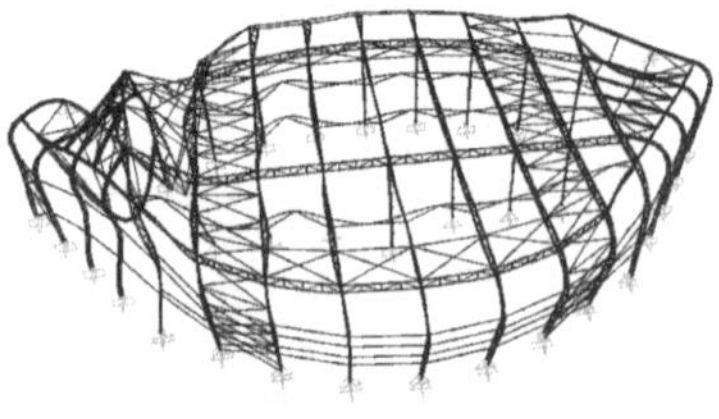

图 17-100　三阶模态

图 17-101　竣工后照片

图 17-102　内部桁架

17.3.2　南京邮电大学体育馆项目——钢桁架结构

（一）项目背景

南京邮电大学体育馆位于南京市栖霞区文苑路 9 号，南京邮电大学仙林校区区北轴线东侧的运动组团西南角，西南临鼎峰路，东南临鼎山北路，西北侧为体育场主看台，东侧为风雨操场。规划用地面积为 25 613.28 m^2，总建筑面积 17 321.64 m^2，其中地上建筑面积 15 427.51 m^2，地下建筑面积 1 894.13 m^2，是一座中型乙级体育馆，如图 17-103 所示。

建筑工程设计等级为一级，建筑耐火等级为一级，结构设计使用年限为50 年，抗震设防烈度为 7 度。屋面为不上人屋面，防水等级为Ⅰ级，耐用年限为 15 年。

图 17-103　南京邮电大学体育馆效果图

（二）结构设计方案

本建筑屋面为规则双坡屋面，檐口处高度为 21.5 m，屋面最高处为 23 m，为大跨度桁架结构，主要尺寸为 67.2 m×68.2 m。主桁架采用倒三角桁架，次桁架采用平面桁架。主桁架矢高为 5 m，弦杆和腹杆均采用圆钢管，次桁架弦杆和腹杆也采用圆钢管。为释放温度应力，主桁架一端采用铰接支座，另一端采用单向或双向滑动支座。

图 17-104 为南京邮电大学体育馆结构示意图,图 17-105 展示了支点大样。

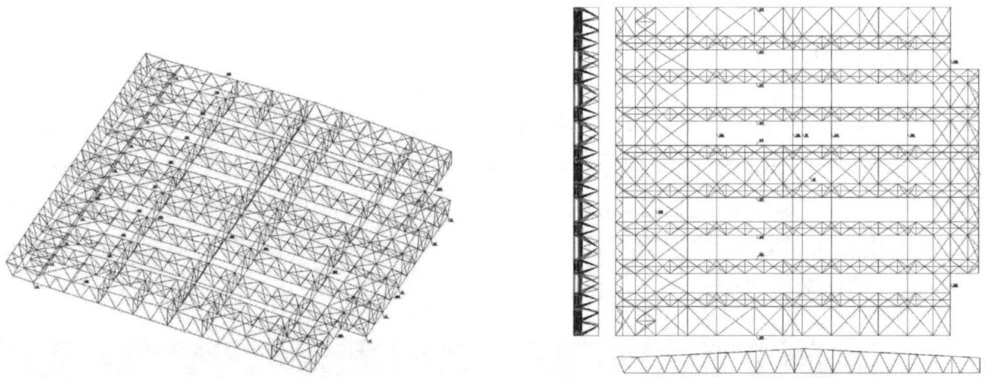

(a)　　(b)

图 17-104　南京邮电大学体育馆结构示意图

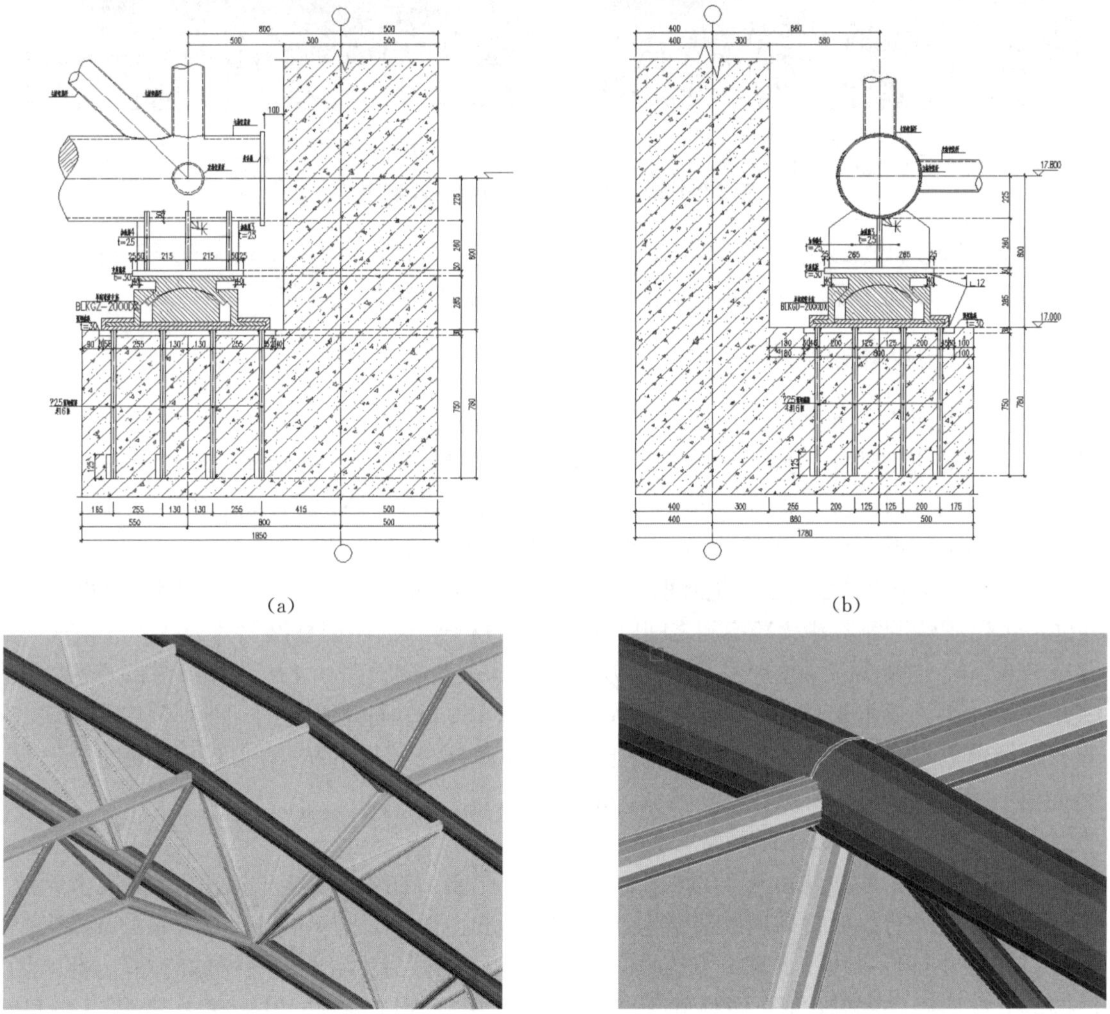

(a)　　(b)

(c)　　(d)

图 17-105　支点大样

(注:标高单位为 m,其余单位为 mm)

17.3.3 国家极限运动中心——钢框架结构

（一）项目背景

国家极限运动中心位于南京市溧水区无想山北麓，珍珠南路东侧，高岩路北侧，随园路西侧，如图 17-106 所示。用地面积 56 305.5 m^2，容积率 0.75，建筑密度 48%，绿地率 15%，建筑面积 41 150.85 m^2，地上 3 层，无地下建筑。建筑主要功能是各种极限运动的国家队训练场地，是国内最大的综合类室内极限运动馆，是集极限运动乐园、专业训练、商业休闲的一站式极限运动休闲综合体。

(a)

(b)

图 17-106　国家极限运动中心效果图

建筑工程设计等级为一级，建筑耐火等级为一级，结构设计使用年限为 50 年，抗震设防烈度为 7 度。屋面为不上人屋面，防水等级为Ⅰ级，耐用年限为 15 年。

（二）结构设计方案

本建筑屋面为不规则波浪形双曲屋面，檐口处高度为 19.6 m，屋面最高处为 27 m。根据下部不同的使用功能，分为网架结构、框架结构和桁架结构 3 种结构，5 片不同的分区。根据《建筑抗震设计规范(2016 年版)》(GB 50011)有关规定，在抗震设防烈度为 7 度的地区采用框架结构体系，框架抗震等级为 3 级，局部提高到 2 级和 1 级。

平面格局为中间大跨度运动空间，周围为中等跨度运动空间。大跨度空间四周以回字形双柱框架作为基本框架，在中等跨空间之间以常规框架进行连接。主要柱网尺寸为(7.5～10)m×(7.5～10)m。建筑第 1 层层高 5.4 m，2 层层高 5.4 m，3 层层高 5.4 m，结构材料为钢结构，因此框架体系为钢框架体系，总长为 210 m，宽度为 160 m。柱为圆钢柱，回字形基本框架部分和外墙薄弱部分钢柱内灌高强度混凝土，以提高此部分结构的抗侧刚度。钢梁为矩形管钢梁和 H 型钢梁，最大跨度也达到了 21 m。

图 17-107 为国家极限运动中心结构示意图。

屋面格局为中间大跨度屋盖，周围为中等跨度屋盖。在中等跨空间之间以常规框架屋盖进行连接。大跨度屋盖采用网架结构，如图 17-108 主要尺寸为 78.8 m×149 m。网架矢高为 6.5 m，较小杆件采用螺栓球节点连接，较大杆件由于受力大，超出了螺栓球范围，因此采用焊接球节点连接，网架杆件采用热轧无缝圆钢管和螺旋焊圆钢管，如图 17-109、图 17-110 所示。

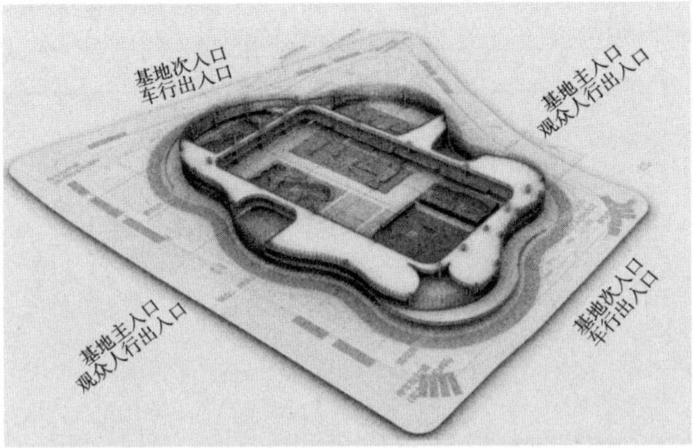

(a)

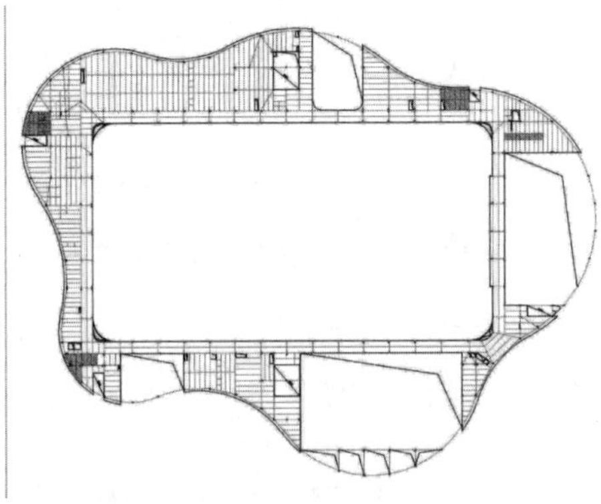

(b)

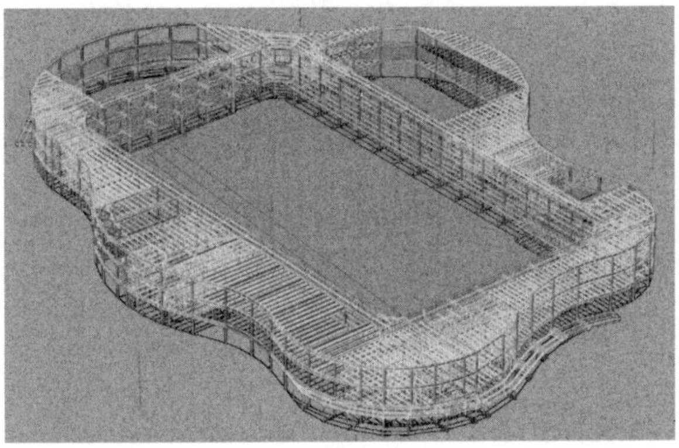

(c)

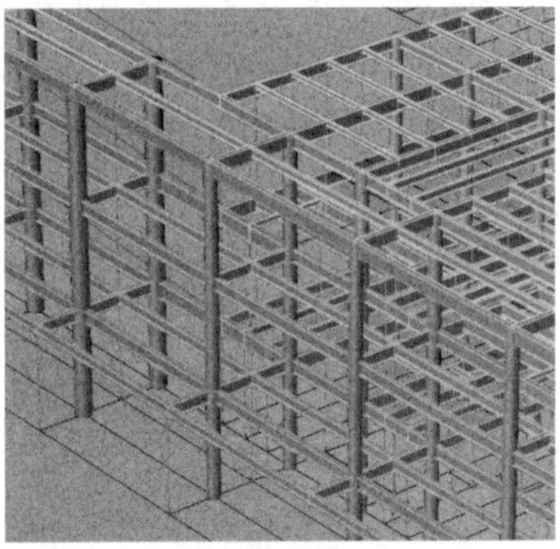

(d)

图 17-107　国家极限运动中心结构示意图

(a)

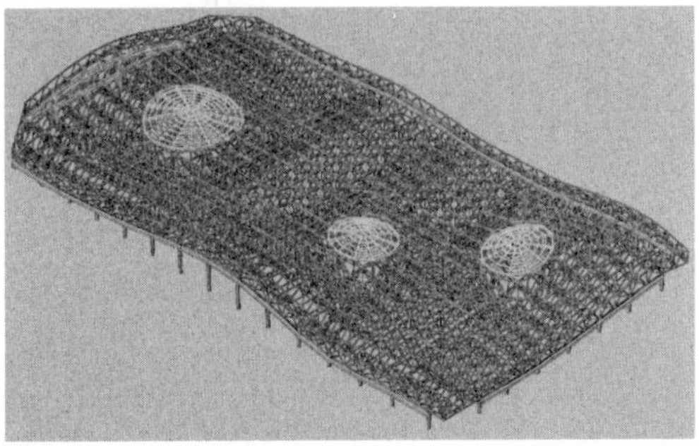

(b)

图 17-108　屋面结构

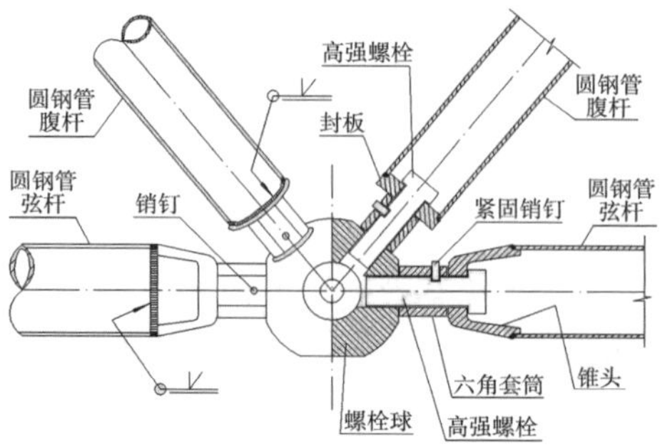

图 17-109 网架螺栓球节点大样

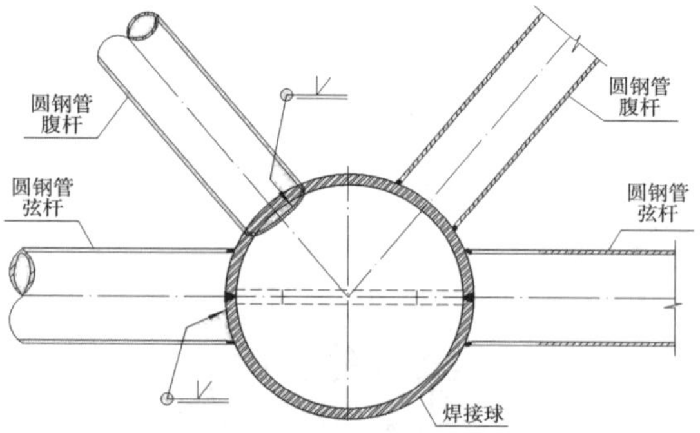

图 17-110 网架焊接球节点大样

第 17 章习题

1. 木结构、钢筋混凝土结构和钢结构的结构选型与设计有何异同?

2. 请选择一个你所熟悉的木结构、钢筋混凝土结构和钢结构建筑实例,试着分别从建筑设计理念、结构选型设计的角度进行分析。

3. 请结合你学习过程中完成的建筑设计方案,谈一谈你对结构选型与设计的理解。

主要参考文献

[1] 曾庆林.房屋建筑学[M].北京:机械工业出版社,2020.

[2] 宗兰,宋群. 建筑结构(上册):混凝土结构部分[M]. 2 版. 北京:机械工业出版社,2008.

[3] 熊丹安.建筑抗震设计简明教程[M].广州:华南理工大学出版社,2006.

[4] 龙帮云,刘殿华. 建筑结构抗震设计[M]. 2 版. 南京:东南大学出版社,2017.

[5] 徐锡权. 建筑结构[M]. 北京:北京大学出版社,2010.

[6] 袁树基,袁静. 建筑结构快速通[M]. 北京:中国建筑工业出版社,2018.

[7] 曹纬浚. 2020 一级注册建筑师考试历年真题与解析:建筑结构[M].13 版.北京:中国建筑工业出版社,2019.

[8] 胡兴福.建筑结构[M].北京:高等教育出版社,2005.

[9] 夏健明.建筑力学[M].北京:北京理工大学出版社,2019.

[10] 赵朝前,吴明军. 建筑力学[M]. 2 版. 重庆:重庆大学出版社,2020.

[11] 杜咏,曾波.建筑力学与结构[M].天津:天津科学技术出版社,2005.

[12] 中华人民共和国住房和城乡建设部,国家市场监督管理总局. 建筑结构可靠性设计统一标准:GB 50068—2018[S]. 北京:中国建筑工业出版社,2019.

[13] 中华人民共和国住房和城乡建设部,中华人民共和国国家质量监督检验检疫总局. 建筑结构荷载规范:GB 50009—2012[S]. 北京:中国建筑工业出版社,2012.

[14] 中华人民共和国住房和城乡建设部,中华人民共和国国家质量监督检验检疫总局. 建筑抗震设计规范(2016 年版):GB 50011—2010[S]. 北京:中国建筑工业出版社,2016.

[15] 中华人民共和国住房和城乡建设部,中华人民共和国国家质量监督检验检疫总局. 建筑地基基础设计规范:GB 50007—2011[S]. 北京:中国计划出版社,2012.

[16] 中华人民共和国住房和城乡建设部,中华人民共和国国家质量监督检验检疫总局. 混凝土结构设计规范(2015 年版):GB 50010—2010[S]. 北京:中国建筑工业出版社,2016.

[17] 中华人民共和国住房和城乡建设部. 高层建筑混凝土结构技术规程:JGJ 3—2010[S]. 北京:中国建筑工业出版社,2011.

[18] 中华人民共和国住房和城乡建设部,中华人民共和国国家质量监督检验检疫总局. 砌体结构加固设计规范:GB 50702—2011[S]. 北京:中国计划出版社,2012.

[19] 中华人民共和国住房和城乡建设部,中华人民共和国国家质量监督检验检疫总局. 砌体结构设计规范:GB 50003—2011[S]. 北京:中国建筑工业出版社,2012.

[20] 中华人民共和国住房和城乡建设部,中华人民共和国国家质量监督检验检疫总局. 木结构设计标准:GB 50005—2017[S]. 北京:中国建筑工业出版社,2018.

[21] 中华人民共和国住房和城乡建设部,中华人民共和国国家质量监督检验检疫总局.钢结构设计标准:GB 50017—2017[S]. 北京:中国建筑工业出版社,2017.

[22] 李爱群,程文瀼,王铁成,等. 混凝土结构(上册):混凝土结构设计原理[M]. 6 版. 北京:中国建筑工业出版社,2016.

[23] 国振喜. 简明钢筋混凝土结构构造手册[M]. 3 版. 北京：机械工业出版社，2010.
[24] 王振东，邹超英. 混凝土及砌体结构：上册[M]. 2 版. 北京：中国建筑工业出版社，2014.
[25] 王振东，邹超英. 混凝土及砌体结构：下册[M]. 2 版. 北京：中国建筑工业出版社，2014.
[26] 张蕾. 混凝土结构[M]. 武汉：武汉大学出版社，2017.
[27] 白宪臣. 土木工程材料[M]. 2 版. 北京：中国建筑工业出版社，2019.
[28] 蓝宗建. 混凝土结构与砌体结构[M]. 4 版. 南京：东南大学出版社，2016.
[29] 刘立新，叶燕华. 混凝土结构原理 [M]. 新 1 版. 武汉：武汉理工大学出版社，2010.
[30] 吕志涛，孟少平. 现代预应力设计[M]. 北京：中国建筑工业出版社，1998.
[31] 吕志涛. 现代预应力结构体系与设计方法[M]. 南京：江苏科学技术出版社，2010.
[32] 罗向荣. 钢筋混凝土结构[M]. 北京：高等教育出版社，2003.
[33] 张淑云. 混凝土结构基本原理[M]. 北京：北京理工大学出版社，2018.
[34] 熊丹安. 混凝土结构设计 [M]. 精编本. 武汉：武汉理工大学出版社，2006.
[35] 吴培明. 混凝土结构：上册[M]. 武汉：武汉工业大学出版社，2001.
[36] 彭少民. 混凝土结构：下册[M]. 武汉：武汉工业大学出版社，2001.
[37] 徐有邻，周氐. 混凝土结构设计规范理解与应用[M]. 北京：中国建筑工业出版社，2002.
[38] 熊丹安，吴建林. 混凝土结构设计原理[M]. 北京：北京大学出版社，2012.
[39] 黄明. 混凝土结构及砌体结构：下册[M]. 2 版. 重庆：重庆大学出版社，2011.
[40] 魏明钟. 钢结构[M]. 武汉：武汉工业大学出版社，2000.
[41] 唐红元. 钢结构基本原理[M]. 重庆：重庆大学出版社，2016.
[42] 张新中，唐克东，韩爱红. 钢结构性能分析和工程应用实例[M]. 北京：中国环境出版集团，2022.
[43] 黄靓. 砌体结构[M]. 长沙：湖南大学出版社，2018.
[44] 唐岱新. 砌体结构设计规范理解与应用[M]. 北京：中国建筑工业出版社，2002.
[45] 熊丹安，李京玲. 砌体结构[M]. 精编本. 2 版. 武汉：武汉理工大学出版社，2010.
[46] 武永彩，孙晓倩，侯志成. 混凝土及砌体结构[M]. 武汉：武汉大学出版社，2019.
[47] 袁帅，郭圆. 砌体结构工程施工[M]. 2 版. 北京：北京理工大学出版社，2019.
[48] 江苏省住房和城乡建设厅，江苏省住房和城乡建设厅科技发展中心. 现代木结构设计指南[M]. 南京：东南大学出版社，2021.
[49] 付久强，夏逸雨，孙少杰. 中国传统木结构营造与当代智造再设计研究[M]. 北京：北京理工大学出版社，2022.
[50] 淳庆. 建筑遗产保护技术[M]. 南京：东南大学出版社，2022.
[51] 吕西林. 高层建筑结构[M]. 2 版. 武汉：武汉理工大学出版社，2003.
[52] 郭仕群. 高层建筑结构设计[M]. 重庆：重庆大学出版社，2022.
[53] 胡群华，刘彪，罗来华. 高层建筑结构设计与施工[M]. 武汉：华中科技大学出版社，2022.
[54] 焦柯，吴文勇. 高层建筑结构优化设计方法、案例及软件应用[M]. 北京：中国城市出版社，2016.
[55] 郭学明. 装配式混凝土结构建筑的设计、制作与施工[M]. 北京：机械工业出版社，2017.
[56] 戴航，张冰. 结构・空间・界面的整合设计及表现[M]. 南京：东南大学出版社，2016.